国家科学技术学术著作出版基金资助出版

植物单宁化学及应用

石　碧　曾维才　狄　莹　编著

科学出版社

北　京

内 容 简 介

　　本书从植物单宁的化学结构出发，论述这类天然产物的化学、物理及其生物学性质。在此基础上，对其在农业、医药、食品、化妆品、环境化学、分离和分析化学、材料科学、制革工程、化学催化、油田化学等领域的应用状况和原理进行了全面的总结和归纳。在着力介绍植物单宁的结构、性质和应用之间的关系及内在规律的同时，对植物单宁研究领域出现的新方法、新技术、新发现、新观点及相关学科的最新发展情况进行了梳理和总结。

　　本书适用于天然产物化学、林化、农牧、医药、材料科学、生物化学、食品、日化、制革等领域的科研人员、工程技术人员、高等院校师生阅读，也可以作为一般化学化工类科技工作者拓宽知识面的阅读资料。

图书在版编目（CIP）数据

植物单宁化学及应用/石碧，曾维才，狄莹编著. —北京：科学出版社，2020.5
　　ISBN 978-7-03-064931-7

　　Ⅰ. ①植… Ⅱ. ①石… ②曾… ③狄… Ⅲ. ①植物单宁–化学 Ⅳ. ①TQ941

中国版本图书馆 CIP 数据核字（2020）第 068188 号

责任编辑：牛宇锋 李丽娇/ 责任校对：王萌萌
责任印制：吴兆东 / 封面设计：蓝正设计

科 学 出 版 社 出版
北京东黄城根北街 16 号
邮政编码：100717
http://www.sciencep.com
北京九州迅驰传媒文化有限公司 印刷
科学出版社发行　各地新华书店经销

*

2020 年 5 月第 一 版　开本：720×1000　1/16
2023 年 4 月第四次印刷　印张：26
字数：509 000

定价：180.00 元
（如有印装质量问题，我社负责调换）

前　言

　　植物单宁广泛存在于植物的叶、皮、根、果实和果壳中，是具有重要开发利用价值的可再生资源。在一些针叶树皮中，植物单宁含量高达 20%以上，仅此即在全球形成了数以亿吨计的可再生资源。植物单宁也与人类的生活息息相关，人们在食用粮食、蔬菜、水果及饮用茶和果汁的同时也或多或少地摄取了植物单宁，而作为一类具有生物活性的天然化合物，它们会对人的健康产生直接或间接的影响。与此类似，植物单宁也与牲畜生长质量、农作物抗病虫害等密切相关。因此，无论是从可再生资源利用及发展绿色化学的角度考虑，还是从与人类的关系角度看，植物单宁均是一类值得人们关注、研究和开发利用的天然产物。

　　植物单宁最初主要用作制革鞣剂。随着这类天然产物与蛋白质、多糖、生物碱、微生物、酶、金属离子等的作用规律及抗氧化、捕捉自由基、衍生化反应等一系列化学活性逐渐被揭示，人们对其进行的基础和应用研究日趋广泛，化学、生物、医药、农牧、食品、日化等众多行业均有学者涉足这一领域的研究工作。纵观各类研究文献，客观地讲，"隔行如隔山"现象较明显，表现为重复性研究工作较多，常常出现基本概念的混淆，在应用上则往往未能综合利用已取得的研究成果。因此，出版一本较系统地总结和归纳植物单宁基础理论、应用原理及近年来国内外新的研究成果的专著，对于我国各相关学科、行业更好地研究和开发利用这类可再生绿色资源具有重要的现实意义。这正是本书尽力追求的目标。

　　基于这一目的，本书主要突出以下两个特点：①在介绍植物单宁的类别及化学结构时，未严格遵循一般天然产物化学专著的方式对单宁的结构进行详实、全覆盖的描述，而是尽量简洁、生动地阐释植物单宁的结构特征，从而使不同学科领域的学者易于掌握并记住单宁最本质的结构和化学属性，便于读者理解和发掘单宁的构效关系。②不受学科和行业的局限，也不刻意区分基础理论和应用实践的界限——在描述单宁的结构和性质时，力求启发读者对其应用潜力的想象力；在总结单宁的实际应用时，力求进一步加深读者对单宁构效关系的理解。

　　作者希望本书对相关科技人员有较大的借鉴作用，同时希望以前并不了解植物单宁的学者在阅读本书之后能获得某些启发。

　　本书共 8 章。石碧教授负责全书内容的规划与审定，以及第 2～6 章主要内容的撰写。曾维才副教授负责第 1 章、第 7 章、第 8 章主要内容的撰写，并负责全书文献资料整理和图表设计。狄莹博士虽然没有直接参加本书的撰写，但本书采用了石碧、狄莹 2000 年出版的专著《植物多酚》中约 35%的内容,因此狄莹也应是本书的作者之一。

特别感谢国家科学技术学术著作出版基金对本书出版的支持。

植物单宁的基础和应用知识涉及学科面较广,由于作者水平和知识面所限,本书的内容和编写可能存在许多不妥之处,请读者多多指正,不胜感激。

石　碧

2020 年 1 月于四川大学

目　　录

第1章 绪 论

1.1 历史和基本概念

单宁（tannin）是一类存在于植物体内的多酚类化合物，是植物的次生代谢产物，广泛存在于植物的叶、皮、根、果实和果壳中（图 1.1）[1-3]。人类对单宁的利用远远早于对其理化性质的认识。在人类文明萌发之初，人们就已经开始有意识地将单宁应用于平时的生活和生产中。约 12000 多年前，人类发现可以使用某些植物的浸泡液将易腐烂的动物生皮转变成坚韧而耐储藏的革；约 3500 多年前，埃及人开始使用多种多样的植物汁液为装饰物和食物染色，赋予产品鲜艳的颜色；约 2600 多年前，地中海地区已出现通过涂抹植物提取液储存易腐败食物的食品保藏方式[4, 5]。而单宁正是这些植物浸提物中主要的活性成分。

图 1.1　典型富含单宁的植物组织

（a）叶（茶叶）；（b）皮（落叶松树皮）；（c）根（人参）；（d）果实（葡萄）；（e）果实（石榴）；（f）果壳（橡椀）。图片均摘自中国植物图像库，（a）～（f）分别由徐晖春、姜云传、周繇、段长虹、李敏和宋鼎拍摄

随着现代科学技术与研究手段的发展，单宁的化学结构与性质逐渐被人们所认识。因其特殊的结构，单宁表现出活泼的理化反应特性，能与蛋白质、多糖、脂类等多种生物大分子结合，也能与金属离子、自由基等小分子反应。同时，单宁还具有抗氧化、抗肿瘤、调节血脂和改善胰岛素抵抗等多种疾病预防和促进健

康的生物活性，在食品、医药、生物、日化、农业、功能材料等领域展现出良好的应用价值和广阔的发展前景[6-9]。目前，单宁以其来源的广泛性、含量的丰富性、性质的多样性及利用的绿色环保性等特点，被形象地称为"植物化学界有待开发的金矿"，已成为国内外天然产物领域的研究热点[10, 11]。

对植物单宁的研究始于18世纪末，最先在西欧地区的皮革制造行业中得以开展，研究主要集中在开发和优化利用植物中能产生鞣制作用的提取物、利用提取物制备具有鞣革作用的商品性化学品——栲胶（tannin extract）、栲胶的制革应用工艺技术等。随着对这类提取物及其栲胶产品的组成、化学结构和相关性质的逐渐认识，化学家 Seguin 于 1796 年提出使用"tannin"（单宁）一词专门表示栲胶中能够使皮转变为革的化学成分，并指出单宁的化学本质是一系列多酚类化合物的混合物，它们通过与动物皮中的蛋白质反应而发挥鞣皮作用。1957 年，化学家 White 通过研究进一步指出，栲胶中的单宁成分是分子量为 500～3000 的多酚类化合物；分子量小于 500 的多酚类化合物几乎不能在皮胶原纤维间产生有效的交联作用，因而没有鞣性；分子量大于 3000 的多酚类化合物则难以渗透到皮胶原纤维中产生鞣制作用。1962 年，生物化学家 Bate-Smith 进一步论证了 White 的研究结果，明确地指出单宁是植物提取物中分子量为 500～3000 的一系列多酚类化合物。

此后，越来越多的相关学科的学者开始涉足这一领域，大量研究工作集中于对单宁组分、化学结构及其各种基本理化性质的认知。随着研究的深入，科学工作者逐步发现，无论是从化学基础和生物活性等角度出发，还是从实际应用角度考虑，植物提取物或栲胶中的多酚类有效成分并不仅限于分子量为 500～3000 的单宁。实际上，植物提取物或栲胶中许多低分子量的多酚类化合物在某些方面表现出更为明显的活性，也体现出更高的实用价值。另外，研究表明，单宁实际上是多种低分子量酚类化合物的衍生物或聚合体，如缩合类单宁是黄烷醇的多聚体，黄烷醇又与黄酮类化合物具有生源关系（图 1.2）。因此，对单宁的化学结构及相关性能的分析离不开对这些低分子量前体化合物的研究。再者，分子量只是表征植物提取物或栲胶中多酚类化合物的一项与制革技术密切相关的理化指标，当多酚类化合物被用于其他领域时，其更深层次的性质差异及构效关系需要从其纷繁芜杂的化学结构入手开展研究。鉴于此，人们在研究工作中逐渐淡化了单宁的分子量范畴及单宁与非单宁的界限。

1981 年，英国化学家 Haslam 从单宁及其相关化合物的生源关系出发，提出将植物提取物中所含的单宁及与单宁有生源关系的化合物作为同一类研究对象，并将植物体内这类多羟基酚类化合物统称为植物多酚。植物多酚概念的提出，标志着科学工作者开始更加注重从化学结构及构效关系（而不仅仅从分子量）的角度出发认识和研究植物体内这类特殊的化合物[12-14]。

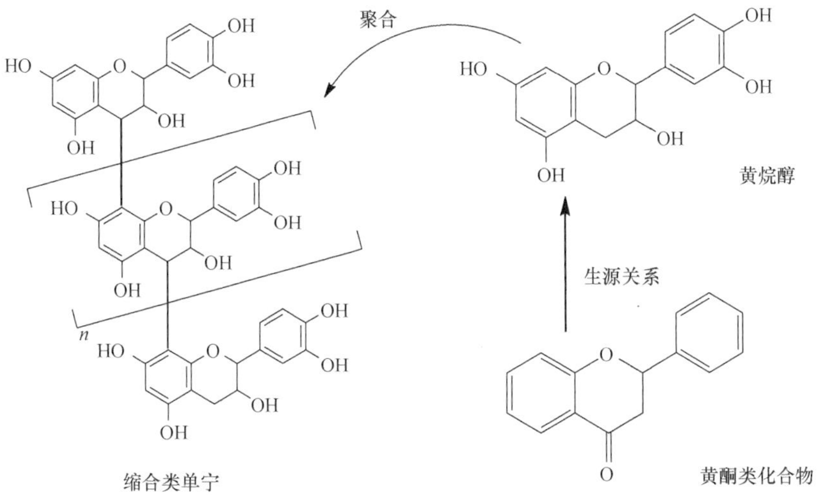

图 1.2　植物单宁与低分子量酚类化合物的关系示意

　　值得指出的是，由于传统习惯，许多现代文献中仍然仅采用"植物单宁"一词，但其概念往往与植物多酚是等同的，即没有特别考虑分子量是否在 500～3000。另外值得说明的是，植物化学界习惯上将黄烷-3,4-二醇及黄烷醇聚合体称为原花色素（proanthocyanidin，PC，又称为"原花青素"），源于它们经酸处理会形成花色素（anthocyanidin）。原花色素是黄烷醇类植物多酚的主体，分子量为 500～3000 的原花色素即传统定义中的缩合类单宁。

1.2　植物单宁的研究动态

　　植物单宁最初用于制革，因而最初对其开展研究的也主要是制革化学家，研究工作主要集中于植物单宁在皮革鞣制中的相关科学问题。随着人们对植物单宁化学结构、理化性质认识的深入，从事植物单宁生物活性研究工作的学者不断增加，所涉及的学科领域也不断扩展。特别是 20 世纪 80 年代以后，随着分析化学和生命科学技术的发展，不仅研究领域越来越宽，而且侧重点也在发生变化，逐步由植物单宁的分离纯化与结构鉴定转变为对其多种生物活性的测定及其构效关系的分析，其消炎、抗衰老、抗癌、抗病毒、预防动脉硬化、治疗冠心病与中风等多样而独特的生理作用与药理活性被逐渐发现和认识[15, 16]。同时，研究者也更多地关注植物单宁在食品、医药、日化、精细化工等科学领域的高附加值化利用及其相关科学和技术问题[17, 18]。研究论文的数量也呈现出逐年增加的明显趋势。图 1.3 是来自美国 ISI Web of Knowledge 平台的 Web of Science 中的 SCIE 数据库在 2002～2012 年间关于植物单宁的研究论文统计情况。

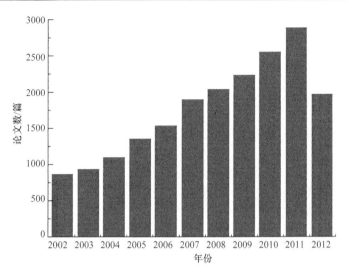

图 1.3　2002～2012 年 SCIE 数据库中关于植物单宁的研究论文统计情况

经文献检索与统计，2002～2012 年 SCIE 数据库共收录全球 139 个国家/地区中 8505 个机构在 1467 种学术期刊发表的关于植物单宁的科学研究文献共 19246 篇，其中 2002 年 856 篇、2003 年 918 篇、2004 年 1097 篇、2005 年 1335 篇、2006 年 1519 篇、2007 年 1873 篇、2008 年 2020 篇、2009 年 2228 篇、2010 年 2553 篇、2011 年 2881 篇、2012 年 1966 篇。发表论文较多的前 10 个国家依次为：美国、中国、日本、西班牙、意大利、法国、印度、德国、韩国和巴西；发表有关植物单宁研究论文较多的 10 个机构依次为：西班牙国家研究委员会、中国科学院、法国国家农业科学研究院、美国罗格斯大学、西班牙巴塞罗那大学、美国普渡大学、美国加利福尼亚大学戴维斯分校、日本京都大学、意大利国家研究委员会和西班牙穆尔西亚大学；刊载相关研究文献最多的学术期刊是美国化学会的 *Journal of Agricultural and Food Chemistry*，出版有关植物单宁的研究文献共 1509 篇，占文献总数的 7.84%。根据 Web of Science 研究领域的划分，上述关于植物单宁的 19246 篇研究文献共涉及 151 个研究领域，其大领域分布情况如图 1.4 所示。

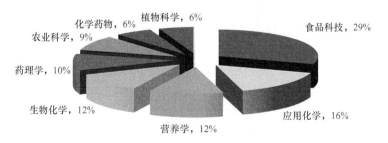

图 1.4　2002～2012 年 SCIE 数据库中植物单宁研究领域分布

从统计情况可见，2002～2011 年全球发表关于植物单宁的研究文献呈逐年增加趋势，年均增长率约为 14.41%。其中，以食品科技领域研究文献最多，关于茶及茶饮品、葡萄及葡萄酒、苹果及苹果汁、橄榄果及橄榄油等植物性食品及其加工产品中植物单宁的相关生物活性的研究最为活跃；对茶及茶多酚的研究最多，对绿茶的研究最为广泛深入。此外，石榴多酚的相关性质与应用途径在最近几年也越来越多地受到研究者的关注。

文献统计及研究领域分析表明，世界各国目前关于植物单宁的研究热点主要集中在植物单宁的抗氧化活性、植物单宁的体内代谢机理、植物单宁的生物利用度及其抗癌、抗衰老、抗辐射、抗心血管疾病的作用机制研究等方向。今后一段时间内，相关的研究工作将重视准确测定和精确鉴定植物单宁在体内的各种生物活性，深入揭示植物单宁中活性成分对机体代谢的调控机制与构效关系，进一步改进和优化提高植物单宁生物利用度的方法，并加强植物单宁的临床实验研究，充分挖掘和开发植物单宁在生物、医药、食品等领域的应用价值[19, 20]。

1.3　植物单宁的应用发展趋势

植物单宁的传统应用主要集中在皮革生产及中医药领域，主要是将其作为皮革鞣剂和中草药有效成分进行应用。近年来，随着对天然产物开发利用的兴起及植物单宁研究方向与侧重点的改变，植物单宁在食品、保健品、医药、精细化学品、农业等领域的资源化利用技术受到越来越多的关注，已成为植物单宁应用领域发展最快的方向。表 1.1 对近年来植物单宁主要的应用领域和行业进行了简要的概括[20]。

表 1.1　植物单宁主要的应用领域和行业

应用领域	行业
轻纺工业	皮革工业、食品工业、化妆品工业、烟草工业、纺织工业等
生物	植物育种、微生物发酵、细胞信号传导、生物工程等
医药	肿瘤治疗、中药炮制、卫生与保健、蛇毒治疗等
化学化工	高分子化合物工业、油脂和蜡加工业、肥皂工业等
农业	农产品加工、果蔬种植加工、家禽和家畜饲料等
其他	废物处理与综合利用、水处理、金属工业等

随着相关科学技术的发展与进步，植物提取物制备工艺和设备的进一步优化与改进，以及对植物单宁多种化学、生物活性和作用机理的深入研究，植物单

宁的应用领域和创新产品将不断拓展与进步，在人们的生活中发挥越来越重要的作用。

1.4　本书的特点

国内外已出版的有关植物单宁的专著主要有：《栲胶生产工艺学》（中国林业出版社，1983）、《植物鞣质化学及鞣料》（轻工业出版社，1985）、《天然药物化学》（人民卫生出版社，1988）、《黑荆树及其利用》（中国林业出版社，1991）、《植物单宁化学》（中国林业出版社，1992）、*Plant Polyphenol*（Cambridge University Press，1989）、*Plant Polyphenol*（Plenum Press，1992）、*Natural Product of Woody Plants*（Springer，1989）等。这些专著对促进植物单宁的研究和开发利用做出了重要的贡献，目前仍有指导意义，也是作者编著本书的重要参考资料。这些专著可以较明显地分为两类：一类是重点从某一学科角度对植物单宁的组成、化学结构、基本性质、各组分间的生源关系等基础性问题进行论述；另一类则偏重于对植物单宁的生产或制备工艺、在传统领域和行业的应用途径和方法、产品性能等方面进行总结。在这种情况下，为了更好地促进植物单宁的开发与利用，作者于 2000年编写出版了专著《植物多酚》（科学出版社，2000），对植物单宁的结构、性质和应用之间的关系和内在规律进行了论述，并对单宁已有的应用情况进行了较系统的总结，力图促进学科间交叉和相互启发，促进理论研究与应用实践的结合。该书出版后，受到多位相关学科领域学者和工程技术人员的关注。20 年过去了，国内外对单宁的研究和开发应用有了许多新的进展，出现了许多新方法、新技术、新发现和新观点。因此，作者感到有责任对《植物多酚》一书的内容进行重新梳理（该书的一些理论、方法、应用技术和观点已经过时，甚至存在错误），并在此基础上融入植物单宁及其应用领域近 20 年来的最新发展情况，以期从全新的视角，尽可能正确、系统地总结植物单宁的基础理论和应用现状，于是，编著了本书，希望能满足各相关领域、行业读者的要求，给读者以启发。

全书共 8 章。第 1 章简单介绍植物单宁的基本概念，并以时间为主要轴线，对植物单宁的相关历史与研究历程进行回顾与总结。同时，通过统计 2002～2012年 SCIE 数据库中有关植物单宁的研究文献，对植物单宁的研究方向、研究领域及研究热点等动态信息进行分析，并介绍植物单宁在相关领域与行业中的应用发展趋势，为读者阅读和理解后续章节的内容提供基础和铺垫。

第 2～4 章尽可能准确和精炼地对植物单宁的常见分类及典型化学结构进行归纳，使各学科领域的读者能够较容易地掌握和记忆这类化合物的结构特征。考虑到植物单宁的相关分析测试方法是人们在实际工作中最常遇到的问题，本书采用专门的章节对各种状态植物单宁的经典而实用的定性与定量测定方法进行较为详细的描述。同时，也用一定的篇幅对植物单宁研究中常见的分离、纯化方法与结构表征技术进行介绍。此外，还对不同用途、纯度及应用领域的代表性植物单宁产品的常见制备方法进行总结，以期为读者的相关工作提供参考。

第 5～7 章对最能体现植物单宁本质的主要理化性质和反应特性进行系统详细的论述，特别注意阐述性质与结构的关系、各性质之间的相互关联及这些性质所体现出的潜在应用价值。过去，一些学科、行业在研究和利用植物多酚时，常常根据自身的特点和需要只强调或着眼于植物单宁的某些属性，因而有时使研究结论不是十分客观或应用效果并不十分理想。实际上，植物单宁对某一体系的作用效果，是它多方面性质的综合体现。例如，当植物单宁作用于某一生物体系时，它不仅对蛋白质产生作用，也对体系中的生物碱、金属元素及酶、多糖等多种生物大分子的行为产生影响。从另一角度看，植物单宁在作用体系中的含量、状态（分子态、离子态、胶体态）及环境 pH 条件均可能会影响植物单宁的作用机理，从而使其性质表现出较大的差异。因此，这几章在全面介绍植物单宁性质的同时，也注意阐述各种因素对其性质的影响，希望读者能够更全面地把握和更充分地利用植物单宁的属性。同时，也用较大的篇幅来归纳和总结植物单宁的各类衍生化反应及其与不同生物大分子之间的作用，以启发读者通过化学和生物修饰的方法来进一步拓展植物单宁的性质和用途。

第 8 章结合相关领域最新的研究成果，介绍植物单宁的常见应用及其原理，并对这类化合物目前最典型和新颖的应用领域、原理和方法进行讨论，实际上这也是植物单宁性质的综合展现。本章既强调实用性，也注意通过原理的阐述给读者以更多的启示。如前所述，从 20 世纪 90 年代开始，国内外在植物单宁研究和开发利用方面的工作与日俱增，植物单宁不仅在食品、医药、功能材料、精细化学品等新兴应用领域得到人们越来越多的关注，而且在一些一度因合成材料的发展而几乎被人们放弃的传统应用领域（如制革、水处理、染料、金属防护、黏合材料）也重新得到了人们的重视，这一现象充分体现了人类对绿色化学的追求。这些传统领域对植物单宁并不再是简单的直接使用，而是在对这类天然产物结构和性质更全面、更深刻理解的基础上所做的更行之有效的利用，并且还充分运用了相关新兴应用领域的研究成果。此外，该章也介绍一些植物单宁应用中理论和实际意义重大、影响深远，但尚有一系列基础和技术问题需要完善和解决的方向。例如，该章介绍的关于植物单宁在化学催化领域及功能性高分子材料生产中的应用等内容，比较集中地体现了人们正运用多学科知识，采用深度加工的方法使植物单宁的利用价值和功能等得到更充分的发挥，其研究工作对高附加值资源化利用植物单宁，使其更好地服务于人类具有深远的意义。

本书的许多内容来自于作者团队在国内外组织或参与完成的相关研究工作，

或是正在全力从事的研究工作,因此本书除了对一些新的研究成果进行总结之外,
也阐述一些可望在植物单宁研究领域取得突破性进展的工作思路。

参 考 文 献

[1] Crozier A, Jaganath I B, Clifford M N. Dietary phenolics: chemistry, bioavailability and effects on health[J]. Natural Products Reports, 2009, 26(8): 1001-1043.

[2] Gross G G, Hemingway R W, Yoshida T. Plant Polyphenols 2: Chemistry, Biology, Pharmacology, Ecology[M]. Berlin: Springer, 2000.

[3] Crozier A, Clifford M N, Ashihara H. Plant Secondary Metabolites: Occurrence, Structure and Role in the Human Diet[M]. New York: Wiley-Blackwell, 2006.

[4] 徐兴海. 食品文化概论[M]. 南京: 东南大学出版社, 2008.

[5] Covington A D. Tanning Chemistry: the Science of Leather[M]. Cambridge: Royal Society of Chemistry, 2011.

[6] Jakobek L. Interactions of polyphenols with carbohydrates, lipids and proteins[J]. Food Chemistry, 2015, 175: 556-567.

[7] Rio D D, Rodriguez-Mateos A, Spencer J P E, et al. Dietary(poly)phenolics in human health: structures, bioavailability, and evidence of protective effects against chronic diseases[J]. Antioxid Redox Signal, 2013, 18(14): 1818-1892.

[8] Buss A D, Butler M S. Natural Product Chemistry for Drug Discovery[M]. Cambridge: Royal Society of Chemistry, 2010.

[9] Tomás-Barberán F A, Andrés-Lacueva C. Polyphenols and health: current state and progress[J]. Journal of Agricultural and Food Chemistry, 2012, 60(36): 8773-8775.

[10] 张力平, 孙长霞, 李俊清, 等. 植物多酚的研究现状及发展前景[J]. 林业科学, 2005, 41(6): 157-162.

[11] 马力, 陈永忠. 植物多酚的生物活性研究进展[J]. 农业机械, 2012, (14): 119-122.

[12] 石碧, 狄莹. 植物多酚[M]. 北京: 科学出版社, 2000.

[13] Carkeet C, Grann K, Randolph R K, et al. Phytochemicals: Health Promotion and Therapeutic Potential[M]. New York: CRC Press, 2012.

[14] Hemingway R W, Karchesy J J. Chemistry and Significance of Condensed Tannins[M]. Berlin: Springer, 2012.

[15] Watson R R, Preedy V R, Zibadi S. Polyphenols in Human Health and Disease[M]. Salt Lake City: Academic Press, 2013.

[16] Rosa L A D L, Alvarez-Parrilla E, Gonzalez-Aguilar G A. Fruit and Vegetable Phytochemicals: Chemistry, Nutritional Value and Stability[M]. New York: Wiley-Blackwell, 2010.

[17] 李健, 杨昌鹏, 李群梅, 等. 植物多酚的应用研究进展[J]. 广西轻工业, 2008, (12): 1-9.

[18] 刘运荣, 胡健华. 植物多酚的研究进展[J]. 武汉工业学院学报, 2005, 24(14): 63-65, 106.

[19] 鲁玉妙, 马惠玲. 植物多酚 SCI 文献计量及生物活性研究热点分析[J]. 食品科学, 2013, 34: 375-383.

[20] 鲁玉妙, 马惠玲. 我国植物多酚研究文献计量及研究热点分析[J]. 食品科学, 2012, 33: 290-296.

第2章 植物单宁的分类与化学结构 特征及定性定量测定

2.1 植物单宁的分类与化学结构特征

单宁来源广泛、种类繁多、结构复杂，按照统一的标准对其进行准确分类比较困难。在单宁的研究历程中，人们通常根据其化学结构、来源和用途对其进行分类。在化学分析技术尚不发达的时期，人们根据单宁表现出来的部分结构特性对其进行简单的分类。1894 年，化学家 Procter 依据单宁在 180～200℃条件下受热分解所得产物的不同，将单宁分为三类：焦棓酚类、儿茶酚类和混合类。焦棓酚类单宁能与三价铁盐反应生成蓝色物质，热分解产物含连苯三酚；儿茶酚类单宁能与三价铁盐反应生成绿色物质，热分解产物含邻苯二酚；混合类单宁的热分解产物含连苯三酚和邻苯二酚[1, 2]。Procter 的分类方法在当时具有较大的实用价值，被制革行业长期沿用。但 Procter 的分类方法不能反映几种不同类单宁的本质区别。

随着分析技术的发展，人们开始从结构层面对单宁进行系统分类。1920 年，化学家 Frendenberg 根据单宁的化学结构特征，首次提出了更加科学合理的分类方式，即将单宁分为两大类：水解类单宁（hydrolysable tannin）和缩合类单宁（condensed tannin）[1-3]。这种分类方法得到科学界的公认并一直沿用至今。

如第 1 章所述，植物单宁（vegetable tannin）一词源于制革化学家的定义，中文也称为植物鞣质。因此，无论怎么分类，"单宁"均是特指分子量为 500～3000 的多酚类化合物，因为这是其产生鞣制作用的基本要求。随着单宁类化合物在多个领域的应用价值被揭示，越来越多的不同学科的学者开始从事这类化合物的研究。由于研究和应用的目的不同，研究对象自然不再受分子量的局限。为了与传统概念上的单宁有所区分，化学家 Haslam 于 1981 年提出"植物多酚"（plant polyphenol）的概念，用以定义具有单宁的结构特征、但无分子量限制的一类多酚类化合物。植物多酚一词的采用，避免了相关研究者在学术用语上的困惑和混淆。同时，Haslam 对应地将植物多酚分为聚棓酸酯类多酚（含水解类单宁及其相关化合物）和聚黄烷醇类多酚（含缩合类单宁及其相关化合物）。Haslam 的分类方法更注重以化学结构特征为依据，而不考虑分子量，更符合人们现在对这类化合物开展研究工作的实际情况。由于"单宁"一词已被许多学科领域的学者所惯用，因此本书仍采用这一术语，但其含义与植物多酚的概念一致，即除特别说明外不受分子量的限制。

　　水解类单宁是多个棓酸（gallic acid，又名没食子酸）或与棓酸有生源关系的酚羧酸与多元醇通过酯键连接形成的酯类化合物，具有 C6—C1 的结构特征，在酸、碱、酶的作用下不稳定，易水解，生成多元醇和酚羧酸；缩合类单宁是多个黄烷醇单体以 C—C 键连接形成的聚合物，具有 C6—C3—C6 的结构特征，在水溶液中不易水解，在强酸作用下能发生缩合反应，生成不溶于水的暗红棕色沉淀[4-6]。

2.1.1　水解类单宁

　　水解类单宁是植物体内棓酸的代谢产物，是以多元醇为核心，通过酯键连接多个棓酸或与棓酸有生源关系的酚羧酸形成的酯类化合物。根据水解后产生的多元酚羧酸种类的不同，水解类单宁又可分为棓单宁（gallotannin，又名没食子单宁）和鞣花单宁（ellagitannin）。棓单宁水解后生成多元醇和棓酸；鞣花单宁水解后生成多元醇和棓酸的同时，还生成鞣花酸或其他与六羟基联苯二酸有生源关系的酚羧酸。棓酸和鞣花酸的化学结构如图 2.1 所示。

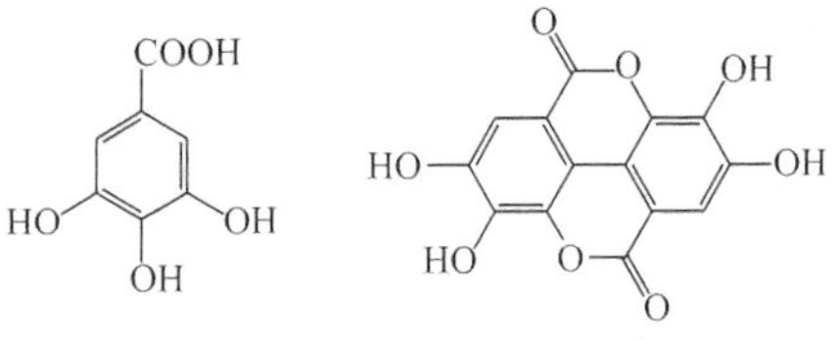

图 2.1　棓酸（a）和鞣花酸（b）的化学结构

　　已发现存在于水解类单宁中的多元醇种类很多，如 D-葡萄糖、D-果糖、D-木糖、奎尼酸、莽草酸、原栎醇等，化学结构如图 2.2 所示。其中，最常见的是 D-葡萄糖，特别是对于鞣花单宁，其多元醇基本上全是 D-葡萄糖[7, 8]。因此，本节将重点介绍含有 D-葡萄糖的水解类单宁的化学结构特征。

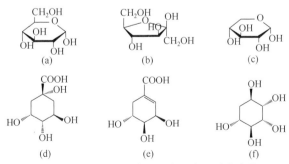

图 2.2　构成水解类单宁的常见多元醇化合物

（a）D-葡萄糖；（b）D-果糖；（c）D-木糖；（d）奎尼酸；（e）莽草酸；（f）原栎醇

1. 棓单宁

棓单宁是由 D-葡萄糖（为主）与棓酸结合形成的棓酸酯。根据棓酰基的不同结合形式，棓单宁可分为简单棓单宁和缩酚酸型棓单宁，如图 2.3 所示。

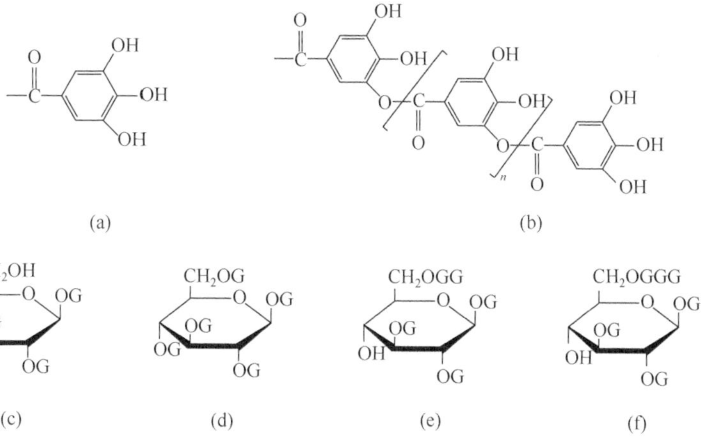

(a)　　　　　　　　　　　　　　　(b)

(c)　　　　　　(d)　　　　　　(e)　　　　　　(f)

图 2.3 　棓酰基及常见棓单宁的化学结构

（a）棓酰基(G)；（b）缩酚酰基(GG…G)；（c）1, 2, 3-三-O-棓酰基-β-D-葡萄糖；（d）1, 2, 3, 4, 6-五-O-棓酰基-β-D-葡萄糖；（e）6-O-双棓酰基-1, 2, 3-三-O-棓酰基-β-D-葡萄糖；（f）6-O-三棓酰基-1, 2, 3-三-O-棓酰基-β-D-葡萄糖

简单棓单宁是棓酸与 D-葡萄糖形成的酯，通常只含有棓酰基[G，图 2.3（a）]，如 1, 2, 3-三-O-棓酰基-β-D-葡萄糖[TriGG，图 2.3（c）]和 1, 2, 3, 4, 6-五-O-棓酰基-β-D-葡萄糖[PGG，图 2.3（d）]等；缩酚酸型棓单宁除了具有简单棓单宁结构外，分子中还含有缩酚酰基[图 2.3（b）]，如 6-O-双棓酰基-1, 2, 3-三-O-棓酰基-β-D-葡萄糖[图 2.3（e）]和 6-O-三棓酰基-1, 2, 3-三-O-棓酰基-β-D-葡萄糖[图 2.3（f）]等。缩酚酸是由棓酸的羧基与另一个棓酰基的酚羟基结合形成的，具有聚棓酸的性质，这一结构特征使得一个葡萄糖基能够与 10 个以上的棓酰基结合。因此，简单棓单宁的 D-葡萄糖部分可与 1～5 个棓酸结合，缩酚酸型棓单宁的 D-葡萄糖则因缩酚酰基的存在可与 5 个以上的棓酸结合。值得指出的是，缩酚酸型棓单宁的缩酚酰基中的棓酰基之间还存在对位与邻位两种不同连接方式的异构体[9, 10]。

棓单宁是植物体内棓酸的代谢产物，在植物界广泛分布，具有代表性的棓单宁有五倍子单宁（Chinese gallotannin）和塔拉单宁（tara tannin）。

五倍子单宁又名棓子单宁，是一种典型的以 D-葡萄糖为基本骨架的棓单宁，产于漆树科植物盐肤木（*Rhus chinensis* Mill.）上的虫瘿（又名五倍子）内。它不仅具有重要的经济价值，还是最早被研究的植物单宁化合物之一。五倍子单宁其实是许多种葡萄糖聚棓酸酯的混合物，而非某一种单一结构的化合物，其典型的结构为 2-多-O-棓酰基-1, 3, 4, 6-四-O-棓酰基-β-D-葡萄糖，其代表性结构如

图 2.4 所示。

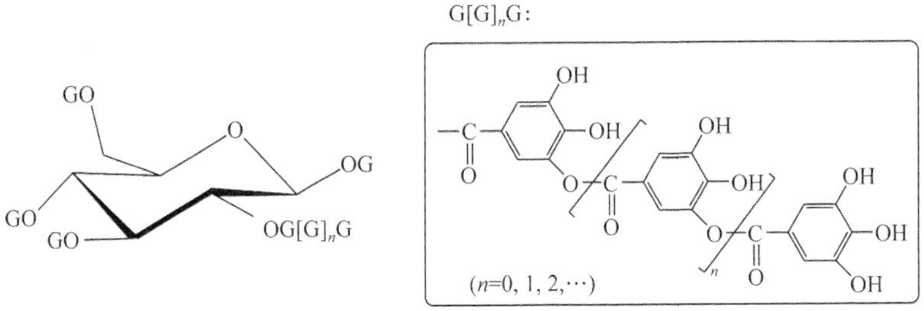

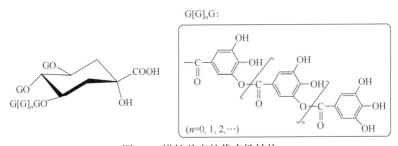

G[G]ₙG:

图 2.4　五倍子单宁的代表性结构

　　该类化合物结构中的缩酚酰基平均含有 3 个棓酰基；D-葡萄糖主要以椅型构象存在，棓酰基连接在平伏键上；完全水解后生成 1 个 D-葡萄糖和多个棓酸。五倍子单宁经提纯、棓酸的衍生化反应等方法可制取近百种精细化工产品，在医药、化工、染料、食品、感光材料及微电子等多个行业中得到广泛应用[10]。

　　塔拉单宁又名刺云实单宁，是一种典型的不含 D-葡萄糖的棓单宁，产于苏木科云实属植物刺云实[*Caesalpinia spinosa*（Molina）Kuntze]的果荚内。塔拉单宁是一种聚棓酰奎尼酸的混合物，其化学本质是棓酸与 D-奎尼酸通过酯键连接而成的化合物，其代表性结构如图 2.5 所示。该化合物结构中的奎尼酸部分存在游离的羧基，表现出较强的酸性；1 个该化合物分子完全水解后产生 1 个 D-奎尼酸分子和 4～5 个棓酸分子[11]。

G[G]ₙG:

图 2.5　塔拉单宁的代表性结构

2. 鞣花单宁

　　鞣花单宁是多元醇与六羟基联苯二酸（图 2.6）或与六羟基联苯二酸有生源关系的酚羧酸结合形成的酯类化合物，因其水解时产生鞣花酸[图 2.1（b）]而得名鞣花单宁。需要指出的是，鞣花单宁的化学结构中并不含有鞣花酸分子，鞣花酸是由鞣花单宁水解时产生的六羟基联苯二酰基（HHDP）通过内酯化反应生成的。

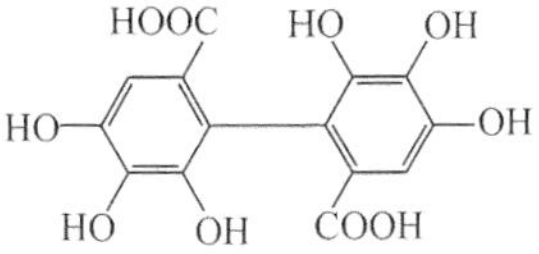

图 2.6　六羟基联苯二酸

鞣花单宁水解除产生多元醇和鞣花酸外，常见的水解产物还有云实素、黄棓酚、脱氢二鞣花酸、橡椀酸等，如图 2.7 所示。

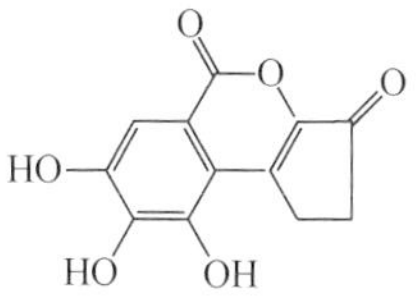

图 2.7　除鞣花酸外其他常见的鞣花单宁水解产物
（a）云实素；（b）黄棓酚；（c）脱氢二鞣花酸；（d）橡椀酸

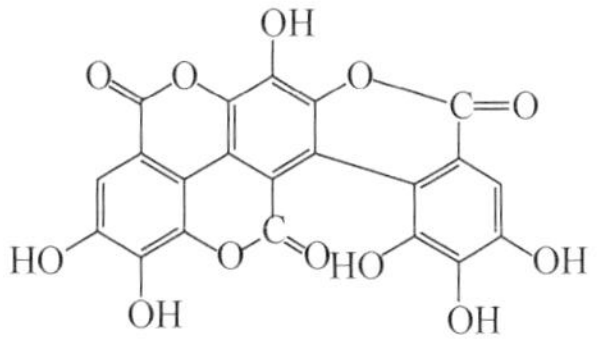

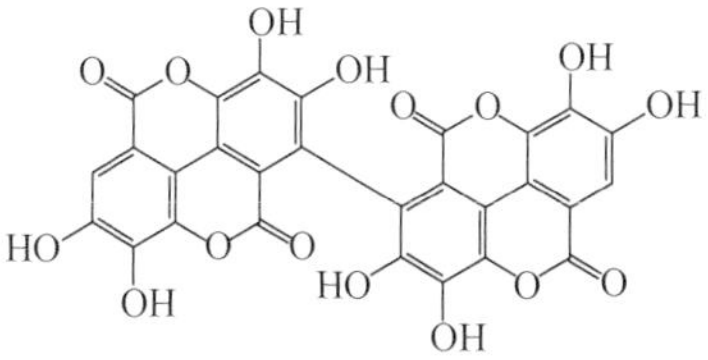

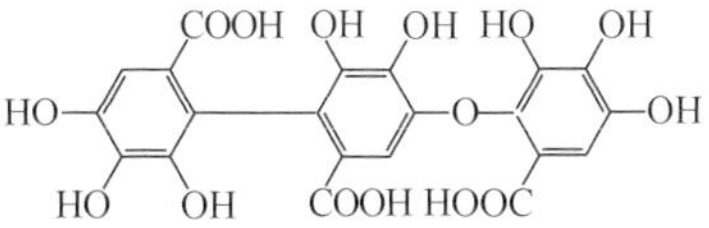

鞣花单宁中含有的酚酰基类别多种多样，如脱氢六羟基联苯二酰基（DHHDP）、云实酰基、橡椀酰基（VLN）、柯子酰基等。但它们均是棓酰基的衍生物，是毗邻的不同数目的棓酰基之间通过脱氢、偶合、重排及环裂等化学反应形成的。因此，鞣花单宁也是植物体内棓酸的代谢产物。鞣花单宁在皮革制造、制药、葡萄酒酿造、织物染色等方面有重要应用价值[12, 13]。

同棓单宁相比，鞣花单宁在植物界分布更为广泛，种类繁多，化学结构也更为复杂。可以从以下几个方面简要地了解鞣花单宁的化学结构特征。

1）多元醇上取代基的类型

通过鞣花单宁多元醇上取代基的类型可以对其进行区分。鞣花单宁的分子结构中与 D-葡萄糖连接的酚酰基主要有：六羟基联苯二酰基、脱氢二棓酰基（DHDG）、脱氢六羟基联苯二酰基和橡椀酰基，如图 2.8 所示[8, 10, 13]。

其中，只含有酚酰基 HHDP 的鞣花单宁最为常见，如特里马素Ⅱ[丁香宁，eugenin，图 2.9（a）]。此外，鞣花单宁也常常同时含有上述多种酚酰基，如老鹳草素[geraniin，图 2.9（b）]，同时含有酚酰基 HHDP 和 DHHDP。除酚酰基种类

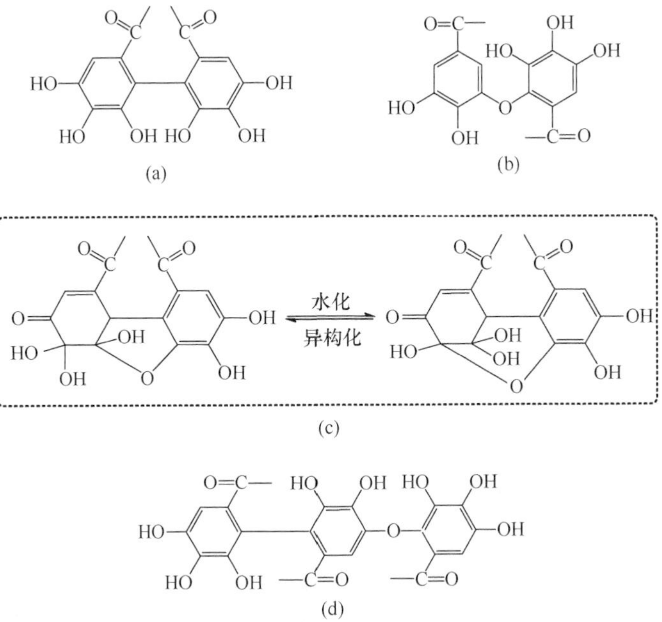

(a)

(b)

(c)

(d)

图 2.8　鞣花单宁分子中常见的酚酰基

（a）HHDP；（b）DHDG；（c）DHHDP；（d）VLN

不同，鞣花单宁的 D-葡萄糖上连接的棓酰基的数目也会有所不同，如鞣料云实素 [corilagin，图 2.9（c）]和特里马素Ⅱ，它们的糖环上相差了 2 个棓酰基[14-16]。

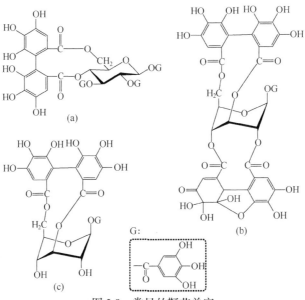

图 2.9　常见的鞣花单宁

（a）特里马素Ⅱ；（b）老鹳草素；（c）鞣料云实素

2）多元醇上取代基的构型

除取代基类型的差异，鞣花单宁多元醇上取代基构型的变化也使得其化学结构变得更为复杂。HHDP 是鞣花单宁多元醇上最为常见的取代基，它们是由植物体内空间位置较近的多个棓酰基之间通过脱氢偶合形成的。偶合反应发生时，HHDP 的两个芳香环由于不在同一平面且不能围绕联苯 C—C 键自由旋转，使得鞣花单宁中的 HHDP 常以一对旋光方向相反的异构体（R 构型或 S 构型）形式存在[8, 10, 13]，如图 2.10 所示。这使得鞣花单宁中的取代基 HHDP 存在 2 种构型形式，其他取代基也可能存在类似的情况。

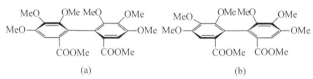

图 2.10　不同构型的六羟基甲基联苯二甲酸甲酯

（a）R 构型；（b）S 构型

3）多元醇上取代基的连接位置及葡萄糖的构象

一般情况下，鞣花单宁分子中的 HHDP 等酚酰基能与糖环上的两个醇羟基形成酯键，但其具体连接位置既与分子空间位阻效应有关，又受葡萄糖环立体构象（椅型或船型）的制约，还受取代基本身构型（R 构型或 S 构型）的影响。值得指出的是，椅式的吡喃型葡萄糖具有更优的分子立体结构适应性，是鞣花单宁分子中多元醇的常见存在形式，而其船型构象出现的概率很小[8, 10, 13]。

大量研究表明，HHDP、DHHDP 及 VLN 中的 HHDP 部分与糖环的常见连接位置为 O2-O3 或 O4-O6，此时的葡萄糖为稳定的椅型 $^4C1$ 构象，取代基位于平伏键上，HHDP 多数为 S 构型，如英国栎鞣花素[pedunculagin, 图 2.11（a）]。此外，HHDP 和 DHHDP 也可以在 O3-O6 或 O2-O4 的位置与糖环连接，这时的葡萄糖为椅型 $^1C4$ 构象，HHDP 多数为 R 构型，如鞣料云实素[corilagin, 图 2.9（c）]。不过，后一种连接方式的鞣花单宁不如前一种稳定，两种连接方式也几乎不同时存在于同一个鞣花单宁的分子结构中。再者，DHDG 和 VLN 还能充当糖环间的连接键，同时连接不同的葡萄糖，如刺玫果素 T1[davuriciin T1, 图 2.11（b）][16-18]。

4）多元醇为开环形式的鞣花单宁

某些鞣花单宁，如木麻黄单宁[casuarinin, 图 2.12（a）]和旌节花素[stachyurin, 图 2.12（b）]，其分子结构中的葡萄糖并不是闭合的六元环，而是以开环的形式存在，部分取代基通过 C-糖苷键的形式直接连接在葡萄糖的 C1 位上[19, 20]。这种化学结构使得这类鞣花单宁的化学稳定性得到加强，不易水解，完全水解所得产物的收率也很低。

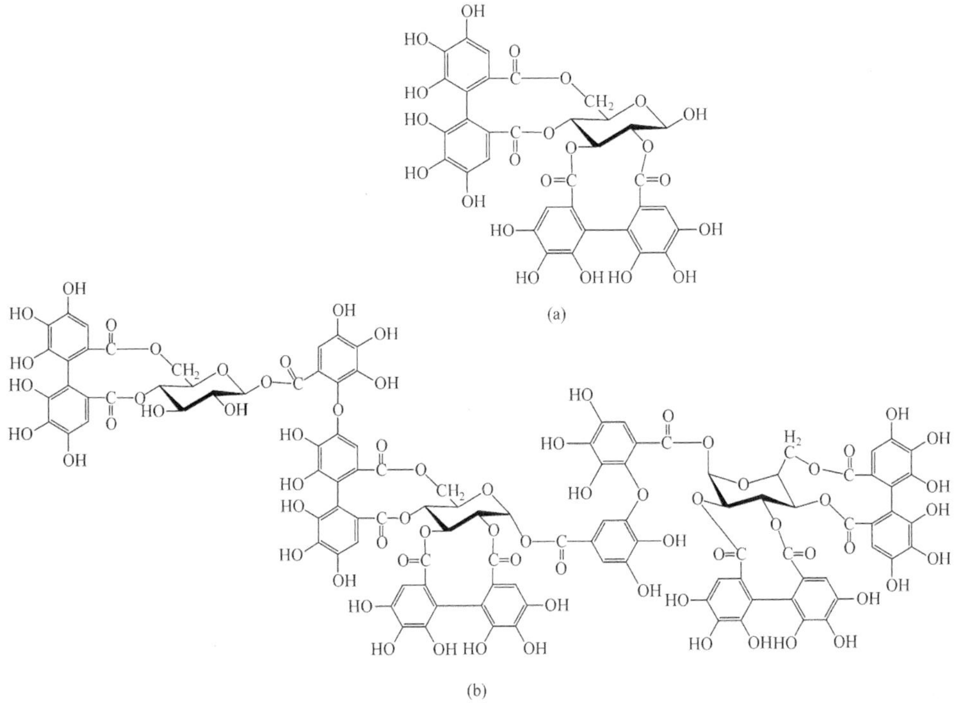

(a)

(b)

图 2.11   英国栎鞣花素（a）与刺玫果素 T1（b）的分子结构

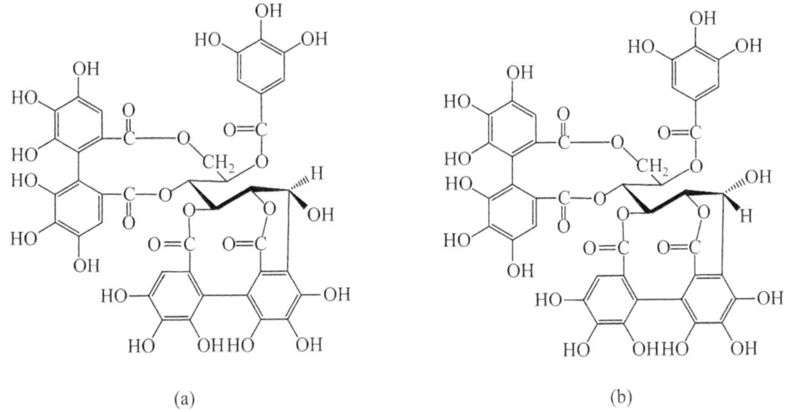

(a)   (b)

图 2.12   木麻黄单宁（a）和旌节花素（b）的分子结构

5）聚合形式的鞣花单宁

随着对鞣花单宁化学结构研究的深入，研究者发现许多种鞣花单宁并不是单体，而是以聚合态的形式存在。一般情况下，聚合形式的鞣花单宁是由 2 个或者更多的简单的鞣花单宁个体通过 VAL 和 DHDG 连接葡萄糖的聚合方式形成，其分子结构中葡萄糖的个数特征性地表示其分子聚合度，只有一个葡萄糖的结构被称为单体鞣花单宁[8]。聚合形式的鞣花单宁在自然界广泛存在，如二聚体鞣花单宁瑞木素 A（cornusiin A，图 2.13）和三聚体的鞣花单宁——刺玫果素 T1[图 2.11（b）][18, 21]。

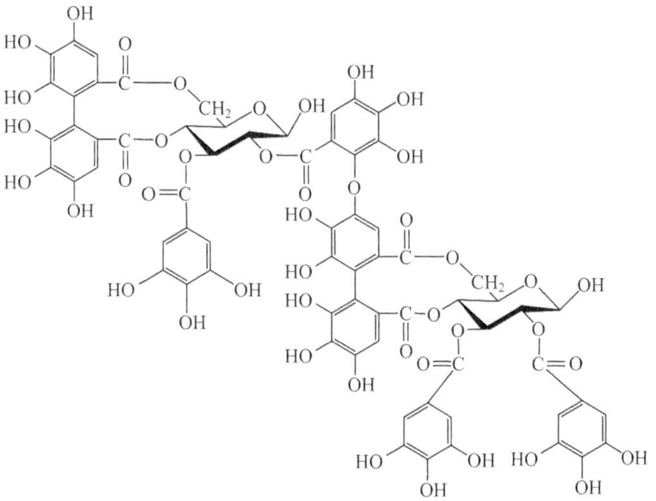

图 2.13　瑞木素 A 的分子结构

　　综上所述，水解类单宁中的棓单宁和鞣花单宁在化学结构特征方面既有区别又有联系，这使得它们在具有单宁的化学性质共性的同时也展现出各自具有的特性。同棓单宁相比，鞣花单宁分子中不仅含有简单的棓酰基，也含有种类繁多、变化多样的其他酚酰基，使其化学结构更为复杂和多样，也赋予了鞣花单宁较强的疏水性和较低的分子构型柔曲性，而这往往也是其具有药理活性的重要原因。因分子结构的特殊性，鞣花单宁可以通过聚合的方式形成化学结构更为复杂的植物多酚，且鞣花单宁的纯品常以晶体形式出现，而棓单宁的纯品则常是无定形的粉末。另外，鞣花单宁与棓单宁之间又有着密切的生源关系。如前所述，鞣花单宁也是植物体内棓酸代谢的产物，其分子结构中复杂的酚酰基可能是由简单的棓酰基之间通过多种化学和生物催化作用转化形成的[7, 22, 23]。

2.1.2　缩合类单宁

　　缩合类单宁又称聚黄烷醇多酚，是植物体内产生的一类衍生于黄烷[flavan，图 2.14（a）]化合物的多酚类物质，其化学结构中不含糖残基，分子骨架主要为 C6—C3—C6。按照分子量大小，此类单宁又可以分为黄烷醇单体（主要为黄烷-3-醇和黄烷-3, 4-二醇）及其聚合体。习惯上，将分子量 500~3000 的聚合体称为缩合类单宁，而将分子量更大的聚合体称为"红粉"（phlobaphene）和"酚酸"（phenolic acid）。黄烷醇单体是形成缩合类单宁的前体化合物，而缩合类单宁经进一步的缩合生成"红粉"和"酚酸"。植物化学家又常将这类化合物称为原花色素。原花色素是植物体内一类由黄烷醇单体及其聚合体构成的多酚化合物，可在加热的酸性介质中特征性地生成花色素（anthocyanidin，又称"花青素"）。根据组成单元数目上的差异，原花色素可以大致地分为单体原花色素（monomeric proanthocyanidin）、低聚原花色素（oligomeric proanthocyanidin）和聚合原花色素（polymeric proanthocyanidin）。单体原花色素对应于黄烷醇单体；低聚原花色素是聚合度为2～5（也有定义为7以下）的原花色素，对应于缩合类单宁；聚合原花色素对应于缩合类单宁、"红粉"和"酚酸"。一部分缩合类单宁[如茶黄素（theaflavin，TF），图2.14（b）]在酸处理下不产生花色素，因而并不属于原花色素。因此，可以认为大部分的缩合类单宁等同于原花色素。本书中论述的缩合类单宁主要指的是原花色素，其他也具有黄烷类结构的化合物（如黄酮类化合物）不在讨论范围。

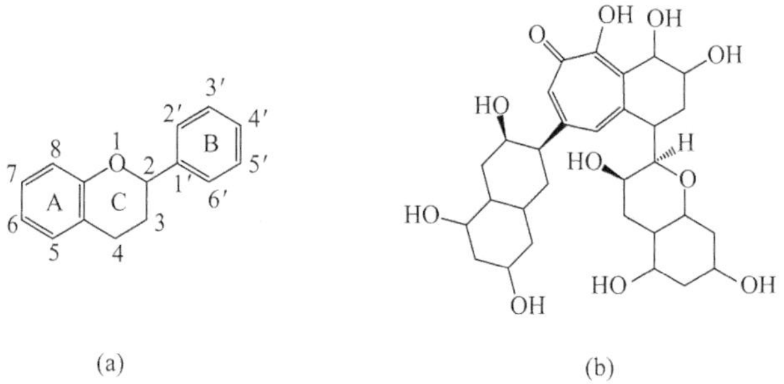

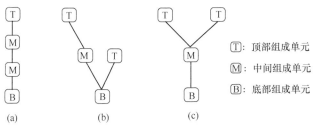

图2.14　黄烷（a）和茶黄素（b）

根据组成单元黄烷醇单体在分子结构中排列型式的不同，单宁或原花色素又可以分为直链型、角链型和支链型三种，如图2.15所示[24-26]。

T: 顶部组成单元

M: 中间组成单元

B: 底部组成单元

(a)　　　　　　(b)　　　　　　(c)

图2.15　单宁或原花色素分子的不同排列型式
（a）直链型；（b）角链型；（c）支链型

1. 单体黄烷

黄酮类化合物（flavonoids）是一类广泛存在于自然界的多元酚化合物，其结构特征是两个具有酚羟基的苯环（A 环与 B 环）与中央三碳原子（C2，C3，C4）相互连接，其中一个碳原子与 A 环 8a 位上的氧原子连接形成吡喃环（C 环），分子骨架为 C6—C3—C6，基本母核为 2-苯基色原酮。根据吡喃环三碳原子的氧化程度及成环状态，黄酮类化合物可分为多种类别。氧化程度最高的是黄酮醇（flavonol），其次是黄酮（flavone）、二氢黄酮醇（flavanonol）、苯亚甲基香豆满酮（噢哢，benzal-coumaranon），再次是黄烷酮（flavanone）、查耳酮（chalcone）、花色素（anthocyanidin）、黄烷-3,4-二醇（flavan-3,4-diol），氧化程度最低的是黄烷-3-醇（flavan-3-ol）和黄烷-4-醇（flavan-4-ol），化学结构如图 2.16 所示[1, 4, 25, 27]。

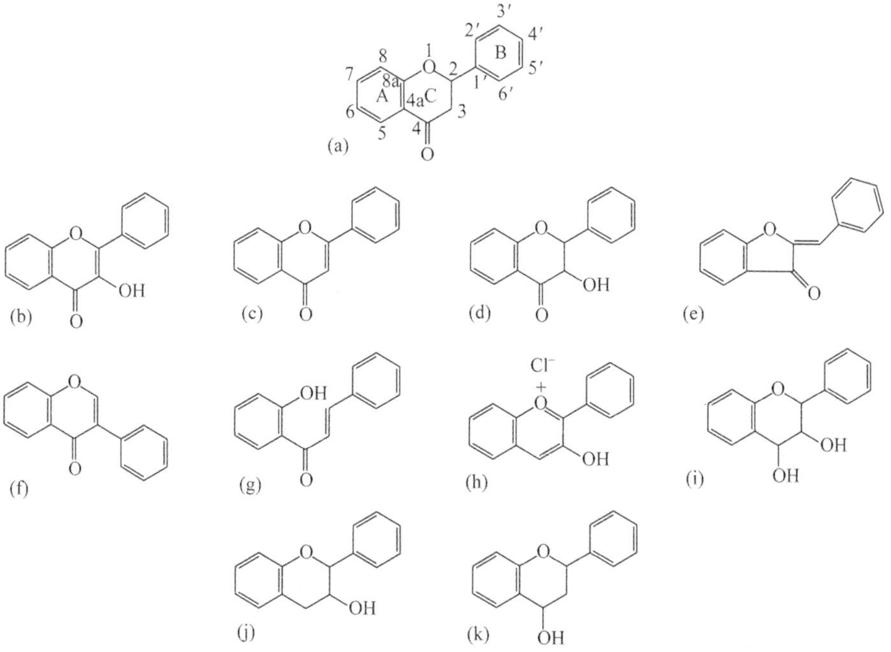

图 2.16　黄酮类化合物的母核与不同氧化程度的黄酮类化合物
（a）2-苯基色原酮；（b）黄酮醇；（c）黄酮；（d）二氢黄酮醇；（e）噢哢；（f）黄烷酮；（g）查耳酮；
（h）花色素；（i）黄烷-3,4-二醇；（j）黄烷-3-醇；（k）黄烷-4-醇

　　其中，黄烷-3-醇和黄烷-3,4-二醇是缩合类单宁的主要前体化合物，可经缩合反应形成缩合类单宁，而其他一些黄酮类化合物因 C4 位上有一个羰基，显著地降低了 A 环的亲核性质并占据了一个缩合位点，因此它们之间不会自相缩聚形成缩合类单宁，但却与缩合类单宁之间有密切的生源关系。

　　1）黄烷-3-醇

　　黄烷-3-醇在热酸处理条件下不产生花色素，因而不属于原花色素类物质，但却是一种典型的黄烷醇。根据黄烷醇结构中 A 环和 B 环上羟基取代形式的差异，黄烷-3-醇可主要分为表 2.1 所示的几种类型，化学结构如图 2.17 所示[1]。

表 2.1   黄烷-3-醇的类型

A 环结构	典型化合物
间苯三酚 A 环（5,7-OH）	棓儿茶素（gallocatechin）、儿茶素（catechin）、阿福豆素（afzelechin）
间苯二酚 A 环（7-OH）	刺槐亭醇（robinetinidol）、菲瑟亭醇（fisetinidol）
连苯三酚 A 环（7,8-OH）	牧豆素（prosopin）

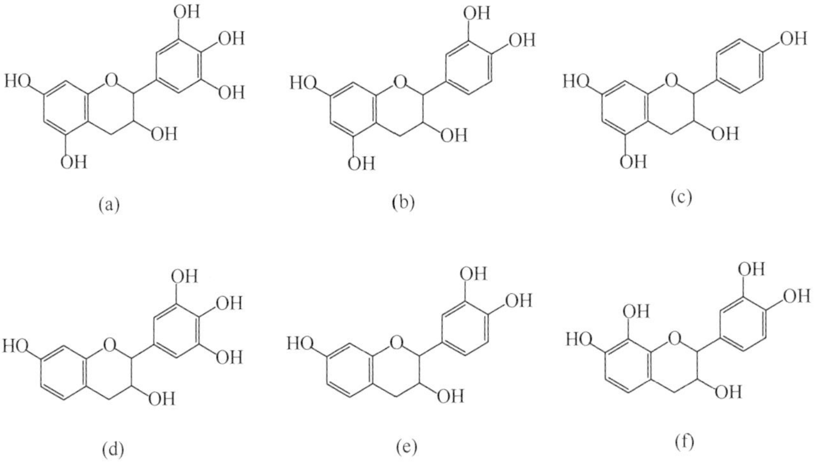

(a)   (b)   (c)

(d)   (e)   (f)

图 2.17   常见的黄烷-3-醇化合物的化学结构

（a）棓儿茶素；（b）儿茶素；（c）阿福豆素；（d）刺槐亭醇；（e）菲瑟亭醇；（f）牧豆素

黄烷-3-醇的结构中，杂环上的 C2 和 C3 原子是手性碳原子，可形成 4 种立体异构体。因此，上述黄烷-3-醇还可以据此细分。此处，以最为常见和典型的儿茶素和棓儿茶素为例，对黄烷-3-醇的立体异构体的名称（表 2.2）和化学结构特征（图 2.18）进行介绍[1, 28]。

表 2.2   儿茶素和棓儿茶素的立体异构体

立体异构体名称	简称	相对构型	绝对构型
(+)-儿茶素	儿茶素（catechin）	2,3-反式	2R, 3S
(−)-儿茶素	对映-儿茶素（ent-catechin）	2,3-反式	2S, 3R
(+)-表儿茶素	对映-表儿茶素（ent-epicatechin）	2,3-顺式	2S, 3S
(−)-表儿茶素	表儿茶素（epicatechin）	2,3-顺式	2R, 3R
(+)-棓儿茶素	棓儿茶素（gallocatechin）	2,3-反式	2R, 3S

续表

立体异构体名称	简称	相对构型	绝对构型
(−)-棓儿茶素	对映-棓儿茶素 (ent-gallocatechin)	2, 3-反式	2S, 3R
(+)-表棓儿茶素	对映-表棓儿茶素 (ent-epigallocatechin)	2, 3-顺式	2S, 3S
(−)-表棓儿茶素	表棓儿茶素 (epigallocatechin)	2, 3-顺式	2R, 3R

注：词头(+)、(−)表示旋光方向；"表"字表示"2, 3-顺式"构型，无词头的表示"2, 3-反式"构型；"对映"表示"2S"构型，无词头的表示"2R"构型。

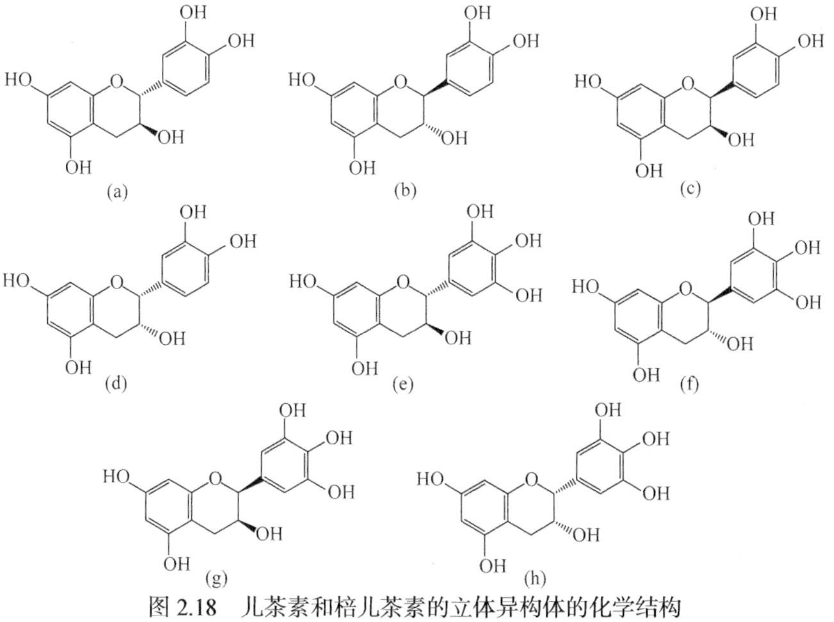

图 2.18　儿茶素和棓儿茶素的立体异构体的化学结构

（a）(+)-儿茶素；（b）(−)-儿茶素；（c）(+)-表儿茶素；（d）(−)-表儿茶素；（e）(+)-棓儿茶素；（f）(−)-棓儿茶素；（g）(+)-表棓儿茶素；（h）(−)-表棓儿茶素

由图 2.18 中所示的化学结构可知，儿茶素和棓儿茶素是具有较强的亲核反应活性的化合物，其结构中 A 环的 C6 与 C8 为亲核反应中心，它们也是黄烷-3-醇中分布最广、被研究最早、应用最广泛的两类化合物。间苯三酚 A 环类型的黄烷-3-醇化合物的反应活性强于间苯二酚 A 环类型和连苯三酚 A 环类型的化合物[29]。

2）黄烷-3, 4-二醇

黄烷-3, 4-二醇可在热酸条件下产生花色素，是一种典型的单体原花色素，其化学性质活泼，容易发生缩聚反应，形成分子量更大的缩合类单宁。与黄烷-3-醇类似，根据其化学结构中 A 环和 B 环上羟基的取代类型，黄烷-3, 4-二醇主要有如表 2.3 所示的几种类型，分子结构如图 2.19 所示[1, 30, 31]。

表 2.3　黄烷-3, 4-二醇的类型

类别	代表性化合物
间苯三酚 A 环 （5, 7-OH）	无色天竺葵定（leucopelargonidin）、无色花青定（leucocyanidin）、无色翠雀定（leucodelphinidin）
间苯二酚 A 环 （7-OH）	无色桂金合欢定（leucoguibourtinidin）、无色菲瑟定（leucofisetinidin）、无色刺槐定（leucorobinetinidin）
连苯三酚 A 环 （7, 8-OH）	无色特金合欢定（leucoteracacidin）、无色黑木金合欢定（leucomelacacidin）

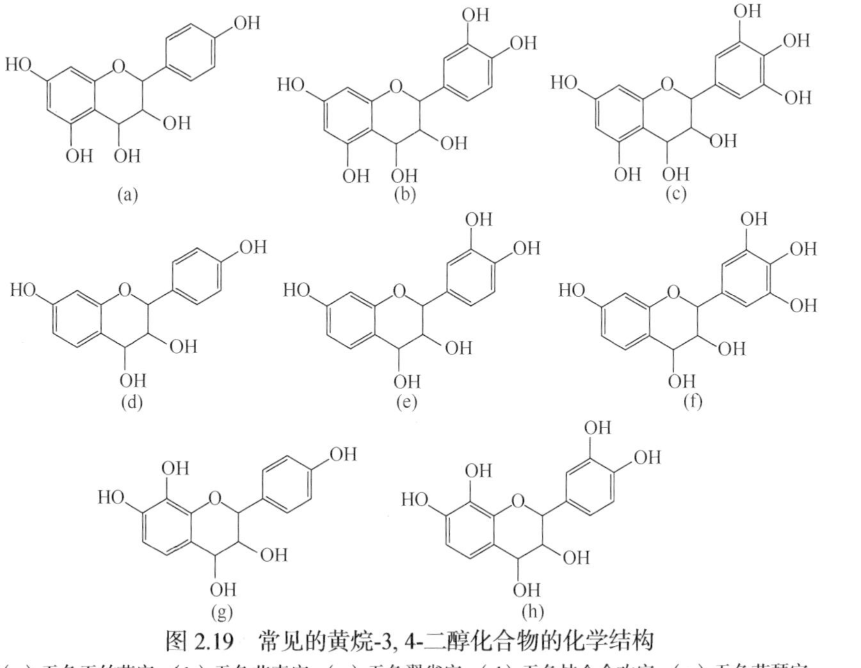

图 2.19　常见的黄烷-3, 4-二醇化合物的化学结构
（a）无色天竺葵定；（b）无色花青定；（c）无色翠雀定；（d）无色桂金合欢定；（e）无色菲瑟定；
（f）无色刺槐定；（g）无色特金合欢定；（h）无色黑木金合欢定

黄烷-3, 4-二醇的结构中，杂环上的 C2、C3 和 C4 原子是手性碳原子，因此可以形成更为复杂的立体异构体，此处不再赘述。黄烷-3, 4-二醇的分子结构与黄烷-3-醇类似，但不如黄烷-3-醇稳定，其杂环上的 C4 位是亲电反应中心，易与另外的黄烷-3-醇、黄烷-3, 4-二醇分子 A 环上的亲核中心反应形成缩合类单宁。间苯三酚 A 环类型的黄烷-3, 4-二醇化合物比间苯二酚 A 环类型和连苯三酚 A 环类型的化合物的活性高，更易发生缩聚反应[25]。

2. 二聚原花色素

黄烷-3,4-二醇与黄烷-3-醇之间可发生缩聚反应。此时，黄烷-3,4-二醇通过C4位的亲电中心与黄烷-3-醇的C8或C6位的亲核中心反应生成二聚体原花色素，黄烷-3,4-二醇和黄烷-3-醇分别组成二聚体结构的"上部"和"下部"。二聚原花色素的分子结构取决于构成单元的类型、单元间连接的位置（4→8位或4→6位）及其构型，还取决于连接键的类型（单链键或双链键）[1,31,32]。

二聚原花色素是一类分布广泛、研究最为深入的黄烷-3,4-二醇与黄烷-3-醇的二聚体，其构成单元是(+)-儿茶素和(-)-表儿茶素，聚合体结构中的上、下两部分间以4→8位或4→6位的C—C键连接。原花色素相关性质的深入研究为植物单宁化学带来了突破性的进展。常见的二聚原花色素的化学结构如图2.20所示，原花青定B-1、B-2、B-3、B-4是4→8位的C—C键连接，原花青定B-5、B-6、B-7、B-8是4→6位的C—C键连接[1,31,33]。

此外，二聚原花色素的组成单元间除了以C—C键连接，还能再通过C2与C7或C2与C5间形成C—O—C的醚键，成为双连接键形式的聚合物，称为A

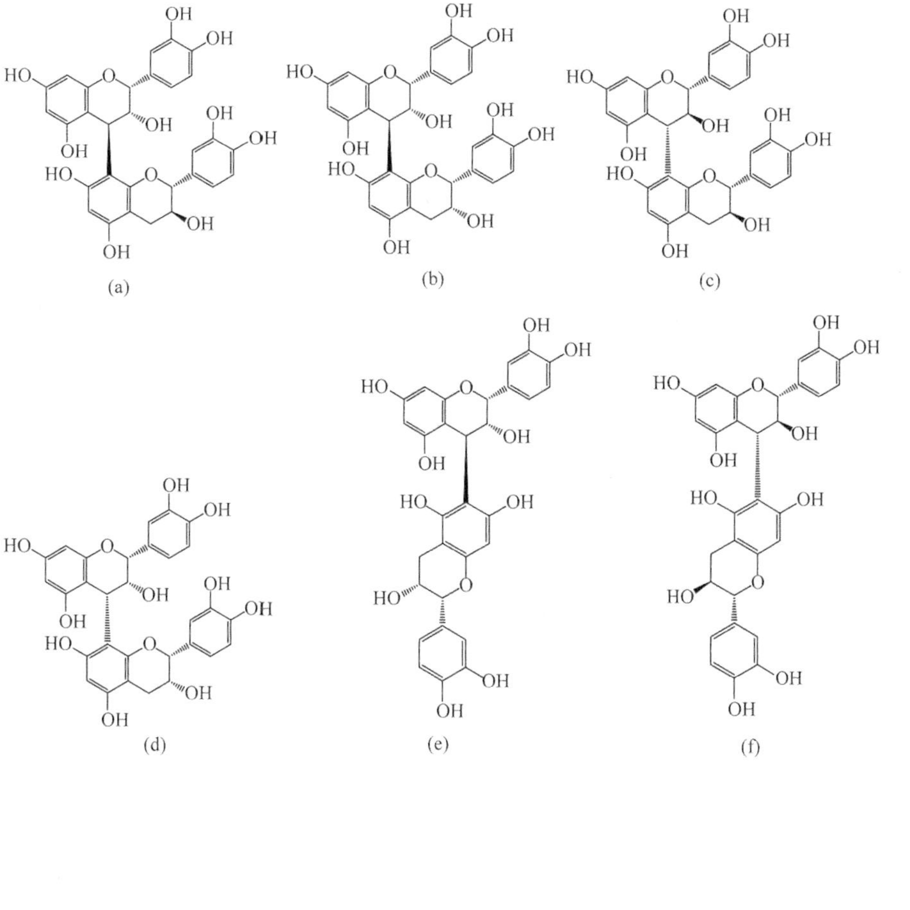

(a)　　　　　　　　(b)　　　　　　　　(c)

(d)　　　　　　　　(e)　　　　　　　　(f)

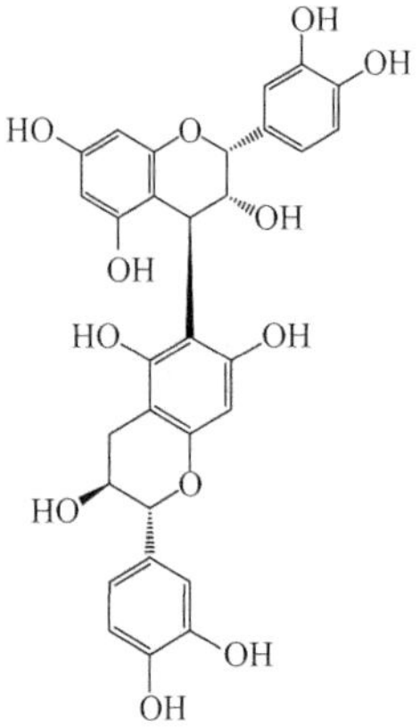

(g)

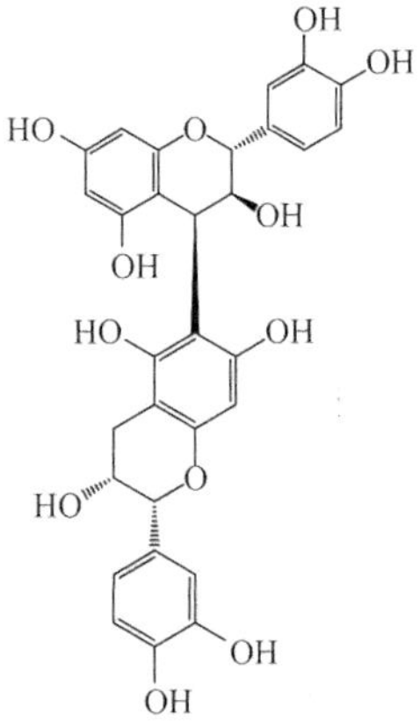

(h)

图 2.20　常见二聚原花色素的化学结构

（a）原花青定 B-1；（b）原花青定 B-2；（c）原花青定 B-3；（d）原花青定 B-4；（e）原花青定 B-5；（f）原花青定 B-6；（g）原花青定 B-7；（h）原花青定 B-8

型原花青定。常见的双链键型二聚原花色素有原花青定 A-1、A-2、A-4、A-5′、A-6 和 A-7，化学结构如图 2.21 所示[1, 31, 33]。

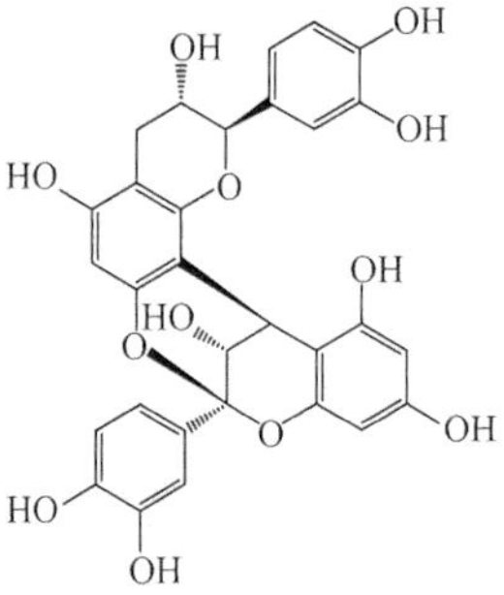

(a)

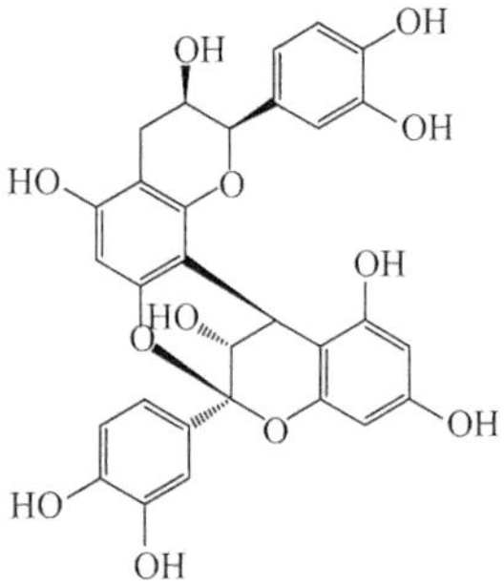

(b)

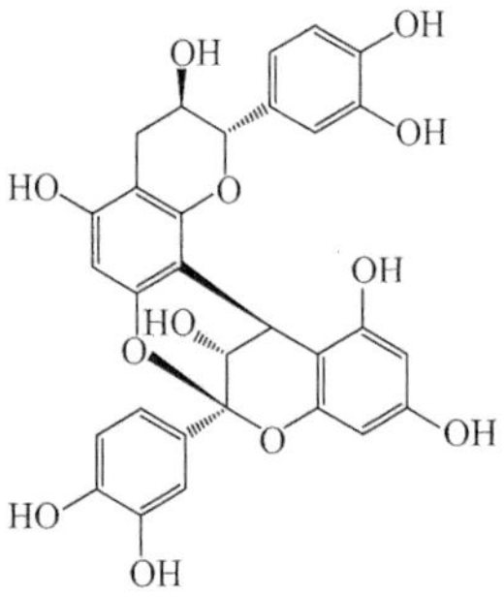

(c)

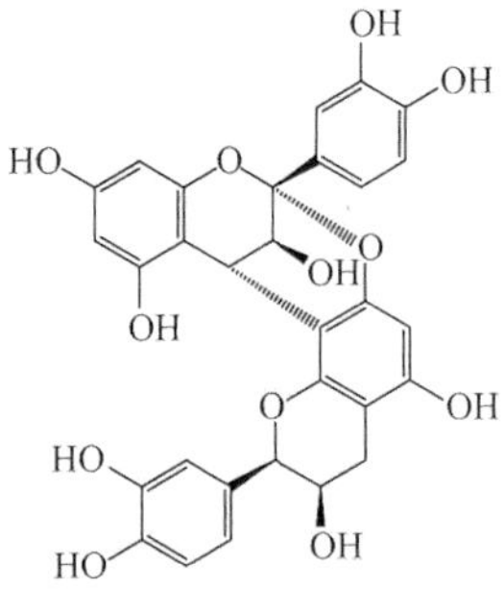

(d)

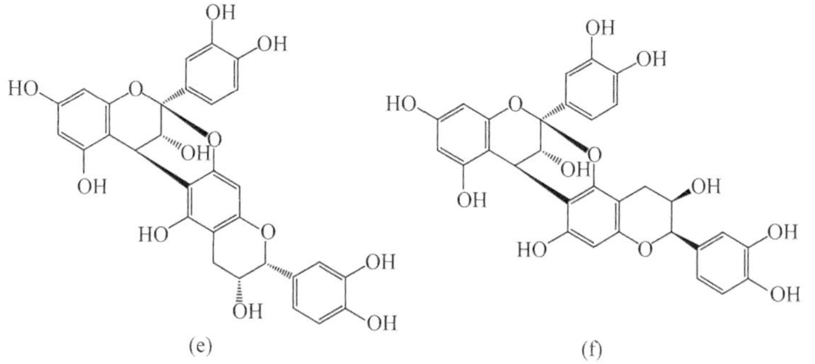

图 2.21　常见的 A 型二聚原花色素的化学结构
（a）原花青定 A-1；（b）原花青定 A-2；（c）原花青定 A-4；（d）原花青定 A-5′；（e）原花青定 A-6；
（f）原花青定 A-7

3. 具有典型结构特征的缩合类单宁

二聚原花色素的分子中仍然具有亲电中心，可继续与黄烷-3, 4-二醇发生缩聚反应，生成分子量在 500～3000 之间的聚合物，即习惯上称为"缩合类单宁"的聚合原花色素。由上一节已经看到，即使二聚原花色素，其单体的组合方式已经比较复杂，但对缩合类单宁而言，单体的组合方式更多，其精细化学结构十分复杂。缩合类单宁的组成单元间以 C—C 键连接，存在较大的空间位阻，一般不能自由旋转，表现出较明显的空间构象稳定性，分子构型也较为僵硬[1, 4, 9]。黑荆（*Acacia mearnsii*）树皮单宁、落叶松[*Larix gmelinii*（Rupr.）Kuzen.]树皮单宁和毛杨梅（*Myrica esculenta* Buch. -Ham.）树皮单宁是代表性的缩合类单宁，具有缩合类单宁的典型结构特征。

黑荆树皮单宁是研究最多、应用最广泛的缩合类单宁之一，是平均分子量约为 1250 的单宁混合物，相当于四聚体的聚原花色素，其代表性化学结构如图 2.22 所示。

在黑荆树皮单宁的结构单元中，间苯二酚 A 环类型的原刺槐定约占 70%，原菲瑟定约占 30%，组成单元在分子中以支链型结构排列[1, 34]。

落叶松树皮单宁是曾经在我国制革、黏合剂、油田化学品领域使用较多的缩合类单宁，平均分子量约为 2800，相当于 9～10 聚体的聚原花色素，其代表性结构如图 2.23 所示。

落叶松树皮单宁的主要结构单元是间苯三酚 A 环类型的黄烷醇单体，它们同时含有亲核性和亲电性反应中心，极易发生缩聚反应形成聚合度较高的化合物。在落叶松树皮单宁的结构单元中，C2 和 C3 位的顺式构型约占 60%，反式构型约占 40%，组成单元在分子中以直链型结构排列，其"底端"由儿茶素和表儿茶素按 8∶2 的比例构成[1, 35]。

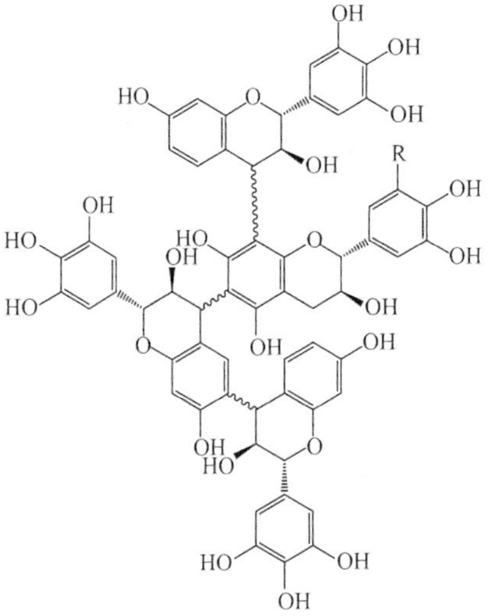

图 2.22　黑荆树皮单宁的代表性化学结构
（聚原翠雀定）

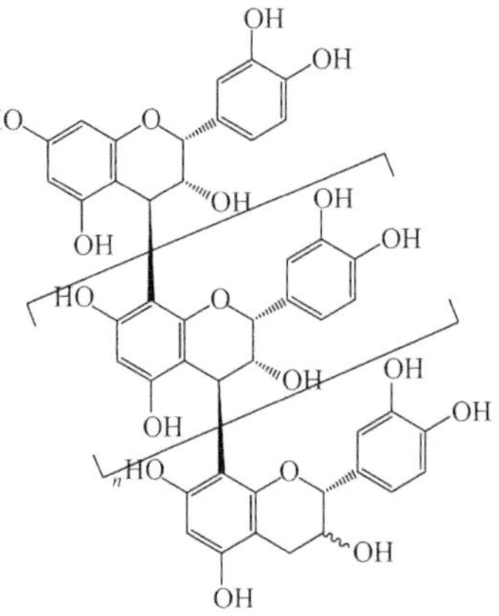

图 2.23　落叶松树皮单宁的代表性化学结构
（*n*≥1）（聚原花青定）

毛杨梅树皮单宁是一种具有 C3 位棓酰化结构的缩合类单宁，其代表性结构如图 2.24 所示。

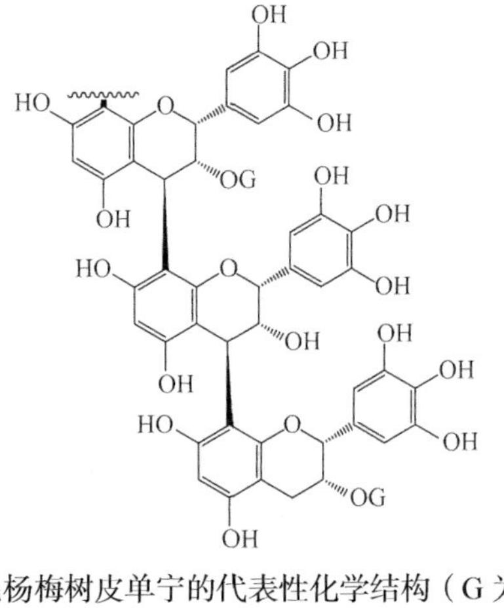

图 2.24　毛杨梅树皮单宁的代表性化学结构（G 为棓酰基）

C3 位的棓酰化结构在缩合类单宁中比较特别，它导致单宁的多种反应活性（如与蛋白质、金属离子的反应等）大大提高。由于棓酰基是水解类单宁的特征基团，因此一些学者也将这类单宁归类为复杂单宁。毛杨梅树皮单宁的平均分子量约为 5000，主要结构单元是棓酰化的间苯三酚 A 环类型的黄烷醇单体。在毛杨梅树皮单宁的结构单元中，C2 和 C3 位的顺式构型约占 90%，反式构型约占 10%，其"底端"主要由表棓儿茶素-3-*O*-棓酸酯构成[1, 36]。

4. 红粉和酚酸

红粉和酚酸都是缩合类单宁在一定条件下进一步缩聚生成的产物。红粉泛指缩合类单宁水溶液在酸或氧的作用下进一步发生缩聚反应，生成的不溶于热水，但溶于醇或亚硫酸水溶液的红色沉淀物，也包括植物体内与缩合类单宁伴存的不溶于水但溶于某些有机溶剂（如甲醇）的红色的多元酚化合物。红粉的化学本质是聚合度较高的聚合原花色素，平均分子量一般都高于 3000。

酚酸则是比红粉具有更高聚合度和平均分子量的聚合原花色素，一般不溶于中性试剂，但却溶于碱性溶液，由于其聚合度非常大，其化学结构尚待鉴定。红粉和酚酸在实际工业中的应用价值较低，且分子量大、结构复杂，故对两者的研究较少[1, 9, 37, 38]。

2.1.3　复杂类单宁

随着对单宁化学结构及性质研究的深入，研究者从枥属、栲树属和番石榴属等多类种属的植物组织中发现了具有黄烷醇结构单元的鞣花单宁。黄烷醇是缩合类单宁的特征性结构单元，而鞣花单宁是水解类单宁。因此，将这类同时具有水解类和缩合类单宁的结构单元（C6—C1 和 C6—C3—C6）及化学特征的单宁称为复杂类单宁，如窄叶青冈素 B（stenophynin B）和蒙古枥卡宁（mongolicanin），其化学结构如图 2.25 所示。

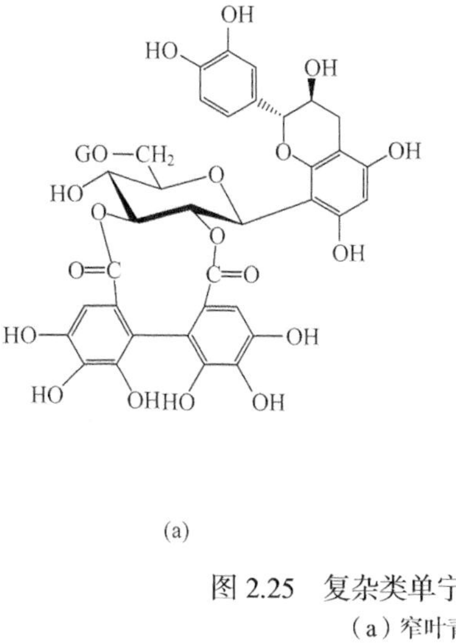

(a) 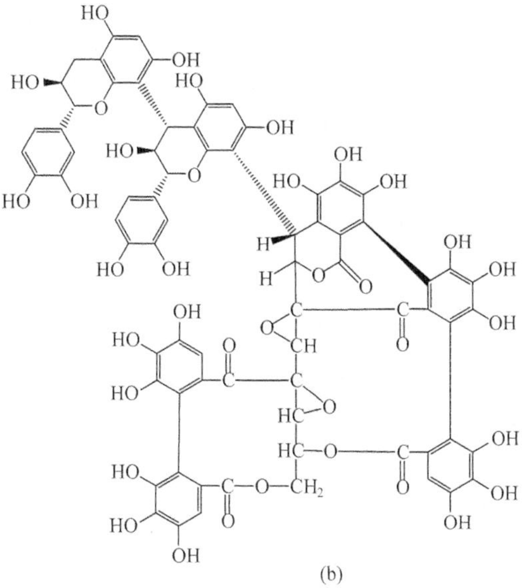　　　　　　　　　　　　　　　　　(b)

图 2.25　复杂类单宁的典型化学结构（G 为棓酰基）
（a）窄叶青冈素 B；（b）蒙古枥卡宁

由图 2.25 可知，窄叶青冈素 B 中既含有棓酰基又含有黄烷醇，蒙古栎卡宁则是由鞣花单宁部分和原花色素部分结合组成，两种化合物同时具有水解类和缩合类单宁的化学结构特征[1, 39, 40]。

2.2 植物单宁的定性测定

在单宁的研究及应用领域，单宁的定性测定是很重要的，也是最常遇到的问题。不同种类的单宁具有不同的结构特征，其研究方法及应用领域有明显的区别。例如，葡萄酒中单宁的种类对其特殊风味的形成有不同的影响；植物性食品中不同的单宁使其具有不同的营养作用或抗营养作用。可见，对单宁的种类进行分析鉴定不仅有利于人们进一步认识其结构与作用，也对单宁的资源化开发利用具有重要的指导意义[1, 41, 42]。因此，如何快速、简便、准确地进行单宁的定性测定一直是相关领域的科技工作者十分关注的问题。

"定性测定"是运用分析与综合的方法对待测目标进行"质"方面的考察，通过去粗取精、去伪存真、由此及彼、由表及里，对物质的化学组成（或成分）及种类进行鉴定，从而达到认识物质的本质，揭示其内在规律的目的[43]。目前，已有纸色谱法（paper chromatography，PC）、薄层色谱法（thin-layer chromatography，TLC）、气相色谱法、液相色谱法、质谱法及核磁共振法等多种分析方法应用于单宁的定性测定，但由于单宁种类繁多，组分复杂，且往往还可能含有部分杂质，几乎没有一种分析方法可以适用于所有体系的单宁的定性测定，需要根据实际情况综合选择测定方法与实验条件[44]。从"快速、简便、准确"的角度出发，本节主要对单宁定性测定中最为常用的纸色谱法、薄层色谱法、显色反应法和明胶沉淀法进行介绍。

2.2.1 纸色谱法

纸色谱法创立于 20 世纪 40 年代中期，可用于多种无机物和有机物的分离与鉴定，具有简单、高效、低成本等特点，是分析化学领域一种有效的研究手段，在植物单宁的定性测定中占有重要的地位。纸色谱法一般使用滤纸作为载体，以滤纸纤维周围的水为固定相，采用不同组成和配比的有机溶剂为流动相，利用待测混合物中不同组分在不同溶剂中分配系数的差异对物质进行分离和鉴定，是一种典型的分配色谱，其分离与鉴定原理如图 2.26 所示。纸色谱法中，不同组分的移动情况通常以比移值（R_f）表示。R_f 与物质本身的性质及其在两相间的分配系数有关，当两相确定时，物质的 R_f 通常是固定的。因此，可根据物质在不同溶剂中的 R_f 和颜色，对物质进行定性分析[45, 46]。

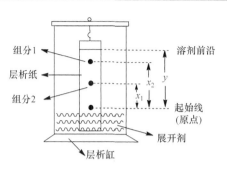
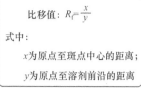

图 2.26　纸色谱法分离与鉴定示意图

$$R_{f1} = \frac{x_1}{y} \qquad R_{f2} = \frac{x_2}{y} \qquad R_{f2} - R_{f1} = \Delta R_f$$

$\Delta R_f > 0.02$，说明两种组分可有效分离

在单宁的定性测定中，纸色谱法的一般操作步骤是：层析纸的准备→样品的点样→溶剂展开→显色剂显色→定位→分析与鉴定。常用的纸色谱层析纸有新华牌色谱用滤纸和 Whatman 1 号及 3 号滤纸。一般采用定容毛细管及微量注射器进行样品的点样，样点直径通常保持在 3～5mm。常用于单宁定性测定的展开溶剂有：BAW 溶剂（正丁醇：乙酸：水=4：1：5，体积比）、BHW 溶剂（正丁醇：浓盐酸：水=6：1：5，体积比）、Forestal 溶剂（浓盐酸：乙酸：水=3：30：10，体积比）、甲酸溶剂（甲酸：浓盐酸：水=5：2：3，体积比）、1% HCl 溶剂（浓盐酸：水=3：97，体积比）、6%乙酸（体积分数）等。展开溶剂中的正丁醇能显著增强固定相的锁水作用，避免层析纸中的吸附水被带走，而乙酸的加入能增强溶剂的极性，还能有效延缓酚类物质的离子化，减少组分展开时的"拖尾"现象。对有色样品而言，其本身具有鲜明的颜色，不同组分层析出的斑点能直接检出，可根据斑点的不同颜色与位置，获得其 R_f 值，通过与标准物质或对照数据库中 R_f 值的比较，对不同组分进行定性分析；对无色样品而言，需要采用恰当的化学方法或物理方法对不同组分层析出的斑点进行显色，进而获得其 R_f 值，再对其进行定性分析[1, 47-49]。

纸色谱法通常用于原花色素及与其有生源关系的单宁的定性测定。例如，采用溶液 A（正己烷：丙酮=9：1，体积比）和溶液 B（丙酮：水=9：1，体积比）为展开溶剂，通过正相与反相纸色谱层析，西洋蒲公英（*Taraxacum officinale*）叶子的正己烷提取物中多个原花色素及其衍生物被成功地分离与鉴定[50]，结果如图 2.27 所示。

同时，通过与紫外-可见分光光谱法等技术的耦合联用，纸色谱法可对多种植物单宁进行有效的定性分析。例如，采用 BAW 溶剂（正丁醇：乙酸：水=4：1：5，体积比）和甲酸溶剂（甲酸：浓盐酸：水=5：2：3，体积比）为展开溶剂，通过与紫外-可见分光光谱的联用，从覆盆子、黑莓、蓝莓、葡萄、草莓、桃子、茄子、红卷心菜、红洋葱等蔬菜与水果中成功地分离和鉴定到矢车菊素（cyanidin）、飞燕草素（delphinidin）、天竺葵素（pelargonidin）、芍药素（peonidin）、矮牵牛

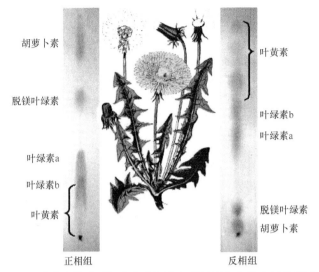

图 2.27　西洋蒲公英叶子提取物中原花色素及其衍生物的纸色谱法分析

素（petunidin）和锦葵素（malvidin）等单宁及其衍生物[51]。

　　此外，纸色谱法还能用于不同空间构型及分子量分布的单宁的初步分析。例如，使用溶剂Ⅰ（6%乙酸，体积分数）和溶剂Ⅱ（BAW 溶剂，正丁醇：乙酸：水=4：1：5，体积比）为展开溶剂，不同植物提取物中的儿茶素与表儿茶素被成功地分离与鉴定；以 6%乙酸溶液（体积分数）为展开溶剂，不同降解程度的橡椀栲胶的分子量分布及其可能的变化规律被初步地测定与探讨[52, 53]。

2.2.2　薄层色谱法

　　薄层色谱法在 20 世纪 50 年代后期开始在分析化学领域中推广应用，由于其比纸色谱法更为高效、灵敏，因而得到了迅速的发展。薄层色谱法是在玻璃板或塑料板等支撑物上均匀涂布一层固定相（如硅胶、氧化铝、纤维素、聚酰胺、硅藻土等），以不同组成和配比的有机溶剂为流动相对样品进行层析，利用样品中不同组分在固定相和流动相中的吸附及解吸能力的差异对物质进行分离和鉴定，是一种典型的吸附色谱。薄层色谱法的实验装置、操作步骤及分析鉴定方法与纸色谱法相同，均是通过化学或物理方法获得不同组分在薄层板上所形成的斑点的颜色和位置，进而计算其 R_f，通过与标准物质或对照数据库中 R_f 的比较，对不同组分进行定性分析[54, 55]。

　　在单宁的定性测定中，流动相的选择对不同组分的薄层层析效果有显著的影响。流动相的选择常遵循两个原则：流动相对被分离组分有一定的溶解度；流动相对被分离组分具有适当的亲和力。一般情况下，对极性较大的化合物使用极性较大的流动相，极性较小的化合物则使用极性较小的流动相，流动相的极性要比被分离组分的极性略小。溶剂的极性可用介电常数来衡量，极性随介电常数的增大而增大，薄层色谱中常用溶剂的介电常数见表 2.4[56, 57]。

表 2.4　薄层色谱中常用溶剂的介电常数（15～20℃）[56]

溶剂	介电常数	溶剂	介电常数
水	81	乙酸乙酯	6.5
甲醇	35	甲苯	5.8
乙醇	26	氯仿	5.2
丙酮	24	乙醚	4.4
正丁醇	19	二硫化碳	2.6
异戊醇	16	苯	2.3
吡啶	12	四氯化碳	2.2
氯苯	11	己烷	1.9
乙酸	9.7	石油醚	1.8

薄层色谱法常与显色反应法联合使用，对单宁进行快速、简单的初步鉴定。不同种类的单宁具有不同的化学结构特征，使其与显色试剂反应后呈现不同的颜色，根据产物的颜色可对单宁进行初步的定性分析，表 2.5 中列出了一些经常用于单宁定性鉴定的特征性显色反应。因此，可先将单宁进行薄层层析，再在层析板上分别喷洒氯化铁及茴香醛-硫酸等显色试剂，根据不同组分所留斑点的颜色初步判断各组分的类型，如图 2.28 所示[1, 44]。

表 2.5　单宁的特征性显色反应[1, 44]

试剂	结构特征或化学本质	反应颜色和现象
香草醛-盐酸	间苯三酚 A 环	红色
茴香醛-硫酸	间苯三酚 A 环	橙色
氯化铁	间苯二酚	绿色
氯化铁	邻苯二酚	绿色
氯化铁	连苯三酚	蓝色
氯化铁-铁氰化钾	邻位酚羟基	蓝色
亚硝酸钠-乙酸	六羟基联苯二酸酯	红色
碘酸钾	棓酸酯	红色→褐色
重氮化对氨基苯磺酸	缩合类单宁	红色
浓硫酸	缩合类单宁	红色
浓硫酸	水解类单宁	黄色
溴水	缩合类单宁	橙红色

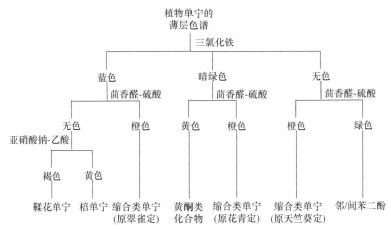

图 2.28　薄层色谱法与显色反应法联合使用对单宁的定性分析[1]

薄层层析中，常用于单宁定性测定的流动相有：BAW 溶剂（正丁醇：乙酸：水=4：1：5，体积比）、AHW 溶剂（乙酸：浓盐酸：水=15：3：82，体积比）和 1% HCl 溶剂（浓盐酸：水=3：97，体积比）。也有研究发现，由浓盐酸、甲酸和水按照 24.9：23.7：51.4（体积比）的比例组成的流动相，适合于绝大多数不同结构类型的单宁的薄层层析，通过调整各溶剂在流动相中的比例，可有效地改善不同组分的层析效果，有助于单宁的定性分析[58, 59]。

2.2.3　显色反应法

利用植物单宁与不同试剂之间的显色反应可以对单宁进行定性鉴定。用于单宁定性鉴定的显色反应较多，较常用的是单宁与三价铁盐间的显色反应。该显色反应常用的试剂是氯化铁-铁氰化钾混合液（各配成 0.1%的水溶液，测定时各加入几滴至待测定试样中），适合于植物提取物等水溶液中单宁的定性测定。其原理是，单宁与三价铁盐发生络合反应，可使反应体系特征性地呈现蓝黑色或深绿色。前者是三价铁与单宁分子中的连苯三酚结构作用所致，后者是三价铁与单宁邻苯二酚结构作用所致。因此，该方法也常用于初步鉴定溶液中单宁的种类，呈蓝黑色时主要为水解类，呈绿色时主要为缩合类。该方法的检测灵敏度高，可快速、简便地测试水溶液中是否含单宁及单宁的种类。

除此之外，图 2.28 和表 2.5 所示的所有显色反应均可用于溶液中植物单宁的定性鉴定。例如，缩合类单宁与浓硫酸呈红色，水解类单宁则呈黄色或褐色；有间苯三酚 A 环的缩合类单宁遇香草醛-盐酸呈红色，遇茴香醛-硫酸则显橙色。类似的颜色反应还有很多，可以根据具体条件选择使用。

2.2.4　明胶沉淀法

明胶沉淀法是国际公认的对溶液中植物单宁进行定性鉴定的检测方法。其原理是，单宁可以通过分子中的酚羟基与明胶中的肽键及其他活性基团形成多点氢键而形成不溶于水的沉淀。因此，通过此特征性的沉淀反应可对单宁进行定性鉴定。除此之外，该方法也可以依据对反应体系沉淀质量的测定，对单宁含量进行定量测定，我国的国家标准中就是采用该法对单宁的含量进行检测。明胶沉淀法的适用范围广，在严格的操作条件下具有较好的重复性，缺点是耗用样品多、测定时间长且无选择性。

2.3　植物单宁的定量测定

在食品、医药、化工、生物等领域，单宁的含量常常对产品的质量、化工过程的优化、生化反应的调节等方面产生显著的影响。因此，快速、准确地测定样品中单宁的含量是相关领域科研工作者非常关注的问题，它既有助于对科学现象的剖析和对深层次科学理论的阐述，也能在产品质量控制与监督、工业生产调节与优化等方面起到有益的参考作用[60]。

"定量测定"是指在定性分析的基础上对待测目标进行"量"方面的考察，通过恰当的方法与技术，对其组成中某类物质或某个组分的含量进行确定，从而掌握物质的组成及变化规律。同糖类、酯类、蛋白质等相比，单宁在组成和结构上是一类非常复杂的化合物，不同组分官能团的种类、数目和位置各不相同，分子量也大不相同，这些变化因素使得难以简单地用一种方法对不同样品中的单宁含量进行定量测定，必须根据实际情况选择不同的测定方法和测定条件，以满足不同情况下、不同样品中单宁含量的测定[43, 61]。从"快速、简便"的角度出发，本节对单宁定量测定中较为典型的分析方法进行介绍，并对定量测定方法和相关标准品的选择进行探讨。

2.3.1　典型的定量方法

单宁的定量测定包括对单宁总量的测定和对单宁各组分含量的测定两个方面，不同的定量分析方法均与单宁特殊的化学结构与性质密切相关。目前，常用于单宁定量测定的方法可大致分为：化学滴定法、分光光度法、光谱分析法、色谱分析法和物理分析法。近年来，随着分析技术的发展，分子印迹、荧光探针、电化学扫描等新的分析方法也应用到了单宁的定量测定领域。由于篇幅有限，本节仅对上述常见的定量分析方法中（除色谱分析法以外）的典型测定方法进行介绍[44, 62-64]，而色谱分析法将在第 3 章关于单宁的分离、纯化部分做介绍。

1. 高锰酸钾滴定法

高锰酸钾滴定法的测定原理是利用单宁结构中酚羟基的还原性，以靛红为指示剂，采用强氧化性的高锰酸钾试剂对样品溶液进行滴定，根据两者间氧化还原反应的定量关系，通过高锰酸钾的消耗量计算样品中单宁的含量。此法的滴定终点是反应溶液的颜色由蓝色转变为亮黄色。实验测定中，高锰酸钾标准滴定液的常用浓度为 0.02mol/L，且需要通过 0.63g/mL 的草酸溶液进行校正后才能使用，靛红指示剂的浓度为 0.1g/mL，通过绘制单宁标准品的浓度与高锰酸钾标准滴定液消耗量之间的标准曲线，获得以单宁标准品为当量计算的样品中单宁的总含量。高锰酸钾滴定法沿用已久，是一种快速、简易测定样品中单宁含量的经典方法。但由于样品中常常同时含有抗坏血酸及其他还原性杂质，该方法的测定结果往往偏高，因此不适用于还原性杂质含量较高的样品的测定。同时，该方法也存在滴定终点不明显和不易掌握、人为操作误差较大、实验试剂需经常标定等缺点[65]。

2. 紫外分光光度法

紫外分光光度法的测定原理是利用单宁结构中不饱和基团在205nm和275nm处有强烈的紫外吸收峰，通过建立特征波长下吸光度与单宁含量的线性关系，从而获得样品中的单宁含量。该方法被看作是一种实用性较好的单宁含量的测定技术，具有成本低、快速、简便、易操作等优点。但咖啡因、苯丙氨酸、酪氨酸、色氨酸等物质在270nm左右均有特征性的紫外吸收，对实验测定的准确性有较大影响，因此该方法不适用于含有大量上述杂质的样品的测定[66]。

3. 福林酚比色法

福林（Folin-Ciocalteu，FC）酚比色法是目前用于单宁含量测定的最为广泛和典型的方法。该方法的测定原理是利用单宁结构中的羟基易氧化的性质，使其在碱性条件下与福林酚试剂发生氧化反应，生成在 765nm 处有特征吸收峰的蓝紫色化合物，一定条件下反应溶液的吸光度与多酚含量正相关，从而可获得样品中单宁的含量。实验测定中，吸取 0.1mL 样品溶液（0.1～1mg/mL）与 2.0mL 碳酸钠溶液（20mg/mL）混合，25℃孵育 2min 后，加入已用蒸馏水对倍稀释的福林酚试剂（现配现用）溶液 0.9mL，混匀，25℃反应 30min，于波长 765nm 处测定反应溶液的吸光度值，通过由棓酸标准品绘制的标准曲线获得样品中以棓酸为当量计算的单宁含量[67]。福林酚比色法是茶叶等食品中单宁含量测定的国家标准 GB/T 8313—2018 及国际标准 ISO 14502-1/2：2005 方法，具有选择性好、简单易操作、测定结果准确可靠等优点，已在多个相关研究领域得到普遍应用。但此法在反应中可能会出现浑浊或沉淀，且样品中含有酚羟基这类官能团的简单酚、氨基酸、蛋白质和抗坏血酸等杂质对测定结果有干扰。

4. 普鲁士蓝比色法

普鲁士蓝（Prussian blue，PB）比色法的测定原理是利用单宁在酸性介质中能将 Fe^{3+} 还原成 Fe^{2+}，Fe^{2+} 进一步与铁氰化钾生成在 700nm 处有特征吸收的深蓝色配位化合物，通过测定反应溶液的吸光度间接测定单宁的含量。实验测定中，1.0mL 样品溶液（最佳测试浓度应低于 20μg/mL）与 1.0mL $FeCl_3$ 溶液（0.100mol/L）和 1.0mL $K_3Fe(CN)_6$ 溶液（0.008mol/L）混合，使用 HCl 溶液（0.100mol/L）将混合液定容至 25mL，室温条件下避光反应 60min，于波长 700nm 处测定反应溶液的吸光度值，通过标准曲线获得样品中的单宁含量。该分析方法操作简便，精密度及准确度高，重现性及稳定性好，可用于多数样品中单宁含量的测定。但样品中具有还原能力的抗坏血酸、氨基酸等物质对测定结果有干扰[68, 69]。

5. 酒石酸亚铁比色法

酒石酸亚铁比色法的测定原理是，利用样品中的二羟基酚或三羟基酚在 pH 7.5 的磷酸缓冲溶液中与酒石酸亚铁形成在 540nm 处有特征吸收峰的蓝紫色化合物，通过建立反应溶液吸光度与单宁含量的标准曲线获得样品中单宁的含量。实验测定中，常采用 1.0mL 样品溶液（0.1～1mg/mL）与 5.0mL 酒石酸亚铁溶液（1.0g 硫酸亚铁和 5.0g 酒石酸钾钠混合后加蒸馏水溶解，定容到 1L）和 4.0mL 蒸馏水混合，再用 pH 7.5 的磷酸缓冲液定容至 25mL，于波长 540nm 处测定溶液的吸光度值。该方法是福林酚比色法之前用于测定单宁含量的国家标准（GB/T 8313—2018）方法，可检测到 20～30ppm（1ppm=10^{-6}）的单宁，具有快速、简便、重现性好等优点，但也存在测定结果普遍偏高的缺点。此外，该方法对单宁标准品的要求较高，需要采用与待测样品的结构非常相近的单宁作为标准品绘制标准曲线[70]。

6. 香草醛-盐酸法

香草醛-盐酸法（Vanillin-HCl assay）是一种常用于缩合类单宁含量测定的典型方法，该方法的测定原理是利用间苯三酚、间苯二酚型黄烷醇和聚合原花色素结构中 A 环较高的化学反应活性，使其在酸催化条件下与香草醛发生缩合反应，生成在 500nm 处有特征吸收峰的正碳离子，通过该正碳离子吸光度的强弱测定样品中单宁的总含量。实验测定中，0.5mL 样品溶液（0.1～0.5mg/mL）与 3.0mL 香草醛甲醇溶液（4%，体积分数）及 1.5mL 浓盐酸混合，30℃反应 20min，于波长 500nm 处测定反应溶液的吸光度值，通过标准曲线计算样品中的单宁含量。该方法反应体系稳定，重现性好，测定误差范围小，具有快速、准确、操作简单等优点，适用于黄烷-3-醇单体、低聚原花色素的测定，但无法有效区分原花色素的单体和聚合体，且叶绿素、抗坏血酸等物质对测定结果有干扰[71, 72]。

7. 正丁醇-盐酸法

正丁醇-盐酸法（Bate-Smith 法）也是一种常用于缩合类单宁含量测定的方法，该方法的测定原理是利用原花色素类化合物可在热酸作用下，催化生成在 546nm 处有特征吸收的红色产物，通过测定反应溶液的吸光度进而获取样品中缩合类单宁的总含量。实验测定中，1.0mL 样品溶液（0.1～0.5mg/mL，甲醇配制）与 0.2mL 硫酸铁铵溶液（2%，体积分数，2mol/L 盐酸配制）及 6.0mL 正丁醇-盐酸溶液（正丁醇∶浓盐酸=95∶5，体积比）混合，95℃水浴中冷凝回流反应 40min，迅速冷却至室温，于波长 546nm 处测定反应溶液的吸光度值，通过标准曲线计算样品中单宁的含量[62, 73]。该方法体系稳定，测试结果的重现性较好。但其对样品中单宁化学结构的依赖性较大，选择性较高，与儿茶素、棓儿茶素等单体原花色素不发生反应，因此其在实际测定中结果一般偏低。

8. 近红外光谱分析法

近红外光谱（near infrared spectroscopy，NIRS）分析法是近年来在单宁定量测定中发展较快的一种新型定量分析技术。该方法的测定原理是利用单宁结构中含活泼氢的基团（—OH，—COOH）在波长 780～2526nm 的电磁波区域跃迁时产生的光谱变化，结合计算机分析与化学计量学方法测定样品中单宁的含量。该方法无须向样品中额外添加其他化学试剂与药品，也无须复杂的样品前处理及反应，可通过盛装样品的玻璃或其他容器直接测定，具有快速、无损、原位与无污染等诸多显著的特点，但在实验测定前需要对最佳定量分析模型及相关参数进行优化和校正[74-76]。

9. 原子吸收光谱分析法

原子吸收光谱（atomic absorption spectroscopy，AAS）分析法是一种间接测定单宁含量的方法。该方法的测定原理是利用 $Cu(Ac)_2$ 等金属盐与单宁反应生成难溶性的 Cu-单宁化合物，分离后用原子吸收光谱分析法测定溶液中过量的 Cu，或将沉淀溶解后测定其中的 Cu 含量，由此间接测定样品中单宁的含量。该方法选择性较高，但步骤较多，操作烦琐，结果误差较大[69, 77]。

10. 蛋白质结合法

蛋白质结合法是一种特征性的对单宁进行定量测定的方法，可分为蛋白质沉淀法和蛋白质结合法。蛋白质沉淀法的测定原理是利用单宁与可溶性蛋白质（如血红蛋白、牛血清白蛋白）结合形成不溶性的分子复合物，从溶液中沉淀出来，在一定范围内，沉淀的量与单宁的含量有正相关性，从而获得样品中单宁的含量；蛋白质结合法的测定原理是利用单宁与皮粉进行吸附结合，通过测定处理前后溶质质量之差，获得样品中单宁的含量。该方法是测定原理最简单，也是最经典的单宁定量分析方法，可得到样品中单宁的绝对含量，但其耗时长且测定结果误差较大，不适用于单宁含量较低的微量样品测定[78-80]。

2.3.2　定量测定方法的选择

从上述关于单宁的定量测定方法的介绍中可以看出，能用于单宁定量测定的分析方法多种多样，但没有一种方法可适用于所有种类单宁的定量测定。因此，在实际研究中，需要根据研究的目的和待测样品的特点选择一种或几种合适的方法进行定量测定，并尽量避免样品中杂质对测定结果准确性的干扰。在对单宁的定量测定方法进行选择时，可从以下多个影响因素进行综合考虑[81, 82]：①测定目标（单宁含量或特定组分的含量）；②样品中单宁的类型（水解类、缩合类、复杂类）；③样品中单宁含量的大致范围（大量或微量）；④样品中杂质的含量（大量或微量）；⑤样品中杂质对测定结果的影响（偏大或偏小）；⑥待测样品的数量（批量或少量）；⑦测定结果的要求（相对含量或绝对含量）；⑧测定精度的要求（准确度和灵敏度）；⑨测定条件的限制（具备的试剂与仪器）。

此外，采用不同方法对同一样品的单宁含量进行测定时，其测定结果通常会出现较大的差异。表 2.6 所示数据是分别采用普鲁士蓝（PB）比色法和福林酚比色法（FC 法）对 10 种茶叶和葡萄汁中单宁含量的测定结果[83]。结果表明，两种方法在测定不同样品中单宁的含量时都具有良好的稳定性和准确性，但由于两者的测定原理不同，因此所得测定结果具有一定的差距。

表 2.6　不同方法对茶叶和葡萄汁中单宁含量测定结果的比较

茶叶			葡萄汁		
样品编号	PB 法测定含量/（mg/L）	FC 法测定含量/（mg/L）	样品编号	PB 法测定含量/（mg/L）	FC 法测定含量/（mg/L）
1	1654 ± 84.71	1449 ± 85.65	1	645 ± 24.35	709 ± 35.56
2	1679 ± 28.99	1663 ± 94.57	2	1347 ± 138.30	2166 ± 100.29
3	1650 ± 91.84	1610 ± 99.72	3	1626 ± 62.54	3394 ± 212.65
4	1775 ± 9.40	1711 ± 12.76	4	983 ± 42.31	1410 ± 151.00
5	1731 ± 32.87	1819 ± 39.45	5	1782 ± 65.13	3377 ± 266.26
6	1113 ± 27.64	1431 ± 45.40	6	1623 ± 44.15	3385 ± 141.93
7	1824 ± 53.84	1404 ± 170.69	7	1133 ± 51.70	1727 ± 71.74
8	1673 ± 31.10	1251 ± 52.14	8	1765 ± 70.22	3579 ± 19.68
9	1865 ± 30.39	1717 ± 212.38	9	1509 ± 19.31	2952 ± 240.71
10	1315 ± 52.84	1213 ± 22.91	10	1422 ± 31.34	1856 ± 71.74

因此，在实际测定中，通常采取几种不同的分析方法对同一样品中的单宁含量进行定量测定，从而对样品中所含的不同结构和种类单宁的含量得到一个综合的表征与认识。

2.3.3 标准品的选择

在上述有关单宁定量测定方法的介绍中，多数测定方法需要使用化学结构和纯度已知的单宁作为标准品绘制标准曲线或对仪器和方法进行校准。可见，标准品的选择对测定结果的正确性与准确性具有较大影响。因此，需要科学地选择测试所用的标准品，否则，即使之后的分析环节非常准确，其测定结果也毫无价值，还可能得出错误的结论。

一般情况下，实验研究中所用的标准品应与待测样品在性质上基本一致，在结构上相近，本身的化学结构和纯度已知，且适合于样品测定的实验体系。因此，在单宁的定量测定中，通常采用属于同一类的单宁纯物质作为标准品进行测定。例如，测定水解类单宁含量时，常采用棓酸作为标准品，结果表示为棓酸当量（mg 棓酸/g 样品）；测定缩合类单宁含量时，则采用儿茶素为标准品，结果表示为儿茶素当量（mg 儿茶素/g 样品）。需要特别指出的是，不管使用何种单宁纯物质作为标准品，都无法完全准确地反映样品中单宁的真实含量，只有使用从样品中纯化得到的单宁纯品为标准品进行分析时，才能得出更为真实的测定结果[84, 85]。单宁定量测定的不同方法中建议使用的标准品见表 2.7。

表 2.7　不同单宁定量测定方法中建议使用的标准品

定量测定方法	标准品	测定目标
福林酚比色法	棓酸	单宁总含量
普鲁士蓝比色法	棓酸	单宁总含量
酒石酸亚铁比色法	棓酸	水解类单宁含量
香草醛-盐酸法	儿茶素	缩合类单宁含量
正丁醇-盐酸法	花青定	缩合类单宁含量
蛋白质结合法	单宁酸	单宁总含量

在同一测试方法中，若两种以上的单宁纯样品都可用作标准品时，则最好对它们进行比较，通过灵敏度和测定范围分析，选择出更适用于该测定方法的标准品。此外，在定量分析单宁的生物活性时，还需要进一步考虑标准对照物的化学结构对所测试活性的影响[81]。例如，单宁酸对反刍类动物体内的氮素代谢无显著影响，而其他水解类单宁则可能较大幅度地降低其对氮素的生物代谢和利用，若

此时采用单宁酸作阳性对照标准品，不仅无法真实反映测定结果，还会得出错误的结论。

参 考 文 献

[1] 孙达旺. 植物单宁化学[M]. 北京: 中国林业出版社, 1992.

[2] Fischer E. Synthesis of depsides, lichen-substances and tannins[J]. Journal of the American Chemical Society, 1914, 36(6): 1170-1201.

[3] Russell A. The natural tannins[J]. Chemical Reviews, 1935, 17(2): 155-186.

[4] Haslam E. Plant Polyphenols: Vegetable Tannins Revisited[M]. 2nd ed. Cambridge: Cambridge University Press, 1989.

[5] Bravo L. Polyphenols: chemistry, dietary sources, metabolism, and nutritional significance[J]. Nutrition Reviews, 1998, 56(11): 317-333.

[6] Balasundram N, Sundram K, Samman S. Phenolic compounds in plants and agri-industrial by-products: antioxidant activity, occurrence, and potential uses[J]. Food Chemistry, 2006, 99(1): 191-203.

[7] Haslam E. Vegetable tannins-lessons of a phytochemical lifetime[J]. Phytochemistry, 2007, 68(22): 2713-2721.

[8] Okuda T, Ito H. Tannins of constant structure in medicinal and food plants-hydrolyzable tannins and polyphenols related to tannins[J]. Molecules, 2011, 16(3): 2191-2217.

[9] Barbehenn R V, Constabel C P. Tannins in plant-herbivore interactions[J]. Phytochemistry, 2011, 72(13): 1551-1565.

[10] Orabi M A A, Yoshimura M, Amakura Y, et al. Ellagitannins, gallotannins, and gallo-ellagitannins from the galls of *Tamarix aphylla*[J]. Fitoterapia, 2015, 104: 55-63.

[11] Aguilar-Galvez A, Noratto G, Chambi F, et al. Potential of tara(*Caesalpinia spinosa*) gallotannins and hydrolysates as natural antibacterial compounds[J]. Food Chemistry, 2014, 156: 301-304.

[12] Landete J M. Ellagitannins, ellagic acid and their derived metabolites: a review about source, metabolism, functions and health[J]. Food Research International, 2011, 44(5): 1150-1160.

[13] Quideau S. Chemistry and Biology of Ellagitannins[M]. Singapore: World Scientific, 2009.

[14] Nonaka G, Harada M, Nishioka I. Eugeniin, a new ellagitannin from cloves[J]. Chemical and Pharmaceutical Bulletin, 1980, 28(2): 685-687.

[15] Okuda T, Yoshida T, Nayeshiro H. Structure of geraniin[J]. Chemical and Pharmaceutical Bulletin, 1977, 25: 1862-1869.

[16] Kimura Y, Okuda H, Okuda T, et al. Effects of geraniin, corilagin and ellagic acid isolated from *Geranii herba* on arachidonate metabolism in leukocytes[J]. Planta Medica, 1986, 52: 337-338.

[17] Fischer U A, Carle R, Kammerer D R. Identification and quantification of phenolic compounds from pomegranate(*Punica granatum* L.) peel, mesocarp, aril and differently produced juices by HPLC-DAD-ESI/MS^n[J]. Food Chemistry, 2011, 127(2): 807-821.

[18] Yoshida T, Jin Z X, Okuda T. Hydrolysable tannin oligomers from *Rosa davurica*[J]. Phytochemistry, 1991, 30(8): 2747-2752.

[19] Ajala O S, Jukov A, Ma C M. Hepatitis C virus inhibitory hydrolysable tannins from the fruits of

Terminalia chebula[J]. Fitoterapia, 2014, 99: 117-123.

[20] Tanaka N, Shimomura K, Ishimaru K. Tannin production in callus cultures of *Quercus acutissima*[J]. Phytochemistry, 1995, 40(4): 1151-1154.

[21] Hatano T, Hori M, Hemingway R W, et al. Size exclusion chromatographic analysis of polyphenol-serum albumin complexes[J]. Phytochemistry, 2003, 63(7): 817-823.

[22] Feldman K S. Recent progress in ellagitannin chemistry[J]. Phytochemistry, 2005, 66(17): 1984-2000.

[23] Herz G W, Kirby G W, Moor R E, et al. Progress in the Chemistry of Organic Natural Products[M]. Vienna: Springer-Verlag, 1995.

[24] Haslam E. Thoughts on thearubigins[J]. Phytochemistry, 2003, 64(1): 61-73.

[25] Castañeda-Ovando A, Pacheco-Hernández M D L, Páez-Hernández M E, et al. Chemical studies of anthocyanins: a review[J]. Food Chemistry, 2009, 113(4): 859-871.

[26] Ignat I, Volf I, Popa V I. A critical review of methods for characterisation of polyphenolic compounds in fruits and vegetables[J]. Food Chemistry, 2011, 126(4): 1821-1835.

[27] Delgado-Vargas F, Jiménez A R, Paredes-López O. Natural pigments: carotenoids, anthocyanins, and betalains-characteristics, biosynthesis, processing, and stability[J]. Critical Reviews in Food Science and Nutrition, 2000, 40(3): 173-289.

[28] Gadkari P V, Balaraman M. Catechins: sources, extraction and encapsulation: a review[J]. Food and Bioproducts Processing, 2015, 93: 122-138.

[29] Braicu C, Ladomery M R, Chedea V S, et al. The relationship between the structure and biological actions of green tea catechins[J]. Food Chemistry, 2013, 141(3): 3282-3289.

[30] Marles M A S, Ray H, Gruber M Y. New perspectives on proanthocyanidin biochemistry and molecular regulation[J]. Phytochemistry, 2003, 64(2): 367-383.

[31] Andersen Ø M, Markham K R. Flavonoids: Chemistry, Biochemistry and Applications[M]. 2nd ed. Boca Raton: CRC Press, 2006.

[32] D'Archivio M, Filesi C, Di Benedetto R, et al. Polyphenols, dietary sources and bioavailability[J]. Annali dellIstituto Superiore di Sanità, 2007, 43(4): 348-361.

[33] D'Andrea G. Pycnogenol: a blend of procyanidins with multifaceted therapeutic applications[J]. Fitoterapia, 2010, 81(7): 724-736.

[34] Venter P B, Senekal N D, Kemp G, et al. Analysis of commercial proanthocyanidins. Part 3: the chemical composition of wattle(*Acacia mearnsii*) bark extract[J]. Phytochemistry, 2012, 83: 153-167.

[35] Shen Z B, Haslam E, Falshaw C P, et al. Procyanidins and polyphenols of *Larix gmelini* bark[J]. Phytochemistry, 1986, 25(11): 2629-2635.

[36] Sun D W, Zhao Z C, Herbert W, et al. Tannins and other phenolics from *Myrica esculenta* bark[J]. Phytochemistry, 1988, 27(2): 579-583.

[37] Bonnet S L, Steynberg J P, Bezuidenhoudt B C B, et al. Structure and synthesis of phlobatannins related to the(4α, 6:4β, 8)-bis-fisetinidol-catechin profisetinidin triflavanoid[J]. Phytochemistry, 1996, 43: 241-251.

[38] Steynberg J P, Burger J F W, Cronjé A, et al. Structure and synthesis of phlobatannins related

to(−)-fisetinidol-(−)-epicatechin profisetinidins[J]. Phytochemistry, 1990, 29: 2979-2989.

[39] Zhang B, Cai J, Duan C Q, et al. A review of polyphenolics in oak woods[J]. International Journal of Molecular Sciences, 2015, 16(4): 6978-7014.

[40] Konig M, Scholz E, Hartmann R, et al. Ellagitannins and complex tannins from quercus-petraea bark[J]. Journal of Natural Products, 1994, 57(10): 1411-1415.

[41] Garrido J, Borges F. Wine and grape polyphenols: a chemical perspective[J]. Food Research International, 2013, 54(2): 1844-1858.

[42] Gresele P, Cerletti C, Guglielmini G, et al. Effects of resveratrol and other wine polyphenols on vascular function: an update[J]. The Journal of Nutritional Biochemistry, 2011, 22(3): 201-211.

[43] Alistair B. Analytical Chemistry[M]. London: Auris Reference Ltd., 2012.

[44] Khoddami A, Wilkes M A, Roberts T H. Techniques for analysis of plant phenolic compounds[J]. Molecules, 2013, 18(2): 2328-2375.

[45] 王玉枝. 色谱分析[M]. 北京: 中国纺织出版社, 2008.

[46] 周同惠. 纸色谱和薄层色谱[M]. 北京: 科学出版社, 1989.

[47] Harborne J B. Phytochemical Methods: A Guide to Modern Techniques of Plant Analysis[M]. 3rd ed. Berlin: Springer Science and Business Media, 1998.

[48] Nambiar V S, Daniel M, Guin P. Characterization of polyphenols from coriander leaves (*Coriandrum sativum*), red amaranthus(*A. paniculatus*) and green amaranthus(*A. frumetaceus*) using paper chromatography and their health implications[J]. Journal of Herb Medicine Toxicology, 2010, 4: 173-177.

[49] Roberts E A H, Wood D J. Separation of tea polyphenols on paper chromatograms[J]. Biochemical Journal, 1953, 53(2): 332-336.

[50] Toit M H D, Eggen P O, Kvittingen L, et al. Normal- and reverse-phase paper chromatography of leaf extracts of dandelions[J]. Journal of Chemical Education, 2012, 89(10): 1295-1296.

[51] Galloway K R, Bretz S L, Novak M. Paper chromatography and UV-vis spectroscopy to characterize anthocyanins and investigate antioxidant properties in the organic teaching laboratory[J]. Journal of Chemical Education, 2015, 92(1): 183-188.

[52] Thompson R S, Jacques D, Haslam E, et al. The isolation, structure, and distribution in nature of plant procyanidins[J]. Journal of the Chemical Society, 1972, 1: 1387-1399.

[53] Shi B, Di Y, He Y J, et al. Oxidising degradation of valonia extract and characterization of the products[J]. Journal of the Society of Leather Technologists and Chemists, 2000, 84(6): 258-262.

[54] Poole C F. Thin-layer chromatography: challenges and opportunities[J]. Journal of Chromatography A, 2003, 1000(1-2): 963-984.

[55] Marston A. Thin-layer chromatography with biological detection in phytochemistry[J]. Journal of Chromatography A, 2011, 1218(19): 2676-2683.

[56] 周增. 色谱分析[M]. 北京: 纺织工业出版社, 1993.

[57] Poole C F, Dias N C. Practitioner's guide to method development in thin-layer chromatography[J]. Journal of Chromatography A, 2000, 892: 123-142.

[58] Sherma J. Thin-layer chromatography in food and agricultural analysis[J]. Journal of Chromatography A, 2000, 880(1-2): 129-147.

[59] Cieśla Ł, Waksmundzka-Hajnos M. Two-dimensional thin-layer chromatography in the analysis of secondary plant metabolites[J]. Journal of Chromatography A, 2009, 1216(7): 1035-1052.

[60] Khan M K, Huma Z E, Dangles O. A comprehensive review on flavanones, the major citrus polyphenols[J]. Journal of Food Composition and Analysis, 2014, 33(1): 85-104.

[61] Gleichenhagen M, Schieber A. Current challenges in polyphenol analytical chemistry[J]. Current Opinion in Food Science, 2016, 7: 43-49.

[62] Schofield P, Mbugua D M, Pell A N. Analysis of condensed tannins: a review[J]. Animal Feed Science and Technology, 2001, 91(1-2): 21-40.

[63] Arapitsas P. Hydrolyzable tannin analysis in food[J]. Food Chemistry, 2012, 135(3): 1708-1717.

[64] Mueller-Harvey I. Analysis of hydrolysable tannins[J]. Animal Feed Science and Technology, 2001, 91(1-2): 3-20.

[65] 王文杰. 高锰酸钾滴定法测定茶多酚有关用剂的特性研究[J]. 福建茶叶, 2002, (1): 15-17.

[66] 欧阳玉祝, 吕程丽, 匡友元. 紫外分光光度法测定路边青中多酚含量[J]. 光谱实验室, 2010, 27(3): 1055-1058.

[67] Chen L Y, Cheng C W, Liang J Y. Effect of esterification condensation on the Folin-Ciocalteu method for the quantitative measurement of total phenols[J]. Food Chemistry, 2015, 170: 10-15.

[68] Pueyo I U, Calvo M I. Assay conditions and validation of a new UV spectrophotometric method using microplates for the determination of polyphenol content[J]. Fitoterapia, 2009, 80(8): 465-467.

[69] 雷昌贵, 陈锦屏, 卢大新, 等. 食品中多酚类化合物的测定方法及其研究进展[J]. 食品与发酵工业, 2007, 33: 100-104.

[70] 党法斌, 高峰, 郭磊. 茶多酚含量测定方法研究综述[J]. 食品工业科技, 2012, 33(5): 410-417.

[71] Naczk M, Shahidi F. Review: extraction and analysis of phenolics in food[J]. Journal of Chromatography A, 2004, 1054(1-2): 95-111.

[72] Abeynayake S W, Panter S, Mouradov A, et al. A high-resolution method for the localization of proanthocyanidins in plant tissues[J]. Plant Method, 2011, 7(1): 1-6.

[73] Porter L J, Hrstich L N, Chan B G. The conversion of procyanidins and prodelphinidins to cyanidin and delphinidin[J]. Phytochemistry, 1986, 25(1): 223-230.

[74] Porep J U, Kammerer D R, Carle R. On-line application of near infrared(NIR) spectroscopy in food production[J]. Trends in Food Science and Technology, 2015, 46(2): 211-230.

[75] Nogales-Bueno J, Baca-Bocanegra B, Rodríguez-Pulido F J, et al. Use of near infrared hyperspectral tools for the screening of extractable polyphenols in red grape skins[J]. Food Chemistry, 2015, 172: 559-564.

[76] Huang H B, Yu H Y, Xu H R, et al. Near infrared spectroscopy for on/in-line monitoring of quality in foods and beverages: a review[J]. Journal of Food Engineering, 2008, 87(3): 303-313.

[77] Berrueta L A, Alonso-Salces R M, Héberger K. Supervised pattern recognition in food analysis[J]. Journal of Chromatography A, 2007, 1158(1-2): 196-214.

[78] Hagerman A E, Butler L G. Protein precipitation method for quantitative determination of tannins[J]. Journal of Agricultural and Food Chemistry, 1978, 26(4): 809-812.

[79] Sarneckis C, Dambergs R G, Jones P, et al. Quantification of condensed tannins by precipitation with methyl cellulose: development and validation of an optimized tool for grape and wine analysis[J]. Australian Journal of Grape and Wine Research, 2006, 12(1): 39-49.

[80] Mercurio M D, Dambergs R G, Herderich M J, et al. High throughput analysis of red wine and grape phenolics-adaption and validation of methyl cellulose precipitable tannin assay and modified somers color assay to a rapid 96 well plate format[J]. Journal of Agricultural and Food Chemistry, 2007, 55(12): 4651-4657.

[81] Escribano-Bailon T, Day A, Pascual-Teresa S D, et al. Methods in Polyphenol Analysis[M]. London: Royal Society of Chemistry, 2003.

[82] 孙宏, 张泽. 分光光度法测定天然多酚类化合物含量的研究进展[J]. 生物质化学工程, 2008, 42: 55-58.

[83] Margraf T, Karnopp A R, Rosso N D, et al. Comparison between Folin-Ciocalteu and Prussian blue assays to estimate the total phenolic content of juices and teas using 96-well microplates[J]. Journal of Food Science, 2015, 80(11): 2397-2403.

[84] Robbins R J. Phenolic acids in foods: an overview of analytical methodology[J]. Journal of Agricultural and Food Chemistry, 2003, 51: 2866-2887.

[85] Kong J M, Chia L S, Goh N K, et al. Analysis and biological activities of anthocyanins[J]. Phytochemistry, 2003, 64(5): 923-933.

第3章 植物单宁的提取、分离与结构测定及表征

在单宁的研究中，如何将单宁从植物原料中分离出来，即单宁的提取，是进一步分析和观察单宁的特殊物理、化学性质及多种多样的生物活性的关键性前提。提取过程中，植物原料的干燥、粉碎等状况及提取溶剂等条件都对单宁的提取效果有着重要影响。通常情况下，从原料中提取出来的单宁是一个组分多样、杂质含量高的复杂体系，在进一步的定性定量分析前，需要采用恰当的手段对其进行分离，使得其中的目标性单宁成分得到富集。此外，由第2章的内容可知，样品中单宁的含量相同并不意味着它们在各方面的性质也完全相同，有时甚至相差很远。这主要是由于它们具有不同的分子结构。因此，通过科学的测试技术，了解和表征样品中单宁主要化学成分的化学结构和特征，是深入认识和利用这类天然产物必不可少的途径。

单宁的提取、分离和结构测定及表征在国内外已有大量文献报道，已经确定了数以千计的单宁分子结构。本章在较系统地总结前人工作的基础上，着重介绍一些特别适合于这类化合物的提取、分离及结构测定及表征的较直接、简便和行之有效的方法。

3.1 植物单宁的提取

3.1.1 原料

用于提取单宁的原料最好是新鲜采摘的植物材料，也可以采用未变质的气干（空气干燥）原料。取得新鲜原料后，首先应采取短时间（2~5min）的水蒸气加热，使原料中多酚氧化酶等酶丧失活性，抑制原料成分的改变；否则，应对原料进行干燥后才能短时间储存，常用的干燥方法包括冷冻干燥和空气干燥。原料的干燥应在尽量短的时间内完成，避免单宁在水分、阳光、氧气和酶的作用下发生变质，特别是在研究单宁中不同化合物的生源关系时，应该尽量使它们的比例保持不变。原料提取前需经粉碎及碾碎等操作使之呈粉末或碎屑状。通常较细小的粉末利于提取，但是过细时单宁的提取量反而减小，这是因为粉碎时间过长，单宁已氧化变性，所以最适合的尺寸在100目左右。按上述处理获得的理想原料可以

采用渗滤或振荡的方法进行单宁的提取，应重复提取至浸提溶液几乎无色为止[1, 2]。

3.1.2　提取溶剂

　　提取溶剂应该是对单宁具有较好的溶解能力，不与单宁发生化学反应，浸出杂质少，易分离，且低毒、安全、经济、易得的试剂。水虽然是单宁的优良溶剂，但并非最适合单宁的提取。因为单宁在植物体内通常与蛋白质、多糖等物质以氢键和疏水键的形式结合形成稳定的分子复合物，单宁分子之间也是如此。这种现象对于分子量大、羟基数量多的单宁尤为突出，因此在单宁提取时选用的提取溶剂不仅要求对单宁具有良好的溶解性，而且还须具有较强的氢键断裂作用。因此，有机溶剂和水的复合体系最适合单宁的提取。

　　丙酮-水[（100：0）～（50：50），体积比]是单宁提取中使用最普遍的提取溶剂，其对单宁的溶解能力最强，能够有效地打开植物体内单宁与蛋白质、多糖等物质间的连接键，使单宁的提取率增高。此外，通过减压蒸发很容易将丙酮从浸提液中去掉，剩下单宁的水溶液。因此，丙酮-水体系是单宁理想的提取溶剂。实际使用中，其混合比例应视原料中水分的含量而异。水分含量高，则加大丙酮所占比例；水分含量低，则可适当降低丙酮的比例。

　　甲醇或甲醇-水也是单宁提取中良好的溶剂。通过甲醇提取可以从黑荆树皮中获取较高得率的单宁且可以有效避免单宁的氧化变质。但是，甲醇等醇类溶剂能使水解类单宁中的缩酚酸发生醇解反应，从而促进单宁分子的降解。因此，该提取溶剂体系不适用于五倍子等富含水解类单宁原料的提取。

　　乙醇或乙醇-水也可用于单宁的提取，但其溶解能力不及甲醇和甲醇-水体系强，且在乙醇-水环境下，体系中会溶出较多杂质；乙酸乙酯对单宁的溶解能力较弱，可溶解部分水解类单宁及少量的低聚原花色素；乙醚对单宁的溶解能力则更弱，只能溶解部分分子量较小的多元酚。因此，常用于单宁提取的有机溶剂对单宁化合物的提取能力顺序为：乙醚＜乙酸乙酯＜乙醇＜甲醇＜丙酮。

　　对于富含缩合类单宁的样品，常采用弱酸性的醇-水体系进行提取。此外，当植物原料中铁等金属离子含量较高时，单宁在中性条件下与金属离子发生络合沉淀，沉积在纤维中不利于提取，此时也须采用酸化溶剂，一方面断裂多酚与蛋白质、多糖及其本身之间的氢键和疏水键，另一方面断裂多酚-金属离子配位键。

　　一般情况下，在室温条件下快速、多次浸提粉碎的植物原料，单宁的提取效果最好，选用的提取容器宜用玻璃或不锈钢制品，不宜使用铁制容器。表 3.1 介绍了若干种原料中单宁溶剂提取的常用工艺参数。可见，单宁来源不同，其适宜的提取溶剂、浸提时间、温度、次数等提取条件也均有所不同，实际操作中应根据目标化合物的属性、提取溶剂的性质及提取目的进行选择[1, 2]。

表 3.1　若干植物原料中单宁溶剂提取的常用工艺参数[3]

植物原料	最优提取工艺参数				
	提取溶剂	料液比	温度/℃	时间/min	重复次数
酸杨桃叶	100%甲醇	1∶80	70	240	2
葡萄籽	70%甲醇	1∶20	90	30	2
山野菜	60%乙醇	1∶15	80	60	1
莴苣叶	70%乙醇	1∶9	50	30	1
芒果	60%乙醇	1∶10	60	30	1
板栗壳	30%乙醇	1∶2	70	170	1
香蕉皮	80%乙醇	1∶3	80	180	2
苹果	70%乙醇	1∶15	80	150	2
青梅果	60%乙醇	1∶30	50	240	1
葡萄皮	60%乙醇	1∶10	70	40	1
柿子皮	50%丙酮	1∶16	45	90	1
山核桃仁	50%丙酮	1∶15	30	90	3

3.2　植物单宁的分离

用溶剂提取出来的原料提取物是一个组分复杂的体系,含有低分子量多酚、简单酚、黄酮类化合物等,甚至糖类和色素等。此外,提取物中的单宁本身就是由许多化学结构和理化性质十分接近的多酚类物质构成的复杂混合物。因此,为了进一步研究提取物中各种纯的单宁的相关理化特征,需要对其进行分离、精制和纯化。

3.2.1　溶剂萃取

溶剂萃取是一种最基本的化学分离方法,其本质是在被分离物质的水溶液中加入与水不相溶的有机溶剂,使水溶液中一种或多种组分进入有机相,而另一种或多种组分仍留在水相中,从而达到分离的目的。溶剂萃取是单宁的初步分离中最常使用的分离方法,通常采用不同极性的有机溶剂(极性大小顺序:石油醚<汽油<己烷<二甲苯<甲苯<苯<三氯甲烷<乙醚<乙酸乙酯<正丁醇<四氢呋喃)对提取物的水溶液进行分步萃取,利用不同的单宁在不同有机溶剂中溶解性的差异对其进行初步分离。例如,提取原料得到的原花色素的丙酮-水提取物,经蒸发去掉丙酮,得到其水溶液;经乙醚萃取,除去脂溶性成分,再用乙酸乙酯萃取,萃取出大部分黄烷-3-醇和低聚原花色素成分;经分级萃取后的水溶液则富集了多聚原花色素。溶剂萃取法简单、快捷,可有效地对单宁进行分离,但有机溶

剂使用量较大，且所得产物的水溶性较差[1, 4]。

3.2.2　沉淀分离

沉淀分离是对单宁进行初步分离的另一种常用方法，该方法的关键是选择合适的沉淀剂。常用的沉淀剂有 4 类：无机盐类、生物碱类、蛋白质类和高分子聚合物类（聚乙烯吡咯烷酮、环糊精等），其中无机盐类最为常用。例如，向单宁溶液中加入氯化钠，一部分分子尺度较大、亲水性低的单宁会失去稳定性而聚集、絮凝，沉淀分离出来。随着氯化钠加入量的增加，分子尺度较小的单宁也陆续沉淀出来，从而逐渐对单宁溶液中的单宁进行初步的分级分离。沉淀分离法减少了有机溶剂的使用量，安全性好，产品的色泽、水溶性好，但无机盐沉淀剂沉淀转溶时容易造成单宁被氧化破坏[1, 3]。

3.2.3　膜分离及超滤

膜分离是以选择性透过膜为分离介质，借助外界能量或膜两侧存在的某种推动力（如压力差、浓度差、电位差等），使原料侧组分选择性地透过膜，从而达到分离的目的。对单宁进行膜分离时，分子量较小的化合物通过膜，而分子量较大的单宁则保留在膜内，从而完成分离过程。超滤是指利用一系列不同孔径规格的多孔膜对不同分子尺度的物质进行分级的一种膜分离技术。例如，茶叶提取物溶液经超滤处理后，大分子的蛋白质、多糖等杂质和茶单宁可得到很好的分离，通过采用不同规格的超滤膜，还可进一步对不同分子量的茶单宁进行分级。膜分离技术具有高效、简单、易操作等特点，但所得产品纯度偏低，膜价格偏高[5, 6]。

3.2.4　柱层析

柱层析主要是利用不同的单宁的分子量、极性等差异对其进行分离。常用的柱层析填料有大孔吸附树脂、硅胶、聚酰胺、凝胶等。其中，常用的凝胶材料有葡聚糖凝胶（sephadex）、琼脂糖凝胶（sepharose）、聚丙烯酰胺葡聚糖凝胶（sephacryl）、聚乙烯凝胶（toyopearl）、聚苯乙烯凝胶（MCI-gel CHP）等。目前，在单宁的分离中普遍采用的层析填料是葡聚糖凝胶 Sephadex-LH 20。它是 G 型葡聚糖凝胶的羟丙基化物，对不同聚合度的单宁具有良好的吸附和分辨能力，适用于水-乙醇、水-甲醇、水-丙酮等多种洗脱体系，因而在单宁的分离与纯化过程中得到了广泛的应用。柱层析法分离单宁的效率高、选择性强、操作条件温和，但凝胶可能对某些多酚具有很强的吸附力，使其不易被有机溶剂从柱上洗脱，从而污染凝胶，导致凝胶使用寿命缩短[7-10]。

3.2.5　高效液相色谱

单宁中大多数化合物的极性很相似，常规的柱层析分离技术很难得到纯的单宁化合物，高效液相色谱技术的应用很大程度地提高了单宁的分离效果，逐渐成为分离单宁中不同化合物的主要手段之一。高效液相色谱分为正相和反相两种，单宁类化合物由于极性较大、在有机相溶剂中溶解度较低、与硅胶有较强的吸附力等原因，很少采用正相高效液相色谱分离，而多采用反相高效液相色谱进行分离。在实际操作中，常采用含酸（甲酸、三氟乙酸）的乙腈-水和甲醇-水溶剂体系作为流动相，使用 C18(Inertsil PREP-ODS-3、Zorbax ODS)、C8(Lichrosorb RP8、Zorbax C8) 和 CN（Micropak CN）等反相色谱柱为固定相，对经树脂柱和凝胶柱反复除杂脱色后的样品进行进一步的分离。此外，高效液相色谱不仅可以用于单宁及其有关化合物的分析性分离，还可以通过更换具有制备效果的高通量制备型色谱柱起到制备性分离的效果。高效液相色谱技术在单宁的分离中能够准确地对多组分进行快速分离与鉴定，且样品需要量很少，但是该方法的仪器设备较贵，样品的前处理过程也较为复杂[11-13]。

3.3　植物单宁的结构测定及表征

第 2 章较详细地介绍了单宁的定性定量测定方法，由此可获得样品中单宁的量的信息，以及部分质的信息。对于这类化合物的认识仅限于此显然是不够的。两个样品中的单宁含量相同时，并不意味着它们在各方面的性质也完全相同，有时甚至相差甚远。这是由于单宁的性质主要取决于其分子结构。实际上，常常出现两个结构式相同但构型不同的单宁，其性质上（如生物活性）也有很大差别。因此，通过适当的测试方法，了解样品中单宁的主要成分的化学结构，是认识和利用这类天然产物的必不可少的途径。

单宁的分离纯化和结构鉴定国内外已有大量文献报道，已经确定了数以千计的单宁化合物的分子结构。本节在较系统地总结前人工作的基础上，将着重介绍一些特别适合于这类化合物结构测定的较直接、简便和行之有效的方法。水解类单宁和多聚原花色素（缩合类单宁）往往是决定植物中单宁性质的主要成分，也是各相关学科领域常常最需要认识的成分，因此本节将分别对这两类单宁的测定或结构表征方法进行较详细的阐述。

3.3.1　水解类单宁的结构测定及表征

由本书 2.1.1 小节可知，常见水解类单宁是以 D-葡萄糖残基为核心的酚羧酸酯。在已发现的水解类单宁中，酚酰基主要有 5 种类型，即棓酰基[G, 图 2.3（a）]、缩酚酰基[图 2.3（b）]、六羟基联苯二酰基[HHDP, 图 2.8（a）]、脱氢二棓酰基[DHDG, 图 2.8（b）]、脱氢六羟基联苯二酰基[DHHDP, 图 2.8（c）]和橡椀酰基[VLN, 图 2.8（d）]。含两个酰基的 HHDP、DHHDP 及 VAL 的 HHDP 部分与糖残基的常见连接方式为 O2-O3 和 O4-O6[图 2.11（a）]，这时葡萄糖为 $^4C_1$ 构象；另一种连接方式为 O3-O6 或/和 O2-O4[图 2.9（b）、图 2.9（c）]，这时葡萄糖为 $^1C_4$ 构象。两类连接方式很少同时存在。DHDG 和 VAL 常以糖核间连接键形式存在[图 2.11（b）]。除此之外，某些鞣花单宁的糖环以开环形式存在[图 2.12（a）、（b）]，被称为 C-糖苷键鞣花单宁（glucosidic ellagitannin）。水解类单宁的这些一般结构特征，对这类化合物结构的测定具有启发意义。

综上所述，对于一个经分离纯化得到的水解类单宁纯品，应通过测试确定以下几个方面结构信息：①与糖环形成酯键的是哪一种或哪几种取代基；②取代基与葡萄糖的哪些位置相连接；③D-葡萄糖的构型，实际上与鞣花单宁 HHDP、DHHDP 等基团的连接位置相关；④葡萄糖是以六元环形式存在还是以开环形式存在；⑤是只有一个糖残基的单体还是具有多个糖残基的多聚体。

此外，对于鞣花单宁而言，因 HHDP、VAL 等基团均存在 S 型和 R 型两种构型，应对其进行描述。

1. 糖环取代基种类的测定

用 200～400MHz ^1H-NMR 可以较好地确定连接基团的种类。基团 G、HHDP、VAL 和 DHDG 均在芳环 H 化学位移范围内出现特征峰。

当取代基为棓酰基时，其 2 位和 6 位 H 在 6.9～7.2ppm（1ppm=10^{-6}）处出现 2H 单峰。如果存在多个棓酰基，由于每个棓酰基所处的化学环境不同，会在这一范围出现多个 2H 单峰，峰的数量与棓酰基的数量相同。例如，图 3.1 是 1, 2, 3, 6-

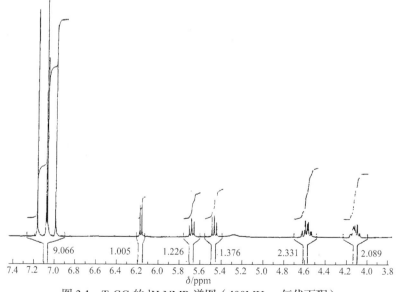

图 3.1 TeGG 的 ^1H-NMR 谱图（400MHz，氘代丙酮）

四-O-棓酰基-D-葡萄糖（TeGG）[图 3.2（a）]的 ^{1}H-NMR 谱图，其注释见表 3.2[14]。

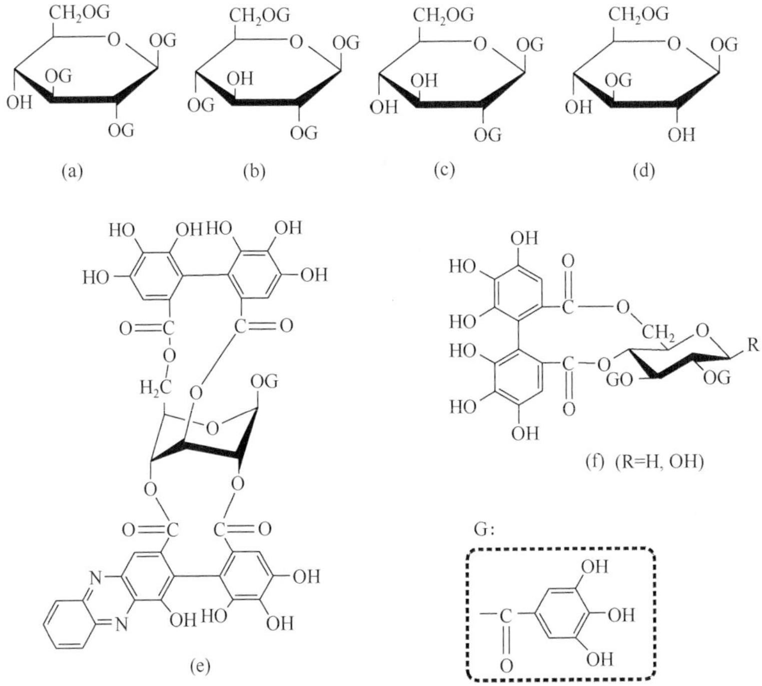

图 3.2　糖环上不同取代基种类的水解类单宁

（a）1,2,3,6-四-O-棓酰基-β-D-葡萄糖；（b）1,2,4,6-四-O-棓酰基-β-D-葡萄糖；（c）1,2,6-三-O-棓酰基-β-D-葡萄糖；
（d）1,3,6-三-O-棓酰基-β-D-葡萄糖；（e）老鹳草素吩嗪；（f）特里马素 II

表 3.2　TeGG 的 ^{1}H-NMR 谱图注释（400MHz，氘代丙酮）[14]

H 的位置	δ/ppm	注释
H1	6.18	H2-H1 偶合，二重峰
H2	5.47	H1-H2、H3-H2 偶合，四重峰
H3	5.68	H2-H3、H4-H3 偶合，三重峰
H4	4.10	H5-H4、H3-H4 偶合，四重峰
H5	4.15	H6-H5、H6'-H5、H4-H5 偶合，八重峰
H6	4.61	H5-H4、H6'-H6 偶合，四重峰
H6'	4.57	H5-H6'、H6-H6'偶合，四重峰
糖环羟基 H	3.05	
棓酰基苯环 H	7～7.18	4 个棓酰基所处的化学环境不同，分裂为四重峰

当存在 HHDP 基团时，在芳环氢范围出现 2 个 1H 单峰。存在 VAL 基团时，

出现 3 个 1H 单峰。存在 DHDG 时，出现 2 个 1H 双峰（J=2Hz）和 1 个 1H 单峰。

取代基为 DHHDP 时，H 的化学位移范围与前 4 种取代基有较大的差异。在约 5.2ppm、6.4ppm 和 7.1ppm 处出现了 3 个 1H 单峰，而且常常同时在 4.8ppm 和 6.1ppm 处出现双峰（J=2Hz），这是由于存在异构体[图 2.8（c）]的原因。为了确认这种基团的存在，可使样品在 15%乙酸溶液中与邻苯二胺反应，其衍生物吩嗪[图 3.2（e）]的 ^{1}H-NMR 图谱不会出现异构体峰[15]。

因此，可以通过仔细分析样品的 ^{1}H-NMR 图谱，初步确定其取代基的类型和数量。应注意的是，棓单宁中常存在缩酚酰基结构[图 2.3（b）]，这时可综合利用 ^{13}C-NMR 和甲醇分解的方法确定取代情况。植物中常见的简单棓单宁的糖环 ^{13}C-NMR 已被完全确定，见表 3.3。当被测样品的 ^{13}C-NMR 峰与表 3.3 中所列数据完全一致时，可认为是相同的棓酰基葡萄糖化合物。当某一个或几个峰的化学位移向低场移动，则可能相应位置存在 O-缩酚酰基。这时可通过甲醇醇解进一步确定结构。其方法为：用蒸馏水、冰醋酸和乙酸钠配制 pH=5.5 的缓冲溶液，将缓冲溶液与 10 倍的甲醇混合，然后将样品溶于混合液中，在 37℃（氮气保护下）醇解至纸色谱或高压液相色谱检测反应物无变化。在这种温和的降解条件下，与葡萄糖直接相连的棓酰基将保持在原来的位置，而缩酚酸上的其他棓酰基将全部转变为棓酰甲酯。通过分析醇解产物中棓酰基葡萄糖和棓酰甲酯的摩尔比即可确定缩酚酸的聚合度，从而完全确定其结构。

表 3.3 棓单宁糖环的 ^{13}C-NMR 化学位移（50.1MHz，氘代甲醇作溶剂，TMS）[15]

化合物	C1	C2	C3	C4	C5	C6
1,2,3,4,6-五-O-棓酰基-β-D-葡萄糖[图 2.3（d）]	93.4	71.9	73.5	69.5	74.1	62.9
1,2,3,6-四-O-棓酰基-β-D-葡萄糖[图 3.2（a）]^a	93.4	71.7	75.9	69.3	76.0	63.6
1,2,4,6-四-O-棓酰基-β-D-葡萄糖[图 3.2（b）]	93.4	73.8	73.3	71.7	74.0	63.1
1,2,3-三-O-棓酰基-β-D-葡萄糖[图 2.3（c）]	94.2	72.5	76.7	69.8	79.2	62.4
1,2,6-三-O-棓酰基-β-D-葡萄糖[图 3.2（c）]	93.6	73.9	75.5	71.2	76.0	64.0
1,3,6-三-O-棓酰基-β-D-葡萄糖[图 3.2（d）]	95.6	72.3	78.8	69.4	75.8	64.0

a. 在氘代丙酮中测试。

例如，对化合物[图 2.3（e）]进行 ^{13}C-NMR 分析时发现其糖环 1~5 位 C 的化学位移与 1, 2, 3, 6-四-O-棓酰基-β-D-葡萄糖 TeGG[图 3.2（a）]完全一样，但 6 位 C 的化学位移向低场移动了 0.4ppm，如图 3.3 所示[15]。经醇解后发现，产物中 TeGG 与棓酰甲酯的摩尔比相同，从而可确认被测样为 6-O-双棓酰基-1, 2, 3-三-O-棓酰基-β-D-葡萄糖[图 2.3（e）]。以此类推，如果降解产物中棓酰甲酯与棓单宁的摩尔比为 2：1，而原样的 ^{13}C-NMR 与表 3.3 中的数据相比只有一个峰向低场移动，则表明相应位置含有由三个棓酰基形成的缩酚酰基；如果有两个峰向低场移动，则表明有相应的两个位置含双棓酰基。

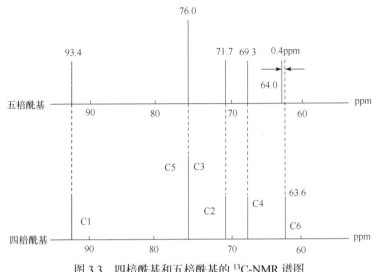

图 3.3　四棓酰基和五棓酰基的 ^{13}C-NMR 谱图

2. 取代基的位置及糖环构象的确定

如上所述，对于棓单宁，在确定基团种类的过程中即可参照已有的标准数据（表 3.3）完全确定棓酰基或缩酚酰基的连接位置，这时糖环均为 ^{4}C1 构象。

当糖环上连接有 HHDP、VAL 和 DHHDP 等基团时，则需运用其他经验判断这些基团的取代位置。虽然水解类单宁可能会存在某些特殊结构，但从已被测定的大量样品的结构情况看，前面所述的取代基位置及其与糖环构象关系的一般性规律值得在确定取代基位置时优先考虑。

首先可以通过分析样品的 ^{1}H-NMR 出峰特征，根据如前所述的判断方法，确定存在哪几种基团及这些基团的数量。如果存在 HHDP、VAL 和 DHHDP 等能与糖环形成双酰基化取代的基团，则可通过分析糖环 H 的偶合状况初步确定它们与糖环的连接方式。糖环 H 呈规则的邻位 H 偶合裂分，则表明这些基团与糖环以 O2-O3 或/和 O4-O6 方式连接，已有大量文献提供了这类鞣花单宁的 ^{1}H-NMR 数据[16-18]，可作为参考和比较。如果这些基团与糖环以 O2-O4 或/和 O3-O6 方式连接，则糖环由于呈 ^{1}C4 构象，使糖环 H 发生长程偶合，如 H1-H3 及 H3-H5 偶合，糖环的 H 峰完全不符合邻位氢偶合裂分规律[15,17]。

在 ^{1}H-NMR 分析的基础上，根据样品的 ^{13}C-NMR 图谱可以更精确地推测HHDP 等双酰基的取代位置。最有效的方法是分析 C2 羟基上的取代基对 C1 化学位移变化的影响。与 C2 羟基未发生酰基化取代的化合物相比，当取代基为棓酰基时，C1 的化学位移变化为–1.4～–2.8ppm；当取代基为 HHDP（O2-O3 取代）时，C1 的化学位移变化约为–3.5ppm。图 3.4 是常见水解类单宁 C2 取代基对 C1 化学位移影响的实例[15]。因此，根据 C1 化学位移的变化值（相对于 2 位为羟基的化合物）即可确定 C2 的取代基类型。

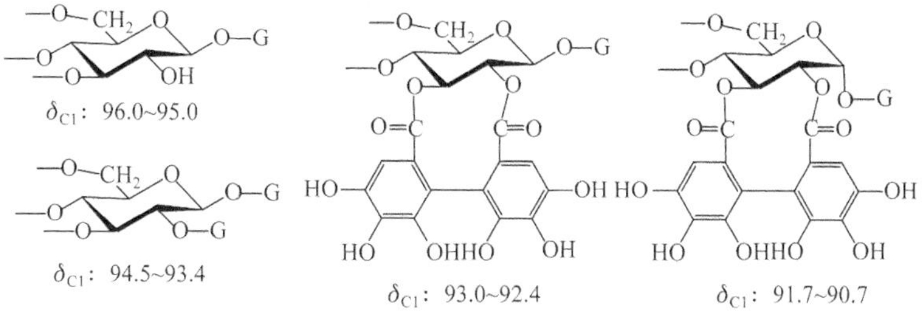

图 3.4　C2 取代基对 C1 化学位移的影响

如果 ¹H-NMR 表明样品只含 1 个 HHDP 型双酰基（HHDP、DHHDP、VAL），而 ¹³C-NMR 表明 C2 未发生 HHDP 基取代，则该双酰基可能为 O4-O6 连接或 O3-O6 连接，此时若 ¹H-NMR 的糖环 H 只呈现有规律的邻位 H 偶合，应为 O4-O6 连接，否则为 O3-O6 连接。如果 ¹³C-NMR 表明该双酰基与 C2 相连接，且糖环 H 表现为有规律的邻位 H 偶合，则连接方式为 O2-O3，否则为 O2-O4。如果 ¹H-NMR 表明样品含 2 个 HHDP 型基团，则一般为 O2-O3 和 O4-O6 连接或 O2-O4 和 O3-O6 连接。同样可根据糖环 H 的偶合特征确定是前者还是后者。一些专著和其他文献收集了大量常见结构类型鞣花单宁的 ¹³C-NMR 数据，可供参考[1, 15, 16, 18]。

3. C-糖苷键鞣花单宁的结构测定

这类单宁的葡萄糖为开环结构(图 2.12)，常含 2 个 HHDP(O2-O3 或 O4-O6)。其 ¹³C-NMR 图谱与上述葡萄糖为六元环结构的单宁有很大区别。C1 峰出现在 65～68ppm 处，而不是 90～95ppm 处。C2 峰出现在最低场，且对判断结构很有帮助。C2 峰在 76ppm 附近出现时，表明 C1 为 β 构型，在 81ppm 附近出现时，表明 C1 为 α 构型。表 3.4 列举了常见 C-糖苷键鞣花单宁的 ¹³C-NMR 化学位移值[1, 15]。值得注意的是，这类单宁的 C1 常与儿茶素及其衍生物连接，形成复杂类单宁，这时 C1 的化学位移向高场移动，在约 46ppm 处形成特征峰。

表 3.4　C-糖苷键鞣花单宁的 ¹³C-NMR 化学位移[15]　　（单位：ppm）

化合物	C1	C2	C3	C4	C5	C6
木麻黄单宁[图 2.12（a）]	67.6	76.7	69.8	74.2	71.2	64.6
旌节花素[图 2.12（b）]	65.5	81.0	70.9	73.3	72.0	64.5

4. 鞣花单宁取代基构型的测定

测定鞣花单宁中 HHDP 及其衍生物（VAL、DHHDP）的手性，最有效的方法是圆二色谱[circular dichroism（CD）spectrum]分析。由图 3.5（a）知，HHDP 为 R 构型时，在波长 λ_1=225nm 处呈现负的科顿（Cotton）峰，同时在波长 λ_2=250nm 处呈现正的科顿峰，S 构型时恰好相反[15]。HHDP 与葡萄糖连接形成鞣花单宁后，科顿峰会发生红移，如图 3.5（b）所示[15]，λ_1 出现在 235nm 附近，λ_2 出现在 265nm 附近。其正负值与 HHDP 构型的关系不变。波长 λ_3=285nm 附近的峰是由于分子内相邻的棓酰基和/或 HHDP 之间电荷转移引起的，体现了棓酰基空间状况差异产生的手性。

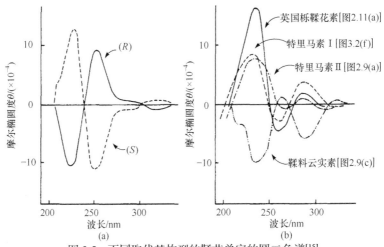

图 3.5　不同取代基构型的鞣花单宁的圆二色谱[15]

（a）HHDP；（b）HHDP 分别为 R 型和 S 型的鞣花单宁

235nm 附近的 λ_1 峰对分析鞣花单宁的结构最有用，它一方面可以体现分子中 HHDP 或 VAL 的构型，即峰值为正是 S 构型，峰值为负是 R 构型（与葡萄糖构象和分子中是否含棓酰基无关）。另一方面可以体现分子中 HHDP 和 VAL 基团的数量（与科顿效应成正比），即科顿效应越强，表明这类基团含量越多，见表 3.5[15]，这对分析样品是否为多聚物很有帮助。

表 3.5　典型水解类单宁的圆二色谱数据[15]

化合物	含 HHDP 的数量	科顿效应 $\theta/(\times10^{-4})$（λ_1/nm）	科顿效应 $\theta/(\times10^{-4})$（λ_2/nm）	科顿效应 $\theta/(\times10^{-4})$（λ_3/nm）
特里马素 II [图 2.9（a）]	1	+8.10（235）	-1.0（264）	+0.8（285）
英国栎鞣花素[图 2.11（a）]	2	+16.8（233）	-5.4（259）	+2.1（282）
水杨梅素 A（Gemin A，图 3.6）	4	+33.5（235）	-6.8（262）	+6.5（283）

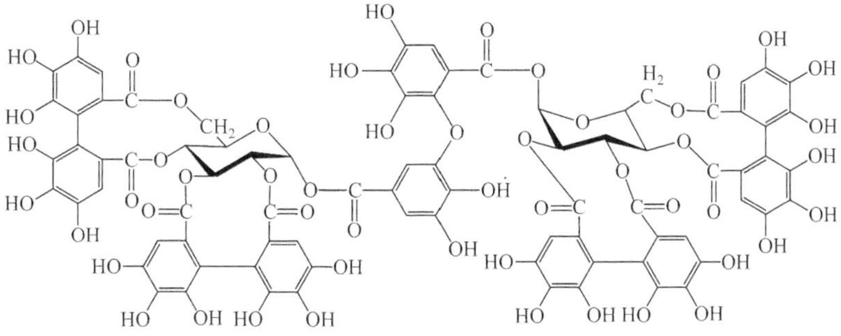

图 3.6 水杨梅素 A 的化学结构

5. 多聚物的测定

当 ^{1}H-NMR 表明被测样含 VAL、DHDG 等基团时,应特别注意是否为多聚物,因为它们常作为单体间的连接键。综合运用上述测试方法,并参照已有的水解类单宁的测试数据,往往可以直接分析出多聚物的结构。例如,可以将样品与单体态水解类单宁的 ^{1}H-NMR 和 ^{13}C-NMR 图谱进行比较,根据出峰的增减来推测结构。但这一般需要相当的经验。实际工作中,人们往往将这类单宁(或甲基化衍生物)先进行水解或醇解,通过测定降解产物的结构,确定原结构。

需要说明的是,上述内容是对常见结构的水解类单宁的几种最有效的分析方法的描述。植物中常常还会发现一些结构非常特殊的水解类单宁,如含黄烷-3-醇及其衍生物的复杂类单宁。因此在结构分析过程中发现"异常现象"时,应做更详细的综合测试。一些结构较特殊的水解类单宁已有专著做了较全面的归纳,可供参考[1, 19-22]。

3.3.2 多聚原花色素的结构测定及表征

原花色素广泛存在于植物体内,不仅是天然产物化学家的研究对象,也受到生物化学、植保、畜牧、食品、医药、日用化学品等领域学者的关注。原花色素包括黄烷-3-醇类化合物及其聚合物。黄烷-3-醇单体及其聚合度在 3 以下的化合物的结构目前已经可以直接采用核磁共振等分析技术进行测定[22, 23],但对于聚合度更高的原花色素,尚无直接准确测定其结构的方法。况且,植物体内的多聚原花色素往往是一种多分散体系,聚合度从几至几十,甚至上百,各组分间性质相近,因此实际上人们很难通过分离纯化获得单一结构的纯多聚原花色素,而往往只能得到一定分子量范围的多聚原花色素。但是,无论以何种目的从事原花色素研究的学者均认识到,对所获得的多聚原花色素组分进行尽可能准确的结构特征描述是非常重要的,因为从不同植物(甚至同一植物的不同生长期)、用不同分离方法得到的"多聚原花色素",虽然均可按这一术语称谓,但性质可能相差甚远。例如,聚合度为 5 和 10 的原花色素相比,后者与蛋白质的结合能力可能远远强于前者,因而其与蛋白质反应有关的活性可能会有很大的差别。

绝大多数多聚原花色素是(+)-儿茶素[图 2.18（a）]、(−)-表儿茶素[图 2.18（d）]、(+)-棓儿茶素[图 2.18（e）]和(−)-表棓儿茶素[图 2.18（h）]等黄烷-3-醇的共聚物（如图 2.22 中的黑荆树皮单宁和图 2.23 中的落叶松树皮单宁），以一种结构单元缩合而成的多聚原花色素较少见。因此，对一般多聚原花色素结构特征的描述应包括四个方面的内容：①分子量或分子量分布；②聚合物中原花青定（儿茶素结构单元）和原翠雀定（棓儿茶素结构单元）的比例；③结构单元杂环 2 位和 3 位的构型；④结构单元连接键的构型。

对于天然产物化学家而言，通过化学降解的途径，全面分析降解产物的结构，进而确定原产物的结构，是一种较准确的方法[24]，但这种费时而且专业性极强的测试方法对于许多其他领域的学者而言，难度很大，且常常没有必要。这里将着重介绍一些较直接、简便的测试方法。这些方法均不能十分准确地确定多聚原花色素的结构，但综合分析这些方法的测定结果，足以了解多聚原花色素的结构特征，并推测其相应的性质。对不同多聚原花色素组分进行比较研究时，这些测试方法尤为有用。

1. 初步测试

利用正丁醇-盐酸法（参见 2.3.1 小节 7.内容）对多聚原花色素样品进行初步测定是必要的，一方面可以确认样品是否确为多聚原花色素，另一方面对聚合物的结构单元可以有一个大致的了解，对后面测试结果的分析很有帮助。

如果样品在正丁醇-盐酸体系中加热后成为深红色，表明产生了花色素反应，即样品确是多聚原花色素。测定反应溶液的紫外吸收光谱，可以得到更多的信息。如果降解产物为花青定[图 3.7（a）]，则在 545nm 处有最大吸收峰；如果降解产物为翠雀定[图 3.7（b）]，则在 555nm 处有最大吸收峰；如果两者皆有，则在上述两个波长处均有最大吸收峰，两峰的大小比例与两种降解产物的含量正相关。由此可初步了解聚合原花色素的结构单元组成情况。

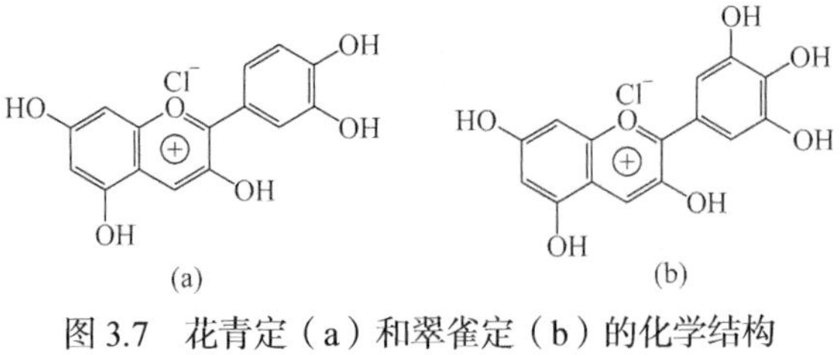

图 3.7　花青定（a）和翠雀定（b）的化学结构

同时也可采用纸色谱法监测降解产物的组成。表 3.6 是花青定和翠雀定在不同展层体系中的 R_f[1]，两者均为红色斑点。

表 3.6　花青定和翠雀定在纸色谱中的 R_f [1]

展层体系	花青定 R_f	翠雀定 R_f
乙酸：浓盐酸：水（30：3：10，体积比）	0.49	0.32
正丁醇：2mol/L 盐酸（1：1，体积比）	0.69	0.35
正丁醇：乙酸：水（4：1：5，体积比）	0.68	0.42

2. 多聚原花色素的分子量测定

1）蒸汽压渗透法

蒸汽压渗透法（vapor pressure osmometry，VPO）是根据理想溶液的拉乌尔定律建立的。当直接对原花色素样品进行测定时，可用甲醇或丙酮作溶剂，这两种溶剂对多聚原花色素的溶解性好。为了更好地避免因分子间缔合造成的测定误差，可先将样品进行乙酰基化反应后，用氯仿作溶剂进行测试。多聚原花色素的乙酰基化反应很容易实施，方法是：将样品溶于经重蒸馏的吡啶中，加入过量乙酸酐，放置 12～15h，加蒸馏水，搅拌、过滤、洗涤、干燥。上述两种测试方法均可用联苯甲酰胺作基准物[2, 25]。

蒸汽压渗透法测定分子量的优点是方便、快捷，缺点是得到的数据是一个点（数均分子量），不能反映样品的分子量分布状况。此外，当多聚物同时含有原花青定和原翠雀定两种结构单元时，会给聚合度的计算带来困难。前者的 B 环带 2 个羟基，分子量为 288，后者的 B 环带 3 个羟基，分子量为 304；经乙酰化后，前者为四乙酰基衍生物，后者为五乙酰基衍生物，分子量相差 56。一般只能根据花色素反应的观察结果，取一近似平均值进行聚合度计算[2, 26]。

2）凝胶渗透色谱法

凝胶渗透色谱法（gel permeation chromatography，GPC）可测定聚合原花色素的数均分子量、重均分子量和分子量分布状况，因而应用得更为普遍。凝胶种类及标准物的选择对测定结果有十分重要的影响。葡聚糖凝胶 G10、G25、G50以及 μtyragel 系列凝胶均可作为测试柱填料。聚合原花色素的分子量一般分布于1000～10000 之间，以 1500～5500 为多，这可作为根据孔径范围选择凝胶的参考。在实际研究工作中，常将几种型号（孔径）的凝胶柱串联使用，以便获得更精细的分辨效果[27]。分子量的测定可采用高压液相色谱法，也可用常压色谱法。无论采用哪种方法，最好先使聚合原花色素转化为乙酰基衍生物后再进行测定，因为样品以多元酚形式存在时，会与柱填料产生氢键缔合，从而使测试不完全按分子量大小分级的机理进行，给测试带来较大的误差。洗脱剂可选用四氢呋喃（THF）。乙酰化多聚原花色素在 270～280nm 处有最大吸收峰，因此可用紫外检测器测定洗脱样品[2, 27]。

建立校正曲线时，最理想的标定物质是结构与聚合原花色素相近的酚类化合物的乙酰化衍生物，较易得到的有乙酰化连苯三酚、儿茶素、棓儿茶素等，分子量更大的同系物一般不易得到。因此常用分子量确定的聚苯乙烯标样进行标定，这类标样分子量可选择范围为几百至几十万，可以满足测试要求。不足之处是，凝胶渗透色谱实际上反映的是被测物的流体动力学体积 ηM 的行为（η 为黏度），由于乙酰化多聚原花色素与聚苯乙烯的动力学特性不完全相同，因而会产生系统误差[2, 27, 28]。

3）¹³C 核磁共振法

图3.8是4种典型结构的多聚原花色素的 ¹³C-NMR 图谱，各峰的归属见表3.7[29]。

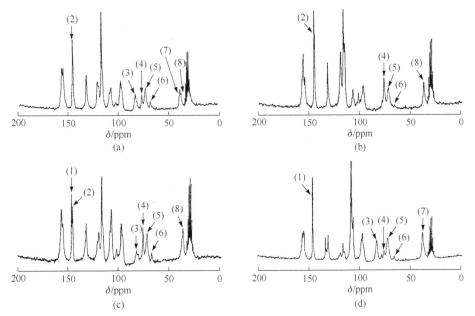

图 3.8　典型结构多聚原花色素的 ¹³C-NMR 图谱（氘代丙酮∶水=1∶1 作溶剂）[29]

（a）和（b）分别是源于辐射松（中皮）和温铲的浸提物，属多聚原花青定；（c）是源于辐射松内皮的浸提物，原花青定和原翠雀定结构单元各占约 50%；（d）是源于冬加仑子叶的浸提物，属多聚原翠雀定

表 3.7　图 3.8 中各峰的归属[29]

峰位	归属	峰位	归属
（1）	PDª B 环的 C3′和 5′	（5）	反式和/或顺式结构单元的 C3
（2）	PCᵇ B 环的 C3′和 4′	（6）	终端结构单元的 C3
（3）	反式结构单元的 C2ᶜ	（7）	反式结构单元的 C4
（4）	顺式结构单元的 C2ᶜ	（8）	顺式结构单元的 C4

a. PD：聚合原翠雀定；b. PC：聚合原花青定；c. 杂环 2/3 位顺反异构。

终端单元 C3 的信号出现在 δ 为 67～68ppm 处[峰（6）]，而其他结构单元 C3 的信号出现在 δ 为 72～73ppm 处[峰（5）]，两者差异明显，而且测试证明，两者的弛豫时间（T_1）和核欧沃豪斯效应（nuclear Overhauser effect，NOE）相同[29]，因此可以通过对这两个峰的积分直接计算终端结构单元与其他结构单元的比例，从而计算分子量。

这种测试方法的精确度很大程度上取决于对信号较弱的峰（6）的积分。主要影响因素有两个。一是分子量的大小，当聚合度太大时，终端单元 C3 的相对强度太弱，测试结果的误差会很大；此外，信噪比（S/N）也将显著影响测试结果，而信噪比与样品和累加次数等多种因素有关。采用这种测试方法时，误差在 30% 以内即可认为较满意。标准偏差（E）可这样计算：$E = 0.2（M-300）/（S/N）$，其中 M 是结构单元的绝对分子量，300 是结构单元的近似分子量，S/N 是 C3 信号的信噪比。当信噪比状况相当理想，达到 50 时，在保证标准偏差不大于 30% 的前提下，能够用这种方法测试的多聚原花色素的最大分子量大约为 7500。

4）质谱法

能用于聚合原花色素分子量测定的质谱方法主要有电喷雾电离质谱法（electrospray ionization mass spectrometry，ESI-MS）和基质辅助激光解吸电离飞行时间质谱法（matrix-assisted laser desorption-ionization time of flight-mass spectrometry，MALDI-TOF-MS），均属于"软电离"质谱技术[30]。

ESI-MS 是将消化后的单宁样品用电喷雾法离子化，生成高度带电的离子而不发生碎裂，进而将待分析样品的质荷比（m/z）降低到各种不同类型的质量分析仪都能检测到的范围，根据 m/z 及电荷数计算离子的真实分子量。此外，ESI 可对微量的复杂样品进行测定，且测定分子量的上限为 150000，因而常用于生物大分子物质的绝对分子量的测定[31]。

MALDI-TOF-MS 是将单宁样品分散在基质分子中并形成晶体，然后用激光照射晶体，让基质晶体受热升华，致使基质和样品膨胀并进入气相，通过飞行时间质量分析仪获取样品的真实分子量。MALDI 所产生的质谱为单电荷离子，因而质谱图中的离子与样品中每一个单宁化合物的质量有一一对应关系[32]。例如，图 3.9 是不同测定模式下花生皮提取物中聚合原花色素的 MALDI-TOF-MS 谱图。

从图 3.9 中可以看到，提取物中含有多种聚合原花色素，分子量主要的分布范围在 800～2500，含量最多的是绝对分子量为 1173.24 的组分。而且，TOF-MS 质量检测器能检测到的质量数是没有上限的，也可以在离子传输区域进行碰撞诱导解离，还可以在源后衰变时提供单宁分子的结构信息。此外，MALDI-TOF-MS 分析的质量检测误差在 0.01% 左右，分辨率可达 1/20000，还可同时记录整个质谱内所有的离子，具有灵敏度高、质量分辨率好、测定质量范围宽等优点，非常适合于聚合原花色素等生物大分子的绝对分子量及分子量分布的测定[32]。

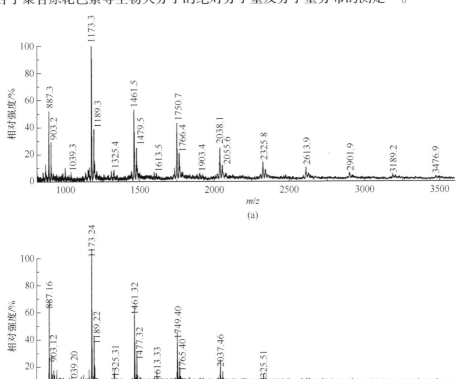

(a)

(b)

图 3.9　花生皮提取物的 MALDI-TOF-MS 谱图[32]
（a）线性模式；（b）反射模式

3. 多聚原花色素中原花青定和原翠雀定结构单元比例的测定

原花青定和原翠雀定的区别是两者的 B 环分别为邻苯二酚和连苯三酚结构。这一区别足以导致多聚原花色素性质上的差异。例如，以含原翠雀定为主的多聚原花色素与蛋白质的反应能力可能比以原花青定为主的多聚原花色素强得多。因此，对多聚原花色素中两种结构单元的含量做定量测定是确定其特征的重要内容。除了可用前面所述的花色素反应进行初步观察以外，尚有以下三种较简便的测试方法。

1）紫外光谱法

图 3.10（a）是多聚原花色素在水溶液中的紫外吸收光谱[29]。多聚原翠雀定和多聚原花青定均在 $\lambda=205\text{nm}$ 处有最大吸收峰（^{1}B 带），并在 240nm 处有一肩峰（^{1}La 带），主要源于两者共有的间苯三酚 A 环及聚合物骨架的贡献。在 270～280nm

的吸收峰 [1]Lb 则是 B 环的贡献。增加测试液浓度使 [1]Lb 带吸收增加后可以发现，多聚原翠雀定的最大吸收峰出现在 278nm 处，是一个吸收带较宽的不对称峰，$E_{1cm}^{1\%}=62$；多聚原花青定的最大吸收峰出现在 279nm 处，是一个较对称的吸收峰，$E_{1cm}^{1\%}=130$。因此，一定浓度的多聚原花色素溶液在 $\lambda=270\sim280$nm 处的吸光度值取决于聚合物中两种结构单元的比例，原花青定的比例越高，吸光度值越大。大量的测试表明，原花青定结构单元/原翠雀定结构单元与 $E_{1cm}^{1\%}$ 之间的确存在正比例关系，如图 3.10（b）所示[29]。因此，通过对多聚原花色素进行紫外光谱测试，根据图 3.10 所示的经验关系，可以确定聚合物中两种结构单元的比例。这种测试方法的误差大小主要取决于 [1]B 吸收带对 [1]Lb 吸收带的干扰程度。

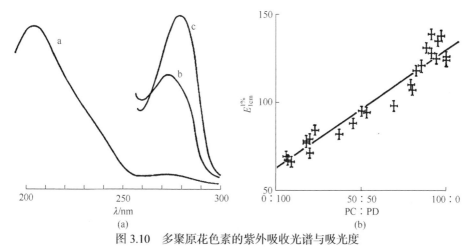

图 3.10　多聚原花色素的紫外吸收光谱与吸光度

（a）多聚原花色素水溶液的紫外吸收光谱，曲线 a 为多聚原翠雀定的稀溶液，曲线 b 为多聚原翠雀定的浓溶液（局部图），曲线 c 为多聚原花青定的浓溶液（局部图）；（b）多聚原花色素吸光度与原花青定/原翠雀定摩尔比的关系，PC 代表原花青定，PD 代表原翠雀定

2）红外光谱法

原花青定和原翠雀定结构单元的红外吸收特征也可用于粗略地估计两者在多聚物中的比例。图 3.11 是几种典型结构多聚原花色素的红外吸收光谱[33]。

在 $1540\sim1520\text{cm}^{-1}$ 处，以原花青定为主要结构单元的多聚物（图 3.11a 和 b）表现为单峰，而以原翠雀定为主要结构单元的多聚物（图 3.11d 和 e）表现为双峰；两种结构单元各占 50% 时（图 3.11c），仍为单峰，但谱带加宽；大量测试表明，只有当原翠雀定的比例大于 60% 时，才能观察到双峰。因此可利用 $1540\sim1520\text{cm}^{-1}$ 处的吸收特征估计两种结构单元的比例范围。

$780\sim730\text{cm}^{-1}$ 范围的吸收峰也可用于这类分析。以原花青定为主要结构单元的多聚原花色素（图 3.11a 和 b）在 $780\sim770\text{cm}^{-1}$ 处有吸收峰，但在 730cm^{-1} 处无吸收峰；而以原翠雀定为主要结构单元的多聚原花色素（图 3.11d 和 e）则正好

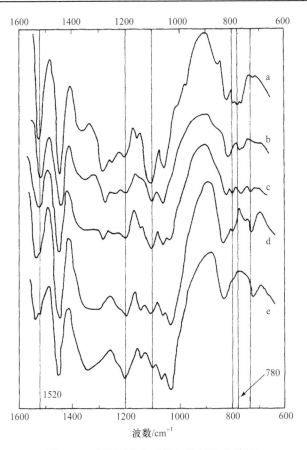

图 3.11　多聚原花色素的红外吸收光谱[33]

a 和 b 是以原花青定为主的多聚体；c 是原花青定和原翠雀定各约占 50%的多聚体；

d 和 e 是以原翠雀定为主的多聚体

相反。两种结构单元各含 50%的多聚体在这两处均有吸收峰，且强度相同。因此，通过测试这两处吸收峰的相对强度，可以大致估计两种结构单元的比例。

此外，1200cm^{-1} 处的吸收峰也具有特征性。随翠雀定结构单元比例的增加，吸收峰的强度增加。

3）^{13}C 核磁共振法

由图 3.8 可以发现，原花青定结构单元 B 环的 C3′和 C4′峰出现在 δ=145ppm 处。原翠雀定结构单元 B 环的 C3′和 C5′峰出现在 δ=146ppm 处。多聚体中同时存在两种结构单元时，出现二重峰[图 3.8（c）]。由于这些碳原子具有相同的弛豫时间（T_1）和核欧沃豪斯效应（NOE），通过对峰面积积分可以得到两种结构单元的比例[29]。图 3.8（c）中两个峰的分离情况虽然尚不够理想，可能会对积分的准确性产生影响，但该图是用 20MHz 碳谱（相当于 80MHz 氢谱）仪测试的，如果选用分辨率更高的核磁共振仪测试，结果应较为准确。

4. 多聚原花色素中结构单元顺反异构的测定

原花青定和原翠雀定结构单元的吡喃环的 2 位和 3 位存在顺式和反式异构两种情况。(+)-儿茶素[图 2.18（a）]和(+)-棓儿茶素[图 2.18（e）]结构单元为反式构型，(−)-表儿茶素[图 2.18（d）]和(−)-表棓儿茶素[图 2.18（h）]结构单元为顺式构型。这类立体化学特征往往与多聚体的生物活性有关。可用以下方法测定两类异构体的比例。

1）红外光谱法

Foo 对 26 种已知结构的原花色素的红外光谱进行比较后发现，795～800cm^{-1}处的吸收能体现两类异构体的特征[33]，可仍以图 3.11 作说明。当 795～800cm^{-1}处只呈现肩峰时顺式异构体低于 30%；当 795～800cm^{-1}处的吸收带明显，且强度与 770cm^{-1}处的原花青定的特征吸收或 730cm^{-1}处的原翠雀定的特征吸收相当时（图 3.11a、c、d），顺式异构体大于 70%。

2）^{13}C 核磁共振法

由表 3.8 可知，多聚原花色素结构单元的 2、3 位呈顺式异构时，C2 的化学位移为 $\delta=77$ppm[图 3.8 峰（4）]；呈反式异构时，$\delta=84$ppm[图 3.8 峰（3）]。两峰在 ^{13}C-NMR 谱图上被很好地区分开，且该两个位置的弛豫时间（T_1）和核欧沃豪斯效应（NOE）相同，因此可以直接用积分的方法测定两类异构体的比例[29]。

表 3.8　多聚原花色素 ^{13}C-NMR 化学位移（ppm，氘代丙酮：水=1∶1，SiMe$_4$ 作内标）

多聚原花色素	C2	C3	C4	C4a	C5	C6	C7	C8	C8a	C1′	C2′	C3′	C4′	C5′	C6′
多聚原花青定（结构单元为 2,3-顺式）a	77	72	37	102	156	98	156	107	156	132	115	145	145	116	119
多聚原翠雀定（结构单元为 2,3-顺式）b	77	72	37	102	156	97	156	107	156	132	108	146	133	146	108
多聚原翠雀定（结构单元为 2,3-反式）c	84	73	38	107	157	98	157	107	157	133	108	146	134	146	108

a. 温桲果实中的多聚原花色素；b. 银桦叶中的多聚原花色素；c. 冬加仑子叶中的多聚原花色素。

5. 多聚原花色素结构单元 C4 构型的测定

多聚原花色素结构单元间的连接键有两种异构状态，取决于 C4 的绝对构型，即 4β 态[图 3.12（a）]和 4α 态[图 3.12（b）]。

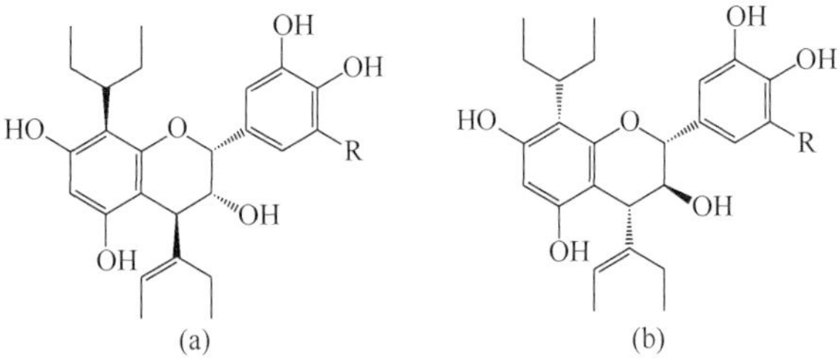

图 3.12　不同 C4 构型的多聚原花色素

（a）4β 态；（b）4α 态

　　表征这类异构体的较理想的方法是圆二色谱测试。当多聚原花色素为 4β 构型时，在 210～240nm 处有正科顿效应峰；当多聚原花色素为 4α 构型时，出现负科顿效应峰。图 3.13 是 4 种 4β 构型模型化合物的圆二色谱图[34]。

　　以上各种测试手段可以从不同角度对多聚原花色素的结构特征进行表征，采用的方法越多，对结构的认识越清楚。在实际研究工作中，不一定所有方法都采用，可根据对结构认识程度的要求和实际研究条件选择测试方法。

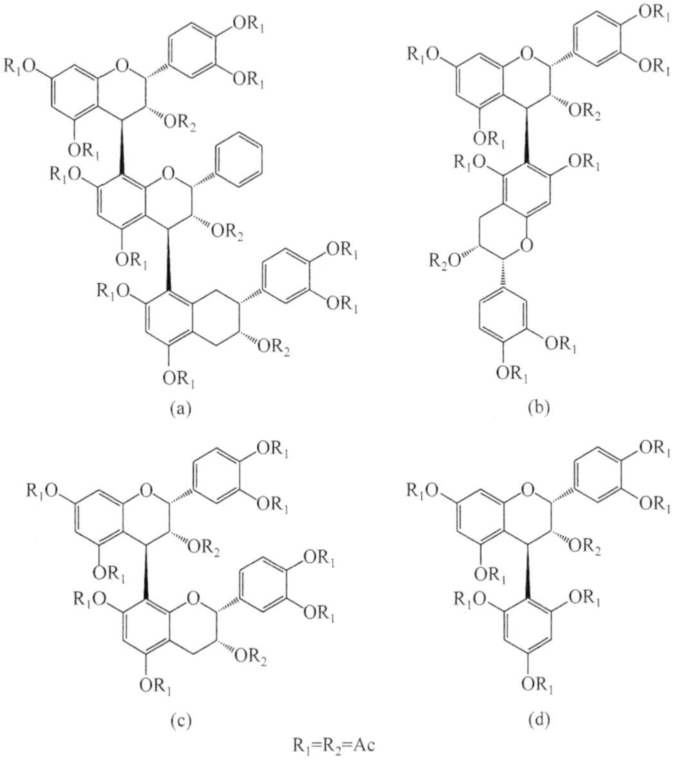

（a）　　　　　　　　　　　　（b）

（c）　　　　　　　　　　　　（d）

$R_1 = R_2 = Ac$

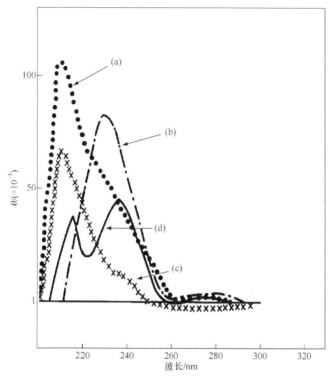

图 3.13　4 种 4β 构型的多聚原花色素模型化合物的圆二色谱图

　　上述测试方法尚有一个问题未能解决，即组成单元间的结构异构。绝大多数多聚原花色素的结构单元是 4-8 位连接，但也存在 4-6 位连接的情况，而这种结构差异可能会影响多聚物与蛋白质的结合能力及生物活性。目前还没有直接测定 4-8 位、4-6 位连接方式的可靠方法，一般还需要通过测试化学降解产物的结构特征来推测是否有 4-6 位连接的存在。

参 考 文 献

[1] 孙达旺. 植物单宁化学[M]. 北京: 中国林业出版社, 1992.

[2] 石碧, 狄莹. 植物多酚[M]. 北京: 科学出版社, 2000.

[3] 李群梅, 杨昌鹏, 李健, 等. 植物多酚提取与分离方法的研究进展[J]. 保鲜与加工, 2010, 10: 16-19.

[4] 周宛平. 化学分离法[M]. 北京: 北京大学出版社, 2008.

[5] Nawaz H, Shi J, Mittal G S, et al. Extraction of polyphenols from grape seeds and concentration by ultrafiltration[J]. Separation and Purification Technology, 2006, 48(2): 176-181.

[6] Loginov M, Boussetta N, Lebovka N, et al. Separation of polyphenols and proteins from flaxseed hull extracts by coagulation and ultrafiltration[J]. Journal of Membrane Science, 2013, 442: 177-186.

[7] Wu C S. Column Handbook for Size Exclusion Chromatography[M]. San Diego: Academic Press, 1999.

[8] Jin X, Liu M Y, Chen Z X, et al. Separation and purification of epigallocatechin-3-gallate (EGCG) from green tea using combined macroporous resin and polyamide column chromatography[J]. Journal of Chromatography B, 2015, 1002: 113-122.

[9] Zeng W C, Zhang W C, Zhang W H, et al. The antioxidant activity and active component of *Gnaphalium affine* extract[J]. Food and Chemical Toxicology, 2013, 58: 311-317.

[10] Yu Z L, Zeng W C. Antioxidant, antibrowning, and cytoprotective activities of *Ligustrum robustum*(Rxob.) Blume extract[J]. Journal of Food Science, 2013, 78: 1354-1362.

[11] Yu Z L, Gao H X, Zhang Z, et al. Inhibitory effects of *Ligustrum robustum*(Rxob.) Blume extract on α-amylase and α-glucosidase[J]. Journal of Functional Foods, 2015, 19: 204-213.

[12] Steinmann D, Ganzera M. Recent advances on HPLC/MS in medicinal plant analysis[J]. Journal of Pharmaceutical and Biomedical Analysis, 2011, 55(4): 744-757.

[13] Li M, Hou X F, Zhang J, et al. Applications of HPLC/MS in the analysis of traditional Chinese medicines[J]. Journal of Pharmaceutical Analysis, 2011, 1(2): 81-91.

[14] 石碧, 何先祺, 爱德华·哈斯兰姆. 水解类植物鞣质性质及其与蛋白质反应的研究(Ⅰ)——水解类植物多酚化合物制备和结构鉴定[J]. 皮革科学与工程, 1993, 3(2): 1-7, 35.

[15] Okuda T, Yoshida T, Hatano T. New methods of analyzing tannins[J]. Journal of Natural Products, 1989, 52(1): 1-31.

[16] Quideau S. Chemistry and Biology of Ellagitannins[M]. Singapore: World Scientific, 2009.

[17] Orabi M A A, Yoshimura M, Amakura Y, et al. Ellagitannins, gallotannins, and gallo-ellagitannins from the galls of *Tamarix aphylla*[J]. Fitoterapia, 2015, 104: 55-63.

[18] Feldman K S. Recent progress in ellagitannin chemistry[J]. Phytochemistry, 2005, 66(17): 1984-2000.

[19] Gross G G, Hemingway R W, Yoshida T. Plant Polyphenols 2: Chemistry, Biology, Pharmacology, Ecology[M]. Berlin: Springer, 2000.

[20] Crozier A, Clifford M N, Ashihara H. Plant Secondary Metabolites: Occurrence, Structure and Role in the Human Diet[M]. New York: Wiley-Blackwell, 2006.

[21] Covington A D. Tanning Chemistry: the Science of Leather[M]. Cambridge: Royal Society of Chemistry, 2011.

[22] Reid D G, Bonnet S L, Kemp G, et al. Analysis of commercial proanthocyanidins. Part 4: solid state ^{13}C NMR as a tool for *in situ* analysis of proanthocyanidin tannins, in heartwood and bark of quebracho and acacia, and related species[J]. Phytochemistry, 2013, 94: 243-248.

[23] Romer F H, Underwood A P, Senekal N D, et al. Tannin fingerprinting in vegetable tanned leather by solid state NMR spectroscopy and comparison with leathers tanned by other processes[J]. Molecules, 2011, 16(2): 1240-1252.

[24] Herz G W, Kirby G W, Moor R E, et al. Progress in the Chemistry of Organic Natural Products[M]. Vienna: Springer-Verlag, 1995.

[25] 王瑞, 刘沛, 马翠芳. 蒸汽压渗透法在液体橡胶数均相对分子质量测定中的应用[J]. 石油化工应用, 2011, 30(1): 73-79.

[26] 朱永群, 张家纪. 关于蒸汽压渗透法(VPO)的标定问题[J]. 化学通报, 1987, 3: 7-9.

[27] Williams V M, Porter L J, Hemmingway R W. Molecular weight profiles of proanthocyanidin polymers[J]. Phytochemistry, 1983, 22(2): 569-572.

[28] Yanagidaa A, Shojib T, Shibusawa Y. Separation of proanthocyanidins by degree of polymerization by means of size-exclusion chromatography and related techniques[J]. Journal of Biochemical and Biophysical Methods, 2003, 56(1-3): 311-322.

[29] Czochanska Z, Foo L Y, Newman R H, et al. Polymeric proanthocyanidins. Stereochemistry, structural units, and molecular weight[J]. Journal of the Chemical Society, Perkin Transactions 1, 1980, 25: 2278-2286.

[30] Domon B, Aebersold R. Mass spectrometry and protein analysis[J]. Science, 2006, 312(5771): 212-217.

[31] Smyth W F, Smyth T J P, Ramachandran V N, et al. Dereplication of phytochemicals in plants by LC-ESI-MS and ESI-MSⁿ[J]. TrAC Trends in Analytical Chemistry, 2012, 33: 46-54.

[32] Monagas M, Quintanilla-López J E, Gómez-Cordovés C, et al. MALDI-TOF MS analysis of plant proanthocyanidins[J]. Journal of Pharmaceutical and Biomedical Analysis, 2010, 51(2): 358-372.

[33] Foo L Y. Proanthocyanidins: gross chemical structures by infrared spectra[J]. Phytochemistry, 1981, 20(6): 1397-1402.

[34] Kolodziej H. Occurrence of procyanidins in *Nelia meyeri*[J]. Phytochemistry, 1984, 23(8): 1745-1752.

第4章 植物单宁的物理化学性质

4.1 植物单宁的紫外吸收特性

植物单宁因其分子中所含的苯环结构,而在紫外光区有很强的吸收。因此,紫外吸收光谱一直是单宁结构鉴定和研究单宁化学反应的一种有效手段。单宁作为植物体内的次生代谢产物,其生理功能除了对微生物、酶和病毒的抵御作用外,还可因其紫外吸收特性将日光的强紫外辐射转化为危害较少的辐射,即起到"紫外光过滤器"的作用。目前,单宁的紫外吸收特性作为其生理活性的一个独特的侧面,受到人们的广泛关注。除了本节对这一性质进行较为系统的总结以外,本书的其他章节也多处涉及单宁的这一特性及其应用,可作为参考。

4.1.1 植物单宁的结构与紫外吸收

1. 黄酮类化合物的紫外吸收

大多数黄酮类化合物的紫外吸收光谱由两个主要的吸收峰组成,其中之一出现在240~280nm 的范围内,称为吸收带 II,是由 A 环的苯酰系统(图 4.1)引起的;另一个在300~400nm 范围内,称为吸收带 I,是由 B 环的肉桂酰系统(图 4.1)引起的[1]。

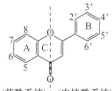

(苯酰系统) (肉桂酰系统)

图 4.1 黄酮类化合物结构中的苯酰系统与肉桂酰系统

图 4.2 为芦丁(一种典型的 3 位取代黄酮苷)在乙醇溶液中的紫外-可见吸收光谱图。环上氧化程度的增加,使紫外吸收峰向长波方向移动[2]。吸收带 II 的变化主要受 A 环取代的影响。例如,黄酮本身的吸收带在 250nm,7-羟基黄酮则增加到252nm,5-羟基黄酮和 5,7-二羟基黄酮在 268nm,5,6,7-三羟基黄酮在

274nm，而 5, 7, 8-三羟基黄酮增至 281nm。B 环羟基的增加将导致吸收带 I 的最大吸收向较长的波长移动，如天竺葵定（4′-羟基）的吸收峰（λ_{max}）在 520nm，飞燕草定（3′, 4′, 5′-三羟基）的 λ_{max} 位于 546nm；吸收带 I 的变化不仅受 B 环取代的影响，而且也受杂环取代的影响。黄酮本身的吸收带 I 在 304～350nm 处，而黄酮醇则出现在 352～382nm 处[1, 2]。

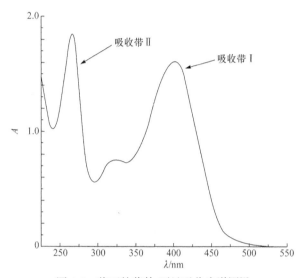

图 4.2　芦丁的紫外-可见吸收光谱图[2]

　　黄酮类化合物中 A 环和 B 环是否共轭也是决定其紫外吸收类型的因素。异黄酮、黄烷酮、二氢黄酮醇（图 2.16）由于其分子中 A 环和 B 环之间没有共轭，其紫外光谱与黄酮有明显差异，一般表现出低强度的吸收带 I，吸收带 I 常称为吸收带 II 峰的肩峰，这类化合物的紫外光谱大多数不受 B 环中氧化和取代类型变化的影响。与此相反，查耳酮和噢哢（图 2.16）的紫外光谱以吸收带 I 及相对小的吸收带 II 为特征，前者的吸收带 II 出现在 220～270nm 区域，吸收带 I 通常出现在 340～390nm 范围内；后者的吸收带 I 通常在 370～430nm 之间[1, 3]。

　　花色素（花青素）因其分子中的锌盐结构，其吸收光谱与普通黄酮类化合物差别在于吸收带 I 的吸收峰移至可见光区的 465～550nm 之间，吸收带 II 的吸收峰则在 270～280nm 区域内以一个不太强的峰出现[3]。

　　典型的黄酮类化合物的紫外-可见吸收光谱如图 4.3 所示。

　　典型的黄酮类化合物的紫外-可见吸收光谱波段范围数据见表 4.1。

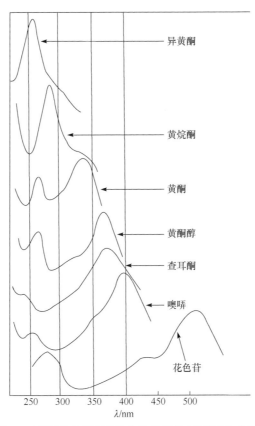

图 4.3　不同类型黄酮类化合物的紫外-可见吸收光谱[3]

表 4.1　典型的黄酮类化合物的紫外-可见吸收光谱波段[3]

黄酮类型	吸收带 II 光谱波段/nm	吸收带 I 光谱波段/nm
黄酮类	250～280	310～350
黄酮醇类（3-OH 取代）	250～280	330～360
黄酮醇类（3-OH 自由）	250～280	350～385
异黄酮类	245～275	310～330 肩峰
异黄酮（5-去氧-6,7-双氧化）		320 肩峰
黄烷酮和双氢黄酮醇类	275～295	300～330 肩峰
查耳酮类	220～270（低强度）	340～390
噢哢类	230～270（低强度）	370～430
花色素和花色苷类	270～280	465～550

2. 黄烷醇类单宁的紫外吸收

黄烷醇类单宁的紫外吸收与 4 位为羰基的黄酮明显不同，主要出现 A 环、B 环中苯环的吸收，因此除了 200nm 附近苯环的吸收外，在紫外区往往只是以一个单峰的形式出现，典型的黄烷醇在甲醇溶液中的 λ_{max} 通常在 280nm 附近。例如，(+)-儿茶素的 λ_{max} 为 280nm[摩尔吸光系数 ε 为 3740L/（mol·cm），甲醇溶液中，以下同]，而(+)-黄烷-3, 4-二醇的紫外吸收谱图与儿茶素极为相似，λ_{max} 为 280nm [ε 为 3860L/（mol·cm）]，二聚原刺槐定的 λ_{max} 在 279nm 处[4]。

3. 棓酸酯类单宁的紫外吸收

此类单宁的紫外吸收主要取决于分子中的棓酰基结构。棓酸的 λ_{max} 为 263nm [ε 为 8350L/（mol·cm）]。与棓酸类似，棓酸酯类单宁在紫外区吸收为一单峰，如 TriGG 的 λ_{max} 为 278nm[ε 为 21200L/（mol·cm）]；而鞣花单宁的情况较为复杂，除了苯环的 B 带出现在 250～280nm 范围外，还可能因其内酯结构在 350nm 附近有吸收，因此通常有两个以上的峰位。例如，鞣花酸，λ_{max1}=255nm（lgε=4.60），λ_{max2}=366nm（lgε=4.00）；仙鹤草素，λ_{max1}=232nm（lgε=5.20），λ_{max2}=270nm（lgε=5.05）；月见草素 C，λ_{max1}=350nm（lgε=4.02），λ_{max2}=364nm（lgε=4.08）[4]。

这类多酚吸光系数的大小取决于分子中棓酰基数目的多少[5]。

4.1.2　化学反应对植物单宁的紫外吸收特性的改变

化学反应改变了单宁的官能团，从而使其紫外吸收特性有所改变，举例如下。

1. 酚羟基的离解

提高体系的 pH，使单宁的酚羟基离解成氧负离子，通常使其紫外吸收峰红移。单宁，特别是黄烷醇类单宁化合物中不同位置上的酚羟基具有不同的酸性，因此采用碱性不同的化合物可使其不同位置上的酚羟基离解。例如，采用强碱甲醇钠，可使所有酚羟基离解；弱碱乙酸钠只能使较强酸性的酚羟基，如 7 位酚羟基离解。通过此类试剂，可以推断单宁的结构[4]。

2. 氧化、缩合及降解

典型的原花色素的 λ_{max} 在 280nm 附近，当原花色素由于氧化缩合作用，在分子内出现醌型结构时，就在 400～500nm 区间出现肩峰。例如，向儿茶素的水溶液（pH 4～8）中通入空气，生成物的 λ_{max}=410nm，在 500nm 有肩峰，与儿茶心材、棕儿茶叶单宁类似。茶黄素和茶红素的结构更为复杂，在紫外-可见光区内出现几个吸收峰，形成茶汤的特征色泽。缩合类单宁在提取过程中单元间连接键可能被打断，有花色素生成，因此在 550nm 处往往有吸收[4]。

3. 络合反应

Na^+、K^+等金属离子不与单宁络合，不改变其 λ_{max}，但可能改变吸光度；Al^{3+}和 B^{3+}等金属离子的络合可以改变单宁的紫外吸收，将使 λ_{max} 明显红移。而 Fe^{3+}等离子与单宁所形成的络合物因为分子轨道的电荷跃迁，在可见光区有很强的吸收[4]。

4. 衍生化反应

甲基化和苷化将导致单宁类化合物的吸收带向短波方向移动，乙酰化往往使酚羟基群的影响在图谱上消失[4]。

由此可见，植物单宁是一类在紫外光区，特别是近紫外光区有很强吸收的化合物。某一特定的结构具有一定的吸收特性，但可以通过各种化学反应使其吸收改变。单宁通常是以混合物的形式存在的，这使我们可以选择或复配得到在某一区域或整个紫外区域都有吸收的产物。由于紫外线尤其是频率高的近紫外线是光老化的主要原因，目前在药物、化妆品、合成材料工业中，抗紫外线添加剂的应用日趋受到重视，可以预料植物单宁作为一类天然、无毒、高效的"紫外线过滤剂"将会在这些领域有广泛的应用前景[6]。

4.2 植物单宁溶液的物理化学性质

单宁的化学结构决定了其在水溶液中的状态，即使其浓度很低，单宁溶液也是以真溶液（分子分散态）和胶体（分子聚集态）之间的状态并存，属于半胶体状态。单宁形成的胶体属于亲水性胶体。因此，在绝大多数单宁使用情况下（特别是工业应用中），必须注意到单宁溶液的胶体性质[7]，如分散性、溶解性、黏度、流变性和电化学性质以及胶体稳定性等。

4.2.1 植物单宁溶液的胶体性质

1. 单宁溶液的半胶体状态

单宁在水溶液中的性质与染料和长链脂肪酸比较类似，表现为一种真溶液与胶体溶液之间的状态。当单宁浓度低，或者温度较高以及 pH 较高时，单宁溶液主要为真溶液，单宁分子或离解的单宁离子分散在水中形成均匀体系；当单宁浓度较高或者温度较低以及溶液的 pH 较低时，单宁主要以胶体的形式存在，通过显微镜可以看到胶体粒子，具有丁铎尔效应、布朗运动、动电电位，属热力学上的不稳定体系。因此水溶液中的单宁往往处于下列平衡：

$$真溶液（分子分散态）\rightleftharpoons 胶体溶液（分子聚集态）$$

这两类状态之间可以互相转化。胶体溶液经稀释，加碱或者升温后即表现为真溶液的性质，反之亦然，因此又称为半胶体。

单宁水溶液的半胶体性质源于单宁的化学结构。单宁分子中的大量酚羟基和苯环使其可通过氢键和疏水键等形式发生分子缔合，如图 4.4 所示。这种缔合是一种不引起化学性质改变的分子间可逆的结合作用。

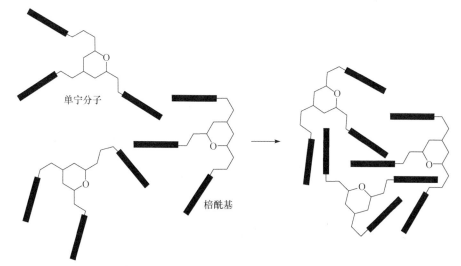

图 4.4　单宁分子间的缔合作用反应示意图

单宁的浓度增大、pH 降低和温度较低时，会促进缔合发生，使单宁溶液的胶体性质增强（测试时表现为分子量增加），表 4.2 是单宁溶液浓度对单宁平均分子量的影响。

表 4.2　单宁溶液浓度对单宁平均分子量的影响[8]

云杉树皮单宁溶液		柳树皮单宁溶液	
浓度/（g/L）	平均分子量	浓度/（g/L）	平均分子量
1	3320	3.6	8050
3.2	10330	5.8	12910
6.4	12360	10.1	14610
9.6	16480	11.0	19000
15.0	32670		
16.6	38450		

表 4.2 中的数据显示，分子量较大的单宁在相当低的浓度下即开始发生缔合。另一实例是，单宁酸的平均分子量为 1250 ± 60，在 1%的水溶液中测试到的分子量为 2500 ± 12，相当于二聚体；而在 10%及 20%的水溶液中测试到的分子量分别为 4016 和 5450[4]。通常在提取过程和实际应用中单宁的浓度很高，往往以胶体状态为主，因此单宁的应用性能与胶体的物化性质之间有着密切的联系。破坏单宁间的氢键将使单宁胶体解聚，分散为分子状态，采用的方法有加热、提高 pH 或者采用有机溶剂。例如，在丙酮中，单宁酸即以单体形式存在。

2. 单宁的亲水性和溶解性

单宁在水溶液中形成的胶体是亲水性胶体。亲水性源于单宁的酚羟基与水形成的氢键。单宁溶于水是一个放热过程，溶解热证实了氢键的形成。正是因为单宁易与水分子形成氢键，单宁溶液不易干燥，并且干燥后的样品极容易吸潮[9]。

单宁的粗提取物如栲胶与提纯的单宁化合物在物化性质上有明显差别。栲胶溶液是一种复杂的多分散性混合物胶体，除了主要含单宁外，还包括大量非单宁和不溶物。栲胶的分散程度基本上由其种类所决定，可以用稀释数表征。稀释数是浓度为 1g/L 的栲胶溶液稀释到能在超显微镜下只看到 3～4 颗微粒光点时的稀释倍数，大胶体微粒含量多的栲胶溶液，稀释数也大。几种栲胶的稀释倍数见表 4.3。

表 4.3　栲胶的稀释倍数[10]

栲胶	稀释倍数（以万计）	栲胶	稀释倍数（以万计）
五倍子	0.5	栎木	55
漆叶	1.5	荆树皮	60
云杉皮	25	坚木	85
槲树皮	35	坚木的沉淀部分	120

作为亲水性胶体，栲胶在水中没有饱和的溶解度，在浓度已经相当大的栲胶溶液中再加入栲胶，仍然能有一部分溶解，直到形成黏稠的糊状。栲胶能以任何比例与水混合，但在任何浓度下，都有或多或少的沉淀。栲胶的高溶解度与其多种组分之间的"相似相溶"和非单宁化合物对胶体的稳定作用有关。而单宁的纯化合物，特别是单宁晶体在水中的溶解度都很低。从单宁的化学结构角度看，酚羟基数目较多和分子量较小的单宁通常在水中有较大的溶解度。例如，坚木单宁分子中的酚羟基数目少于荆树皮单宁的羟基数，其溶解性低于后者；红树皮和落叶松树皮单宁的聚合度大，它们均含有较多溶解度低的组分[11]。

单宁也可溶于乙醇、甲醇及其与水的混合液。含醇羟基的有机溶剂对植物组织中的单宁具有良好的溶解性能，见表 4.4，但因其以氢键与单宁发生溶剂化作用，很难用蒸馏法除去其中的残余溶剂。水和丙酮、甲醇、乙醇的混合溶剂对栲胶的溶解能力比纯有机溶剂大，甚至比水还大（如 30%丙酮水溶液），这是因为有机溶剂破坏了单宁分子之间的氢键从而减弱了单宁的缔合，有利于单宁的溶解，这一性质有利于从植物组织中有效地提取单宁。

表 4.4　几种溶剂对不同栲胶的浸提能力[11]　　　（浸提液浓度：g/L）

溶剂	栲胶来源				
	坚木	荆树皮	栗木	橡椀	云杉
水	80.8	93.6	—	92.8	93.0
甲醇	91.8	87.6	82.8	67.6	63.6
乙醇	92.0	84.5	62.2	39.2	49.5
丙酮	82.0	35.4	7.4	2.0	5.2
乙酸乙酯	18.0	1.6	0.1	0.4	1.2
乙醚	0.2	0.3	0.2	0.2	0.4
苯	0.6	0.4	0.2	0.6	0.2
四氯化碳	0.8	3.8	0.8	4.6	1.6
水：乙醇[a]	98.0（1：3）	96.0（1：1）	—	97.6（3：1）	94.6（3：1）
水：丙酮（体积比为 3：1）	100.0	98.0	—	98.0	99.8

a. 括号中表示水与乙醇的体积比。
注："—"表示无数据。

3. 单宁溶液的黏度和流变特性

水溶液中的单宁具有典型的亲水胶体性质。因为单宁胶体粒子与溶剂的水合作用，当单宁浓度达到一定值时出现结构黏度，即在一定范围内，黏度的增加与浓度的增加存在线性关系，但当浓度增大到某一范围，再继续增大浓度，黏度增大得特别快，对于黑荆树皮栲胶，这个浓度值为 140g/L[12]。单宁胶体的黏度还受温度的影响，温度升高，黏度减小。但单宁的结构黏度比明胶、淀粉等亲水性胶体小。栲胶中大分子多糖的存在使其黏度增加，而小分子的糖和其他非单宁则破坏单宁分子间的缔合从而起到降低黏度的作用。栲胶中的大分子单宁组分则是栲胶高黏度的最主要原因。高黏度是落叶松栲胶的典型性质，对于荆树皮栲胶不是那么突出。高黏度经常成为栲胶使用的一种缺陷，例如，在制革中栲胶鞣革渗透缓慢，在胶黏剂制备中，高黏度阻碍了酚醛反应的进行，也不利于胶黏剂的实际应用。因此，人们在降低栲胶黏度方面进行了很多研究工作[13]。控制栲胶溶液的pH、温度、浓度和溶剂组成可以调控其黏度；通过亚硫酸酸化反应可以明显地降低栲胶溶液的黏度；添加小分子酚类化合物、尿素等添加剂也将使栲胶溶液的黏度下降。此外，还可通过对栲胶进行分级和超滤，除去树胶质和高分子部分等降低栲胶溶液的黏度[14, 15]。

栲胶胶体溶液表现为抗流变特性，在同一浓度和同一测定时间间隔，表观黏度随转速的变化而变化，当转速由小到大，再由大到小变化时，剪应力不是沿原来的路径变化，而是高于原来的位置，整个曲线为一封闭曲线。栲胶水溶液发生触变的过程是一种分散—缔合—分散的复杂过程。当对栲胶胶体溶液施加剪切力时，不同程度地破坏了栲胶胶粒间的缔合，分子间的排列发生了变化，胶粒处于不稳定状态，同时分子间又以另一种新的缔合排列，以适应剪切力的变化而引起的流体的变形。当剪切力增大后再减小，分子间的缔合排列试图保持原有的形态，表现在剪切力随剪切率变化时触变现象发生。而分子缔合的破坏和建立需要一定的时间，也表现出剪切力对剪切率变化的时间依从性。栲胶胶体溶液的触变性在流体传送、反应器搅拌、超滤等单元操作的设计时应予以注意[11-13]。

4. 单宁溶液的胶团结构

单宁在水溶液中以胶团的形式存在，单宁胶团可能的结构如图 4.5 所示，具有双电层的构造。

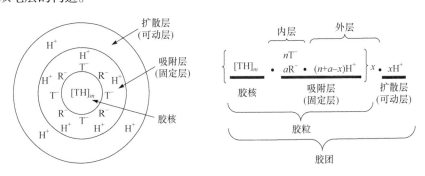

TH: 单宁分子　　T⁻: 单宁负离子　　R⁻: 非单宁负离子　　H⁺: 水合氢离子　　m: 胶核中单宁分子数

图 4.5　单宁胶团的可能结构

由图 4.5 可见，在溶液中，m 个单宁分子由于自身的氢键和疏水键缔合而形成单宁粒子$[TH]_m$，即胶核。胶核表面带负电荷，其来源是：①胶核表面单宁分子的电离——单宁具有酚羟基，水解类单宁还具有羧基。这些官能团在水溶液中可部分离解，使胶核表面带负离子 T⁻。②对于栲胶混合体系，胶核表面吸附了非单宁负离子 R⁻。由于胶核直径很小，有很大的比表面积和表面能，因此胶核表面要吸附溶液中的负离子 R⁻以降低表面能而趋于稳定。R⁻通常是非单宁中的有机酸。胶核表面的负离子 T⁻与 R⁻构成了吸附层的内层。

带负电荷的内层因静电吸附力而在其表面吸引了等量电荷的水合正离子 H^+（水分子在氢离子周围的电场中按一定方向排列，使每个氢离子均被水化膜所包覆，形成水合正离子）。水合正离子构成了胶团的外层。外层、内层与胶核一起组成了电中性的胶团。外层类似于大气层，其分布为内密外稀。当胶核运动时，外层被分为两部分。靠内层近的正离子因静电吸引力大而牢固地与内层（这两者组成了吸附层）及胶核（这三者组成了胶粒）保持在一起。靠内层远的正离子（构成了胶团的扩散层）因静电吸引力小而脱离了胶粒留在介质中。这样便使单宁胶粒缺正电而带负电。胶粒表面与溶液间的电位差称动电电位（ζ 电位）。由于胶粒带有相同的电荷，借静电斥力互相排斥而不易聚结。胶粒周围的水合正离子所形成的水膜，也阻碍胶粒的聚结。

4.2.2　植物单宁溶液的表面活性[14-18]

表面活性剂是一类在很低浓度时能显著降低液体表面张力（或界面张力）的化合物，它的化学结构主要是由非极性的疏水（亲油）基团（主要是碳氢链或其取代物）和极性的亲水基团组成的双亲分子。表面活性剂品种多样、用途广泛，由于其具有较好的去污、分散、乳化、悬浮、吸附、解吸、湿润、渗透等性能，其在日化、纺织、采矿、食品等工业得到了广泛应用。

单宁分子中存在多个羟基，亲水性强，是表面活性剂分子中很好的亲水基团。但单宁本身是一种化学活性比较敏感的物质，它易发生还原反应，受热易变色、分解等，如果将单宁分子结构中的酚羟基部分接入长链脂肪烃，不仅可增强其化学稳定性，还可改善单宁的表面活性，制备出新型的表面活性剂。研究表明，单宁与含不同脂肪链的脂肪烃制备的单宁脂肪酸酯，其结构中既具有极性基团（葡萄糖棓酰结构），又具有非极性基团（脂肪烃基），可看作是一类具有表面活性的高分子化合物，并且随着分子链中嵌段序列的长度和含量的不同，其表面活性能在很大范围内变化，因而可适合各种用途，作为乳化剂、凝聚剂、分散剂或其他助剂使用。特别应指出的是，单宁是一种具有多重化学和生物活性的化合物。因此，以单宁为原料制备的表面活性剂可具有一般表面活性剂难以比拟的应用特性。

物质的表面张力是其作为表面活性剂重要的物化性能，不同浓度（质量分数）单宁溶液及其制备的单宁基表面活性剂的表面张力见表 4.5。

表 4.5　不同浓度单宁溶液及其制备的单宁基表面活性剂的表面张力（单位：mN/m, 25℃）

样品	1%	0.5%	0.1%	0.05%	0.01%	0.05%
TA	50.9	51.7	60.5	62.9	63.5	65.5
$C_{10-5}TA$	32.8	33.8	34.9	38.9	44.5	48.6
$C_{10-10}TA$	32.3	33.4	34.2	38.2	44.4	48.5
$C_{10-15}TA$	32.4	33.9	34.3	38.4	44.4	48.3
$C_{10-20}TA$	32.6	33.5	34.3	38.1	44.7	48.5
$C_{14-5}TA$	33.6	34.8	35.5	39.3	46.7	50.8
$C_{14-10}TA$	33.5	34.3	35.9	39.5	46.5	50.5
$C_{14-15}TA$	33.2	34.2	35.3	39.5	46.4	50.5
$C_{14-20}TA$	33.8	34.3	35.8	39.3	46.4	50.2
$C_{18-5}TA$	43.7	44.7	45.8	52.8	54.7	57.7
$C_{18-10}TA$	43.5	44.3	45.5	52.4	54.5	57.7
$C_{18-15}TA$	43.4	44.6	45.7	52.5	54.2	57.6
$C_{18-20}TA$	43.7	44.5	45.6	52.3	54.3	57.5

注：25℃时蒸馏水与少量丙酮混合时的表面张力为 76.5mN/m；TA 为单宁；$C_{x-y}TA$ 为不同的单宁基表面活性剂。

　　由表 4.5 可知，所测样品溶液的表面张力均有所降低，表明单宁及单宁基表面活性剂具有一定的表面活性。而引入脂肪酰基的单宁的表面张力均低于单宁的表面张力，说明改性产物呈现出较单宁优良的表面活性。反应物种类相同而反应配比不同的化合物的表面张力值基本相同，可见摩尔配比对产物的表面活性影响不大。同时，比较含不同碳链长度的单宁基表面活性剂的表面张力表明，接枝的碳氢链长度明显影响着化合物的表面活性。

　　润湿是液-固两相间的界面现象。当一滴水落在布上，有时成为一颗水珠；如果一滴表面活性剂溶液落在布上，就容易渗透到布内。表面活性剂溶液具有这种润湿织物的能力，称为湿润力。湿润力是表面活性剂的一项重要性能指标。不同浓度（质量分数）单宁溶液及其制备的单宁基表面活性剂的湿润力（由帆布沉降时间间接表示，时间越短，湿润力越强）见表4.6。

表 4.6　不同浓度单宁溶液及其制备的单宁基表面活性剂的湿润力（30℃）

试样	帆布沉降时间/s					
	0.05%	0.1%	0.25%	0.5%	0.7%	1%
TA	530	320	178	121	79	59
$C_{18-15}TA$	435	290	120	80	55	42
$C_{14-15}TA$	360	185	79	50	24	18
$C_{10-15}TA$	310	107	58	22	15	13

注：空白样时，帆布沉降时间大于 3600s；TA 为单宁；$C_{x-y}TA$ 为不同的单宁基表面活性剂。

由表 4.6 可知，各样品的湿润力随浓度的增大而增强，当烷基碳原子数较大时，湿润力急剧下降。$C_{10\text{-}15}TA$ 和 $C_{14\text{-}15}TA$ 的湿润力要优于 $C_{18\text{-}15}TA$。湿润力的大小顺序为 $C_{10\text{-}15}TA > C_{14\text{-}15}TA > C_{18\text{-}15}TA > TA$。由于改性后的单宁分子亲水基与疏水基比例的改善，大大提高了改性后单宁的表面活性与湿润力，在单宁基表面活性剂中，当脂肪烃碳原子数为 10 时，湿润性能较佳。

不同温度下单宁溶液及其制备的单宁基表面活性剂的湿润力见表 4.7。

表 4.7　不同温度下单宁溶液及其制备的单宁基表面活性剂的湿润力（浓度为 0.5%）

试样	帆布沉降时间/s			
	25℃	30℃	35℃	40℃
TA	200	121	70	61
$C_{18\text{-}15}TA$	151	80	63	45
$C_{14\text{-}15}TA$	102	50	32	22
$C_{10\text{-}15}TA$	74	22	14	11

注：TA 为单宁；$C_{x\text{-}y}TA$ 为不同的单宁基表面活性剂。

表 4.7 为不同温度下，浓度为 0.5%时，单宁溶液及其制备的单宁基表面活性剂的湿润力。由表 4.7 可知，随着温度的升高，各试样的湿润力随之都有所增强。作为非离子型表面活性剂，它们在水中的溶解主要靠氧原子与水中氢原子之间的氢键而起作用，温度升高会提高样品的亲水性，因此湿润性能有所变化。$C_{18\text{-}15}TA$ 和 TA 湿润性较差而 $C_{14\text{-}15}TA$ 和 $C_{10\text{-}15}TA$ 则较好。尤其是 $C_{10\text{-}15}TA$ 具有较突出的湿润力，在常温下就具有较好的湿润性能。从结构与性能的关系来看，可能主要因为 $C_{10\text{-}15}TA$ 的—OH 显著，亲水性基团强，使整个表面活性的水溶性变好，从而能发挥出良好的湿润性能。

表面活性剂有使水和油两种互不相溶的液体转变为乳浊液的能力，称为乳化力。单宁及其制备的单宁基表面活性剂的乳化力见表 4.8。

表 4.8　单宁及其制备的单宁基表面活性剂的乳化力（浓度为 0.1%）

样品	乳化力/s	样品	乳化力/s
TA	110	$C_{14\text{-}20}TA$	120
$C_{10\text{-}15}TA$	116	$C_{18\text{-}20}TA$	117

注：TA 为单宁；$C_{x\text{-}y}TA$ 为不同的单宁基表面活性剂。

由表 4.8 可知，乳化性能优劣顺序为：$C_{14\text{-}20}TA > C_{18\text{-}20}TA > C_{10\text{-}15}TA > TA$，TA 的乳化力明显不如改性的 TA，表明分子中的疏水基对乳化力的影响是使乳化力增大。乳状液是热力学不稳定体系，加入表面活性剂，在降低表面张力的同时，在界面上形成对分散相液珠有保护作用的界面膜，使其相互碰撞时不易聚结。界面膜的形成与强度是乳状液稳定性的主要影响因素。本体系中，界面张力越低，乳化能力也就越大；越易形成胶束的分子结构，其乳化力越强。

亲水-亲油平衡（hydrophile-lipophile balance，HLB）值是物质表面活性的又一项重要指标，用以表示表面活性剂的亲水性，HLB 值越大，水溶性越好。单宁基表面活性剂的 HLB 值与用途见表 4.9。

表 4.9　单宁基表面活性剂的 HLB 值与用途

样品	加入水中的性质	HLB 值	用途
$C_{10}TA$	剧烈振荡后成乳色分散体	6～8	润湿剂
$C_{14}TA$	剧烈振荡后成乳色分散体	6～8	润湿剂
$C_{18}TA$	分散得不好	4～6	W/O 型乳化剂

注：TA 为单宁；$C_{x-y}TA$ 为不同的单宁基表面活性剂。

由表 4.9 可知，不同的单宁基表面活性剂均具有不同范围的 HLB 值，展现出不同的用途。HLB 值较高的单宁基表面活性剂，其分子的亲水性较高，HLB 值较低则表示其亲油性较高，这与单宁基表面活性剂的不同结构有关。

此外，单宁可以有效降低水的表面张力。单宁溶液的表面张力随其浓度的增加而下降，在延长放置时间的情况下仍不断下降，经过 75d 也达不到平衡。

从表 4.10 中可以看出，在同一浓度下，橡椀栲胶和落叶松栲胶溶液的表面张力随温度的升高而逐渐下降；在同一温度下，其表面张力大多随浓度增加而减小。这符合表面活性物质的表面张力和浓度之间的关系。在相同的浓度和温度下，橡椀栲胶溶液的表面张力明显大于落叶松栲胶，这说明单宁的表面活性与其结构密切相关[17]。

表 4.10　栲胶溶液表面张力[16]　　　　（单位：100mN/m²）

温度/℃	橡椀栲胶浓度/%			落叶松栲胶浓度/%		
	25	30	35	25	30	35
30	64.08	63.62	63.55	53.60	53.11	—
40	61.82	61.15	61.24	52.20	49.86	50.72
50	60.41	59.57	59.17	50.00	49.20	48.83
60	59.74	57.31	58.18	48.45	48.51	47.06
70	56.70	54.82	56.97	47.17	47.01	44.22
80	48.51	53.00	55.63	45.56	46.11	43.02

单宁水溶液具有弱酸性，这是由单宁分子中所含的酚羟基和羧基所致，对栲胶而言，所含的非单宁组分中的有机酸更增强了酸性。其酸性的大小，传统上可以用总酸度的概念表示（指 10mL 0.18g/mL 栲胶溶液被中和到 pH=7.0 时所消耗的 0.5mol/L NaOH 的体积数）。一般水解类栲胶的酸性大于缩合类栲胶的酸性。例如，橡椀栲胶的总酸度为 2.95～3.75，漆叶栲胶为 2.92～3.20，荆树皮栲胶为 0.45，坚木栲胶为 0.25，落叶松栲胶虽属缩合类，由于非单宁含量高，其总酸度达 1.95[9, 11]。

栲胶水溶液具有缓冲性能，表现在栲胶水溶液的 pH 随浓度的变化改变较小。栲胶的缓冲能力可以用缓冲指数表示（指使 100mL 0.048g/mL 栲胶溶液改变 1 个单位 pH 所耗用的 1mol/L 酸或碱的体积数）。在电位滴定曲线上，缓冲指数是取 pH 3～5 这一段曲线斜率的倒数。斜率越小，缓冲作用越强。通常也是水解类的大于缩合类的，纯度低的栲胶大于纯度高的栲胶，如落叶松栲胶的缓冲指数为 0.92～1.42，坚木栲胶为 0.73，荆树皮栲胶为 0.53[9, 11]。

4.2.3 植物单宁溶液的电化学性质

单宁溶液动电电位的测定方法，通常是从电泳的速度来间接测定的。其大小随扩散层中正电离子的数目而改变，但扩散层中正电离子的数目又受到溶液中氢离子浓度变动的影响，所以单宁的动电电位的大小，对其鞣革等使用性能和溶液稳定性均有较大的影响。在一定的测定条件下，单宁的动电电位是其特征值，与单宁的收敛性有一定的线性关系，其值越高，单宁的收敛性越好，动电电位的高低在一定程度上可以衡量植物单宁作为鞣剂时质量的好坏。表 4.11 为几种栲胶的动电电位。

表 4.11 栲胶的动电电位[8]

（a）20℃，10g/L		（b）20℃		
栲胶	动电电位/mV	栲胶	溶液浓度/（g/L）	动电电位/mV
五倍子	−34.7	坚木	11.0	−28
红根皮	−32.3	落叶松	19.5	−18
橡椀	−31.6	漆叶	19.6	−14
铁杉树皮	−28.1	铁杉	16.7	−19
		栗木	17.8	−9
		槲树皮	17.0	−9
		槟榔	18.7	−5

溶液浓度增加，由于水合离子的水合程度及其体积减小，吸附层内的正离子数增加，单宁的动电电位降低，见表 4.12。

表 4.12　不同浓度下的栲胶的动电电位[8]

栲胶	溶液浓度/（g/L）	动电电位/mV
坚木	4	−30
	8	−29
	16	−28
五倍子	10	−34.7
	30	−32.6
	32	−24

电解质的加入一般使单宁胶体动电电位降低。加入酸时，pH 降低，溶液中 H^+ 浓度增加，一方面将扩散层中的 H^+ 排挤进入吸附层，另一方面也使 H^+ 的水化程度及其体积减小，这也使吸附层内的 H^+ 数量增加，两种作用均使双电层变薄，导致动电电位降低。继续加酸直到使 H^+ 浓度增加到扩散层厚度被压缩到零时，吸附层内的 H^+ 已完全中和了单宁胶粒表面的电荷，吸附层变成了一个简单的平板双电层，动电电位下降到零。这时胶粒处于等电态，在电场作用下不再移动，胶粒间失去了静电斥力，聚集稳定性下降而聚沉出来，此时溶液的 pH 就是单宁的等电点。如果继续加酸，单宁微粒将带正电荷。多数单宁的等电点为 pH 2~2.5。pH＞2.5 时，单宁微粒带负电荷；pH＜2 时单宁微粒带正电荷。等电状态下单宁胶团的结构可用下式表示：

$$(TH)_m \cdot \frac{nT^-}{aR^-} \cdot (a+n)H^+$$

向单宁溶液中加碱时，少量的碱使单宁的动电电位降低。继续加入更多的碱时，单宁几乎完全离解成负离子，溶液失去胶体性质。

4.2.4　植物单宁溶液的物化稳定性

胶体溶液属于热力学不稳定体系，胶体粒子具有发生凝集从而导致沉淀的趋势。单宁溶液属于亲水性胶体，一方面由于单宁粒子表面水化层的保护作用，另一方面单宁胶体粒子带有负电荷，粒子间的电荷排斥作用阻止了凝集，因此单宁溶液是一种相对比较稳定的胶体。

单宁溶液胶体的稳定性可用耐盐析值表征。在单宁溶液中加入少量 NaCl 后，Na^+ 和 Cl^- 各在表面吸附作用下进入胶团的吸附层，分别使动电电位降低和升高。

Na[+]还置换扩散层内的 H[+]。继续加盐时，扩散层中的 H[+]不但因水合程度减小而失水，而且在 Na[+]的压缩下全部进入了吸附层。这时单宁粒子失电失水而聚结，从溶液中沉淀出来。单宁的耐盐析性与单宁的种类和无机盐的种类有关。

单宁溶液的稳定性还可用沉淀值比较。栲胶溶液的不溶物和沉淀具有不同的含义。不溶物指黄粉、红粉、果胶、树胶等不溶于水的杂质，沉淀中除了这些杂质外，其主体部分是胶体聚结沉降的结果，沉淀物主要反映了溶液的胶体化学性质。

单宁溶液的稳定性与其实际应用有相当大的关系，如何提高胶体稳定性（减少沉淀量，减小盐析值）是经常遇到的问题。除了在合适的浓度、温度及 pH 条件下使用单宁外，还可采用添加分散剂的方法提升其稳定性。从单宁胶团的结构图中可以看出，非单宁及其负离子在维持胶团结构中起着重要的作用。能被单宁吸附的亲水化合物，如糖、简单多元酚、水溶性脂肪酸的未离解分子、芳族磺酸化合物及其盐等能减少盐析。例如，蔗糖、葡萄糖、甘油、乙二醇、乙醇、丙醇、丙酮、尿素、乙酸、间苯二酚、苯磺酸等具有使单宁微粒稳定的作用[18]。

在许多实际应用中，以单宁为主体的溶液（如栲胶液）可与中性盐发生盐析，使单宁的沉淀率增加，这主要是由于电解质的加入使单宁胶团发生了去电荷、去溶剂化作用，即感胶化作用。感胶离子序是各种离子加入亲胶溶液时，产生沉淀多少的次序。各种离子对单宁的感胶顺序如下[19]：

柠檬酸根 > 酒石酸根 > SO_4^{2-} > PO_4^{3-} > CH_3COO^- > Cl^- > NO_3^- > I^- > CNS^- > Mg^{2+} > Ca^{2+} > Sr^{2+} > Ba^{2+} > Li^+ > Na^+ > K^+ > Cs^+

由于单宁与金属阳离子之间还有其他作用（如络合），许多离子的盐析能力和它们的感胶离子顺序并不完全符合。某些盐类如 NaBr 和 $Ca(NO_3)_2$ 等，不仅不能使单宁盐析，反而使沉淀分散和溶解。盐析作用与盐的用量有很大关系。单宁胶体溶液中加入少量的中性盐如 NaCl 并不沉淀，逐渐加大盐量后，粒径较大的胶粒先失去稳定性而析出，以后较小粒径的单宁胶粒也陆续析出，但仍有一部分单宁不被析出。因此常采用分级盐析法对单宁进行分级分离。

中性盐对单宁胶体的盐析程度除了与盐离子有关外，主要还取决于单宁的浓度和种类。单宁的浓度越高越容易盐析。在各种国产栲胶的比较中，橡椀和杨梅比荆树皮对盐析更为敏感（表 4.13），说明前两者胶体粒子中粗分散组分含量多[20]。胶体粒子的分散程度与单宁分子量有一定的相关性，粗分散的胶体通常含较多的分子量较大的单宁。

表 4.13　橡椀、杨梅和荆树皮栲胶在水和中性盐溶液中的沉淀率[20]

栲胶种类	栲胶浓度 /（g/L）	静置时间/h	沉淀率/%		
			蒸馏水	30g/L NaCl	45g/L Na$_2$SO$_4$
橡椀	100	24	5.77	40.14	32.08
		72	4.83	41.66	33.02
杨梅	100	24	7.48	18.87	17.95
		72	4.62	25.39	19.51
荆树皮	100	24	6.38	25.53	13.36
		72	3.29	16.45	13.79

　　栲胶溶液的沉淀量随浓度有明显的变化。多数栲胶在中等浓度产生的沉淀最多，浓度再大时沉淀反而减少。产生这种情况的原因一方面是浓度的提高使单宁分子的缔合作用增加，聚集稳定性降低；另一方面非单宁的浓度也随之提高，可起到减少单宁分子缔合的作用，也提升了胶体的稳定性。在这两种相反影响的作用下，栲胶溶液的沉淀量随浓度呈现明显的变化。

　　栲胶胶体溶液的稳定性还与其放置时间有关。通过连续超显微镜观察可以对胶体胶粒粒径及其分布进行分析，其结果表明栲胶溶液放置 72h 后，胶粒发生明显的聚集作用。利用超声波可以改善胶粒粒径分布状况，使胶粒大小趋于均匀化，并可分散大胶粒，如图 4.6 所示[21, 22]。

　　除了添加亲水性化合物，还可通过化学改性的方法从本质上提高单宁溶液胶体的稳定性。亚硫酸化改性单宁与原单宁相比水溶性提高，沉淀量减少，在常温下也可溶解，即具有冷溶性。磺甲基化单宁胶体除了耐盐析外，还具有耐高温（200℃±5℃）的特性。通过氨甲基化可以获得在中性 pH 为胶体、酸性和碱性

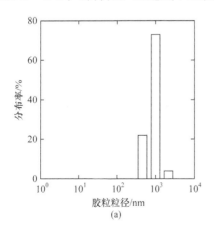

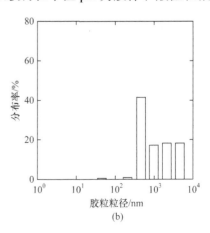

(a)　　　　　　　　　　　　　　　　(b)

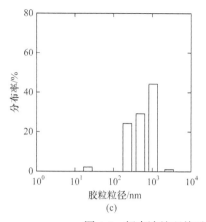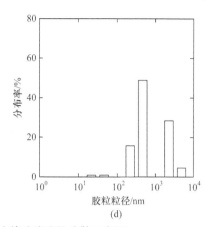

图 4.6 超声波处理前后松树皮栲胶溶液的分散程度[22]

(a) 新配制的栲胶溶液；(b) 陈放 75h；(c) 陈放 76h 后超声波处理；(d) 超声波处理后陈放 9h

条件下均为真溶液的单宁溶液。当然，过度的化学反应将使单宁溶液丧失胶体的性质。

参 考 文 献

[1] Harborne J B, Mabry H. Flavonoids[M]. New York：Academic Press, 1975.

[2] 李会平, 王立新, 金雪铃. 芦丁在酸碱溶液中的紫外光谱研究与应用[J]. 分析试验室, 2007, 26(10)：104-106.

[3] 马卡姆. 黄酮类化合物结构鉴定技术[M]. 北京：科学出版社，1990.

[4] 孙达旺. 植物单宁化学[M]. 北京：中国林业出版社，1992.

[5] Hemingway R W, Laks P E. Quantitative Methods for the Estimation of Tannins in Plant Tissues-Plant Polyphenols[M]. New York：Plenum Press, 1992.

[6] Shi B. The chemical principles to be considered in post tanning processes[C]. London: Proceedings of Internation Uion of Leather Technologists and Chemists Societies Centenary Congress, 1997：574-583.

[7] Masson E, Pizzi A, Merlin M. Comparative kinetics of the induced radical autocondensation of polyflavonoid tannins（Ⅱ）: flavonoid units effects[J]. Journal of Applied Polymer Science, 1997, 60(2)：243-265.

[8] 南京林产工业学院. 栲胶生产工艺学[M]. 北京：中国林业出版社，1983.

[9] 陈武勇, 李国英. 鞣制化学[M]. 3 版. 北京：中国轻工业出版社，2011.

[10] 张文德. 植物鞣质化学及鞣料[M]. 北京：轻工业出版社，1985.

[11] 肖尊琰. 栲胶[M]. 北京：中国林业出版社，1980.

[12] 贺近恪, 布朗. 黑荆树及其利用[M]. 北京：中国林业出版社，1991.

[13] 陈方平, 马莎. 五种国产栲胶的粘度特性[J]. 生物质化学工程, 1987, 9：10-13.

[14] 马志红. 具有表面活性的酯化单宁酸的合成及其性质研究[D]. 成都: 四川大学, 2002.

[15] 易宗俊, 马兴元, 俞从正, 等. 栲胶的化学改性及其应用研究进展[J]. 皮革与化工, 2008, 25(6)：4-10, 35.

[16] 梁发星, 湛年勇, 屈丽娟. 栲胶改性研究新进展[J]. 西部皮革, 2007, 29(10): 19-21.

[17] 冯辉明, 樊志强, 谢家树. 橡椀栲胶与落叶松栲胶比重、粘度及表面张力的测定[J]. 林化科技通讯, 1985, 11: 6-10.

[18] 中国林业科学研究院科技情报研究所. 国外栲胶技术[M]. 北京: 中国林业出版社, 1981.

[19] 魏庆元. 皮革鞣制化学[M]. 北京: 轻工业出版社, 1978.

[20] 石碧, 何先祺. 植鞣过程中栲胶沉淀的原因研究 (Ⅱ): 电解质对栲胶沉淀量影响规律的研究[J]. 成都科技大学学报, 1989, 1: 1-5.

[21] Kim S, Mainwaring D. Rheological characteristics of proanthocyanidin polymers from *Pinus radiate*. Ⅱ: viscoelastic properties of sequential alkaline extracts based on phonemic acid fraction[J]. Journal of Applied Polymer Science, 1995, 56(8): 915-924.

[22] Kim S, Mainwaring D. Rheological characteristics of proanthocyanidin polymers from *Pinus radiate*. Ⅰ: rheological behavior of water-soluble extract fractions and phlobaphenes[J]. Journal of Applied Polymer Science, 1995, 56(8): 905-913.

第5章 植物单宁的化学反应特性

植物单宁的分子结构中含有多个反应活性基团和活性部位，使其可以发生多种化学反应，这也是这类天然产物得以广泛应用的基础。酚羟基是其最具特征性的活性基团，使植物单宁可以发生酚类反应（包括酚羟基和苯环上的反应）。除了酚羟基，单宁分子中还有醇羟基及羧基等基团，使单宁可以发生醇、酸的反应。水解类单宁的酯键、糖苷键，缩合类单宁结构单元间连接键、吡喃环中的醚键都属于相对不稳定化学键，易在酸、碱的介质中发生变化。单宁分子中有时同时存在亲核中心和亲电中心，因此从反应机理上还可以将反应分为亲核和亲电两类。例如，缩合类单宁结构单元中 A 环的 6、8 位为亲核中心，吡喃环的 4 位在强酸性条件下生成亲电中心。水解类单宁易水解，其分子中的连苯三酚对苯环的活化作用比缩合类单宁间位羟基对亲电反应的活化作用低得多，再加上其分子中的羧基（酯基）的吸电子作用及亲核中心的立体障碍等因素，使水解类单宁的反应活性显著低于缩合类单宁，这在一定程度上限制了水解类单宁的衍生化反应和应用范围。

5.1　植物单宁的常见化学反应

5.1.1　羟基上的反应

植物单宁分子中大量酚羟基的存在，使其显示出很强的酚的特性，此外，其分子中还有一定量的醇羟基（如水解类单宁的多元醇羟基、缩合类单宁杂环 3 位的醇羟基），因此单宁也可以发生醇类的某些反应。

1. 显色反应

酚类化合物的多种特征显色反应常被用于植物单宁的定性检验，也可用于单宁纸色谱（PC）、薄层色谱（TLC）分析时的喷洒显色，有时还可以在分光光度法中用于定量分析[1]，各显色反应的具体情况见表 5.1。

表 5.1　酚类的特征显色反应[2]

试剂	配方	显色特征
香草醛-盐酸	5%香草醛（甲醇）-浓盐酸（5:1）	间苯三酚型化合物呈淡红色
氯化铁	2%乙醇	酚羟基呈绿色或蓝色

续表

试剂	配方	显色特征
氯化铁-铁氰化钾	2% $FeCl_3$-2% $K_3Fe(CN)_6$（15∶1）	邻位酚羟基呈蓝色，间位呈绿色
亚硝酸钠-乙酸	10% $NaNO_2$-6% HAc（10∶1）	六羟基联苯二酸酯呈红色或褐色，以后转为蓝色
碘酸钾	KIO_3 饱和水溶液	酸酯呈红色，以后转为褐色
硝酸银	14% $AgNO_3$ 加 6mol/L 氨水至沉淀刚溶解	酚类呈褐黑色
重氮化对氨基苯磺酸	0.3%对氨基苯磺酸（8% HCl）-5% $NaNO_2$（25∶1.5）	酚类呈黄色、橙色或红色
茴香醛-硫酸	茴香醛-浓硫酸-乙醇（1∶1∶18）	间苯三酚型化合物呈橙色或黄色

注：配方项括号内为体积比。

2. 酸性

酚羟基使单宁显示出弱酸性（水解类单宁中棓酸等水解产物和分子结构中羧基的存在常常使其显示出比缩合类更强的酸性）[3, 4]。以胶体状态出现的单宁的溶解性随 pH 的升高而增大，可逐渐成为澄清的溶液；难溶于水的单宁，如鞣花酸、橡椀酸、红粉等都可溶于氢氧化钠水溶液。这是因为如同简单酚一样，单宁中的酚羟基在碱的作用下离解成氧负离子，生成可溶于水的酚盐，反应过程示意如下：

$$T\!\!-\!\!OH + NaOH \longrightarrow T\!\!-\!\!O^- Na^+ + H_2O$$

棓酸酯类多酚的离解 pK 值一般较黄烷醇类低，见表 5.2。由于酚羟基的数目及位置不同，酸性强弱也不同。以黄酮类为例，其酚羟基酸性强弱顺序依次为 7,4′-二酚羟基＞7-酚羟基或 4′-酚羟基＞其他位酚羟基＞5-酚羟基[5]。此性质可用于提取、分离和鉴定工作。

表 5.2　几种单宁的酚羟基离解常数[2]

单宁种类	单宁类型	纯度	pK	平均分子量
柯子	水解类	86	4.5	1900
栗木	水解类	84	5	1550
儿茶	缩合类	87	5	520
荆树皮	缩合类	95	＞6	1700
槲树皮	缩合类	95	＞6	2400
亚硫酸化槲树皮	缩合类	—	＞6	700～800

3. 醚化

醚化反应可使多酚的大部分或全部酚羟基的氢原子被烷基或芳基取代，从而使酚转化为醚。通常醚化反应用来保护酚羟基[5]，改变多酚的极性和色谱行为，以有利于多酚的分离和结构测定[6]，反应示意如下：

$$T—(OH)_{x+y} \longrightarrow T—(OCH_3)_x(OH)_y$$

最常用的是重氮甲烷法及硫酸二甲酯-丙酮-碳酸钾法制取甲基醚（—OCH_3）。除此之外，还可利用醚化制备多酚的苄醚（—$OCH_2C_6H_5$）、三甲基硅醚[—$OSi(CH_3)_3$]、乙基醚（—OC_2H_5）、异亚丙基醚[—$OC(CH_3)_2$—O—]等。其中的苄醚化的优点在于制得醚化物后，易以氢化方法脱去苄基以得到原酚态的化合物[7]。

醚化以后使单宁的极性减弱，水溶性降低，脂溶性提高[8]，并且降低了单宁的反应活性，增加了其稳定性，如黄烷-3,4-二醇在醚化之后自缩合反应减弱以至不再发生[9]。单宁的生理活性也会得到改变。

自然界中也存在多种天然的多酚甲基醚，如 4'-O-甲基-表棓儿茶素，又名金莲木儿茶素，化学结构如图 5.1 所示。

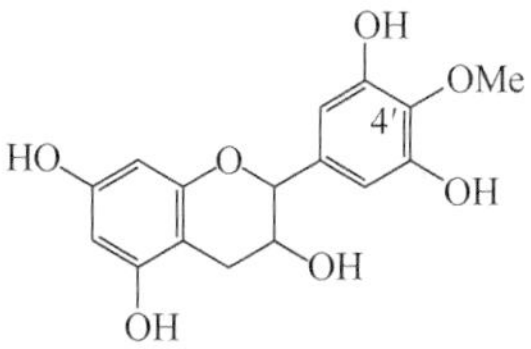

图 5.1　金莲木儿茶素的化学结构

4. 酰化

单宁的分离及结构研究中另一种常用衍生化方法为酰化，得到的产物为单宁的酯。酚羟基和醇羟基都可被酰化，只是前者较为困难，因为当用酚与酸进行酯化时，与醇不同，它是轻微的吸热反应，对平衡比较不利，因此通常采用酸酐或酰氯与酚或酚盐作用制备酚酯[10]。

乙酸酐-吡啶法可用于使多酚全部的醇羟基和酚羟基转化为乙酸酯。

$$T—(OH)_{x+y} \longrightarrow T—(OCOCH_3)_{x+y}$$

将甲基醚进一步乙酰化，生成甲基醚乙酸酯，从甲氧基、乙酰基的个数可以判断酚羟基及醇羟基的个数。

$$T—(OH)_{x+y} \longrightarrow T—(OCH_3)_x(OH)_y \longrightarrow T—(OCH_3)_x(OCOCH_3)_y$$

　　天然存在的单宁的酰化形式最常见的是其棓酸酯。水解类单宁的主体部分是聚棓酸酯。而对于黄酮类，棓酰化常常发生在杂环的 C3 位上，如茶多酚中主要组分儿茶素棓酸酯[CG，图 5.2（a）]和表棓儿茶素棓酸酯[EGCG，图 5.2（b）]。棓酰化的缩合类单宁比较少见，毛杨梅（*Myrica esculenta*）树皮单宁为局部棓酰化的多聚原翠雀定（图 2.24）。棓酰化增加了多酚的反应基团，使其水溶性增加，抗氧化及其他反应活性提高[11]。

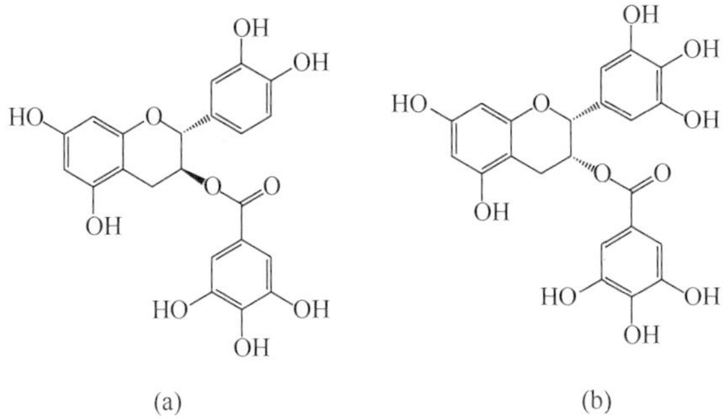

(a)　　　　　　　　　　　　　　(b)

图 5.2　儿茶素棓酸酯（a）和表棓儿茶素棓酸酯（b）的化学结构

5. 苷化

　　醇类、酚类中羟基上的活泼 H 可以与糖端基的羟基缩合成糖苷，此反应称为苷化。天然的黄酮类化合物多以苷的形式出现[12]。儿茶素可在 3 位、5 位、7 位、3′位、4′位以氧苷的方式与多种糖连接[图 5.3（a）～（c）]，而 6 位、8 位上的活泼 H 可与糖形成碳苷[图 5.3（d）]，糖以 C—C 键直接连在 A 环上。黄烷-3,4-二醇不生成糖苷。棓酸类多酚也可与葡萄糖生成糖苷，如大黄中的棓酸-3-*O*-β-D-吡喃葡萄糖苷[图 5.3（e）]。多酚分子中糖的接入，可使其水溶性增加，稳定性增强，生物活性有所改变。氧苷易被水解，碳苷要稳定得多，只有在强酸下长时间加热才能检出游离糖[13]。

　　植物体内多酚的苷化是在糖基转化酶的催化下完成的。而化学合成中的苷化反应最常用的有直接反应法、乙酰化糖法和乙酰卤糖法三种。对于酚类的苷化，后面两种方法比较适宜[14]。乙酰化糖法和乙酰卤糖法比较类似，只不过后者的反

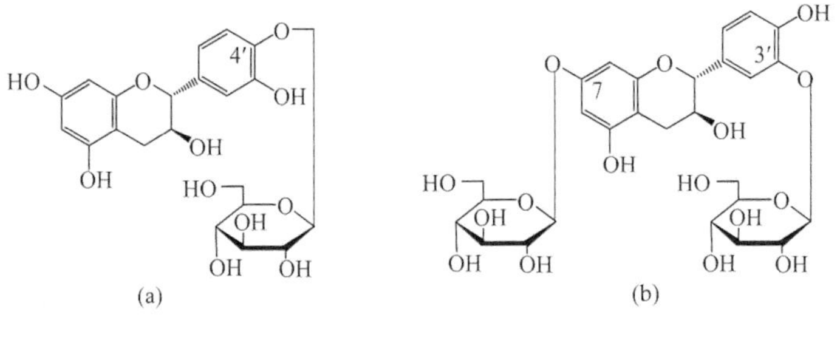

(a)　　　　　　　　　　　　　　(b)

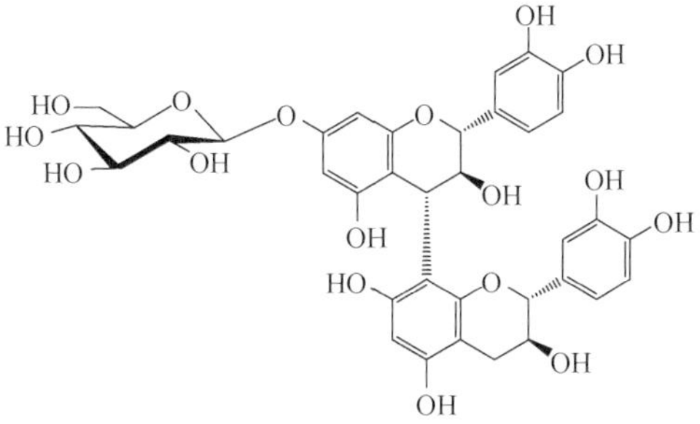

图 5.3　几种单宁糖苷的化学结构

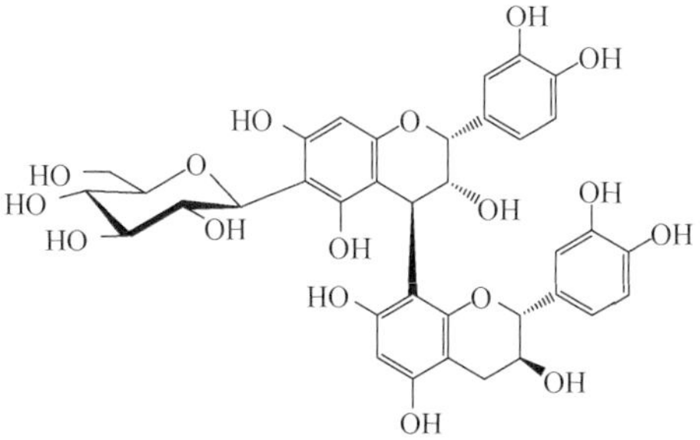

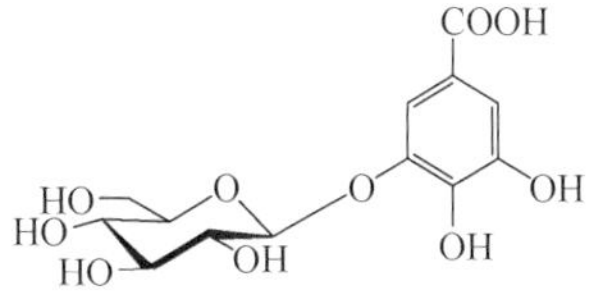

（a）儿茶素-4'-O-β-D-葡萄糖；（b）儿茶素-7,3'-O-β-D-葡萄糖；（c）聚黄烷醇氧苷；（d）聚黄烷醇碳苷；
（e）棓酸葡萄糖苷

应活性更高。在乙酰化糖法苷化中，D-葡萄糖在氯化锌和乙酸钠的催化下经乙酸酐处理得到酰化糖，酰化糖 C1 位上的乙酰基易被酚氧基取代，因此它与酚共热得到氧苷。若用 KOH、银盐（Ag₂O）或汞盐（HgBr₂）作催化剂，则生成碳苷。

5.1.2　溴化反应

　　黄烷-3-醇和聚合原花色素（缩合类单宁）的 A 环 6 位及 8 位为亲核性位置，容易与缺电子试剂发生取代反应。当亲电试剂过量时，甚至可在 B 环上发生取代，生成 6,8,2'-三取代产物。这类反应比较典型的如溴化反应，可作为单宁的一种定性分析方法。向单宁溶液中加入溴水，缩合类单宁立刻生成黄色或红色的沉淀，而水解类单宁则保持澄清。

　　以过溴氢溴化吡啶处理(+)-甲基化儿茶素（摩尔比 1∶1，室温）生成 8-溴-、6-溴-及 6,8-二溴-(+)-儿茶素，三者的比例为 2∶1∶2（图 5.4）。可见对于间苯三酚 A 环的黄烷醇来说，8 位的亲核活性高于 6 位的[15]。而间苯二酚 A 环的情况恰恰相反。

　　从溴化儿茶素出发，可以制备出一系列的 6 位及 8 位取代的儿茶素衍生物，使多酚分子上接上羟基、羧基和羟甲基等基团（图 5.5）。聚原花色素也可在相应

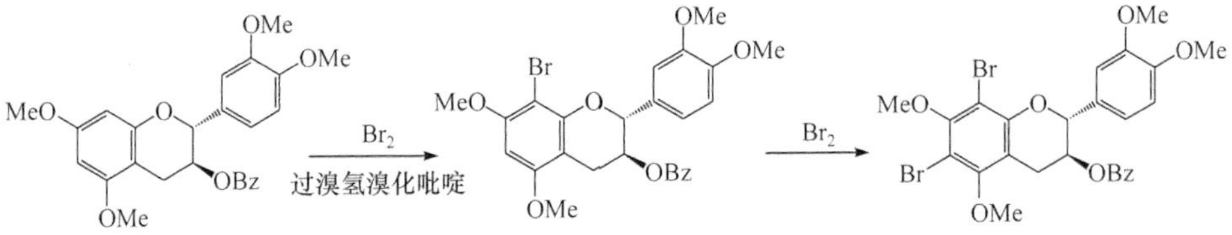

6,8-二溴-(+)-儿茶素

图 5.4　(+)-甲基化儿茶素的溴化反应

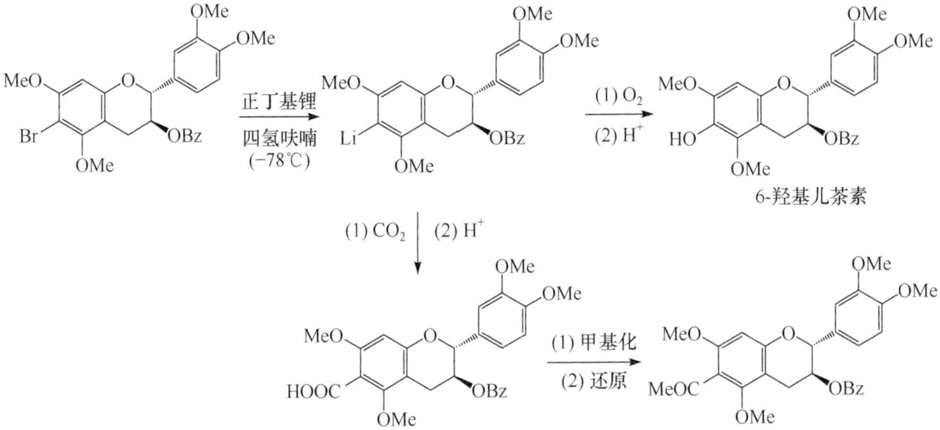

6-羟基儿茶素

6-羧基儿茶素　　6-羧甲基儿茶素

图 5.5　溴化儿茶素的化学反应

位置发生溴化反应，生成多溴代衍生物。

同时，聚原花色素也可在相应位置发生溴化反应，生成多溴代衍生物，如图 5.6 所示。

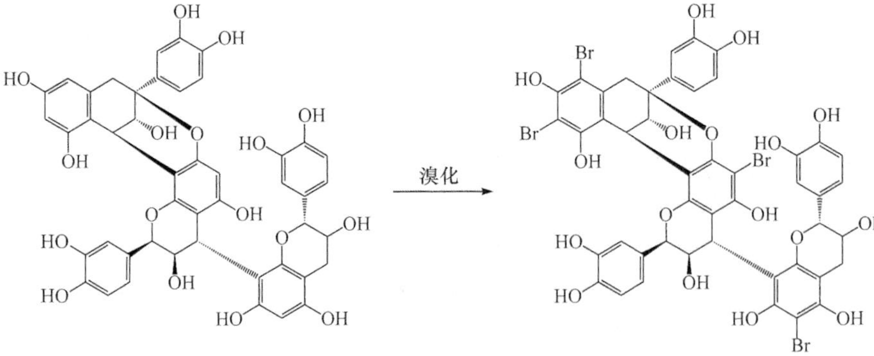

图 5.6　聚原花色素的溴化反应

在自然界中，也有多种天然化合物与单宁发生此类亲电取代反应。例如，

柯蒲素[kospirachin，图 5.7（a）]，它含于柯蒲叶内，是(+)-儿茶素在 C6 位及 C8
位与生物碱马钱子碱（kopsiadasyrachis）形成的衍生物。再如植物抗毒素、楮
树素酚[brossinol，图 5.7（b）]。

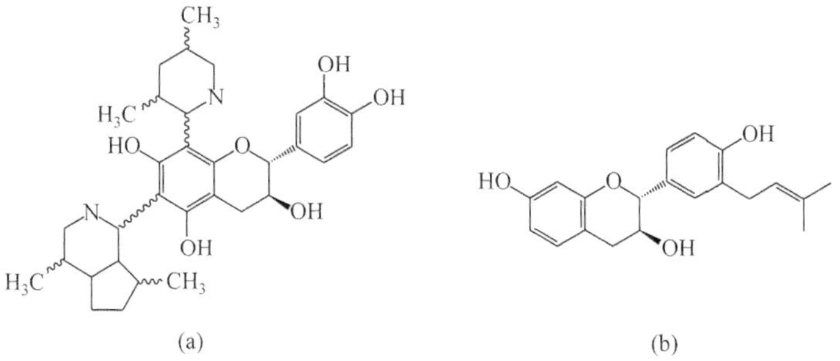

图 5.7 柯蒲素（a）与楮树素酚（b）的化学结构

5.1.3 酚醛缩合及曼尼希反应

1. 酚醛缩合

用甲醛、盐酸与单宁共沸，缩合类单宁基本都沉淀下来，而水解类单宁大部
分不沉淀。缩合类单宁作为酚组分与甲醛之间的酚醛缩合反应不仅是单宁的定性
反应之一，也是单宁可用于制备胶黏剂的原因。这种与醛的反应，与溴化反应类
似，是发生在多酚苯环上的亲电取代反应，以 A 环上的 6、8 位为亲核活性中心，
通过亚甲基（—CH$_2$—）桥键使单宁分子交联，形成大分子，反应过程如图 5.8
所示。B 环相对不活泼，在较高的 pH 下形成负离子或在二价金属离子（Zn^{2+}、
Pb^{2+}）的催化下才被活化。对(+)-儿茶素和甲醛在很宽温度和 pH 范围内的反应过
程的研究表明，不管在 C6 位还是 C8 位的取代都导致生成线型聚合物，聚合速率
大约是甲醛和苯酚缩合速率的 60 倍[16]。

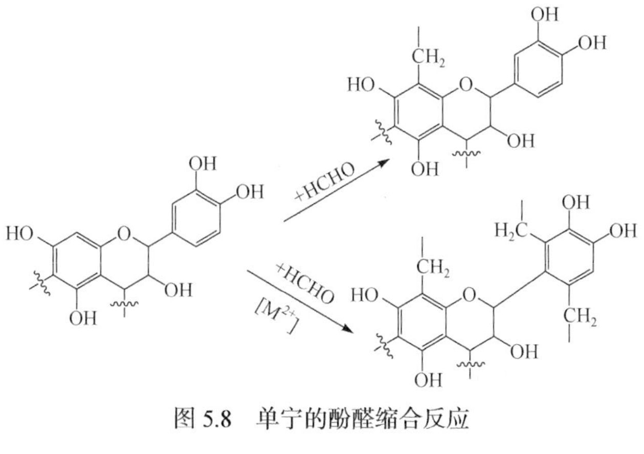

图 5.8 单宁的酚醛缩合反应

单宁与甲醛的结合程度可用甲醛值表示。甲醛值为单宁与甲醛缩合产生的沉淀物质量与原单宁质量的比值（以百分率表示）。从表5.3中可以看出，缩合类单宁的甲醛值比水解类单宁大得多[17]。

表 5.3　几种单宁的甲醛值[17]

缩合类单宁	甲醛值/%	水解类单宁	甲醛值/%
坚木单宁	82～102	橄树皮单宁	40～65
坚木（亚硫酸化处理）单宁	80～93	栎木单宁	10～20
荆树皮单宁	80～96	栗木单宁	5～20
槟榔单宁	80～84	漆叶单宁	11～17
栲树皮单宁	70～90	柯子单宁	6～11
柳树皮单宁	55～70	橡椀单宁	3～5

除了甲醛以外，单宁还可与多种醛发生缩合。单宁与醛的反应速率可根据单宁的凝胶时间判断。凝胶时间是单宁水溶液与甲醛在一定的反应条件下形成凝胶所需要的时间。例如，以40%浓度的单宁水溶液与8%的聚甲醛在90℃和一定pH下进行测定。凝胶时间与多酚的分子量和体系pH有关。同普通的酚醛缩合一样，单宁醛反应也受到酸或碱的催化。在pH 3.3～4.5范围内单宁的凝胶时间最长，反应速率最慢。在此范围外，pH的增加或降低都使凝胶时间减短。在低pH范围内，凝胶时间的减短主要是由于甲醛在酸性条件下被活化。在高pH范围内凝胶时间的减短主要是由于酚环在碱性条件下被活化。凝胶时间还主要与单宁种类有关。落叶松树皮单宁（原花青定）的凝胶时间比荆树皮单宁（原菲瑟定）短得多，而在pH 8.5、90℃条件下，辐射松树皮单宁（原翠雀定）的凝胶时间几乎为零[18]，如图5.9所示。

间苯三酚型A环的单宁与不同醛类的反应速率的顺序如下：

$HCHO \gg CH_3CHO=CH_3CH_2CH_2CHO>CH_3CH_2CHO>(CH_3)_2CHCHO>$糠醛

间苯二酚型A环的单宁与不同醛类的反应速率的顺序如下：

$HCHO \gg$糠醛$>CH_3CHO>CH_3CH_2CH_2CHO>CH_3CH_2CHO>(CH_3)_2CHCHO$

2. 曼尼希反应

单宁与醛的反应更重要的意义在于它是单宁化学改性的一种有力手段。以醛产生的亚甲基为桥键，可将单宁与其他活性基团连在一起，赋予生成物以独特的性质。单宁的曼尼希反应就是一个例子。单宁作为组分与甲醛、氨类反应，在单宁芳香环上引入氨基，生成两性单宁（图5.10）。

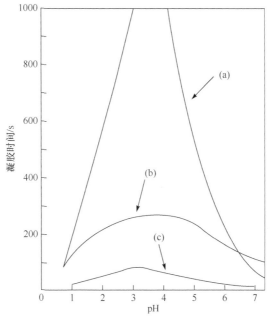

图 5.9 pH 与不同单宁凝胶时间的关系[18]

（a）荆树皮单宁；（b）土耳其松树皮单宁；（c）辐射松树皮单宁

图 5.10 单宁的曼尼希反应

其性质较原单宁有极大的改变，在酸性条件下以盐的状态存在，溶解性极好，并呈阳离子性。从其纸色谱（图 5.11）上可以观察到，反应前后的单宁到随体系 pH 的变化表现出的溶解性也不同，与其结构特征一致[19-21]。

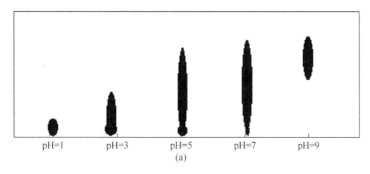

(a)

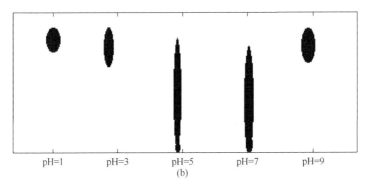

图 5.11　落叶松树皮单宁曼尼希反应前后的纸色谱（不同 pH 水展层）[19-21]
（a）落叶松树皮单宁；（b）经曼尼希反应的落叶松树皮单宁

5.1.4　花色素反应和溶剂分解反应

　　原花色素最具特征性的化学反应是在强酸性的醇溶液中通过加热生成花色素。花色素反应不仅是缩合类单宁的定性测定方法，而且是一种可利用分光光度法进行定量分析的方法。对于单体原花色素黄烷-3, 4-二醇来说，其 4 位具有极强的亲电性。C4 位上的醇羟基与 C5 位、C7 位上的酚羟基组成了一个邻-和对-羟基苄醇系统，使 4-羟基易在醇的作用下离去，生成 4-正碳离子。在强酸性条件下，正碳离子再失去质子成为黄-3-烯-3-醇，而后者在空气的氧化下生成花色素，反应如图 5.12 所示[22]。由于反应将无色的黄烷-3, 4-二醇转化为鲜红色的产物，因此人们在将产物命名为花色素的同时，也将黄烷-3,4-二醇称为无色花色素（leucoanthocyanidin）。为了区分两种不同结构的花色素，将 B 环为联苯二酚结构的花色素称为花青定，而将 B 环为连苯三酚结构的花色素称为翠雀定。

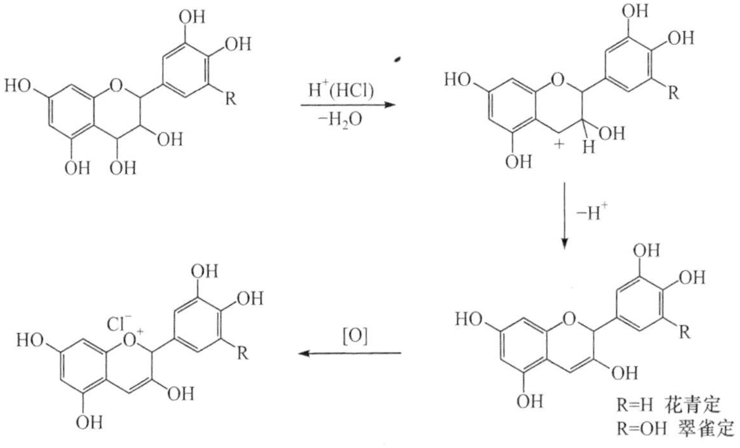

图 5.12　单宁的花色素反应

当溶液中有其他亲核性物质存在时，C4 位受到进攻，形成加成产物。这个亲核取代反应称为溶剂分解反应。常用的亲核试剂包括：巯基乙酸（HS—CH$_2$—COOH）、苄硫醇（C$_6$H$_5$CH$_2$SH）、间苯三酚、间苯二酚、黄烷-3-醇等。加成物在 C4 位的构型取决于亲核试剂进攻 C4 位时的空间位阻[23]。从其本质来看，花色素反应和溶剂分解反应都是基于原花色素的酸催化裂解机理。

对于聚合原花色素，其单元间连接键同样是不稳定的，易在酸的作用下被打开，发生花色素反应和溶剂分解反应。上部单元生成花色素，下部单元生成减少了一个结构单元的聚合花色素，上部单元也可以与亲核试剂反应生成加成物，如图 5.13 所示。该反应可以不断发生，直至除最底部的结构单元外，其他结构单元都转变成花色素。在缓和酸解条件下，C4—C8 键较 C4—C6 键更易断裂。此反应一般在小分子醇（乙醇或异丁醇）体系中进行，微量的氧或三价铁盐作为催化剂。Porter 提出了改进的花色素反应的方法，其反应条件为：1mL 原花青定甲醇溶液，浓度 0.004%～0.02%，6mL 正丁醇-浓盐酸（95：5，体积比），0.2mL 2% Fe^{3+}，在 95℃反应 40min[22]。

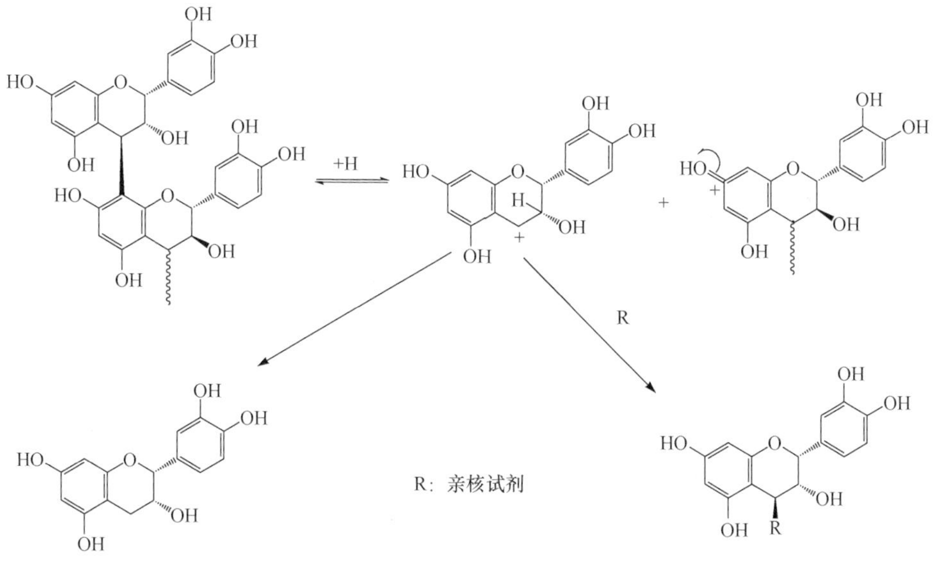

R：亲核试剂

图 5.13　单宁的溶剂分解反应

原花青定 B 的酸催化分解速率对氢离子浓度为一级反应，速率常数 k 与 pH 值有线性关系，符合阿伦乌斯公式

$$\lg k = -E_a / (RT) + \ln A$$

黄烷醇间键易断裂的倾向对缩合类单宁提取和凝缩时组成的变化和所得产物的使用性能都有影响。

5.1.5　自缩合反应

缩合类单宁在酸性溶液中同时会发生自身缩合现象。一般情况下，在水溶液中缩合反应的趋势更明显，在醇溶液中，以花色素反应为主。自缩合反应是缩合类单宁的生成反应，如图5.14所示。黄烷醇缩合成单宁，单宁缩合成更大分子的红粉。加热缩合类单宁的酸性溶液生成红色沉淀即是这一原因。

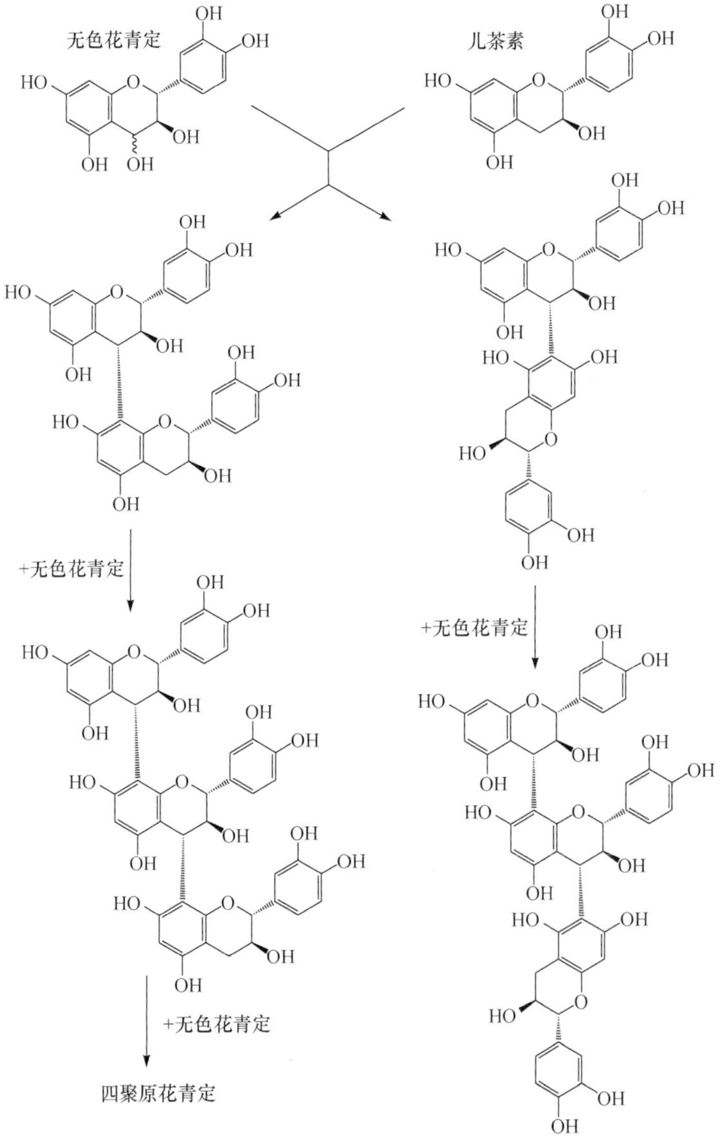

图 5.14　单宁的自缩合反应

并不是所有的黄烷醇都能发生自缩合反应。如果在 7-羟基和 4-羟基二者中少了任一个羟基，就难以发生缩合。黄烷-3, 4-二醇由于 4-羟基的存在最易发生缩合，甚至在热水中都能发生自缩合。其中无色花青定和翠雀定最为活泼，它们至今尚未从植物体中直接分离出来。A 环存在 8-羟基时，自缩合反应会发生钝化现象。

早期提出的关于缩合类单宁起源于黄烷-3-醇的酸催化缩合假说已被放弃[24, 25]。目前公认的理论是黄烷-3, 4-二醇与黄烷-3-醇间发生缩合形成单宁。单宁分子中仍然存在亲核和亲电中心。缩合类单宁的活性与其构成单元的活性有关。

5.1.6　亚硫酸化（磺化）及磺甲基化反应

黄烷醇分子中的吡喃环是结构中的薄弱部位，在亲核试剂的进攻下，杂环的醚键易被打开。用亚硫酸氢钠处理黄烷-3-醇时，亚硫酸盐起着亲核试剂的作用，杂环打开，磺酸基结合到 C2 位上，这个反应称为亚硫酸化或磺化。

(+)-儿茶素在亚硫酸盐的处理下（pH 5～9，水溶液，170℃，0.5h）生成 1-（3, 4-二羟基苯基）-2-羟基-3-（2, 4, 6-三羟基苯基）-丙烷-1-磺酸钠，反应如图 5.15所示。该反应具有高度的立体选择性，—SO₃Na 与醇羟基的位置处于反式[26]。

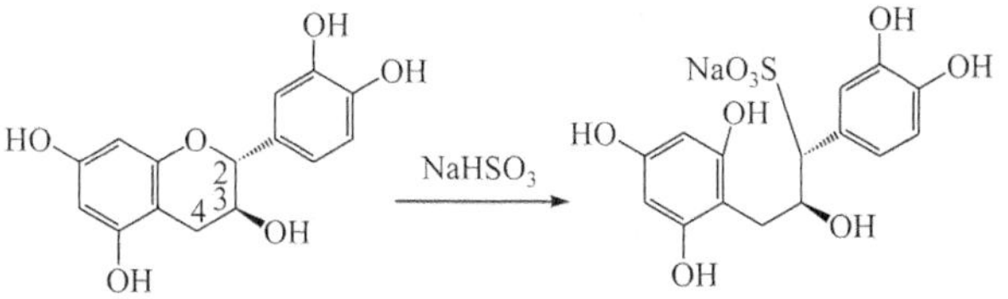

图 5.15　单宁的亚硫酸化反应

5, 7-OH 型（如花青定）与 7-OH 型 A 环（如原菲瑟定）的聚原花色素的亚硫酸化产物有明显不同，这是由它们的单元间连接键的稳定性不同造成的。用亚硫酸氢钠处理落叶松树皮单宁和火炬松树皮单宁（主要为原花青定）时，单元间连接键断裂，上部单元生成儿茶素磺酸盐，下部单元生成儿茶素，磺化反应与降解反应同时发生，如图 5.16 所示。

而用亚硫酸氢钠处理黑荆树皮单宁（原刺槐定为主）时，单元间连接键的稳定性使杂环醚键更易打开，磺酸盐主要结合到 C2 位上，单宁不易发生明显降解，如图 5.17 所示。

原花色素的亚硫酸盐处理在工业上有应用意义。亚硫酸盐处理给原花青定分子引入亲水的磺酸基，又能降低原花青定的聚合度，使其水溶性增加，水溶液黏度降低，颜色变浅。例如，在落叶松栲胶的生产中，常用少量的亚硫酸盐浸提。亚硫酸盐浸提的重要意义不仅在于可提高落叶松栲胶的质量，还在于提高其产量。

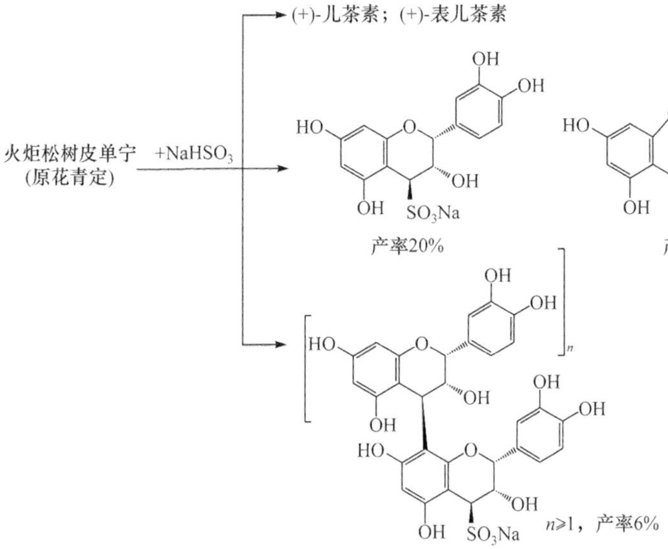

图 5.16　原花青定的亚硫酸化反应

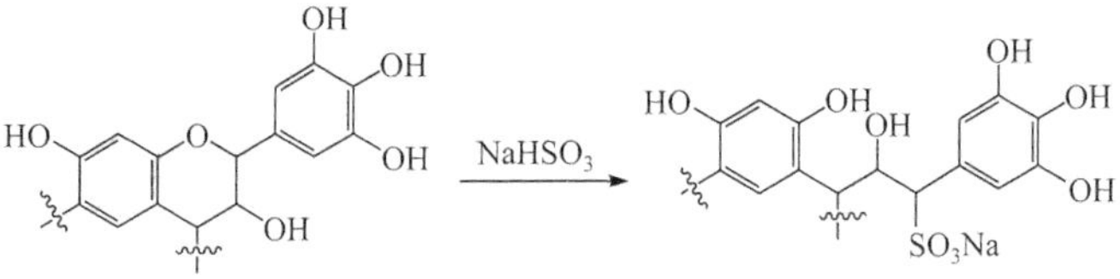

图 5.17　黑荆树皮单宁的亚硫酸化反应

落叶松栲胶中红粉的含量较高，通过亚硫酸盐浸提，可将这一部分水难溶和水不溶性聚合物浸提出来。只用热水提取的栲胶产量只有亚硫酸法的 50%左右。但对于黑荆树皮单宁而言，一方面由于其栲胶本身性能较优良，分子量较低，溶解性好，色浅，另一方面即使亚硫酸化也不易降低其分子量，因此在荆树皮栲胶的生产中一般不用亚硫酸化。但经亚硫酸化处理的荆树皮单宁性质仍有非常大的变化。如杂环醚键被打开，这不仅减弱了醚基的疏水性，也减弱了分子反应时的空间位阻。亚硫酸化引起的开环反应使 A 环上增加了一个酚羟基，也进一步提高了 A 环的亲水性和亲核性。这一点将有利于单宁在某些方面的利用。

　　除了亚硫酸化以外，氢解反应（Pd-C 催化、乙醇作溶液、常温常压）也可打开单元间连接键，并使杂环破裂，生成 1,3-二苯基-丙烷型化合物，如图 5.18 所示。

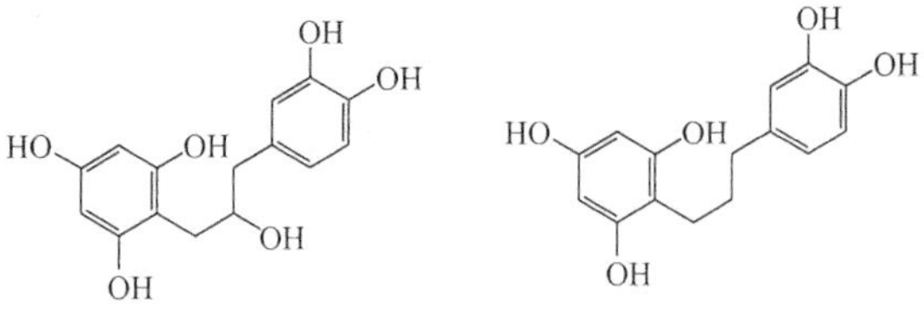

图 5.18　原花青定的氢解产物

对于水解类单宁，如橡椀单宁更常用的是磺甲基化。磺甲基化的反应结构式如下：

$$HCHO + Na_2SO_3 + T—OH \longrightarrow T \cdot CH_2 \cdot SO_3Na$$

磺甲基化起到的作用是破坏橡椀单宁中的酯键，避免它在高温下的降解，因此可以提高抗温能力，同时在分子中增加了亲水基，改善了单宁的溶解性能[27]。

5.1.7　水解和醇解反应

酯键的水解不仅是桉酸酯类多酚的特征反应，而且是体现其利用价值的一个最重要的途径。由单宁酸或富含单宁酸的植物鞣料（如五倍子、塔拉粉末）直接水解制备的没食子酸广泛应用于有机合成、医药、涂料、食品等工业领域。鞣花酸类单宁的水解反应较桉酸类困难并且反应不完全，其主要水解产物为鞣花酸，因此一般未得到工业上的应用，但可作为多酚结构分析的一种重要手段。

水解的方法按反应条件可分为酸水解、碱水解、加热水解、酶水解、醇解。酸水解一般为完全水解，生成多元醇和酚羧酸。国内已有一些厂家采用此法以塔拉单宁酸为原料生产桉酸，产率约23%[28]。碱水解需在无氧的条件下进行，以避免单宁的氧化。以塔拉粉为原料，在料液比 1∶2.5、碱用量 18mol、回流反应 1h 时，桉酸产率可达到原料量的 33%。在碱法水解桉花（五倍子的一种）时，实验结果表明，水解温度越高，单宁酸的水解越完全，桉酸的产率也越高，但过高的温度将使桉酸的质量下降，最佳温度在 109～110℃。水解 4h，桉酸产率即可达到72.5%[29, 30]。碱法具有产率高、过程简便、投资少等优点。

目前工业上桉酸的制备一般都用上述化学法。但是无论酸法还是碱法，都存在设备腐蚀、环境污染、脱色用活性炭多、生产成本高等问题。采用生物技术，即酶法则完全能避免以上弊端。关于酶法将在后续有关章节述及。

桉酸酯类多酚的醇解应该属于水解反应的一种，它在水解酯键的同时发生酯交换反应。缩酚酸型桉酰基的酯键比糖与桉酰基的酯键易醇解，在极缓和的条件下（pH 6.0、室温）被甲醇分解，生成桉酸甲酯，而桉酰基与糖之间的酯键不易被甲醇分解。因此，甲醇醇解反应能将聚桉酸酯的"核心部分"与其他部分分开，成为研究聚桉酸酯化学结构的常用方法。

醇解反应的另一用途在于可由桉酸酯类多酚直接制备桉酸丙酯。将 500g 塔拉粉与 2kg 正丙醇和 50g 硫酸回流反应 25h 制得桉酸丙酯，产率 60%，纯度 95%，可用作化妆品、饲料和食品添加剂[28]。

5.1.8　接枝共聚和氧化偶合反应

酚羟基在氧或酶的作用下脱去氢生成苯氧自由基。这个性质使多酚可以按自由基反应的方式与丙烯酸类单体发生接枝共聚。例如，在以 H_2O_2 为引发剂的情况下，H_2O_2 生成的 HO· 进攻多酚分子中的酚羟基形成苯氧自由基，如图 5.19 所示[31]。

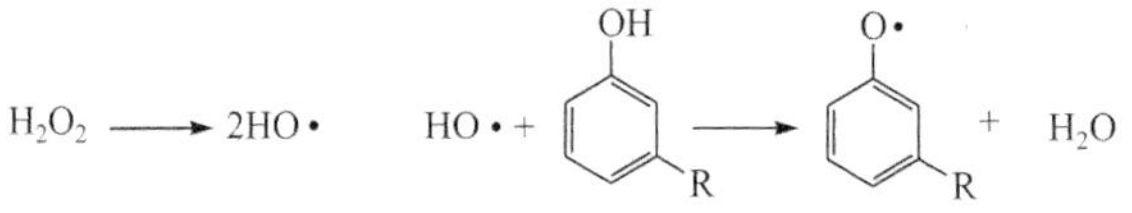

图 5.19　苯氧自由基的形成

由于不成对电子的离域，苯氧自由基活性低，不易引发接枝反应，但它可以与其他更活泼的自由基反应，如图 5.20 所示。

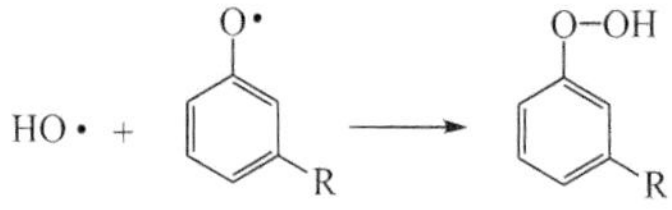

图 5.20　苯氧自由基的反应

图 5.20 所示反应所得的过氧化物与单宁可形成一个氧化还原体系，然后发生如图 5.21 所示反应，形成较稳定的苯自由基。此反应从能量上分析比过氧化氢热分解更易进行，因为前者需 54.39kJ/mol，而后者需 167.36kJ/mol。

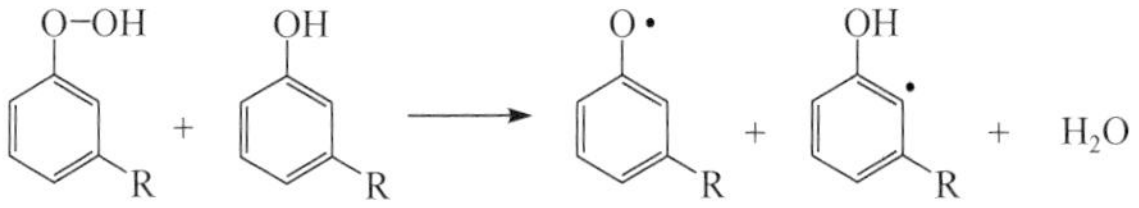

图 5.21　苯自由基的形成

苯自由基是引发接枝共聚反应的重要位置。黄烷类含醇羟基的吡喃环（C 环）也包含活泼氢，也能够与过氧化合物发生反应，在相应的碳原子上形成接枝中心，如图 5.22 所示。

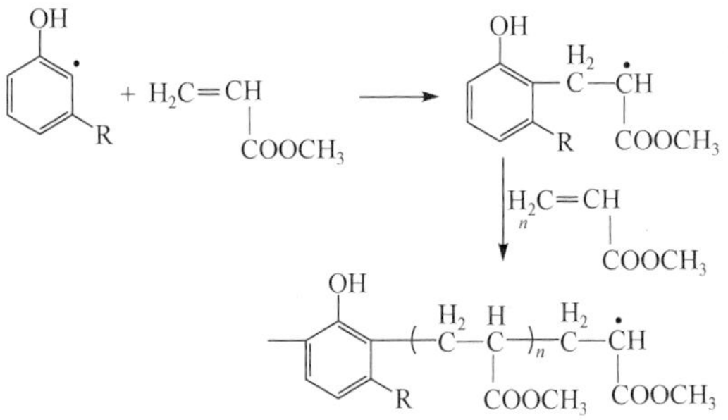

图 5.22　苯自由基是引发接枝共聚反应的重要位置

因为缩合类单宁比水解类单宁具有更多的活泼氢，更易形成自由基，接枝共聚反应大多数应用于缩合类单宁，如云杉、柳树皮、槲木、儿茶单宁的改性。丙烯酸类单体有丙烯酸、丙烯酸甲酯、甲基丙烯酸甲酯、丙烯酸丁酯、丙烯酰胺等。引发剂可用过硫酸盐或过氧化氢，用后者反应进行得较快。例如，要获得相同的单体转变率（93%～95%），当用过硫酸盐时需 3h，而用 H_2O_2 时只需 40min。接枝反应属于乳液聚合，除加入适量乳化剂外，为了使胶体形式存在的单宁充分分散，一般还采用乙酸作分散剂，调节 pH 至 3.5～4.0。

为了达到较高的单体转化率和接枝率，必须注意影响接枝共聚的因素，如单宁与单体的配比和浓度、引发剂用量、反应温度、时间、pH、加料方式等[31-33]。反应产物是接枝物、均聚物、未接枝单宁、未反应单体的混合物。分析产物组成可以了解影响反应的主要因素。接枝效率和接枝程度是表达接枝反应进行情况的两个术语。通常用参与接枝的丙烯酸单体与加入丙烯酸单体总量的质量比定义接枝效率，用接枝的丙烯酸单体与发生接枝反应的单宁质量比定义接枝程度。从表 5.4 中可以看出，接枝效率和接枝程度与聚合中的酸浓度密切相关。如果在单宁溶液中加入 10%的乙酸，则单体转化率、接枝效率、接枝程度都具有最大值。单宁和丙烯酸单体的原始比例影响到产物的组成。

表 5.4 共聚体的组成与乙酸浓度的关系[柳树皮单宁：丙烯酸甲酯（T：A）=1：2]

乙酸浓度/%	单体分布占比/%			接枝效率/%	接枝程度
	未反应单体	形成聚丙烯酸甲酯均聚物	接枝在单宁上的单体		
1.5	7.9	76.3	15.8	17	0.32
5.0	6.9	74.3	18.3	20	0.36
10.0	5.9	73.5	20.6	22	0.41
15.0	7.7	74.8	17.5	19	0.35
25.0	11.1	76.8	12.1	14	0.24

从表 5.5 中可以看出，单宁与单体在相同质量比下，接枝效率可达到 50%，随着单体用量的增加，接枝效率相应降低很多，主要生成了均聚物。单体转化率、接枝效率、接枝程度都随单体的不同而改变。

表 5.5 柳树皮单宁丙烯酸甲酯比例（起始 T：A）对单体在反应产品中分布的影响

T：A	单体分布占比/%			接枝效率/%	接枝程度
	未反应单体	形成聚丙烯酸甲酯均聚物	接枝在单宁上的单体		
1：1	11.1	42.3	46.6	52	0.47
1：2	7.9	76.3	15.8	17	0.32
1：3	4.3	84.7	11.0	11	0.33
1：4	6.0	84.7	9.3	10	0.30

可采用溶剂萃取的方法分离出产物中未反应单体、单宁及均聚物得到共聚物。发生接枝改性后的单宁的红外谱图在 $1730cm^{-1}$ 处出现聚丙烯酸甲酯（PMA）的特征吸收（酯键）。

经接枝共聚而得到的改性单宁，与原单宁比有更大的分子量，是一种黏性的分散体，能无限制地用水稀释，保持与蛋白质结合的能力，使反应产品中增加了鞣质的总量。同时又使单宁具有某些合成高分子的性质。从接枝共聚物的热重分析数据（表 5.6）可以看出接枝物比原单宁和单宁与丙烯酸聚合物的混合物热稳定性都要高 40~45℃。

表 5.6　接枝共聚对儿茶单宁热稳定性的影响

聚合物	IDT^a	T_{max}^b		T_p^c
		$T_{max\,I}$	$T_{max\,II}$	
儿茶	260	340	—	—
儿茶-PMA	280	365	480	360
PMA	375	450	—	—
PMA 和儿茶物理混合物	260	325	440	325

a. IDT 为起始分解温度；b. T_{max} 为最大失重时的温度（$T_{max\,I}$ 是第一最大值，$T_{max\,II}$ 是第二最大值）；c. T_p 为起始平台温度。

接枝共聚物与原单宁的另一差别是黏度的变化。单宁（浓度高于1%）在 pH 大于 7 的情况下，因电离而呈真溶液状态，黏度下降很多。丙烯酸类聚合物的表现也大致如此。但单宁-丙烯酸共聚产物的黏度-pH 曲线上会出现两个极大值。所用丙烯酸单体的量越大，曲线上的极大值表现得越明显，两个极大值会移向 pH 较低的范围：第一个峰从 9 移向 7，第二个峰从 13 移向 12。第一个峰的出现是由于在共聚物的分子中有大量羧基存在，在提高介质的碱度时，羧基会离解，聚合物的支链会因此而展开，故黏度增大，随着反离子浓度的增加，聚合物支链会紧缩起来，黏度就有所降低。第二个峰的出现是由于聚合物因酚羟基的电离而产生的静电膨胀[33]。

从机理上看，单宁的氧化偶合反应（图 5.23）也属于自由基类型反应。人们曾一度认为，黄烷-3-醇的氧化偶合是缩合类单宁生成的主要原因，虽然目前看并非完全如此，但是茶单宁还是基本按照此反应生成[34, 35]。

以上反应，有些可用于单宁的分离提取，有些可用于单宁的定性定量分析检测，有些可用于单宁的衍生化，有些用于制备精细化学品及其中间体。从应用角度看，所有的这些反应都使单宁得到了改性，有利于拓展其应用。例如，甲基化单宁本身是用于分离的一种衍生化方法，但是因为会导致单宁水溶性、与蛋白质

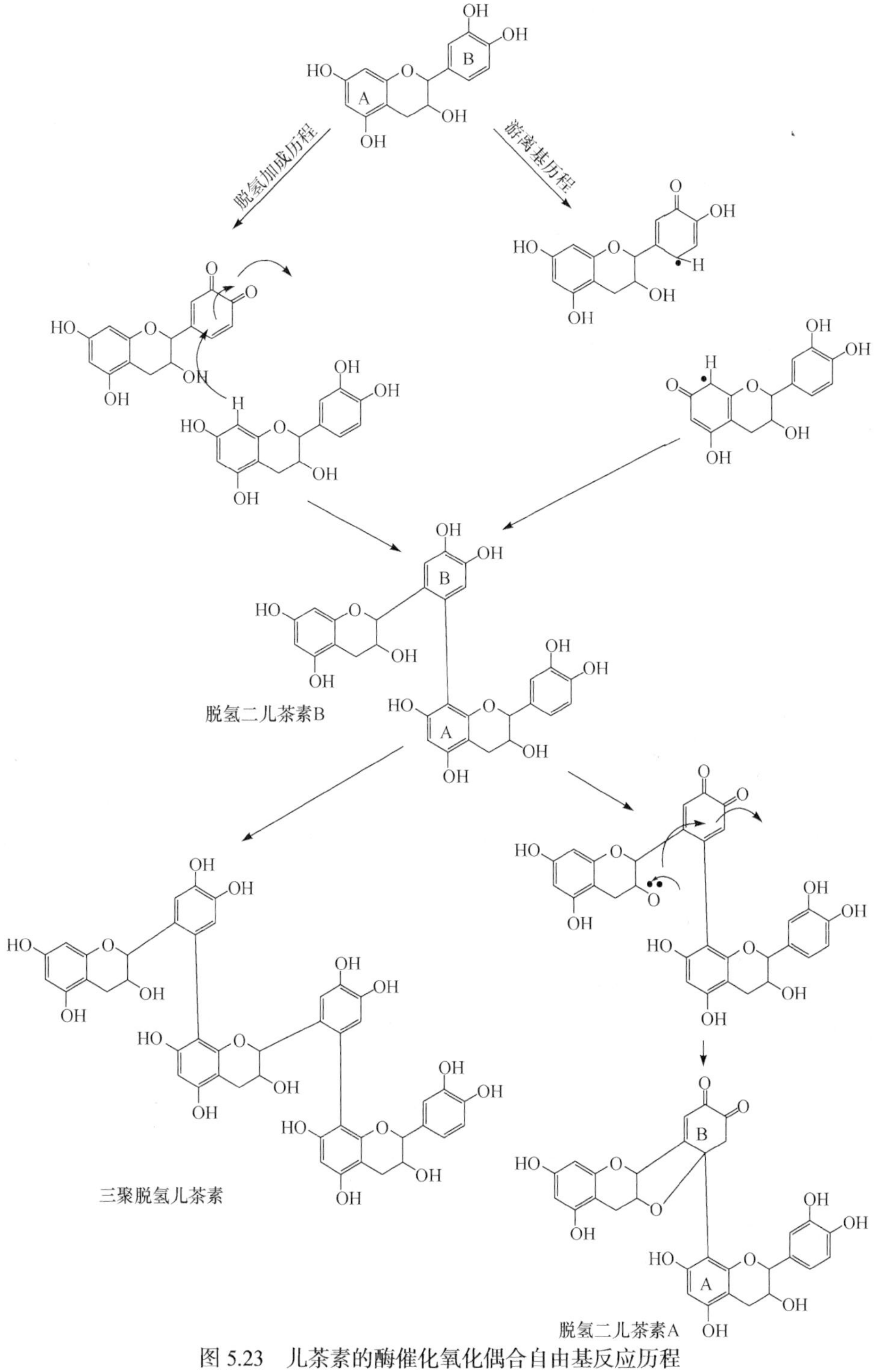

脱氢二儿茶素B

三聚脱氢儿茶素

脱氢二儿茶素A

图 5.23　儿茶素的酶催化氧化偶合自由基反应历程

结合能力的变化，从而引起单宁生理活性乃至生物毒性的改变。同时应注意到，很多反应，如醚化、酰化、苷化、水解，在植物体内都是在相关酶的作用下发生的，反应条件温和、产率高、产物具有立体选择性。因此，在单宁的化学改性中应用酶和其他生物技术将是主要的研究方向。

5.2　植物单宁与无机盐的作用

在植物单宁的分离和应用中，往往需要考虑无机盐的影响。单宁对无机盐是高度敏感的，其作用包括两个方面，一是静电作用，二是络合反应。前者主要是一个物理过程，通过无机盐的脱水和盐析促进单宁溶液或胶体的沉淀；后者主要是一个化学过程，单宁以邻位二酚羟基与金属离子形成五元环螯合，可能同时还发生氧化还原和水解配聚等其他反应。单宁对于大多数金属离子都可发生显著的络合，大分子量单宁的络合能力较小分子量单宁高得多。这一特性不仅可用于单宁的定性定量检测，而且是单宁在选矿、水处理、防锈涂料、染料和颜料、皮革结合鞣制、营养吸收、微量金属肥料、木材防腐等多种应用方向上的化学基础。

5.2.1　静电作用

1. 单宁分子的脱水

大多数的中性盐可促进单宁复合反应的发生，增加了沉淀复合物的生成量。实际上，在较高浓度下，中性盐是通过静电作用降低单宁在溶液中的溶解性，从而促进了单宁的沉淀。

可通过紫外分光光度法测定单宁在盐溶液中的溶解度[36]。高浓度盐溶液的加入使单宁溶液的紫外吸光度降低。盐浓度越大，吸光度降低越多，表明溶液体系中单宁的浓度随盐浓度的增加而减小，一部分单宁发生了沉淀。图 5.24 为不同浓度的镁离子对 1,2,3,4,6-五-O-棓酰基-β-D-葡萄糖（PGG）溶液紫外吸收光谱的影响。

各种碱族和碱土族金属盐溶液均使单宁的溶解度降低，对于周期表中同类金属元素（Li→K，Mg→Ba），其金属活性越强，使单宁的溶解度降低越明显。二价金属离子比一价金属离子更易使单宁溶解度减小（表 5.7）。可见，无机盐使单宁溶解度减小是一个共性。盐中的金属离子越活泼，离子强度越大，单宁分子中的疏水基团（如棓酰基）在水中的溶解越困难，促使整个单宁分子更易沉淀，不仅能降低单宁的溶解度，而且也能促使已溶解的单宁沉淀下来。

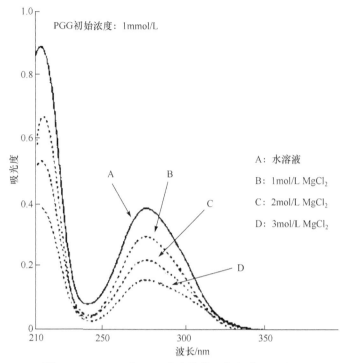

图 5.24　$MgCl_2$ 对 PGG 溶液紫外吸收光谱的影响[36]

表 5.7　PGG 在各种盐溶液中的溶解度[37]

盐浓度/	PGG 的溶解度/（1mmol/L）						
（mol/L）	LiCl	NaCl	KCl	NH_4Cl	$MgCl_2$	$CaCl_2$	$BaCl_2$
0.25	8.2	7.8	7.7	9.6	6.9	6.5	5.9
0.50	7.4	7.0	6.0	9.3	5.8	5.0	4.6
0.75	6.5	6.1	5.0	9.0	4.6	3.5	3.4
1.00	5.9	5.0	4.0	8.7	3.4	2.7	2.2

　　从紫外吸收光谱图（图 5.24）中可以看出，这些离子的加入并未引起单宁紫外吸收峰的位移，可认为沉淀作用与化学反应和分子络合无关。因此，可以从两方面来解释中性盐对单宁在水溶液中稳定性的影响。从物理化学的角度看，对于整个单宁分子而言，由于无机离子强烈水化作用的结果，原来高度水合的单宁分子发生脱水作用，因此易产生聚集沉淀。从单宁分子带有疏水性的基团（如棓酰基）来考虑，中性盐的加入，会使溶液中的多酚分子排列发生图 5.25 所示的变化。在水溶液中，单宁分子内和分子间的疏水基团有一定程度的聚集，但还不足以使其发生沉淀。在盐溶液中，由于带正电荷的无机离子与疏水基强烈的排斥作用，

单宁分子内和分子间疏水基团的聚集进一步加强，从而使单宁分子沉淀的概率更大[37]。正因为中性盐离子对疏水基团聚集的作用，其在以疏水键合为主要结合方式的单宁-蛋白质、单宁-生物碱、单宁-其他分子复合反应中起到促进结合的作用。

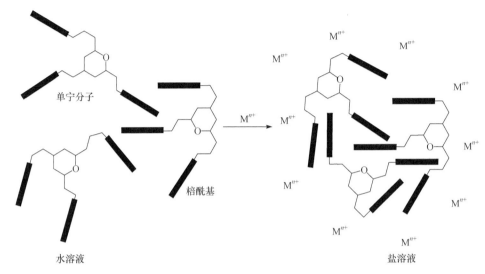

图 5.25　单宁分子在水溶液和盐溶液中的状态示意图
M^{n+}代表金属离子

2. 单宁胶体的盐析

在许多实际应用中，以单宁为主体的溶液（如栲胶液）通常是以胶体的形式存在的。与溶液状态的单宁分子类似，中性盐也可使之发生盐析，使单宁的沉淀率增加，这主要是由于电解质的加入使单宁胶团发生了去电荷、去溶剂化作用，即感胶化作用。感胶离子序是根据各种离子加入亲胶溶液时，发生沉淀多少的次序。例如，各种离子的感胶顺序如下[38]：柠檬酸根＞酒石酸根＞SO_4^{2-}＞PO_4^{3-}＞CH_3COO^-＞Cl^-＞NO_3^-＞I^-＞CNS^-＞Mg^{2+}＞Ca^{2+}＞Sr^{2+}＞Ba^{2+}＞Li^+＞Na^+＞K^+＞Cs^+。

由于单宁与金属阳离子之间还有其他作用（如络合），许多离子的盐析能力和它们的感胶离子顺序并不完全符合。某些盐类，如 NaBr 和 $Ca(NO_3)_2$ 等，不仅不能使单宁盐析，反而使沉淀分散和溶解。盐析作用与盐的用量有很大关系。单宁胶体溶液中加入少量的中性盐（如 NaCl）并不沉淀，逐渐加大盐量后，粒径较大的胶粒先失去稳定性而析出，以后较小粒径的单宁胶粒也陆续析出，但仍有一部分单宁不析出。因此常采用分级盐析法对单宁进行分级分离。

中性盐对单宁胶体的盐析程度除了与盐离子有关外，主要还取决于单宁的浓度和种类。单宁的浓度越高，越容易盐析。在对各种国产栲胶的比较中，橡椀和落叶松树皮比荆树皮对盐析更为敏感（表 5.8），说明前两者胶体粒子中粗分散组分含量高[39]。胶体粒子的分散程度与单宁分子量有一定的相关性，粗分散的胶体通常含较多的分子量较大的单宁。

表 5.8　橡椀、落叶松和荆树皮栲胶在水和中性盐溶液中的沉淀率[39]

栲胶种类	栲胶浓度 /（g/L）	静置时间 /h	沉淀率/%		
			蒸馏水	30g/L NaCl	45g/L Na$_2$SO$_4$
橡椀	100	24	5.77	40.14	32.08
		72	4.83	41.66	33.02
落叶松树皮	100	24	7.48	18.87	17.95
		72	4.62	25.39	19.51
荆树皮	100	24	6.38	25.53	13.36
		72	3.29	16.45	13.79

5.2.2　络合作用

通过紫外研究表明，在低浓度单宁溶液中，Ca^{2+}对单宁的作用与 Li$^+$、K$^+$、Na$^+$、Mg^{2+}等其他碱金属离子和碱土金属离子有相当大的差异。在 PGG 溶液中，当 Ca^{2+}的浓度高达 3.5mol/L 时，静置后样品也不产生沉淀。但 PGG 的紫外吸收峰在 Ca^{2+}存在时，完全发生了变化，在波长 320～340nm 处产生了新的吸收峰。Ca^{2+}浓度越大，变化越明显，如图 5.26 所示。其他碱金属离子或碱土金属离子虽使 PGG 部分沉淀，但不会对 PGG 的特征吸收产生影响。这说明，与其他离子不同，Ca^{2+}能与 PGG 形成溶解性较好的络合物。Ca^{2+}的这一独特性质，对单宁-蛋白质反应具有一定的调节作用。栲酸甲酯在 Ca^{2+}存在时，其紫外吸收与 PGG 非常类似，表明是 PGG 中栲酰基的连苯三酚部分与 Ca^{2+}发生络合[37]。

与 Ca^{2+}类似，单宁中大量的酚羟基使其可以与大多数三价的金属离子和过渡金属离子发生络合。与金属离子的络合是酚类物质的共性，单宁的特性在于其分子中的多个酚羟基之间具有协同作用，一般络合主要发生在单宁分子中两个相邻的酚羟基上，特别是栲酸酯类多酚的栲酰基和黄烷醇类多酚的 B 环，在邻苯二酚和金属离子之间形成稳定的五元螯环。单宁的酚羟基一般是以离子态的氧负离子与金属离子络合，未离解的酚羟基虽然也可以配位，但是其稳定性比离解的氧离子差得多。因此单宁的络合可以看成由两步反应组成：

首先是酚羟基的离解：

$$R—OH \longrightarrow R—O^- + H^+$$

然后是氧负离子作为配体与金属离子进行配位：

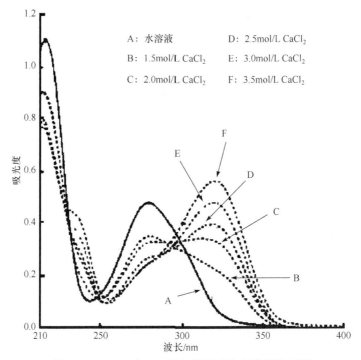

图 5.26　CaCl₂ 对 PGG 溶液紫外吸收光谱的影响[37]

$$R\text{—}O^- + M^n \longrightarrow [R\text{—}O\text{—}M]^{n-1}$$

　　络合反应中由于释放出 H^+，体系的 pH 降低。螯合通常降低了单宁的水溶性，单宁的金属络合物一般是沉淀。由于配合轨道间的电荷转移，络合后的单宁往往在颜色上有很大的改变。络合研究的手段传统上有沉淀重量分析、电位滴定、紫外-可见分光光谱，目前多用核磁共振和穆斯堡尔谱等。小分子酚如苯酚、邻苯二酚、连苯三酚、棓酸、间苯二酚、儿茶酚等常作为单宁的模型化合物进行络合研究。

1. 络合位置

　　从理论上讲，单宁结构中的每一个酚羟基都可参与配位，然而实际表明单宁分子中的酚羟基的配位能力并不是均等的。在络合物化学中，配体的配位能力与其质子比常数密切相关。在中央离子一定时，配位原子相同的一系列结构上密切相关的配位体的质子比常数的大小顺序，往往与一种金属离子的相应络合物的稳定常数的大小顺序一致，并且在不少例子中还能得到线性关系[40]。

　　采用电位滴定法可以测出配体的质子比常数（表示为 $\lg K^H$），见表 5.9。棓酸的 4 个质子比常数来源于三个酚羟基和一个羧基。单宁酸只有 3 个质子比常数，

与棓酸的前三个 $\lg K^H$ 非常接近，表明单宁酸是以与棓酸的共同结构连苯三酚进行配位的，分子中的酯键并未水解。黄烷醇类多酚具有 4 个 $\lg K^H$，分别来源于分子结构中 A 环、B 环的酚羟基。例如，木麻黄单宁具有 4 个 $\lg K^H$（A 环 2 个、B 环 2 个），在 C 环中 C3 位上的—OH 是醇羟基，未显示具有活性。木麻黄单宁与儿茶素、表儿茶素和原花青定 B-2 的 $\lg K^H$ 颇为一致，在于其结构单元的相似性。从质子比常数 $\lg K^H$ 可以看出，在多酚中棓酰基结构是对称的，但是前两个酚羟基的 $\lg K^H$ 比较接近，第三个酚羟基与前两个相差较大。黄烷醇也出现类似情况，B 环上两个邻位酚羟基的 $\lg K^H$ 比 A 环上两个间位的酚羟基大，B 环的配位活性大于 A 环。这表明多酚的酚羟基在离解和配位时，酚羟基之间具有协同效应，在邻苯二酚和连苯三酚结构上络合反应最易发生[41]。

表 5.9　单宁的质子比常数 $\lg K^H$[41]

$\lg K^H$	苯酚	邻苯二酚	棓酸	单宁酸	儿茶素	表儿茶素	原花青定 B-2	木麻黄单宁
$\lg K_1^H$	9.57	10.40	11.30	11.05	13.26	13.40	11.20	11.47
$\lg K_2^H$	—	9.12	10.89	10.81	11.26	11.23	9.61	11.40
$\lg K_3^H$	—	—	8.87	8.42	9.41	9.49	9.52	10.70
$\lg K_4^H$	—	—	4.34	—	8.64	8.72	8.59	9.92

从配合物的角度看，单宁芳环上的邻位羟基与金属离子形成五元螯合物是一种非常稳定的结构。在人们熟知的黄酮类化合物鉴定中，常采用铝盐或硼酸的络合改变其紫外吸收以判断其分子结构。络合出现两种情况，一是发生在 B 环的邻位羟基上（图 5.27 中的反应Ⅰ），二是发生在 A 环 5 位酚羟基和杂环 4 位的羰基上（图 5.27 中的反应Ⅱ），前一种络合方式较后一种稳定得多[42]。

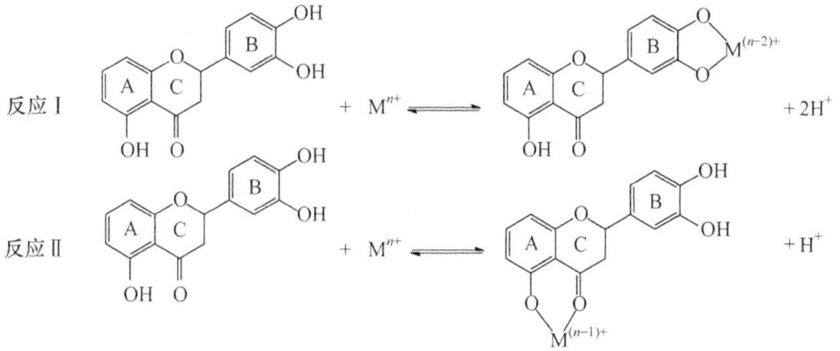

图 5.27　单宁与金属离子常见的络合位置

对于黄烷醇类单宁，由于 C4 位不存在羰基[图 5.28（a）]，反应Ⅰ是最重要的，而 A 环的间苯二酚或间苯三酚结构由于不能形成稳定的螯合环而在络合中不起主要作用。棓酸酯类单宁，其棓酰基上的连苯三酚结构中相邻的两个酚羟基也同样与金属离子配位，第三个酚羟基不进入络合物内界[图 5.28（b）]，但是可以促进前两个酚羟基的离解而使络合更稳定[43]。这可能是棓酸酯类单宁，尤其是棓酰基含量高的鞣花酸单宁的络合能力往往大于黄烷醇类单宁的原因。

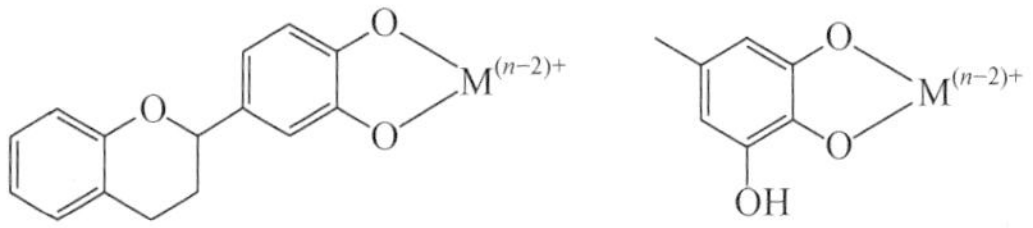

(a)   (b)

图 5.28　黄烷醇类单宁（a）与棓酸酯类单宁（b）与金属离子的络合位置

2. 络合能力

从单宁的质子比常数（表 5.9）的比较中，可以看出单宁与低分子多酚在络合方式上的相似性，两者都是以两个相邻的酚羟基与金属离子配位。络合物 ML 的稳定常数 K 不仅与配体的质子比常数有关，而且与配体酚羟基的离解常数（pK_{a_1} 和 pK_{a_2}）相关。单宁的离解常数与同其结构单元类似的低分子多酚相当接近。例如，具有连苯三酚 B 环的荆树皮单宁 pK_{a_1} 大致为 8.8，而具有同样结构的连苯三酚为 9.0，刺槐醇为 8.76，二氢刺槐定为 8.77。与此类似，栗木单宁的 pK_{a_1} 为 8.02，棓酸甲酯为 7.89；同理，坚木单宁的离解常数接近于儿茶酚的离解值 9.37，因为其 B 环具有儿茶酚的邻苯二酚结构[44]。这就是在讨论单宁的络合性中，常常利用小分子多酚作为模型物的原因。

虽然单宁与小分子多酚的络合位置和方式具有一致性，但是前者分子中所含的活性部位数目远远大于后者，因此两者在络合能力上有很大的差异。这一点在单宁络合反应稳定常数（表 5.10）的比较中得到了直接的证实。

表 5.10　单宁-金属配位化合物的稳定常数（20℃）[41]

金属离子	lgK					
	苯酚	邻苯二酚	棓酸	单宁酸	木麻黄单宁	磺化木麻黄单宁
Ca^{2+}	—	—	—	6.70	—	25.1
Mn^{2+}	3.09	5.93	8.46	9.20	5.80	25.3
Zn^{2+}	4.01	6.42	7.50	14.70	14.45	31.6
Cu^{2+}	5.57	10.67	13.60	18.30	18.80	33.0
Fe^{2+}	8.34	15.33	20.90	24.60	27.60	38.3

注："—"表示未测出。

从表 5.10 中可以看出，虽然单宁和作为模型化合物的小分子多酚的质子比常数相差不大，但对金属的配位能力却相差很大，一般要大 5～7 个数量级，说明单宁对金属离子具有极强的配位作用。单宁可参与络合的活性部位很多，但是由于生成络合物的溶解性很低，并不是所有基团都参与了络合反应，络合产物分子中尚有大量酚羟基存在。

经化学改性后的单宁的络合能力往往有所改变。例如，经适当磺化处理后，聚原花青定分子受到降解并引入磺酸基，增加了水溶性及化学活性。磺化木麻黄单宁具有 5 个质子比常数（$\lg K_1^H$ 10.65，$\lg K_2^H$ 10.57，$\lg K_3^H$ 10.27，$\lg K_4^H$ 9.10，$\lg K_5^H$ 2.70），最后一个来源于磺酸基。磺酸基的引入使得苯环上原有的酚羟基酸性略有增加，因此磺化木麻黄单宁较原木麻黄单宁的质子比常数基本接近，前者略小于后者。但磺化木麻黄单宁-金属离子络合物的稳定常数 $\lg K$ 远远大于原木麻黄单宁，差值可达 10～20 个数量级，这说明磺酸基的引入使多酚的络合能力大大提升。在同样的实验条件下，木麻黄单宁与 Ca^{2+} 未能测出稳定常数，表明没有生成配合物。而磺化木麻黄单宁却能与 Ca^{2+} 形成稳定性极强的配合物（$\lg K$ 25.1）[45]。这可能是因为在磺化前，木麻黄单宁的分子很大，与金属离子配位时受到较大的空间位阻影响，导致配合物的生成较困难。磺化后单宁被降解，一部分 C 环打开且引入磺酸基，容易与金属离子发生配位。作为亲水性基团的磺酸基，可以提高单宁络合物的水溶性。

3. 单宁与各种金属离子的络合

单宁以邻位二羟基与金属离子络合，通常两个羟基中有一个离解的，或者两个均呈离解状态。在配位化学理论中，这种配体应该属于硬碱型，按照软硬酸碱理论，可以与硬酸型和中间酸型离子发生稳定络合[46]。但是实际上在碱金属元素和碱土金属元素中，目前仅发现单宁与 Ca^{2+} 有明显的络合。可以用下式作为单宁以邻位二酚羟基（H_2L）与金属离子（M^{n+}）配位的通式：

$$M^{n+} + H_2L \longrightarrow ML^{n-2} + 2H^+$$

提高 pH 有利于配位，在配位体溶液中加入酸可使配位键断裂，生成游离的单宁和金属离子。当单宁的量足够大时，络合体系中可以不考虑金属离子自身的水解和配聚，低分子酚可以作为隐蔽剂提高金属离子的沉淀 pH。单宁与大多数金属离子的络合产物都是以沉淀状态出现的，开始沉淀时的 pH 取决于所络合的金属离子，见表 5.11。

表 5.11　荆树皮单宁沉淀金属离子的起始 pH[44]

离子种类	价态	pH	离子种类	价态	pH
Ge	4+	3.1	Pb	2+	4.3
Fe	3+	3.2	Zn	2+	6.1
V	4+	3.4	Ni	2+	6.4
Al	3+	3.6	Co	2+	6.5
Cu	2+	4.2	Ca	2+	9.2

　　在一定的 pH 条件下,各种金属离子对单宁的络合稳定性一般均符合以下顺序:$Ca^{2+}<Mn^{2+}<Zn^{2+}<Cu^{2+}<Fe^{2+}$。随着 pH 的升高,根据中心金属离子而定,配合形式逐渐由单配体转变为二配体甚至三配体。在更多情况下,特别是 pH 比较高时,络合与金属离子的水解配聚反应同时发生,因此产物中还有双核或多核的配合物存在。但 pH 继续升高,一方面单宁易被氧化为醌,失去酚氧基配体,另一方面金属离子的水解反应占主体,生成氢氧化物沉淀,使配位键断裂。对于具有氧化性的高价金属离子,如 Fe^{3+} 和 Cr^{6+},多酚在络合的同时也体现出强还原性,可将其还原为低价态的 Fe^{2+} 和 Cr^{3+}。

　　单宁-金属离子配合物可吸收可见或紫外区的某一部分波长的光而发生电荷转移跃迁,电子从酚氧基配体 π 轨道跃迁到金属离子的某一轨道,使单宁在紫外-可见区域吸收发生了改变。改变值取决于参与配位的中心金属离子和配位程度。对于过渡金属离子(除去无 d 电子的 Sc^{3+} 和 d 轨道已满的 Zn^{2+})还可发生 d-d 跃迁,此类跃迁发生于可见光区。因此对于某些金属离子,如 Fe^{3+} 和 Ti^{4+}、Mo^{6+} 等,络合物具有鲜艳的颜色且吸光系数很高;而对于 Al^{3+}、Zn^{2+}、Cu^{2+} 等生成的络合物颜色较原单宁改变不大,即在可见光区的吸收改变不大,颜色主要源于单宁本身的可见光光谱吸收。

　　单宁可与金属离子在不同 pH 条件下形成沉淀,见表 5.11,这一性质不仅可用于利用金属离子提纯单宁,而且可用于利用单宁分离金属离子。此外,单宁-Ca^{2+} 的络合大量用于锅炉水处理;单宁-Cu^{2+} 的络合可用于木材的防腐,也可用于生物学上 DNA 或 RNA 的断裂;单宁-Zn^{2+} 的络合可以活化黄烷醇 B 环,催化单宁-醛缩合,可选择性地用于单宁的定量测定;单宁-Pb^{2+} 的络合可用于单宁的初步提纯和净化;单宁-GeO_2 的络合物在离子强度 $I=0.1$ 时是白色沉淀,是优良的沉锗剂,可用于矿石浮选。

5.3　植物单宁的抗氧化作用

　　现代研究表明,氧自由基是引起多种疾病和肌体老化的重要因素,也是脂质过氧化的起因。目前所公认的生物抗氧化剂主要是指可以清除自由基、抑制脂质过氧化的活性物质。植物单宁是一类具有优良的抗氧化作用的生物抗氧化剂，其抗氧化特性通过多种途径综合体现。首先，单宁能以大量的酚羟基作为氢供体，对多种活性氧具有清除作用，可将单线态氧 $^1O_2$ 还原成活性较低的三线态氧 $^3O_2$，减少氧自由基产生的可能性，同时也是各种自由基有效的清除剂，生成活性较低的多酚自由基，打断自由基氧化的链反应；其次，单宁能以邻位二酚羟基与金属离子螯合，减少金属离子对氧化反应的催化；再次，对于有氧化酶存在的体系，如体内主要的氧自由基生成的源头——黄嘌呤氧化酶（xanthine oxidase，XOD），单宁对其有显著的抑制能力；最后，单宁还能与维生素 C 和维生素 E 等抗氧化剂之间产生协同效应，增强其抗氧化效果。因此，植物单宁，如茶多酚、葡萄籽多酚等，是一类在药学、食品、日化和高分子合成中具有广泛应用价值和前景的天然抗氧化剂。

5.3.1 自由基清除作用

1. 自由基与抗氧化剂

自由基（free radical）是指任何包含未成对电子的原子、原子团、分子或离子，它是生物体生命活动中多种多样的生理生化反应的中间代谢产物[47]。

人们日常呼吸的氧气是最稳定的三线态氧 $^3O_2$，当受到紫外光等能量和代谢激发时，处于高能态，形成单线态氧 $^1O_2$，具有非常强的氧化性质。例如，对比通常的 $^3O_2$ 和 $^1O_2$ 氧化亚油酸的速度，后者是前者的 $1500 \sim 2000$ 倍。活性氧分子再经得失电子形成活性氧自由基如 $O_2 \cdot^-$、$OH \cdot$、$ROO \cdot$、$NO \cdot$ 等与 H_2O_2 一起统称为活性氧类（reactive oxygen species，ROS）。这个过程可以在 XOD 的催化下进行，也可以在非酶促情况下由 Fe^{3+} 催化形成，如以下反应[48]：

$$^3O_2 + e^- \longrightarrow O_2 \cdot^- \longrightarrow HOO \cdot$$

$$2O_2 \cdot^- + 2H^+ \longrightarrow {}^1O_2 + H_2O_2$$

$$H_2O_2 + O_2 \cdot^- + H^+ \longrightarrow OH \cdot + {}^1O_2 + H_2O$$

$$OH \cdot + H_2O_2 \longrightarrow O_2 \cdot^- + H_2O + H^+$$

活性氧自由基反应性强，能够攻击其他分子形成新的自由基，造成链式反应（chain reaction）。自由基的链式反应可分为引发、传播、终止三个阶段，以脂质 RH 过氧化为例[49]。

链的启动：

$$RH + O_2 \longrightarrow R \cdot + HOO \cdot$$

链的延伸：

$$R\cdot + O_2 \longrightarrow ROO\cdot$$

$$RH + ROO\cdot \longrightarrow ROOH + R\cdot$$

$$ROOH \longrightarrow RO\cdot + OH\cdot$$

链的终止：

$$R\cdot + R\cdot \longrightarrow R{-}R$$

$$R\cdot + ROO\cdot \longrightarrow ROOR$$

$$ROO\cdot + ROO\cdot \longrightarrow ROOR + O_2$$

研究表明，氧自由基引起的自由基链式反应不仅是体外脂类过氧化反应的机理，而且经体内代谢后会引起脂质、DNA、蛋白质、细胞膜等体内大分子损伤，是老化和多种疾病，如癌症、心血管疾病、发炎等的引发原因[49, 50]。目前所指的抗氧化剂专指具有活性氧或氧自由基清除能力，阻断自由基链式反应的活性物质。得到广泛使用的丁基羟基茴香醚（BHA）、二丁基羟基甲苯（BHT）、棓酸丙酯均为人工合成物，近来发现它们具有毒副作用。从天然产物中寻找抗氧化剂成为一种趋势。许多抗氧化剂，如维生素 E 和维生素 C 及 β-胡萝卜素和超氧物歧化酶（superoxide dismatase，SOD）等已经得到实际应用，它们在食品保鲜、防止疾病、延缓衰老等方面引起人们的广泛注意。而这些抗氧化剂的作用途径大致可以分为两类。第一类如 α-生育酚和 β-胡萝卜素，对 $^1O_2$ 的作用强，使其还原成活性小的 $^3O_2$。自由基的引发阶段主要与 $^1O_2$ 密切相关，因此这一类物质主要是在自由基的引发阶段起到抗氧化作用，而它们若作为自由基清除剂，去除、分解氧化过程中生成的自由基的能力较小。第二类如 γ-生育酚或 δ-生育酚，抑制 $^1O_2$ 的能力弱，但自由基清除作用却较强，因此应用在自由基传播阶段效果好得多[51]。

在抗氧化剂中还可包括一类增效剂。增效剂是指本身不具有抗氧化能力或者即使有也不强，当与抗氧化剂并用时，能使抗氧化剂作用显著增强的化合物。在脂质的氧化过程中，微量的金属离子如 Fe^{3+}、Cu^{2+} 等对氧化起到重要的催化作用：

$$M^{(n+1)+} + ROOH \longrightarrow M^{n+} + ROO\cdot + R\cdot$$

$$M^{n+} + ROOH \longrightarrow M^{(n+1)+} + OH^- + RO\cdot$$

因此，对金属离子有螯合作用的柠檬酸、酒石酸、磷酸等多羟基酸，可以使其丧失活性，从而起到增效剂的作用。

另外，当两种抗氧化剂并用时可能出现抗氧化效果增强的协同作用。例如，水溶性的抗氧化剂维生素 C（BH_2），可以令别的抗氧化剂自由基（AH·）还原，本身形成的自由基（BH·）容易经分解等形式释放到反应体系之外：

$$ROO· + AH_2 \longrightarrow ROOH + AH·$$

$$AH· + BH_2 \longrightarrow AH_2 + BH·$$

两种抗氧化剂自由基之间还可以互相还原，使抗氧化剂再生[52]。

2. 单宁对 DPPH 自由基的清除

1,1-二苯基-2-三硝基苯肼（1,1-diphenyl-2-picrylhydrazine，DPPH）是一种在氮氮连接键上含有不对称价电子的氮族自由基，它能稳定存在，易与具有给氢能力的化合物发生电子转移反应[53]。对 DPPH 自由基的清除已成为评价活性物质自由基清除作用的一种常用方法[54]。在电子自旋共振谱（electron spin-resonance spectroscopy，ESRS）谱图中，峰高代表 DPPH 自由基的浓度，加入缩合类单宁原花青定 C-1,3,3′,3″-三-O-棓酸酯（棓酰化黄烷醇三聚体）后，峰高随着单宁用量的加大而降低（图 5.29），说明体系中的 DPPH 自由基数目减少，单宁起到清除 DPPH 自由基的作用[55]。

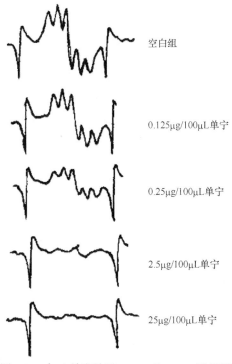

空白组

0.125μg/100μL单宁

0.25μg/100μL单宁

2.5μg/100μL单宁

25μg/100μL单宁

图 5.29　加入单宁前后 DPPH 的 ESRS 谱图[55]

在表 5.12 中所列的几种黄烷醇类单宁中，原花青定 C-1,3,3',3″-三-*O*-棓酸酯是最有效的 DPPH 自由基清除剂。

表 5.12 黄烷醇类单宁对 DPPH 自由基的清除作用[56]

单宁种类	半数清除浓度（EC₅₀）	
	μg/100μL	μmol/L
(–)-ECG	0.14	3.2
(–)-EGCG	0.14	3.1
原花青定 B-2,3,3'-二-*O*-棓酸酯	0.20	2.3
原花青定 B-5,3,3'-二-*O*-棓酸酯	0.26	2.9
原花青定 C-1,3,3',3″-三-*O*-棓酸酯	0.18	1.4
柿子单宁	0.41	—
维生素 E	3.00	70

单宁对 DPPH 自由基的清除能力随其聚合度的增加而增强，聚黄烷醇单宁明显比单体强得多，但单宁单体 ECG 和 EGCG 对 DPPH 自由基仍然表现出较强的清除能力。表 5.12 中所列为达到 50% 的 DPPH 自由基清除效果所加入的单宁的浓度，可以看出，这几种单宁的对 DPPH 自由基的清除能力均较抗氧化剂维生素 E 强，其中原花青定 C-1,3,3',3″-三-*O*-棓酸酯是维生素 E 的 50 倍左右[55, 56]。

3. 单宁对活性氧自由基的清除

植物单宁对性质稳定的 DPPH 自由基的清除作用，表明单宁也可以用于活性氧自由基的清除。利用核黄素辐射系统可以产生超氧阴离子 $O_2 \cdot{}^-$，利用芬顿反应可以产生 $\cdot OH$ 和 $HOO\cdot$，利用细胞模型和分子生物学手段可以得到多种活性氧自由基的混合物[57, 58]。

与对 DPPH 自由基的研究类似，通过 ESRS 谱可观察到单宁对活性氧自由基的清除作用，见表 5.13。结果表明，单宁对几种活性氧自由基的清除能力与对 DPPH 自由基的清除作用一致，抑制能力与单宁的聚合度相关，并且取决于用量大小。植物单宁不仅对于氧自由基，而且对于单线态氧 $^1O_2$ 也有清除作用，使其还原成低能量的三线态氧 $^3O_2$[59]。

表 5.13　黄烷醇类单宁对活性氧自由基的清除作用[59]

单宁种类	半数清除浓度（EC$_{50}$）					
	O$_2$·$^-$		·OH		HOO·	
	μg/100μL	μmol/L	μg/100μL	μmol/L	μg/100μL	μmol/L
(−)-ECG	2.3	52	—	—	—	—
(−)-EGCG	1.6	35	0.7	16	1.0	22
原花青定 B-2,3,3′-二-O-棓酸酯	3.4	38	1.0	11	1.4	15
原花青定 B-5,3,3′-二-O-棓酸酯	4.3	48	1.1	12	1.7	19
原花青定 C-1,3,3′,3″-三-O-棓酸酯	3.5	26	0.9	7	2.2	17
柿子单宁	8.4	—	1.6	—	2.2	—

　　此外，单宁对不同种类活性氧自由基的清除能力具有选择性，与其所处体系有关。以几种茶多酚为例，在水溶液中，其对活性氧自由基清除的能力依次为 ECG＞EGCG＞EGC＞GA＞EC=C；而在脂溶性溶液中，其对活性氧自由基清除作用的强弱顺序为 ECG=EGCG=EC=C＞EGC＞GA[60]。图 5.30 是单宁和几种常用的抗氧化剂维生素 E、维生素 C、迷迭香、姜黄素在对活性氧自由基的清除情况。由图可以看出，茶多酚对活性氧自由基的清除能力明显大于其他几种物质。

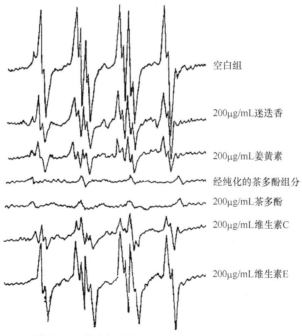

空白组

200μg/mL迷迭香

200μg/mL姜黄素

经纯化的茶多酚组分

200μg/mL茶多酚

200μg/mL维生素C

200μg/mL维生素E

图 5.30　单宁和几种抗氧化剂对活性氧自由基清除作用的比较[60]

4. 单宁对金属离子的螯合作用

单宁显著的自由基清除作用与其对氧化反应起催化作用的金属离子的强烈络合作用有关。

在中性和弱酸性条件下，植物单宁对金属离子具有很强的络合作用（参见5.2.2 小节），单宁能以多个邻位酚羟基与金属离子螯合，从而阻止金属离子对活性氧等自由基生成和链反应的催化作用。对于黄酮类化合物的抗氧化作用，其分子中 B 环的邻苯二酚结构十分重要。例如，槲皮黄素对于向日葵油和亚麻子油是一种有效的抗氧化剂，在 3 位或 5 位上的甲基化能稍微减少其效力，而在 B 环 3′ 位或 4′ 位酚羟基上的甲基化则会大大降低其抗氧化的能力[61,62]。

5. 单宁对氧化酶的抑制作用

在生物体内的氧化过程中有多种酶起催化作用，如黄嘌呤氧化酶和酪氨酸酶。植物单宁对大多数酶均表现出抑制作用，对这两种酶也是如此。特别是单宁对 XOD 表现出强抑制作用的同时，却不影响对活性氧具有清除作用的 SOD 的活性[63]。与 XOD 的常见抑制剂相比，单宁 PGG 的抑制能力与之处于同一数量级（半数抑制浓度 IC_{50} 为 3.2×10^{-6}mol/L），而前者为 1.6×10^{-6}mol/L。茶多酚 ECG 也可抑制 XOD 的活性。对于低分子量的黄酮苷，其糖环羟基的棓酰化使其具有类似单宁的性质，极大地提高了其对氧化酶的抑制性，而未棓酰化的黄酮苷几乎不具有抑制 XOD 的能力[64]，见表 5.14。

表 5.14　黄酮苷对 XOD 的抑制作用[64]

棓酰化黄酮苷	半数抑制浓度/（mol/L）	未棓酰化黄酮苷	半数抑制浓度/（mol/L）
金丝桃苷 2″-棓酸酯	7.3×10^{-5}	金丝桃苷	$>1.0\times10^{-4}$
紫云英苷 2″-棓酸酯	3.6×10^{-5}	紫云英苷	7.0×10^{-5}
异槲皮素 2″-棓酸酯	3.3×10^{-5}	异槲皮素苷	$>1.0\times10^{-4}$
紫云英苷 6″-棓酸酯	2.2×10^{-5}	槲树皮素	$>1.0\times10^{-4}$
槲皮素苷 2″-棓酸酯	1.9×10^{-5}		

6. 单宁对其他抗氧化剂的增效作用

植物单宁除了本身具有显著的自由基清除作用外，还可以与常见的维生素 C（VC）和维生素 E 等抗氧化剂之间产生协同作用，增强其自由基清除效果。在实际应用中，单宁（AH_2）通过保护维生素，抑制维生素的自氧化，与其形成清除自由基的协同效应[65]。单宁抑制维生素自氧化的可能途径如下：

$$AH_2 + \bullet VC \underset{k_2}{\overset{k_1}{\rightleftharpoons}} AH \bullet + VC$$

式中，$k_1 = 3 \times 10^5$，$k_2 = 3 \times 10^4$。

7. 单宁的分子量及分子基团与自由基清除作用的关系

植物单宁的自由基清除作用来源于其分子中大量的酚羟基，也源于其独特的分子结构。因此，单宁的分子量及其分子结构中的基团都对其自由基清除能力有影响。

一般情况下，对于聚黄烷醇类单宁，其自由基清除活性随其聚合度的增加而有所提高，分子量大的单宁所形成的体系较稳定，可有效阻断自由基链式反应[66]。此外，单宁分子结构中的棓酰基对其自由基清除活性也表现出显著的影响[67]。从表 5.15 中可以看出，单宁的棓酰基与其自由基清除活性之间的关系。

表 5.15　荆树叶中不同单宁组分对兔红细胞膜过氧化过程中自由基的清除作用[68]

化合物种类	棓酰基数目/个	自由基清除作用	
		EC_{50}/（μmol/L）	相对活性 a/%
单宁			
1,2,6-三-O-棓酰基-β-D-葡萄糖	3	49	261
特里马素 I	2	48	267
黄酮苷			
槲皮素 4'-O-β-D-葡萄糖	0	162	79
槲皮素 3-O-β-D-半乳糖	0	151	86
槲皮素 3-O-β-D-葡萄糖	0	216	59
毛杨梅素 3-O-α-L-阿拉伯糖	0	182	70
棓酰化黄酮苷			
槲皮素 3-O-α-阿拉伯糖-2″-棓酸酯	1	34	376
槲皮素 4'-O-β-D-葡萄糖-6″-棓酸酯	1	65	197
堪菲醇 3-O-α-阿拉伯糖-2″-棓酸酯	1	26	492
其他			
毛杨梅素	0	53	242
槲皮素	0	43	298
堪菲醇	0	80	160
棓酸	1	106	121
阳性对照			
丁基羟基茴香醚（BHA）	0	128	100

a. 相对活性的计算公式为：（BHA 的 EC_{50}/样品的 EC_{50}）×100%。

5.3.2　脂质过氧化抑制作用

抑制脂质过氧化是植物单宁抗氧化活性的重要体现。脂类的过氧化将导致酸败变质，油脂的抗氧化是食品化学领域的一个重要课题。生物体内脂质的过氧化是多种疾病的根源，可能诱发高血压、神经衰弱、癌症等多种疾病，对于脂质和活性氧含量高的心脏和肝脏线粒体的危害尤为严重。作为一种高效的天然抗氧化剂，植物单宁对脂质过氧化的抑制作用得到了广泛而深入的研究[58, 69, 70]。

单宁的抗脂质过氧化作用，可通过测定其对油脂储藏过程中过氧化值的影响进行评价；对于活体脂质，可以通过测试其氧消耗量和丙烯醛（MDA）生成量进行评定，其值越小，表明单宁的脂质过氧化反应的抑制作用越高。研究表明，茶多酚对猪油的储藏过程中氧化酸败的能力约比丁基羟基茴香醚（BHA）和二丁基羟基甲苯（BHT）高 2～3 倍，已用于食品的抗氧化。表 5.16 是几种单宁对大鼠肝肌线粒体和微粒体脂质过氧化反应的抑制作用[71]。

表 5.16　单宁对大鼠肝肌线粒体和微粒体耗氧量
和丙烯醛生成量的半数抑制浓度[71]　　　　　（单位：μmol/L）

单宁种类	分子量	耗氧量半数抑制浓度	丙烯醛生成量半数抑制浓度
棓单宁			
棓酸	170	22.0	26.0
DiGG	484	50.0	45.0
TriGG(1, 2, 6)	636	35.0	30.5
TriGG(1, 3, 6)	636	21.0	24.5
TriGG(3, 4, 6)	636	42.0	38.0
TeGG	788	19.0	23.3
PGG	940	18.0	23.3
鞣花单宁			
鞣花酸	302	120.0	115.5
2,3-HDDP-D-葡萄糖	482	68.5	65.0
木麻黄素	643	12.5	19.5
石榴素	784	7.8	12.0
老鹳草素	952	20.0	25.0
柯子酸	954	10.0	16.0
奎尼酸棓酰酯			
4-O-奎尼酸棓酰酯	362	31.5	28.0
3,4-二-O-棓酰基奎尼酸	514	52.0	55.0
3,5-二-O-棓酰基奎尼酸	514	17.5	23.5

续表

单宁种类	分子量	耗氧量半数抑制浓度	丙烯醛生成量半数抑制浓度
黄烷醇类			
儿茶素	290	34.0	35.0
ECG	442	8.4	5.4
EGCG	458	12.2	9.4
GCG	458	14.0	8.6
原花青定 B-1	576	16.0	15.5
原花青定 B-2	576	11.0	9.0
表阿福豆素-表儿茶素	562	6.8	10.5
阳性对照			
维生素 E	250	60.0	55.0

5.3.3　还原性

　　植物单宁是一种具有强还原性的物质，很易被氧化，特别是在水溶液状态下和有多酚氧化酶存在的条件下。单宁的氧化过程中，其酚羟基通过离解，生成氧负离子，再进一步失去氢，生成具有颜色的邻醌，使多酚的颜色加深[5]，主要过程如图 5.31 所示。

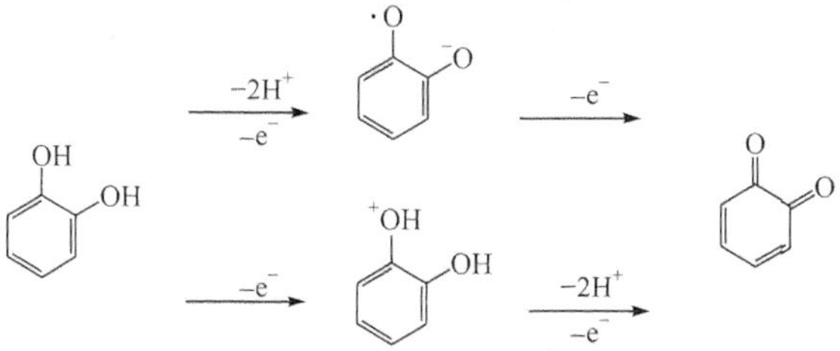

图 5.31　酚羟基在氧化过程中的变化

　　在单宁的氧化过程中，体系的 pH 是影响单宁氧化速率的主要因素。氧化的最低 pH 约 2.5，pH 在 3.5～4.6 范围内单宁的氧化速率迅速增加。此外，单宁的结构对其还原性也有十分重要的影响。对于黄烷醇类单宁，以儿茶素和不同醚化程度的黄烷甲基醚进行比较，发现其分子 A 环 5,7 位羟基的甲基化基本不影响单宁的还原性，而 B 环 3′,4′位羟基的甲基化却能显著影响其还原性。因此，黄烷醇类单宁 B 环的邻位酚羟基是其展现还原性的主要部位[72]。同时，分子结构中具有连苯三酚基的单宁比有邻苯二酚基的单宁的还原能力强，这一现象在实际实验中也被观察到[27]，见表 5.17。

表 5.17　栲胶的吸氧量（1g 栲胶，25℃，pH=12）[27]

栲胶种类	吸氧量/cm³	栲胶种类	吸氧量/cm³
单宁酸（水解类）	247	荆树（缩合类）	143
栗木（水解类）	183	桉树（缩合类）	170
橡椀（水解类）	150	红树（缩合类）	145
柯子（水解类）	150	儿茶（缩合类）	110
坚木（缩合类）	172	棕儿茶（缩合类）	48

从表 5.17 中还可以看出，水解类单宁（聚棓酸酯类单宁）的还原性一般强于缩合类单宁（聚黄烷醇类单宁）。而且，单宁溶液中若含有少量较邻苯二酚和连苯三酚更易氧化的物质，如亚硫酸氢钠或二氧化硫时，单宁的还原性则被掩盖，其氧化可被完全抑制[73]。

参 考 文 献

[1] Harbome J B. 植物化学方法[M]. 厦门：厦门大学出版社, 1991.

[2] 孙达旺. 植物单宁化学[M]. 北京：中国林业出版社, 1992.

[3] 张文德. 植物鞣质化学及鞣料[M]. 北京：轻工业出版社, 1985.

[4] Kennedy J A, Munro M, Powell H, et al. The protonation reaction of catechin, epicatechin and related compounds[J]. Australian Journal of Chemistry, 1984, 37(4)：885-892.

[5] 姚新生. 天然药物化学[M]. 北京：人民卫生出版社, 1988.

[6] 徐寿昌. 有机化学[M]. 北京：高等教育出版社, 1993.

[7] Harborne J, Mabry T J, Mabry H. The Flavonoids[M]. London: Academic Press, 1975.

[8] Markham K R. Techniques of Flavonoid Identification[M]. London: Academic Press, 1982.

[9] 蒋其忠. 茶籽壳原花青素的分离纯化、稳定性及抗氧化活性研究[D]. 合肥：安徽农业大学, 2011.

[10] 恽魁宏. 有机化学[M]. 北京：高等教育出版社, 1990.

[11] Hemingway P W, Laks P E. Plant Polyphenols[M]. New York：Plenum Press, 1992.

[12] Harborne J. The Flavonoids：Advances in Research since 1986[M]. London：Chapman & Hall, 1993.

[13] 徐任生. 天然产物化学[M]. 北京：科学出版社, 1993.

[14] 张力田. 碳水化合物化学[M]. 北京：轻工业出版社, 1988.

[15] Einstein F W B, Kiehlmann E, Wolowidnyk E K. Structure and nuclear magnetic resonance spectra of 6-bromo-3,3′,4′,5,7-penta-O-methylcatechin[J]. Canadian Journal of Chemistry, 1985, 63：2176-2180.

[16] Kiatgrajai P, Wellons J D, Gollob L, et al. Kinetics of polymerization of (+)-catechin with formaldehyde[J]. The Journal of Organic Chemistry, 1982, 47(15)：2913-2917.

[17] 孙达旺. 栲胶生产工艺学[M]. 北京：中国林业出版社, 1997.

[18] Ayla C. The applications of tannins in industry[J]. Journal of Applied Polymer Science：Applied Polymer Symposium, 1984, 40：69-72.

[19] 杜光伟. 落叶松栲胶改性及应用研究[D]. 成都：四川大学, 1997.

[20] 王鸿儒, 陈代威. 两性植物鞣剂的制备及其鞣制性能的研究[J]. 中国皮革, 1997, 26：14-16.

[21] 俞良俊. 植物鞣法的新进展：两性鞣制法[J]. 中国皮革, 1996, 25(1)：28-30.

[22] Lawence L, Hrstich L, Chan B. The conversion of procyanidins and prodelphinidins to cyanidin and delphinidin[J]. Phytochemistry, 1986, 25：223-230.

[23] Brown B R. Reactions of flavanoids and condensed tannins with sulphur nucleophiles[J]. Journal of the Chemical Society Perkin Transactions, 1974, 5(49): 2036-2049.

[24] Russell A. The natural tannins[J]. Chemical Reviews, 1935, 17(2)：155-186.

[25] Sears K. Sulfonation of catechin[J]. The Journal of Organic Chemistry, 1972, 37(22): 3546-3547.

[26] Roux D G, Ferreira D, Hundt H K L, et al. Structure, stereochemistry and reactivity of natural condensed tannins as a basis for their extended industrial application[J]. Journal of Applied Polymer Science Applied Polymer Symposium, 1978, 28：335-337.

[27] 南京林产工业学校. 栲胶生产工艺学[M]. 北京：中国林业出版社, 1983.

[28] 陈笳鸿, 吴在嵩, 毕良武, 等. 塔拉提取物化学利用的研究进展[J]. 林产化学与工业, 1996, 16（3）：79-86.

[29] 黄嘉玲, 张宗和, 谷胜河, 等. 倍花提取物碱法水解制取没食子酸的研究[J]. 林产化学与工业, 1997, 17(2)：23-26.

[30] 陈方平, 金淳, 魏加球. 倍花酸水解法制工业没食子酸[J]. 林产化学与工业, 1989, 9(1)：34-41.

[31] Vasantha R, Rao K P, Joseph K T. Synthesis and characterization of vegetable tannin-vinyl graft copolymers part Ⅰ：Cutch-poly（methyl acrylate）graft copolymers[J]. Journal of Applied Polymer Science, 1987, 33(7)：2271-2280.

[32] 李丙菊. 用接枝共聚法改性栲胶[J]. 中国皮革, 1986, (2)：46-47.

[33] 蒋廷方, 唐一果, 廖华. 冷杉栲胶的接枝改性及其应用的研究[J]. 中国皮革, 1984, (10)：5-9.

[34] Jensen O N, Pedersen J A. The oxidative transformations of (+)catechin and (−)epicatechin as studied by ESR：formation of hydroxycatechinic acids[J]. Tetrahedron, 1983, 39(9)：1609-1615.

[35] Coggon P, Moss G A, Sanderson G W. Tea catechol oxidase：isolation, purification and kinetic characterization[J]. Phytochemistry, 1973, 12(8)：1947-1955.

[36] 石碧, 何先祺, 张敦信, 等. 水解类植物鞣质性质及其与蛋白质反应的研究Ⅱ：水解类鞣质在水和中性盐溶液中的疏水性研究[J]. 皮革科学与工程, 1993, (3)：16-20.

[37] 石碧. 水解类植物鞣质性质、化学改性及其应用的研究[D]. 成都：成都科学技术大学, 1992.

[38] 魏庆元. 皮革鞣制化学[M]. 北京：轻工业出版社, 1978.

[39] 石碧, 何先祺. 植鞣过程中栲胶沉淀的原因研究（Ⅱ）：电解质对栲胶沉淀量影响规律的研究[J]. 成都科技大学学报, 1989, 1：1-5.

[40] 巴索罗, 蒋逊. 配位化学[M]. 北京：北京大学出版社, 1982.

[41] 孙达旺, 马信亮. 单宁加质子常数及其配合物稳定常数的研究[J]. 南京林业大学学报：自

然科学版, 1992, 16(1): 13-18.

[42] Gust J, Suwalski J. Use of Mossbauer spectroscopy to study reaction products of polyphenol and iron compounds[J]. Corrosion, 1994, 50(5): 355-365.

[43] Powell H K J, Taylor M C. Interactions of iron（Ⅱ）and iron（Ⅲ）with gallic acid and its homologues: a potentiometric and spectrophotometric study[J]. Australian Journal of Chemistry, 1982, 35(4): 739-756.

[44] Kennedy J A, Powell H K J. Polyphenol interactions with aluminium（Ⅲ）and iron（Ⅲ）: their possible involvement in the podzolization process[J]. Australian Journal of Chemistry, 1985, 38(6): 879-888.

[45] Hemingway R, Laks P. Plant Polyphenols[M]. New York: Plenum Press, 1992.

[46] 孙达旺, 黄剑胗, 伍东, 等. 磺化木麻黄单宁配合物稳定常数的研究[J]. 林产化学与工业, 1992, 3: 175-178.

[47] Halliwell B. The wanderings of a free radical[J]. Free Radical Biology and Medicine, 2009, 46(5): 531-542.

[48] Korycka-Dahl M B, Richardson T. Activated oxygen species and oxidation of food constituents[J]. CRC Critical Reviews in Food Science and Nutrition, 1978, 10(3): 209-241.

[49] Yokoyama M. Oxidant stress and atherosclerosis[J]. Current Opinion in Pharmacology, 2004, 4(2): 110-115.

[50] Finkel T. Oxidant signals and oxidative stress[J]. Current Opinion in Cell Biology, 2003, 15: 247-254.

[51] Choe E, Min D B. Mechanisms of antioxidants in the oxidation of foods[J]. Comprehensive Reviews in Food Science and Food Safety, 2009, 8: 345-358.

[52] Apak R, Güçlü K, Ozyürek M, et al. Novel total antioxidant capacity index for dietary polyphenols and vitamins C and E, using their cupric ion reducing capability in the presence of neocuproine: CUPRAC method[J]. Journal of Agricultural and Food Chemistry, 2004, 52(26): 7970-7981.

[53] Brand-Williams W, Cuvelier M E, Berset C. Use of a free radical method to evaluate antioxidant activity[J]. LWT-Food Science and Technology, 1995, 28(1): 25-30.

[54] Sharma O P, Bhat T K. DPPH antioxidant assay revisited[J]. Food Chemistry, 2009, 113(4): 1202-1205.

[55] Uchida S, Edamatsu R, Hiramatsu M. Condensed tannins scavenge active oxygen free radicals[J]. Medical Science Research, 1987, 15: 831-832.

[56] Uchida S, Ohta H, Edamatsu R, et al. Active oxygen free radicals are scavenged by condensed tannins[J]. Progress in Clinical and Biological Research, 1988, 280: 135-138.

[57] Jurva U, Wikström H V, Bruins A P. Electrochemically assisted fenton reaction: reaction of hydroxyl radicals with xenobiotics followed by on-line analysis with high performance liquid chromatography/tandem mass spectrometry[J]. Rapid Communications in Mass Spectrometry, 2002, 16: 1934-1940.

[58] Girotti A W. Lipid hydroperoxide generation, turnover, and effector action in biological systems[J]. Journal of Lipid Research, 1998, 39(8): 1529-1542.

[59] 狄莹, 石碧. 植物多酚在化妆品中的应用[J]. 日用化学工业, 1998, (3)：16-18.

[60] 杨法军, 任小军, 赵保路, 等. 茶多酚抑制吸烟气相物质刺激鼠肝微粒体产生脂类自由基的 ESR 研究[J]. 生物物理学报, 1993, 9：468-471.

[61] 梁杏秋. 茶叶籽油酚类化合物抗氧化能力及其作用机理研究[D]. 泉州: 华侨大学, 2014.

[62] Andersen Ø M, Markham K R. Flavonoids：Chemistry, Biochemistry and Applications[M]. 2nd ed. Boca Raton：CRC Press, 2006.

[63] Hayashi T, Nagayama K, Arisawa M, et al. Pentagalloylglucose, a xanthine oxidase inhibitor from a paraguayan crude drug "Molle-I" (*Schinus terebinthifolius*) [J]. Journal of Natural Products, 1989, 52(1)：210-211.

[64] Hatano T, Yasuhara T, Yoshihara R, et al. Inhibitory effects of galloylated flavonoids on xanthine oxidase[J]. Planta Medica, 1991, 57(1)：83-84.

[65] Grotewold E. The Science of Flavonoids[M]. Berlin：Springer, 2007.

[66] Hatano T, Edamatsu R, Hiramatsu M, et al. Effects of the interaction tannins with co-existing substances. Ⅵ: effects of tannins and related polyphenols on superoxide anion radical, and on 1,1-diphenyl-2-picrylhydrazyl radical[J]. Chemical and Pharmaceutical Bulletin, 1989, 37(8)：2016-2021.

[67] Okuda T, Yoshida T, Hatano T. Ellagitannins as active constituents of medicinal plants[J]. Planta Medica, 1989, 55(2)：117-122.

[68] Okamura H, Mimura A, Yakou Y, et al. Antioxidant activity of tannins and flavonoids in *Eucalyptus rostrata*[J]. Phytochemistry, 1993, 33(3)：557-561.

[69] Virginia B C J, Silvia B M B, Sandra S C, et al. Aging and oxidative stress[J]. Molecular Aspects of Medicine, 2004, 25(1)：5-16.

[70] Dasgupta N, De B. Antioxidant activity of *Piper betle* L. leaf extract *in vitro*[J]. Food Chemistry, 2004, 88(2)：219-224.

[71] Okuda T, Kimura Y, Yoshida T, et al. Studies on the activities of tannins and related compounds from medicinal plants and drugs (Ⅰ)：Inhibitory effects on lipid peroxidation in mitochondria and microsomes of liver[J]. Planta Medica, 1984, 50：473-477.

[72] Hathway D. An aproach to the study of vegetable tannins by the oxidation of plant phenolics[J]. Journal of the Society of Leather Technologists and Chemists, 1958, 3：108-121.

[73] 贺近恪, Brown A G. 黑荆树及其利用[M]. 北京: 中国林业出版社, 1991.

第6章 植物单宁与生物大分子的反应特性

6.1 植物单宁与蛋白质的反应

植物单宁能与蛋白质发生结合，一般情况下，结合是可逆的。单宁-蛋白质结合反应是其最具特征性的反应之一。单宁最初的定义就来自于它具有沉淀蛋白质的能力。使明胶溶液浑浊也可作为一种基本的单宁定性试验。单宁与口腔唾液蛋白的结合，使人感觉到涩味，因此单宁与蛋白质结合的这个性质又称为涩性或收敛性。

与蛋白质结合反应也是植物单宁最重要的化学性质之一，这个反应广泛地存在于自然界中。单宁作为植物的次生代谢产物，其涩味使植物免于受到动物的噬食和微生物的腐蚀，构成植物的一种自我防御机制[1]。这个反应更重要的意义在于它是人类广泛利用单宁的基础。例如，人类利用单宁鞣革已有几千年的历史，植鞣的过程也就是单宁与胶原蛋白结合的过程[2]。与植鞣历史同样悠久的是草药。大多数草药活性成分中含有单宁，单宁的收敛性和对酶、细菌、病毒的抑制性等生物活性无不与单宁-蛋白质结合有关。单宁的涩性也与人类的食物有密切关系，如何得到茶、咖啡、葡萄酒、啤酒、果汁饮料的良好口感，就存在控制涩味平衡的问题[3]。同时，单宁的收敛性也是营养学中的一个重要课题。单宁与食物中蛋白质的结合及与消化道内消化酶的结合，会降低人、畜对营养的吸收。如何解决这方面的问题，也在单宁-蛋白质反应研究范围之内。

早在1803年，Davy就指出了单宁与蛋白质的可逆结合现象。但是长期以来，单宁-蛋白质结合的研究进展不大，主要原因在于对单宁、蛋白质两者的化学结构了解很少，人们对结合反应长期停留在定性认识的水平上。直到20世纪80年代初得到一系列已知化学结构的单宁纯样，才开始从分子结构水平上研究单宁-蛋白质反应，对反应机理和模式的认识才逐渐深入[4]。目前得到公认的是"疏水键-氢键多点键合"理论。由于反应体系复杂，单宁-蛋白质反应的本质还需进行更深入的研究。

6.1.1 植物单宁与蛋白质结合能力的测定

人们对植物单宁-蛋白质结合的认识是从对各种单宁与蛋白质结合能力的测定和比较开始的。为了定量地说明植物单宁-蛋白质反应的本质和机理，也必须测定单宁对蛋白质结合的能力，也就是测定单宁的收敛性大小。单宁的结合能力包括两方面的含义：一是单宁与蛋白质结合量的多少；二是结合稳定性的大小。而实际上，这两者是相关的[5]。

1. 蛋白质底物的选择

因为单宁-蛋白质反应所涉及的领域极为广泛，使研究人员从各自的角度和背景出发选用不同的蛋白质作为底物。例如，在研究单宁的生理活性中，可选用血红蛋白和酶；研究食品中的单宁时，可选用酪蛋白和唾液蛋白；研究单宁鞣革时，可选用明胶和胶原。常用的蛋白质有：水溶性球蛋白（血红蛋白、牛血清蛋白、酪蛋白）、水溶性黏蛋白（唾液黏蛋白）、水溶性纤维蛋白（明胶）以及水不溶性纤维蛋白（胶原、皮粉、动物皮）等。

水溶性蛋白质和不溶性蛋白质在性质上的明显差异，使研究者必须选用适合的测定方法。如选用血红蛋白作为底物，则可利用分光光度法，通过检测血红蛋白在可见光区（578nm 或 541nm 处）吸收的变化测定单宁的收敛性[6]。此法具有灵敏、精确、简便、重现性好的特点。但若采用唾液黏蛋白法，可能因黏蛋白易形成胶体、不易过滤和离心而造成结果偏差大。在制革业中一直延续下来测定单宁特别是单宁收敛性的传统方法是采用胶原或皮粉等不溶性蛋白。其优点在于不必考虑复杂的表面或界面作用，其缺点在于受胶原纤维分散状态、单宁在胶原纤维内的渗透等因素影响较大，所得数据不能准确反映结合情况，且不适宜于微量反应。作为一种改进方法，可采用胶原的水解产物——可溶性的明胶作为胶原模型进行测定，以便于利用现代测试技术对反应结果进行定量和定性分析。

2. 结合能力的测定方法

1）平衡渗析法和微热计量法

平衡渗析法（equilibrium dialysis）在测定配体对大分子的结合程度中是一种很有效的手段。利用这种技术，可以得到各种简单酚和单宁对蛋白质结合能力的精确定量数据。其原理为：定量地求得蛋白质水溶液在加入配体（单宁）前、后的转移自由能 $\Delta G^{\ominus,tr}$。转移自由能负值越大，酚类化合物对蛋白的结合就越强。利用微热量法（microcalorimetry）得到酚-蛋白质结合前后的焓变 $\Delta H^{\ominus,tr}$，也可得到同样的结果[7]。

2）连续动态渗析法

连续动态渗析法（continuous flow dynamic dialysis，CFDD）被用来测定低分子量单宁（没食子酸及其丙酯、儿茶素、二氢槲皮素、苏木精等）对可溶性胶原的结合。此法较平衡渗析法简便、迅速。从分析单宁加入蛋白质溶液前后的扩散速率，求出渗析膜两边酚类物质的浓度，从而测量出蛋白质对单宁的吸收。对数据进行分析，最终可得到结合的平衡常数和平均结合点[8]。

3）酶抑制法

单宁与酶的结合，造成酶活性的改变，往往对酶造成抑制。例如，多酚对 β-葡萄糖苷酶的抑制，是由单宁、底物及酶三者形成复合体。复合体的分解常数与正常的"酶-底物"复合体不同，根据酶的抑制效应可以求得分解常数 K_i。K_i 越小，结合越强[9]。

4）核磁共振法

采用高分辨率的核磁技术（HNMR 和 CNMR）可对溶液状态和沉淀状态的结合物进行分析。从化学位移的变化值可分析出结合反应的发生和程度[10]。

5）蛋白质沉淀法

利用单宁-蛋白质结合产生的沉淀即可对单宁的结合能力进行分析。常用的有浊度分析法、放射性同位素标记蛋白质定量法和血红蛋白法[11]。

一种较简便的方法是分光光度法。此法不仅可测定单宁对蛋白质的结合能力，而且可阐明反应的动力学、热力学乃至反应机理[12]。与传统的一些方法比，分光光度法比较简便、准确，样品用量少。其原理为：如果化合物 X 的水溶液在某一波长处有最大吸收，而化合物 Y 在此处没有吸收或吸光度很小（可忽略），则可直接根据 X 和 Y 发生沉淀反应后离心液的分光光度测试数据求得反应发生的程度。其方法为：设一定浓度的 X 在 λ 处的吸光度为 A_0，与 Y 进行沉淀反应后，离心液在 λ 处的吸光度降为 A，定义相对吸光度 $A' = (A_0 - A)/A_0$，则 A' 的数值在 0~1 之间变化。A' 越小（A 越大），表明离心液中剩余的 X 含量越高，沉淀反应发生率越低。反之，A' 越大，沉淀反应越完全。绘制出 A' 与反应时间、反应温度、两种化合物的分子比等因素的函数图，即可直观地观察到该反应的动力学和热力学规律。单宁在 280nm 左右有最大吸收，而明胶在此处吸收很小，因此可根据沉淀反应在紫外光区的吸收变化得到单宁对蛋白质结合能力的测定。

这种方法不仅能得到单宁对蛋白质的结合程度，还可以计算出沉淀中的单宁和明胶含量以及单宁与明胶的分子比。其原理如下：

设浓度为 C_T 的单宁水溶液在 λ_1 和 λ_2 处的吸光度为 A_{T1} 和 A_{T2}，吸光系数为 ε_{T1} 和 ε_{T2}；浓度为 C_p 的明胶水溶液在 λ_1 和 λ_2 处的吸光度为 A_{p1} 和 A_{p2}，吸光系数为 ε_{p1}、ε_{p2}，则有

$$A_{T1} = \varepsilon_{T1} \cdot C_T \tag{6-1}$$

$$A_{T2} = \varepsilon_{T2} \cdot C_T \tag{6-2}$$

$$A_{p1} = \varepsilon_{p1} \cdot C_p \tag{6-3}$$

$$A_{p2} = \varepsilon_{p2} \cdot C_p \tag{6-4}$$

设在单宁-明胶反应残液（离心液）中，λ_1 和 λ_2 处的吸光度为 A_1 和 A_2，则

$$A_1 = A_{T1} + A_{p1} \tag{6-5}$$

$$A_2 = A_{T2} + A_{p2} \tag{6-6}$$

将式（6-1）～式（6-4）代入式（6-5）和式（6-6），则

$$\begin{cases} A_1 = \varepsilon_{T1} \cdot C_T + \varepsilon_{p1} \cdot C \\ A_2 = \varepsilon_{T2} \cdot C_T + \varepsilon_{p2} \cdot C_p \end{cases} \tag{6-7}$$

解方程组得

$$C_T = [\varepsilon_{p2} \cdot A_1 + \varepsilon_{p1} \cdot A_2]/[\varepsilon_{p2} \cdot \varepsilon_{T1} - \varepsilon_{p1} \cdot \varepsilon_{T2}] \tag{6-8}$$

$$C_p = [A_2 - \varepsilon_{T2} \cdot C_T]/\varepsilon_{p2} \tag{6-9}$$

先做空白实验，分别测试一定浓度的单宁溶液和明胶溶液在 λ_1 和 λ_2 处的吸光度，则可根据式（6-1）～式（6-4）计算出 ε_{T1}、ε_{T2}、ε_{p1}、ε_{p2} 等四个常数。因此对于任一"单宁-明胶"反应体系，反应完毕后，经高速离心除去沉淀物，再测出离心液紫外光谱在 λ_1 和 λ_2 处的吸光度 A_1 和 A_2，则可根据式（6-8）、式（6-9）计算出离心液中的单宁含量和明胶含量。由于用于反应的初始单宁浓度和明胶浓度是已知的，也可计算出沉淀中的单宁和明胶含量以及单宁分子与明胶分子的比例。

以上为几种基本的收敛性测定方法。此外，测定胶原的热稳定性（T_s）的变化以及单宁在胶原纤维上的结合量，也可得到单宁对胶原蛋白的结合程度。从表 6.1 可以看出，用这些方法所测得的几种水解类单宁对蛋白质的结合能力具有一致性[12]。

表 6.1　植物单宁对蛋白质的结合[12]

单宁	分子量	对 β-葡萄糖苷酶的抑制 K_i/（10^{-4}mol）	对牛血清蛋白 $\Delta G^{\ominus,tr}$	对血红蛋白相对涩性（RA）
β-1,2,6-三-O-棓酰葡萄糖	636	10.8	-0.9	0.20
β-1,2,3,6-四-O-棓酰葡萄糖	788	2.50	-9.1	0.58
β-1,2,3,4,6-五-O-棓酰葡萄糖	940	0.85	-26.9	1.00
木麻黄宁	936	1.57	—	—
玫瑰素 D	1874	0.08	-58.7	2.40
地榆素 H-6	1870	0.40	-11.3	—

6）相对涩性法

在多数情况下，单宁对蛋白质反应的相对结合能力，也就是"相对涩性"（relative astringency，RA）在分析过程中更为重要。由于每次测定条件很难完全一致，应用相对值更具实际意义。某一种单宁的相对涩性，是使蛋白质产生相同

程度的沉淀，所耗用的标准单宁与该种单宁溶液浓度的比值。单宁沉淀蛋白质的能力大，则 RA 值大。实际上，用蛋白质沉淀法测得的数据皆可用 RA 表达。作为标准物的单宁，一般采用单宁酸。鞣花单宁中的老鹳草素是结晶的纯化合物，用它作标准有更好的一致性。以老鹳草素为标准物测定的单宁的相对涩性，称为此种单宁的以老鹳草素为标准的相对涩性（relative astringency by geraniin，RAG）值。也可用使亚甲基蓝产生相同程度的沉淀所耗用的老鹳草素与该种单宁溶液浓度的比值（ratio of methylene blue and geraniin，RMBG）表示相对涩性[4]。

1985 年，Okuda 测定了数十种单宁的 RAG 值和 RMBG 值，见表 6.2～表 6.5。

表 6.2　棓酸酯类单宁的 RAG 值及 RMBG 值（分子量小于 500）[13]

单宁	分子量	RAG	RMBG
连苯三酚	126.1	0.08	0
原儿茶酸	154.1	0.11	0
棓酸	170.1	0.11	0.09
二棓酸	322.2	0.26	0.27
六羟基联苯二酸	338.2	0.23	0.20
鞣花酸	302.2	0.14	1.01
橡椀酸二内酯	470.3	0.71	1.19
奎尼酸	192.2	0	0
金缕梅单宁	484.4	0.07	—
槭树单宁	468.4	0.08	—
2,3-O-六羟基联苯二酰葡萄糖	482.4	0.18	

表 6.3　棓酸酯类单宁的 RAG 值及 RMBG 值（分子量大于 500）[13]

单宁	分子量	RAG	RMBG
3,5-二-O-咖啡酰奎尼酸	516.5	0.20	0.25
1,2,3-三-O-棓酰葡萄糖	636.5	0.64	0.90
鞣料云实素	634.5	0.17	0.22
水杨梅素 D	634.5	0.49	0.50
特里马素 I	786.6	0.82	1.00
特里马素 II	938.7	0.93	1.20
委陵菜素	936.7	0.74	1.04
木麻黄单宁	936.7	0.54	1.18
旌节花素	936.7	0.78	1.17

续表

单宁	分子量	RAG	RMBG
栗木鞣花素	934.6	0.78	1.07
恺木素	934.6	1.21	1.17
石榴素	782.5	0.40	0.87
石榴鞣花素	1084.7	0.87	1.07
扶罗宁	816.6	0.23	0.45
脱氢老鹳草素	968.7	0.60	0.87
老鹳草素	952.7	1.00	1.00
石榴亭 A	800.6	10.27	0.39
石榴亭 B	952.7	0.53	0.96
榄柯子素	954.7	1.04	1.12
野桐精酸	1120.8	0.87	1.21
玫瑰素 A	1106.8	1.08	1.33
玫瑰素 C	1104.8	1.07	1.25
柯黎勒鞣花酸	954.7	0.74	1.20
柯黎勒酸	956.7	1.05	1.28

表 6.4　棓酸酯类单宁的 RAG 值及 RMBG 值（二聚及三聚鞣花单宁）[13]

单宁	分子量	RAG	RMBG
仙鹤草素	1871.3	1.12	1.17
水杨梅素 A	1873.3	1.15	1.00
马桑素 A	1875.3	0.95	1.16
瑞木素 A	1571.1	1.19	1.10
玫瑰素 D	1875.3	1.02	1.19
玫瑰素 E	1723.2	1.04	1.15
玫瑰素 F	1873.3	0.84	1.13
玫瑰素 G	2812.0	1.08	—

表 6.5　黄烷醇类单宁的 RAG 值及 RMBG 值[13]

单宁	棓酰化率/%	分子量	RAG	RMBG
(+)-儿茶素	0	290.3	0.10	0.01
(-)-表儿茶素	0	290.3	0.08	0.01
(-)-表棓儿茶素	0	306.2	0.07	0
3-O-棓酰-表儿茶素	100	442.4	0.81	0.60
3-O-棓酰-表棓儿茶素	100	458.4	0.84	0.95
原花青定 B-2	0	578.5	0.10	0.05
原花青定 B-2,3′-O-棓酸酯	50	730.6	0.46	0.64
原花青定 B-2,3,3′-二-O-棓酸酯	100	882.7	1.01	0.98
虎耳草单宁	96	2300	1.32	1.02
RSF 单宁	81	3100	1.24	0.84
大黄单宁 A	43	710	0.67	0.58
大黄单宁 B	61	1100	0.79	0.83
大黄单宁 C	79	1100	1.03	0.91
大黄单宁 D	74	1200	1.03	0.85
大黄单宁 E	84	2300	1.08	0.91
大黄单宁 F	82	2300	0.93	0.84
大黄单宁 G	85	2600	0.80	0.87

6.1.2　植物单宁与蛋白质的反应模式

人们对单宁-蛋白质反应的认识是从单宁的实际应用开始的。单宁从水溶液中将蛋白质（如明胶和牛血清蛋白）沉淀出来。在这个反应过程中，单宁与蛋白质相互结合，最初形成的是可溶性的复合物，从反应物的紫外谱图中可以观察到，单宁在 280nm 处的吸收发生红移，表明形成了可溶性的蛋白质-单宁结合物[14]。当结合达到充分的程度，复合物就沉淀出来。

单宁（溶液）+ 蛋白质（溶液）⇌ [单宁 m·蛋白质]（溶液）

⇌ [单宁 n·蛋白质]（沉淀）

此反应为可逆反应，向沉淀复合物中添加过量蛋白质可减少沉淀，丙酮、碱溶液也可使复合物解析为原来的单宁和蛋白质。

单宁对蛋白质的沉淀可认为是一种表面现象[15]，可以分为两步：首先单宁在蛋白质表面结合，然后在蛋白质分子间形成多点交联，最终导致沉淀。

　　Haslam 等在研究了棓酸酯类多酚与牛血清蛋白以及其他蛋白质和蛋白质拟物的反应规律之后提出在植物单宁与蛋白质的反应中存在三种反应模式（图 6.1）[16]。即当溶液中蛋白质的浓度较低时，众多的单宁分子在蛋白质表面结合形成单分子的疏水层。当结合的单宁分子达到一定数量，使蛋白质表面的疏水性足够大时，沉淀随之发生[图 6.1（a）]。如果继续增加蛋白质的浓度，由于溶液中蛋白质的

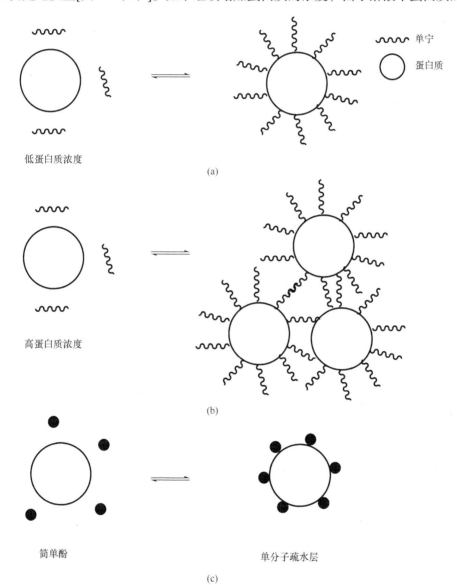

图 6.1　植物单宁-蛋白质结合模式[16]

比例增加，产生了交联，即蛋白质分子被单宁分子连接成聚集体，其结果是蛋白质更易沉淀，但能够供单宁分子结合的表面积降低，因而随蛋白质一起沉淀的单宁减少[图 6.1（b）]。因此导致了高的单宁沉淀率出现在蛋白质浓度较低的范围，而蛋白质浓度较高时，单宁的沉淀率反而减小。图 6.1（c）则表明，即使是低分子量的单宁以及简单酚，如连苯三酚和间苯二酚，当在水中的浓度足够大时，也可在蛋白质表面形成疏水层而使蛋白质沉淀（1mol/L 的连苯三酚能使 3×10^{-5}mol/L 的牛血清蛋白沉淀出来）。

从图 6.1 中可以看出植物单宁与低分子酚在同蛋白质反应模式中的区别在于单宁可以按多点结合的形式在蛋白质分子间形成交联。单宁的化学结构特点（分子量大、反应基团多）是产生这种模式的内在原因。测定单宁-蛋白质复合物的分子大小，可以证实这种交联的发生。关于交联模式的另一有力证据为单宁与胶原的反应。

利用单宁作为鞣剂鞣革实质上是利用单宁与皮蛋白的主要组分胶原蛋白之间的结合反应。对胶原结构的研究表明，胶原的原胶原分子是由三条肽链组成的三股螺旋体，长 280nm。原胶原分子纵向排列组成初原纤维进而形成胶原纤维，充水膨胀后，肽链间间距为 1.7nm[17]。单宁能使胶原提高湿热稳定性（表现为收缩温度 T_s 提高 10～20℃）、耐酶解性和耐化学试剂性并能增强纤维强度，简言之，体现了一种"鞣制效应"。而鞣制效应的一个必要条件是，鞣剂分子必须与胶原结构中两个以上的反应点作用，特别是在胶原不同的肽链间形成交联键。由于这种新的分子间键对胶原分子起到加固作用，因此表现出鞣制作用[18]。而单点结合不可能使胶原的 T_s 得到大幅度提高。这表明单宁-蛋白质之间的多点结合是相当强的。与单宁的鞣制作用相反，苯酚等小分子酚与胶原的结合不仅不提高，反而对蛋白质的稳定性造成破坏，高浓度的酚可使胶原胶化[19]，这也说明单宁与小分子酚的反应模式是不同的：前者以多点交联为主，后者以单点结合为主。

6.1.3 影响植物单宁与蛋白质结合的因素

单宁-蛋白质的结合是一个复杂的可逆反应。反应物分子比例、溶剂及其 pH、离子强度、反应温度和时间都对反应平衡有影响，但它们只是结合的动力学因素。单宁与蛋白质以多点交联的形式进行结合时，其热力学因素，即两者的分子结构、结合方式和复合物的稳定性才是结合反应的决定因素。

1. 植物单宁的分子结构

1）分子量的影响

单宁分子量的大小，换言之，分子尺寸的大小，是单宁与蛋白质结合能力的决定因素。单宁若要有效地沉淀蛋白质，则需以图 6.1（b）的形式产生结合物沉淀，这要求单宁具有一定的分子尺寸。同时因为分子量的增大，酚羟基的数目增多，则增加了单宁与蛋白质之间的反应基团和反应可能性。从表 6.2～表 6.5 中多种单宁及其相对涩性比较中可以看到，分子量在 500 以下的单宁几乎不能使蛋白质沉淀（RAG 值很低），而分子量在 500～1000 的范围内，RAG 随分子量增大呈线性增加。对于棓酰酯类多酚，其分子量的增加体现在棓酰基个数的增多上。如葡萄糖棓酰酯同系物 TriGG[图 2.3（c）]、TeGG[图 3.2（a）]、PGG[图 2.3（d）]的棓酰基数目分别为 3、4、5，其 RAG 值依次随分子量的增大而增大。而带 2 个和 2 个以下的棓酰基的单宁则不能使蛋白质沉淀[20]。对于聚原花色素类单宁，其分子量的增加体现在黄烷-3-醇单元的数目上。以直链型的聚原花色素为例，其分子量的增加体现在单宁的链长上。在表 6.5 中也可以看到，分子量接近 500 的原花色素（3-O-棓酰-表棓儿茶素，分子量 458.4）才具有明显的 RAG 值，实际上如果结构中不含棓酰基，聚合度为 3 的聚原花色素才能大量沉淀蛋白质。

　　同时应注意到，单宁的结合能力只是在一定范围内与其分子量呈线性增加。表 6.5 中单宁的 RAG 上限值约 1.3，当分子量大于 1000 时，RAG 几乎不变。葡萄糖棓酰酯的相对涩性在单宁分子中含 5 个棓酰基[PGG，图 2.3（d）]时达到最高，而再增加棓酰基则甚至会降低单宁的收敛性[21]。同时，单宁分子量的增大也使其水溶性降低，许多单宁在分子量大于 3000 时，会因不溶于水而丧失与蛋白质结合的能力。例如，高分子量的红粉和酚酸不能沉淀明胶。因此一般而言，单宁与蛋白质发生牢固结合，具有沉淀蛋白质能力的分子量范围应该在 500～3000。1962 年，Bate-Smith 给单宁提出的定义为"单宁是分子量 500～3000 的能沉淀生物碱、明胶及其他蛋白质的水溶性酚类化合物"[4]，目前看来仍然具有科学性。

　　单宁分子量的大小也决定着其与蛋白质结合反应发生的模式[14]。通过对反应体系离心液和沉淀中单宁、蛋白质比例的精确计算结果表明：PGG 和 TeGG 结合蛋白的方式有明显差异。前者主要以图 6.1（b）的形式在蛋白质分子间形成交联而沉淀，后者沉淀产物中除了这种方式，还包括以图 6.1（a）的形式形成疏水层而沉淀的方式。分子更小的多酚一般以图 6.1（c）的形式为主与蛋白质结合。

　　2）分子形状的影响

　　单宁分子形状（构象）的可变性越大，与蛋白质的结合也越强。同分子量的水解类单宁中，往往棓单宁大于鞣花单宁。例如，PGG 与木麻黄素的分子量相近，但前者的结合强于后者。这是因为 PGG 的分子形状是可变形的盘状。木麻黄素分子内联苯环的存在使分子僵硬而难以变形，造成结合力降低。又如，特里素Ⅰ与英国栎鞣花素的分子量大致相同，但 RAG 值分别为 0.82 及 0.24。因此，在水解类单宁中两个棓酰基的作用大于相同位置上的一个六羟基联苯二酰基。同样的原因使相同分子量的缩合类单宁与蛋白质结合的能力低于水解类单宁。因其分子内儿茶素结构单元之间均以僵硬的 C—C 共价键相连，空间位阻的存在使旋转受阻，所以缩合类单宁分子的可变性较水解类单宁小得多。例如，原花青定 B-2，分子量为 578.5，其 RAG 值仅为 0.10，而分子量为 516.5 的 3,5-二-O-咖啡酰奎尼酸，RAG 值为 0.20。

3）基团的影响

棓酰基（G）和六羟基联苯二酰基（HHDP）造成棓单宁和鞣花单宁收敛性的差异。对于缩合类单宁，分子结构中羟基数目越多，相对涩性 RA 值越大。例如，多聚原翠雀定＞多聚原花青定＞多聚原刺槐定＞多聚原菲瑟定。因此，并不是所有缩合类单宁的聚合度大，即分子量大，收敛性就越强。如表 6.6 所示，槲树皮和荆树皮单宁（以聚原菲瑟定为主）的聚合度比高粱单宁（以聚原花青定为主）大，但其沉淀牛血清蛋白的能力反而小[22]。

表 6.6　几种缩合类单宁的结构特征及其沉淀牛血清蛋白的能力[22]

单宁	平均聚合度	沉淀牛血清蛋白的量/mg
高粱单宁	4.2	82
豆荚单宁	2.9	39
槲树皮单宁	5.1	22
荆树皮单宁	5.9	25

缩合类单宁的棓酰化会增加其沉淀蛋白的能力。如表 6.5 所示，儿茶素的 RAG 值很小，但 3-O-棓酰化儿茶素都有较大的 RAG 值（分别为 0.84 和 0.81）。棓酰化的原花青定 B-2 的 RAG 值也大于原花青定 B-2 的 RAG 值。

4）水溶性的影响

单宁与蛋白质的反应需在水溶液中进行。不溶解于水的单宁不具有沉淀蛋白质的能力。但是单宁的水溶性往往与蛋白质结合能力成反比，在水中低溶解性的单宁对蛋白质有较强的结合能力。

2. 蛋白质的分子结构

单宁-蛋白质的结合反应中，除了不同的单宁对同一蛋白质有选择性外，不同的蛋白质对同一单宁也显示了选择性。选用蛋白质竞争结合技术分别对若干种缩合类单宁（高粱、槲树皮、荆树皮、豆荚等）与一些蛋白质及其模拟物的结合能力的研究结果表明，蛋白质对单宁的亲和性存在强弱之分，见表 6.7。

表 6.7　蛋白质对几种缩合类单宁的相对亲和势（RA）[22]

蛋白质	RA			
	高粱单宁	槲树皮单宁	豆荚单宁	荆树皮单宁
GP-66 蛋白	4.5	12	3.3	3.4
明胶	5.0	5.0	4.0	3.0
胎球蛋白	5.5	7.5	—	2.0
牛血清蛋白	1.0	1.0	1.0	1.0
卵清蛋白	0.07	0.05	0.10	0.125
大豆胰蛋白酶抑制剂	nd^a	nd	0.25	—

a. nd 表明在同一条件下反应结果很微弱，检测不到。表中的数值越大，表明结合力越强。

对于这些单宁，蛋白质亲和性有一个大致的顺序：胎球蛋白、GP-66 蛋白、明胶＞大豆胰蛋白酶抑制剂＞牛血清蛋白＞卵清蛋白。这表明蛋白质对单宁的亲和性有其共性，可以归纳为：①氨基酸残基中脯氨酸或其他疏水性氨基酸含量高，对多酚的亲和力强。胎球蛋白、GP-66 蛋白、明胶及唾液黏蛋白都属于典型的富脯氨酸蛋白。②蛋白质分子量越大，对单宁的亲和力越强。③结构较松散的蛋白质与单宁的结合力强。所有的单宁对卵清蛋白的结合性都很差，因为卵清蛋白是一种结构紧密的球蛋白，其亲水基分布于分子表面，疏水基藏于分子内部。

但是应指出的是，蛋白质的选择性也具有其特殊性。例如，唾液蛋白中含有一种富含组氨酸的蛋白质，这种蛋白不含脯氨酸，分子量也小，但沉淀单宁的能力比唾液中富含脯氨酸的蛋白质还强[23]。

同时，单宁-蛋白质结合往往具有相互选择性。例如，槲树皮单宁对 GP-66 蛋白比别的蛋白有更高的结合性，可能是因为这种蛋白分子中所特有的低聚多糖结构；豆荚单宁对大豆胰蛋白酶抑制剂的亲和性比其他单宁高，也可能是由于这种小分子单宁可以与蛋白中刚性的 β 转角结构发生强烈的结合。因此，一种特定结构的单宁并不是所有蛋白质的沉淀剂，反之亦然。

3. 反应时间和温度

单宁-蛋白质反应是一个可逆反应，反应温度和时间对反应平衡有很大的影响。反应对时间的依赖程度取决于单宁的种类。如图 6.2 所示[24]，赤杨单宁提取物经 24h 反应后生成的沉淀比 15min 反应多 79%，而火龙草花提取物仅增加 20%，纯化的高粱缩合类单宁在 15min 内即可反应完全，降低温度和延长时间对其影响不大，而纯化的水解类单宁（单宁酸）在 4℃反应 24h 明显大于室温下反应 15min。单宁与蛋白质的结合反应一般在 4℃下反应 24h 都可反应完全。

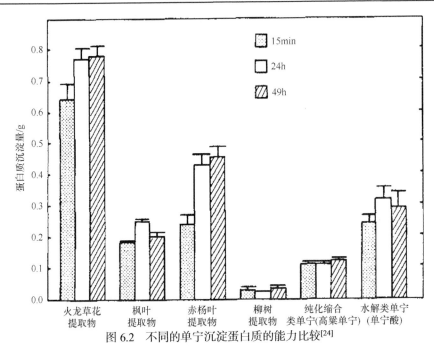

图6.2　不同的单宁沉淀蛋白质的能力比较[24]

单宁的分子量是影响反应时间和温度的另一决定因素。例如，PGG 一经与蛋白质溶液混合即产生浑浊，表明时间进行得很快，而在 1,2,3-三-O-棓酰基-β-D-葡萄糖（TriGG）中加入明胶，反应 24h 后浑浊现象也不明显，说明分子量大的植物单宁，不仅与蛋白质的结合量大，而且反应速率也快，而分子量小的单宁，虽然也可与蛋白质发生结合，但产生结合固定的机会少而结合不牢固，即逆反应进行的可能性仍然较大。正是这个原因，TriGG 与明胶的反应较 PGG 更为缓和，达到平衡所需的时间更长[14]。

4. 单宁与蛋白质的分子比

对于大多数蛋白质而言，单宁-蛋白质结合状态在很大程度上取决于两种反应物的分子比。当反应体系中单宁的量固定，在一定范围内，沉淀物随着蛋白质的增加而增加，但当达到最大沉淀量时，再加大蛋白质的量，沉淀逐渐减少，最终达到稳定值。此时从反应溶液的紫外谱图中可以观察到，单宁在 280nm 处的吸收向长波长方向移动，这种"红移"现象表明形成了可溶性的蛋白质-单宁结合物。这个现象由 Davy 在 1805 年首次发现[10]，以后在多种单宁-蛋白质反应及其模型化合物研究过程中被证实。

采用紫外分光光度法对明胶（分子量 100000）和 PGG 的结合反应进行研究可以精确描述单宁与蛋白质的分子比例对反应的影响，并且可以定量地证实单宁-蛋白质反应模式[25]。

图 6.3（a）是明胶-PGG 反应时，PGG 的沉淀率随明胶浓度增加而变化的规律。用每组实验反应完成后离心液中 PGG 的相对吸收值 A'（参见 6.1.1 小节 2.标题的内容）来表征沉淀率的大小，A' 值越大，沉淀率越大。由于 PGG 的沉淀是 PGG 与明胶结合所致，因此 A' 的大小实际上反映了两者反应程度的大小。图 6.3（b）则是计算得到沉淀物中 PGG 与明胶的分子比例。

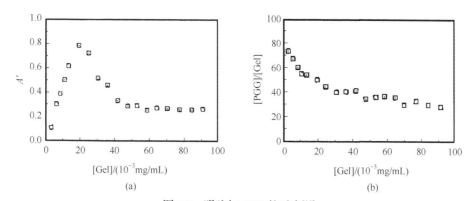

图 6.3　明胶与 PGG 的反应[25]

（a）明胶浓度变化对 PGG 沉淀率的影响，PGG 的反应初始浓度为 10.255×10⁻³mmol/L；（b）明胶浓度变化对沉淀中单宁-明胶分子比例的影响

　　在明胶浓度较低的阶段（2.8×10⁻³～19.6×10⁻³mg/mL），反应初始溶液中 PGG 分子浓度远高于明胶的分子浓度，众多的 PGG 竞相以图 6.1（a）的形式与明胶分子结合。明胶浓度越低，单位明胶分子结合的 PGG 分子越多，沉淀中单宁-明胶分子比越大。而且在这一阶段，由于明胶分子有限，溶液中仍有许多单宁分子没有机会与明胶结合，即这时能参与反应的单宁分子数受到明胶含量的制约。因此在这一阶段，随着明胶浓度的逐渐增加，PGG 的沉淀率也明显上升，而沉淀中的单宁-明胶分子比例也就下降。

　　当明胶浓度增至 19.6×10⁻³mg/mL，溶液中单宁-明胶分子比为 52，这时单宁的沉淀率达到最大值（79.1%）。这表明此时对于 PGG 而言，已有足够的明胶可供结合，即绝大多数 PGG 分子都能在明胶分子上找到结合位置。而对于明胶而言，单位分子平均可以结合到的 PGG 数量也足以使其沉淀。

　　当明胶浓度继续从 19.6×10⁻³mg/mL 增加到 47.6×10⁻³mg/mL 左右时，反应初始溶液中单宁与明胶的分子比由 52 逐渐下降到 22，单宁与明胶的结合方式逐渐转变成图 6.1（b）的形式。这时，虽然绝大多数单宁分子有机会与明胶分子结合，但对于明胶分子而言，能够结合到足够的 PGG 而沉淀的可能性逐渐减小，即表现为 PGG 的沉淀率又逐渐下降，沉淀中 PGG 的分子比例也相应减小到 35 左右。

　　明胶浓度再继续由 47.6×10⁻³mg/mL 增至 91×10⁻³mg/mL 时，反应溶液中 PGG

与明胶的分子比也由 22 降到 11，此时对于明胶-PGG 沉淀反应而言，明胶分子的数量极为丰富，几乎可视为一常数，反应程度（沉淀率）转变为受 PGG 数量的制约。由于 PGG 的浓度是确定的，假设它们非常平均地与明胶结合，则可能沉淀率为 0，因为可能所有明胶分子都不能达到足以沉淀的程度。但实际上，由于 PGG 与明胶反应非常迅速，结合稳定（逆反应程度小），反应达到平衡时，单位明胶分子上结合的 PGG 分子数量不是一个确切的数值，而是一种分布。一部分结合多酚超过平均数而达到足够疏水程度的明胶分子将发生沉淀。在 PGG 浓度确定、明胶浓度几乎为一常数的情况下，这部分明胶分子的数量取决于 PGG-明胶反应的动力学和热力学特性（反应速率和产物的稳定性），因此在这一阶段，多酚的沉淀率变化不大，趋于一平衡值，沉淀中的分子比例也趋于一平衡值。

对于某些结构较特殊的蛋白质，如唾液中富脯氨酸蛋白，不出现上述可溶性结合的情况，它是单宁的有效沉淀剂，一经沉淀，即使加大蛋白质的量也不能反溶解结合产物[21]。

实际上，单宁和蛋白质的绝对浓度也影响着反应的进行。一般从低浓度的蛋白质溶液中沉淀出相同的蛋白质所需单宁的量比在浓溶液中多[14]。

5. 有机溶剂

对单宁-蛋白质的研究一般都在水体系中进行。有机溶剂是结合反应有效的抑制剂。裸皮（胶原）在丙酮、甲醇、乙醇中对单宁的吸附量很少，而在水中的结合量却很大。结合了单宁的胶原（即植鞣革）放在"有机溶剂-水"混合液中，单宁又会游离出来，此现象称为脱鞣，见表 6.8。

表 6.8 水-丙酮和碱的脱鞣作用（以单宁占皮重的百分数计，%）[19]

植鞣剂	单宁含量	50%丙酮脱鞣后单宁含量	0.5%碳酸钠脱鞣后单宁含量
栗木单宁	55.0	21.84	0.30
坚木单宁	58.7	10.66	0.18
橡椀单宁	44.6	19.04	2.36
荆树皮单宁	64.6	7.24	3.20

脱鞣后的皮同裸皮在性质上几乎没有差异。对各种有机溶剂脱鞣能力的研究结果表明：50%的水和 50%的有机溶剂混合液（体积比）对单宁的脱鞣能力最强，即使是乙酸乙酯、丁醇等水溶解性较小的溶剂，与水混合后，也会使单宁大量析出[19]。这些都说明丙酮等有机溶剂通常对结合反应不利，促使单宁-蛋白沉淀物解析成原来的单宁和蛋白质。这个反应用于单宁的提纯和结合反应的研究中。

6. pH

溶液的酸碱性对单宁-蛋白质反应程度有很大的影响。每种蛋白质都有其最适宜的单宁沉淀点 P_{max}，往往在其等电点附近 1 个 pH 的范围内沉淀出的单宁量最大[26]。单宁沉淀蛋白质的结合反应可以分为两步，首先是单宁分子在蛋白质表面的结合，然后单宁在蛋白质分子内和分子间形成交联，使结合产物聚集成更大的结构，最终导致沉淀。第二步发生的程度取决于单宁-蛋白质之间交联的拉力是否大于蛋白质分子间可能存在的静电斥力。蛋白质在其等电点（pI）的静电斥力最小，因此从这个观点看，单宁最易沉淀蛋白质的 pH 应该在其等电点附近。通常采用浊度仪测定反应体系在 450nm 处的吸收，其吸收值越大，表明沉淀物越多。对一系列酶和其他蛋白质在 pH 3～10 的范围内与高粱缩合类单宁（分子量 900～3000）的分析结果如图 6.4 所示，结果表明 P_{max} 与 pI 之间确实存在着线性关系（$\gamma=0.96$）。

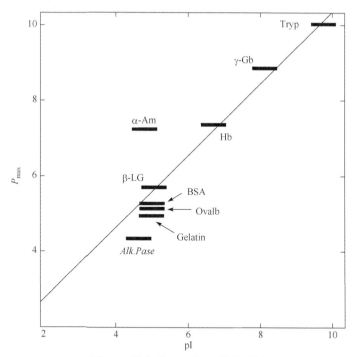

图 6.4　蛋白质 P_{max} 与 pI 的关系[26]

Alk.Pase：碱性磷酸酯酶；Gelatin：明胶；Ovalb：唾液球蛋白；BSA：牛血清蛋白；β-LG：β-豆血红蛋白；
α-Am：α-淀粉酶；Hb：血红蛋白；γ-Gb：γ-球蛋白；Tryp：胰蛋白酶

而当体系的 pH 在这个范围之外，沉淀的量迅速减少。有人认为在较高 pH 时，是因为单宁酚羟基的电离而导致同蛋白质反应的氢键结合减少而使沉淀物减少。

应该注意的是，所观察到的大多数蛋白质的 P_{max} 都远远低于缩合类单宁的 pK_a（9.9）。当体系的 pH 低于 9.9 时，单宁的酚羟基并不能离解，仍能与蛋白质发生氢键结合，而不会产生静电斥力，单宁便不是静电斥力的主要原因，因此沉淀物随 pH 升高而迅速减少的原因在于蛋白质基团离解所带来的静电斥力。

碱对单宁-蛋白质结合物的解析作用是很彻底的。通过用 0.5% 的 Na_2CO_3 对几种植鞣革的处理结果表明，用碱洗脱的程度比用丙酮-水大得多，脱鞣后的革性质也与裸皮（胶原纤维）相同，参见表 6.8。

7. 无机离子和离子强度

单宁-蛋白质反应很明显受到盐效应的影响。在通常的情况下，无机盐都可促进结合反应向沉淀的方向发展。无机离子主要通过增加单宁、蛋白质的疏水作用而促进沉淀反应物的生成。这种作用与无机盐降低蛋白质在水溶液中的溶解性有着相同的原因。在同一离子强度下，无机盐按作用的强弱可有以下顺序[27]：

盐：$NaH_2PO_4 > Na_2SO_4 > CaCl_2 = MgCl_2 > KCl > NaCl > NaBr > Me_4NBr$

阳离子：$Ca^{2+} = Mg^{2+} > K^+ > Na^+$

阴离子：$H_2PO_4^- > SO_4^{2-} > Cl^- > Br^-$

值得注意的是，能与单宁发生络合的金属离子对单宁-蛋白质反应的影响常常表现出某些特殊性。例如，在 1mol/L 的 $CaCl_2$ 溶液中进行明胶-PGG 反应时，PGG 的沉淀率反而比在 0.33mol/L 的 $CaCl_2$ 溶液中进行反应时还低，接近于在水中的水平。但沉淀中 PGG 的分子比例却很高，与在水和 0.33mol/L 的 $CaCl_2$ 溶液中进行反应的沉淀相比，平均每个明胶分子多结合了 25～30 个 PGG 分子。同时对反应后离心液的紫外谱图分析可以看到，$CaCl_2$ 浓度为 1mol/L 和 0.33mol/L 时，紫外吸收有明显差异。这表明，当 Ca^{2+} 浓度较大时，Ca^{2+} 可与单宁发生络合反应。进一步研究表明，Ca^{2+} 能与单宁形成可溶性络合物。正是由于这种络合物的形成，一方面增加了 PGG 的水溶性，使单位明胶分子需结合更多的单宁才能产生沉淀；另一方面，PGG 在明胶分子表面形成了多分子层，因此沉淀中 PGG 分子比例明显增加了，如图 6.5 所示[14]。

另一些离子，如 Al^{3+} 和 Cr^{3+} 的络合性强于 Ca^{2+}。单宁-蛋白质体系中这些离子的存在，可与蛋白质、单宁中大量的酚羟基和羧基形成配位键，进一步加强相互间的交联作用而促进沉淀的产生[28]。

关于对单宁-蛋白质结合反应影响因素的探讨有大量的研究工作和文献著述，因为它是探索单宁-蛋白质反应机理的必经之路，也为利用和控制单宁-蛋白质结合反应提供了理论依据和手段，同时还为精确测定结合反应提供了条件要求。

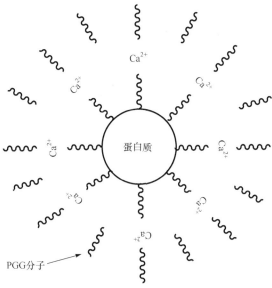

图 6.5　单宁-Ca^{2+}-蛋白质结合示意图[14]

6.1.4　植物单宁与蛋白质反应的分子机理

　　由于植物单宁和蛋白质结构复杂，加之单宁多以混合物形式存在，这给从分子水平研究单宁-蛋白质反应的结合方式和结合部位带来极大的困难。由于单宁在制革业中具有悠久历史和重要作用，化学家们对结合机理的研究最早是从单宁-皮胶原体系开始的。单宁-胶原的结合即是植鞣机理的本质，关于结合反应最多的论述也主要是从这个角度出发，其大部分结论对于普遍的单宁-蛋白质反应也是适用的。因此我们将主要以单宁-胶原反应来阐述单宁-蛋白质结合的方式和部位。

　　如前所述，单宁-蛋白质在一般条件下的结合是可逆的。碱、有机溶剂可以将沉淀复合物解析为原单宁和蛋白质，也可以使植鞣革脱鞣，这说明单宁与蛋白质之间并不以共价键发生牢固的结合，而是以弱键的方式结合的。同时，单宁-蛋白质的结合是一种多点交联的模式，这种交联，使复合物的耐蛋白酶水解和耐湿热稳定性得到提高，如一般的植鞣革较裸皮的收缩温度提高 10～20℃。虽然适度水洗能大量除去发生物理吸附作用的那部分单宁，但不能使 T_s 下降很多。因此可以看出，结合并不仅仅只是单宁在胶原纤维间简单的物理吸附，而是发生了氢键、盐键、疏水键、范德瓦耳斯力等键合方式。关于结合方式最早提出的观点是 Procter 和 Wilson 的静电吸附理论。他们认为结合是由于带负电荷的单宁与胶原的正电性基团发生静电吸引而导致的。但是研究表明，虽然在正常鞣革时（pH 3～5），胶原带正电（pI 为 5.2），此时单宁并不发生离解；从电泳也可以得知，单宁溶液不带负电荷。对于缩合类单宁，即使在 pH 达到 7 时鞣制（此时蛋白质带负电）仍不影响成革的热稳定性。在结合反应对体系 pH 的依赖性讨论中可以看到，单宁使蛋白质发生最大量沉淀是发生在蛋白质的等电点附近，此时蛋白质不带电荷。因此可以认为静电吸附不是单宁-蛋白质反应的主要方式。从 20 世纪 50 年代起，Gustavson、Sololov、Shuttleworth 等相继提出了多点氢键理论，认为氢键是多酚与蛋白质的主要结合方式。这个理论在很大程度上可以解释实际问题，可以认为，氢键理论的提出是揭示单宁-蛋白质结合机理过程中极为重要的一步。随着研究工作的深入，Haslam 等于 20 世纪 80 年代系统地提出疏水键合理论，从而使单宁-蛋白质反应的分子机理得到较完善的解释。

1. 多点氢键结合

氢键理论认为，单宁与蛋白质之间主要结合方式为氢键[29-38]。如表 6.9 所示，单宁分子中众多酚羟基、醇羟基、醚基和蛋白质中诸多基团可以发生氢键结合，虽然也可能发生离子键结合（如水解类单宁在鞣制时电离的羧基可以与蛋白质中电离的氨基以离子键结合），但与氢键相比，其结合点要少得多。

表 6.9　单宁、蛋白质分子结构中可能的反应基团和反应方式[29]

单宁中可用于反应的基团		反应方式	蛋白质中可用于反应的基团	反应方式
水解类单宁	酚羟基：—OH	氢键结合	肽链中肽—NH·CO—	氢键结合
			侧链上	
	离解羧基：—COO⁻	离子键结合	氨基：—NH—、—NH₂、—NH₃⁺	氢键结合
缩合类单宁	醇羟基：—OH	氢键结合	氨基和羧基：—NH₂ 和—COOH	氢键结合
	醚基：—O—	氢键结合	离解基团：—NH₃⁺和—COO⁻	离子键结合

1）氢键的证据

单宁不仅对蛋白质，而且对硅胶、纤维素、聚乙烯醇、聚酰胺、葡聚糖凝胶等多种物质发生不同程度的结合，并且结合能力具有相似性。这一性质常用于单宁的分离中（如吸附型的纸色谱、薄层色谱和柱色谱）。结合底物的普遍性表明反应是以一种普遍存在的键合方式进行的。硅胶、纤维素等分子中不存在可离解基团，单宁只能与其发生氢键结合，由此可以证实电价结合对于蛋白质-单宁反应来说不是必需的。

研究单宁对改性胶原的结合表明，胶原去氨基对植鞣革的收缩温度并无影响。将胶原中的碱性基全部封闭后，单宁仍能与胶原发生牢固的结合。将胶原羧基封闭后，胶原对单宁的吸附量大大增加，从而也证实了离子反应对于结合不是必需

的。并且离子结合同时要求单宁酚羟基的离解（高 pH）和蛋白质碱性残基的离解
（低 pH），这两种情况显然难以同时出现，因而限制了离子结合的概率。

　　利用连续流动动态渗析法可对低分子量单宁（如没食子酸、没食子酸甲酯、
儿茶素、二氢槲树皮素等）对可溶性胶原的结合能力进行研究[4]。尽管低分子量
单宁对蛋白质结合不强，但它们是单宁的基本单元和共生物，因此其结果对认识
单宁-蛋白质反应具有指导意义。其研究表明，低分子量单宁对胶原的结合具有高
吸附性和非选择性，结合能很小，这符合氢键结合。对单宁进行甲基化，封闭其
酚羟基，对蛋白质的结合能力随封闭程度增加而减弱。因此，单宁对蛋白质的结
合形式是以酚羟基与之形成氢键。简单酚也通过氢键与蛋白质反应，但与单宁相
反，不仅不能提高蛋白质的稳定性，而且使其收缩温度下降甚至胶化。其原因在
于，胶原本身所具有的物理稳定性，来自其分子结构中肽链间氢键，简单酚与胶
原间的氢键结合破坏了胶原纤维中本身的氢键结构，而单宁在破坏蛋白质间氢键
的同时，以多点氢键的方式与蛋白质生成更稳定的结合，并且在蛋白质间发生交
联，因此产生了与简单酚完全不同的作用。

　　2）键合基团

　　缩合类单宁和水解类单宁所鞣制的成革在物理化学性质上没有明显差异，表
明单宁主要是以其共有的酚羟基对胶原进行氢键结合的。分子中的其他活性基，
如羧基、醇羟基、醚氧基也可参与反应，但不是反应的主体。

　　采用平衡渗析和微热计量法对一系列简单酚与牛血清蛋白的结合研究表明
（表 6.10），间苯二酚对蛋白质的结合很弱，但当苯环上有 2 个或 2 个以上相邻的
酚羟基，如儿茶酚和连苯三酚时，两个邻位羟基的结合能力（K_1 和 K_2）大大增强，
两者同时与蛋白质分子结合的概率也增加。由此可以看出，在单宁与蛋白质的结
合中，邻苯二酚基是氢键的基本反应点，单个的酚羟基不显示强的结合性[35]。

表 6.10　简单酚对牛血清蛋白的结合参数[35]

简单酚	n_1	$K_1 /$ (kg/mol)	n_2	$K_2 /$ (kg/mol)
间苯二酚	10	9.2	—	—
儿茶酚	1	3.5×10^4	8	4.6×10^4
连苯三酚	6.6	1.0×10^4	58.0	4.3×10^4
没食子酸甲酯	4.3	1.5×10^4	6.3	4.8×10^4

　　对于蛋白质来说，肽键是氢键的主要结合基团。第一，肽键在分子中所占的
比例远远超过其他可反应的基团。第二，封闭胶原侧链碱性基和羧基，剩下的主
要为肽键，单宁仍能与胶原发生稳定的结合。第三，植鞣革在碱性溶液中不能与

铜盐产生缩二脲反应。缩二脲反应是专门鉴定蛋白质的定性试验。只要化合物中含有肽键，在溶液中加入极少量的硫酸铜即可产生紫红色的缩二脲。第四，植鞣革的耐蛋白酶能力较裸皮显著提高（表 6.11），一方面是因为单宁在蛋白质分子间产生交联，另一方面是因为单宁分子与肽键结合，而后者是蛋白酶的水解部位。第五，脲甲醛缩合物（$+NH \cdot CO \cdot NH \cdot CH_2 \cdot NH +_n$）和聚酰胺纤维（$+CO \cdot NH +_n$）在含酚的水溶液中溶胀后，经单宁鞣制产生极稳定的结合。其分子骨架与蛋白质相似，均以多肽键相连而没有其他活性基团。从这几方面可以证实，肽键是蛋白质上氢键发生的主要基团。

表 6.11　胃蛋白酶对植鞣革和裸皮的作用[35]

样品	水溶液中皮质含量（以占干物质百分数计）/%	溶解量（以占皮质总量的百分数计）/%	
		0.5% HCl 溶液处理 3d	0.5% HCl 溶液加胃蛋白酶处理 3d
裸皮	80.7	—	79.1
植鞣革	48.3	1.7	12.4

　　单宁和蛋白质通过酚羟基与肽键的氢键结合被单宁与蛋白质多肽拟物聚酰胺的反应所证实，同时验证了氢键结合的方向性。聚乙烯吡咯烷酮（PVP）是很强的单宁沉淀剂，分子量约为 30000。更高分子量的不溶性的 PVP 与单宁的结合是定量的。结构中的反应基团其氮原子上不带氢，确证了在胶原分子与单宁的结合中，多肽链中的羰基氧是作为氢键受体而存在的。正因为羰基氧对酚羟基上氢的强烈吸引，使蛋白质对单宁的结合远比纤维素对单宁的结合牢固。Freudenberg 通过分离出稳定的酚与氨基酸氢键复合物，证实了氨基酸中氮原子上的氢是作为氢键中氢的供体，单宁酚羟基上的氧作为氢的受体。因此在一般的含氢的肽键与具有邻苯二酚型结构的单宁的键合中，另一氢键是由氮原子上的氢与酚羟基上的氧形成的，两个氢键具有协同性。

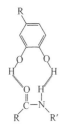

图 6.6　单宁-蛋白质间氢键示意图[37]

　　综上所述，单宁-蛋白质之间的主要结合方式是单宁以其邻位的酚羟基与蛋白质分子骨架的肽键以双点氢键进行键合（图 6.6），其中一个酚羟基氢原子作为氢供体，肽键中的羰基氧作为氢受体；肽键中氮原子上的氢作为氢供体，另一个酚羟基氧原子作为氢受体。从整体看，单宁以多点氢键在蛋白质分子间形成稳定结合。

　　3）氢键理论对结合反应的解释及其局限性

　　多点氢键理论使得大多数植物单宁-蛋白质反应现象得到合理的解释。由于单宁在蛋白质分子间以多点氢键的形式进行交联，因此单宁结合能力的大小、复合物的稳定程度都从根本上来自所形成氢键的多少。对于单宁，这一方面要求其分子中要有足够多的酚羟基，另一方面因氢键的方向性和饱和性（发生氢键结合的几个原子一般需在一条直线上），要求单宁有足够大的分子尺寸，并且分子构型有相当的可变性，以有利于酚羟基与蛋白质上的活性基团发生稳定的配位。这一要求同时也适用于蛋白质分子。分子结构松散、分子量大、结构可变性大的蛋白质可为酚羟基提供更多的稳定结合点。在反应体系中，凡是可以加强氢键的方法即可使结合加强，凡是减弱氢键的则使结合减弱。例如，溶剂对结合起很大的作用，氢键不能在含大量质子结合体溶剂中存在。单宁在质子给体溶剂（如水和冰醋酸）中才与蛋白质发生结合。当水中含有碱，使水溶液成为质子结合体，单宁酚羟基氢键减弱，与蛋白质的结合也减弱。而丙酮、酯等也是质子结合体，因此可使复合物解析。而乙醇虽然属于弱的质子给体型溶剂，但其与单宁间的氢键结合强于单宁-蛋白质间氢键，因此可使植鞣革脱鞣。氢键结合比离子作用缓和得多，因此结合反应也受到温度和时间的影响。

虽然多点氢键理论已经能较好地解释许多植物单宁-蛋白质结合现象，但在对这类反应进行研究的过程中，仍然有一些难以解释的问题，例如，①为什么富含脯氨酸和其他疏水性氨基酸的蛋白质对单宁有高度的亲和性？②为什么水溶性低的单宁与蛋白质的结合反而强？③为什么水解类单宁的相对涩性较同分子量的缩合类单宁高，但成革的稳定性又往往是后者高？④在胶原的三螺旋结构中，肽键主要位于螺旋体的内部，露在外表的主要是脯氨酰基的脂肪族部分，这样肽键与单宁形成氢键的机会就很少，为什么还可发生大量稳定结合？

这说明，多点键合的氢键理论并不是单宁-蛋白质结合机理的全部答案。

2. 疏水结合

疏水作用在本质上属于范德瓦耳斯力的一类，与氢键作用密切相关[11]。当化合物的极性基团间通过氢键和静电力聚集在一起时，同时发生疏水基团的排斥，使其发生聚集。图 6.7 表示出 A 和 B 两个疏水基团在水中相互结合后，从 A···B 间非极性面置换出来的水分子呈无序状态，使体系的熵增加，减少自由焓（$-T\Delta S$），使两个非极性区域间的接触稳定化。这种缔合即为疏水基团相互作用的结果，每个 $\diagup$CH$_2$···H$_2$C$\diagdown$ 结构单元的结合能约达 3kJ/mol。在蛋白质分子中，疏水侧链基团如脯氨酰基、苯丙氨酰基、亮氨酰基等较大的疏水基团，通常聚集在一起形成疏水区。疏水作用和氢键都是维持蛋白质构象的重要作用力。从 20 世纪 50 年代后，人们逐渐认识到疏水作用在单宁-蛋白质结合反应中起到的重要作用。到 1980 年，Oh 等明确地提出了单宁分子的芳环及蛋白质分子的脂族及芳族侧链等疏水部分能参加疏水结合，并认为疏水键也是单宁-蛋白质结合的主要形式[39]。经过多酚、蛋白质两方面的大量研究证实了这个观点的正确性。

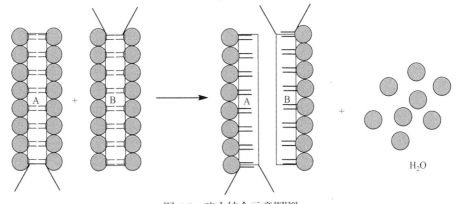

图 6.7　疏水结合示意图[39]

1）单宁的疏水性

亲水性和疏水性是一组相对的概念。植物单宁的酚羟基无疑是亲水性较强的基团，但将其与所连接的苯环作为整体考虑时，情况则大不一样。实验表明[40]，含 2、3、4 及 5 个棓酰基的 D-葡萄糖（DiGG、TriGG、TeGG 和 PGG），其水溶性随棓酰基数量的增加而下降（表 6.12）。

表 6.12　酸酯类单宁在水中的溶解度[40]

单宁	棓酰基个数	溶解度/（10^{-4}mol/L）
DiGG	2	40
TriGG	3	18
TeGG	4	12
PGG	5	10

进一步研究表明，在有机酸-有机酸盐溶液中，上述四种单宁的水溶性均提高，并且溶液中有机酸根浓度越大，单宁溶解度提高越多，呈现下列函数关系：

$$S = 10^{KC} \quad 或 \quad \lg S = KC$$

式中，S 为单宁的溶解度；C 为有机酸根浓度。

图 6.8 则是一个典型的实例，直线的斜率即为公式中的常数 K，它表征某一有机酸促进多酚溶解度提高的能力。采用不同的有机酸时获得的 K 值，见表 6.13。分析这些 K 值数据可以发现，对于可溶于水的有机酸，酸根中脂肪基团的碳原子数越多，使 PGG 溶解度增加的能力越强。这是由于酸根中的脂肪基团能与多酚

的疏水基团（棓酰基）以疏水键缔合，而同时羧基则与水相共溶，类似表面活性剂的作用，从而使单宁分子在水中的稳定性增强。脂肪基越大，与棓酰基的疏水结合越好，因而增加单宁溶解度的效应越明显。这实际上是对棓酰基疏水性及可发生疏水反应的进一步证实。

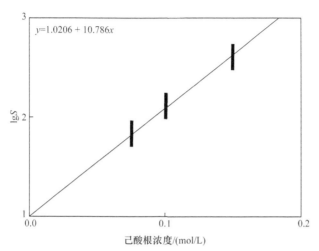

图 6.8　PGG 溶解度与己酸根浓度的关系[41]

表 6.13　酸根结构与 PGG 溶解度的关系[41]

酸根	脂肪碳原子数	斜率 K
甲酸根	0	0.408
乙酸根	1	1.097
丙酸根	2	1.944
己酸根	5	10.786
环己烷酸根	6	21.950

　　氨基酸对棓酸酯类单宁溶解性影响的实验更深入地证实了单宁中棓酰基的疏水性。并且由于氨基酸是多肽乃至蛋白质的基本组成单元，这些研究也可以使我们对单宁-蛋白质结合反应机理有进一步的认识。所选择的具有不同的氨基酸如甘氨酸、丙氨酸、缬氨酸、亮氨酸和脯氨酸进行实验后可以发现带脂肪基侧链的氨基酸对单宁溶解度的影响与有机酸相似，单宁溶解度与氨基酸浓度呈指数增长关系，结果见表 6.14。并且氨基酸中脂肪碳原子的数量越多，使多酚溶解度增加的能力越强（表现为斜率 K 值越大），结果见表 6.15。

表 6.14　氨基酸（AA）对 PGG 溶解度（S）的影响[41]

甘氨酸		丙氨酸		缬氨酸		脯氨酸		亮氨酸	
AA 浓度	S	AA 浓度	S	AA 浓度	S	AA 浓度	S	AA 浓度	S
0	10	0	10	0	10	0	10	0	10
0.1	12	0.1	14	0.03	11.5	0.025	11	0.01	10.8
0.25	17.5	0.25	21.5	0.06	13	0.05	12.8	0.02	11.8
0.5	30	0.35	30	0.1	15.7	0.075	14.5	0.03	12.8
						0.1	16		

表 6.15　氨基酸脂肪碳原子数对 PGG 溶解度的影响[41]

氨基酸	脂肪碳原子数	斜率 K
甘氨酸	1	0.95
丙氨酸	2	1.36
缬氨酸	4	2.00
脯氨酸	4	2.08
亮氨酸	5	3.62

通过单宁棓酰基数量与其水溶性的比较，以及带疏水性脂肪链有机酸、氨基酸对单宁水溶性的作用，表明单宁的棓酰基是一种疏水性基团，它使单宁能够很好地与蛋白质分子中的疏水位置发生疏水缔合。疏水键应该是棓酸酯类单宁-蛋白质反应的一种重要结合方式。黄烷醇类单宁含丰富的邻苯二酚和连苯三酚基团（黄烷醇 B 环），因此可认为它们可与蛋白质发生类似的疏水结合。

2）蛋白质侧链中的疏水基团

一般情况下，对单宁具有高亲和性的蛋白质分子中都含有较多的疏水性氨基酸残基。最常见的是富含脯氨酸的蛋白质，其中典型的包括胶原、唾液黏蛋白和酪蛋白。例如，在一条胶原肽链的 1052 个氨基酸残基中即有 20% 的脯氨酸和 5% 的羟脯氨酸，而在肽链螺旋区的 337 个—X—Y 三肽中，有 1/3 是甘—脯—Y 三肽，分布于整个螺旋区。在唾液黏蛋白中，脯氨酸残基含量可达 45%。

脯氨酸是一种结构比较特别的氨基酸，其侧链与肽键形成吡咯环，使蛋白质侧链显示了很强的疏水性，同时也限制了肽键的自由旋转，在形成多肽时只能形成顺式结构。由于氮原子上无氢，使多肽只能以氢键受体与多酚结合。这些特点为多酚以疏水键形式接近肽键提供了可行性。

PGG 以疏水形式对酪蛋白的选择沉淀能力从事实上证实了脯氨酸对结合反应的促进作用。酪蛋白是一类磷脂蛋白，可以分为 α_{s1}、α_{s2}、β、κ 四种，其中脯氨酸含量各不相同，使其分子显示出不同的疏水性（图 6.9），β 型的脯氨酸含量最高（16.8%），对 PGG 显示了最大沉淀值。κ 型（脯氨酸含量 11.8%）虽然比 α_{s1}（8.5%）高，但其分子中含有糖，因此沉淀量反而不如后者高（表 6.16）。

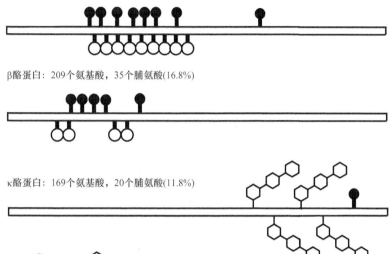

图 6.9　几种酪蛋白的结构示意图[41]

表 6.16　PGG 对各种酪蛋白的沉淀量[41]

酪蛋白	水溶液		0.012mol/L 氯化钙溶液		1.0mol/L 氯化钠溶液	
	最大沉淀量/%	红移/nm	最大沉淀量/%	红移/nm	最大沉淀量/%	红移/nm
α_{s1}	15	1.6	39	3.0	50	——
κ	13	2.5	16	3.5	24	3.0
β	18	2.7	91	4.2	90	4.0

　　在证实脯氨酸的疏水性促进了单宁-蛋白质结合的各种实验中，最具说服力的是运用高分辨核磁共振技术（^{1}H-MNR，600MHz）检测分析 PGG 对人工合成多肽的结合。合成的多肽为唾液黏蛋白肽链中反复出现的一段多肽，含 22 个氨基酸：

GPQQRPPQPGNQQGPPPQGGPQ

（P：脯氨酸；Q：谷氨酸；R：精氨酸；N：天门冬氨酸；G：甘氨酸）

　　当多肽与单宁 PGG 结合后，在 ^{1}H-NMR 谱图（图 6.10）上能观察到肽键氢原子的化学位移变化，其变化值越大，说明结合力越强。

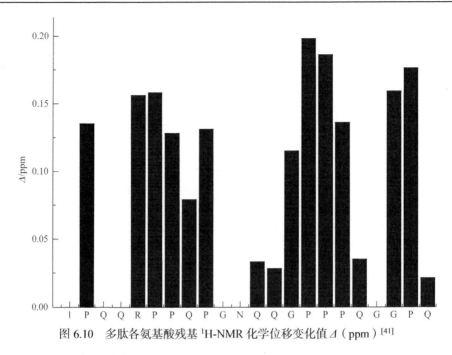

图 6.10　多肽各氨基酸残基 ^{1}H-NMR 化学位移变化值 $\varDelta$（ppm）[41]

3）疏水结合对结合反应的解释

疏水结合理论给单宁与蛋白质结合性和水溶性的相反关系提供了答案。氢键作用在质子给体溶剂中才能发生，这就要求单宁-蛋白质反应需在水体系中完成，单宁必须有适当水溶性，不溶于水的单宁（如红粉）不具有沉淀蛋白质的能力。但是单宁分子也必须要有一定程度的疏水性以便与蛋白质的疏水部位结合从而促进氢键的形成。甜栗鞣花素和栗木鞣花素在水中的溶解度相当大，但对蛋白质的收敛性却很低（相对涩性 RA 为 0.1）。PGG 与之相反，溶解性差但对蛋白质结合能力很强。这个矛盾也可从疏水性的角度得到解释。疏水理论也很好地解释了高脯氨酸的蛋白质对多酚具有高亲和性的原因。疏水键是单宁在胶原肽链间结合的重要方式，因为胶原肽链包含于螺旋体内，脯氨酰基的吡咯环露在外面。疏水结合也可为无机盐对结合反应的促进作用进行解释，无机盐通过促进分子间疏水基团的缔合而促进了多酚对蛋白质的结合。疏水结合同时也可从一方面解释水解类单宁和缩合类单宁对蛋白质结合能力的差异。棓酰基是水解单宁类多酚的疏水基团，而缩合类单宁的疏水性体现在其黄烷醇分子的整个骨架，两者疏水性的差异必然导致与蛋白质结合能力的差异。

3. 疏水键-氢键协同作用

在前人研究的基础上，Haslam 等在 1988 年提出了单宁-蛋白质反应的多点疏水键-氢键结合理论，并描述出反应的动态模型[42]，如图 6.11 所示。

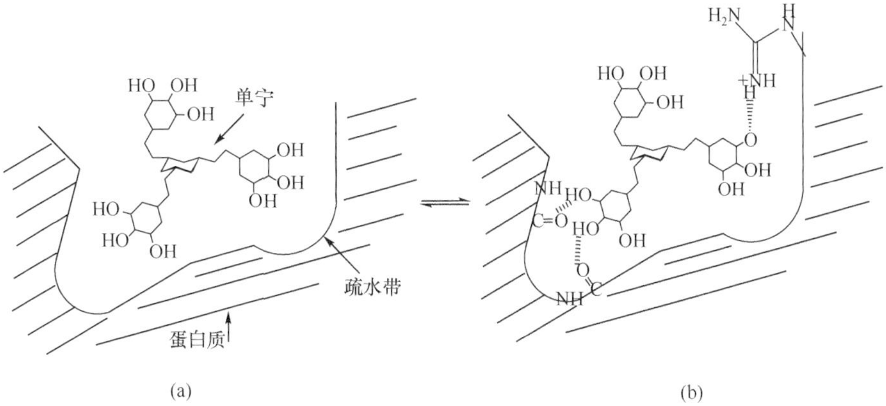

图 6.11　单宁-蛋白质反应机理[42]

　　单宁的酚羟基和苯环使其同时具有亲水性和疏水性。在蛋白质多肽中，所带芳环或脂肪侧链的氨基酸残基（如缬氨酸、亮氨酸、苯丙氨酸）特别是对蛋白质构型有影响的脯氨酸残基的比较集中的区域，常常因疏水作用而在水溶液中形成疏水区或称疏水带（脯氨酸将促进这种疏水带的形成）。

　　单宁-蛋白质结合反应是两者间多点疏水键和氢键共同作用的结果。单宁对蛋白质的结合主要发生在其表面，其过程可以分为两步：首先，含疏水基（如棓酰基）的单宁分子以疏水反应形式进入蛋白质的疏水带；然后，单宁的酚羟基与蛋白质的极性基（主要是肽键，此外还有巯基、羟基、羧基等）发生两点氢键结合，酚羟基作为氢键中的氢供体，肽键上的羰基氧作为氢受体，单宁的各酚羟基之间有协同性。疏水键和氢键的同时作用使单宁-蛋白质反应进一步加强。此后单宁以多点结合的方式在蛋白质分子间形成疏水层，使蛋白质分子聚集最终导致沉淀。单宁在这种结合形式中的有效性来自其合适的分子尺寸，以及可与蛋白质发生稳定的多点结合能力。在这种相互结合中，单宁分子起到多键配体的作用，而蛋白质分子与其对应称为多键受体。

　　单宁-蛋白质结合反应是分子识别机理的一个典型例子。分子识别反应受到配体和受体两方面组成、结构和构型等各因素的影响。分子识别有三种类型。"夹子-锯齿"模型基本上是静态的，要求受体和配体有高度吻合性。"锁-钥"模型与反应时间有关，但对反应物的要求也是需要精确吻合的。而单宁-蛋白质反应属于"手-手套"模型。这种类型同时具有热力学和动力学特点，要求匹配的配体和受体有可变形性，以有利于达到两者间稳定的多点结合，而这种结合往往显示明显的协同效应。事实证明了这种匹配模型对单宁-蛋白质反应的适用性。单宁-蛋白质反应对两个反应物都显示了分子结构选择性，但一般分子量大、反应基团多、分子构型可变性大者可达到稳定结合，这是反应的决定因素。与此同时，反应体系的分子比例、时间、温度、溶剂、酸碱性、离子浓度均作为动力学因素而影响着反应的进行。

6.1.5　植物单宁与蛋白质的不可逆结合

多数情况下,单宁-蛋白质结合是可逆的,但由于某些外界因素的影响,如氧、金属离子和酸,使接近的两个分子可能产生共价键连接,形成不可逆结合[10]。

在酶、高价态金属离子或碱性溶液中,单宁易被氧化,形成非常活泼的邻醌。多聚原花色素在酸的催化下,黄烷间连接键断裂形成正碳离子。邻醌和正碳离子都是高亲电中心,很容易与蛋白质分子中亲核基团(—NH₂、—SH)形成共价键结合。其反应机理可用图6.12示意。这种不可逆结合广泛存在于自然界,例如,

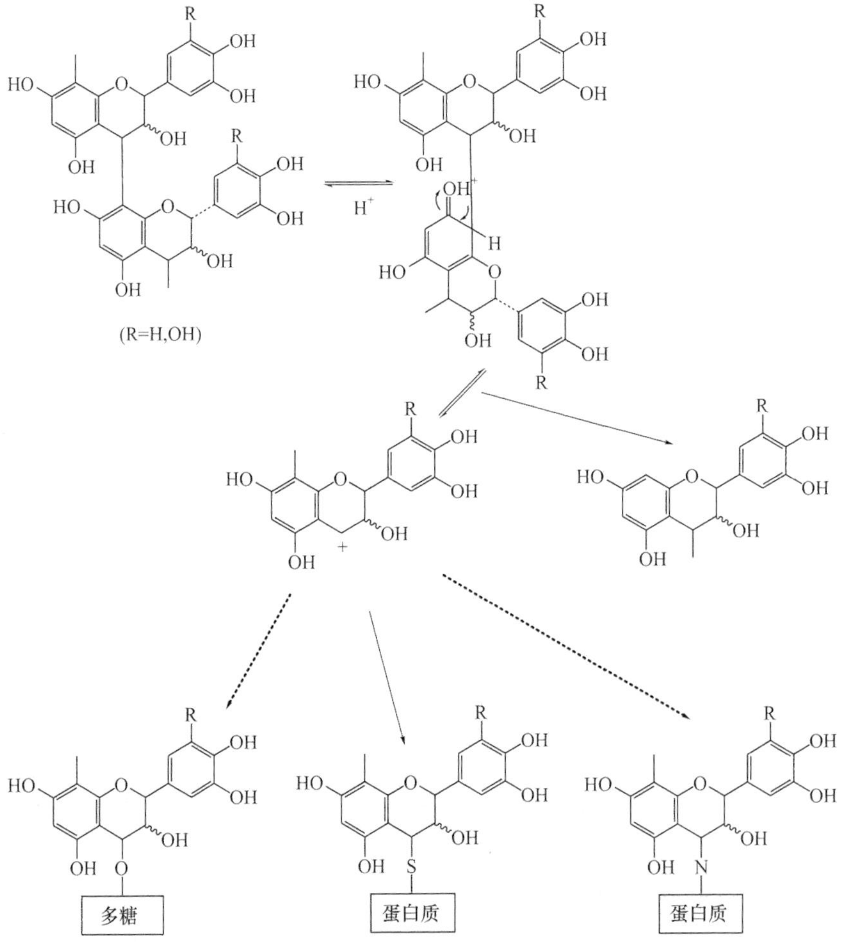

图6.12　植物单宁-蛋白质共价键合示意图[10]

①水果和水果汁、茶叶和可可加工过程中的酶褐变和非酶褐变；②啤酒中永久浑浊的形成；③红葡萄酒陈放过程中色泽和涩味的变化；④有机体在土壤中形成植酸的过程；⑤植物组织作为自我保护抵御外来侵袭而产生的坏死。

6.2　植物单宁与生物碱、多糖、花色苷及其他生物大分子的复合反应

与单宁-蛋白质结合类似，单宁还可与生物碱、花色苷以及多糖、磷脂、核酸等多种天然化合物发生复合。这些反应都属于分子识别的结合机制，要求单宁和各种底物（蛋白质、生物碱、多糖、花色苷）在结构上互相适应和互相吻合，通过氢键-疏水键形成复合产物，多数情况下，这种复合反应是可逆的。

6.2.1　植物单宁与生物碱的复合反应

单宁可以与多种生物碱，如咖啡因（caffeine）、小檗碱（黄连素）、罂粟碱和马钱子碱等生成沉淀。与生物碱的沉淀反应也是一种单宁定性的方法。这种反应与单宁-蛋白质结合非常相似，都是可逆的。生物碱可有效地同蛋白质竞争对单宁的结合。用生物碱可以解析很多种蛋白质-多酚沉淀结合物，使蛋白质在保持活性的条件下再生。Okuda 等对比了大量单宁对血红蛋白和对甲基蓝的沉淀能力（RAG 值和 RMBG 值），证实了两组数据之间紧密的相关性（参见 6.1.1 小节）。这表明两类反应机理是类似的，生物碱-单宁的结合反应也属于氢键-疏水键共同作用下的分子复合反应。

在各种嘌呤和嘧啶杂环化合物中，咖啡因对单宁的结合是最强的。其化学结构（图 6.13）具有与肽键类似的骨架，因而常被作为蛋白质拟物。由于咖啡因结构的特殊性，在生物碱-单宁的研究中一般用它作为研究模型。

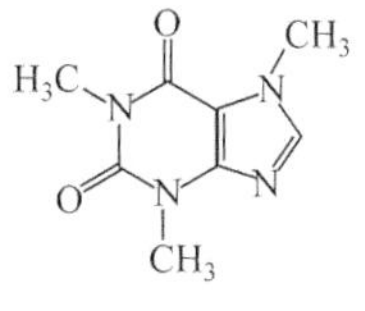

图 6.13　咖啡因的化学结构

1. 氢键-疏水键结合方式的确定

对多单宁-咖啡因结合物晶体的 X 射线衍射谱图的分析结果肯定了氢键和疏水键在结合中的重要性[10]。当有金属离子参与时，离子周围的偶合作用也可作为一种基本的分子力。单宁-咖啡因结合物通常具有层状晶体的结构[图 6.14（a）]。咖啡因分子与单宁分别在基本平行的层中交替出现，层间的间隔为 3.3～3.4Å。当

单宁为没食子酸甲酯时，同一平面中的酚羟基与咖啡因分子中的两个氨基酮和碱性的 9 位氮以强烈的氢键结合[图 6.14（b）]，这种结合进一步加强了层状堆积结构。

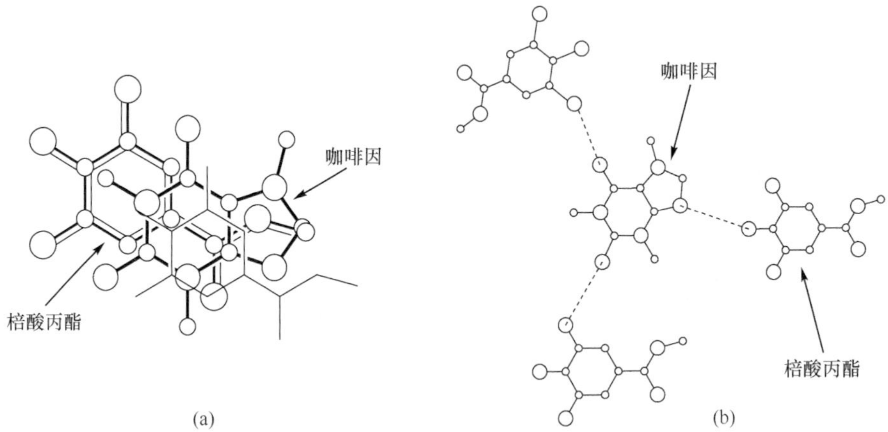

(a)

(b)

图 6.14　栲酸丙酯-咖啡因复合晶体结构[10]

（a）立体层状结构；（b）平面结构

晶格层中极性的咖啡因和单宁具有一定的相对取向，一个分子的极性基团与另一分子的可极性化基团之间的电荷转移结合和一般弱键结合都可称为"极化结合"。对于这种弱作用非共价结合，可以认为是一种反应物的可极化基团与另一反应物的可极化区域相接触的结果。对于生物碱，其分子中都含极性键和正电性原子（位于 N 上但可在整个环上离域），如图 6.15 所示。因此，在各种单宁-咖啡因的结合反应中，极化的咖啡因与极化的单宁以极性互补的方式复合，酚环和酚羟基通常层叠在咖啡因分子的六元环上。

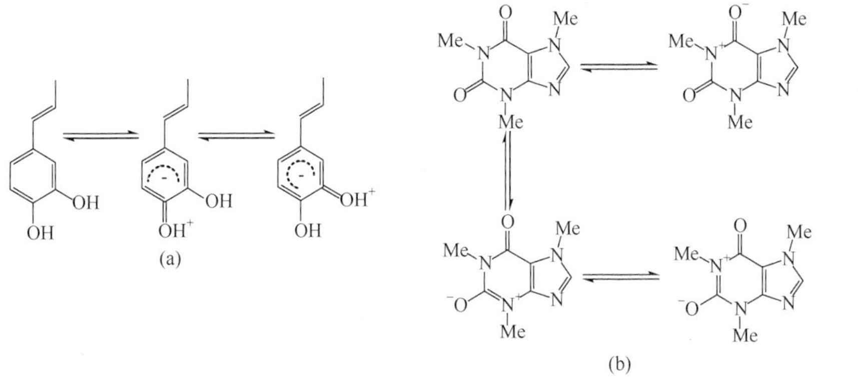

(a)

(b)

图 6.15　单宁和咖啡因分子的极化示意图[10]

（a）单宁的极化；（b）咖啡因的极化

2. 单宁-生物碱的复合模式

单宁-生物碱复合反应与单宁-蛋白质反应类似，复合物的状态也是两个反应物的分子比和单宁结构所决定的。当单宁的量固定时，过量的咖啡因可使沉淀复合物溶解。对 PGG 和 TriGG 与咖啡因结合的计量研究表明后者在发生沉淀时所形成的咖啡因-单宁比例比前者高[42-44]。

利用核磁共振氢谱可对单宁分子在溶液中对咖啡因的亲和部位和能力进行研究，并能计算出结合反应的平衡常数。咖啡因氢谱中有 4 个单峰，3 个属于甲基，1 个属于 C8 位上的氢。当单宁、咖啡因发生结合时，单宁芳环质子和咖啡因分子中 3 个甲基以及单个质子发生去屏蔽而导致相关的氢信号向高场移动。可根据Benesi-Hildebrand 方程得到下列等式：

$$\frac{1}{\Delta} = \frac{1}{K \cdot \Delta_0^{AP}} \cdot \frac{2}{[P_0]} + \frac{1}{\Delta_0^{AP}}$$

式中，$[P_0]$ 为单宁的浓度；Δ 为单宁在浓度为 P_0 时咖啡因 C8 位上 H 的化学位移改变值；K 为结合反应平衡常数；Δ_0^{AP} 为结合前和完全结合时咖啡因 C8 位上 H 的化学位移改变值。

以这种方法得到从棓酸甲酯到 PGG 一系列的棓酸酯类单宁对咖啡因的结合常数，如图 6.16 所示。

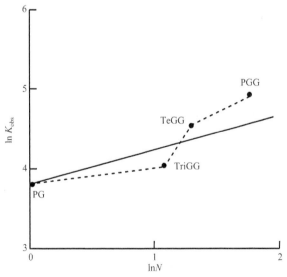

图 6.16　单宁的棓酰基数与结合常数的关系[43]

图 6.16 中为 $\ln K_{obs}$ 和 $\ln N$ 的关系。N 为单宁棓酰基的数目，而 K_{obs} 为咖啡因在 25℃ 的重水中对单宁形成 1∶1 复合物的结合常数。如果每种单宁中的棓酰基

单独与咖啡因结合并且结合能力相同，那么 $\ln K_{obs}$ 就应对 $\ln N$ 呈线性关系（理想的结合模型）。对于 TriGG 的情况比较接近，但对于 PGG 和 TeGG，结合偏离了独立结合模型，结合程度比设想的要大得多，表明邻近的酚羟基在键合咖啡因分子时发生了协同效应。从而建立起咖啡因与单宁产生沉淀的结合模式（图 6.17）。这个模式与蛋白质-单宁模式有许多相似之处，不同之处在于前者中是咖啡因在单宁之间交联，而后者是单宁在蛋白质之间交联。

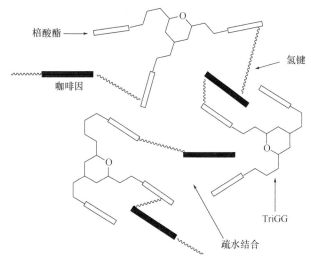

图 6.17　植物单宁（以棓酸酯为例）-咖啡因在水溶液中的复合模式[43, 44]

3. 分子结构对结合反应的影响

利用 ^{1}H-NMR 和 ^{13}C-NMR 对咖啡因-单宁在溶液状态复合中所得的反应平衡常数 K 进行分析后表明单宁-咖啡因也是一个分子识别反应[27, 45]。

对一系列葡萄糖棓酸酯的结合研究表明，在单宁分子中存在对咖啡因具有亲和性的位置。对于棓酸酯来说，棓酰基是亲和性基团，K 值随着分子量的增大（棓酰基数目的增多）而增大。黄烷醇类单宁的间苯三酚 A 环最易与咖啡因结合，而在 4 位被取代生成原花青定 B-2 和原花青定 B-3 时，结合能力减弱；但在 3 位的棓酰化（如儿茶素棓酸酯和表棓儿茶素棓酸酯）则增强其对咖啡因的结合能力，并且只在棓酸酯基上结合（图 6.18）。

分子构型的可变性也影响着结合程度。最明显的是在鞣花单宁中，当两个棓酰基连接成 HHDP 时，因为空间位阻，咖啡因分子不易接近酚羟基和非极性的芳环，结合性急剧下降，因而不能在单宁上重叠形成有效的堆积作用。从表 6.17 中可以看出，分子量相近的 PGG、丁香宁、Davidiin、木麻黄宁，由于分子构型逐渐僵硬，对咖啡因的结合逐渐减弱。聚原花色素类单宁的结合能力一般也较棓酸酯类低。

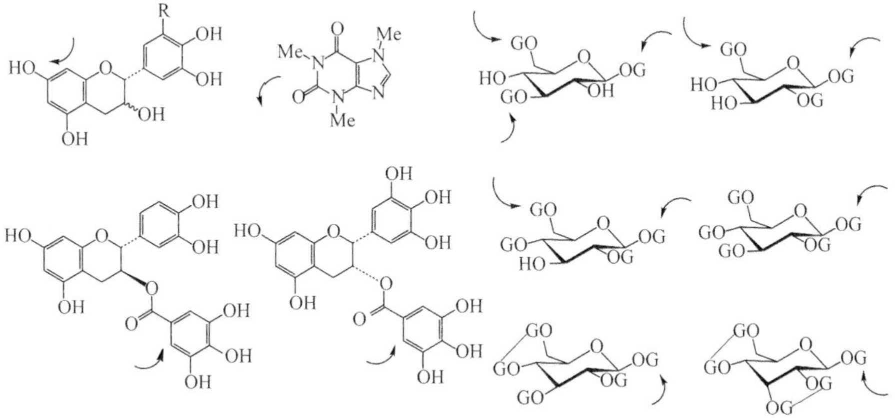

图 6.18　单宁分子中对咖啡因高亲和部位（箭头所示）[43-45]

表 6.17　咖啡因和单宁在形成 1∶1 复合物时的平衡常数 K[43-45]　　（单位：L/mol）

单宁	分子量	K（45℃）	K（60℃）
(−)-表儿茶素	290	34.5	—
(−)-表棓儿茶素	306	35.6	—
(−)-表棓儿茶素棓酸酯	458	52.8	35.1
(+)-儿茶素	290	26.1	—
(+)-儿茶素棓酸酯	442	38.2	26.8
原花青定 B-2	578	26.1	—
原花青定 B-3	578	22.3	—
PGG	940	—	81.6
TeGG	788	—	53.4
TriGG	636	—	37.1
丁香宁	938	—	61.9
Davidiin	938	—	24.7
木麻黄宁	936	—	19.9
玫瑰素 D	1874	—	138.0
地榆素 H-6	1870	—	63.0

6.2.2　植物单宁与多糖的复合反应

　　已知精确结构和分子量的水溶性多糖的缺乏,长期以来阻碍了单宁-多糖复合反应的定量研究。但是通过观察得出:单宁、多糖之间的复合反应也是分子复合反应的一种,虽然机理不完全清楚,但疏水键和氢键无疑在结合方式中起到重要作用。对多糖复合的研究是从糊精开始的,具有芳环的化合物对糊精具有亲和性。开链线型的 1-α-6-糊精与单宁的结合非常弱,但是环糊精等多糖,疏水性的孔穴或螺旋结构使其具备与单宁强烈复合并使之沉淀的能力。本节重点介绍环糊精与单宁-多糖的复合反应机理[12]。

　　1. 分子结构对复合反应的影响

　　环糊精是由六、七、八或更多个椅型葡萄糖经 α-1,4 键连接起来形成的环形低聚糖。中间的孔穴从纵面看略微倾斜成 V 字形,而葡萄糖 C2 和 C3 位羟基指向环平面的上端,C6 位上的羟基指向下端。环的中间是糖苷的氧原子和两段 C—H 基,因此,孔穴内具有相当的疏水性[3],如图 6.19 所示。

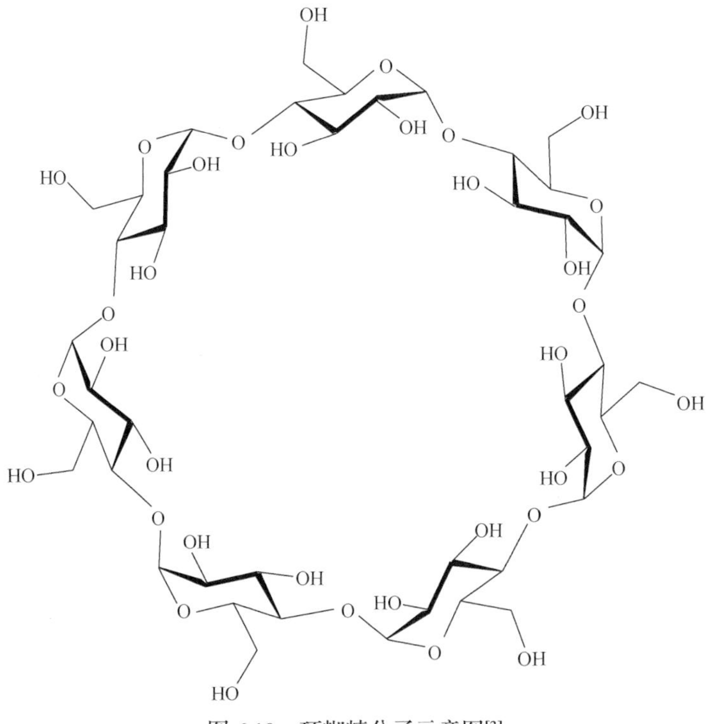

图 6.19　环糊精分子示意图[3]

　　这种环状结构使环糊精具有一个重要特性:当客体化合物分子进入孔穴时,

可将其包络形成复合物。芳族化合物对糊精的亲和性已被人们所了解，很明显的原因在于苯环或整个分子进入糊精的孔穴中。^{1}H-NMR 和 ^{13}C-NMR 分析表明，当单宁与 β 环糊精结合时，酚羟基一端垂直进入孔穴，如图 6.20 所示[41]。

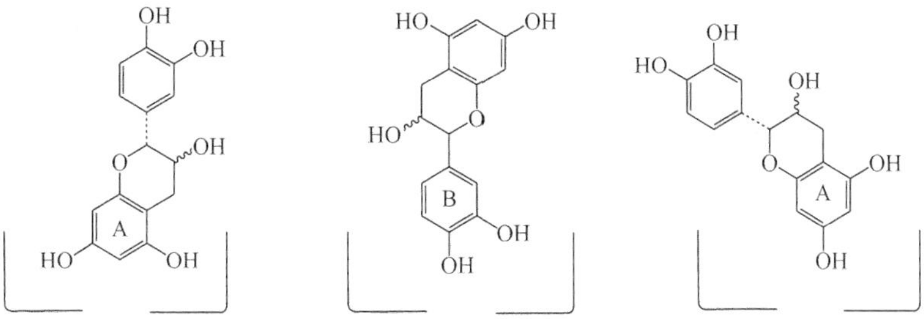

图 6.20　单宁进入环糊精可能的几种方式[41]

　　结合的程度也同样受单宁水溶性、分子尺寸、构型的可变性等因素影响。当两个棓酰基脱氢形成 HHDP 时，单宁的构型僵化，使其对多糖的结合力急剧下降，下降程度比单宁-蛋白质反应时明显得多。

　　值得注意的是，黄烷醇类单宁在多糖结合中所表现的结合能力比棓酸酯类要大，这一现象在单宁-蛋白质反应、单宁-生物碱反应中是相反的。并且结合性取决于黄烷醇 C3 位处羟基的立体构型。3S(+)-儿茶素的结合能力远远大于 3R(−)-表儿茶素。若 B 环发生羟基取代，结合性大大减小，如(+)-儿茶素的结合常数为 2908，(+)-棓儿茶素为 948。但黄烷醇 C3 位羟基上的棓酰化会增强结合性，儿茶素-3-棓酸酯的结合常数为 6232，是儿茶素的两倍。而黄烷 C4 位上的取代，如原花青定 B-2 和原花青定 B-3，降低了结合能力，见表 6.18。

表 6.18　单宁-环糊精结合常数 K [41]

单宁	β-环糊精	α-环糊精
黄烷-3-醇（45℃测定）		
(+)-儿茶素	2908	—
(+)-儿茶素-3-棓酸酯	6232	—
(+)-棓儿茶素	948	—
(−)-表儿茶素	464	—
(−)-表棓儿茶素	208	—
(−)-表棓儿茶素棓酸酯	1889	—
原花青定 B-2	101	—
原花青定 B-3	63	—

续表

单宁	β-环糊精	α-环糊精
棓酸酯（45℃测定或25℃测定）		
p-羟基苯甲酸	652[a]	472[b]
3,4-二羟基苯甲酸	459[a]	702[b]
棓酸	114[b]	215[b]
棓酸甲酯	147[b]	—
间苯二酚	117[b]	—
间苯三酚	110[b]	—
PGG	340（60℃）	—

a. 45℃测定；b. 25℃测定。

单宁-环糊精复合反应证实了单宁对带有孔穴或缝隙结构的多糖的亲和性。"锁-钥"的分子识别模式比较适用于环糊精，它的孔穴尺寸对单宁的立体构型和结构要求比较严格，而对于多糖，结合表现出更多的动态特征，结合程度取决于单宁与多糖的吻合性。比较 PGG 对几种生物碱、短肽和 β-环糊精的结合常数 K，可以看出单宁对环糊精的结合比较强，如图 6.21 所示。

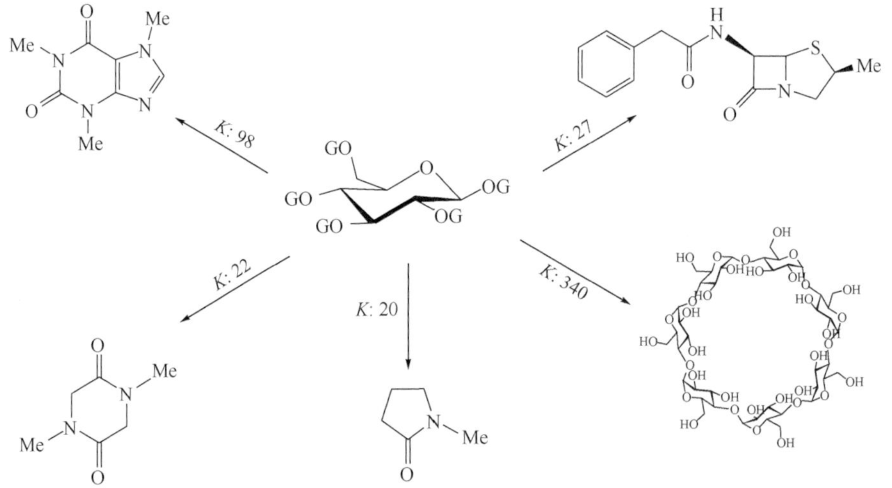

图 6.21　单宁对生物碱和环糊精结合稳定性的比较[41]

2. 多糖对单宁-蛋白质反应的调节

多糖，特别是带有疏水腔二级结构的多糖可以有效地调整蛋白质对单宁的结合反应。在单宁-蛋白质反应一节中可以看到，κ 型酪蛋白虽然较 $α_{s1}$ 型酪蛋白脯氨酸含量高，但因前者分子中含有糖，单宁对其的最大沉淀量反而少。多糖是单宁-蛋白质沉淀反应有效的抑制剂。

对咖啡因（蛋白质拟物）-β-环糊精-单宁三元体系进行研究时通过定量测定 H 在蛋白质和多糖共存体系中的复合行为，证实了以上观点。

多糖对单宁-蛋白质沉淀的减少有不同的解释。糖增加了介质黏度也许是一种原因，但是更直接的原因在于多糖通过对单宁的结合，使单宁-蛋白质三维网状结构松弛甚至散开，或者形成多糖-单宁-蛋白质三元复合物，单宁作为桥键连接多糖和蛋白质，这种结构更亲水从而不易发生沉淀，如图 6.22 所示。

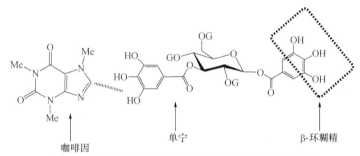

图 6.22 咖啡因-单宁-β-环糊精三元复合物示意图[41]

6.2.3 植物单宁与花色苷的复合反应

天然色素花色苷是花瓣具有鲜艳颜色的原因，它是含糖基的黄烷醇的黄𨫡盐，通常只有在强酸性介质中才能保持稳定。但是花瓣细胞在正常情况下只显弱酸性，如果只有花色苷，花瓣不可能形成稳定的颜色，实际上单宁是与花色苷共存的。单宁通过与花色苷形成分子复合物，使花色苷稳定性提高，这种复合作用使花色苷对光的吸收在可见光区显示了明显红移，吸光系数也增大。这就是单宁的辅色作用[46]。

在花色苷黄𨫡盐溶液中加入单宁，即可观察到花色苷在可见光区最大波长的移动（$\lambda-\lambda_0$）和吸光度的增大（$A-A_0$）/A_0（表 6.19），表明复合反应的发生。

表 6.19 多酚对花色苷（黄𨫡盐）的辅色作用[46]

单宁	$[(A-A_0)/A_0]\times 100\%$	$(\lambda-\lambda_0)$/nm
(-)-表儿茶素	18	0.8
(-)-表棓儿茶素	21	1.6
(-)-表棓儿茶素棓酸酯	44	2.3
原花青定 B-2	15	—
原花青定 C-1	9	—
高粱缩合类单宁	14	—

续表

单宁	[（$A-A_0$）/A_0] × 100%	（$\lambda-\lambda_0$）/nm
槲树皮素	173	18.9
棓酸甲酯	18	2.4
TriGG	50	3.2
TeGG	60	4.8
PGG	121	12.0
PGG-MgCl$_2$（0.25mol/L）	488	12.0
木麻黄宁	115	0.5
地榆素 H-6	—	0.8

单宁-花色苷反应也是一种分子识别的复合反应。单宁分子构型可变性大者、分子量大者、带棓酰基多者，通常对花色苷的结合能力强。当向体系中加入明胶，可以观察到辅色反应立即消失，这表明单宁转而参与了蛋白质的结合。当体系中有盐存在，如 MgCl$_2$（0.25mol/L）可以促进单宁-花色苷复合反应。在单宁-花色苷反应模式中，两者的复合是通过氢键和疏水键的共同作用，与单宁-咖啡因、单宁-蛋白质反应非常相似。

6.2.4　植物单宁与其他生物大分子的复合反应

植物单宁与蛋白质、生物碱、多糖、花色苷等多种天然产物的复合反应都是分子识别的特例。对这些反应的深入研究，不仅澄清了分子复合的机理，而且揭示了植物单宁在生物学中的地位和价值，为单宁的更广泛利用提供了理论指导。

除此之外，单宁与脂质和核酸也可发生类似的复合[47]，见表 6.20。在这些复合反应中，对单宁具有亲和性的底物都有较大的分子量。对于蛋白质和脂质，所表现出的亲和性也与其酸碱性有关，中性或碱性分子的复合趋势较酸性分子高。

表 6.20　PGG 对不同底物的结合性[47]

底物	分子量	PBD$_{50}$/（μg/mL）
蛋白质		
胃蛋白酶	34×10^3	800
血红蛋白	65×10^3	40
肌红蛋白	17×10^3	70
γ-球蛋白	170×10^3	110
细胞色素 C	12×10^3	270

续表

底物	分子量	$PBD_{50}/(\mu g/mL)$
氨基酸及其聚合物		
L-精氨酸	0.18×10^3	>1000（10%）
L-赖氨酸	0.15×10^3	>1000（13%）
甘氨酸	0.08×10^3	>1000（9%）
聚 L-赖氨酸	21×10^3	350
聚 L-天冬氨酸	36×10^3	>1000（10%）
脂质		
L-α-卵磷脂	0.83×10^3	30
L-α-脑磷脂	0.79×10^3	69
神经磷脂	0.75×10^3	67
胆固醇	0.39×10^3	>1000（10%）
神经节苷脂	1.7×10^3	>1000（18%）
核酸		
DNA	1×10^7	350
RNA	1×10^5	340
糖		
葡萄糖	0.18×10^3	>1000（8%）
麦芽糖	0.50×10^3	>1000（20%）
糖原	3×10^5	910
纤维素	4×10^5	>1000（1%）
淀粉	1×10^5	260

注：PBD_{50} 为使 PGG 发生 50%沉淀的底物浓度；括号中的数值表示 1000μg/mL 底物结合的 PGG 百分数。

　　蛋白质、磷脂、多糖是细胞膜的主要成分，因此可以推断单宁可以通过其对细胞膜的亲和力而与细胞发生结合，事实也确实如此。PGG 可以对培植的人羊水细胞（FL 细胞）发生牢固的结合，但结合在蛋白质 BSA 或脂质卵磷脂存在时受到抑制。

6.3　植物单宁对酶的作用

植物单宁对生物大分子如蛋白质、多糖的结合特性以及与金属离子的络合特性等化学性质使其具有多种生物活性，而这些生物活性最本质的方面体现在单宁对酶的抑制作用上。

单宁是多种酶促反应有效的抑制剂，对各种酶均具有普遍的抑制作用。由于这方面最初的研究工作主要涉及营养学领域，人们对果胶酶、淀粉酶等消化酶（胞外酶）研究比较多，随着单宁生理活性、生物活性研究的深入，单宁对蛋白激酶、ACE 酶、RNA 反转录酶等更多种有关病理、信号转导、代谢调节的酶的作用引起了生态、生理和药学、食品领域极大的关注[48]。

6.3.1　抑制作用类型及机理

单宁对酶促反应的抑制作用可能是几方面因素共同作用的结果：首先，作为生物催化剂的酶，其化学本质是蛋白质，与一般的蛋白质（如牛血清蛋白和明胶）一样，酶也可以与单宁结合生成可溶或不可溶的结合物。结合物较酶的构型有所改变，酶的催化活性降低或丧失；其次，对于以蛋白质、多糖等生物大分子为底物的酶促反应，单宁也可同时与底物结合，剥夺蛋白酶、果胶酶的催化反应底物，或生成对酶反应活性降低的底物；此外，金属离子如 Mg^{2+}、Zn^{2+}、Mn^{2+} 对某些酶起到激活作用，有的还作为酶的辅基构成酶催化活性部位，单宁对这些金属离子的络合也可对酶产生抑制作用。一般认为，单宁对酶的抑制作用主要是由于单宁对蛋白质的结合性[49]。

1. 选择性抑制

由于从分子水平上研究单宁-蛋白质反应有一定难度，人们曾经认为单宁对酶的选择不具有专一性。随着认识的深入，这个观点被证实是错误的。虽然单宁对多种酶普遍具有抑制作用，但是对于一种单宁或一种酶，抑制是有选择性的。单宁-蛋白质结合反应本身是一种分子识别反应，两种反应物之间互相具有选择性。由于分子构型对酶蛋白更为重要，那么不难理解单宁对酶的抑制也具有选择性。

对数种传统草药中所含单宁对 ACE 酶在过量蛋白质 BSA 存在条件下，以短肽 Bz-Gly-His-Leu 为底物的抑制研究结果证实了这个观点，结果见表 6.21。单宁加入 BSA（25μg/mL）和 ACE 酶（0.3μg/mL）混合物中，再加入底物开始反应。除了麻黄 I，其他数种单宁均不受 BSA 的影响，即使在体系中有大量 BSA 存在时，这几种单宁也只选择与酶的结合[50]。

表 6.21　单宁对 ACE 等酶的抑制能力[50]

单宁 （20μg/mL）	酶活性/%						
	ACE	CA	CB	LAP	TRY	CHYM	KL
空白	100	100	100	100	100	100	100
儿茶单宁	3	131	63	32	94	60	97
肉桂单宁	22	200	52	60	90	47	93
麻黄 I 单宁	2	210	66	10	40	47	88
麻黄 II 单宁	2	127	61	13	42	37	88
淫羊藿单宁	2	170	41	32	85	98	95
丹皮单宁	15	82	61	40	40	74	96
虎杖单宁	2	145	55	12	23	58	93
委陵菜单宁	8	135	61	61	88	100	100
大黄单宁	2	127	48	18	25	65	95
单宁酸	23	77	54	70	61	88	93

注：ACE：血管紧张素转化酶；CA：羧肽酶 A；CB：羧肽酶 B；LAP：亮氨酸氨肽酶；TRY：胰蛋白酶；CHYM：胰凝乳蛋白酶；KL：激肽释放酶。

不同单宁对不同酶的抑制也表现出选择性，表 6.21 列举了在相同条件下 10 种传统草药中所含单宁对 ACE 等 7 种酶的抑制能力。表现为 4 种情况：①抑制作用不显著，如多数单宁对激态释放酶 KL 的抑制；②抑制作用显著，如多数单宁对羧肽酶 B、亮氨酸氨肽酶 LAP、胰蛋白酶 TRY 和胰凝乳蛋白酶 CHYM 的抑制；③抑制作用强烈，如对 ACE 酶的抑制；④对酶产生激活作用，如除丹皮单宁和单宁酸外，其他单宁对羧肽酶 A 的作用。这表明，每种单宁对每种酶的作用都是不同的，这几种单宁对 ACE 酶的选择性最高。单宁对羧肽酶 A 的激活作用可能在于单宁的结合使酶的活性中心暴露更有利于催化反应的进行。这是单宁对酶作用的另一个方面，据文献记载，除了上述羧肽酶 A 外，大黄单宁对谷氨酰胺合成酶也有激活作用[51, 52]。

ACE 酶和羧肽酶 B、LAP 酶都含有 Zn^{2+}，当在体系中加入过量的锌离子，可以看到几乎不影响单宁对羧肽酶 B 的抑制，但对 LAP 影响却很大，单宁对 LAP 的抑制明显降低。而单宁酸对这三种酶所产生的抑制作用，全被锌盐的加入所减弱，见表 6.22。因此可以推论：即使同属一类金属酶，不同单宁的抑制机理也不一样。单宁酸对这几种酶的抑制以及多数单宁对 LAP 的抑制与金属络合密切相关，而某些单宁对 ACE 酶和羧肽酶 B 的抑制与络合无关[53]。

表 6.22　ZnCl₂ 对单宁抑制酶活性的影响[51, 52]

单宁 (20μg/mL)	加入 ZnCl₂（500μmol/L）的酶活性/%		
	ACE	CB	LAP
空白	100（100）	100（100）	100（100）
儿茶单宁	3（3）	58（63）	58（32）
肉桂单宁	22（22）	55（52）	76（60）
麻黄 I 单宁	20（2）	65（66）	69（10）
麻黄 II 单宁	5（2）	54（61）	53（13）
淫羊藿单宁	13（2）	64（41）	65＜（32）
丹皮单宁	14（15）	57（61）	82（40）
虎杖单宁	19（2）	51（55）	63（12）
委陵菜单宁	9（8）	60（61）	77（61）
大黄单宁	21（2）	52（48）	76（18）
单宁酸	86（23）	88（54）	98（70）

注：括号中的数值表示未加入锌离子前的酶活性；ACE：血管紧张素转化酶；CB：羧肽酶 B；LAP：亮氨酸氨肽酶。

2. 非竞争性抑制

单宁对酶的作用在多数情况下都属于非竞争性的抑制类型。前面讨论的多种单宁对于 ACE 酶的抑制均显示为非竞争性。

对于 β-糖苷酶的详细研究可作为一个很好的例子，其作用底物可以采用小分子的糖苷，避免了大分子底物对单宁的结合而对酶的反应产生干扰。当酶、底物、单宁不经过预平衡直接混合时，反应明显显示非竞争性的动力学特征。可以设想，单宁（I）、底物（S）同时与酶（E）发生结合，生成没有催化活性的 EIS 三元复合物。酶的米氏常数 K_m 不受影响，最大反应速率 V_{max} 减小。根据 Lineweaver-Burk 图（图 6.23），可以求出单宁对酶的结合常数 K_i，其值越大反映了单宁对酶蛋白的结合越强，这已成为单宁结合能力测定中酶抑制法的原理[10]。

非竞争性抑制的特征表明，虽然单宁对酶的抑制显示出高度的专一性，但抑制机理不主要因为单宁对酶活性部位的结合，因为后者将导致竞争性抑制；单宁对酶的抑制主要是因为单宁在酶表面形成多点交联，一定程度上改变或控制了酶的空间结构，使之不能发生催化反应所必需的构象变化，致使酶活性中心的催化能力降低，可参见图 6.24。

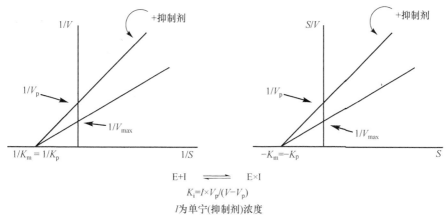

$$E+I \rightleftharpoons E \times I$$

$$K_i = I \times V_p/(V-V_p)$$

I为单宁(抑制剂)浓度

图 6.23　非竞争抑制的 Lineweaver-Burk 图[10]

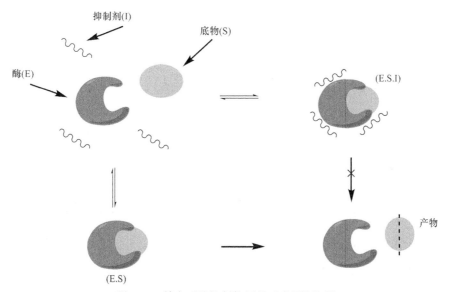

图 6.24　单宁对酶抑制作用的示意图[4, 10, 41]

　　但抑制类型可以被一定条件所改变。当单宁、酶、底物三者不经预平衡直接反应时基本体系为非竞争性。但酶和单宁经过预平衡再加入底物时，可以观察到抑制表现为竞争性-非竞争性混合型的动力学特征。这可能是因为，单宁对酶活性部位的结合与酶表面的结合相比是一个较为缓慢的动态过程。经过预平衡，单宁可以部分进入酶蛋白分子与其活性部位进行结合，从而直接与底物参与对酶活性部位的竞争，导致了混合型抑制类型的产生。抑制类型也可被体系环境改变。从一种药用植物 *Phyllanthus amarus* 中提取的几种鞣花单宁，是迄今在植物界中找到的对蛋白激酶最有效最专一的抑制剂。当以人工合成多肽为底物时，抑制类型为非竞争性，但在体系中加入 ATP 时，随其浓度的加大（至 0.2μmol/L），逐渐体现为竞争性的特征[54, 55]。

3. 单宁结构对抑制作用的影响

虽然单宁对酶的抑制均具有选择性的非竞争特征，但是对于特定单宁-酶而言还是有差异，并表现出一定的规律。单宁对酶的抑制主要来源于单宁对酶蛋白的结合，因而具有普遍意义的单宁-蛋白质结合影响因素也作用于单宁对酶的抑制。单宁的分子量或桶酰基的个数是抑制能力的决定因素。单宁的酶抑制能力远远超过低分子多酚和简单酚，后者虽然也具有一定的抑制能力，但往往太弱而不具有实际意义。桶酸对酶的最低抑制浓度常常是桶单宁的数倍，见表 6.23[13]。

表 6.23 桶酸和桶单宁的酶抑制能力比较[13]

酶	桶酸		桶单宁（单宁酸）	
	浓度/（mmol/L）	抑制率/%	浓度/（mmol/L）	抑制率/%
琥珀酸酶	5	40	0.1	40
苹果酸脱氢酶	5	0	0.07	100
异柠檬酸脱氢酶	5	0	0.07	100
糖苷-6-P-脱氢酶	5	0	0.07	100
黄原胶酶	2	50	0.1	50
果胶酶	30	50	0.3	50
果胶酶	100	60	1.0	84

在茶多酚对 α-淀粉酶的抑制中，也可以看到其抑制能力随着单宁的分子量和桶酰基数目的增加而增加，见表 6.24。

表 6.24 茶多酚和桶酸对 α-淀粉酶抑制能力的比较[13]

单宁	构型	分子量	半数抑制浓度/（μmol/L）
(-)-表儿茶素（EC）	2R, 3R	290	>1000
(-)-儿茶素（C）	2S, 3R	290	>1000
(-)-表桶儿茶素（EGC）	2R, 3R	306	>1000
(-)-桶儿茶素（GC）	2S, 3R	306	>1000
(-)-表儿茶素桶酸酯（ECG）	2R, 3R	442	130
(-)-儿茶素桶酸酯（CG）	2S, 3R	442	20
(-)-表桶儿茶素桶酸酯（EGCG）	2R, 3R	458	260

续表

单宁	构型	分子量	半数抑制浓度/（μmol/L）
(-)-棓儿茶素棓酸酯（GCG）	2S, 3R	458	55
茶黄素（TF1）	—	565	18
茶黄素单棓酸酯（TF2A）	—	717	1.0
茶黄素单棓酸酯（TF2B）	—	717	1.7
茶黄素二棓酸酯（TF3）	—	869	0.6
棓酸	—	188	>1000

6.3.2　去抑制剂作用

　　大多数单宁对酶的抑制属于非竞争型，因此不能用增加底物的方法消除抑制作用。由于单宁-酶蛋白结合是一个平衡反应，采用一些手段可以解析或防止生成单宁-酶和单宁-酶-底物复合物。分析实验表明，适当提高体系 pH，或加入咖啡因、有机溶剂都可以减少单宁-酶复合物，得到保持活性的酶蛋白。而在实际应用中，一些非离子表面活性剂和一些高分子聚合物如聚乙烯吡咯烷酮（PVP）、聚乙二醇（PEG）、聚乙烯醇（PVA）和烷基化纤维素均被用作有效的去抑制剂（图 6.25），可在低浓度下恢复酶的活性。去抑制的机理在于这些化合物与单宁之间的结合性强于单宁对酶蛋白的结合，因而可从单宁-酶复合物中释放出单宁，从而使酶的抑制消除[49, 56]，结果见表 6.25。

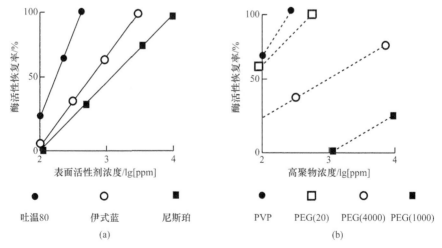

图 6.25　去抑制剂对单宁酸-β-糖苷酶体系的作用[56]
（a）表面活性剂；（b）高聚物

表 6.25　PVP 对酶-单宁的去抑制作用[56]

酶	ADH	LDH	过氧化酶	过氧化氢酶	β-糖苷酶
（蛋白质/单宁酸）/（mg/mL）	0.2/0.4	0.5/1.0	0.4/1.0	0.1/1.0	1.0/2.0
蛋白质-单宁酸复合物活性	71	24	59	58	52
1%的 PVP 处理后酶活性	94	65	23	79	74

注：ADH：乙醇脱氢酶；LDH：乳酸脱氢酶。

6.4　植物单宁对微生物的作用

6.4.1　植物单宁对微生物的毒性作用

植物单宁对微生物具有广谱抗性（包括对丝状真菌、酵母、细菌、病毒的抑制）。作为植物的次生代谢产物，单宁不仅抵御食草动物对植物体的损害，同时也阻止了微生物的侵袭，包括提高对各种致病菌的耐受力和保护受伤部位。单宁含量高的木材，如欧洲橡树和松树都比较耐储藏。单宁对环境中多种微生物的生长都能产生明显的抑制作用，见表 6.26 和表 6.27。目前，单宁对微生物的毒性研究涉及多个领域，如食品、林业、环保、土壤、植物生理、药学以及动物与人的营养学等。

表 6.26　单宁对细菌的毒性作用

单宁类型或来源	浓度/（g/L）	微生物	抑制率/%	参考文献
橡树心木	5.0	硝化细菌（Nitrifying bacteria）	50	[57]
荆树单宁	5.0	硝化细菌（Nitrifying bacteria）	48	[57]
栗木	4.6	棕色固氮菌（Azotobacter vinelandii）	51	[58]
荆树单宁	4.6	棕色固氮菌（Azotobacter vinelandii）	84	[58]
栗木	4.6	棕色固氮菌（Azotobacter vinelandii）	99	[58]
荆树单宁	4.6	棕色固氮菌（Azotobacter vinelandii）	99	[58]
栗木	4.6	大肠杆菌（Escherichia coli）	39	[58]
荆树单宁	4.6	大肠杆菌（Escherichia coli）	23	[58]
单宁酸	0.012	纤维弧菌（Cellvibrio fulvus）	100	[59]
儿茶	0.015	纤维弧菌（Cellvibrio fulvus）	100	[59]
单宁酸	0.045	生孢纤维黏细菌（Sporocytophaga myxo.）	100	[59]
单宁酸	0.012	纤维弧菌（Cellvibrio fulvus）	100	[59]

续表

单宁类型或来源	浓度/（g/L）	微生物	抑制率/%	参考文献
儿茶	0.015	纤维弧菌（*Cellvibrio fulvus*）	100	[59]
单宁酸	0.045	生孢纤维黏细菌（*Sporocytophaga myxo.*）	100	[59]
儿茶	0.075	生孢纤维黏细菌（*Sporocytophaga myxo.*）	100	[59]
单宁酸	0.010	产纤维二糖芽孢杆菌（*Clostridium cellulosovens*）	100	[59]
儿茶	0.060	产纤维二糖芽孢杆菌（*Clostridium cellulosovens*）	100	[59]
单宁酸	0.030	枯草芽孢杆菌（*Bacillus subtilis*）	100	[59]
儿茶	0.075	枯草芽孢杆菌（*Bacillus subtilis*）	100	[59]
单宁酸	0.250	链球菌（*Streptococcus cremoris*）	100	[59]
儿茶	0.600	链球菌（*Streptococcus cremoris*）	100	[59]
单宁	0.700	甲烷细菌（*Methanogenic bacteria*）	50	[60]
树皮单宁	0.350	甲烷细菌（*Methanogenic bacteria*）	50	[61]
单宁酸	10.0	脱硫弧菌（*Desulphovibrio desulph.*）	100	[62]
柯子单宁	20.0	脱硫弧菌（*Desulphovibrio desulph.*）	100	[62]
槲树皮单宁	20.0	脱硫弧菌（*Desulphovibrio desulph.*）	100	[62]
栗木	20.0	脱硫弧菌（*Desulphovibrio desulph.*）	100	[62]
荆树皮单宁	5.0	脱硫弧菌（*Desulphovibrio desulph.*）	100	[62]

表 6.27　单宁对真菌的毒性作用

单宁类型或来源	浓度/（g/L）	微生物	抑制率/%	参考文献
白橡树心木	1.0	卧孔菌（*Poria monticola*）	92	[63]
鞣花单宁	1.0	卧孔菌（*Poria monticola*）	28	[63]
中国板栗树皮	12.0	栗疫病菌（*Endothia parasitica*）	100	[64]
单宁	0.31	腐皮镰孢（*Fusarium solani*）	100	[65]
荆树皮单宁	0.31	腐皮镰孢（*Fusarium solani*）	100	[65]
栗木	0.31	腐皮镰孢（*Fusarium solani*）	100	[65]
单宁	0.31	苜蓿黄萎病菌（*Verticillium albo-atrum*）	100	[65]
荆树皮单宁	0.31	苜蓿黄萎病菌（*Verticillium albo-atrum*）	84	[65]
栗木	0.31	苜蓿黄萎病菌（*Verticillium albo-atrum*）	100	[65]
单宁	1.0	腐皮镰孢（*Fusarium solani*）	100	[65]
栗木	1.0	腐皮镰孢（*Fusarium solani*）	100	[65]

续表

单宁类型或来源	浓度/(g/L)	微生物	抑制率/%	参考文献
单宁	1.0	苜蓿黄萎病菌（Verticillium albo-atrum）	100	[65]
荆树皮单宁	1.0	苜蓿黄萎病菌（Verticillium albo-atrum）	50	[66]
橡树壳	2.2	苜蓿黄萎病菌（Verticillium albo-atrum）	50	[67]
栲胶	4.0	大秃顶马勃菌（Calvatia gigantea）	100	[67]
栲胶	10.0	华丽侧耳（Pleurotus florida）	100	[67]
栲胶	10.0	二孢蘑菇（Agaricus bisporus）	100	[67]
栲胶	2.0	草菇（Volvariella volvacea）	100	[67]
栲胶	7.7	烟曲霉（Aspergillus fumigatus）	99	[58]
栲胶	7.7	土曲霉（Aspergillus terreus）	66	[58]
栲胶	7.7	棉枯萎病菌（Fusarium oxysporum）	100	[58]
栲胶	7.7	灰绿梨头酶（Absidia glauca）	100	[58]
栲胶	7.7	淡紫青霉（Penicillium lilacinum）	100	[58]
栗木	4.6	酿酒酵母（Saccharomyces cerevisiae）	20	[68]
荆树单宁	4.6	酿酒酵母（Saccharomyces ceevisiae）	10	[68]

除了表 6.26 和表 6.27 中列举的对细菌、真菌的抑菌性外，单宁对病毒的抑制作用也是对微生物毒性的一个重要体现。单宁对植物致病病毒（如烟草花叶病毒、烟草坏死病毒、芜青皱叶病毒等）、动物和人的致病病毒（蛇毒、流感病毒、疱疹病毒、痘病毒、狂犬病病毒、艾滋病病毒等）都有一定的抑制作用[10, 13]。

6.4.2　植物单宁对微生物毒性作用的机理

单宁对蛋白质的高度结合能力无疑是抑制作用的一个主要原因。同时单宁的酶抑制特性与抑菌性之间有密切的关系。单宁往往在很低的浓度就表现出明显的抑菌性，这表明单宁使原生质中的蛋白质沉淀变性（这需要较高的单宁浓度）并不是主要的抑制途径，而对酶的抑制、对代谢过程的破坏才是主要原因。单宁的涩性使之可以抑制微生物的胞外酶，包括纤维素酶、果胶酶、黄原胶酶、过氧化氢酶、漆酶和糖苷转化酶等；也可以与微生物生长所需的物质相结合，而不宜微生物的生存。一个易观察到的实例是，皮胶原和多糖等天然高分子经足够量的单宁处理后，很难被微生物酶所降解。很多事实证实了单宁对蛋白质结合能力大者，其抑菌性就强。在多数情况下，单宁的前体化合物棓酸、连苯三酚、儿茶酸、儿茶素不显示或显示出很弱的抑菌性。例如，单宁酸对甲烷细菌的毒性很大，在

0.7g/L 时即可达到 50% 的抑制率，并且可持续 2 个月之久，但桔酸在 3g/L 的浓度下才能对这种细菌产生同样的抑制，并且不持续。这表明单宁所特有的涩性是其抑菌性的原因。单宁对蛋白质结合能力的增大，可以加强其抑菌性。单宁的分子量是涩性的一个主要影响因素，分子量大的单宁常体现出较大的抑菌性。在几种茶单宁对链球菌的抑制中，EGCG 和 GCG 较分子量较小的 EGC 和 GC 的作用强[69]。改变体系的 pH 也可促进单宁对蛋白质的结合，在蛋白质等电点 pI 时单宁的结合性最大。例如，熊果中的缩合类单宁的抑菌能力对 pH 显示了这样的变化趋势，在中性条件下的抑菌性最强[70]。

　　单宁对微生物的毒性也可能在于单宁对细胞膜的作用，通过与细胞膜结合改变微生物的代谢。单宁酸在很低的浓度（0.6~1g/L）就可改变 *Crinipellis perniciosa* 细胞的形态和生长方式。革兰氏阴性菌比革兰氏阳性菌对单宁的耐性要强一些，可能在于前者的细胞膜上的多糖结合了一部分单宁，从而减少了单宁与膜蛋白质的结合量。抑菌性还可能与单宁对金属离子的络合作用有关。除了有些酶需要金属离子作为必须组分外，微生物的生态系统对环境中的金属离子也具有高度的依赖性。单宁分子中的多个邻苯二酚结构，使其具有较强的金属离子络合能力，可以剥夺铁离子等离子形成沉淀，从而破坏菌类的正常新陈代谢。单宁对病毒的抑制方式一般认为是单宁与病毒体的蛋白质外壳或与寄主的细胞膜相结合，使病毒不能附着在寄主细胞上，从而使病毒失去侵蚀力。这种作用与单宁对蛋白质的结合表现出一致性，可以用改变体系 pH 或加入牛血清蛋白的方法恢复病毒毒性[13]。

　　上文已经提到单宁分子量与抑菌性之间有一定的关系，在一定范围内，分子量大者，与蛋白质的结合力大，抑菌性强。但是人们也常观察到单宁的分子量与抑菌性无直接关系的现象。某些低分子量的单宁对某些微生物也具有相当的抑制能力。例如，在相同的浓度，桔酸和儿茶素对 *Chaetomium cupreum* 的毒性与荆树皮单宁和柯子单宁相当；儿茶酚和桔酸对细菌 *Shigella dysenteriae* 和 *Streptococcus cremoris* 的抑制作用与单宁酸和茶单宁相当，但对黄弧菌（*Cellvibrio fulvus*）和枯草芽孢杆菌的抑制能力是后者的 4~40 倍。这些现象可以用图 6.26 所表示的机理来解释。

　　小分子酚和低分子量单宁易透过微生物膜直接对其细胞的代谢作用产生影响，因此对于主要受渗透能力制约的情况，低分子量单宁表现出与分子量更大的单宁相同乃至更强的微生物毒性。此时，分子量过大的单宁反而可能不起抑菌作用。中等分子量的单宁既可以与膜结合，也可以与细胞外蛋白质结合，一般总能显示出优良的抑菌效果。而进一步聚合的大分子量单宁，逐渐丧失了抑制酶的能力及与蛋白质结合的特性，从而不显示抑菌性。因此，当低分子量的单宁如儿茶素经氧化聚合后提高了与蛋白质结合的能力，毒性增强。但聚合度超过一定值以后，毒性反而降低。在图 6.27 中显示了单宁的聚合度变化对甲烷细菌活性的影响[56]。

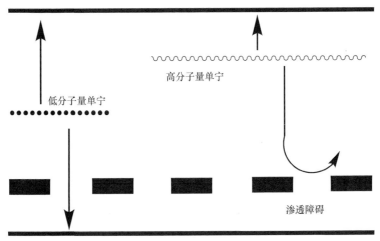

图 6.26　不同分子量的单宁对细胞作用方式示意图[41]

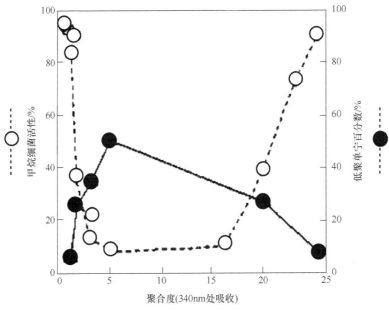

图 6.27　儿茶素的聚合度与对细菌的毒性作用[56]

　　单宁分子的具体结构，如单元组成和立体构型，确实影响着单宁的活性，但是由于微生物体系的复杂性尚未建立起较完善的理论，这正是目前研究的重点之一。单宁经过改性可以提高抑菌性。微生物毒性经常要求单宁酚羟基一部分（不是全部）发生甲基化，可能是因为甲基化的产物具有更高的疏水性，可以增加其透过菌体细胞膜的可能性[13]。

6.4.3 微生物对植物单宁的脱毒作用

尽管单宁具有广谱抑菌性，但是仍然有多种微生物，特别是霉菌，可以逐渐对单宁产生耐性，甚至以单宁为碳源维持生长（如黑霉和青霉），见表 6.28。

表 6.28 以单宁为唯一碳源的微生物[71]

微生物	单宁
Aspergillus niger	荆树皮单宁
Calvatia gigantea	五倍子和荆树皮单宁
various soil fungi	五倍子和荆树皮单宁
various fungi	单宁酸
Candida guillierimondii	荆树皮单宁
Candida tropicalis	荆树皮单宁
Torulopsis candida	荆树皮单宁
Azotobacter vinelandii	五倍子单宁
Pseudomonas fluorescens	五倍子和荆树皮单宁
Corynebacterium sp.	五倍子和荆树皮单宁
Klebsiella pneumoniae	塔拉单宁

微生物对单宁的脱毒机制可能对充分利用单宁具有启发意义，有下列几种方式[71]。

1）分泌对单宁有结合性的大分子物质

微生物可能向细胞外分泌对单宁有高亲和性的高分子，使单宁不再与微生物维持生命所必需的酶或膜结合。缩合类单宁可以诱使 *Colletotrichum graminicola* 孢子分泌出一种黏质，它的主要成分为糖蛋白，对单宁有高度的亲和性。与此类似，当牲畜以高单宁含量的牧草为食时，其消化道内的细菌会分泌出一种多糖以适应单宁的抑制。

2）分泌对单宁有抗性的酶

尽管单宁对多种酶有抑制作用，一些酶，如单宁酶和某种淀粉酶，在高单宁含量的环境中也可保持活性，单宁酶还可以降解单宁分子。一些真菌分泌多酚氧化酶可以使其氧化。漆酶也可氧化单宁使其失去活性。

3）促进含铁细胞分泌铁

高浓度的单宁可促使微生物含铁细胞分泌铁以阻断单宁的抑菌性。

6.5　植物单宁的降解

植物单宁通常是以多聚体的形式存在，分子量分布较宽，由几百至几千，甚至上万。而某一些附加值较高的应用领域如医药、食品、化妆品等，要求单宁的分子量不能太大，500～1500 较适宜。与此同时，单宁的水解产物还可以作为工业生产的原料。例如，从水解类单宁可以得到棓酸或小分子的棓酸酯，它们是制药行业重要的原材料或成药中间体。因此，通过适当的降解方法，适当地降低单宁分子量，获得分子量较小的降解产物是其精细化利用的一项要求。此外，单宁的降解，对复杂单宁化合物的结构阐释以及对揭示单宁形成的生源学说均具有重要的科学意义。因此，单宁的降解正逐渐成为国际上单宁化学乃至天然产物领域最活跃的前沿性研究内容。

植物单宁的降解方式主要有化学降解和生物降解两种。化学降解方式是一种传统的技术，能有效地对植物单宁进行降解，很好地降低单宁的分子量，获得分子量相对较小的产物。但化学降解方法条件较为强烈，且产生的小分子物质会继续发生反应，使得最终产物较为复杂，增加后续纯化操作的难度。相对化学降解而言，生物降解是一种条件温和、目标产物得率较高、产物纯度较好且不引入其他化学杂质的降解技术，常使用微生物和酶为手段对目标单宁进行降解，也是目前使用范围较为广泛的一种单宁降解技术[4, 10, 13, 41]。

6.5.1　植物单宁的化学降解

1. 化学降解的方法及产物特征

在众多的化学降解技术中，对植物单宁而言氧化降解是一种很有实用价值的降解途径，可以选用的氧化试剂有过氧化氢、氯酸钾等。过氧化氢的氧化宜在中性或碱性条件下进行，氯酸钾的氧化则应在酸性条件下进行。虽然对单宁的氧化作用机理尚不够清楚，但对氧化产物的大量分析测试表明，在强氧化剂作用下，单宁的分子量会降低，同时分子中会产生一定数量的羧基。在一定范围内，氧化剂用量越多，分子降解程度越大，产生的羧基也越多。表 6.29 是荆树皮栲胶经不同量过氧化氢处理后产物的分子量分布[72]。表 6.30 是橡椀栲胶经不同量氯酸钾处理后的分子量分布[13]。

表 6.29　荆树皮栲胶过氧化氢降解产物的分子量分布[72]　　（单位：%）

分子量	20%过氧化氢	40%过氧化氢	60%过氧化氢
138～188	0.01	5.11	8.37
189～327	33.44	19.58	47.19

续表

分子量	20%过氧化氢	40%过氧化氢	60%过氧化氢
328~760	36.09	60.07	39.60
761~1701	28.15	14.35	3.84
>1701	0.01	0.01	—

表 6.30　橡椀栲胶氯酸钾降解产物的分子量分布[13]

分子量	分子量分布/%		
	氯酸钾用量 20%	氯酸钾用量 40%	氯酸钾用量 60%
188~327	54	55.5	81.2
328~760	18	21.5	15.6
761~1701	25	23	3.12
>1701	2.3	—	—

随着栲胶分子量的降低，产物的颜色变浅。例如，60%过氧化氢处理后的荆树皮栲胶呈亮黄色，60%过氧化氢处理后的橡椀栲胶几乎为白色。表 6.31 是用色度仪测试的橡椀栲胶氧化降解产物的明度值。同时经氧化降解后，产物与蛋白质的反应更温和，见表 6.32 和表 6.33。

表 6.31　橡椀栲胶氯酸钾氧化降解产物的明度值（测试浓度 0.5g/L）[13, 41]

氯酸钾用量/%	明度	氯酸钾用量/%	明度	氯酸钾用量/%	明度
0	0.22	40	32.3	80	98.6
20	0.58	60	92.5	100	99.1

表 6.32　裸皮经荆树皮栲胶降解产物鞣制后的收缩温度[13, 41]

单宁用量/%	收缩温度/℃			
	过氧化氢用量 0%	过氧化氢用量 20%	过氧化氢用量 40%	过氧化氢用量 60%
5	—	61	58	56
10	81	65	63	59
15	84	68	65	61

表 6.33　裸皮经橡椀栲胶降解产物鞣制后的收缩温度[13, 41]

氯酸钾用量/%	收缩温度/℃	氯酸钾用量/%	收缩温度/℃	氯酸钾用量/%	收缩温度/℃
0	70	40	63	80	59
20	63	60	62	100	59

由此可见，控制氧化剂的用量，可以获得一系列降解程度不同的单宁产品，降解过程伴随着颜色的浅化和收敛性的温和化，这可能对扩展其应用范围非常有利。氧化降解过程还伴随着新的活性基团羧基的产生，从这一点看，可认为植物单宁的氧化降解可以获得一系列新化合物。

2. 降解产物的生物活性

经化学降解的单宁，不仅在理化特性方面发生了改变，其降解产物的生物活性也发生了较为显著的变化。表 6.34 是荆树皮栲胶的化学降解产物对常见致病性细菌和霉菌的抑制作用的实验结果[13]。

表 6.34　荆树皮栲胶氧化降解产物的抑菌圈直径[13]　　（单位：mm）

样品	受试菌种抑菌圈直径/mm						
	大肠杆菌	金黄色葡萄球菌	铜绿假单胞菌	志贺氏痢疾杆菌	蜡状芽孢杆菌	黑曲霉	根霉
荆树皮栲胶	0	15.3	19.5	0	0	0	0
20%过氧化氢降解	0	0	0	0	0	0	0
40%过氧化氢降解	0	0	0	0	0	0	0
60%过氧化氢降解	19	30.9	32.4	17.0	15.3	0	0
茶多酚对照	12.9	14.9	22.1	13.7	12.6	0	0

可以发现，所测试的样品对霉菌均无抑制作用。荆树皮栲胶的氧化降解程度较低时，对所测试的细菌无抑制作用。但过氧化氢用量达到 60%时，产物对多种细菌表现出抑制作用，类似于茶多酚。这可能与产物的渗透性增强、羧基含量增加有关。进一步研究表明，其对上述细菌的最低抑制浓度比茶多酚低一个数量级（表 6.35），即荆树皮栲胶的 60%过氧化氢降解产物对细菌的抑制作用比茶多酚强得多。

表 6.35　茶多酚和荆树皮栲胶氧化降解产物对微生物的最低抑制浓度比较[13]（单位：%）

样品	受试菌种抑菌圈直径/mm				
	大肠杆菌	金黄色葡萄球菌	铜绿假单胞菌	志贺氏痢疾杆菌	蜡状芽孢杆菌
茶多酚	0.1（10.9）	0.8（14.7）	0.8（13.7）	0.8（14.2）	0.8（13.5）
荆树皮栲胶降解产物	0.05（10.2）	0.03（11.4）	0.05（11.1）	0.03（11.1）	0.05（11.3）

注：括号内数值表示最低抑制浓度时的抑菌圈直径（mm）。

实际上,在较宽 pH 范围,降解产物对细菌的抑制作用比茶多酚强,如图 6.28 所示。这表明,从抑菌角度考虑,荆树皮栲胶的氧化降解产物的用途比茶多酚更广阔。

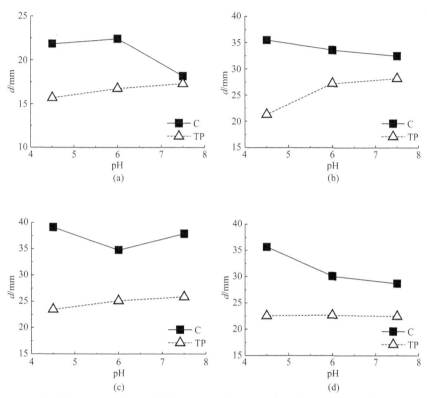

图 6.28　茶多酚(TP)和荆树皮栲胶的 60%过氧化氢降解产物(C)的抑菌圈直径(d)
与 pH 的关系(样品浓度 2%)[41]

(a)大肠杆菌;(b)金黄色葡萄球菌;(c)铜绿假单胞菌;(d)蜡状芽孢杆菌

3. 降解产物与金属离子的作用

植物单宁经氧化降解后与 Ca^{2+}、Al^{3+}、Cu^{2+}、Cr^{3+}、Fe^{3+}、Pb^{3+}等多种金属离子的络合能力均增强,但降解程度不同,络合物的状态也不同。表 6.36 和表 6.37 表明,对荆树皮栲胶而言,当降解程度较低,产物易与金属离子形成不溶性络合物,使金属离子在较低 pH 下即沉淀,其对金属离子的络合沉淀能力较原始栲胶更强。但当降解程度较高时,络合物的沉淀点较高,且在一定比例条件下能形成在任何 pH 条件下均不沉淀的络合物。这是由于在氧化剂作用下,单宁发生化学降解同时产生羧基。羧基使单宁对金属离子的络合能力增强,但氧化程度较低时,单宁的分子量仍然较大,络合物易沉淀。氧化降解程度较高时,降解产物不仅羧基含量较高，而且分子量较小，自身水溶性好，因此能与金属离子形成可溶性的络合物并增加金属离子的耐碱性[49]。

表 6.36　荆树皮栲胶 20%过氧化氢降解产物-Cr₂(SO₄)₃混合液的沉淀点[41]

样品溶液	比例（质量比）	沉淀点
$Cr_2(SO_4)_3$	—	4.81
$Cr_2(SO_4)_3$：栲胶	1：0.5	3.98
$Cr_2(SO_4)_3$：栲胶 20%过氧化氢降解产物	1：0.5	2.13

注：栲胶降解产物浓度 1.6g/L，$Cr_2(SO_4)_3$浓度 1g/L，按质量比需要配制混合液；常温静置 24h 后测沉淀点。

表 6.37　荆树皮栲胶 60%过氧化氢氧化降解产物-Cr₂(SO₄)₃混合液的沉淀点[41]

样品溶液	沉淀点	样品溶液	沉淀点
$Cr_2(SO_4)_3$：降解产物=1：0	4.81	$Cr_2(SO_4)_3$：降解产物=1：2.0	4.21
$Cr_2(SO_4)_3$：降解产物=1：0.10	4.32	$Cr_2(SO_4)_3$：降解产物=1：3.0	无浊点
$Cr_2(SO_4)_3$：降解产物=1：0.20	4.00	$Cr_2(SO_4)_3$：降解产物=1：5.0	无浊点
$Cr_2(SO_4)_3$：降解产物=1：1.0	4.15		

注：栲胶降解产物浓度 1.6g/L，$Cr_2(SO_4)_3$浓度 1g/L，按质量比需要配制混合液；常温静置 24h 后测沉淀点。

由此可见，通过控制栲胶的氧化降解程度，可以制备一系列与金属离子具有不同络合特性的化合物，或能有效地沉淀金属离子，或能显著提高金属离子的耐碱性。而且络合物的状态可以通过改变络合反应条件予以控制。这一规律无疑为扩展植物单宁的应用领域提供了广阔的想象空间。

6.5.2　植物单宁的生物降解

1. 单宁的可生物降解性

植物单宁虽然对微生物具有普遍的抑制能力，但是作为一种天然可再生的材料，它也具有一定的可生物降解性。同时，单宁的化学结构比较复杂，结构差异性大，这种结构上的多样性也增加了单宁生物降解的难度。

通过大量的研究，人们已寻找到了一些可以用于降解单宁的微生物。青霉和曲霉中的某些种系可以忍受单宁的毒性，有的还可以在高浓度的栲胶溶液中生长，甚至可以用纯单宁为唯一的碳源进行繁殖和生长。其中最常见的有黑曲霉（*Aspergillus niger*）[73]、木曲霉（*Aspergillus* sp.）[74]、黄青霉（*Penicillium chrysogenum*）和青霉属（*Penicillium* spp.）[55]，此外还有白腐菌 *Fusarium* 和 *Trichoderma* 中的一些种系（如 *Fusarium solani*、*Trichoderma viride*）[50]。不同的微生物对单宁可以有多种不同的降解途径，但上述微生物所采用的一种主要手段是分泌一定的胞外酶[单宁酶（tannase）]。这些酶可以降解单宁，使之转化成生长所需的能量。

2. 水解类单宁的生物降解

水解类单宁易被多种微生物降解，其中包括线状真菌、酵母、细菌，甚至某些厌氧细菌[53]。这些微生物分泌的单宁酶从化学本质上属于酰基水解酶，作用于单宁分子中的酯键，国际分类号为 EC 3.1.1.20[52]，棓单宁的降解最为容易，鞣花单宁次之。水解类单宁在单宁酶作用下首先降解生成中间产物 1,2,3,4,6-pentagalloy-glucose 和 2,3,4,6-tetragalloyl-glucose，并进一步经单宁酶催化水解分子中酯键的断裂，被降解为棓酸和葡萄糖，葡萄糖进入三羧酸循环，棓酸再通过脱羧酶的作用形成焦棓酸，焦棓酸进而被各类氧化酶还原为间苯三酚、间苯二酚，最终形成 3-羟基-5-氧-己酸、5-氧-6-己酸甲酯等芳族脂肪酸的小分子化合物[75, 76]，降解过程如图 6.29 所示。

3. 缩合类单宁的生物降解

缩合类单宁由于分子单元间以 C—C 键相连，生物降解较聚水解类单宁困难得多，只能被部分降解。例如，采用黑曲霉降解云杉单宁，只有 27% 的单宁被真正降解，但是多数树皮、谷物和牧草中所含单宁皆以缩合类单宁为主，因此研究这类单宁的生物降解具有特殊重要的意义。此类单宁不能被上述单宁酶（EC 3.1.1.20）降解，若分子中含有棓酰基，如儿茶素棓酸酯和棓儿茶素棓酸酯，则可被单宁酶作用脱去分子中黄烷醇 C 环 3 位上所连接的棓酰基。在化学结构上，缩合类单宁与木质素具有一定的相似性，都属于 C—C 键相连的大分子芳香族化合物。白腐菌（Cyathus stercoreus）对木质素有较强的降解能力，因此有人曾以其降解牧草 Sericea lespedza 中的缩合类单宁，结果表明这两种真菌均可降解单宁，其中前者的降解能力明显高于后者。有研究表明，在各种黄烷醇中，被生物降解的往往是低分子量的组分，如单体、二聚体、三聚体等，而大分子的缩合类单宁部分在自然界中更易进一步发生氧化、缩合，形成红粉、酚酸以至腐殖酸，失去植物单宁的性质[77]。

4. 植物单宁生物降解的应用

与化学降解相比，植物单宁的生物降解具有条件温和和选择性强的特点。其主要的应用方向包括两大类，一是获得降解产物——棓酸和鞣花酸，二是使单宁失去其微生物毒性。例如，高含量单宁废液的生物处理，饲料和牧草中单宁的去除，药物、饮料、化妆品活性添加剂中多酚含量的降低等。以下为几个典型

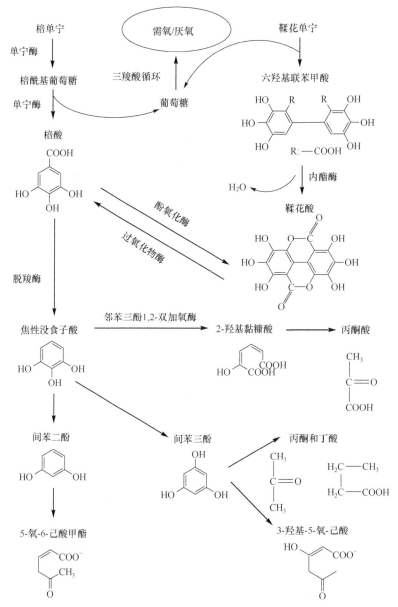

图 6.29　水解类单宁的生物降解过程[78]

的实例。

1）高转化率生物法制棓酸[79, 80]

工业上棓酸主要由化学法经酸或碱水解棓单宁（棓花和角棓）制取，广泛用作药物中间体和食品抗氧化剂，近年来日本还用作半导体的感光树脂原料。无论酸法还是碱法水解生产棓酸都存在设备腐蚀、环境污染重、脱色用碳多、生产成本高等问题。采用生物降解棓单宁法，则可完全避免以上弊端，产品棓酸质地优良、产率高、成本低，单宁转化率可达 80%左右，最高可达 89.5%。在大量生产中，一般采用培养黑曲霉，对其进行筛选优良菌株以获得单宁酶，用单宁酶降解棓单宁。

2）提高饲料的营养价值[1, 13]

高粱等谷物以及多种牧草中均具有较高的单宁含量，过量的单宁具有阻食性，影响了饲料的可食性和营养价值。例如，由 *Trametes versicolor* 中提取的酶可以降低单宁的含量，在此种酶的作用下（酶浓度相当于 20 nkat①），单宁含量降低 80%，最适的 pH 为 6.0，温度为 50℃，对其他成分无影响。

3）植鞣废液和造纸废液的生物处理[1, 53]

这两类废液中单宁是一种主要成分，也是其造成废液 BOD 和 COD 的主要原因，并且单宁具有较强的生物毒性，因此废液必须经过处理才能排放，而单宁对厌氧菌有非常强的抑制能力，随着单宁的降解，细菌很快失去活性，因此采用通常的生物处理不能获得满意的效果。而用黑曲霉对含 5.2g COD/L（含单宁 2.7g COD/L）的废液进行处理，经过 4d 的厌氧发酵，可使 COD 降低 63%，单宁浓度降低 50%，可以有效地对废液进行处理。

4）茶多酚的提纯

茶多酚是一类由儿茶素、儿茶素棓酸酯组成的混合物。采用单宁酶处理可以有效地使之脱去棓酸酯，得到高纯度的儿茶素（含表儿茶素）。

5. 霉菌的筛选和单宁酶的制备

从上文可以看出，植物单宁生物降解的前提条件是如何选育具有高降解能力的微生物。林木下的土壤中一般含有此类真菌。选取的培养基中一般加入少量的糖，多数研究表明它可以促进真菌的活性和生长。酶解培养基的各成分（质量分数）为：2%～10%单宁浸提液，0.2%～0.8%种量，5%葡萄糖，0.12%硝酸铵，0.05%七水硫酸镁，0.01%氯化钾，0.1%磷酸二氢钾，pH 调至 4～6，在 30℃下静置状态培养 7～10d，或者摇动状态下 3～5d，然后用色谱法[薄层色谱（TLC）或者高压液相色谱（HPLC）]测定体系中单宁酸和棓酸含量，以单宁转化率、菌种生长速度和稳定性进行优良菌株的筛选[52, 54]。

单宁酶的制备通常选用黑曲霉和黄青霉的某些高产菌株，经培养、破碎菌丝体，超滤，高压排斥色谱纯化得到纯品。单宁酶是一种糖蛋白，分子量为 186000，含 43%糖，等电点 pI 为 4.3，酶活最适温度为 35℃，最适 pH 为 6.0，50℃以下在

---

① kat 是一种酶活力单位，1kat=60×10⁶IU，1IU=16.67nkat。

pH 为 3.5～8.0 的范围内稳定[13, 55]。

参 考 文 献

[1] Haslam E. Plant polyphenols（*syn.* vegetable tannins）and chemical defense: a reappraisal[J]. Journal of Chemical Ecology, 1988, 14(10)：1789-1805.

[2] 陈武勇, 李国英. 鞣制化学[M]. 北京：中国轻工业出版社, 2011.

[3] Belitz H D, Grosch W, Schieberle P. Food Chemistry[M]. 4th ed. Berlin：Springer, 2009.

[4] 孙达旺. 植物单宁化学[M]. 北京：中国林业出版社, 1992.

[5] Mcmanus J, Lilley T H, Haslam E. Plant polyphenols and their association with proteins[J]. ACS Symposium Series, 1983, 208：123-137.

[6] Bate-Smith E C. Haemanalysis of tannins：the concept of relative astringency[J]. Phytochemistry, 1973, 12(4)：907-912.

[7] Mcmanus J P, Davis K G, Lilley T H, et al. The association of proteins with polyphenols[J]. Journal of the Chemical Society, Chemical Communications, 1981, 7：309-311.

[8] Sparrow N, Russel A. The mearurement of the binding of tannin subunits to soluble collagen by continuous-flow dynamic dialysis[J]. Journal of Society of Leather Technologists and Chemists, 1982, 3：6697-6706.

[9] Osman M A. Changes in sorghum enzyme inhibitors, phytic acid, tannins and *in vitro* protein digestibility occurring during khamir (local bread) fermentation[J]. Food Chemistry, 2004, 88(1)：129-134.

[10] Haslam E. Plant Polyphenols[M]. Cambridge：Cambridge University Press, 1989.

[11] Hagerman A E, Butler L G. Choosing appropriate methods and standards for assaying tannin[J]. Journal of Chemical Ecology, 1989, 15(6)：1795-1810.

[12] 石碧. 用分光光度法研究沉淀反应//中国科学技术协会第二届青年学术年会论文集（农业科学分册）[C]. 北京：中国科学技术出版社, 1995.

[13] Hemingway P W, Laks P E. Plant Polyphenols[M]. New York：Plenum Press, 1992.

[14] 石碧. 水解类植物鞣质性质、化学改性及其应用的研究[D]. 成都: 成都科技大学, 1992.

[15] Bickley J. Vegetable tannins and tanning[J]. Journal of Society of Leather Technologists and Chemists, 1991, 76：1-5.

[16] Haslam E, Lilley T H, Cai Y, et al. Traditional herbal medicines：the role of polyphenols[J]. Planta Medica, 1989, 55(1)：1-8.

[17] 张洪渊. 生物化学教程[M]. 成都：四川大学出版社, 1994.

[18] 沈一丁. 皮化材料生产的理论与实践[M]. 西安：陕西科学技术出版社, 1994.

[19] 魏庆元. 皮革鞣制化学[M]. 北京：轻工业出版社, 1979.

[20] 石碧, 何先祺, 张敦信, 等. 植物鞣质与胶原的反应机理研究[J]. 中国皮革, 1995, 22：26-31.

[21] Luck G, Liao H, Murray N J, et al. Polyphenols, astringency and proline-rich proteins[J]. Phytochemistry, 1994, 37：357-371.

[22] Asquith T N, Butler L G. Interactions of condensed tannins with selected proteins[J]. Phytochemistry, 1986, 25(7)：1591-1593.

[23] Yan Q, Bennick A. Identification of histatins as tannin-binding proteins in human saliva[J]. Biochemical Journal, 1995, 311：341-347.

[24] Hagerman A E, Robbins C T. Implications of soluble tannin protein complexes for tannin analysis and plant defense mechanisms[J]. Journal of Chemical Ecology, 1987, 13(5)：1243-1259.

[25] Bi S, He X Q, Haslam E. Gelatin-polyphenol interaction[J]. Journal of the American Leather Chemists Association, 1994, 89(4)：96-102.

[26] Hoon O H, Hoff J E. pH Dependence of complex formation between condensed tannins and proteins[J]. Journal of Food Science, 1987, 52：1267-1269.

[27] Haslam E. Plant polyphenols Ⅱ [J]. 林产化学与工业, 1987, 7：1-16.

[28] 王远亮, 何先祺. 植-铝结合鞣机理的研究（Ⅳ）络合物固体重量分析[J]. 中国皮革, 1995, 24：29-31.

[29] Shuttleworth S. Further studies on the mechanism of vegetable tannage Ⅰ [J]. Journal of Society of Leather Technologists and Chemists, 1967, 51：134-143.

[30] Russell A, Shuttworth S, Williams D. Further studies on the mechanism of vegetable tannage Ⅱ [J]. Journal of Society of Leather Technologists and Chemists, 1967, 51：222-231.

[31] Russell A, Shuttworth S, Williams D. Further studies on the mechanism of vegetable tannage Ⅲ [J]. Journal of Society of Leather Technologists and Chemists, 1967, 51：349-367.

[32] Russell A, Shuttworth S, Williams D. Further studies on the mechanism of vegetable tannage Ⅳ [J]. Journal of Society of Leather Technologists and Chemists, 1967, 52：220-238.

[33] Russell A, Shuttworth S, Williams D. Further studies on the mechanism of vegetable tannage Ⅴ [J]. Journal of Society of Leather Technologists and Chemists, 1967, 52：459-485.

[34] Russell A, Shuttworth S, Williams D. Further studies on the mechanism of vegetable tannage Ⅵ [J]. Journal of Society of Leather Technologists and Chemists, 1967, 52：486-491.

[35] Sykes R, Roux D. Study of the affinity of black wattle extract constituents[J]. Journal of Society of Leather Technologists and Chemists, 1957, 41：14-23.

[36] Santappa M, Rao V. Vegetable tannins: a review[J]. Journal of Science and Industry Research, 1982, 41：705-718.

[37] Santhanam P, Nayudamma Y. Studies on the phenolic constituents of babul Ⅱ [J]. Leather Science, 1968, 15：1-4.

[38] Bliss E D. Using Tannins to Produce Leather[M]. Berlin：Springer, 1989.

[39] Oh H I, Hoff J E, Armstrong G S, et al. Hydrophobic interaction in tannin-protein complexes[J]. Journal of Agricultural and Food Chemistry, 1980, 28：394-398.

[40] 石碧, 何先祺, Haslam E. 水解类鞣质性质及其与蛋白质反应的研究（Ⅲ）有机酸对植物鞣质水溶性的影响[J]. 皮革科学与工程, 1993, 3：7-9.

[41] 石碧, 狄莹. 植物多酚[M]. 北京：科学出版社, 2000.

[42] Haslam E. Tannins, polyphenols and molecular complexation[J]. 林产化学与工业, 1992, 12：1-23.

[43] Martin R, Lilley T H, Bailey N A, et al. Polyphenol-caffeine complexation[J]. Journal of the Chemical Society Chemical Communications, 1986, 2：105-106.

[44] Gaffney S H, Martin R, Lilley T H, et al. The association of polyphenols with caffeine and α- and β-cyclodextrin in aqueous media[J]. Journal of the Chemical Society Chemical Communications, 1986, 2: 107-109.

[45] Spencer C M, Cai Y, Martin R, et al. Polyphenol complexation: some thoughts and observations[J]. Phytochemistry, 1988, 27(8): 2397-2409.

[46] Cai Y, Lilley T H, Haslam E. Palyphenol-anthocyanin copigmentation[J]. Journal of the Chemical Society Chemical Communications, 1990, 5: 380-383.

[47] Takechi M, Tanaka Y. Binding of 1,2,3,4,6-pentagalloylglucose to proteins, lipids, nucleic acids and sugars[J]. Phytochemistry, 1986, 26(1): 95-97.

[48] Pridham J. Enzymy Chemistry of Phenolic Compouds[M]. New York: Pergamon Press, 1963.

[49] Goldstein J L, Swain T. The inhibition of enzymes by tannins[J]. Phytochemistry, 1965, 4(1): 185-192.

[50] Inokuchi J, Okabe H, Yamauchi T, et al. Inhibitors of angiotensin-converting enzyme in crude drugs Ⅱ [J]. Chemical and Pharmaceutical Bulletin, 1985, 33: 264-269.

[51] Sarni-Manchado P, Cheynier V, Moutounet M. Interactions of grape seed tannins with salivary proteins[J]. Journal of Agricultural and Food Chemistry, 1999, 47(1): 42-47.

[52] Kakegawa H, Matsumoto H, Endo K. Inhibitory effects of tannins on hyaluronidase activation and on the degranulation from rat mesentery mast cells[J]. Chemical and Pharmaceutical Bulletin, 1985, 33(11): 5079-5082.

[53] Oh H, Hoff J. Effect of condensed grape tannins on the in vitro activity of digestive proteases and activation of their zymogens[J]. Journal of Food Science, 1986, 51: 577-580.

[54] Mole S, Waterman P G. Tannic acid and proteolytic enzymes: enzyme inhibition or substrate deprivation?[J]. Phytochemistry, 1986, 26: 99-102.

[55] Polya G M, Wang B H, Foo L Y. Inhibition of signal-regulated protein kinases by plant-derived hydrolysable tannins[J]. Phytochemistry, 1995, 38: 307-314.

[56] Garrido A, Gómez-Cabrera A, Guerrero J E, et al. Effects of treatment with polyvinylpyrrolidone and polyethylene glycol on Faba bean tannins[J]. Animal Feed Science and Technology, 1991, 35(3-4): 199-203.

[57] Basaraba J. Influence of vegetable tannins on nitrification in soil[J]. Plant and Soil, 1964, 21(1): 8-16.

[58] Cowley G T, Whittingham W F. The effect of tannin on the growth of selected soil microfungi in culture[J]. Mycologia, 1961, 53: 539-542.

[59] Henis Y, Tagari H, Volcani R. Effect of water extracts of carob pods, tannic acid and their derivatives on the morphology and growth of microorganisms[J]. Applied Microbiology, 1964, 12(3): 204-209.

[60] Field J A, Lettinga G. The methanogenic toxicity and anaerobic degradability of a hydrolyzable tannin[J]. Water Research, 1987, 21: 367-374.

[61] Field J A, Leyendeckers M J H, Sierra-Alvarez R, et al. Methanogenic toxicity of bark tannins and the anaerobic biodegradability of water soluble bark matter[J]. Water Science and Technology, 1988, 20: 219-240.

[62] Booth G H. A study of the effect of tannins on the growth of sulphate-reducing bacteria[J]. Journal of Applied Microbiology, 2008, 23(1): 125-129.

[63] Hart J, Hillis W. Inhibition of wood-rotting fungi by ellagitannins in the heartwood of *Quercus alba*[J]. Phytopathology, 1972, 62: 620.

[64] Nienstaedt H. Tannin as a factor in the resistance of chestnut, *Castanea* spp., to the chestnut blight fungus *Endothia Parasitica*[J]. Phytopathology, 1953, 43: 32-38.

[65] Lewis J A, Papavizas G C. Effects of tannins on spore germination and growth of *Fusarium solani f. phaseoli* and *Verticillium albo-atrum*[J]. Canadian Journal of Microbiology, 1968, 13(12): 1655-1661.

[66] Kekosb D, Macrisa B J. Effect of tannins on growth and amylase production by *Calvatia gigantean*[J]. Enzyme and Microbial Technology, 1987, 9(2): 94-96.

[67] Yu M, Chang S T. Tolerance of tannin by the shiitake mushroom, *Lentinus edodes*[J]. Mircen Journal of Applied Microbiology and Biotechnology, 1989, 5(3): 375-378.

[68] Basaraba J. Effects of vegetable tannins on glucose oxidation by various microorganisms[J]. Canadian Journal of Microbiology, 1966, 12: 787-794.

[69] Otake S, Makimura M, Kuroki T, et al. Anticaries effects of polyphenolic compounds from Japanese green tea[J]. Caries Research, 1991, 25: 438-443.

[70] Marwan A G, Nagel C W. Microbial inhibitors of cranberries[J]. Journal of Food Science, 1986, 51: 1009-1013.

[71] Scalbert A. Antimicrobial properties of tannins[J]. Phytochemistry, 1991, 30(12): 3875-3883.

[72] Lyr H. Hemmungsanalytische untersuchungen an einigen ektoenzymen holzzerstörender pilze[J]. Enzymologia, 1961, 23: 231.

[73] Boser H. Modellversuche zur beeinflussing des zellstoffweschsel durch pflanzeninhaltsstoffe insbesondere flavonoide[J]. Planta Medica, 1961, 9: 456-465.

[74] Strumeyer D H, Malin M J. Identification of the amylase inhibitor from seeds of *Leoti sorghum*[J]. Biochimica et Biophysica Acta, 1969, 184: 643-645.

[75] Iibuchi S, Minoda Y, Yamada K. Hydrolyzing pathway, substrate specificity and inhibition of tannin acylhydrolase of *Aspergillus oryzae* NO. 7[J]. Agricultural and Biological Chemistry, 1972, 36: 1553-1562.

[76] Albertse E H. Cloning, expresion and caracterization of tannase from *Aspergillus species*[D]. Bloemfontein: University of the Free State, 2002.

[77] Bhat T K, Singh B, Sharma O P. Microbial degradation of tannins-a current perspective[J]. Biodegradation, 1998, 9(5): 343-357.

[78] Li M, Yao K, He Q, et al. Biodegradation of gallotannins and ellagitannins[J]. Journal of Basic Microbiology, 2006, 46: 68-84.

[79] Kusumoto I T, Shimada I, Kakiuchi N, et al. Inhibitory effects of Indonesian plant extracts on reverse transcriptase of an RNA *Tumour Virus*（Ⅰ）[J]. Phytotherapy Research, 1992, 6(5): 241-244.

[80] Cloutier M M, Guernsey L. Tannin inhibits adenylate cyclase in airway epithelial cells[J]. American Journal of Physiology, 1995, 268: 851-855.

第7章 植物单宁产品的制备

植物单宁是一大类物质的统称,在制革、化工、生物、医药、食品等多个领域有广阔的应用前景与重要的价值。不同工业领域的生产加工对植物单宁产品的纯度有不同的要求,如制革工业中主要需要纯度较低、杂质含量较高的栲胶[1],化工与食品行业主要需要有一定纯度的单宁[2],而生物与医药行业主要需要纯度较高、杂质含量较低的白藜芦醇、绿原酸等纯品[3]。本章通过结合实际生产技术,分别从栲胶类、单宁类及植物单宁的纯品三个方面对植物单宁产品的制备进行简要概括与总结,同时也对植物单宁的精细化生产进行介绍。

7.1 栲胶类产品的制备

栲胶,也称为植物鞣剂或鞣酸,是从单宁含量较高的植物的皮、根、叶和果实等原料中提取的以单宁为主要有效成分的混合物,通常为棕黄色至棕褐色,粉状或块状的固体。目前,我国可用于栲胶生产的植物品种多达 300 余种,如落叶松、杨梅、黑荆树、橡椀、山茱萸、槲树等,为栲胶的制备与生产提供了丰富的资源[4, 5]。

栲胶类产品的生产制备方法多种多样。目前,国内外的栲胶生产工业中主要使用的制备方法有:溶剂提取法、超声波辅助提取法、微波辅助提取法。此外,近些年发展起来的生物酶解技术、膜技术及超临界流体萃取技术等都在栲胶的生产制备中得到了应用[6]。将传统与现代技术结合,使得栲胶的生产效率和纯度得到了较大提高,为栲胶类产品的广阔应用提供了有力的技术支持。

7.1.1 溶剂提取法

溶剂提取法主要是依据植物原料中栲胶等有效成分可溶于提取溶剂,而其他杂质成分微溶、难溶或不溶于提取溶剂的原理进行提取。基于此,工业生产通过选择合适的提取溶剂和适宜的工艺条件,将栲胶从植物原料中提取出来。实际生产中,常用于栲胶生产的提取溶剂有乙醇、甲醇、丙酮、乙酸乙酯等有机溶剂和水,提取溶剂体系主要有纯水体系、水-有机溶剂混合体系和纯有机溶剂体系,可常温提取也可加热提取。溶剂提取法在栲胶的工业生产中应用较为广泛,具有设备要求不高、操作单元相对简单等优点,但也具有提取时间较长、提取效率不高等缺点[7-9]。目前，国内外的研究者已成功利用溶剂提取法提取了葡萄籽、柿子树、核桃壳、芒果等多种植物原料中的栲胶类物质，部分工艺参数见表 7.1。

表 7.1　部分采用溶剂提取法从多种植物原料中制备栲胶的工艺参数[7]

植物原料	提取工艺参数				
	溶剂体系	料液比/(g/mL)	温度/℃	时间/min	重复次数
酸杨桃叶	100%甲醇	1/80	70	240	2
葡萄籽	70%甲醇	1/20	90	30	2
山野菜	60%乙醇	1/15	80	60	1
莴苣叶	70%乙醇	1/9	50	30	1
芒果皮	60%乙醇	1/10	60	30	1
板栗壳	30%乙醇	1/2	70	170	1
香蕉皮	80%乙醇	1/3	80	180	2
苹果皮	70%乙醇	1/15	80	150	2
青梅果	60%乙醇	1/30	50	240	1
葡萄皮	60%乙醇	1/10	70	40	1
柿子皮	50%丙酮	1/16	45	90	1
山核桃仁	50%丙酮	1/15	30	90	3

从表 7.1 可以看出，应根据不同来源与种类植物原料的性质与状态，合理地选择适宜的提取溶剂、料液比例、温度、时间、提取次数等提取条件。此外，在采用有机溶剂为溶剂提取栲胶时，要特别注意提取温度的选择。温度过低，会使提出速度太慢而导致提出物的固含量减少，大大降低提取效率；温度过高，不仅会使有机溶剂快速挥发而损失，也会导致已提出栲胶被空气中的氧气快速氧化，使其纯度和色泽等品质受到影响[6-9]。

7.1.2　超声波辅助提取法

超声波是指一类振动频率很高（＞20kHz）、人类无法听到的机械波。超声波在介质中传播时，会与介质发生相互作用，使得媒介物质发生物理或化学变化，从而产生一系列的机械力学、热力学或化学方面的效应。栲胶一般是从植物的果荚或者是表皮细胞中提取出来，其溶出过程必然会遇到植物细胞壁的阻碍。超声波辅助提取技术利用超声波特有的机械效应、空化效应及热效应等作用破坏植物的细胞壁，加强了植物原料细胞内物质的释放和扩散，同时加速其在提取剂中的溶解，从而有效地提高了栲胶的制备速度与生产效率[10-12]。在塔拉栲胶的生产制备中，采用超声功率 800W、料液比为 1/30 (g/mL)、提取时间 3h、提取温度 25℃的超声波辅助提取工艺，能使产品的提取率比常规溶剂提取方式高 30% 左右，并且能获得纯度较高的塔拉栲胶成品[13]。因此，超声波辅助提取法凭借其简单快捷、提取效率高、反应温度低、适应性广、杂质少等特点，成为化工、医药、生物等多个领域广泛看好的一种用于多种植物活性成分的生产与制备的方法[14]。

7.1.3　微波辅助提取法

微波是指频率范围在 300MHz～300GHz 之间，波长在 1m～1mm 之间的一种电磁波，具有穿透、反射、吸收等基本特性。微波辅助提取法是利用微波与物质相互作用的能量来强化提取过程、提高提取效率的一种技术。其原理是在微波辅助提取过程中，原料细胞内的极性物质吸收微波的辐射能，从而产生较大的热量，让细胞内的温度迅速上升，使得细胞内的液态水汽化产生较大的压力，在细胞膜和细胞壁上形成微小的孔洞，造成细胞结构的破坏，使得提取溶剂顺利进入细胞内溶解目标成分[15-17]。在以黑荆树皮为原料的栲胶生产中，采用液固比 55∶1，提取时间 25min、提取温度 85℃的微波辅助提取工艺可获得提取率为 49.45% 的栲胶产品，远远高于常规溶剂提取法。可见，微波辅助提取技术能在较短的时间、较低的温度下有效地获得提取物，且避免了高温对目标成分的不良影响，具有提取率高、避免试剂和时间的浪费、绿色环保等多方面的特点。目前，该方法在植物活性物质的提取及复杂样品的预处理等方面得到了广泛应用[18-20]。

7.1.4　生物酶解法

生物酶解法是利用酶的高度专一性来制备栲胶的一种方法。生产过程中，采用对植物原料细胞壁的组成成分（纤维素、半纤维素和果胶等）具有特异性水解或降解作用的生物酶对原料进行处理，有效破坏细胞的结构，使得提取溶剂能进入细胞内溶解有效成分，从而达到分离和提取原料中栲胶类物质的目的[21, 22]。与栲胶类产品的其他制备方法相比，生物酶解法具有选择性好、提取效率高、反应时间短等优点。此外，由于生物酶解法的提取工艺是在非有机溶剂下进行的，对环境的污染较小，所得产物的纯度和稳定性都较高，避免了利用有机溶剂提取后溶剂回收困难等问题[6, 7, 23]。

总之，在实际生产中，要根据原料本身的性质及其所含有栲胶的种类，并从生产过程的经济成本和环保角度考虑，选择合适的制备方法，或者多种方法结合使用，以提高栲胶类产品的提取效率，保持产品的良好性能。

7.2 单宁类产品的制备

7.2.1 葡萄籽单宁的制备

葡萄籽单宁（grape seed tannin，GST，图 7.1）是葡萄果实中主要含有的单宁类物质，通常为红棕色的无定形粉末，少数能形成晶体，气微、味涩，极性较强，可溶于水、乙醇、丙酮等溶剂。葡萄籽单宁的主要化学成分是原花青素及其不同聚合度的聚合体，基本构成单位是儿茶素和表儿茶素[24-27]，具有抗氧化、清除自由基、螯合金属离子、抑制酶等多种生物活性以及降血压、降血脂、抗癌、预防和治疗心脑血管疾病、延缓衰老等多种临床药理作用，已被作为保健食品、原料药、食品添加剂和化妆品添加剂应用到食品、医药、生物、化工及日化等多个领域的工业产品研发及生产中[28-32]。

葡萄籽　　葡萄籽单宁

图 7.1 葡萄籽及葡萄籽单宁

目前，葡萄籽单宁在工业生产中的制备工艺流程主要如图 7.2 所示[33-35]。

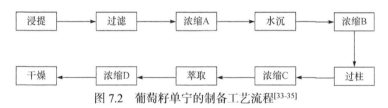

图 7.2 葡萄籽单宁的制备工艺流程[33-35]

上述制备工艺流程中，每步工序的具体操作如下。

（1）浸提：以 5 倍于葡萄籽原料的 70%乙醇为浸提液，在 65℃以下浸提 24h。

（2）过滤：浸提混合物用筛网过滤，弃去浸提过的葡萄籽，浸提液冷却备用。

（3）浓缩 A：浸提液温度低于 60℃时减压浓缩，浓缩至浸提液波美度达 29°。

（4）水沉：浓缩液冷却后加 6~7 倍的水，边加水边搅拌，之后在沉淀罐中常温静置 8h 以上，上清液取出备用；沉淀物中再加入 4~5 倍的水进行二次沉淀，再静置 8h 以上，上清液取出备用，沉淀物弃去，合并上清液。

（5）浓缩 B：上清液温度低于 60℃时减压浓缩，浓缩至浸提液波美度达 6°。

（6）过柱：浓缩液进大孔树脂柱，进行选择性吸附，水洗柱子后，用 70%乙醇洗脱，收集洗脱液。

（7）浓缩 C：洗脱液蒸馏脱去乙醇和部分水，使洗脱液的波美度为 8°~10°。

（8）萃取：经过浓缩的 70%乙醇洗脱液分别用 5 倍体积、2 倍体积的乙酸乙酯溶液各萃取一次，合并两次乙酸乙酯层的萃取液，弃去水层。

（9）浓缩 D：向乙酸乙酯层萃取液加水，蒸去乙酸乙酯，得波美度 8°～10°的浓缩液。

（10）干燥：将浓缩液在进口温度 200～210℃、出口温度 91～125℃的条件下喷雾干燥，得到葡萄籽单宁的产品。

通过上述制备工艺流程能顺利地得到纯度较高的葡萄籽单宁的成品，但上述制备工艺也存在工序耗时长、浓缩次数多、耗能大、多次受热使产品质量下降等缺点。为了进一步简化生产工序，缩短生产流程、降低成本、提高收率、改善产品质量，葡萄籽单宁新的生产制备工艺在实际生产中逐渐得到推广应用，该工艺流程如图 7.3 所示[36]。

图 7.3　葡萄籽单宁的新型制备工艺流程[36]

上述制备工艺流程中，每步工序的具体操作如下。

（1）浸提：将葡萄籽原料加入 5～9 倍于原料质量的水，加温至 95℃，维持 95～98℃浸提 4h，过滤，得第一次浸提液；再补入 3～6 倍的水，再升温至 95℃，维持 95～98℃二次浸提 2h，过滤，获得第二次浸提液，合并二次浸提液。

（2）离心：将冷却至 50～70℃的浸提液进行离心操作，去除细小颗粒、残渣。

（3）过柱：将冷却至 50℃以下的离心液进大孔树脂柱，进行单宁的选择性吸附，水洗树脂后，再用浓度 60%的乙醇溶液洗脱，得洗脱液。

（4）浓缩：将洗脱液在真空度 0.4～0.6MPa、温度 60～70℃条件下进行真空浓缩，浓缩液备用。

（5）喷粉：将浓缩液泵入喷雾干燥塔喷雾干燥，进风温度 215～225℃，出风温度 105～107℃，获得流动性良好的葡萄籽单宁粉末成品。

上述新型制备工艺中，为获取性状较好的葡萄籽单宁产品，喷粉前需将浓缩液实施萃取，分两次加入 2～3 倍于浓缩液体积的乙酸乙酯溶液分别萃取两次，弃水层，合并两次萃取后的乙酸乙酯层溶液，再加入与萃取前浓缩液体积等量的去离子水蒸馏，去除乙酸乙酯，所得蒸馏液用于喷粉。与图 7.2 所示的葡萄籽单宁的制备工艺相比，此新型制备工艺以离心操作去除残渣代替筛网过滤和二次水沉，简化了操作工序、减轻了劳动强度、减少了蒸汽耗用量、降低了生产成本，在葡萄籽单宁的工业生产中具有较好的推广应用前景。

7.2.2　柿子单宁的制备

柿子单宁（kaki tannin，图 7.4）是存在于柿子果实当中，使其呈涩味的一类酚类物质的混合物，约占柿子果实鲜重的 2%。柿子单宁属于缩合类单宁，基本构成单位是儿茶素和桔儿茶素，组成单元之间以 C—C 键连接，形成具有不同聚合度的聚合体[37, 38]。

国内外研究表明，柿子单宁具有抗菌、抗病毒、抗过敏、提高免疫力、抗氧化、清除自由基等多种有益的生物活性以及抑制淋巴细胞白血病、抗肿瘤、预防心脑血管疾病等药理作用。此外，柿子单宁还具有很好的蛋白质结合能力，能有效地抑制蝮蛇、

图 7.4　柿子及柿子单宁

眼镜蛇、五步蛇等蛇类毒液中多种酶及毒素的活性，起到缓解蛇毒中毒症状的作用。因此，柿子单宁已被作为生产原料及半成品广泛应用于医药、生物、食品和化工等多个领域[39-43]。目前，在柿子单宁的工业生产中，其主要的制备工艺流程如下[44]。

（1）将柿子原料去皮、破碎，加入 10～30 倍于柿子原料质量的浓度为 70%～80% 的乙醇，在 60～80℃条件下搅拌提取 1～3h，重复提取 2～3 次，合并提取液，过滤，取滤液备用。

（2）将滤液在 30～45℃条件下真空浓缩，再向浓缩液中加入 2～4 倍于浓缩液质量的 95% 乙醇，静置过夜，2000～5000r/min 离心 10～20min，取上清液备用。

（3）将上清液过 AB-8 大孔树脂色谱柱，先用蒸馏水洗脱，洗至无色，然后用无水乙醇洗脱，收集乙醇洗脱液。

（4）将乙醇洗脱液浓缩回收乙醇溶剂，得到浸膏。将浸膏加水溶解，水的加入量为浸膏质量的 3～5 倍，过滤，取滤液通过截留分子量为 450～600 的中空纤维膜，收集截留液（含分子量>600 组分）备用。

（5）将截留液通过截留分子量为 14000～15000 的中空纤维膜，收集透过液，真空冷冻干燥，即获得柿子单宁粉末。

在上述制备工艺的基础上，为了进一步简化操作步骤，降低成本，提高产品的得率与纯度，满足工业生产对柿子单宁不同物性状态的要求，基于生物发酵技术的柿子单宁新型制备工艺也在多个领域得到了推广应用，该新型制备工艺流程如图 7.5 所示[45]。

柿子汁液制备 → 发酵脱糖 → 分离乙醇 → 陈酿 → 过滤脱除异味 → 干燥

图 7.5　柿子单宁的新型制备工艺流程[45]

上述制备工艺流程中，每步工序的具体操作如下。

（1）**柿子汁液制备**：收获的柿子原料经清洗后采用不锈钢刀具挖出顶端果蒂部分，破碎后采用螺杆榨汁机压榨出原料中的汁液，汁液经 60 目滤布过滤除杂，

备用。

（2）发酵脱糖：柿子汁液可通过自然发酵或人工发酵方式将糖分分解为乙醇而达到脱糖处理。采用自然发酵方式，柿子汁液不经高温处理直接存放于一般容器内在室温下发酵，采用糖度计测定汁液中可溶性固形物含量，当可溶性固形物含量低于 2% 时终止发酵，一般发酵时间为 7～10d。采用人工发酵方式，需对过滤的汁液加热至 60℃ 以上杀菌，后冷却至室温，汁液接种酵母菌（包括市售各种活性干酵母或分离培养的酵母菌等）于 30℃ 左右温度下发酵至可溶性固形物含量低于 2% 以下，终止发酵。经自然或人工发酵完毕的柿子汁液采用 60℃ 加热 5min 杀灭酵母，后通过 80～100 目滤布过滤去除酵母和部分悬浮物等，滤液备用。

（3）分离乙醇：汁液中发酵生成的乙醇等成分在低于 50℃ 条件下通过真空浓缩方式分离回收乙醇，蒸发后的发酵液中乙醇残留量应低于 0.5%。

（4）陈酿：脱除乙醇的柿子汁液密封、避光储存于阴暗环境中 6～24min，柿子单宁相互聚合形成高分子并束缚部分水分子形成冻状体。

（5）过滤脱除异味：采用 100～200 目滤布对陈酿结束后形成的冻状体进行过滤，并用清水清洗，使高分子的柿子单宁为主的冻状物被保留在滤布内，而小分子可溶性酸类等成分被分离除去，最终获取淡褐色的半固态或液态柿子单宁。

（6）干燥：根据工业生产和加工的需要，可对液态的柿子单宁采用喷雾干燥、低温真空干燥和冷冻干燥并粉碎等方式获得固体单宁粉状物。

该制备工艺的生产过程不添加任何化学试剂，是一种清洁化生产技术，缓解了传统制备工艺对环境的污染。同时，所得柿子单宁产品为纯天然的柿子成分，可作为啤酒、葡萄酒的澄清剂，化妆品的添加剂，各种脱臭剂的添加剂，污水处理剂，贵重金属的吸附剂等，提高了产品的附加利用价值。

7.2.3　茶单宁的制备

茶单宁（tea tanin，图 7.6），又称茶多酚，是茶叶中儿茶素类、黄酮类、酚酸类和花色素类化合物的总称，约占茶叶干重的 15%～35%，是形成茶叶色香味的主要成分，也是茶叶中含有的主要活性物质。茶单宁是一类混合物，其最主要的组成成分是儿茶素，占茶单宁总量的 60%～80%。因结构中带有多个活性酚羟基，茶单宁展现出多种有益人体健康的生物活性作用，如清除自由基、抑制脂质过氧化、抗紫外线辐射、保护细胞膜、抗菌等。此外，茶单宁还具有提高人体免疫力、降血脂、降血糖、抗肿瘤、防治动脉粥样硬化和延缓衰老等多种药理作用。因独特的功效及

图 7.6　茶叶及茶单宁

天然绿色的特点，茶单宁已被当作原料或添加剂在医药、食品、保健品、化妆品等领域得到了广泛的应用[46-50]。

我国对于茶单宁生产制备的研究发展于 20 世纪 80 年代，进入 90 年代形成高潮。目前主要使用的生产制备工艺如图 7.7 所示[51]。

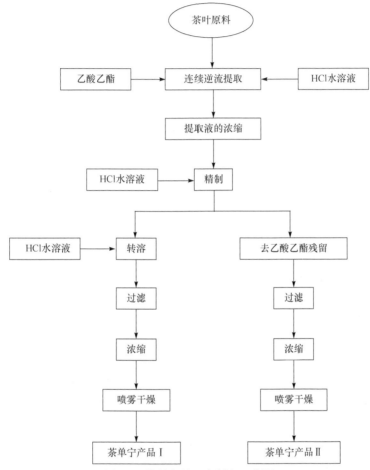

图 7.7　茶单宁的生产制备工艺[51]

上述制备工艺流程中，每步工序的具体操作如下。

（1）逆流提取：将茶叶原料投入到逆流提取设备中，加入乙酸乙酯，再加入 0.05%~1% HCl 水溶液，料液比为 1∶5~1∶30，进行逆流提取，提取温度 20~60℃，提取时间 5~60min，提取完毕后过滤，可重复提取 2~3 次，合并滤液，得茶单宁提取液。

（2）浓缩：将提取液在 30~45℃条件下进行真空浓缩，浓缩液备用。

（3）精制：浓缩后的茶单宁提取液置于动态逆向萃取设备中，再加入 0.05%~

1%的 HCl 水溶液，搅拌，静置，分出下层水相，再加入 0.05%~1% 的 HCl 水溶液同法反萃 1~12 次，合并所有反萃水相。

（4）转溶：将上述经过逆向萃取后的酯相溶液进行浓缩，然后加入纯水进一步浓缩，待乙酸乙酯溶剂回收完毕，停止浓缩。此时，茶单宁等可溶于水的物质将溶于水中得到茶单宁溶液 I，不溶于水的杂质将呈固体状浮于水溶液中。将上述经过动态逆流萃取后的水相进一步浓缩得到茶单宁溶液 II。

（5）过滤：将茶单宁溶液 I 和茶单宁溶液 II 分别过滤，除去不溶性的杂质。

（6）浓缩：将过滤后的茶单宁溶液 I 和茶单宁溶液 II 分别在 30~45℃ 条件下进行真空浓缩，浓缩后茶单宁溶液的浓度控制在 10%~50%。

（7）干燥：将浓缩后的茶单宁溶液进行干燥，干燥方式采用喷雾干燥，分别收集得到纯度较高的茶单宁产品 I 和纯度较低的茶单宁产品 II。

茶单宁的该生产制备工艺采用乙酸乙酯和酸水溶液的混合溶剂进行提取，可以最大限度地使茶叶原料中的茶单宁溶出，显著增大提取率，且有效阻止了茶叶中大量杂质的溶出，改变了传统纯水提取工艺中水提后再萃取的方法，简化了操作工艺，也有效降低了生产过程中工业废水的产生和处理问题，是一种环境友好的低能耗生产方式。同时，该生产工艺的提取温度控制在 60℃ 以下，很好地解决了温度对茶单宁产品质量的影响。取按上述制备工艺生产得到的茶单宁成品进行品质检测，各项指标均完全符合《食品安全国家标准　食品添加剂　茶多酚（又名维多酚）》（GB 1886.211—2016）中的要求，具体结果见表 7.2。

表 7.2　茶单宁产品的部分质量指标[51]

质量指标	茶单宁产品 I	茶单宁产品 II
单宁含量/%	90	60
水分含量/%	6.0	6.0
总灰分含量/%	0.3	2.0
砷/%	0.0002	0.0002
总金属（以铅计）/%	0.0010	0.0010
咖啡因/%	4.0	—

7.3　植物单宁纯品的制备

7.3.1　表没食子酸儿茶素没食子酸酯的制备

表没食子酸儿茶素没食子酸酯（epigallocatechin gallate，EGCG）是茶单宁中一类重要的儿茶素类单体化合物，也是茶叶中最主要的生物活性成分，占茶叶中儿茶素类化合物的 10%~15%，其化学结构如图 7.8 所示。

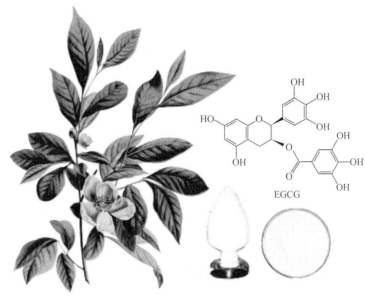

图 7.8　茶叶及表没食子酸儿茶素没食子酸酯

EGCG 的分子式为 $C_{22}H_{18}O_{11}$，分子量为 458.4，纯品为白色粉末，味苦涩，无毒，易溶于水，能溶于甲醇、乙醇、乙腈和乙酸乙酯，不溶于氯仿，熔点为 218℃。EGCG 含有多个酚羟基及特殊的空间立体结构，展现出显著的清除自由基、抗氧化、抗紫外线、调节免疫力、保护神经系统、延缓衰老、抑制有害微生物生长、除异味等多种生物活性，以及降血压、降血脂、解毒、治疗心脑血管疾病和慢性肾衰竭等临床药理作用，也成为一种重要的原料及保健成分在食品、医药、保健品和日化工业中得到了广泛应用[52-57]。

从茶叶原料及其提取物中分离、纯化 EGCG 有很多种方法[58-62]，限于篇幅，本书不一一详细列举，仅从工业生产角度出发，向读者介绍一种常用于 EGCG 工业化生产的制备工艺[63]，生产流程如图 7.9 所示。

图 7.9　EGCG 的制备工艺[63]

上述制备工艺流程中，每步工序的具体操作如下。

（1）浸泡：将茶叶原料置于浸提器中，按固液比 1∶5 加入纯水浸泡 1.8~

2.5h，将浸提器中的混合液过 18～24 目筛，得滤液，浸泡温度为 65～100℃。

（2）离心：将滤液置于温度为 30～50℃、压强为 0.1～0.3MPa、转速 6500～7000r/min 的条件下离心 50～70s，弃去沉淀，离心液用于下步操作。

（3）一次吸附：将离心液上样于 LX-8 树脂柱（根据上样量选用不同规格的柱子），吸附离心液中的 EGCG，用 70%～75% 的乙醇洗脱，洗脱速度 2L/h，收集固形物含量为 4%～6% 的洗脱液。

（4）浓缩：将收集到的洗脱液加至浓缩器中浓缩 100～140min，浓缩温度为 60～75℃，得浓缩液。

（5）过滤：采用板框过滤器对浓缩液进行过滤，过滤温度为 35～45℃，过滤压强 0.1～0.3MPa，滤膜孔径为 0.02mm。

（6）二次吸附：将上步所得滤液上样于 HZ818 树脂柱（根据上样量选用不同规格的柱子），用 70%～75% 的乙醇洗脱，洗脱速度 2L/h，吸附滤液中的咖啡因，收集流出液备用。

（7）浓缩：先采用截留分子量为 100 的反渗透膜浓缩上步收集到的流出液，浓缩至固形物含量≥20%，膜浓缩温度为 35～45℃；再将浓缩液加热至温度≥75℃，蒸发浓缩至固形物含量≥50%，冷却析出晶体。

（8）漂洗：将上步所得晶体用温度≤25℃的纯净水漂洗 2～3 次。

（9）脱水：将漂洗后的晶体置于转速为 1500～1700r/min 的离心机中离心 13～18min，脱去多余水分。

（10）干燥：将脱水后的晶体置于温度为 60～70℃的条件下干燥，至水分≤5.0%。

（11）除铁：将干燥后的固体用粉碎机粉碎，过 50～90 目筛，用磁铁吸附除铁，除铁后将粉末混合均匀，再次过筛、磁铁吸附除铁，所得粉末即为高纯度的 EGCG 产品。

上述制备工艺采用新鲜茶叶为原料，克服了传统工艺中采用干茶叶粉碎过筛后在高温下浸提时易糊化、不易过滤的缺点，以纯水作介质直接分离出 EGCG 单体，减少了原料中脂溶性农药浸出的危险，在纯化工艺中采用两次树脂吸附，第一次吸附采用 LX-8 树脂，吸附滤液中的 EGCG，第二次吸附采用 HZ818 树脂，吸附滤液中的咖啡因，通过结晶、漂洗、干燥等流程得到 EGCG 单体，纯度可达 99% 左右。该生产制备工艺操作简单、分离效率高、成本低、生产周期短，产品纯度高，已在 EGCG 的工厂化大规模生产中得到了广泛应用。

7.3.2　白藜芦醇的制备

白藜芦醇（resveratrol，图 7.10），又名虎杖苷元，是一种含有芪类结构的非黄酮类单宁化合物，广泛存在于虎杖、葡萄、松树和花生等天然植物中[64]。

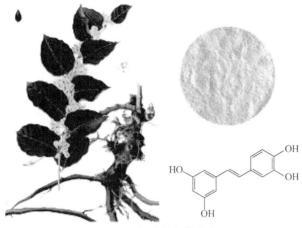

图 7.10 虎杖与白藜芦醇

白藜芦醇是植物受到生物或非生物胁迫时代谢产生的一种植物抗毒素，其化学本质是 3,5,4'-三羟基二苯乙烯(3,5,4'-trihydroxysitlbene)，分子式为 $C_{14}H_{12}O_3$，分子量为 228，纯品是无色针状晶体，难溶于水，易溶于乙醇、乙酸乙酯、丙酮等极性溶剂。自 1939 年首次从毛叶藜芦根部分离得到白藜芦醇到 1989 年世界卫生组织调查结果显示的"法国悖论"(French Paradox，即同样以高蛋白、高脂肪、高热量食品为主食的法国人，其冠心病、高血脂等心血管疾病的发病率远远低于其他饮食习惯类似的国家，原因在于法国人爱喝葡萄酒，葡萄酒内高含量的白藜芦醇是法国人心血管疾病发病率低的重要原因之一)，白藜芦醇开始受到人们的广泛关注。研究表明，白藜芦醇是一种优良的天然活性物质，具有抗菌、抗炎、抗氧化、预防心脏病、抗癌、抗血小板凝聚、保护肝脏、调节免疫、防辐射、充当雌激素作用、抗艾滋等多种生物和药理作用，已被用作原料、添加剂及产品在食品、药品、保健品等领域得到了广泛应用[65-70]。

目前，白藜芦醇的工业化生产制备主要有两条途径，一是从富含白藜芦醇的植物性原料中进行提取，再就是采用化学的方法进行白藜芦醇的全合成[71, 72]，本节将简要对白藜芦醇的这两种生产制备方式进行介绍。

在白藜芦醇的工业化生产中，由富含白藜芦醇的植物性原料出发，采用提取的方法生产白藜芦醇的主要制备工艺如图 7.11 所示[73-75]。

上述制备工艺流程的具体操作如下。

(1)将虎杖适当粉碎至 20～40 目，称取虎杖粉 100kg 于提取罐中，用 80%(体积分数)甲醇水溶液 900L 于 50℃回流搅拌提取 2.5h，袋式过滤器过滤，收集滤液于储罐中，残渣按上述步骤再提取两遍，过滤，收集滤液，合并 3 次滤液。滤渣用挤干机挤干，收集液体，残渣用蒸渣机回收残留的溶剂。合并提取液，得提取液。将提取液转移至真空浓缩罐中，于 55～60℃真空浓缩回收甲醇，浓缩至无甲醇，浓缩液转移至酶解罐中待酶解。

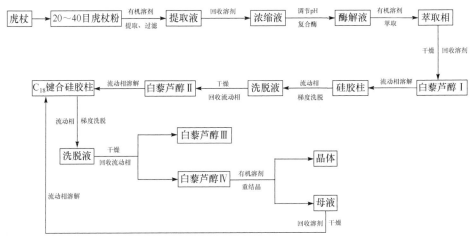

图 7.11　从植物性原料中提取白藜芦醇的制备工艺[73-75]

（2）量取适量浓缩液加入酶解罐中，用盐酸调节 pH 至 4.6～4.8，保温至 52～53℃，加入 0.2kg 的复合酶（β-葡萄糖苷酶：纤维素酶：β-葡聚糖苷酶 = 2：1：1，质量比）进行搅拌酶解，搅拌速度为 30r/min，酶解时间 14h，酶解结束后将酶解液转移至萃取罐中，待萃取。

（3）酶解液用乙酸乙酯与石油醚的混合物（2：1，体积比）进行萃取，萃取温度为室温，萃取时间 15min，静置时间 45min。分离出有机相，水相再加入乙酸乙酯与石油醚的混合物重复萃取 2 次，合并有机相。在萃取过程中会出现不同程度的乳化现象，将乳化层分离出来后用超声波设备进行破乳处理，收集有机相。将萃取所得全部有机相转移至真空浓缩罐，45～50℃条件真空浓缩，回收有机溶剂，浓缩液即为白藜芦醇样品Ⅰ，备用。

（4）白藜芦醇样品Ⅰ用流动相溶解后湿法上样，上样量为 4g 样品/50g 硅胶。然后用石油醚：乙酸乙酯：甲醇（85：10：5，体积比）为洗脱溶液进行梯度洗脱，洗脱剂用量为 4～5 倍柱体积，洗脱速度为 1.5 倍柱体积/h。分步收集流出液，薄层色谱检测流出液，合并含有白藜芦醇成分的流出液，45～50℃条件下真空浓缩，回收有机溶剂，干燥得白藜芦醇样品Ⅱ。

（5）将白藜芦醇样品Ⅱ用流动相溶解，湿法上样，上样量为 1g 样品/20g C$_{18}$ 键合硅胶。以甲醇：水（35：65，体积比）为洗脱剂进行等梯度洗脱，洗脱剂用量为 3～5 倍柱体积，洗脱速度为 1.5 倍柱体积/h。紫外检测器在线检测，检测波长为 300nm，分步收集色谱峰对应洗脱液，经高效液相色谱仪检测，合并具有相同成分的洗脱液，45～50℃条件下真空浓缩，回收有机溶剂，干燥得高纯度白藜芦醇样品Ⅲ和低纯度白藜芦醇样品Ⅳ。

（6）将低纯度的白藜芦醇样品Ⅳ用 50%（体积分数）的甲醇与丙酮混合（1∶1，体积比）溶液于 50℃加热溶解，过滤，冷却至 0~5℃结晶 24h。分离母液和晶体，母液 45~50℃条件下真空浓缩，回收有机溶剂，干燥后用 C_{18} 键合硅胶柱进一步处理，晶体为高纯度白藜芦醇。

上述提取制备工艺利用富含白藜芦醇的虎杖为原料，通过有机溶剂提取、复合酶水解、萃取、硅胶柱层析偶合 C_{18} 键合硅胶柱层析分离纯化以及重结晶，制备高纯度的白藜芦醇，提取率达 90%，回收率达 65%以上，白藜芦醇产品的纯度达 98%以上，达到药用标准，整个工艺产品的得率为 0.65%，具有提取率高、生产周期短、产品纯度高、收率高及生产成本低、工艺操作简单易行等优点。

白藜芦醇多种生物活性和临床药理作用的发现和研究，使得其在医药、日化等多个领域的需要量日益增大，通过从植物原料中提取制备白藜芦醇的方法无论从产量还是产品纯度上都不能满足其快速增长的市场需求。因此，通过化学合成的方法生产白藜芦醇逐渐成为其工业化生产中的主要途径。目前，采用化学反应合成白藜芦醇的主要路线如图 7.12 所示[76-78]。

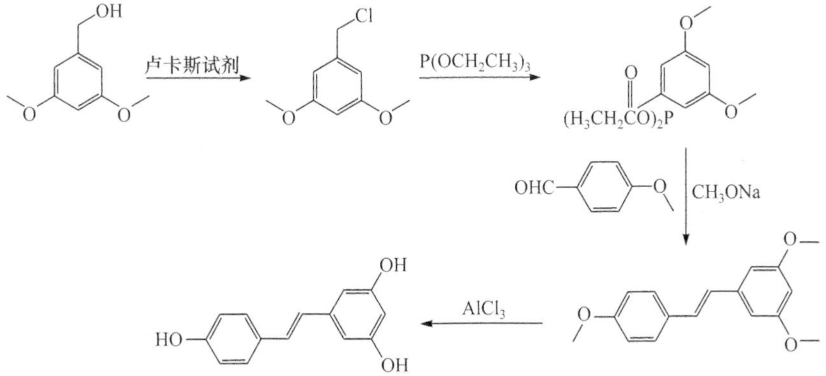

图 7.12　白藜芦醇的化学合成路线[76-78]

该合成制备工艺的具体操作如下所述。

1）3,5-二甲氧基苄氯的合成

将 3,5-二甲氧基苯甲醇与卢卡斯试剂按照 1∶1.5~1∶2 的质量比抛入第一反应器内，室温搅拌，维持 1h 后得到混合溶液Ⅰ；将混合溶液Ⅰ进行抽滤，得白色固体，用蒸馏水洗涤白色固体三次，真空干燥，得到 3,5-二甲氧基苄氯。

2）3,5-二甲氧基苄基膦酸二乙酯的合成

先将制得的 3,5-二甲氧基苄氯与亚磷酸三乙酯按照 1∶2~1∶3 的质量比抛入反应器内，搅拌，反应器内温度控制在 90~150℃，同时用冷却器进行回流冷凝，并维持 3~8h；回流冷凝所得的物质在 100℃、20mmHg（1mmHg=1.33322× 10^2Pa）真空条件下，进行回收，得亚磷酸三乙酯，第二反应器内余液即为 3,5-

二甲氧基苄基膦酸二乙酯。

3）(E)-3, 4′, 5-三甲氧基二苯乙烯的合成

将制得的 3, 5-二甲氧基苄基膦酸二乙酯与干燥的 N, N′-二甲基甲酰胺（DMF），按照 1∶2～1∶3 摩尔比的量投入反应器中，搅拌制得混合溶液Ⅱ，再将对甲氧基苯甲醛溶于 N, N′-二甲基甲酰胺中，配制得到对甲氧基苯甲醛的 N, N′-二甲基甲酰胺溶液，再将装有混合溶液Ⅱ的反应器用冰浴冷却，当混合溶液Ⅱ冷却到 0℃以下时，在快速搅拌下加入甲醇钠，加完甲醇钠后再缓慢滴加上述对甲氧基苯甲醛的 N, N′-二甲基甲酰胺溶液，制得混合溶液Ⅲ，再将混合溶液Ⅲ置于反应器中，自然升温至室温，反应 10～15h，得到混合溶液Ⅳ，接着将所得混合溶液Ⅳ倒入冰水中，搅拌，同时滴加体积浓度为 10%的稀盐酸进行中和，中和过程中有固体析出，反应完全后得到固液混合物，过滤，得淡黄色固体，用 20%～40%的乙醇溶液（体积分数）进行重结晶，得(E)-3, 4′, 5-三甲氧基二苯乙烯。

4）白藜芦醇的合成

将(E)+-3, 4′, 5-三甲氧基二苯乙烯和无水吡啶放入反应器，搅拌，油浴加热，回流冷凝，反应器温度 110℃±2℃时分批加入无水三氯化铝，再升温到 155℃±2℃，恒温反应 4～5h 制得混合物Ⅴ，趁热将混合物Ⅴ倒入冰水中，进行水解得到水解产物，水解产物用乙酸乙酯在 40～80℃条件下进行萃取，然后进行分液、有机相降温结晶，最终得白色针状的白藜芦醇晶体。

上述白藜芦醇的化学合成制备工艺，不仅方法简单、反应收率高，且反应条件相对温和、易操作，在医药、化工行业中得到了广泛应用。

7.3.3　绿原酸的制备

绿原酸（chlorogenic acid，图 7.13），又名咖啡单宁酸，是植物在有氧呼吸过程中经磷酸戊糖途径的中间产物（咖啡酸与奎尼酸）合成的一种单宁类化合物。绿原酸的化学名称为 3-O-咖啡酰奎尼酸，分子式为 $C_{16}H_{18}O_9$，分子量 354.3，其半水合物为白色或微黄色针状结晶，110℃时可变为无水物，熔点 208℃，25℃时在水中溶解度约为 4%，易溶于乙醇、丙酮、甲醇等极性溶剂，微溶于乙酸乙酯，难溶于氯仿、乙醚、苯等亲脂性有机溶剂。绿原酸广泛分布在金银花、杜仲、咖啡豆、马铃薯、越橘和苹果等中药材和水果、蔬菜中，随着对绿原酸研究的深入，人们发现绿原酸是一种重要的生物活性物质，具有抗菌、抗病毒、增高白细胞、保肝利胆、抗肿瘤、降血压、降血脂、抗氧化及兴奋中枢神经系统等多种临床药理作用。除了药用外，绿原酸可以作为某些高级化妆品的添加剂、植物生长激素及食品中的添加剂等，因此绿原酸已成为食品、药品、化妆品等工业的重要原料[79-83]。

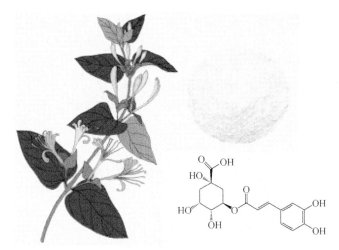

图 7.13　金银花与绿原酸

目前，在绿原酸的工业化生产中主要是通过从富含绿原酸的植物原料中将其提取出来，再通过萃取、层析、结晶等步骤对其进行纯化，从而获得纯度较高的产品[84-86]。实际生产中，常用于绿原酸工业制备的生产工艺如图 7.14 所示。

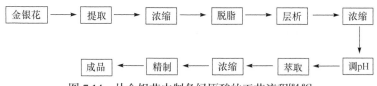

图 7.14　从金银花中制备绿原酸的工艺流程[84-86]

上述工艺流程的具体操作如下。

（1）提取、浓缩：将金银花置于乙醇溶液中浸泡，加热回流 3 次，每次 1～3h，过滤，滤液于 35～45℃下真空浓缩，浓缩液备用。

（2）脱脂：浓缩液采用中等极性溶剂（乙醚、石油醚、丁酯等）按体积比 1∶10～1∶20 脱脂三次，保留水层。

（3）层析：除脂后的提取液通过大孔树脂（D101 或 D101B）柱，水洗，收集流出液。

（4）浓缩：流出液于 35～45℃下真空浓缩，浓缩液备用。

（5）调 pH：浓缩液冷却至室温，用稀盐酸调节 pH 至 1.8～2.2。

（6）萃取：采用中等极性溶剂（乙醚、石油醚、丁酯等）萃取浓缩液，重复萃取 3 次，收集有机层溶液。

（7）浓缩：萃取液于 35～45℃下真空浓缩，回收有机溶剂，得到黄色蓬松固体物质。

（8）精制：向黄色蓬松固体物质中加入适量乙酸乙酯，60℃水浴加热，加入活性炭静置 20min，趁热过滤，回收乙酸乙酯，所得固体即为纯度较高的绿原酸单体。

上述绿原酸的制备工艺采用醇提法以提高绿原酸的提取率和转移率，使绿原酸的最终转移率达 84%，且回收的提取溶剂可循环使用，绿色环保；所得绿原酸产品的纯度可达 98%以上，且生产环节少、成本较低、收率高、方法简单、易操作，在绿原酸的工业化生产中得到了广泛的推广应用[87-89]。

7.4　植物单宁的精细化生产

7.4.1　植物单宁精细化生产的意义

传统上，精细化学品生产主要是指利用石油、煤等原料产生的中间体制备功能性和专用性化学品的过程。无疑在今后若干年内这仍将是精细化工的主体。值得注意的是，许多天然产物特别是可再生资源的开发利用，也同样面临着生产过程和产品的精细化这一重大课题。加强这一领域的研究工作，不仅从环境和可持续发展角度看具有重要意义，同时对更充分、更合理地利用天然产物、提高天然产物的利用价值、开发具有特殊功能的精细化学品具有难以估量的意义。大量关于植物单宁性质和应用的研究工作表明，研究和实施植物单宁制备和生产过程的精细化是大有可为的。

目前利用的植物单宁主要来源于三方面：一是森林副产物，如树皮、树干、果壳；二是茶叶或茶叶生产副产物；三是药用或食用植物。从数量上看，第一类资源要比其他来源丰富得多，我国已经查明的植物单宁含量较高、具有提取利用价值的树木种类有数十种[90]，许多针叶树皮中单宁含量高达 20%～40%。一些富含植物单宁的树木，如黑荆树，6～8 年即可成熟利用。因此来源于森林副产物中的植物单宁是一类取之不尽的绿色资源，应该加以充分利用。

近二十多年来，植物单宁与蛋白质、生物碱、多糖的反应，与金属离子的络合，表面活性，对细菌、病毒和酶的抑制，对某些农作物病害的抗性，具有抗氧化、抗紫外照射和捕捉自由基的能力等一系列重要属性越来越多地被各相关领域学者所认识，使人们对这类天然产物的应用基础和开发利用研究更趋活跃[91-93]。已进行的研究工作不仅较系统地阐明了植物单宁在制革、泥浆稀释剂、黏合剂、金属络合材料、矿石浮选、水处理、天然色素等传统应用领域的化学和物理化学基础，而且揭示了这类化合物在医药、食品、化妆品、农作物抗病虫害、功能高分子材料等方面的新的应用途径和原理[94-96]。

与上述研究工作发展情况相悖的是，近二十年来，植物单宁的利用数量并无发展。2018 年，世界栲胶年产量约为 50 万吨，远不足资源量的 1%，我国植物单宁资源丰富，品种也较多，但目前栲胶产量仅为 3 万～4 万吨，多数植物单宁资源被作为废物弃去。已有的栲胶产品 70%以上用于制革生产，其余主要用于泥浆稀释剂和生产黏合剂，用于制备其他高附加值精细化学品的实例还很少，因而栲胶的价格也一直不高（4000～8000 元/吨）。

上述现象，很大程度上是由目前的植物单宁生产方式所导致的。现行的由林业副产物大规模生产植物单宁的主要化工过程如图 7.15 所示。

图 7.15　大规模生产植物单宁的主要化工过程[9]

产品中除植物单宁化合物外，还包括许多其他可溶于水的化合物。表 7.3 是栲胶的大致组成情况。就植物单宁而言，分子量分布也相当宽，表 7.4 是坚木栲胶中植物单宁的分子量分布。

表 7.3　栲胶的组成[9]

成分	含量（质量分数）/%	化合物
单宁	50～80	分子量为 500～3000 的植物单宁
非单宁	15～30	小分子的酚类、黄酮、黄烷醇、糖、色素和有机酸等
不溶物	2～10	鞣花酸、红粉等
水	5～10	

表 7.4　坚木栲胶中植物单宁化合物的分子量分布[9]

分子量	含量（质量分数）/%	分子量	含量（质量分数）/%
<400	6.5	2751～5500	16.0
400～750	16.0	5501～10000	12.0
751～1500	23.0	10001～18000	6.0
1501～2750	19.0	18001～50000	1.5

注：凝胶色谱法测定。

如前所述，研究工作已证实植物单宁可用于许多精细化学品领域，但不同领域对单宁的化学结构和分子量有一定选择，合适的分子量范围是最基本的条件，见表 7.5。

表 7.5　植物单宁应用途径与组分的关系[9]

用途	有效成分	不利成分
制革鞣剂	分子量 500~3000 的单宁	糖、果胶和分子量大于 3000 的单宁
黏合剂	分子量大于 1500 的单宁	低分子量单宁
泥浆稀释剂	全部成分	无
高温堵剂	分子量大于 1500 的单宁	低分子量单宁
金属络合剂	分子量 500~3000 的单宁	大分子量单宁
功能高分子材料	按用途选用不同分子量的单宁	大分子量单宁
天然色素	二聚体以上的黄烷醇单宁	非黄烷醇单宁
医药	小分子量的单宁	分子量大于 1500 的单宁
食品工业	小分子量的单宁	分子量大于 1500 的单宁
化妆品	小分子量的单宁	分子量大于 1500 的单宁
改性单宁	分子量 500~3000 的单宁	分子量大于 3000 的单宁

可见，植物提取物中的各组分均有自己最适宜的应用领域，而当它们以混合物形式存在时，会在一定程度上影响其作用的发挥。这正是限制目前的植物单宁产品利用价值和应用范围的主要原因。因此，通过改进现行的植物单宁生产工艺，使产品趋于精细化、专用化，是使这类天然产物获得更好利用的有效途径，也正成为关于植物单宁的重要研究方向。

7.4.2　植物单宁常见的精细化生产方式

1. 溶剂分级

一种方法是先制备水浸提物，再用不同极性的溶剂进行萃取分级；另一种方法是直接用不同溶剂依次萃取植物原料[97]。

第一种方法的典型实例如图 7.16 所示。

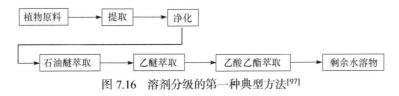

图 7.16　溶剂分级的第一种典型方法[97]

对我国多种栲胶的分级实验表明，石油醚萃取物中含 5%左右的树胶，具有重要的利用价值。乙醚萃取物中主要含低分子量酚类化合物，对缩合类单宁而言，主要是黄酮、儿茶素、儿茶素二聚体等。乙酸乙酯萃取物主要含分子量 1000 左右的小分子单宁，对缩合类单宁而言主要是儿茶素的 2~5 聚体。剩余水溶物主要含大分子量单宁，同时也含非单宁化合物。例如，对云杉树皮的丙酮浸提物进行上述萃取分级后，乙醚萃取级分物质的平均分子量为 350，乙酸乙酯萃取物的平均分子量为 860，剩余水溶物的平均分子量为 1550[98]。

第二种方法的典型实例如图 7.17 所示。

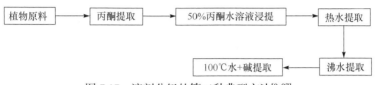

图 7.17　溶剂分级的第二种典型方法[9, 97]

丙酮和丙酮-水体系对植物原料中的单宁成分均有很好的溶解性，后者的溶解能力最强。因此这两种浸提物中主要含单宁类化合物，前者所含的分子量偏小，后者所含的分子量偏大。水浸提物中组分较复杂，含单宁和水溶性非单宁。100℃加碱浸提物中主要含大分子量单宁。

2. 沉淀分级

1）冷却沉淀法

将植物原料的热水浸提物进行冷却时，一部分大分子量单宁会首先沉淀出来。例如，将柯子栲胶溶液冷却至 8℃时，沉淀物主要是单宁。因此可采取逐段降温的方法对浸提物进行粗分[9]。

2）金属离子沉淀法

许多金属离子在一定的 pH 条件下能通过络合等作用使栲胶水溶液中分子量＞500 的单宁物质发生沉淀，沉淀物经酸化处理可使其重新溶解。因此可以用这种方法将单宁与其他非单宁化合物分开。例如，用乙酸铅沉淀黑荆树皮水浸物，再用酸或 H_2S 溶解沉淀物，可得到纯度为 95%左右的单宁[9, 99]。

这类方法在茶单宁的纯化中已有应用，常用的金属离子有 Al^{3+}、Zn^{2+}、Ca^{2+} 等。加入金属离子后，需通过提高溶液的 pH 来促进沉淀的产生。金属离子的选择原则是：无毒；能在较低的 pH 条件下沉淀较多的单宁，从而避免单宁被氧化。表 7.6 列举了用几种金属离子对绿茶水浸提物进行沉淀处理时，茶单宁沉淀完全的最低 pH。可以发现，Al^{3+}是较理想的沉淀剂，可使产品中的茶单宁含量达到99.5%[9, 99]。

表 7.6　金属离子使绿茶水浸液中单宁完全沉淀的最低 pH[100]

沉淀剂	最低 pH	沉淀剂	最低 pH	沉淀剂	最低 pH
Al^{3+}	5.1	Fe^{3+}	6.6	Ba^{2+}	7.6
Zn^{2+}	5.6	Mg^{2+}	7.1	Ca^{2+}	8.5

加入金属离子后，提高溶液 pH 所用的碱性化合物最好是弱碱，如 $NaHCO_3$。若用强碱性化合物（如 NaOH），容易因局部 pH 过高而使单宁氧化。

3. 超临界流体萃取分级

超临界流体是指温度和压力均在其临界点之上的流体。在超临界状态下，流体兼具气液两相的特点，即既具有与气体相当的高扩散系数和低的黏度，又具有与液体相近的密度和对物质良好的溶解能力。流体的这种溶解能力对体系压力及温度的变化十分敏感。在临界点附近，温度和压力的微小变化往往会导致溶质的溶解度发生几个数量级的变化，因此利用超临界流体的这一性质，对天然产物进行萃取分级应该具有非常理想的效果，而且这是一种污染和能耗均低的纯化方式。

常见的超临界流体有 CO_2、氨、乙烯、丙烷、甲醇、乙醇、水等，由于 CO_2 的临界温度和压力较易达到（T_c=31.1℃，p_c=7.4MPa），而且化学性质稳定、无毒，是至今人们研究最多、应用最广泛的超临界流体。

超临界 CO_2 用于非极性或极性较小的化合物的萃取分离效果极佳。曾有一些学者研究过用超临界 CO_2 萃取茶叶中的茶单宁，但尚未见应用于生产的报道。遇到的问题可能是 CO_2 属非极性物质，与植物单宁的亲和性较差，因而提取率不高。应该说这方面的问题已经可以解决，即采用添加共溶剂的方法来增加体系的极性物质的溶解性。研究表明，在超临界 CO_2 中添加摩尔分数为 2.8%的 CH_3OH，可使对苯二酚的溶解性提高 10 倍；添加摩尔分数为 0.02 的磷酸三丁酯，可使对苯二酚的溶解性提高 250 倍。前者是因为增加了体系的极性，后者是由于添加剂的氢键缔合作用。

超临界 CO_2 萃取、分离技术已广泛应用于食品、精细化工和医药工业，美国、英国、法国、德国、日本等国家的一些公司在 20 世纪 80 年代就已开始应用成套设备进行规模化生产，多用于天然产物的提取。目前，我国也已有企业开始采用这类技术。可以相信，随着这类技术及设备的普及，特别是随着人们对共溶剂方法和极性试剂的超临界行为研究工作的深入，植物单宁的精细化生产将会变得容易实现[101-103]。

4. 纯化技术的组合运用和条件控制

树皮等森林副产物是植物单宁的主要来源，其水浸提物组分较复杂，单宁的分子量分布宽。因此仅用一种分级技术可能尚难获得组分较单纯、专用性较强的系列产品。将上述分级方法串联使用效果会更好。例如，将植物原料水浸提物进行溶剂萃取分级后，再分别用金属离子对乙醚萃取物、乙酸乙酯萃取物和剩余水溶物进行沉淀纯化；或先对水浸提物进行金属离子沉淀处理后，再进行萃取分级。也可将溶剂萃取、沉淀纯化等技术与超临界流体萃取分离串联使用。

此外，各种分级方法的条件控制也会对分级效果产生影响。例如，用有机溶剂对水浸提物进行萃取时，萃取物结构和数量与萃取时的 pH 有关。在一定范围内，pH 越低，以分子状态存在的单宁越多，萃取的量越大；pH 越高，以负离子形式存在的单宁越多，萃取量越少。不同结构和分子量的单宁等电点不同，因此由负离子状态转变成分子状态 pH 不同。因此可以通过调节水浸提物 pH 来控制有机溶剂萃取物的组分，即通过条件控制达到更精细分级的目的。用金属离子沉淀分离时，也可利用类似的原理。水浸提物中分子量较大及含连苯三酚结构的单宁更容易与 Al^{3+} 等金属离子络合沉淀，因此可以通过逐次增加金属离子用量或逐级提高 pH 来获得不同组成的组分。

无疑，产品的分级应达到何种程度，宜采用何种分级方法，应取决于产品应用领域的需要及综合经济效益。

一个值得提出的问题是，本节对各种分级方法及原理的讨论，均只考虑了植物单宁及其伴生物的分子行为。但实际上植物单宁的水溶液是一个多分散体系，存在胶体行为，这可能会导致上述方法的实际分离结果偏离理想情况。可见这方面尚有一些基础性问题值得研究。

7.4.3　化学改性在植物单宁精细化生产中的应用

通过化学改性赋予植物单宁某些特殊的化学性能或拓展其应用范围，也是植物单宁生产过程精细化的重要内容，对提高这类天然产物的利用价值具有重要意义。本书第 5 章中讨论的许多植物单宁的化学反应均可用于植物单宁的改性。

人们在这方面已经有针对性地进行过很多研究工作。例如，用曼尼希反应在单宁分子上引入肿胺化合物，可使单宁的正电性增加，产品用于制革生产时可克服植物单宁产生败色效应的缺陷。本书作者研制的这类产品已在内蒙古牙克石栲胶厂投入生产。

用丙烯酸类单体对植物单宁进行接枝改性，也是一种很好的提高产物鞣革性能的方法。缩合类单宁的结构单元（黄烷-3-醇）含活泼氢（如 4 位和 8 位氢），容易通过自由基引发的方式与丙烯酸等乙烯基单体发生接枝共聚。已经证实，H_2O_2-$NaHSO_3$ 氧化还原体系最适合作为这类反应的引发剂[104, 105]。产品中可能出现两类可以改善单宁鞣革性能的反应物，即在植物单宁分子上[图 7.18（a）]或其分子间[图 7.18（b）]形成柔性支链。

这两类反应物对改善植物单宁鞣革后成革较僵硬的缺陷均十分有利，也可以提高革的丰满性。

应该指出的是，包括上述两种方法在内的许多改性方法，从理论上看均较容易实施。例如，研究缩合类单宁的模型化合物儿茶素与丙烯酸酯的接枝共聚反应，可以发现其产物主要包含图 7.18（a）所示的结构[106]。但实践证明，虽然人们在这方面进行的研究工作不少，但最终能形成产品的实例却不多。其原因是，我们所获得的植物单宁产品的组分复杂，所进行的改性反应很难完全按所设计的方向进行。例如，栲胶中除植物单宁外，还含有一部分简单酚、糖、有机酸等非单宁化合物，用丙烯酸单体对其进行接枝改性时，这些非单宁化合物会作为阻聚剂而阻碍丙烯酸类单体在单宁分子上的接枝反应。或者说，接枝反应可能更多地发生在非单宁上，而本希望对其进行改性的单宁化合物却较少发生。

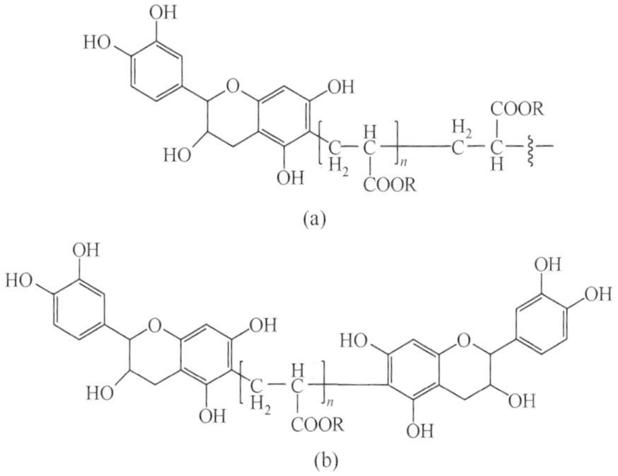

(a)

(b)

图 7.18　化学改性后的植物单宁分子[106]
（a）分子上连接；（b）分子间连接

　　由此可见，植物单宁生产过程的精细化，不仅对这类天然产物的直接应用，而且对它们的深加工利用均有重要意义。

参 考 文 献

[1] 雅卡金. 栲胶制造[M]. 北京: 中国林业出版社, 1959.

[2] 尹卫平. 天然产物化学化工[M]. 北京: 化学工业出版社, 2015.

[3] 曾步兵, 任江萌. 药用天然产物全合成: 合成路线精选[M]. 上海: 华东理工大学出版社, 2016.

[4] Hemingway R, Laks P. Plant Polyphenols[M]. New York: Plenum Press, 1992.

[5] 李铠木, 单志华. 我国植物鞣剂应用及分析研究[J]. 中国皮革, 2007, 36: 53-56.

[6] 钱彩虹, 吴谋成. 植物单宁制备方法研究进展[J]. 现代农业科学, 2009, 16(3): 54-56.

[7] 辛玉军. 植物单宁改性酚醛树脂的制备及其应用[D]. 广州: 华南理工大学, 2011.

[8] 陈武勇, 李国英. 鞣制化学[M]. 北京: 中国轻工业出版社, 2011.

[9] 孙达旺. 植物单宁化学[M]. 北京: 中国林业出版社, 1992.

[10] Mohammadi V, Ghasemi-Varnamkhasti M, Ebrahimi R, et al. Ultrasonic techniques for the milk production industry[J]. Measurement, 2014, 58: 93-102.

[11] Chandrapala J, Oliver C, Kentish S, et al. Ultrasonics in food processing[J]. Ultrasonics Sonochemistry, 2012, 19: 975-983.

[12] Chemat F, Zill-e-Huma, Khan M K. Applications of ultrasound in food technology: processing, preservation and extraction[J]. Ultrasonics Sonochemistry, 2011, 18(4): 813-835.

[13] 欧敏功, 苏记, 陈亚平, 等. 超声提取塔拉单宁酸的研究[J]. 云南化工, 2008, 35(6): 7-8.

[14] Povey M J W, Mason T J. Ultrasound in Food Processing[M]. Berlin: Springer, 1998.

[15] Chemat F, Cravotto G. Microwave-assisted Extraction for Bioactive Compounds[M]. New York: Springer, 2013.

[16] Wang H, Ding J, Ren N Q. Recent advances in microwave-assisted extraction of trace organic pollutants from food and environmental samples[J]. TrAC Trends in Analytical Chemistry, 2016, 75: 197-208.

[17] Eskilsson C S, Björklund E. Analytical-scale microwave-assisted extraction[J]. Journal of Chromatography A, 2000, 902(1): 227-250.

[18] 段文贵, 耿哲, 覃柳妹. 黑荆树皮中缩合单宁的提取[J]. 广西大学学报(自然科学版), 2007, 32: 138-142.

[19] Sanchez-Prado L, Garcia-Jares C, Llompart M. Microwave-assisted extraction: application to the determination of emerging pollutants in solid samples[J]. Journal of Chromatography A, 2010, 1217(16): 2390-2414.

[20] Ramalhosa M J, Paíga P, Morais S, et al. Analysis of polycyclic aromatic hydrocarbons in fish: optimisation and validation of microwave-assisted extraction[J]. Food Chemistry, 2012, 135(1): 234-242.

[21] Li Y, Qin C, Lei Y P. The study of enzyme hydrolysis saccharification process of stems and leaves of banana[J]. Energy Procedia, 2012, 16: 223-228.

[22] Taneda D, Ueno Y, Ikeo M, et al. Characteristics of enzyme hydrolysis of cellulose under static condition[J]. Bioresource Technology, 2012, 121: 154-160.

[23] Pan C M, Ma H C, Fan Y T, et al. Bioaugmented cellulosic hydrogen production from cornstalk by integrating dilute acid-enzyme hydrolysis and dark fermentation[J]. International Journal of Hydrogen Energy, 2011, 36(8): 4852-4862.

[24] Mandic A I, Đilas S M, Ćetković G S, et al. Polyphenolic composition and antioxidant activities of grape seed extract[J]. International Journal of Food Properties, 2008, 11(4): 713-726.

[25] Prieur C, Rigaud J, Cheynier V, et al. Oligomeric and polymeric procyanidins from grape seeds[J]. Phytochemistry, 1994, 36(3): 781-784.

[26] Kennedy J A, Matthews M A, Waterhouse A L. Changes in grape seed polyphenols during fruit ripening[J]. Phytochemistry, 2000, 55(1): 77-85.

[27] 高德艳, 胡文效. 葡萄籽多酚及葡萄籽利用现状[J]. 中外葡萄与葡萄酒, 2013, 1: 53-56.

[28] Delgado-Adámez J, Gamero-Samino E, Valdés-Sánchez E, et al. *In vitro* estimation of the antibacterial activity and antioxidant capacity of aqueous extracts from grape-seeds (*Vitis vinifera* L.)[J]. Food Control, 2012, 24(1-2): 136-141.

[29] Santosh K K. Grape seed proanthocyanidines and skin cancer prevention: inhibition of oxidative stress and protection of immune system[J]. Molecular Nutrition and Food Research, 2008, 52: 71-76.

[30] Sivaprakasapillai B, Edirisinghe I, Randolph J, et al. Effect of grape seed extract on blood

pressure in subjects with the metabolic syndrome[J]. Metabolism, 2009, 58: 1743-1746.

[31] Du Y, Guo H, Lou H. Grape seed polyphenols protect cardiac cells from apoptosis via induction of endogenous antioxidant enzymes[J]. Journal of Agricultural and Food Chemistry, 2007, 55(5): 1695-1701.

[32] Perumalla A V S, Hettiarachchy N S. Green tea and grape seed extracts-potential applications in food safety and quality[J]. Food Research International, 2011, 44(4): 827-839.

[33] 何钊, 任其龙. 层析法分离葡萄籽中原花青素的研究[J]. 食品科学, 2004, 25: 70-73.

[34] 李润丰, 吕晓玲, 王青华, 等. 葡萄籽中原花色素提取和分离的初步研究[J]. 粮油加工与食品机械, 2003, 6: 67-69.

[35] 孙芸, 谷文英. 大孔吸附树脂对葡萄籽原花青素的吸附研究[J]. 离子交换与吸附, 2003, 19: 561-566.

[36] 胡云峰. 葡萄籽多酚生产工艺: 中国, 200510060603.1[P]. 2011-07-06.

[37] Matsuo T, Ito S. The chemical structure of Kaki-tannin from immature fruit of the persimmon (*Diospyros kaki* L.)[J]. Agricultural Biology and Chemistry, 1978, 42: 1637-1643.

[38] Piretti M V, Pistore R, Razzoboni C. On the chemical constitution of Kaki tannin[J]. Annali Di Chimica, 1985, 75: 137-144.

[39] Lee D W, Lee S C. Effect of heat treatment condition on the antioxidant and several physiological activities of non-astringent persimmon fruit juice[J]. Food Science and Biotechnology, 2012, 21: 815-822.

[40] Tian Y, Zou B, Li C M, et al. High molecular weight persimmon tannin is a potent antioxidant both *ex vivo* and *in vivo*[J]. Food Research International, 2012, 45: 26-30.

[41] Matsumoto K, Yokoyama S, Gato N. Bile acid-binding activity of young persimmon (*Diospyros kaki*) fruit and its hypolipidemic effect in mice[J]. Phytotherapy Research, 2010, 24: 205-210.

[42] Zhang Y, Zhong L, Zhou B, et al. Interaction of characteristic structural elements of persimmon tannin with Chinese cobra PLA2[J]. Toxicon, 2013, 74: 34-43.

[43] Okonogi T, Hattori Z, Ogiso A, et al. Detoxification by persimmon tannin of snake venoms and bacterial toxins[J]. Toxicon, 1979, 17: 524-527.

[44] 文继承, 蒋元勇, 朱昂辉, 等. 柿子单宁的提取方法: 中国, 201510759683.3[P]. 2016-02-24.

[45] 敖常伟, 辛国贤, 凌敏. 一种液态及粉剂柿子单宁及其分离提取工艺: 中国, 201310060347.0[P]. 2013-05-01.

[46] 杨贤强, 王岳飞, 陈留记, 等. 茶多酚化学[M]. 上海: 上海科学技术出版社, 2003.

[47] Khan N, Mukhtar H. Tea polyphenols for health promotion[J]. Life Sciences, 2007, 81: 519-533.

[48] Kim H S, Quon M J, Kim J. New insights into the mechanisms of polyphenols beyond antioxidant properties, lessons from the green tea polyphenol, epigallocatechin 3-gallate[J]. Redox Biology, 2014, 2: 187-195.

[49] Lecumberri E, Dupertuis Y M, Miralbell R, et al. Green tea polyphenol epigallocatechin-3-gallate (EGCG) as adjuvant in cancer therapy[J]. Clinical Nutrition, 2013, 32(6): 894-903.

[50] Weinreb O, Mandel S, Amit T, et al. Neurological mechanisms of green tea polyphenols in Alzheimer's and Parkinson's diseases[J]. The Journal of Nutritional Biochemistry, 2004, 15: 506-516.

[51] 曹后建. 茶多酚制备工艺: 中国, 200710132085.9[P]. 2010-12-08.

[52] Afzal M, Safer A, Menon M. Green tea polyphenols and their potential role in health and disease[J]. Inflammopharmacology, 2015, 23: 151-161.

[53] Nagle D G, Ferreira D, Zhou Y D. Epigallocatechin-3-gallate (EGCG): chemical and biomedical perspectives[J]. Phytochemistry, 2006, 67(17): 1849-1855.

[54] De Oliveira M R, Nabavi S F, Daglia M, et al. Epigallocatechin gallate and mitochondria—a story of life and death[J]. Pharmacological Research, 2016, 104: 70-85

[55] Marchese A, Coppo E, Sobolev A P, et al. Influence of *in vitro* simulated gastroduodenal digestion on the antibacterial activity, metabolic profiling and polyphenols content of green tea(*Camellia sinensis*)[J]. Food Research International, 2014, 63: 182-191.

[56] Higdon J V, Frei B. Tea catechins and polyphenols: health effects, metabolism, and antioxidant functions[J]. Critical Reviews in Food Science and Nutrition, 2003, 43(1): 89-143.

[57] Chen T S, Liou S Y, Wu H C, et al. The application of (–)-epigallocatechin gallate in preparation of an antioxidant dialysate[J]. Food Chemistry, 2012, 134: 1307-1311.

[58] Ye J H, Li N N, Lu J L, et al. Bulk preparation of (–)-epigallocatechin gallate-rich extract from green tea[J]. Food and Bioproducts Processing, 2014, 92: 275-281.

[59] Kumar A, Thakur B K, De S. Selective extraction of (–)-epigallocatechin gallate from green tea leaves using two-stage infusion coupled with membrane separation[J]. Food Bioprocess Technology, 2012, 5: 2568-2577.

[60] Ye J H, Wang L X, Chen H, et al. Preparation of tea catechins using polyamide[J]. Journal of Bioscience and Bioengineering, 2011, 111(2): 232-236.

[61] Bazinet L, Labbe D, Tremblay A. Production of green tea EGC- and EGCG-enriched fractions by a two-step extraction procedure[J]. Separation and Purification Technology, 2007, 56(1): 53-56.

[62] Xu J, Tan T W, Janson J C. One-step purification of epigallocatechin gallate from crude green tea extracts by mixed-mode adsorption chromatography on highly cross-linked agarose media[J]. Journal of Chromatography A, 2007, 1169(1-2): 235-238.

[63] 顾峰. 一种从新鲜茶叶中提取单体 EGCG 的方法: 中国, 201410067471.4[P]. 2015-12-02.

[64] Giovinazzo G, Ingrosso I, Paradiso A, et al. Resveratrol biosynthesis: plant metabolic engineering for nutritional improvement of food[J]. Plant Foods for Human Nutrition, 2012, 67: 191-199.

[65] Takaoka M. Resveratrol, a new phenolic compound, from *Veratrum grandiflorum*[J]. Nippon Kagaku Kaishi, 1939, 60: 1090-1100.

[66] Mattivi F, Reniero F, Korhammer S. Isolation, characterization, and evolution in red wine vinification of resveratrol monomers[J]. Journal of Agricultural and Food Chemistry, 1995, 43(7): 1820-1823.

[67] Bhullar K S, Udenigwe C C. Clinical evidence of resveratrol bioactivity in cardiovascular disease[J]. Current Opinion in Food Science, 2016, 8: 68-73.

[68] Diaz M, Degens H, Vanhees L, et al. The effects of resveratrol on aging vessels[J]. Experimental Gerontology, 2016, 85: 41-47.

[69] Bo S, Ciccone G, Castiglione A, et al. Anti-inflammatory and antioxidant effects of resveratrol in

healthy smokers a randomized, double-blind, placebo-controlled, cross-over trial[J]. Current Medicinal Chemistry, 2013, 20(10): 1323-1331.

[70] Militaru C, Donoiu I, Craciun A, et al. Oral resveratrol and calcium fructoborate supplementation in subjects with stable angina pectoris: effects on lipid profiles, inflammation markers, and quality of life[J]. Nutrition, 2013, 29(1): 178-183.

[71] Zhang J Y, Zhou L, Zhang P P, et al. Extraction of polydatin and resveratrol from *Polygonum cuspidatum* root: kinetics and modeling[J]. Food and Bioproducts Processing, 2015, 94: 518-524.

[72] Lara-Ochoa F, Sandoval-Minero L C, Espinosa-Pérez G. A new synthesis of resveratrol[J]. Tetrahedron Letters, 2015, 56(44): 5977-5979.

[73] 向极钎, 程新华, 杨永康, 等. 一种从虎杖中制备高纯度白藜芦醇的方法: 中国, 201210432150.0[P]. 2013-02-13.

[74] 邓义德. 一种从中药虎杖中制备白藜芦醇的工艺: 中国, 201210344092.6[P]. 2012-12-26.

[75] 李志平. 一种高纯度白藜芦醇的制备方法: 中国, 201310725682.8[P]. 2015-05-13.

[76] 王力, 梁嘉臻, 何松. 白藜芦醇的制备方法: 中国, 201010614029.0[P]. 2013-09-25.

[77] Mulakayala C, Babajan B, Madhusudana P, et al. Synthesis and evaluation of resveratrol derivatives as new chemical entities for cancer[J]. Journal of Molecular Graphics and Modelling, 2013, 41: 43-54.

[78] Ding D J, Cao X Y, Dai F, et al. Synthesis and antioxidant activity of hydroxylated phenanthrenes as *cis*-restricted resveratrol analogues[J]. Food Chemistry, 2012, 135: 1011-1019.

[79] Farah A, Donangelo C M. Phenolic compounds in coffee[J]. Brazilian Journal of Plant Physiology, 2006, 18: 23-36.

[80] Akila P, Vennila L. Chlorogenic acid a dietary polyphenol attenuates isoproterenol induced myocardial oxidative stress in rat myocardium: an *in vivo* study[J]. Biomedicine and Pharmacotherapy, 2016, 84: 208-214.

[81] Zanin R C, Corso M P, Kitzberger C S G, et al. Good cup quality roasted coffees show wide variation in chlorogenic acids content[J]. LWT-Food Science and Technology, 2016, 74: 480-483.

[82] Shi H T, Shi A M, Dong L, et al. Chlorogenic acid protects against liver fibrosis *in vivo* and *in vitro* through inhibition of oxidative stress[J]. Clinical Nutrition, 2016, 35: 1366-1373.

[83] Stefanello N, Schmatz R, Pereira L B, et al. Effects of chlorogenic acid, caffeine and coffee on components of the purinergic system of streptozotocin-induced diabetic rats[J]. The Journal of Nutritional Biochemistry, 2016, 38: 145-153.

[84] Tan Z J, Wang C Y, Yi Y J, et al. Extraction and purification of chlorogenic acid from ramie(*Boehmeria nivea* L. Gaud) leaf using an ethanol/salt aqueous two-phase system[J]. Separation and Purification Technology, 2014, 132: 396-400.

[85] Chen F L, Du X Q, Zu Y G, et al. A new approach for preparation of essential oil, followed by chlorogenic acid and hyperoside with microwave-assisted simultaneous distillation and dual extraction (MSDDE) from *Vaccinium uliginosum* leaves[J]. Industrial Crops and Products, 2015, 77: 809-826.

[86] Liu T T, Sui X Y, Li L, et al. Application of ionic liquids based enzyme-assisted extraction of chlorogenic acid from *Eucommia ulmoides* leaves[J]. Analytica Chimica Acta, 2016, 903: 91-99.

[87] 舒孝顺, 卿婉华, 许凯扬. 一种从红腺忍冬叶制备绿原酸的方法: 中国, 201210543580.X[P]. 2013-07-03.

[88] 张彤, 谢景田, 陶建生, 等. 一种从金银花中提取分离绿原酸的方法: 中国, 200910047915.7[P]. 2010-09-22.

[89] 张洁, 张亮, 黄望. 一种从杜仲叶中提取绿原酸的方法: 中国, 201410186187.9[P]. 2014-08-20.

[90] 肖尊琰. 栲胶[M]. 北京: 中国林业出版社, 1988.

[91] 舒畅, 赵韩栋, 焦文晓, 等. 植物单宁的生物活性研究进展[J]. 食品工业科技, 2018, 17: 328-334.

[92] 杨澍, 洪阁, 刘天军. 植物多酚类物质的生物学活性研究进展[C]. 贵阳: 中国科协年会, 中药与天然药物现代研究学术研讨会, 2013.

[93] 折改梅. 数种药用及茶用植物的多酚类成分及其生理活性研究[D]. 昆明: 昆明植物所, 2006.

[94] 姜楠, 王蒙, 韦迪哲, 等. 植物多酚类物质研究进展[J]. 食品安全质量检测学报, 2016, 7(2): 439-444.

[95] 左丽丽, 王振宇, 樊梓鸾, 等. 植物多酚类物质及其功能研究进展[J]. 中国林副特产, 2012, 5: 39-43.

[96] 田静. 植物酚类材料在油田化学中的应用[D]. 西安: 西安石油大学, 2015.

[97] 南京林产工业学校. 栲胶生产工艺学[M]. 北京: 中国林业出版社, 1985.

[98] 陈武勇, 李英, 张文德. 丽江云杉鞣质级分的分子量测定及鞣革性能的研究[J]. 林产化学与工业, 1992, 12(1): 6-10.

[99] 何有节, 何先祺, 杨子, 等. 用黑荆树皮栲胶制备新型蒙囿剂[J]. 中国皮革, 1998, 27(1): 3-5.

[100] 葛宜掌, 金红. 茶多酚的离子沉淀提取法[J]. 应用化学, 1995, 12(2): 107-109.

[101] Manjare S D, Dhingra K. Supercritical fluids in separation and purification: a review[J]. Materials Science for Energy Technologies, 2019, 2(3): 463-484.

[102] 苗笑雨, 谷大海, 程志斌, 等. 超临界流体萃取技术及其在食品工业中的应用[J]. 食品研究与开发, 2018, 5: 215-219.

[103] Yousefi M, Rahimi-Nasrabadi M, Pourmortazavi S M, et al. Supercritical fluid extraction of essential oils[J]. TrAC Trends in Analytical Chemistry, 2019, 118: 182-193.

[104] 梁发星, 湛年勇, 屈丽娟. 栲胶改性研究新进展[J]. 西部皮革, 2007, 29(10): 19-21.

[105] 汪建根, 杨宗邃, 马建中, 等. 接枝改性橡椀栲胶的性能及其应用[J]. 中国皮革, 2002, 31(19): 1-5.

[106] 蒋廷方, 唐一果, 廖华. 冷杉栲胶的接枝改性及其应用的研究[J]. 中国皮革, 1984, 10: 7-11.

第8章　植物单宁的应用及其原理

8.1　植物单宁在医药领域的应用

人类利用草药治疗疾病的历史同利用单宁鞣革的历史一样悠久，甚至更早。一般中草药（70%以上）中都含有单宁，如五倍子[图 8.1（a）]、柯子[图 8.1（b）]、大黄[图 8.1（c）]、老鹳草[图 8.1（d）]等。20 世纪 80 年代以前，由于分离分析技术的限制，人们对植物单宁的化学结构和生理活性的认识较少，加之单宁往往引起药物浑浊和沉淀，单宁在中草药中的地位和作用经常被忽视和误解。近年来随着现代分析技术的迅速发展，大批单宁化合物被分离鉴定，使从分子水平对其性质的研究成为可能。

图 8.1　富含单宁的传统中草药

（a）五倍子；（b）柯子；（c）大黄；（d）老鹳草。图片均由曾维才拍摄于成都思议中医诊所

目前，国内外对单宁生理活性和药学活性的研究已成为天然产物领域的热点之一。人们发现单宁不仅是多种传统草药和药方中的活性成分，而且其生理活性具有独特性和多样性，其药学活性则是综合作用的结果。对病理学研究的深入使人们认识到大部分疾病有多重起因，因而如单宁这样具有多种活性的天然药物成

分可能会从不同角度出发发挥较好的疗效，如在抗病毒、抗病菌、抗肿瘤癌变、抗心血管病变、抗发炎和疱疹、抗衰老等方面，体外和活体药物实验结果都已证实了这一点。鉴于单宁在酚类物质中的主要地位和代表性，本节将主要讨论单宁的生理活性和药学活性。所用单宁的来源不限于中药材，还包括人类食物中的单宁（如茶叶、水果中所含单宁）。除此之外，植物单宁还作为中间体，用于多种药物的合成，其中最重要的是利用棓单宁的水解产物棓酸合成三甲氧基苯甲醛。

　　因此，目前人类对单宁在医药中的应用可以大致分为三类：①传统的中药和中成药；②提纯的具有药学活性的单宁；③单宁的改性产品或水解产物作为中间体用于药物合成。实际上，这方面的研究已经把传统中草药和现代药学紧密联系起来了。

8.1.1　富含植物单宁的中草药及其传统生物疗效

　　药典中记载的富含单宁的草药有很多种，传统中医常常认为这些草药具有"清热解毒，逐瘀通经，收敛止血，利尿通淋"等疗效。虽然草药中的活性成分可能不止单宁一种，但从下列草药的主要成分和药效的共性来看，单宁的作用无疑在药性中占重要地位[1]。

　　1）土茯苓

　　成分：含皂苷、单宁、树脂、淀粉。

　　疗效：清湿热，健脾胃，解梅毒，通利关节。治湿热淋浊、尿路感染、关节酸痛、杨梅毒、疮癣、钩体病、急性菌痢。

　　2）大黄

　　成分：含蒽酮、单宁。

　　疗效：泄热通肠，凉血解毒，逐淤通经。外治水烫伤、消化道出血。

　　3）水三七

　　成分：含生物碱、有机酸、单宁。

　　疗效：去吐血，祛瘀血，活血，治跌打损伤、积血不行。

　　4）白芍

　　成分：含芍药苷、单宁。

　　疗效：泻痢，敛痛。

　　5）地榆

　　成分：含单宁、地榆苷。

　　疗效：凉血，止血、解毒敛疮。

　　6）知母

　　成分：含淄类皂苷、黄酮、单宁。

　　疗效：清热，除烦，滋阴。

7）贯众

成分：含单宁。

疗效：清热解毒，杀虫散淤。

8）秦参

成分：含单宁、没食子酸、鞣花酸。

疗效：清热解毒，消肿、止血，治赤痢热泄、肺热咳嗽、痈肿瘰疬、口舌生疮、吐血痔血、毒蛇咬伤。

9）蔓药子

成分：含皂苷、单宁、多糖。

疗效：凉血降火，解毒散结，治甲状腺肿、咯血、吐血、痈肿疔疮、蛇虫咬伤。

10）大腹皮

成分：含单宁。

疗效：下气、宽中治疗胸腹胀痛。

11）山茱萸

成分：含苷、单宁、没食子酸。

疗效：涩肠，止血，驱虫，治慢性腹泻、痢疾、便血、脱肛、崩漏、蛔虫病。

12）柯子

成分：含单宁。

疗效：涩肠敛肺，降火利咽，治久泄久痢便血、脱肛、肺虚喘咳、久嗽不止、咽痛常哑。

13）青龙衣

成分：含胡桃醌、单宁、没食子酸。

疗效：治癣，染发。

14）金樱子

成分：含柠檬酸、苹果酸、单宁、抗坏血酸、树脂。

疗效：益肾，涩精，止泻。

15）桑葚

成分：含葡萄糖、单宁、苹果酸。

疗效：补肝益肾，养血生津。

16）猪牙皂

成分：含皂苷、单宁。

疗效：祛痰开窍，散结消肿。

17）榧子

成分：含油脂、草酸、葡萄糖、挥发油、单宁。

疗效：杀虫消积，润燥通便。

18）藏青果

成分：含单宁。

疗效：清热生津，解毒，治虚症白喉、喉炎、扁桃体炎、菌痢。

19）木贼

成分：含单宁、磷酸盐、蒎碱、树脂。

疗效：散风热，退目翳，治目赤肿痛、迎风流泪、角膜炎。

20）仙鹤草

成分：含单宁。

疗效：收敛止血，治咯血、吐血、尿血、血痢。

21）老鹳草

成分：含单宁、槲皮素、挥发油。

疗效：祛风湿，通经络，止泻痢。

22）旱莲草

成分：含皂苷、单宁、蒎碱。

疗效：滋补肝肾，凉血止血，清肝火。

23）泽兰

成分：含挥发油、单宁。

疗效：活血化瘀，行水消肿，治月经不调、通经、产后瘀血、腹痛、水肿。

24）败酱草

成分：含皂苷、挥发油、单宁及糖类。

疗效：清热解毒，祛瘀排脓，治阑尾炎、痢疾、肠炎、肝炎、结膜炎、产后瘀血、腹痛、痈肿疔疮。

25）淫羊藿

成分：含苷、挥发油、淄醇、单宁。

疗效：补肾洋，强筋骨，祛风湿。治阳痿遗精、筋骨疲软、风湿痹痛、更年期高血压。

26）麻黄

成分：含生物碱、单宁、挥发油。

疗效：发汗散寒，宣肺平喘，利水消肿，治风寒感冒、胸闷喘咳、浮肿、哮喘、支气管炎。

27）扁篱

成分：含苷、单宁。

疗效：利尿通淋，杀虫止痒，皮肤湿疹。

28）锁阳

成分：含花色苷、三萜皂苷、单宁。

疗效：补肾阳，益经血，润肠，治阳痿、肠燥便秘。

29）委陵菜

成分：含单宁、黄酮、没食子酸、槲皮素。

疗效：解热，止血，止痢，消肿，治肺热咳嗽、鼻出血、便血、子宫出血、阿米巴痢疾、疔疮、肿毒。

30）芙蓉叶

成分：含黄酮苷、酚类、单宁、氨基酸。

疗效：清热凉血，消炎解毒，消肿排脓，治肺热咳嗽、淋巴结炎、阑尾炎，外治痈疮脓肿、急性中耳炎、烧烫伤。

31）月季花

成分：含挥发油、单宁、没食子酸、槲皮苷。

疗效：活血调经。

32）肉桂

成分：含挥发油、单宁、黏液质、树脂。

疗效：补肝肾，通血脉，散瘀止痛。

33）合欢

成分：含皂苷、单宁。

疗效：安神活血，治痈，治失眠、脓肿。

34）杜仲

成分：含杜仲胶、树脂、单宁。

疗效：补肝肾，强筋骨，降血压。

35）秦皮

成分：含苷、单宁。

疗效：清热燥热，收敛，明目。

36）紫荆皮

成分：含单宁。

疗效：理气活血，消肿解毒，治痛风及蛇虫狂犬咬伤，通经，利尿，抗菌。

37）桑枝

成分：含单宁、糖。

疗效：祛风湿，利关节。

38）方儿茶

成分：含儿茶素、儿茶鞣酸。

疗效：收湿、生肌，敛疮，治溃疡不敛、湿疹、口疮、跌扑伤痛。

39）五倍子

成分：含单宁酸。

疗效：敛肺，涩肠，止血，治久咳，消泄，外治盗汗、湿疹、外伤出血、痈疡肿毒、口腔溃疡、脱肛。

8.1.2　植物单宁药学活性的化学和生物学基础

传统的草药药方中（包括中药复方汤剂和中成药）一般都未对其单宁组分进行充分处理或只初步提纯分类。由于组分的复杂和活性相互干扰，人们很难断定单宁的真实疗效以及不同单宁分子结构对活性的影响。分析化学和植物单宁化学的发展使我们可以从分子水平对单宁的药学活性进行深入研究。目前，在药学领域对植物单宁研究的热点有两个方面：一是新的单宁药用植物及其疗效的发现；二是单宁分子结构与其活性之间的关系。

单宁的生理活性和药学活性是它们与生物体的蛋白质、酶、多糖、核酸等相互作用的最终体现。众所周知，对这类生物大分子的反应具有高度立体选择性。这一点同样适用于单宁。可以认为单宁的化学活性是其生理活性和药学活性的基础，而它又取决于分子结构。除了基本组成不同以外，聚合度、分子构型、立体构象的差异也造成单宁结构的千变万化。不仅水解类单宁和缩合类单宁的药理和疗效显著不同，即使是同一类单宁，结构上的微小差异都可导致活性的巨大差异。这也许是某些草药中单宁成分有特效的原因。很多研究者都试图阐述单宁结构对其生理活性和药学活性的影响，但现在还未出现成熟的理论，甚至不同的实验条件得出的结论可能完全相反。

1989 年，Haslam 曾把单宁的药学活性归纳为对心血管作用、抗病毒、抑菌、治疗烧伤和发炎、抑制突变几个方面[2]，他认为大部分生理活性和药学活性都可归因于收敛性。但目前已证明单宁具有更广泛的活性，这些活性还与单宁的抗氧化和与金属离子络合等其他性质相关。现代基础医学已经证明体内自由基的过剩是多种疾病的起因。除了引起肿瘤和癌变，自由基将导致蛋白质、核酸、生物膜的损坏从而诱发水肿、发炎、白内障、糖尿病、精神错乱、老化、辐射病等[3]。单宁能利用其抗氧化和清除自由基的能力对这些病的发生和发展产生抑制。

在单宁活性的研究中常常涉及单宁对酶的影响。单宁一般对多种酶的活性都有抑制作用，如对 ACE 酶、亮氨酸氨肽酶、胰蛋白酶、凝乳酶、羧肽酶 B、透明质酸酶、糖苷转化酶、脂肪酶、淀粉酶、β-糖苷酶等都有明显抑制效果的报道。但也有相反的例子，对于羧肽酶 A，单宁酸发挥抑制作用，而所有的缩合类单宁却增加其活性，也有实验证实单宁对超氧歧化酶 SOD 有激活作用（参见 6.3 节）。不同的作用效果在于单宁对酶的构型改变所致。单宁对一些酶的抑制作用显示出显著的专一选择性，而这些酶往往是致病因素的关键因子。例如，ACE 酶对于高血压、糖苷转化酶对于龋齿、RNA 反转录酶对于艾滋病、透明质酸酶对于发炎等，这使单宁从酶抑制的角度出发治疗这些病症成为可能。

实际上，单宁的药学活性往往是其性质的综合作用结果。例如，在传统药方中，单宁酸为主的五倍子、儿茶单宁为主的儿茶膏常因其收敛性用作创伤、烧伤表面的止血剂，同时由于单宁有一定的抑菌效果，可以保护伤部，防止伤口感染等，单宁又可通过抑制透明质酸酶的活性来抑制发炎[4]。

许多研究表明，单宁的药学活性常与其收敛性大小相关，如单宁的棓酰基多，收敛性强，与微生物和酶的结合能力以及清除自由基、金属络合等作用就强。这一点常常在鞣花单宁的活性中得到体现。加之鞣花单宁的纯化较棓单宁和缩合类单宁容易，目前大量的工作都以鞣花单宁为对象进行研究[5]。老鹳草素[图2.9(b)]是最早得到的晶体状单宁之一，此后大批结构复杂的鞣花单宁及其低聚体，如仙鹤草素（Agrimoniin，图8.2）、地榆素 H-9（Sanguiin H-9，图8.3）、月见草素 B（Oenothein B，图8.4）、Nobotanin B（图8.5）等相继被分离出来，并已证实在抗肿瘤、抗病毒和心血管疾病方面独具疗效。其中具有大环结构的鞣花单宁，如月见草 A（3聚体）、虾子花素 D（3聚体）独特的活性引人注目。现代药学对单宁本质的进一步认识从共性上和个性上都加深了对传统中药的理解，在此基础上不断发掘单宁新的活性。

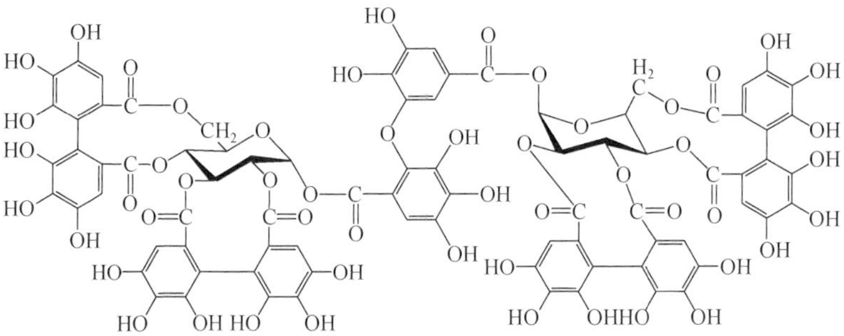

图 8.2　仙鹤草因

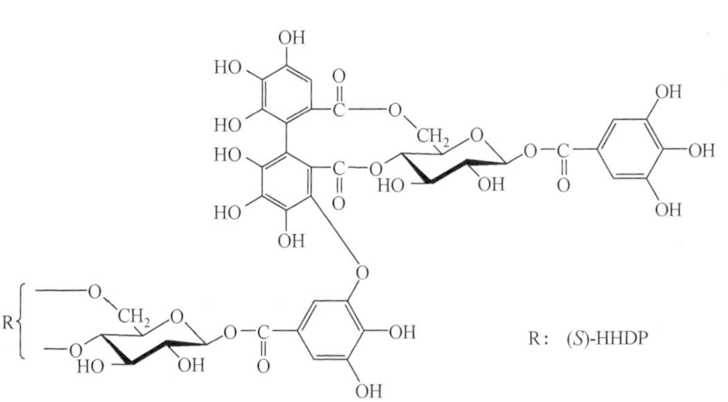

R：(S)-HHDP

图 8.3　地榆素 H-9

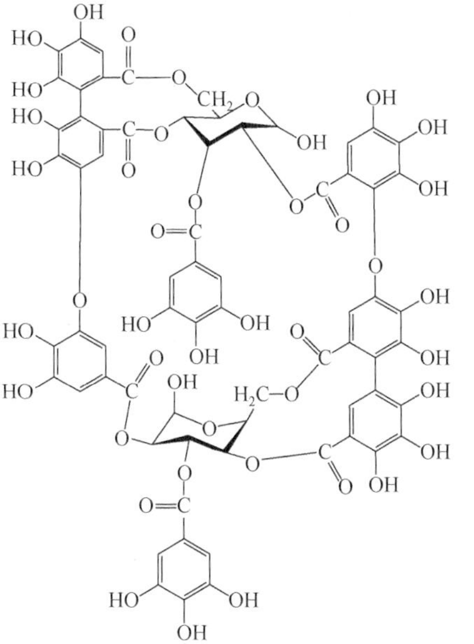

图 8.4　月见草素 B

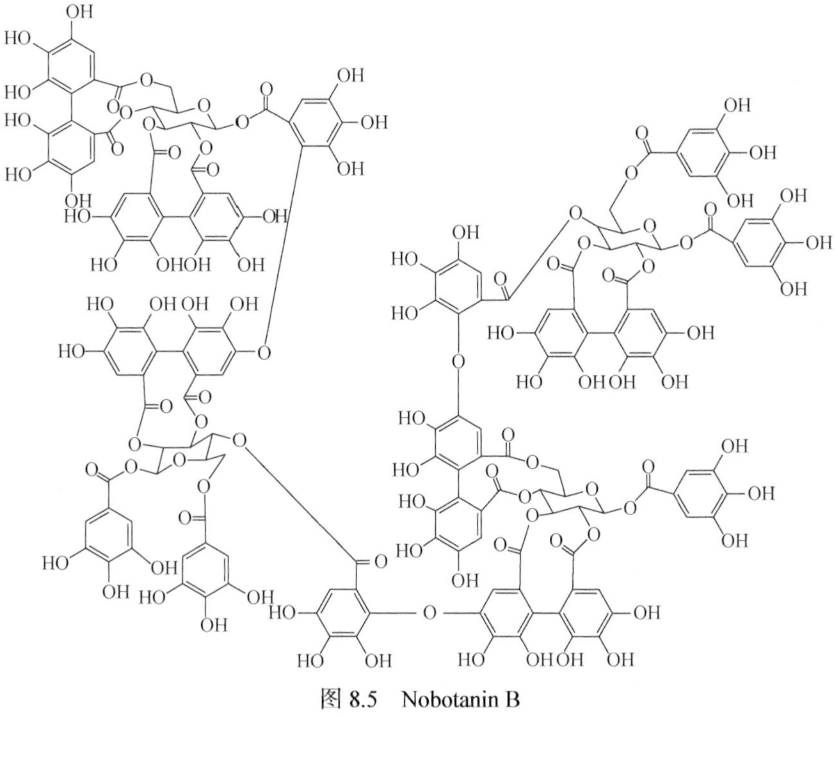

图 8.5　Nobotanin B

8.1.3 植物单宁常见的生物学和药学活性

1. 抗菌活性

单宁对多种细菌、真菌、酵母菌都有明显的抑制能力，抑制机理针对种类不同的微生物有所不同（参见 6.4 节），而在相应的抑制浓度下不影响动物体细胞的生长。例如，对霍乱菌、金黄色葡萄球菌、大肠杆菌等常见致病菌，某些单宁都有显著的抑制作用。茶单宁可作胃炎和溃疡药物成分，抑制幽门螺旋菌的生长[最低抑菌浓度（minimum inhibitory concentration，MIC）15μg/mL][6]。睡莲根因其中所含水解类单宁的杀菌能力，可治喉炎、白带、眼部等感染[7]。经纯化的柿子单宁可以抑制破伤风杆菌、白喉菌、葡萄球菌等病菌的生长[8]。抑菌作用可能从一个角度说明了单宁"清热解毒、利尿通淋"的原因。

目前关于单宁在预防龋齿上有大量文献报道[9-11]。这是利用单宁抑菌性的一个实例。龋齿有多种病因，解决途径包括减少龋齿细菌、提高牙齿的抵抗能力等。链球菌（Streptococcus Mutans）是主要的致龋病菌，它在牙齿表面繁殖，通过分泌胞外糖苷转化酶利用口腔内的糖生成不溶性糖苷，后者再形成牙结石。而这种糖苷和牙结石是链球菌黏附于牙齿所必需的。因此，可以通过抑制链球菌、抑制糖苷转化酶、抑制牙结石的形成、抑制细菌在牙齿表面的黏附来预防龋齿。目前用各种抗生素或化学杀菌剂来防止细菌感染，往往作用过强而破坏了口腔和消化道正常的细菌平衡。单宁，尤其是丹皮、熊果、老鹳草中的水解类单宁，茶叶、槟榔中的缩合类单宁具有很强的抗龋功能，其中水解类的棓酰基葡萄糖[PGG，图 2.3（d）]以及缩合类的表棓儿茶素棓酸酯[EGCG，图 5.2（b）]的作用最强。PGG 浓度为 0.1～1.0mg/mL 时即可产生抑制，1mmol/L 时抑制率达 94%。其作用方式主要是抑制链球菌的生长及其在牙齿表面的吸附，同时通过抑制糖苷转化酶的活性和糖苷的合成来减少龋齿的形成。在实验中常采用羟基磷灰石作为牙齿模拟物来研究链球菌在牙齿表面的吸附情况。

从表 8.1 中可以看出，槟榔单宁和单宁酸对链球菌的生长存在着选择性抑制。对于茶单宁的研究表明，单宁可以从两方面（包括对细菌和牙齿的作用）抑制链球菌在牙齿表面的吸附，并能抑制不溶性糖苷的合成（表 8.2 和表 8.3）。

表 8.1 槟榔单宁（缩合类单宁）和单宁酸对链球菌及其他菌生长的抑制比较[9-11]

微生物		最低抑制浓度/（μg/mL）		
		槟榔单宁 I	槟榔单宁 II	单宁酸
变形链球菌	（Streptococcus Mutans c）	12.5	6.25	12.5
	（Streptococcus Mutans g）	50	12.5	25
	（Streptococcus faecium）	25	12.5	12.5

续表

微生物		最低抑制浓度/（μg/mL）		
		槟榔单宁 I	槟榔单宁 II	单宁酸
金黄色葡萄球菌	（Straphylococcus aureus）	25	12.5	12.5
大肠杆菌	（Escherichia coli）	>200	>200	>200
普通变形菌	（Proteus vulgaris）	>200	>200	>200

表 8.2　茶单宁对链球菌在羟基磷灰石（SHA）表面吸附的影响[9-11]

单宁浓度/（μg/mL）	链球菌对 SHA 的吸附		SHA 对链球菌的吸附	
	吸附个数/10^4	抑制率/%	吸附个数/10^4	抑制率/%
0	5.9	0	6.3	0
10	5.9	0	6.2	1.6
25	4.5	23.7	5.2	11.9
50	3.2	45.8	4.4	25.4
100	1.0	83.1	3.8	35.6

表 8.3　茶单宁纯化组分对链球菌糖苷转化酶合成不溶性糖苷的抑制[9-11]

单宁（166.7μg/mL）	合成糖苷/[$\times10^{-8}$mol/（L·min）]	抑制率/%
空白	5.23	0.0
C	5.23	0.0
EC	3.65	30.2
GC	3.40	35.0
EGC	3.12	40.3
ECG	0.97	81.5
EGCG	0.49	90.6

　　对棓酸酯类多酚的抑制糖苷转化酶活性的分析表明，单宁结构中的棓酰基是必需的，抑制活性存在以下顺序：五棓酰=六棓酰＞七棓酰＞八棓酰＞四棓酰＞三棓酰葡萄糖，与收敛性比较一致。应该注意的是一些单宁在高浓度下（＞1×10^{-5}mol/L）对酶产生抑制，而在低浓度下却促进酶的活性，如图 8.6 所示。

　　2. 抗病毒活性

　　单宁抗病毒的性质与其抗菌性有一定的相似之处。贯众治疗流感，柴胡治疗疱疹，都与其成分中单宁的抗病毒活性有关[12, 13]。在单宁结构和单宁抗疱疹病毒

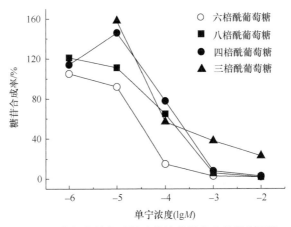

图 8.6 水解类单宁对链球菌糖苷转化酶的抑制[9-11]

活性关系研究中发现，对于缩合类单宁，活性取决于聚合度，对于水解类单宁则取决于其分子中棓酰基数目（表 8.4 和图 8.7）[14]，与其分子核心多元醇关系不大。用单宁水解酶处理单宁后可使其活性减弱，这说明单宁对病毒的抑制与收敛性密切相关。

表 8.4 水解类单宁的抗疱疹病毒活性[14]

水解类单宁结构号数	棓酰基数	HHDP 基数	PRD$_{50}$/（μmol/L）
1	1	0	a
2	3	0	55
3	4	0	22
4	5	0	12
5	3	1	15
6	1	2	19
7	2	1	20
8	1	0	a
9	2	0	a
10	3	0	53
11	2	0	a
12	3	0	58
13	4	0	23
14	2	0	a
15	3	0	56
16	1	1	26
17	1	1	27

注：PRD$_{50}$ 指减少 50%病毒时单宁的浓度；a 表示 PRD$_{50}$＞100μmol/L。

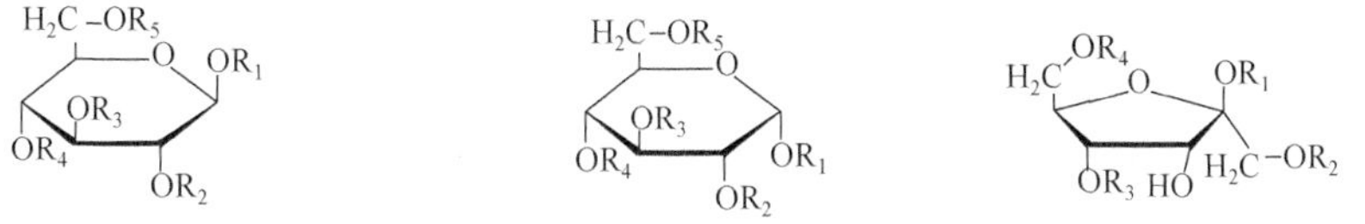

1. R₁=R₂=R₃=R₄=H, R₅=G
2. R₃=R₄=H, R₁=R₂=R₅=G
3. R₄=H, R₁=R₂=R₃=R₅=G
4. R₁=R₂=R₃=R₄=R₅=G
5. R₁=R₂=R₃=G, R₄=R₅=HHDP

6. R₁=G, R₂=R₃=R₄=R₅=HHDP
7. R₄=H, R₁=R₅=G, R₂=R₃=HHDP

8. R₁=R₂=R₃=H, R₄=G
9. R₁=R₃=H, R₂=R₄=G
10. R₁=H, R₂=R₃=R₄=G

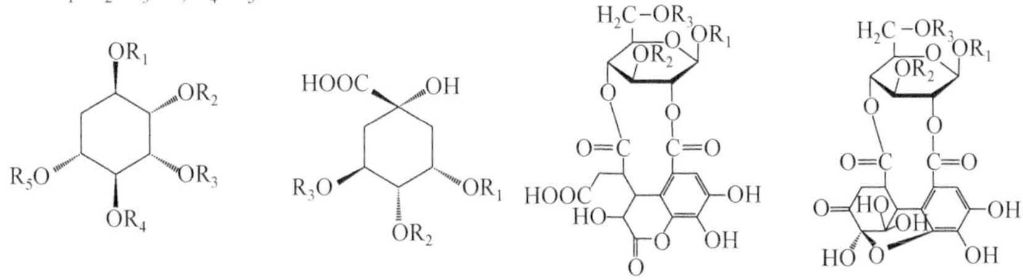

11. R₁=R₂=R₃=H, R₄=R₅=G
12. R₁=R₂=H, R₃=R₄=R₅=G
13. R₂=H, R₁=R₃=R₄=R₅=G

14. R₃=H, R₁=R₂=G
15. R₁=R₂=R₃=G

16. R₁=G, R₂=R₃=HHDP

17. R₁=G, R₂=R₃=HHDP

图 8.7　表 8.4 中各种水解类单宁的结构[14]

　　目前单宁的抗艾滋病（AIDS）研究令人关注。低分子量的水解类单宁，尤其是二聚鞣花单宁，如马桑素和仙鹤草素，可作口服剂用来抑制 AIDS。仙鹤草素在浓度 1～10μg/mL 时起到最强的抑制 AIDS 病毒 HIV 生长的效果。单宁抑制 HIV 的机理可能主要通过以下两种方式[15-19]。

　　RNA 反转录酶 RTase 在病毒 HIV 的生命环节中起到重要作用。病毒的染色体通过它复制到寄主染色体的两条 DNA 链上，由此合成下代病毒。对 RTase 抑制被认为是破坏 HIV 病毒增生的具有高度选择性的有效途径。单宁具有抑制 RTase 的活性。棓单宁和鞣花单宁都可以有效抑制 HIV 病毒在 H9 淋巴细胞中的复制。1, 3, 4-三棓酰奎尼酸、3, 5-二棓酰莽草酸、3, 4, 5-三棓酰莽草酸和石榴素等在抑制 HIV 复制的同时并不显示细胞毒性，石榴素对 HIV 病毒活性的半数有效浓度（median effective concentration，EC_{50}）为 8μmol/L。

　　另外，单宁可阻止病毒在细胞上的吸附。单宁对 HIV 的抑制不仅与单宁浓度有关，而且与单宁何时加入体系有关。例如，在 HIV 感染淋巴细胞前加入柯子酸、石榴素、和 3, 4-三棓酰基奎尼酸等单宁化合物均能抑制病变，抑制效果比 HIV 感染后加入好。单宁吸附在病毒的蛋白质表面，紧密与病毒结合使其失活从而防止了病毒对细胞的感染。

　　多位学者的实验结果表明，鞣花单宁的抗病毒性最显著而且二聚体比单体强得多；棓酰基化和聚合度提高都增加了缩合类单宁的抑制能力。这再次证明了单宁的抗病毒活性与收敛性之间的相关性。

3. 抗肿瘤和抗癌变活性

仙鹤草、猪牙皂、土茯苓、酸模根等草药具有抗肿瘤活性，长期饮用绿茶和食用水果、蔬菜也可有效减小癌症和肿瘤的发病率，这些都与植物中所含的单宁有关。从虾子花中得到的几种大环水解类单宁具有很强的抗瘤活性[20]。肿瘤和癌症的生成是多种因素作用的结果，如皮肤癌一般分为四个阶段：引发，启动第一阶段（转化），启动第二阶段（增殖），生长。与此对应，单宁的抗瘤作用也是多个方面的，可对每个阶段进行相应抑制。单宁是有效的抗诱变剂，能减小诱变剂的致癌作用；单宁可以提高染色体精确修复的能力；单宁可以提高体细胞的免疫力，抑制肿瘤细胞的生长。在这些作用中，单宁的收敛性、酶抑制、清除自由基、抗脂质过氧化等活性得到了集中体现。

1）抗突变[21-37]

单宁对肿瘤、癌症的预防作用体现在其对突变阶段的抑制。日常生活中人们常常接触到紫外光和多种致癌化学品，如多环芳烃和亚硝胺等化合物，这些物质具有较强的致突变性，可以通过引发自由基或者直接对体细胞的遗传物质作用，引发细胞的蜕变、基因毒性、致癌、致畸和老化。单宁对多种诱变剂都有抑制作用，这种活性具有多重性。

对于直接诱变剂 TRP-P-1（3-氨基-1,4-二甲基-5 氢-吡啶并吲哚）、MNNG（N-甲基-N'-亚硝基-N-亚硝基胍）、BaP（苯并芘）等，单宁的抑制作用可认为直接与之结合。单宁具有与蛋白质、生物碱结合的能力，含氮化合物、多环芳烃都可与单宁发生稳定的分子复合。老鹳草素（含鞣花酸）、仙鹤草素、石榴素、PGG 等收敛性较强的单宁（也是与碱基结合强的单宁）对这些诱变剂显示了最强的抑制能力。对于 TRP-P-2（3-羟氨基-1-甲基-5H-吡啶并吲哚），鞣花酸的作用最强。老鹳草草药随其煎煮而逐渐水解，产生鞣花酸，从而抑制能力逐渐增强。

对于前诱变剂多环芳烃（如 BaP）和黄曲霉毒素 B1，单宁通过抑制前诱变剂激活必需的 P-450 细胞色素和代谢酶、清除自由基和抑制中间代谢产物的生成，阻止最终诱变剂在 DNA 上的结合，以及减少染色体交换频率和基因变异、促进对生物大分子的损伤等多种方式来起作用。抑制作用取决于单宁的浓度。由于茶是一种普遍的饮料，因此茶单宁的抗诱变活性引起了人们的注意，它的作用如图 8.8 所示。

在紫外光 UVC（254nm）诱变的测定中，单宁酸、棓酸、棓儿茶素对抑制有效，但绿原酸、咖啡酸、儿茶素无效，表明棓酰基（或连苯三酚基团）是必要的。单宁酸对抑制紫外光诱变的专效性可能在于它能促进对细胞损坏的修复。除了作外用药膏对皮肤肿瘤有效，食用单宁酸和茶单宁对于化学诱变的皮肤、肺、前胃肿瘤都有抑制作用。

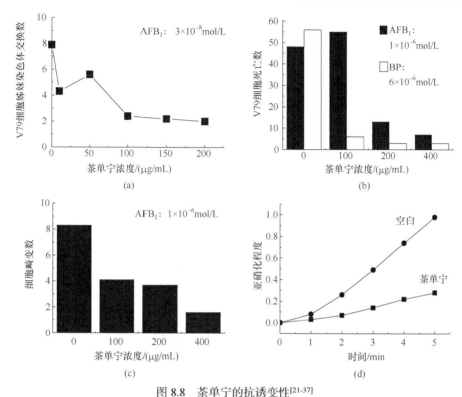

图 8.8　茶单宁的抗诱变性[21-37]
（a）茶单宁对细胞 SCE 的抑制；（b）茶单宁对细胞诱变的抑制；（c）茶单宁对细胞染色体畸变的抑制；
（d）茶单宁对亚硝化的抑制

单宁的抗诱变性与单宁浓度关系很大，往往在高浓度下（>1×10⁻³mol/L）抑制，在低浓度下（<1×10⁻⁵mol/L）反而促进诱变。由于单宁具有与生物大分子结合的性质，人们曾怀疑它本身是否也具有诱变性，但目前大部分研究结果否定了这种看法[38-40]。不过，水解类单宁在与 Cu²⁺同时存在时可以引起 DNA 双链或单链的断裂，这与单宁的金属络合性相关，而单宁在高浓度时（>1×10⁻⁴mol/L）可以抑制这种现象[41]。

2）调节体细胞对瘤细胞的免疫力[42-44]

单宁的直接抑制肿瘤和抗癌作用体现在调节体细胞生长方面。单宁的抗肿瘤作用可能是通过提高受体动物对肿瘤细胞的免疫力来实现的。向小鼠腹腔注射单宁及相关化合物后再注射肉瘤-180 细胞培养，发现水解类单宁，尤其是鞣花单宁大大延长了小鼠的寿命（表 8.5）。比较了 63 种单宁的活性之后，发现二聚鞣花单宁，如仙鹤草素（图 8.2）、月见草素 B（图 8.4）、马桑素 A（Coriarine A，图 8.9）和玫瑰素 E（Rugosin E，图 8.10）最具抗性，而缩合类单宁几乎不抗肿瘤。通过分析单宁的结构与活性的关系表明一定的分子量大小、棓酰基（特别是鞣花酰基

HHDP）含量，以及单宁分子糖核上自由酚羟基的立体构象都是活性必须因素，但并不与收敛性直接相关，而具有大环结构的低聚鞣花单宁 Nobotanin 等显著的抑制性，可能来源于其分子的特殊构型。

表 8.5　单宁对小鼠抗肉瘤-180 的活性[42-44]

单宁	剂量/（mg/mL）	小鼠寿命延长率/%
3-O-三棓酰基奎尼酸	5	134.2
特里马素Ⅱ	5	110.3
龙牙草素 B	5	235.6
玫瑰素 E	10	234.7
马桑素 A	5	238.0
山茱萸素	10	108.2

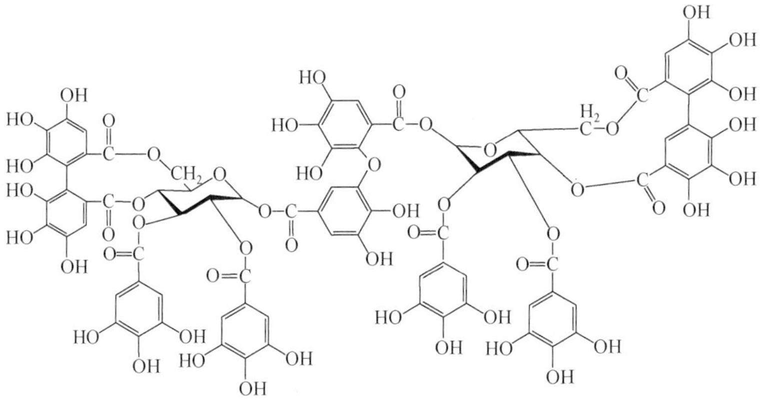

图 8.9　马桑素 A

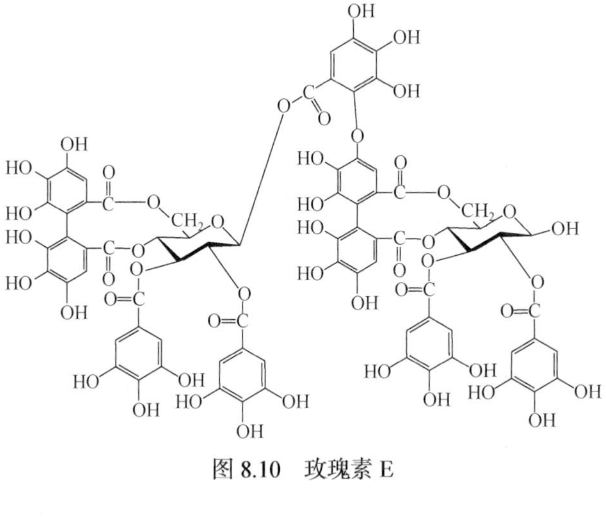

图 8.10　玫瑰素 E

3）抑制瘤细胞的生长[45-58]

单宁也很可能直接对瘤细胞的生长产生抑制作用，柯子酸、老鹳草素、地榆素对恶性黑色素瘤细胞显示最明显的选择性毒性（$EC_{50} < 20\mu g/mL$）。口服月见草素 B 也可抑制艾氏腹水瘤。在对人胃癌 MKN 细胞株的实验中，茶单宁表现出比抗癌药物 5-氟尿嘧啶（5-FU）还强并且持续的药性。经茶单宁作用 24h 和 48h 后，在一定浓度范围内，随着细胞培养液中单宁浓度的增加，癌细胞生长的抑制率可提高到 100%，但单宁浓度超过 $250\mu g/mL$，抑制率下降，维持在 75%，最佳单宁浓度为 $250\mu g/mL$，如图 8.11 所示。从光学显微镜上可以看到，人胃癌 MKN 细胞多为梭形及不规则形，经茶单宁作用后，癌细胞的形态发生很大变化，开始肿胀、变形，细胞碎片增多，细胞核萎缩甚至溶解和破裂。

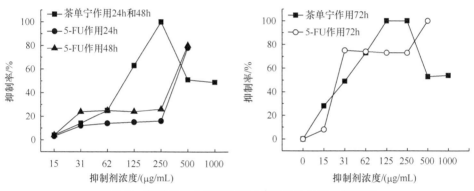

图 8.11　茶单宁对人胃癌 MKN 细胞株生长的抑制[45-58]

4. 抗心血管疾病[59, 60]

血液流变性降低、血脂浓度增加、血小板功能异常是心脑血管疾病的发生和发展的重要因素。"活血化瘀"是含单宁草药的一大疗效（如大黄、水三七、泽兰、紫荆皮、罗布麻等），这就意味着单宁可能改善血液流变性。此外，单宁还可降低血脂浓度。以葡萄籽单宁喂养用高胆固醇饲料饲养的小鼠，发现明显降低了血清胆固醇中低密度脂蛋白胆固醇（LDL-C）的浓度，而高密度脂蛋白胆固醇（HDL-C）有所提高（表 8.6）。LDL-C 是导致粥样硬化和心血管疾病的重要因素，HDLC 则对肌体有益。缩合类单宁降低 LDL-C 的能力与其分子量成正比。单宁酸也可使血液参数发生类似的变化。其作用机理可能在于单宁降低了小肠中胆固醇的吸收。茶单宁的浓度为 $5 \times 10^{-4} mol/L$ 时，其对蔗糖酶活性的抑制率可达 95.9%，口服茶单宁能降低血糖和血脂质浓度，另外茶单宁有抑制血小板聚集的作用。

表 8.6　葡萄籽单宁对鼠体重、血清和肝胆固醇的影响[59, 60]

	正常标准	空白对比	加食儿茶素	加食缩合类单宁
体重增加量/g	159	187	177	152
进食量/（g/d）	12.4	12.7	12.5	12.5
血清胆固醇/（mg/100mL）				
总量	78.1	121.1	112.2	79.1
游离	15.5	24.6	23.6	16.2
酯化	62.5	96.4	59.3	62.8
HDLC	57.5	13.9	24.6	51.6
LDLC	12.4	69.3	60.4	13.3
肝				
占总质量的百分数/%	3.01	3.88	3.60	3.27
总脂质/（mg/g 肝）	55.3	171.4	146.0	82.4
总胆固醇/（mg/g 肝）	2.4	42.7	28.2	12.4

心血管疾病中很大一部分也与自由基有密切关系。心脏因长期处于氧压之中，由于还原反应在心肌线粒体中最为活跃，长期处于氧压下的心脏便最易受到氧自由基所带来的脂质过氧化的损伤，由此将导致肿瘤、心肌梗死等病患。同时，脂质过氧化物可抑制抗凝血酶Ⅲ的活性，它是血浆中主要的生理性抗凝因子，活性下降常导致血液呈高凝状态，易引发脑血栓、冠心病，采用抗自由基药物即可缓解。单宁是一类作用很强的自由基清除剂和脂质过氧化抑制剂。其中，水解类单宁强于缩合类单宁，而后者又远强于小分子酚类（棓酸和儿茶素等）。并且单宁对多种自由基有广谱清除性。例如，柯子单宁在浓度为 2.5μg/mL 时，有明显的清除超氧阴离子自由基的作用；在浓度为 20μg/mL 时能有效地清除羟自由基。

单宁在抗心血管疾病方面的作用突出体现在其抗高血压的性质上。一些水解类单宁，如单宁酸、云实素、栗木鞣花素、柯子酸本身就有降低血压的作用。提纯物活性高于原草药煎剂。有实验证明，这种降压活性与体液中的电解质 Ca^{2+} 的络合有关，降压的同时不影响心率。柿子单宁、茶单宁、大黄单宁（缩合类）虽然不能降压，但具有清除自由基进而抗脂质过氧化的活性，因而可以减少脑出血、脑梗死的可能性（表 8.7）。除了这几种途径外，缩合类单宁对 ACE（血管紧张素转化酶）有比对其他酶更强的抑制作用，从而可以降血压。从槟榔中提取的一种单宁对患高血压大鼠，无论口服还是静注均可降压，但不影响正常鼠血压。目前已有使用纯单宁化合物治疗高血压的实例，如单宁衍生物 6-O-棓酰基-D-葡萄糖云实素和 1, 2, 3, 4, 6-五-O-棓酰基-β-D-葡萄糖。甘油（5～10 份）、向日葵油（5～10

份）、单宁酸（1～5 份）可以配成速效的降压药。

表 8.7　缩合类单宁对大鼠大脑匀浆脂质过氧化的抑制[59, 60]

单宁	50%抑制浓度		单宁	50%抑制浓度	
	μg/mL	μmol/L		μg/mL	μmol/L
原花青定 B-3, 3′-二棓酸酯	0.44	0.48	(−)-EG	63	22
原花青定 B-5, 3′-二棓酸酯	0.42	0.46	(−)-EGC	1.4	4.6
原花青定 C-1, 3′, 3″-三棓酸酯	0.62	0.45	(−)-ECG	0.16	0.36
柿子单宁	1.44	—	(−)-EGCG	0.14	0.31
维生素 E	30	70			

5. 护肝益肾[61-68]

桑葚、旱莲草、败酱草、锁阳、肉桂、杜仲有养肝益肾之用，其他多种含单宁草药也可作利尿药。虽然可能别的活性成分起了主要作用，但是实验表明单宁确实影响了肝肾的功能。水解类单宁对肝脏有毒，缩合类单宁不仅对肝脏无毒，而且还有一定的保护作用。单宁改善了血液状况，降低了血糖浓度，同时减少了肝脏线粒体中的自由基，从而对肝组织的脂质过氧化起到了较强的抑制作用。肾功能与肝脏有密切的联系。由腺嘌呤诱导发生的肾炎，而经口服大黄单宁后，血液中尿素氮（肌酸酐 Cr、甲基胍 MG、胍基琥珀酸 GSA）浓度明显降低（表 8.8），表明大黄单宁对肾炎有所减缓。这种作用随单宁分子量的增加而减小，但活性成分分子中都含有棓酰基。单宁也可能是在肾病的发展过程中起作用的。例如，与肾小球肾炎和糖尿病相关的肾小球过滤功能损坏将导致慢性肾炎，组织学观察可以发现肾脏系膜细胞增生可能干扰肾小球的过滤功能。单宁则可抑制肾脏系膜细胞的增生，作用与浓度成正比，25μg/mL 或更高时能产生强的抑制效果。总体可以认为，单宁对肝肾的保护与其清除自由基和抗氧化的能力密切相关。

表 8.8　服用 EGCG 对患肾炎小鼠血液中尿素氮的影响[61-68]

	剂量/[mg/（kg·d）]	尿素氮/（mg/L）	Cr/（mg/L）	MG/（mg/L）	GSA/（mg/L）
空白对照	0	1251	36.4	111.9	1142.1
EGCG	2.5	957	32.5	70.3	607.9
EGCG	5	908	30.6	74.0	493.8
EGCG	10	912	29.2	81.2	445.4

6. 其他活性

单宁可以对多种毒素产生抑制作用，如能对多种蛇毒起解毒作用。日本医药界对此进行了大量的研究，发现柿子单宁对某些地区的蛇类的毒素都有很强的解毒作用。柿子单宁的解毒作用是单宁酸的 8～32 倍，它的作用主要是能抑制蛇毒蛋白的活性[69]。

单宁也可用作生物碱和一些重金属中毒时的解毒剂，因为单宁可与之结合成沉淀，减少肌体的吸收。含大量缩合类单宁的罗布麻水提浸液喷于烟丝上可制成低毒香烟，因为单宁与尼古丁结合形成难以挥发的复合物，减少了烟雾中尼古丁的量[70]。

石榴皮和槟榔具有驱虫的药效。成分中的单宁具有协同驱虫作用。其活性强弱与单宁分子量有很大关系，缩合类单宁要求四聚体以上，水解类单宁也需含有 4 个以上的棓酰基才呈现活性。

8.1.4 植物单宁在药物合成中的作用[71-75]

植物单宁除了作为中草药的活性成分以外，其降解后的小分子产物可用作合成药物中间体。由棓单宁水解得到的棓酸用途尤为广泛，例如，可制备甲氧苄氨嘧啶（磺胺增效药）、联苯双酯（治疗肝炎）、克冠草（治疗冠心病）、次没食子酸铋（治疗肠炎、溃疡）、没食子酸碘化铋（外用药）、次没食子酸锑三钠（治疗血吸虫病）等。其中，由棓酸酯类多酚制备的 3, 4, 5-三甲氧基苯甲醛作为药物中间体非常重要。

1. 中间体 3, 4, 5-三甲氧基苯甲醛的合成

3, 4, 5-三甲氧基苯甲醛是五倍子、塔拉等棓单宁的衍生物，以棓单宁为原料有以下几种合成方法。

1）酰肼路线

棓单宁经水解得到棓酸，棓酸经硫酸二甲酯甲基化和酯化得到 3, 4, 5-三甲氧基苯甲酸甲酯，再与水合肼回流反应，得到 3, 4, 5-三甲氧基苯甲醛。棓单宁也可不先经水解制成棓酸，在同一反应釜中直接甲基化、水解和酯化，生成产物。该合成路线如图 8.12 所示。

2）酰氯路线

棓单宁经水解生成棓酸，控制甲基化条件得到 3, 4, 5-三甲氧基苯甲酸，再经二氯亚砜、五氯化磷、光气等氯化剂作用，得到 3, 4, 5-三甲氧基苯甲酰氯，再经氢化还原得到产品 3, 4, 5-三甲氧基苯甲醛。该合成路线如图 8.13 所示。

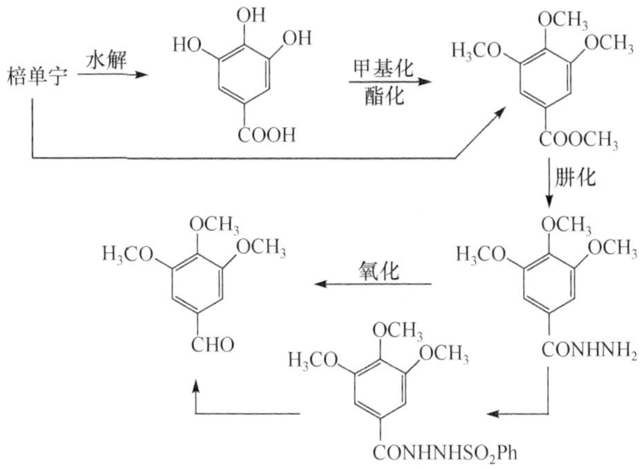

图 8.12　酰肼路线[71-75]

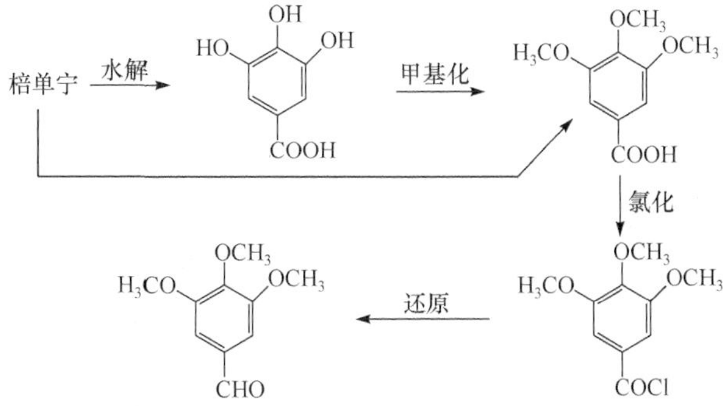

图 8.13　酰氯路线[71-75]

3）氯甲酸乙酯合成路线

将 3, 4, 5-三甲氧基苯甲酸与氯甲酸乙酯反应，可得到 3, 4, 5-三甲氧基苯甲酰氧基甲酸乙酯，它可以在常温常压下经催化氢化，直接得到 3, 4, 5-三甲氧基苯甲醛。该合成路线如图 8.14 所示。

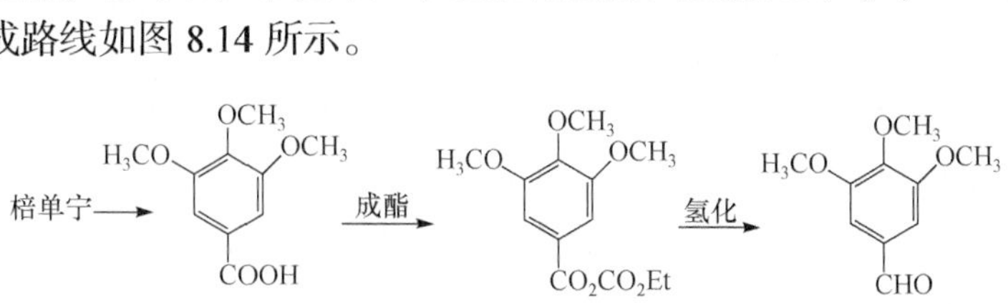

图 8.14　氯甲酸乙酯合成路线[71-75]

2. 3, 4, 5-三甲氧基苯甲醛用于药物合成

1）三甲氧苄氨嘧啶的合成

三甲氧苄氨嘧啶（TMP）为广谱抗菌药，与磺胺类药物联合使用可增强抗菌

作用，与四环素和庆大霉素等抗生素合用，也有明显的增效作用，适用于呼吸道感染、老年慢性支气管炎、菌痢、泌尿系感染、肾盂肾炎和肠炎等，与磺胺甲氧吡嗪或长效磺胺合用可以治疗疟疾等。它的合成方法是将 3, 4, 5-三甲氧基苯甲醛与丙烯腈的甲醇加成物-甲氧丙烯腈发生缩合反应，形成三甲氧基苯基甲氧基异丁烯腈，再与胍等反应得到三甲氧苄氨嘧啶。

2）三甲氧基肉桂酰胺类化合物的合成

三甲氧基肉桂酰胺类化合物具有抗惊活性，可以作为抗癫痫药。它的合成方法是将 3, 4, 5-三甲氧基苯甲醛在吡啶中与丙二酸反应，得到三甲氧基苯丙烯酸（即三甲氧基肉桂酸），再经二氯亚砜等的氯化处理，得到对应的酰氯，与各种胺类化合物反应得到三甲氧基肉桂酰胺类化合物。

3）鬼臼毒素及其类似物的合成

鬼臼毒素及其类似物均具有破坏肿瘤的活性，是理想的抗肿瘤药物，近来有关这类化合物的合成及活性的研究报道较多，鬼臼毒素本身毒副作用大，经化学修饰后可得到活性高、毒性低的药物。鬼臼毒素虽然可以由天然植物中分离提取，但要得到较大量的产物或有特殊的化学修饰要求时，还是以人工合成为主。鬼臼毒素的合成方法一般是将胡椒醛（3, 4-亚甲二氧基苯甲醛）及 γ-丁烯内酯与 3, 4, 5-三甲氧基苯甲醛反应制得。

此外，3, 4, 5-三甲氧基苯甲醛还可以合成具有氨基吡啶结构和丙二烯结构的抗肿瘤药物，2, 4-二芳基-1, 3-二硫杂环戊烷结构的血小板活化因子受体拮抗药和 5-脂肪酶抑制剂，具有抗溃疡功能的呋喃酮衍生物，抗变形虫化合物，ACE 酶和高血压抑制剂，亚苄基吡咯烷酮类抗凝血剂，抗糖尿病的芳胺醇衍生物，溴化苯基吡啶基乙烯型酪氨酸激酶抑制剂，β-肾上腺素拮抗药，查耳酮及异噁唑型抗菌药，芳基二氢吡啶型消炎止痛药，磷酸二酯酶抑制剂，等等。

植物单宁是一类具有多种生理活性和药学活性的天然产物，单宁在药学上的研究正成为当前天然产物研究的热点之一。单宁的抑菌、抗病毒、抗诱变、抗癌抗肿瘤、抗心脑血管疾病、保肝益肾、抗衰老等疗效引人注目。人们对单宁的认识是随着植物化学、分析手段、病理学的进步而逐渐发展起来的。传统的中草药理论在大量实践经验基础上概括了其活性。近年来单宁的研究工作表明了这些活性与其化学本质的密切关联。单宁活性的研究是一个非常复杂的课题。单宁的化学活性、结构的多样和易变、生理反应的高度特殊性、病理因素和作用方式的多重性和综合性，都给研究带来很大的困难。单宁可能与其他药学成分起到协同作用，但是也可能互相妨碍而降低草药的疗效，因此澄清单宁的活性及其与化学结构之间的关系是非常必要的。同时人类对单宁的生理活性和药学活性的利用也逐渐精细化，包括直接使用提纯的化合物、对单宁进行修饰和改性、以单宁为中间体进一步合成等。另外，以天然植物单宁为活性成分模板，人工合成出相似的多元酚类化合物也将是一个引人注目的研究方向。

8.2　植物单宁在食品与农业领域的应用

　　植物是人类食物的最主要来源之一，广泛存在于植物体的多酚无疑也是人类摄食中的一类重要成分。植物单宁在粮食、蔬菜中含量较少，但在水果及谷物皮层中含量较高。在食品化学中也习惯地将多酚称为单宁，实际上此时单宁的含义已经比传统的单宁定义有所扩大，包括了分子量低于 500 的植物单宁。单宁因对唾液蛋白的结合成为食品涩味的原因，也由于氧化偶合以及分子降解反应生成天然色素从而改变食品的色泽，从味觉和视觉两方面影响着食品的风味。特别对于多种饮料，如茶、葡萄酒、啤酒、果汁、咖啡，植物单宁化学占有极为关键的地位，可以说，这些饮料的生产过程，既是单宁及其他成分发生化学变化的过程，也是对单宁的含量和类型进行人为控制的过程。由于单宁独特的化学和生物活性，因此从食用植物中提取单宁并将之纯化，作为一类天然的食品添加剂，除了可以调节食品的风味外，还可以起到一种高效、无毒且具有保健性的抗氧化和防腐作用。

8.2.1　植物单宁与茶

　　茶最早起源于我国，在各种嗜好性饮料中，茶的爱好者最为广泛，几乎遍及全世界[76, 77]。表 8.9 所列为主要产茶国及其 2014 年的茶叶产量。

表 8.9　主要产茶国及其 2014 年的茶叶产量[76, 77]

产茶国	产量/kt	产茶国	产量/kt	产茶国	产量/kt
印度	1184.8	印度尼西亚	132	伊朗	78.64
中国	2092	土耳其	130	孟加拉国	64.48
斯里兰卡	338.032	阿根廷	85	马拉维	58.6
肯尼亚	445.105	日本	82.4	越南	170

　　表 8.10 所列为茶在一些国家的饮用量。由于各地传统习俗的不同，形成了品种繁多的茶及茶饮料，根据制造工艺的区别，分为发酵茶（红茶）、半发酵（乌龙茶）和非发酵茶（绿茶）三大类。红茶在世界范围内饮用最广，在 2014 年茶叶总产量中，红茶占了绝大多数（约 75%）；绿茶的消费范围通常局限于中国、日本、中东和北非一些地区，约为 14%；乌龙茶所生产仅限于中国，约 1%。

表 8.10　一些国家的平均饮茶量[76, 77]

国名	饮茶量/[kg/（人·年）]	国名	饮茶量/[kg/（人·年）]	国名	饮茶量/[kg/（人·年）]
爱尔兰	3.04	日本	0.96	美国	0.34
英国	2.81	巴基斯坦	0.93	墨西哥	0.01
俄罗斯	0.87	印度	0.58	新西兰	1.59
德国	0.18	中国	0.30	澳大利亚	1.12
法国	0.18	泰国	0.01	埃及	1.33
意大利	0.06	智利	0.86	摩洛哥	1.11
土耳其	2.17	加拿大	0.55	南非	0.56

茶独特的风味可分为三大部分，茶香、苦味和涩味。茶香来自于多类芳香物质，苦味主要源于咖啡因等生物碱，涩味来源于单宁。在茶的生产过程中，生物碱类一般比较稳定，芳香物质虽然极为重要，但是含量非常低，而单宁为茶的主要成分，在不同的生产工艺中发生复杂的变化，可以认为茶的生产过程即为单宁发生各类化学变化的过程。

茶的质量和风味除了制造工艺外，很大程度取决于原材料——新鲜茶叶的成分。茶叶是山茶科植物茶（*Camellia sinensis*，即 *Thea sinensis*）的芽叶。茶叶的成分与茶树的品种、生长条件、采摘时间均有很大关系。表 8.11 为典型的新鲜叶子的主要成分。

表 8.11　茶叶的鲜叶成分及含量（占干重的百分数）[76, 77]

成分	含量/%	成分	含量/%	成分	含量/%	成分	含量/%
单宁	36	有机酸	1.5	糖类	25	脂质	2
咖啡因	3.5	萜类	<0.1	蛋白质	15	绿原酸类	0.5
氨基酸	4	芳香物质	<0.1	木质素	6.5	无机盐	5

实际上不同的茶叶，各组分的含量波动很大。通常单宁组分为主体成分，可占叶子干重的18%～30%，其中主要为几种儿茶素类黄烷醇单体（表 8.12），以顺式构型的、连苯三酚 B 环的棓酰化的儿茶素 EGCG 和 ECG 含量最高。除了儿茶素外，茶叶中还含有少量的黄烷醇二聚体和黄烷醇糖苷、绿原酸、香豆酰奎尼酸、棓酸等。虽然有报道证实茶叶中也含有水解类单宁，如 TriGG 和茶棓素[77]，但已经公认茶叶中的多酚是以黄烷醇类为主体的，统称为茶多酚或茶单宁，与一般意

义的单宁有所差别。

表 8.12　茶叶鲜叶中儿茶素组分及含量（占干重的百分数）[76, 77]

儿茶素组分	含量/%	儿茶素组分	含量/%
(+)-儿茶素 C	1～2	(+)-儿茶素 GC	1～3
(−)-表儿茶素 EC	1～3	(−)-表棓儿茶素 EGC	3～6
(−)-表儿茶素棓酸酯 EGCG	3～6	(−)-表棓儿茶素棓酸酯 EGCG	7～13

注：总量 16%～30%。

茶叶中第二个重要组分是生物碱，其中咖啡因占茶叶干重的 2.5%～4.5%，可可碱占 0.05%，茶碱约占 0.002%。喝茶的兴奋作用就来自于生物碱部分。茶叶中的第三个重要组分是芳香类物质，包括多种醇、酚、醛、酮、酸、酯、萜等，含量很低（<0.1%），但对茶香起着重要作用，是决定茶叶风味中嗅觉的最重要因素。芽叶中还含有相当量的蛋白质及氨基酸，这两种成分对形成茶汤醇厚的味感有益。蛋白质部分属于叶子组织内的多种酶，其中与茶叶制造最为相关的是多酚氧化酶（PPO）和糖苷水解酶。PPO 是一种铜酶，分子量大约在 140000，比较耐热，要使其完全失活，80℃下需 10～20min，沸水下则需 2～5min，在 85℃左右加热 3min即可发生歧化，大大降低酶活性。亚硫酸盐是广泛使用而且最重要的 PPO 酶抑制剂[77]。在叶子生长过程中，这些酶的底物如多酚储存于细胞液泡中，与酶隔离。在茶叶采摘和生产过程中，酶与单宁接触并对其发生作用。而根据不同的发酵程度决定的制茶工艺，实质上是控制 PPO 作用下单宁的氧化缩合过程，不同品种的茶叶、不同的加工方法都使茶中单宁含量发生变化，从而决定茶的味感。一般说来，绿茶的单宁含量较多，涩味较重，红茶由于茶叶经过发酵后单宁的氧化，涩感较弱。

1. 绿茶

单宁含量较低而氨基酸含量较高的鲜叶适于制备绿茶。绿茶不经过发酵，其主要成分仍然保持鲜叶中原有的状态，见表 8.13。绿茶制造工艺的第一阶段是通过蒸热或锅炒进行"杀青"，使鲜叶中的各种酶失去活性，这样在绿茶中几乎不存在由于酶作用而引起的成分变化。杀青之后，茶叶需加热干燥至水分含量 3%左右，一方面进一步使酶失活，另一方面避免多酚被空气中的氧所氧化。严格的操作使茶单宁结构和含量基本不发生变化。芳香物质在加热时糖苷迅速水解，生成独特的挥发性香气[76, 77]。

表 8.13　绿茶成分及含量（占干重的百分数） [76, 77]

成分	含量/%	成分	含量/%	成分	含量/%	成分	含量/%
儿茶素	30~42	其他缩酚酸	1	其他有机酸	4~5	糖	10~15
黄烷醇	5~10	抗坏血酸	1~2	茶氨酸	4~6	无机盐	6~8
其他黄酮类	2~4	棓酸	0.5	其他氨基酸	4~6	芳香类	0.02
茶棓素	2~3	奎尼酸	2	咖啡因	7~9		

绿茶在传统上多在亚洲国家饮用。近年来发现饮用绿茶除兴奋、利尿和抗菌作用外，还具有抗诱变、抗癌、抗衰老、抗氧化和清除体内自由基以及减肥等药效，其中茶单宁是主要的活性成分。具有棓酰基的茶单宁的各种活性尤为突出，因此绿茶作为一种保健饮料日益受到消费者的欢迎，从绿茶中提取活性成分及其应用也是一个重要的研究方向。

2. 红茶

红茶的制作过程与绿茶有显著的差别，绿茶注重防止单宁的氧化，而红茶是利用单宁的氧化反应以便得到红茶所特有的红色色调和较弱的涩味，因此每一道工序都是与促进单宁的氧化相关联的。通常红茶的制作过程包括采摘、萎凋、揉捻、堆置、发酵、干燥几步，而不经过绿茶的炒青。制备红茶需选用单宁含量较高的鲜叶，单宁含量较低的老叶一般不用。萎凋和揉捻过程是为了使叶子细胞液泡破碎，增加酶和空气中的氧与单宁底物相接触的机会。堆置、发酵时间取决于湿度、原料成分和产品所要求的风味，通常在高湿度 20~30℃下进行 45~90min，当干燥至水分降到 3%以下时，PPO 酶失活，氧化终止。在这些加工过程中，茶叶的成分发生了种种变化。从嗅觉来看，新生成了多达数百种香气成分，使红茶的茶香与绿茶有明显差异，醇、醛、酸、酯的含量较高，尤其紫罗兰酮类对红茶特征茶香的形成起着重要作用；从视觉来看，单宁在多酚氧化酶 PPO 和氧作用下生成以茶黄素（theaflavin）和茶红素（thearubigen）为代表的多种新型多酚化合物[76, 77]。红茶中主要成分见表 8.14。

表 8.14　红茶中的主要成分及含量（占干重的百分数） [76, 77]

成分	含量/%	成分	含量/%	成分	含量/%	成分	含量/%
儿茶素	3~10	黄酮醇	6~8	咖啡因	8~11	无机盐	10
茶黄素	3~6	酚酸	10~12	糖	15	芳香物	<0.1
茶红素	12~18	氨基酸	1~15	蛋白质	1		

茶黄素是明亮的橙红色及红色的漂亮色素，而茶红素的色泽较为深暗，两者皆为红茶色素的主要成分，形成红茶所特有的色调，其中茶黄素的含量与红茶品质密切相关。两者的紫外-可见吸收光谱如图 8.15 所示。

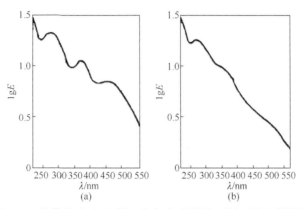

图 8.15　茶黄素（a）和茶红素（b）的紫外-可见吸收光谱[76, 77]

虽然氧化使得单宁的酚羟基数目大大减少，但偶合后分子量倍增，因而红茶仍然保持一定的涩味。在红茶中加入牛奶或奶油，乳中的蛋白质可与单宁先结合，能降低或消除涩感[78]。在红茶茶汤中，咖啡因等生物碱能与分子较大的多酚茶红素和茶黄素形成分子复合物，只溶于热水而不溶于冷水，所以当红茶水冷却时，会出现"后浑"现象。

3. 乌龙茶

乌龙茶的生产仅限于中国，是我国具有代表性的茶之一。乌龙茶属于半发酵茶，生产方法介于绿茶和红茶之间，即虽有发酵工序，但发酵时间短而不完全，通常是将采下的鲜叶先经短时间日晒使之凋萎，再放置室内继续凋萎，直至生成特有的花香时再上锅炒制而成，而不同的发酵程度和工艺，使茶中儿茶素氧化的程度不一样，得到的成品风味也不一样。乌龙茶的化学成分也介于红茶和绿茶之间，儿茶素占总重的 8%～20%，但出现了独特的结构，如茶栟宁[图 8.16（a）]、乌龙茶素[图 8.16（b）]等。

目前，茶叶除了作为广泛饮用的饮料外，还作为保健品日益受到大众的欢迎，此外，从茶叶中提取具有生理活性和药学活性的植物单宁直接用于制药、食品、生化领域也是一个重要的方向。因此，植物单宁化学对于控制各种茶的生产过程和风味形成、饮用和储存以及有目的地得到独特结构的单宁化合物等具有极为重要的理论指导意义。

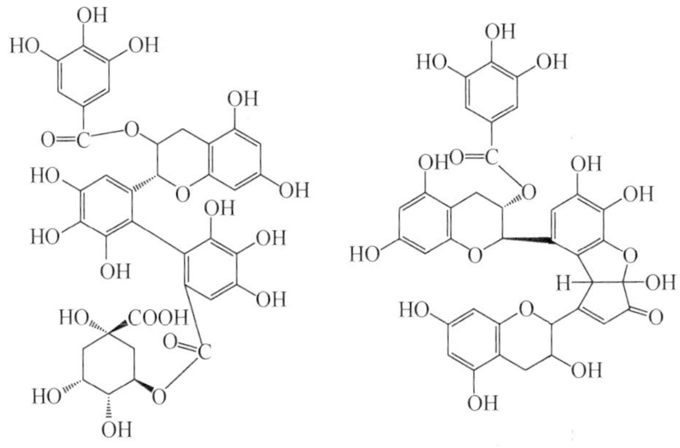

图 8.16　茶棓宁（a）和乌龙茶素（b）的分子结构

8.2.2　植物单宁与葡萄酒[79, 80]

大多数水果中都含有一定量的单宁，因此单宁是果酒和果汁饮料中重要的组成成分，这在葡萄酒，特别是红葡萄酒中得到充分体现。红葡萄酒由果皮带色的葡萄制成，含有果皮或果肉中的有色物质花色素和单宁化合物。采用 $KMnO_4$ 法测定时，酒中的单宁含量平均可达 1～3g/L。红葡萄酒是同时具有涩、苦和甜味的酒精饮料，其涩味和苦味都产生于单宁类物质。红葡萄酒所具有的深红色或红宝石色泽，也与单宁化合物密切相关，葡萄酒在陈放时单宁的各种化学反应是酒色泽和口感变化的一个主要原因，可以说植物单宁对葡萄酒的风味的形成起到不可低估的作用，对于酒的类型和品质尤为重要。因而从制酒业的角度出发，每年均有大量关于单宁化学的著述发表，其中主要涉及的研究对象如不同品种葡萄中单宁及其变化、酒生产和陈放过程中的单宁对风味的影响、葡萄籽单宁的利用等。

单宁通常主要含于葡萄果梗、果皮和果核中。在果梗中占 1%～3%，在果皮中占 0.5%～2%，而果核中富含单宁，含量为 3%～7%。葡萄中酚类物质包括花色素、黄酮、绿原酸等和单宁化合物，后者以聚黄烷醇类为主。根据粗略的统计，在葡萄 4000mg/kg 总酚含量中，绿原酸和非黄酮酚大约占 200mg/kg，花色素 400mg/kg，黄酮 50mg/kg，儿茶素 300mg/kg，黄烷醇低聚体 500mg/kg，以及占缩合类单宁 250mg/kg。欧洲种葡萄中儿茶素含量为 300mg/kg，82%含于葡萄籽中，18%含于葡萄皮中，而低聚原花青定 73%含于籽中，27%含于皮中。在制酒过程中，为了使果汁易流出和挤压，常常带梗压榨，但为了不影响成品质量和避免过重的涩味，不带果梗发酵并尽量防止果核破碎，因此红葡萄酒内的单宁主要来自葡萄皮。白葡萄酒由不带色的葡萄果肉发酵制成，因此虽然有一定量的单宁，但通常总酚含量较低，尤其不含花色素。有些白兰地是由葡萄酒蒸馏而成，因此不含葡萄单宁，但是在橡木桶内陈放过程中从橡木中提取出以水解类单宁和鞣花酸为主的单宁成分。表 8.15 为几种酒中单宁的对比情况。

表 8.15　几种新制葡萄酒中酚类物质的含量（GAE/L）[79, 80]

酚类	白葡萄酒	红葡萄酒	
		淡色红葡萄酒	深色红葡萄酒
芳香酚类	微量	10	40
羟基肉桂酸	150	200	200
其他非黄酮类	25	40	60
花色素	0	200	400
儿茶素及黄酮	25	150	200
聚黄烷醇（缩合类单宁）	0	600	900
总酚含量	200	1200	1800

注：GAE 指以没食子酸计的酚类物质当量。

1. 单宁对葡萄酒生产工艺的影响

红葡萄酒的生产过程主要有下列几个工序：破碎和去梗、发酵、分离新酒、压榨分离皮渣。单宁含量常常对这些工序的制定有所影响。如单宁含量过高，不仅造成酒味过涩，而且因单宁对菌和酶的抑制作用，会阻滞酵母活力，甚至使发酵迟缓停止。这是由于过多单宁吸附在酵母细胞膜表面，妨碍菌体正常生活，阻碍了透析，使酒精酶的作用停止。这种现象常常出现在主发酵快结束的时候。通过酵液循环或和另一个正在旺盛发酵的浅色酵液混合，捣一次桶，使酵母获得空气，可以恢复发酵活力。此外，还可以选育对单宁高抵抗性的酵母菌株，同时对于高单宁含量的原料应相应缩短发酵时间，否则酿成的酒色泽过深，酒味粗糙，不受市场欢迎。对于这种单宁含量高的红葡萄酒，可用作蒸馏酒原料，也可与其他酒混合，降低单宁浓度；或者采用蛋白质（明胶、蛋白片、酪素）下胶净化，利用蛋白质与单宁结合沉淀的性质，除去一部分单宁的同时也使其他大部分悬浮物沉淀，以便过滤，达到澄清的外观；也可采用活性炭和交联聚维酮等高分子吸附剂吸附一部分单宁，但应注意处理适度，以免酒的口味变弱。

与红酒相反，在白葡萄酒的下胶中，在加入蛋白质的同时通常还加入单宁酸以加强絮凝沉淀过程，每升酒加入 5～15g。对于白兰地，为了加速其陈化过程，可以采用加入橡木片（粉）的方法，将橡木片放入酒中，在 20～25℃储存 6～8 个月，定期引入氧（15～20mg/L），可相当于 3～5 年的自然陈化过程。在法国、意大利等国，有时还从葡萄皮渣或葡萄籽中提取单宁供酿造之用。

金属离子如铁和铜等会引起单宁的色变、氧化及与蛋白质等物质的沉淀，从而引起葡萄酒变质，这在酿造文献中称为破败病，因此在制酒和陈放中需尽量避免金属的污染，对金属污染过的酒应该添加掩蔽剂络合或者通过离子交换除去金属离子。

2. 葡萄酒放置过程中的单宁化学

葡萄酒的形成当制酒工序结束后还远未完成。新酒品质粗糙，口感和香味尚未圆熟，一般都需经过储存放置过程。新酒本身是一个复杂的化学系统，它保持了进行一系列反应和物理化学平衡能力，各种成分在储存期间会发生一系列物理、化学和生物化学的变化形成其独特的风味。这些变化之间又是相互关联的，由酒的 pH、乙醇与 SO_2 含量、储存温度和接触氧量所决定。每种葡萄酒所需的最适陈放时间各不相同，时间过长对酒的品质也不利。有人说，葡萄酒是有生命的，它会诞生、成长直至最后死亡。特别对于白兰地，一般在橡木桶中存放 15～20 年后才能获得最好的品质，有些酒甚至需达 40～50 年。在葡萄酒放置过程中，除了芳香类物质以外，酒的色泽和口感的变化最为显著和重要。对酒中成分分析表明，单宁的变化在其中扮演了关键的角色。例如，白葡萄酒色泽成因主要与单宁有关，新酿制的白兰地基本上是无色的，在陈化中由于单宁的氧化聚合酒的颜色逐渐转变为金黄色；而红葡萄酒的色泽主要是由花色素和单宁两类物质所构成。这两类色素物质在葡萄酒的酿造、陈化甚至装瓶以后的保存等过程中，各自消长变化，互为影响，以致形成较为复杂的关系。下面主要以红酒为对象阐述单宁与葡萄酒陈放的关系。

1）单宁结构的变化

新制红葡萄酒中所含单宁与原材料葡萄皮中单宁成分比较一致，主要是儿茶素等黄烷醇单体和低聚体。随着陈化的进行，酒溶液中单宁的平均聚合度增大（表 8.16），例如，新酒中单宁为 3～4 聚黄烷醇，在陈酒中则为 6～10 聚合体，儿茶素等低分子量化合物经聚合生成单宁，使单宁含量增加；经较长的陈化过程后（如 1914 年的酒，到 1969 年为 55 年陈放期），聚合度反而下降成 2～3 聚体，单宁含量也下降至最低，酒的涩味逐渐减弱，口感变得圆熟，这表明酒中的色素物质及聚合度较大的单宁被沉淀，溶液中留下的是聚合度较低的单宁。

表 8.16　不同酒龄红葡萄酒中单宁的含量、平均分子量及聚合度[79, 80]

酒龄/年	单宁含量/（g/L）	平均分子量	聚合度
55	1.7	739 ± 49	2～3
17	4.5	3750 ± 600	10～14
12	2.9	2995 ± 400	8～11

续表

酒龄/年	单宁含量/（g/L）	平均分子量	聚合度
7	2.5	2010 ± 211	6～7
3	3.5	2134 ± 303	6～8
2	2.9	2200 ± 230	6～8
1	1.9	1071 ± 58	3～4
0	2.0	895 ± 34	3

　　红葡萄酒中的单宁基本上为缩合类，它的变化基于聚黄烷醇两个最主要的反应机理：①黄烷醇连接键的酸降解，生成花色素和黄烷-3-醇；②聚黄烷醇分子中仍然含有亲电-亲核中心，可以进一步聚合生成更大分子的单宁甚至水不溶性红粉，导致单宁的沉淀。实验证实在酒内弱酸性条件（pH 为 3～4）下，两个断键——成键方向相反的反应是可以同时发生的。原花青定 B-2 在 pH 4.0、温度 25℃（即通常葡萄酒和啤酒所处的环境）时的水解速率常数 K 为 $6×10^{-6} h^{-1}$，在 50～100ppm 的浓度下七周之内缩合成红粉[81]。其缩合是一种杂乱的方式，如图 8.17 所示。

　　除此之外，单宁的聚合机理还同时存在着两种方式。一是通过氧化偶合，小分子酚如咖啡酸在有氧化酶 PPO 和无酶作用下可以以自由基的形式氧化成半醌，后者再经聚合形成较大分子量有色的单宁，在分子量达到 500 以上时即具有单宁

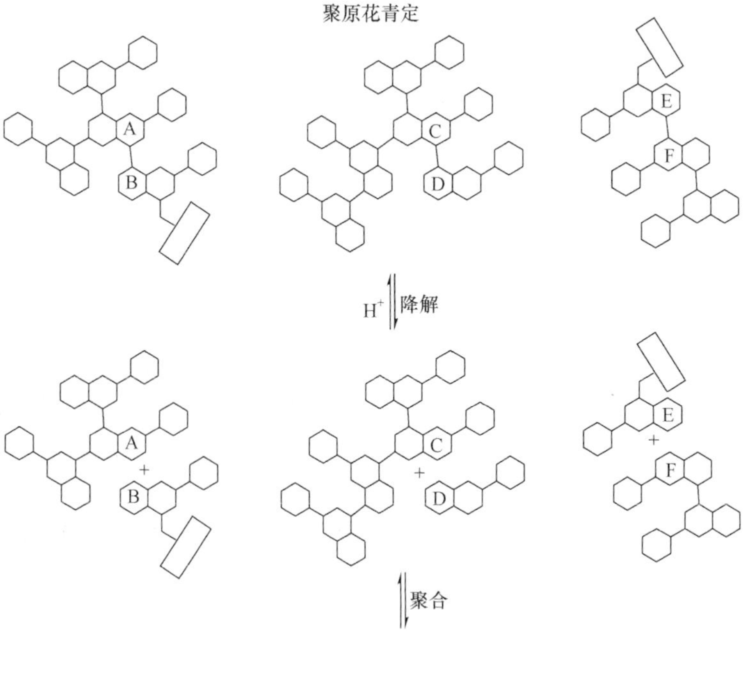

聚原花青定

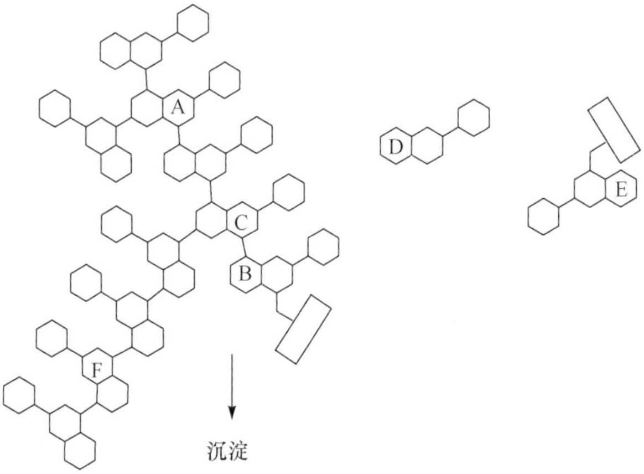

图 8.17　酒中缩合类单宁的成键和断键反应示意图[79-81]

的特性，如果聚合度更大，单宁水溶性下降也将导致沉淀，氧化反应受到 Fe^{3+} 的
催化，如图 8.18 所示。

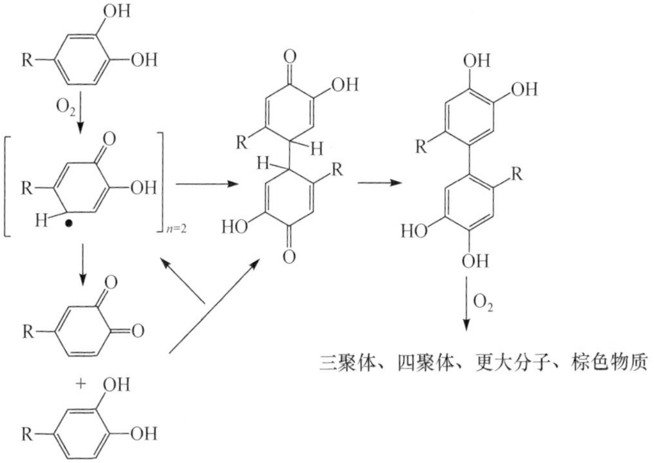

图 8.18　单宁的氧化偶合示意图[79-81]

　　虽然在葡萄酒的弱酸性环境中，单宁氧化反应的概率较小，但是酒仍然保持
一定的吸氧量。在木桶中陈放的葡萄酒每年的吸氧量可达 30mg/L。单宁的氧化偶
合对白葡萄酒和白兰地色泽和口感的影响尤为突出，是这两种酒的主要成色因素。
单宁的氧化很易对白葡萄酒造成不利影响，称为褐化，因此应该注意避免氧化偶
合的发生。在酒的酿制和陈放过程中，乙醇的氧化将生成乙醛，单宁极易与之发
生酚醛缩合，例如，乙醛在黄烷醇 A 环的 6、8 位亲电位置上连接形成大分子的
缩合物，引起单宁的沉淀（图 8.19）。

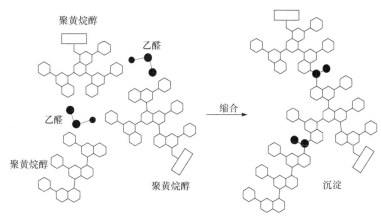

图 8.19　聚黄烷醇-乙醛缩合示意图[79-81]

2）色泽的变化和多酚色素

图 8.20 是三种不同酒龄的红葡萄酒，因其酒龄的不同而显示出不同的吸收光谱。新酒中主要是花色素的红色，所以在波长为 520nm 处有一最大吸收（畸峰），而在波长为 520～280nm 间的吸收中，在波长为 420nm 处为一低峰（表明无黄色）。随着陈化的进行，波长为 520nm 处的高峰逐渐消失，当酒龄达 10 年以上时，曲线变成平肩式，这是酒中黄色增加（波长为 420nm 处吸收）之故，与此相对应的是葡萄酒的色调由红色变为砖红—橙红色[82]。

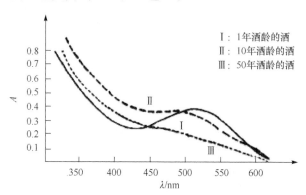

Ⅰ：1 年酒龄的酒
Ⅱ：10 年酒龄的酒
Ⅲ：50 年酒龄的酒

图 8.20　红葡萄酒的可见光谱与陈放的关系[82]

对色素物质的色谱定量分析（TLC 和凝胶渗透法）表明，花色素为新酒中主要的色素物质，其浓度可达 1g/L，其他的酚类分子量小，颜色很浅。在陈放期间，花色素的含量直线下降，而大分子的聚合色素逐渐占了主体，第一年即可达 50%，第十年达到 85%。并且花色素和聚合色素相比，性质上远没有后者稳定。前面已经提到新酒中的花色素和儿茶素等单宁以氢键和疏水键形成分子复合体，使花色素在葡萄酒的环境中得以显色和提高对氧和 pH 的稳定性。在酒的陈化过程中，所形成的色素对 pH、SO_2 更为稳定，表明聚合体色素不是可逆的分子复合，而是形成一种共价结合。而聚合体色素在低 pH 的条件也显示出花色素的特征吸收，由此可以推测，其分子中含有花色素中黄锌盐的结构。从黄酮类化合物化学可以得知，花色素即使在很高的浓度时，其本身也不可能聚合，而花色素和单宁的分子复合物在一定条件下可能逐渐转化为共价形式的结合产物。单宁在酒陈化过程中的变化证实了这一设想。

酒中的花色素的 C 环具有正碳离子的锌盐结构，正电荷在环上离域，在酒溶液中易受到亲核物质的进攻。儿茶素即为一种亲核试剂。正如前文所述，新酒中大量儿茶素和单宁与花色素首先形成复合物，有利于花色素的稳定性和吸光性，然后两者发生亲核聚合，形成聚合物。聚原花青定也具有亲核性，因此花色素也很容易与之聚合，参与原花青定的断键和成键反应，最终导致单宁沉淀。花色素-单宁的聚合物可以氧化成黄锌盐，生成聚合态的葡萄酒色素。花色素 4 位碳被取代，提高了其稳定性[83]。酒在 pH 为 3~5 的陈放条件下，这种锌盐结构与碱式结构形成平衡，形成葡萄酒在可见光的吸收特性（图 8.21）。

从整体变化过程来看，在新红葡萄酒中花色素对酒的色泽贡献最大，单宁也对加深新酒的颜色有作用。花色素在发酵时由于 SO_2 的还原作用，一部分褪色。在葡萄酒酿造过程后数周中，同时发生两类反应。一是被还原的花色素又重新被氧化致使颜色加深，二是花色素可能与单宁缩合或因其他反应褪色。因此，在此期间某些酒颜色加深，某些酒颜色减退，主要取决于两类反应的相对速率。在酒陈放中，花色素继续与单宁缩合而消失，单宁本身也逐渐聚合，致使酒的色调由红转黄再继续变为黄褐，最终单宁在酒的色泽中起到主要的作用。

单宁化学在啤酒工业中也有重要的地位。啤酒中的单宁来自麦芽和啤酒花。过量的单宁是啤酒非生物浑浊的原因，单宁和酒中的蛋白质结合形成浑浊乃至永久性沉淀，分析表明沉淀的生成还与多糖和微量金属离子和氧化反应有关[83]。聚黄烷醇类单宁与在葡萄酒中类似，同时发生断键和成键反应，特别在蛋白质中含有亲核性的基团如巯基（—SH）时，可发生如图 8.22 所示的共价结合。因此为了保持啤酒的稳定，可以从降低单宁和蛋白质两方面的含量着手。例如，采用蛋白酶分解蛋白质、硅胶吸附蛋白质、添加单宁酸沉淀蛋白质以及聚乙烯吡咯烷酮吸附单宁等手段。值得一提的是，将单宁固化可以制备蛋白质吸附剂，用于果酒、啤酒和果汁饮料的澄清[84-86]，这一产品已经得到工业化应用。

研究水果的成熟与其涩味的消失也是单宁化学在食品领域的一个重要应用。长期以来人们认为可能是在水果成熟期间单宁逐渐降解消失的原因。实际上通过分析测定，单宁的含量并未降低。因此目前公认涩味的消失，在于水果中的单宁经本身聚合或与多糖结合而固化，不溶于水从而失去了沉淀唾液蛋白的能力（图 8.23）。

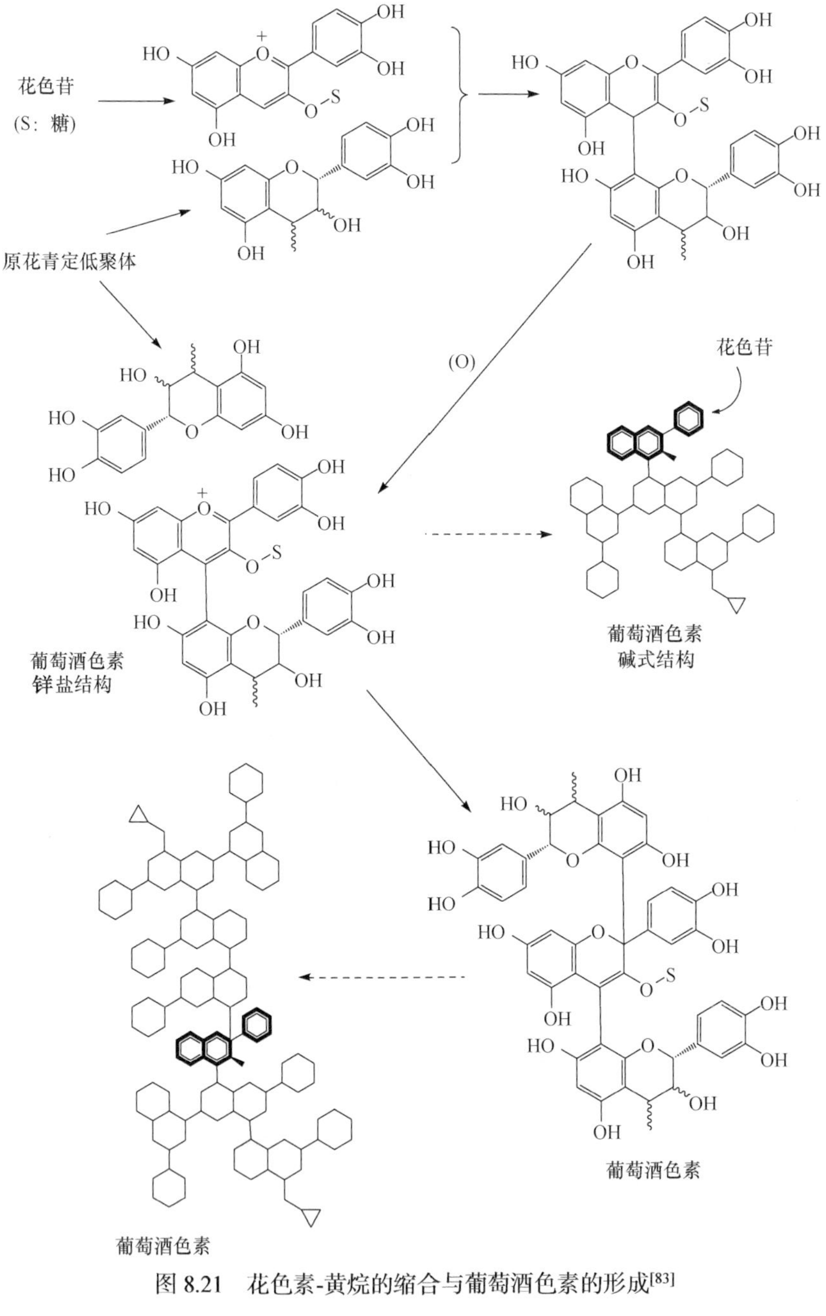

图 8.21 花色素-黄烷的缩合与葡萄酒色素的形成[83]

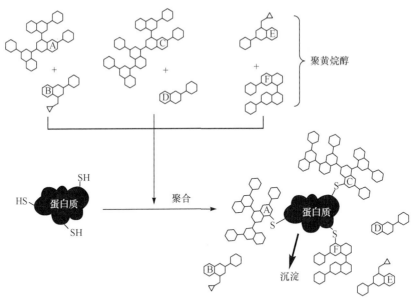

图 8.22　单宁-蛋白质结合导致饮料浑浊示意图[84-86]

这一理论很好地指导了柿子的脱涩。采用水浸、酒浸、干燥、通入 CO_2 和乙烯法都是促使可溶性单宁反应生成不溶性物质，从而脱涩[87]。但是这一理论不能完全解释聚棓酸酯类单宁为主体的水果的情况。水果成熟时由于多糖的降解导致其水溶性增大，与单宁结合的概率增加，从而减弱了单宁-唾液蛋白的结合反应，这种现象可能也是涩味消失的一个原因[88]。

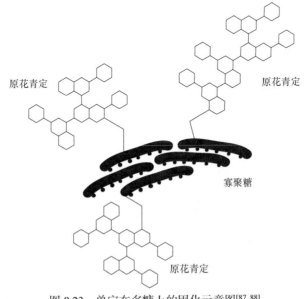

图 8.23　单宁在多糖上的固化示意图[87, 88]

8.2.3　植物单宁在食品添加剂中的应用

如前所述，天然食物中本身所含植物单宁对食品工业的作用分为两个方面。一方面，单宁不仅具有多种生理活性和药学活性，并对食物的风味起到不可取代的作用；另一方面，在很多情况下过多的单宁会对食品生产和保存造成不利影响。除此之外，目前人们还将单宁从植物中分离提取出来用作一类天然的食品添加剂，有目的地改善食品质量。这一方向最为突出的是利用单宁作为抗氧化剂和防腐剂，提取原材料多为绿茶、葡萄籽和柿子等，因为它们不仅长期以来被人类食用，来源丰富，而且单宁含量高，对其单宁成分的化学组成和结构也已经比较清楚，这些单宁均为黄烷醇单体和低聚体，涩味不强，且具有很好的水溶性和较浅的颜色。

1. 抗氧化剂

即使是采取充氮或真空包装的措施，食品也难免与氧气接触。食品在氧的氧化下很快会出现严重变质的现象，如油脂的哈败、蛋白质和糖的褐变、维生素减少等，因此抗氧化剂是食品生产保藏中一类重要的添加剂[89]。目前食品工业中常用人工抗氧化剂如叔丁基羟基茴香醚（BHA）、2,6-二叔丁基-4-甲基苯酚（BHT），但随着人们生活水平的提高，在天然产物中寻找应用高效无毒的天然抗氧化剂已经成为回归自然大趋势的一大要求。在前面已经讨论过，植物单宁是一类抗氧化和自由基清除活性物质。例如，低分子量的单宁如茶单宁和棓酸已经开始在食品业中得到实际应用[90, 91]。

茶单宁具有很高的抗氧化活性和自由基清除能力。茶单宁的作用较维生素 C 和维生素 E 强，并且与之具有协同性。在制茶过程中虽然经高温、发酵工序，维生素 C 和维生素 E 的含量并未降低，这主要是由于茶单宁对其的保护作用。啤酒和其他饮料中，黄烷醇类单宁的存在也具有抗氧化的功能。茶单宁对动植物油脂均具有优异的抗氧化性。通过表 8.17，可以比较茶单宁的两个组分 EC 和 EGC 与 BHT 及 BHA 对油脂的过氧化抑制能力[92]。

表 8.17　茶单宁、合成抗氧化剂对猪油过氧化的抑制[92]

添加剂		诱导时间/h	POV 法测定的过氧化值/（meq[①]/kg）				
			0d	7d	14d	21d	28d
合成抗氧化剂	BHT	10.58	0.60	1.70	2.46	3.40	5.37
	BHA	18.03	0.56	6.48	13.40	23.20	35.03
茶单宁	(−)-EC	26.18	0.56	6.40	10.01	17.57	167.21
	(−)-EGC	36.44	0.60	1.14	2.00	3.36	4.83
猪油空白对照样品		4.68	0.60	36.50	128.31	236.92	303.52

① meq 表示毫克当量。

可以看出，较同量的 BHT 和 BHA，茶单宁表现出更有效的抗油脂过氧化性。而分子结构中带有棓酰化的单宁最为有效。但是茶单宁实际应用时主要遇到溶解性的问题。茶单宁易溶于水，难溶于油，需先溶于无水乙醇中，再添加于油脂中。尽管能起到抗氧化作用，但添加后的油脂不够澄清，经一定时间后，单宁沉淀影响油的外观，因此茶单宁水溶剂型在色拉油等高级食用油中的应用受到限制。采用加入乳化剂的方法制备油溶剂型茶单宁，可以达到良好的效果。图 8.24 为两种剂型的茶单宁对三种食用油的抗氧化作用比较[93]。

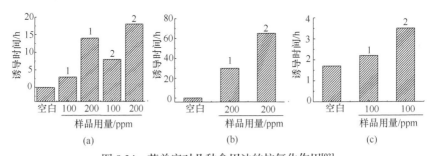

图 8.24　茶单宁对几种食用油的抗氧化作用[93]

（a）豆油体系；（b）猪油体系；（c）鱼油体系。1. 茶单宁粉剂；2. 茶单宁油溶剂

2. 防腐剂

植物单宁在弱酸性和中性 pH 下对于大多数微生物的生长具有普遍抑制能力。这一性质对于食品防腐非常有利，因为通常食品也是呈弱酸性或中性的。对于几种食品中常见致病菌的抑菌性测试表明，松针提取物中的植物单宁在作为食品添加剂的浓度范围内（1%以下），能有效地抑制微生物的生长，最低抑制浓度 MIC 在 0.78～12.5mg/mL 之间。图 8.25 为松针提取物中的植物单宁对常见致病菌的抑制作用[94]。

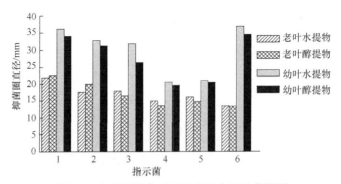

图 8.25　松针提取物中的植物单宁的抑菌性[94]

1. 枯草芽孢杆菌；2. 蜡状芽孢杆菌；3. 大肠杆菌；4. 八叠球菌；5. 变形杆菌；6. 金黄色葡萄球菌

因此，单宁用在饮料、罐头、糖果、蜜饯、面包、糕点等食品中作为添加剂，可以起到防止食品腐败、延长保质期的作用，尤其在夏季，可有效地防止食物中毒及痢疾等肠道传染病。

3. 单宁的提取

单宁在防腐、抗氧化等方面极具应用价值，从绿茶、葡萄籽和水果中安全、有效、低耗地提取纯化单宁已经成为一个重要的课题[95-97]，在提取工艺上也较通常提取过程严格。

例如，从绿茶中提取茶单宁的传统工艺是以清水为溶剂，采用水浴加热至90℃保温提取多次，合并提取液后用等体积的氯仿萃取，除去氯仿以后用乙酸乙酯多次萃取，将乙酸乙酯相回收溶剂后浓缩近干，将其冷冻干燥后用去离子水反复重结晶即得精品。这种提取方法的缺点是操作费时烦琐，所用溶剂消耗量大、毒性强、成本高、提取物收率低，尤其在较高温度下提取茶单宁容易氧化变质。较简易的改进方法是可用两次 75%乙醇水溶液提取，浓缩后水沉，除去叶绿素和油脂类，再经乙酸乙酯少量多次萃取干燥即得粉末[98]。也可利用单宁与金属离子络合沉淀的原理，用无毒的金属离子提取。例如，称取 300g 绿茶茶粉加入 3.6L沸水浸提 30min，过滤，在滤液中加入 15～17g AlCl$_3$，用 1mol/L 的 NaHCO$_3$溶液调 pH 至 5.1～5.4，离心分离，沉淀酸溶后用等体积的乙酸乙酯萃取，浓缩干燥得31.5g 茶单宁（提取率 10.5%，纯度＞99.5%）。表 8.18 为几种沉淀剂的提取率和最低沉淀 pH。

表 8.18　不同金属离子沉淀剂的提取率和最低沉淀 pH[95-98]

沉淀剂	提取率/%	最低沉淀 pH
Al^{3+}	10.5	5.1
Zn^{2+}	10.4	5.6
Fe^{3+}	8.8	6.6
Mg^{2+}	8.1	7.1
Ca^{2+}	7.0	8.5

由于单宁在 pH 较高的条件下易氧化，并且考虑到必须无毒，铝盐无疑是一种较为合适的沉淀剂。高质量的成品茶单宁是一种白色甚至无色的晶体，含 EGCG50%～60%，ECG 15%～20%，EGC 10%～15%，EC 4%～6%。研究表明原材料茶级别和质量好坏基本不影响茶单宁的收率，例如，对普通信阳绿茶、普通信阳毛尖、信阳雨前一级毛尖茶三种茶单宁的提取率均为 16%，因此采用低中档绿茶即可提取茶单宁。

　　葡萄籽是酿酒工业的主要剩余物之一，从中提取缩合类单宁可充分利用自然资源。研究表明，采用丙酮-水溶液浸提可以有效地提取单宁，表 8.19 为不同的有机溶剂对单宁收率的影响[99]。

表 8.19　有机溶剂-水混合体系与葡萄籽单宁的收率[99]（单位：mg/100g 葡萄籽）

水含量/%	丙酮		甲醇		N, N'-二甲基甲酰胺	
	总酚	单宁	总酚	单宁	总酚	单宁
0	66.0	0	402.3	35.1	554.2	0
10	687.3	156.3	609.6	87.3	725.2	242.2
20	770.7	321.3	653.7	190.0	962.0	331.4
30	805.8	321.3	874.0	241.8	1091.3	321.3
50	810.4	260.7	879.5	234.9	—	—

　　采用 70%的丙酮收率最高。通常经两次提取即可，过多的次数只会增加其他酚类的含量，可参见表 8.20。提取率也与葡萄籽和溶剂的质量比有关，当比值为1：10 时为宜。

表 8.20　提取次数对单宁收率的影响[99]（单位：mg/100g 葡萄籽）

浸提次数	70%丙酮		70%甲醇	
	总酚	单宁	总酚	单宁
1	720.0	268.1	837.4	127.7
2	805.8	321.3	874.0	241.3
4	972.1	328.0	1025.7	243.8
6	1075.0	331.3	1081.0	235.5

8.2.4　植物单宁对食品风味的影响

　　人类的取食，不仅是生理上对各种营养成分和卫生质量的需求，也是一种享受。一种食品的风味直接与消费者的接受程度相关。广义地，认为食品的风味（flavour）不仅包括口味（taste）和香味（aroma），还包括对食品的视觉、触觉等[100]。植物单宁一般不属于挥发性物质，它对于食品风味的影响主要是通过味觉和视觉两方面起作用的。而每一种作用，都会存在对风味有利、有弊两种效果。在食品生产过程控制多酚对风味的影响实质上是关于植物单宁化学及其利用的问题。

1. 单宁与苦涩味

　　单宁的涩味给人的印象最为深刻。单宁是食品中主要的涩味来源已被人们所公认。从严格意义上讲，涩味不应该被认为是一种基本味感，因为从生理学角度来看，只有感受酸、甜、苦、咸、鲜的五种味蕾细胞[101]。食物中的单宁与口腔黏膜或唾液蛋白结合并生成沉淀，引起粗糙折皱的收敛感和干燥感，即是涩味。单宁引起的涩味是其收敛性刺激口腔触觉神经末梢的结果[102]。单宁的涩性是植物抵御植食动物和昆虫的一种自我防御机制，单宁的高涩味使植物免于受到动物的噬食。高含量的单宁也会对人类食品风味造成不良影响。例如，未成熟的柿子、苹果、香蕉就因典型的涩味不受欢迎。如何使水果脱涩、如何选育低单宁含量的水果和谷物品种一直是农业科学研究的重要课题。但是，一定量的涩味对形成食品风味是必需的。虽然对食品的口味因人而异，但实际上人类对涩味的爱好具有普遍性，涩味可以促进口腔对其他味觉的感受能力，有人认为涩味可促进食欲。特别是对于多种饮料，如茶、咖啡、葡萄酒、啤酒，涩味对于产品独特口感的形成起到不可取代的作用。在果汁成分含量对其口感的研究中可以定量地证实单宁对食品口感的影响[103]。在图 8.26 中可以看到，糖-酸比例中等的果汁具有 "和谐"的口感，若糖的比例过高或过低分别造成过甜或过酸；同时若单宁浓度大于750mg/L 令人感到涩，但若浓度低于 300mg/L 则会使人感到无味。因此对于一种果汁饮料，需要糖、酸、多酚三者比例合适才能被人接受。

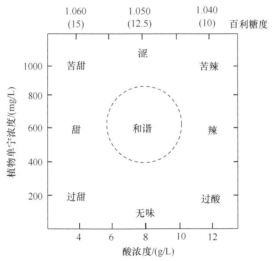

图 8.26 苹果汁中糖度、酸浓度和植物单宁浓度与口感的关系[101-103]

涩味实质上来源于单宁与蛋白质的结合。在前文已经讨论过单宁-蛋白质结合的各种影响因素，单宁的分子量和化学结构决定了其涩性的大小。从化学意义上看，单宁的分子量在 500 以上才真正具有沉淀蛋白质的能力。不过实际上，儿茶素和棓酸也可令人感到涩味[104]。一般同类单宁的涩味是随其分子量的增大而增大的。如图 8.27 所示，对于聚原花色素，聚合度达到 7 时涩味值达到最大，而随着聚合度进一步增大，单宁逐渐失去了水溶性从而丧失了涩性。不同水果中单宁的种类和结构都不相同，因此即使测定的单宁含量相同，也会引起不同程度的涩味。从食品风味化学的角度可以将单宁分为软（soft）、硬（hard）两类，对于黄烷醇类单宁，前者指儿茶素及其低聚体（聚合度 1～4），后者为聚合度 5～7 的多聚体，这种分类法表明了食品中不同单宁所产生涩味的强弱。

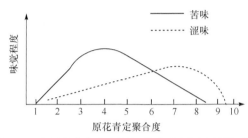

图 8.27　聚原花青定分子量与其苦味和涩味的关系[104]

　　在各种食品味觉中，苦味常常伴随着涩味。不过苦味与涩味的不同在于前者是一种基本的味感，舌根部的味蕾对苦味最为敏感，而涩味可在整个口腔内产生。单纯的苦味并不令人愉快，但它在调味和生理上都有重要意义。当它与甜、酸、涩等其他味调配得当时，能起到丰富和改进食品风味的特殊作用。一些有消化功能障碍、味觉出现减弱或衰退的人，常需要强烈地刺激味感受器来恢复正常，在这方面由于苦味阈值最小，也最易达到目的[105]。苦味剂一般都具有较明显的脂溶性，如咖啡因和喹啉具有很强的苦味。虽然与单宁共存的多种化合物如生物碱、萜类、α-酸通常是苦味的主要原因，但是提纯后的单宁经证实也是引起苦味的一种来源。从图 8.27 中可以看出，单宁的苦味在一定范围内同涩味一样也随分子量的增大而增大，在黄烷醇 4 聚体时达到最大，但与涩味有很大差异，低分子量单宁（软单宁）的苦味较其涩味更为明显，而大分子量单宁（硬单宁）则相反。因此，比较儿茶素、棓酸、葡萄籽单宁、单宁酸四者的味觉，虽然全部兼具涩味和苦味，但前两者以苦味为主，后两者以涩味为主。中等分子量大小的单宁苦味和涩味皆强。不同分子量单宁的这种味觉差异，可能由于低分子量单宁较高分子量单宁更具有亲脂性使其足以达到苦味区的味蕾处，也由于较小分子单宁更易与味蕾膜发生结合所致。

2. 单宁与辅色作用

　　以天然状态存在的植物单宁颜色通常很浅，但是在讨论天然色素时往往都涉及单宁，这是因为单宁经一些化学反应后经常生成颜色很深的反应产物，可以认为植物单宁是某些色素的前体。单宁很容易被氧氧化，特别是在多酚氧化酶 PPO

的作用下，氧化偶合成红棕色或褐色的醌类产物，成为食品色素中的一部分，令其色泽发生改变。与对食物口感的影响类似，单宁对食物色泽的影响也可分为两个方面。不利的一方面在于单宁的氧化是食物发生褐变的一个主要原因。例如，切开的苹果很快变黄发黑，在有氨基酸和蛋白质存在的情况下，褐变更为严重。如果体系中有少量 Fe^{3+}、Al^{3+} 等金属离子，单宁可与之形成有色、水溶性差的螯合物，对食品的色泽造成极大的损害，在罐头食品中很容易出现这种现象。然而正因为单宁的氧化反应，才可以得到红茶和红葡萄酒漂亮的色泽，这一点已在前面有关茶和葡萄酒的内容中详细讨论。在单宁对食品色泽的影响中，除了单宁能生成色素外，单宁还是一类辅色素，对天然色素花色素具有辅色作用。

花色素是花卉显色的主要成分，蔬菜、水果的特征颜色多与其相关。花色素是一类黄锌盐，其吡喃环氧带正电，电荷随周围的 pH 变化而改变，使其在酸性条件下显红色[图 8.28（a）]，中性时为紫色[图 8.28（b）]，碱性时则显青色[图 8.28（c）]。由于这种正碳离子的结构，一般在酸性较强的环境下才较为稳定（pH 3.5 以下），在 pH 稍高、氧化剂和还原剂存在下，很容易褪色[106]。从化学结构看，花色素属于广义的黄酮类化合物，也具有酚类物质的共性，但不在本书所谈论植物单宁范畴之内，实际上花色素往往与单宁共生。例如，在葡萄酒中还存在儿茶素、缩合类单宁及其他多种黄酮。正是由于这些单宁的共存，花色素的色调才能保持稳定。我们在 6.2.3 小节中已经提到单宁-花色苷的分子复合，它实际上是单宁辅色作用的机理。

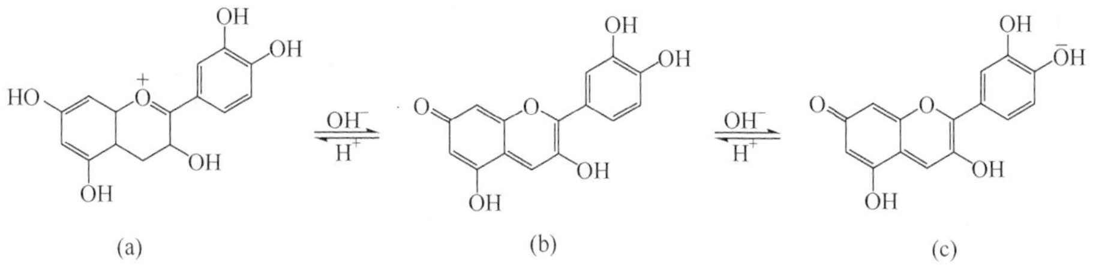

图 8.28　花色素在不同酸碱性环境中的变化[106]

花色素与辅色素之间因疏水键-氢键共同作用，形成分子复合体，在一定程度上排除了水分子对色素分子的水合和亲核进攻，提高了色素的稳定性和吸光系数。儿茶素与花色素分子比要求在 10～100、pH 为 3～5 时可达到最有效的辅色作用，这种状况实际上也是葡萄酒和茶水中常常出现的状况。有机溶剂和提高温度不利于辅色作用[107]。儿茶素对锦葵素在可见光 550nm 处的辅色作用如图 8.29 所示，从中可以看出温度对其的显著影响。

可见，植物单宁主要是从"味"和"色"两个方面综合影响着食品的风味，这在前述的茶和葡萄酒化学中得到了充分体现。

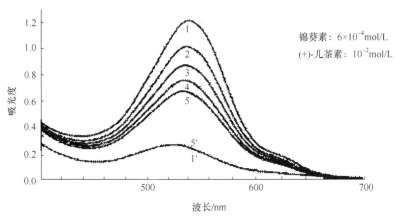

图 8.29　花色素-儿茶素系统的可见吸收光谱（pH 3.5）[107]

1：混合体系，10℃；2：混合体系，15℃；3：混合体系，20℃；4：混合体系，25℃；
5：混合体系，30℃；1′：无儿茶素，10℃；5′：无儿茶素，30℃

8.2.5　植物单宁对动物的抗营养作用

植物单宁广泛存在于人类的食物和牲畜的饲料中，许多水果、天然饮料、豆类（蚕豆、豌豆等）、高粱、玉米、牧草及其他可用于牲畜饲养的树叶和灌木叶中均具有较高含量的单宁。自 20 世纪 70 年代开始，一些学者较系统地研究了植物单宁对动物营养和生长的影响，初步揭示了单宁产生负影响的原因和机理，提出了一系列消除植物单宁影响的措施。总体来看，这方面的研究工作尚属起步阶段。研究结论主要基于动物的饲养对比试验和体外模拟消化实验，对人体的影响只限于推测；对机理的认识尚未达到分子水平，而主要借用已有单宁-蛋白质、单宁-酶反应的一般原理来进行解释，缺乏针对性，因而常出现对试验结果难以解释的实例。但由于这类研究工作对人类的身体健康、畜牧业的发展和植物资源的有效利用具有重要意义，因此正越来越多地受到相关学科领域的关注。

根据已有的研究结果，植物体内的低分子量单宁因与蛋白质的结合能力较弱，不表现出明显的抗营养作用（antinutritional effect），分子量太大的植物单宁（主要指聚合度较高的缩合类单宁），由于溶解性差，且在动物体内不易降解，因此也不会对植物的营养价值产生影响[108]。产生显著影响的是分子量 500～3000 的单宁。

1. 单宁对动物味觉和摄食量的影响

对于牲畜而言，单宁的存在会使饲料产生不良的味觉，从而影响牲畜的摄食量[109]。对比试验表明，用单宁含量 0.7%和 6.5%的树叶饲养山羊时，以每 100kg 体重计，山羊对前者的摄取量为 5.19kg/d，而对后者的摄取量仅为 0.81kg/d[110]。

这种味觉差异的产生，主要源于植物中单宁与唾液蛋白的反应，实际上这种现象人也经常感受到，吃某些水果（如柿子、苹果）或饮茶时的涩口感觉即为这种反应的体现。

单宁产生阻食作用的另一原因是它可以降低反刍动物的胃对饲料的消化速率，并且单宁可以与肠道的外层细胞发生结合，从而降低肠壁的可透性。这两种作用均反馈物理扩张（饱觉）信息，从而控制牲畜对饲料的摄取。还有一些研究表明，单宁会影响动物激素的分泌，而某些激素如胰酶分泌素水平的提高，会对动物产生阻食效应，但这方面的研究工作尚待深入[111-115]。

单宁的阻食作用必然降低动物摄食量，因而导致牲畜生长速率和质量产率的降低。对于食草动物而言，单宁含量达到 20mg/g 干物料时，即可产生明显的阻食作用[116, 117]。

2. 单宁对消化的影响

食物或饲料中的单宁含量较高时，会影响人和动物对蛋白质、纤维素、淀粉和脂肪的消化，降低食物或饲料的营养价值。蛋白质消化率的降低主要由于单宁容易与蛋白质形成不易消化的复合物，而其他营养物质消化率的降低，则主要因为单宁对相应的消化促进酶如纤维素酶的活性产生抑制[118, 119]。

动物对饲料中蛋白质的消化率随饲料中单宁含量的增加而降低的现象已被许多研究实例所证实[120-123]。但应指出的是，影响蛋白质消化率的主要因素是单宁与蛋白质的结合能力，即消化率与单宁的蛋白质结合能力成反比[124, 125]。一些学者在进行这类研究工作时，未对植物中所含单宁的种类和性质加以区别，例如，常以总酚含量代替单宁含量，从而得出有争议的研究结果。

20 世纪 70~80 年代报道的大量体外试验证实，单宁能降低 α-淀粉酶的活性[126-128]，能对纤维素水解酶产生抑制作用[126, 129, 130]，同时也能降低蛋白质水解酶和脂肪水解酶的活性[128-131]。单宁的这些性质直接导致了体外试验干物料消化率（*in vitro* dry matter digestibility，IVDMD）的降低[110, 123]。表 8.21 是不同单宁含量的苜蓿的体外试验干物料消化率，其与单宁含量的反比关系显而易见。可以发现，缩合类单宁的抗营养性比水解类单宁强。这一现象在其他学者的研究中也被证实[132]。

表 8.21　苜蓿在单宁存在时的体外试验干物料消化率（IVDMD）[110, 123]

单宁含量/%	缩合类单宁					单宁酸					
	0	10	15	25	35	0	10	15	25	35	45
IVDMD/%	49.7	38.4	37.4	13.8	0	48.5	42.4	40.6	29.4	20.3	0

3. 单宁的毒性

当动物能自由地选择食物时，出现单宁引起中毒的可能性很小，口感和厌食效应能调整动物的摄食取向。但当高单宁含量的食物是动物的唯一选择时，则有中毒的可能，严重时会导致牲畜死亡[133-135]。已有研究表明，美国和澳大利亚牲畜的死亡率与单宁的摄取有一定关系。

缩合类单宁容易与食物中的蛋白质结合，使蛋白质不能发生正常的新陈代谢作用，同时还容易与动物的唾液蛋白、消化酶及瘤胃中的微生物结合。这些作用均有可能导致动物中毒。长期食用高单宁含量的食物，可以引起胃炎，也可以使肠道出现肿胀现象[135]。当单宁在肠道膜上发生交联反应时，会抑制动物对营养物质的吸收，对动物产生非常有害的生理作用。

水解类单宁能产生与缩合类单宁相似的毒性，不同的是，前者在动物瘤胃中可以发生水解，生成棓酸、鞣花酸等可以被吸收的低分子量单宁[136]。水解作用使单宁与蛋白质、酶和微生物结合的活性降低，对降低单宁的毒性有利。但也有研究表明，动物对降解产物的过量吸收可能会导致其他毒副作用[109]，这方面的研究工作尚待深入。由于能发生水解作用，水解类单宁使动物出现中毒反应的水平随动物的不同而变化。例如，对黄牛而言，进入瘤胃中的饲料含3%～5%单宁酸时，出现中毒反应，而山羊出现中毒反应时的单宁酸含量为8%～10%，其原因是山羊的胃黏液中存在活性单宁酶，能促进单宁的水解[137]。

还可以发现，用高单宁含量的树叶饲养动物（牛、羊）后，有时尿液中会出现片状沉淀物，其中含蛋白质，与这种现象伴随的是，动物的小颌区出现水肿[123, 138, 139]。这些现象表明动物未能有效利用饲料中的蛋白质，出现了严重的低蛋白血疾病。

4. 动物对单宁的适应性

一些动物可以通过自身调节来适应高单宁含量的食物。在唾液中增加富含脯氨酸的蛋白质即是动物形成的对单宁的第一道防线[140]。富含脯氨酸的蛋白质与单宁具有非常好的亲和力，可作为单宁复合剂抑制其在食物中的有害作用[141, 142]。在非反刍动物中，人、猴、兔、鼠等的唾液中均含富含脯氨酸的蛋白质[143]，而且研究表明，当用单宁含量较高（7.7%）的高粱饲养大鼠（rat）和小鼠（mouse）时，能促进其富含脯氨酸的蛋白质的合成[142-144]。水解类单宁和缩合类单宁均能产生这种诱变作用[132]。但应指出的是，并非对所有非反刍动物单宁均能诱发其唾液中富含脯氨酸的蛋白质增加。例如，用含2%单宁的饲料饲养仓鼠后，不能改变其富含脯氨酸的蛋白质的合成水平，可观察到其生长速率受到抑制[143-145]。

反刍动物的唾液中也含富含脯氨酸的蛋白质。比较黑尾鹿（以多种嫩草为食）、家养黄牛、绵羊（以牧草为食）的唾液成分可以发现，三者唾液中所含的能与单宁牢固结合富含脯氨酸的蛋白质分别为 42mg/mL、2mg/mL 和 17mg/mL[146]。可见，唾液中富含脯氨酸的蛋白质含量的差异与动物的饲养条件即常用饲料中单宁的含量有关。当动物长期食用富含单宁的饲料时，可能会发展自身的单宁适应机制。但是，与非反刍动物的情况相似，并不是所有的反刍动物均能建立这种自我保护机制。例如，用含 11.6%单宁的树叶长期饲养野生绵羊和山羊后发现，山羊的摄食量及干物料和蛋白质的消化率均高于绵羊，这反映了两者建立单宁防御机制的差异[120]。当动物不能发展自身有效的单宁防御机制时，食物中单宁产生的抗营养作用和毒性就能体现出来。

5. 单宁抗营养作用的抑制措施

1）采用竞争结合试剂

在食品或动物饲料中加入能与单宁发生良好结合的物质，使其优先与单宁结合，从而减少单宁与酶、微生物和植物蛋白质的结合概率。甚至使已形成的蛋白质-单宁和酶-单宁复合物中的蛋白质和酶被置换出来。常用的竞争试剂有聚乙二醇-4000（PEG-4000）、聚乙烯吡咯烷酮（PVP）、卵清蛋白、明胶、血红蛋白、尿素等[137,147,148]。

PEG-4000 是被研究较多的竞争试剂，它与单宁的结合能力较蛋白质强，能从蛋白质-单宁复合物中置换出蛋白质[149]，这可能源于 PEG-4000 能与单宁发生较强的疏水结合。PEG-4000 的另一个优点是，能在较宽的 pH 范围（2.0～7.4）与水解类单宁和缩合类单宁发生沉淀反应，因而适用范围宽。体外试验表明，PEG 的存在，能削弱缩合类单宁对胰蛋白酶、胰凝乳蛋白酶和纤维素酶的抑制作用；而活体试验证实，在瘤胃中加入 PEG 后，能同时产生大量的被置换出来的蛋白质和沉淀状态的 PEG[149]。这些试验结果使人们相信 PEG 对克服单宁的抗营养性非常有利。对鼠和绵羊的饲养试验表明，在饲料中加入 PEG-4000 后，能使动物的摄食量、蛋白质消化率、体重等显著增加，甚至能促进羊毛的生长[150-153]。表 8.22 是一些在绵羊饲料中添加 PEG-4000 对其生长影响的实例[137]。

表 8.22　在富含单宁的饲料中添加 PEG-4000 对绵羊生长的影响[137]

饲料	单宁含量/%	饲养期/d	空白试验		对比试验		
			体重增加/（g/d）	毛重增加/（g/d）	PEG-4000 摄取量/（g/d）	体重增加/（g/d）	毛重增加/（g/d）
百脉根树叶	7.64	42	125	8.5	100	166	9.5
枣树叶	5.3	90	−37.11	0.375	12	69.77	0.627
金合欢树叶	6.1	84	−17.0	0.57	24	11.0	0.78

用 PEG-4000 溶液浸泡饲料也能很好地抑制单宁的抗营养作用。例如，将新鲜枣树（*Zizyphus nummularia*）叶用含 2%PEG-4000 的水溶液浸渍（10kg 叶：6kg 溶液）后晒干用于饲养，可显著增加绵羊的取食量和蛋白质消化率，从而促进绵羊的生长，见表 8.23。

表 8.23 PEG-4000 浸渍处理饲料枣树叶对绵羊取食量和生长的影响[137]

饲料	平均干物料摄取量/（g/d）	平均干物料消化率/%	平均粗蛋白质摄取量/（g/d）	平均粗蛋白质消化率/%	平均体重/kg	
					饲养前	饲养后
未经处理的干树叶	628.93	43.37	91.22	21.57	22.43	19.54
经 PEG4000-浸渍处理的干树叶	975.19	46.30	113.12	25.63	23.18	29.40

注：树叶中单宁含量为 6.1%，饲养 90d。

聚乙烯吡咯烷酮与单宁的结合能力也强于蛋白质，其对单宁的抑制规律与 PEG 相似，但需要更大的用量才能起到显著的抑制作用[137, 148]。明胶等蛋白质材料可以通过竞争反应来减少单宁与天然蛋白质和酶的结合，因而也是一类可采用的单宁抑制剂[147]。

2）削弱单宁影响的饲料加工方法

加热处理、厌氧处理、添加碱性化合物以及用机械的方法除去食品或饲料原料的高单宁含量部分（如豆壳），均可用于减少单宁对营养的影响。但由于不同的植物原料所含单宁的化学结构和性质不同，采用哪种方法更合理，应根据测试结果而定。

通过除去物料高单宁含量部分以减少单宁不利影响的一个实例是蚕豆（*Vicia faba* L.）的去皮处理。表 8.24 是去皮后各部分的成分分析[154]。

表 8.24 蚕豆（*Vicia faba* L.）去皮前后单宁和营养成分分析[154]（单位：%）

成分	单宁含量		氮含量	粗脂肪含量	灰分含量	粗纤维含量	总淀粉含量
	福林酚法	香草醛法					
蚕豆整体	1.55	0.67	4.54	1.1	4.3	16.2	41.3
去皮后的蚕豆	0.65	<0.10	5.18	1.2	4.7	5.6	48.4
蚕豆皮	6.50	4.10	0.78	0.4	2.9	68.5	未测

可以发现，蚕豆皮中的单宁含量高，蛋白质、脂肪等含量低，因此去皮处理可以显著降低蚕豆的单宁含量，且对营养成分总量的降低影响较小。表 8.25 是将去皮前后的蚕豆以 30%比例添加到谷物饲料饲养猪时检测到的营养成分消化状

况。显然，由于去皮后蚕豆的单宁含量降低，使猪对营养成分的消化率提高。但应指出的是，去皮会使蚕豆质量降低 15%左右，从这一角度看，是不经济的。

表 8.25　在猪饲料中加入 30%蚕豆对营养成分消化率的影响[154]

蚕豆处理方法	干物料消化率/%	氮消化率/%	淀粉消化率/%
不处理	63.2	67.4	94.9
去皮	71.7	75.4	97.9

加热处理被认为是一种减少单宁与蛋白质结合的处理方式，包括蒸汽加热、水煮、挤压蒸煮、红外加热、微波处理等。例如，用红外、高压锅或沸水处理翅豆（winged bean）后，可减少其单宁含量，并可使它的蛋白质消化率增加 30%[155, 156]。经红外处理玉米和高粱 3min（150℃）后，单宁含量降低约 20%，且体外试验表明，其淀粉的消化率会明显提高，见表 8.26[157]。

表 8.26　玉米和高粱经红外处理后淀粉体外试验消化率[157]（单位：%）

培养时间/h	玉米		低单宁含量高粱		高单宁含量高粱	
	未处理	红外处理	未处理	红外处理	未处理	红外处理
2	50.3	88.6	44.7	70.4	50.3	76.4
4	59.2	94.4	60.0	82.1	62.7	85.2
8	67.2	95.2	64.1	82.9	68.1	85.7
12	77.8	98.1	78.3	93.2	78.5	94.1
16	80.5	97.1	81.7	93.2	80.4	93.5

注：用葡萄糖淀粉酶催化。

用碱性试剂改善含单宁植物营养价值的机理尚不清楚，这种方法用于高粱的处理已被证实是一种较有效的方式[158, 159]。鸡饲养试验表明，在含单宁的高粱中加 0.25%的 $NaHCO_3$ 能克服单宁的抗营养作用，使鸡的生长状况达到最佳。因此碱性化合物处理是一种相对经济实惠的方法[160]。

厌氧处理被认为可以使物料中的单宁分子缩合变大，成为水不溶物，从而失去了与蛋白质结合的可能性。常见的厌氧处理是在高湿度的条件下进行的，例如，将物料的含水量调节至 25%，加入物料重 2%的乙酸-丙酸混合液[w/w=3/2（质量比）]以防止生酶，在 25～35℃下通 CO_2 气体保护储存数日。厌氧法用于高粱的处理能降低单宁的含量。用于处理蚕豆（Vicia faba L.）时，其单宁含量可降低 55%（福林酚法）或 45%（香草醛法），但猪饲养试验表明，虽然淀粉的消化率有所提高，干物料和蛋白质的消化率反而显著降低，见表 8.27[161, 162]。

表 8.27　蚕豆（ *Vicia faba* L. ）经厌氧处理后的单宁含量及用于猪饲养的营养成分
表观消化率[161, 162]（单位：300g 蚕豆/kg 饲料）

蚕豆处理方式	单宁含量/%		营养成分表观消化率/%		
	福林酚法	香草醛法	干物料	氮	淀粉
未处理	1.55	0.67	63.2	67.4	94.9
厌氧处理+挤压蒸煮	0.70	0.37	60.4	42.5	97.5

这种不一致的结果在采用其他处理方法时也经常出现。这实际上表明人们对食品或饲料中所含单宁的深层次认识尚不够，也体现了现有单宁测试方法的局限性。单宁与蛋白质和酶的结合能力与其化学结构密切相关，用福林酚法或香草醛法能测试单宁的含量，但并不能体现它们的性质。不同植物体中所含单宁的结构、性质和分子量可以相去甚远，因而随外界条件变化而变化的规律可能完全不同。同一种处理方法可以使某些植物中的单宁丧失与蛋白质和酶的结合能力，也可能会使某些植物中的单宁对蛋白质和酶的结合能力进一步增强，从而导致更强的抗营养作用。因此，在确定采用哪种方法处理某一植物体内的单宁时，应根据实际试验结果而定。分析测定植物中单宁化合物的结构、分布、在各种处理条件下的变化规律以及处理前后单宁结合蛋白质和抑制酶活性能力的变化，能为处理方法的制定提供准确的依据。但这类方法工作量和技术难度较大。因此目前仍主要以测定体外和活体消化率变化来确定最优处理方式。

8.2.6　植物单宁对有害生物的防御作用

1. 植物单宁对有害生物的防御机理

某些植物具有抵御植食者（如昆虫、鸟）侵害的能力，这种现象早已被人们所观察到。例如，对于某些品种的高粱，人们不必担心它在生长过程中遭到鸟的取食。20 世纪 60 年代一些学者的研究工作使植物的这种防御现象与所含植物单宁联系起来。Bennett 在 1965 年的研究报道显示，苜蓿在 1.25%～40%的单宁酸溶液中浸渍后，对苜蓿叶甲虫具有毒性和排趋性[163]。Feeny 在 1968 年通过研究果园秋尺蛾（ *Operophtera brumata* ）取食燕麦时受到的阻食作用，推测植物单宁是显花植物化学防御的特征，并认为单宁是一种独特的量的防御物质[164]。之后出现了许多关于单宁类化合物对棉叶螨、棉蚜和棉铃虫等抗性的研究报道。

植物中低分子量单宁-黄酮类化合物也是一类能显著影响植食昆虫取食的化合物，被认为是一类重要的利己激素抗虫物质。其抗虫性与 C3 位置氧化程度有关。用黄酮类化合物饲养波纹棘胚小蠹（ *Scolytus multistriatus* ）的试验表明，黄烷-3-醇[图 2.16(j)]是较强的取食刺激剂，即黄烷酮[图 2.16(f)]、黄酮[图 2.16（ c ）]、黄酮醇[图 2.16（b）]均表现为抑制剂，且抑制效应依次增强，即 C3 的氧化程度越高，阻食作用越强[165]。但这是否能成为一条规律，有待进一步证实。表 8.28 列举了一些黄酮类化合物对某些植食昆虫的作用[165,166]。

表 8.28 一些黄酮类化合物对部分植食昆虫的作用[165, 166]

化合物	来源植物	昆虫	效应
槲皮素	棉属 *Gossypium* spp.	墨西哥棉铃甲 *Anthonomus grandis*	刺激取食
		棉红铃虫 *Pectinophora gossypiella*	影响发育
		玉米穗螟 *Helicoverpa zea*	影响发育
		烟芽夜蛾 *Heliothis virescens*	影响发育
		麦二叉蚜 *Schizaphis graminium*	影响发育
槲皮素	大果栎 *Quercus macrocarpa*	波纹棘胚小蠹 *Scolytus multistriatus*	抑制取食
肉豆蔻醚	大果栎 *Quercus macrocarpa*	家蚕 *Bombyx mori*	抑制生长
桑色素	大果栎 *Quercus macrocarpa*	家蚕 *Bombyx mori*	刺激取食
桑色素	大果栎 *Quercus macrocarpa*	烟芽夜蛾 *Heliothis virescens*	影响发育
芝麻明	日本辛夷 *Magnolia kobus*	家蚕 *Bombyx mori*	抑制生长
α-铁杉内酯	榆属 *Ulmus* spp.	波纹棘胚小蠹 *Scolytus multistriatus*	刺激取食

单宁和黄酮类化合物对有害生物的防御作用可能主要与它们能与蛋白质发生非特异性结合有关[167]。一般认为其防御机理主要有以下几种可能的方式[167-172]。

（1）单宁与唾液蛋白结合产生的涩味减少了植食昆虫的取食。

（2）单宁与食物中的蛋白质结合，使蛋白质不易消化，导致植食昆虫营养不良。

（3）单宁随食物进入消化道后，与消化酶非特异结合，致使幼虫消化能力下降而抑制了幼虫的生长发育。

（4）单宁和黄酮对某些昆虫具有毒性，如可破坏一些昆虫幼虫肠壁细胞的完整性。

（5）单宁在植物纤维组织形成过程中可以与多糖以共价键结合。参与植物组织的木质化过程，使植物组织变粗糙而减少植食昆虫的取食。

防御机理与植物中单宁的化学结构和植食昆虫的种类有关。由于植物中单宁化学结构的多样性，一些植物组织对一种昆虫的抗性可能会包含多种机理，即防御性是多种抗性机理综合作用的结果。但当植物组织中某一类抗性较强的单宁的含量较高时，可能会出现以一种抗性机理为主的情况。目前尚无人报道这方面的规律。

2. 棉花单宁和黄酮类化合物对棉铃虫类害虫的抗性

在植物单宁对有害生物的防御方面，国内外研究得最多的是棉花中单宁和黄酮类化合物对棉铃虫的抗性。其方法和结论对认识植物单宁对其他有害生物的抗性也具有启发意义。

棉花的根、叶、铃、蕾等组织中均含有单宁和黄酮类化合物。研究者曾对一些栽培棉品种中的单宁和黄酮进行过测试，其结果见表 8.29[173]。

表 8.29　棉株不同组织中的单宁和黄酮类化合物含量[173]　　（单位：%）

化合物	陆地棉			亚洲棉		
	叶	蕾	铃	叶	蕾	铃
单宁	11.60	6.27	4.55	7.49	15.18	8.65
黄酮	4.38	2.12	2.09	2.18	2.37	4.55

应指出的是，棉花植株中单宁的含量并不是固定不变的，而是会随植物生长期的变化而变化，随着植株的成熟而增加。从已有的研究结果看，棉花植株中所含单宁均为缩合类单宁（原花色素），包括原花青定、原翠雀定及两者的混聚物[174-177]。尚未见棉花植株中含水解类单宁的报道。棉花缩合类单宁总是以不同分子量（聚合度）的混合物存在，要将其一一分离纯化是极为困难的，因此常以平均分子量或分子量分布来描述棉花单宁的分子量状况。由于不同研究者采取的单宁萃取方法和分子量测定手段有差异，获得的测试结果往往也各不相同，但一般认为其分子量分布在 1000～6000 之间。棉单宁的分子量与抗虫活性有密切关系，在可溶解范围内，分子量越大，与蛋白质的结合能力越强，抗虫性越显著。此外，单宁的结构特征也影响其抗虫活性，一般而言，以棓儿茶素为基本结构单元的原翠雀定的抗虫性强于以儿茶素为基本结构单元的原花青定。因此这方面的表征也是相关研究者的重要任务之一。当植物中的单宁以原翠雀定和原花青定的混合物形式存在，或聚合物中同时含两种结构单元时，则可通过测试两者的比例来把握其结构特征，其方法可参见 2.3 节和 2.4 节。

　　目前已从棉花植株中分离出多种黄酮类化合物，并发现含量较大、抗虫活性较显著的主要是黄酮的糖苷类化合物，如花青定-3-β-葡萄糖苷、棉黄素糖苷、山奈醇糖苷、槲皮素糖苷等[178, 179]。

　　近年来，以郭予元研究员为首的我国植保科学家在棉多酚抗棉铃虫规律方面进行了一系列较深入的研究工作。从陆地棉（川简系）的叶片中分离出儿茶素、棓儿茶素、芦丁[图 8.30（a）]和槲皮素-3-O-葡萄糖苷[图 8.30（b）]等纯化合物和平均分子量为 1330 的原花色素，并发现棉花叶片中含大量的阿拉伯糖（为叶片干重的 6.8%）。

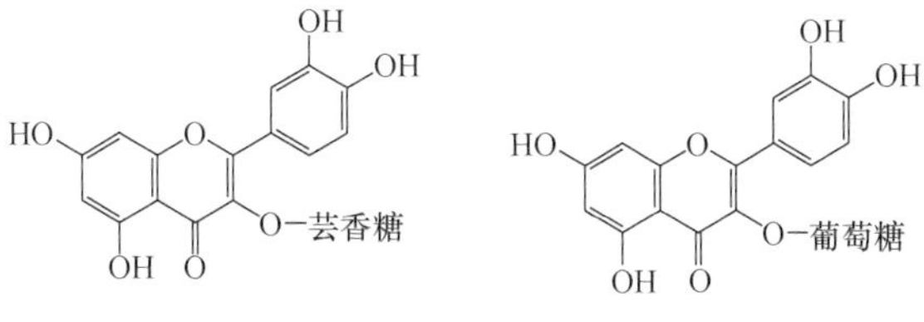

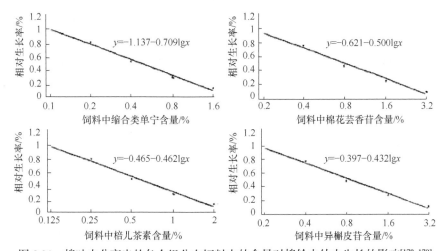

图 8.30　芦丁（a）和槲皮素-3-O-葡萄糖苷（b）的化学结构

　　将上述化合物定量掺于饲料中饲养棉铃虫的幼虫，可以发现，阿拉伯糖与幼虫的生长呈正相关关系，即棉叶中的阿拉伯糖可以刺激棉铃虫的生长。儿茶素与幼虫的生长之间相关性不显著。其余化合物均与棉铃虫的生长呈显著负相关关系，如图 8.31 所示。以 ED_{50} 表示影响棉铃虫体重 50%时的剂量，槲皮素-3-O-葡萄糖苷的 ED_{50} 为 0.83%，棓儿茶素的 ED_{50} 为 0.81%，芦丁的 ED_{50} 为 0.57%，棓儿茶素的 ED_{50} 为 0.49%，即原花色素对棉铃虫的抗性最强。

图 8.31　棉叶中分离出的各个组分在饲料中的含量对棉铃虫幼虫生长的影响[178, 179]

单宁和黄酮类化合物对棉铃虫的抗性机理可以用 Blau 建立的相对生长率（relative growth rate，RGR）与相对取食量（relative feeding amount，RFA）回归线评价法进行研究[179]。一般而言，随着植食昆虫取食量的增加，昆虫的生长率也随之增加，二者之间存在显著的回归关系。评价方法是，首先建立该昆虫的相对生长率依从其取食不同量的无害食物所获得的 RFA 标准回归线，然后将所研究的可能对生长产生影响的物质加入饲料中，再测定 RGR 对 RFA 的回归关系。如果该添加物仅仅是一种阻食剂，得到的回归线的斜率与标准回归线斜率相比没有显著差异；如果添加物是一种毒剂，则其回归线斜率应显著低于标准回归线斜率，即随着取食量的增加，昆虫生长率的增加显著低于它在食用无害饲料时的增加，表明添加物起到了抗生作用。

按照上述方法，把从棉叶中分离得到的原花色素、芦丁、异槲皮素葡萄糖苷和棓儿茶素按 0.8%计量分别配于饲料中，以不同量饲料饲养棉铃虫幼虫后，测 RGR 和 RFA，绘制 RGR 与 RFA 的回归线，并与对比试验（饲料中不添加次生物质）的回归线比较，结果见表 8.30。

表 8.30　棉铃虫取食单宁和黄酮类化合物的 RGR 与 RFA 的回归斜率[178, 179]

饲料添加物	不加（对比试验）	原花色素	棓儿茶素	芦丁	异槲皮素葡萄糖苷
回归斜率 b	0.130	0.076	0.039	0.103	0.109

注：饲料量梯度为 10。

由表可知，获得的回归斜率均显著低于对比试验的斜率，即在饲料中加入上述单宁或黄酮类化合物后，随着棉铃虫取食量的增加，它的相对生长率的增加显著低于对比样。这种对昆虫的抑制作用来自次生物质对食物利用（消化及转化）的影响，属于毒剂之列。由于未发现上述化合物对棉铃虫有致死作用，表明它们属于慢性毒剂，是比较典型的量的防御物质，在植物的抗性表达中可起到抗生性。

8.3　植物单宁在日化领域的应用

植物单宁是一类具有独特生理活性和化学活性的天然产物。随着绿色产品越来越受到消费者的欢迎，多酚不仅应用于医药、食品，而且在日化领域中也占有重要的一席之地，其作用受到了精细化工研究人员的重视，以富含单宁的植物提取物或者纯化单宁为添加剂的日化品在不断涌现。植物单宁最主要的作用是添加在化妆品、浴液、染发剂、牙膏、除臭剂中作为活性成分。虽然通常用量很少（不超过 5%），却具有天然、高效、无毒、保健、温和等诸多优点，与人工合成品相比，更具有开发前景和应用价值。

8.3.1　植物单宁在化妆品中的应用

目前，消费者要求化妆品除了美化之外，还应具有促进皮肤新陈代谢，起到调理皮肤、真实美容的效果。亚洲的功能性化妆品，一般需有抗衰老（去皱）和美白（增白）的作用。为了养颜护肤，一些含天然成分，特别是含中草药提取物的化妆品深受欢迎，而在中国传统的护肤品中更是含有多种草药有效成分。人们已经认识到黄酮类化合物是其中的一类主要活性成分。黄酮类化学物一度被称为"维生素 P"，具有多种生物活性，特别是可以激发皮肤血液循环，能抗毛细血管脆性和异常通透性。近年来的研究表明，用于化妆品的天然成分中，与黄酮类化合物具有密切生源关系并且共生的植物单宁也是起重要作用的活性物质[180, 181]。表 8.31 为以黄酮和单宁为主要成分的化妆品常用中草药，皆具祛斑、防皱、保湿、防止皮肤粗糙之效。两类天然化合物在活性上具有相似性，实际上在化妆品化学中有时也将黄酮类化合物归属于单宁类物质。

表 8.31　化妆品中常用含单宁的中草药及其有效成分[181]

草药名称	有效成分	草药名称	有效成分
小连翘	黄酮类，单宁，金丝桃素	宝盖草	单宁
西洋甘菊	单宁，甘菊环萜烯醇	千叶蓍	单宁，挥发油，有机酸
西洋菩提树	单宁，黄酮类	钱黄	单宁，黏液
常春藤	单宁	接骨木	黄酮类，单宁，绿原酸
金缕梅	水解类单宁	丹皮	水解类单宁

植物单宁具有独特的化学和生理活性，在护肤品中可起到多重作用，如抗氧化、抗衰老、防紫外线、增白及保湿等，因而对多种因素造成的皮肤的老化（皱纹和色素沉着）都有独到的功效。而单宁的利用一般以小分子的单宁组分如花青素、儿茶素、槲皮素、棓酸、鞣花酸、熊果苷及其衍生物为重点，大分子单宁因其过强的收敛性可能刺激皮肤等原因应用受到限制。人们一直从某些特殊种类的植物中得到用于化妆品的单宁，如从熊果叶中提取熊果苷，从槐花中提取芦丁，从银杏叶中提取黄酮。实际上，这类天然产物都可起到类似的效果，可从一些常见植物（如绿茶、葡萄籽、柿子、棉花叶）中得到性能相当的活性物质。下面以其共性来了解植物单宁在化妆品中的应用价值。

1. 植物单宁的收敛作用

植物单宁与蛋白质以疏水键和氢键等方式发生的复合反应是其最重要的化学性质，在食品化学中被称为涩性，在制革化学中被称为鞣性，而在日用化学中因其令人产生收敛的感觉，故通常称为收敛性（astringency）。在单宁的研究中，收敛性是研究最多的，也是最透彻的。人们在化妆品中采用植物单宁，最直接的原因在于其收敛性。这一性质使含单宁的化妆品在防水条件下对皮肤也有很好的附着能力，并且可使粗大的毛孔收缩、汗腺膨胀，使松弛的皮肤收敛、绷紧而减少皱纹，从而使皮肤显现出细腻的外观。花椒用在各种民间单方中以治疗晒伤引起的皮肤发红，其疗效主要在于所含大量的多酚引起的收敛作用[182]。另一典型的实例为：将 50g SiO_2 与 45g 浓度为 10%的弹性蛋白水溶液混合，再与 5g 浓度为 5%的单宁酸水溶液在 40℃混合，真空干燥，磨成粉状再干燥，可得到多孔

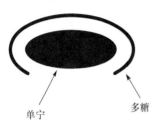

图 8.32　植物单宁-多糖复合物示意图

状弹性蛋白-单宁酸复合物。这种产物用作美容护肤组分，对于皮肤无刺激性，并具有中等收敛剂的效果，同时也有很好的防水性、一定的湿度及皮肤附着性[183]。单宁与黏蛋白、多糖、磷脂也可发生类似的复合（图 8.32），复合物一方面同时体现了两类组分的活性，另一方面也适当降低了单宁的收敛性并增加了单宁的稳定性。此类复合物能提高皮肤的保湿营养能力，对粗糙皮肤很有效。以下的乳液配方即利用了单宁的这一性质 [184]：角鲨烯 5.0g，凡士林 2.0g，蜂蜡 0.5g，葡萄籽单宁 0.01g，脱水山梨醇倍半油酸酯 0.8g，透明质酸 0.01g，乙醇 5.0g，丁烯糖苷化聚氧乙烯油酸醚 0.5g，防腐剂 0.2g，香精 0.01g，黄原胶 20.0g，加水至 100g。

单宁的收敛作用还可减少油腻性皮肤皮脂的过度分泌，除用于护肤品外，还可用于洗发水的配制，添加 0.2%的单宁酸即可对油性发质表现出良好的效用。因其收敛性，单宁接触皮肤后，可使汗腺口肿胀而堵塞汗液的渗透，抑制排汗，从而达到减少汗液分泌量的效果，因此植物单宁也可用作抑汗剂。调理型收敛液的典型配方为[185]：乙醇 10.0g，单宁酸 0.5g，柠檬酸 0.05g，柠檬酸钠 0.05g，乙二胺四乙酸二钠 0.1g，蔗糖单月桂酸酯 0.3g，香精 0.05g，加水至 100g。

2. 植物单宁的防晒作用

适当的日光照射是维持人体健康的必要条件，但是若经日光暴晒，久晒，就会使皮肤出现灼痛、红肿，甚至出现红疹、皮炎，还有皮肤癌等病症，过度的日晒也是皮肤老化的一个主要外因。现已得知，这些都属于日光中紫外线照射所带来的不良后果。

日光可分为三个区域：可见光，波长 400～800nm；红外线，波长 800nm 以上；紫外线，波长 200～400nm。紫外线又可分为三个区域：短波区 UVC，波长为 200～280nm；中波区 UVB，波长为 280～320nm；长波区 UVA，波长为 320～400nm。波长越短的，能量越高。UVB 极大部分可被皮肤真皮吸收，使血管扩张，

出现红肿、水泡等急性症状，长久照射产生日晒皮炎；UVA，其能阶为同剂量
UVB 射线的 V1000，但到达人体的能量却占紫外线总能量的 98%，对衣物和人体
皮肤的穿透性远比 UVB 深，经对表皮部位黑色素的作用而引起皮肤黑色素沉着，
促使光老化，虽然不会对皮肤引起急性炎症，但长期积累，仍导致皮肤老化和严
重受损。UVC 射线经大气同温层时，可被臭氧层吸收，但是目前由于环境污染、
氟利昂等化学品破坏臭氧层，大量 UVC 渗透达到地面。由于其高能量的特性，
皮肤癌的发生剧增。因此当前防止紫外线照射对人体所引起的伤害已经与传统观
念有所不同。以往人们比较注重的是 UVB，当前则需对整个紫外区进行广谱性的
防御[186]。

　　随着环境的进一步恶化，防晒剂已经成为化妆品添加剂中重要的一类产品，
防晒型护肤品是夏季的必需品。防晒剂大致可分为物理性的紫外线屏蔽剂和化学
性的紫外线吸收剂两大类，一般有机类防晒剂皆属于后者。目前已经有多种防晒
剂被开发应用，如氨基苯甲酸类、水杨酸酯类、对甲氧基肉桂酸酯类、二苯酮及
其衍生物等。这些防晒剂中的大多数为油溶性产品，其中一些品种对皮肤有局部
刺激性，少数品种被认为可能有致癌作用，因此，从天然产物中筛选具有紫外线
吸收作用的水溶性的防晒剂的工作具有重要意义。

　　植物单宁正属于这样一类化合物。单宁是一类在紫外光区有强吸收的天然产
物（参见 2.8 节），茶单宁、柿子单宁等从人类食品和药物中提取的单宁已经被证
实对人体无毒性。黄酮类化合物一般在 UVA 区和 UVB 区有很强的吸收并且高度
稳定。例如，芦丁能吸收 UVA，$\lambda_{max1}=327nm$，$\varepsilon=11760$，$\lambda_{max2}=381nm$，$\varepsilon=17920$；
黄芩苷能吸收 UVB，$\lambda_{max}=283nm$，$\varepsilon=24700$。人体皮肤经芦丁涂抹后，对紫外线
的吸收率达 98%以上，即使在强光下也可免受紫外线辐射带来的危害，对日晒皮
炎和各种色斑均有明显抗御作用[187]。而单宁与黄酮类的差别在于单宁对紫外线的
吸收多在 UVC 区。例如，棓酸和单宁酸 $\lambda_{max}=263nm$，$\varepsilon=8350$；儿茶素 $\lambda_{max}=280nm$，
$\varepsilon=3740$；鞣花酸在整个紫外区均有强烈的吸收（$\lambda_{max1}=255nm$，$\lambda_{max2}=352nm$，
$\lambda_{max3}=316nm$）。因此，同黄酮类化合物一起，植物单宁被称为植物体内的"紫外
线过滤器"[188]。与普通使用的合成防晒剂，如水杨酸类衍生物、肉桂酸类衍生物
等相比较，植物多酚类化合物有较宽的吸收，并且吸收能力强，添加剂用量为通
常防晒剂的 1%即能达到相当的效果。通过几种单宁以及黄酮的复配，利用其紫
外光区吸收的差异，可以得到广谱防晒的天然紫外线吸收剂，起到减少因日晒引
起的皮肤黑色素的形成，防止皮肤老化。值得注意的是，单宁与单宁之间，或者
单宁与黄酮之间通常以氢键和疏水键形成分子复合体，一方面两者互为辅色素，
发生共色效应，提高了吸光度；另一方面也提高了水溶性，使两者具有协同效应。
例如，采用儿茶素及其棓酸酯，茶单宁或者黄酮作为紫外光吸收剂，加含曲酸、
脂质和糖类的乳液中可以制备防晒型乳液。由槲皮素为活性物配制的防晒水配方

为[189]：槲皮素 0.05g，维生素 B$_6$ 0.05g，丙二醇 8.0g，甘氨酸 0.2g，羟基苯磺酸锌 0.3g，乙醇 5.0g，香精和防腐剂适量，精制水余量。

3. 植物单宁的美白作用

从美容的角度来看，大多数人都想使自己的皮肤变得白嫩，对皮肤色素沉着和长有雀斑、褐斑等人更是如此。据统计，70%的被调查者认为：女性最大的美容障碍就是各种类型的色素障碍。人们已不喜欢采用粉质遮盖型膏霜，而是需要一种具有清除和减退色素的护肤品，即具有美白功能的化妆品。国内外市场上有多种美白剂，但其效果并不十分理想，故开发安全有效的产品，仍是化妆品行业的一个热门。早期的美白剂常使用汞和氢醌(对苯二酚)，因其可阻碍色素的生成，因此具有祛斑增白的作用，但由于其具有较强的毒性，对皮肤的刺激性大，我国在化妆品中已经禁止使用。目前通常使用的有维生素 E、维生素 C、超氧歧化酶 SOD、曲酸和植物提取物[190, 191]。桑白皮、地榆、啤酒花、丹皮、金缕梅均具有很好的美白祛斑之效，其有效成分中含有大量的单宁。熊果苷（对-羟基苯-β-D-吡喃葡萄糖苷）及其酯 p-O-棓酰酯熊果苷，是一类公认有效的美白剂，其性质和结构皆与水解类单宁相近，可以认为是单宁的一个特例。植物单宁的美白作用是一种综合效应，与其抗氧化清除自由基、吸收紫外光、酶抑制能力有关。

皮肤的颜色最主要是由黑色素的含量决定的，而颜色的深浅变化与黑色素生成或消失有关。黑色素是一种天然的紫外线吸收剂。当受到日光照射时，皮肤中的黑色素细胞即生成黑色素颗粒，使皮肤变黑，吸收过量的日光光线，特别是吸收紫外线，以防止紫外线透入体内，有保护身体的作用。黑色素的生成机理，一般认为是黑色素细胞内黑素体中的酪氨酸经酪氨酸酶催化合成的，其合成步骤如图 8.33 所示。除了皮肤黑化，雀斑和褐斑等症状也主要是由肌体酪氨酸代谢紊乱、色素的异常沉着所致。

在细胞内黑色素的形成过程中，植物单宁既能有效地抑制参与反应的以酪氨酸酶为代表的多种生物酶的催化活性，又能显著地清除细胞中诱发反应的自由基，因而可以很好地抑制生物细胞内黑色素的形成，展现出优良的美白效果。

对于老年斑，其生成机理有所不同。活性氧自由基对皮肤老化起着重要的作用。随着年龄的增加和外界环境如紫外线和香烟烟气的刺激，体内产生过剩的活性氧自由基。活性氧可以引发脂类过氧化物的链式反应，产生丙二醛（MDA）。MDA 为强交联剂，可与蛋白质氨基或核酸氨基发生美拉德等反应形成荧光物质，从而积聚起来就表现为老年斑，又称脂褐素，其生成过程可参见图 8.34[191]。

针对几种类型的色素障碍，植物单宁的美白作用主要可归纳为以下几点。

1）吸收紫外线

由紫外线引起的激励反应使黑色素细胞活性增加，色素反应增强，促使黑色素的形成。因此，作为体外因素阻碍紫外线就能减少黑色素的生成，目前是最有效的。如前文所述，单宁作为"紫外线过滤器"，通过复配可有效地吸收整个区域内的紫外光。

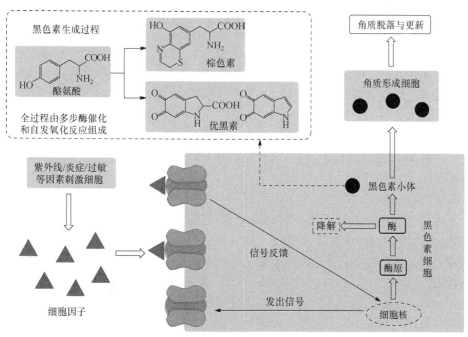

图 8.33 生物细胞内黑色素的形成[190, 191]

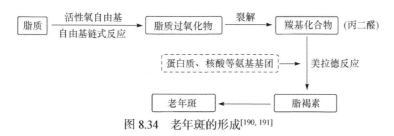

图 8.34 老年斑的形成[190, 191]

2）抑制酪氨酸酶和过氧化氢酶活性

皮肤黑化、雀斑、褐斑和老年斑的出现，都与体内酪氨酸酶和过氧化氢酶的活性增高密切相关。前者在皮肤组织的黑色素细胞代谢中起催化作用，引起黑色素分泌的增加，后者催化脂类过氧化分解 MDA 的过程，从而加速皮肤的老化。因此要达到真实的美白作用，必须减少酪氨酸酶和过氧化氢酶的活性，从而减小色素细胞的代谢强度，减少色素的生成。植物单宁对多种酶都有抑制作用，对于这两种酶也不例外。抑制机理尚不清楚，可能与单宁的金属络合特性有关，酪氨酸酶中含有 Cu^{2+}，Cu^{2+} 对酶活性有重要作用。多种含单宁中草药对酪氨酸酶的抑制性均较强,例如,桑白皮的酶抑制率可达 89.7%,地榆为 68.0%,车前子为 83.5%,啤酒花为 43.6%。单宁经提纯后效果更为明显。小分子棓酸的酪氨酸酶抑制率为 45%,增白剂为 3.5%,曲酸为 88%;棓酸对过氧化酶抑制率为 51%,氢醌为 35.5%。熊果苷[192]在浓度为 0.01～1.0mmol/L 时,能降低酪氨酸酶活性,抑制黑色素的形成,作用强于曲酸和维生素 C,在浓度为 0.5mmol/L 时能显著降低黑色素量。鞣花酸和 7-葡萄糖醛酸-5′, 6′, 7′-三羟基黄酮分别是 Lion、Ichimara 化学工业公司研制成的酶抑制剂。单宁酸在 100μg/mL 浓度下即可完全抑制美拉德反应。茶单宁和葡萄籽单宁也具有同样的性能,分子中有棓酰基的 EGCG 活性最强。患有面部雀斑和黄褐斑的妇女用棓酸奶液治疗一个月后,程度减轻 88%,其配方如下[193]:硬脂酸甘油酯 12～18g,乙氧基化鲸蜡醇硬脂酸酯 2～4g,凡士林 2～4g,双-丁基己二酸 8～12g,甘油 4～5g,棓酸 0.1～1.5g,NaOH 0.1～0.3g,加水和香精至 100g。

3）黑色素还原和脱色

在黑色素颗粒的成长中,即由体内的酪氨酸在酪氨酸酶催化下转化为多巴、多巴醌、多巴色素、吲哚、吲哚醌,最终转变为聚合体的色素颗粒,一直是一个氧化过程。活性氧在其中表现出重要的作用。在化妆品中加入抗氧化剂,或者内服抗氧化剂如维生素 C 均有明显的祛斑美白效果,这是因为抗氧化剂可还原黑色素中间体,抑制黑色素的生成,并且可能直接作用于黑色素。黑色素的邻苯二醌结构在强还原剂作用下很容易还原成酚型结构,使色素褪色。单宁具有与维生素相类似的抗氧化作用,在某些情况下甚至比后者的作用还强。例如,儿茶素在 2.4mmol/L 浓度时的抗氧化性是维生素 C 和维生素 E 的 2 倍。在抗氧化反应中同时使用植物单宁和维生素,两者之间具有协同效应。利用单宁的这种性质,可制备维生素 C-单宁或维生素 E-单宁复合型美白剂,用于护肤奶液的配制,以用于增白和保持水分,其配方为[194]:鲸蜡醇 2g,鲸蜡 5g,凡士林 10g,橄榄油 8g,山梨酸 7g,山梨酸单酯 4g,聚氧乙烯山梨醇 5g,维生素 C-单宁 5.5g,聚乙烯甘油 10g,加水至 100g。

4）清除活性氧

紫外线光照或香烟烟气等环境污染以及体内本身代谢产生的过剩活性氧自由基是皮肤老化的一大主要原因,在皮肤老化过程中,引起老年斑和皱纹的产生。因此,自由基清除剂可通过清除皮肤细胞中的活性氧,减少 MDA 的生成,增白皮肤,抑制老化[195, 196]。植物单宁作为氢供体对自由基的清除能力与常用抗氧化剂维生素 C、维生素 E 相当。因而从丹皮和芍药中提取的棓酸酯类单宁和从茶叶中提取的茶单宁具有良好的祛斑作用。超氧歧化酶 SOD 是一类有效的自由基清除剂,但是由于酶蛋白本身为高分子量物质,被怀疑能否真正深入皮肤,而若滞留在皮肤表面,酶则难以保持活性。因此从植物中提取的单宁类美白剂在抗衰

老化妆品中占有重要的一席之位。例如，以下乳液配方，适用于清除皮肤活性
氧[197]：甘油-月桂酸酯 1.00g，1, 3-丁烯甘油 3.00g，山梨醇 2.00g，乙醇 2.00g，
水杨酸 0.10g，丹皮单宁 0.01g，香精 0.2g，加水至 100g。

由此可见，植物单宁的增白效用是一种综合效果。茶单宁、棓酸、鞣花酸、
熊果苷等都可作为极其有效的增白剂，以下为一种用金缕梅单宁（二棓酰基葡萄
糖）为活性添加剂的增白乳液配方[198]：金缕梅单宁 5.0g，硬脂酸 1.0g，鲸蜡醇
0.5g，单甘油酯 0.5g，角鲨烯 20.0g，丙烯酸聚合物 0.1g，尼泊金甲酯 0.1g，司盘
2.0g，吐温 2.0g，氢氧化钠 0.05g，香精 0.2g，加精制水至 100g。

4. 植物单宁的抗皱作用

皮肤的老化除了上述老年斑的出现外，同时还表现在皮肤尤其是面部皮肤弹
性下降、松弛、粗糙、皱纹产生等现象，对人的外貌和精神状态造成严重影响。
皱纹的产生是一个复杂的现象，从生理上看，主要涉及皮肤蛋白质和结缔组织的
交联和降解这两类反应。以下将以胶原蛋白的交联和弹性蛋白的降解为例，说明
皮肤皱纹的产生和植物单宁的抗皱机理。

皮肤的真皮层中富含结缔组织，主要成分是大分子的纤维状蛋白，其中胶原
约占皮肤蛋白干重的 70%；弹性蛋白占 1%～3%，其余是黏蛋白和结构糖蛋白。
胶原在真皮中形成致密的束状与皮肤表面平行。随着年龄的增加，胶原相互间形
成交联：一种是氨基酸之间的交联（衰老时主要是组氨酸-丙氨酸交联；另一类是
脂类过氧化产生的 MDA 由美拉德反应形成的交联）。交联后的胶原增加了对胶原
酶的抵抗能力，胶原纤维重新组合成稳定的纤维束，使结构变得坚固，缺乏弹性，
同时形成皱纹[199]。活性氧自由基是交联的一个主要因素，因此同美白作用相同，
抗氧化剂通过清除自由基起到了抗皱作用。例如，维生素 C 和维生素 E 以及 SOD
都是抗衰老化妆品中常用的活性成分，植物单宁也具有此种功效，棓酸脂肪酸酯
显著地抑制皱纹的形成，加入金缕梅或丹皮提取物（主要成分为棓酸酯类单宁）
进行复配则加强了这种能力。

弹性蛋白是维持皮肤弹性的最主要的纤维蛋白，它的含量下降或变性是皮肤
弹性下降以及皱纹形成的主要原因之一。弹性蛋白可被弹性蛋白酶降解，随着年
龄的增长，皮肤乳头层中的垂直弹性蛋白纤维网络结构消失，分布密度下降，这
是被弹性蛋白酶降解的结果。而在紫外光引起的光老化和红斑组织中，可发现弹
性蛋白酶活性增高促进了弹性蛋白的降解。因此抑制弹性蛋白酶及其对蛋白的降
解能力，是恢复皮肤弹性延缓皱纹和衰老的重要途径之一。从植物中提取天然酶
抑制剂近年来被人们广泛关注[200]。单宁对胶原酶和弹性蛋白酶都有抑制作用。例
如，100μg/mL 的儿茶素对胶原酶活性的抑制率达到 98%，同时能与胶原和弹性
纤维相互作用，从而保护这些蛋白纤维不被酶水解。

　　除此以外，植物单宁的抗皱和抗衰老活性还体现在某些单宁可以促进细胞新陈代谢，培养皮肤活力使其保持年轻细腻。对于低分子量的黄烷醇类单宁和黄酮类化合物，这种活性比较明显。元香花干草是中国古代宫廷的美容沐浴液配方中的常用成分，此种成分中含有单宁酸和黄酮，在其共同作用下可保持细腻白嫩的肤色。用于洗浴的佩兰、标本栗、宝珠莲花、中国星状鼠尾草中均富含植物单宁，它们是能达到活化全身肌肤疗效的活性成分。例如，以下乳液配方可防止皮肤老化和粗糙[201]：蜂蜡 6.0g，鲸蜡醇 5.0g，甘油 5.0g，角鲨烯 30.0g，葡萄籽单宁 0.1g，山梨酸甘油单酯 6.0g，聚氧乙烯山梨醇月桂酸酯 2.0g，羊胎盘提取物 0.5g，防腐剂 0.2g，香精 0.1g，加水至 100g。

　　p-O-棓酰酯熊果苷对皮肤细胞也有明显的赋活功能，可加快创口的愈合。由其配制的润肤乳液组成为[202]：p-O-棓酰酯熊果苷 3.0g，鲸蜡醇 2.0g，鲸蜡 5.0g，液状石蜡 7.0g，油酸 18.0g，硬脂酸 7.0g，司盘 60 3.0g，吐温 60 3.0g，丙二醇 10.0g，对羟基苯甲酸乙酯 0.1g，加精制水至 100g。

5. 植物单宁的保湿作用

　　皮肤外观健康与否取决于角质层的含水量。皮肤干燥及由此产生的临床症状（如发痒、脱屑等）是由角质层缺水直接引起的。水分除了影响皮肤外观外，还对其生理代谢活动起重要作用，长期缺水将导致粗糙和形成皱纹，据调查，90%的女性都存在皮肤缺水的现象。因此各种各样以维持或增加角质层水含量为目标的护肤品不断得到开发和使用，受到广大消费者的青睐。为了保持皮肤的娇嫩润滑，需要在皮肤表面使用能与水强结合的保水物质，使角质层保湿，延缓和阻止皮肤内水分的挥发，这种物质称为保湿剂[203]。植物单宁即为一种具有保湿作用的天然产物，因其分子结构中含有大量亲水性的酚羟基，尤其棓酸酯类单宁分子中还含有多元醇结构，这种结构使其在空气中极易吸潮。浴液中含有 4%的单宁即可提高皮肤湿度，可如以下的配方[137]：肉桂单宁 10g，氯化钠 35g，氨基酸 6g，硫酸钠 35g，琥珀酸 6g，香水 5g，其他 5g。

　　植物单宁还可与多糖（如透明质酸）、多元醇（如聚乙二醇）、脂质（如磷脂）、蛋白质和多肽（如丝肽）等形成分子复合物，这些化合物本身就是效果良好的保湿剂。

　　植物单宁的保湿特性还在于它具有透明质酸酶抑制活性，从而达到真正生理上的深层保湿作用。透明质酸是皮肤中的一种黏多糖，起到天然保湿剂的作用，透明质酸的损失会使水分保持量急剧减少。随着年龄的增长，透明质酸会因分解酶（透明质酸酶）的作用而分解，使皮肤硬化引起皱纹。当皮肤受到刺激时，存在于皮肤中的透明质酸酶被活化，也可令透明质酸加速分解。植物多酚，尤其是棓酸酯类多酚对透明质酸酶具有显著的抑制效果。从盐肤木叶子中提取的鞣花单宁，对皮肤无刺激性，对透明质酸酶的 IC_{50} 为 140ppm。因而在化妆品中添加单宁特别是单宁-透明质酸、单宁-磷脂等复合物可以有效地防止皮肤因失水造成的干燥、干裂和皱纹，可以用以下乳液配方[138]：山梨酸 2.0g，棕榈酸 1.5g，羊毛脂 2.0g，凡士林 13.0g，聚氧乙烯月桂酸酯 2.0g，丙基乙二醇 3.8g，甘油 3.0g，乙醇胺 1.0g，透明质酸 0.1g，鞣花单宁 0.1g，香精 0.1g，加水至 100g。

儿茶素加入唇膏中，可预防唇的干裂和干燥感，同时改善口唇的柔软度，护唇膏配方为[204-206]：鲸蜡 22.0g，小烛树蜡 13.0g，甘油 5.0g，蓖麻油 45.0g，角鲨烷 5.0g，儿茶素 0.1g，加氢蓖麻油 3.7g，羊毛脂 5.0g，香精 0.2g。

6. 植物单宁对皮肤的保健作用

从 8.1 节中可以了解到植物单宁具有多种药理活性和生理活性。单宁的收敛、止血、抑菌、消炎、抗变态等性质，使其可以作为外敷剂治疗皮肤的多种炎症和加速伤口愈合。将其添加于化妆品时，可赋予化妆品保健的作用。以如下含单宁的浴液配方为例，可治疗的皮肤病症包括：止血，乳头瘤，良性痣，皮脂溢出；疱疹，丘疹；沉积皮炎；皮肤溃疡；真菌感染；皮肤癌，活血化瘀等，其组分为[207]：糊精 10.00g，葡萄糖 15.00g，单宁酸 2.00g，儿茶素 0.75g，甘油 42.00g，丙基乙二醇 20.00g 等。

值得一提的是，单宁对透明质酸酶的抑制，是其具有抗过敏、抗发炎的机理之一。透明质酸酶不仅对透明质酸进行降解造成皮肤干燥，还与血管通透性和发炎、过敏有关。因此水解类单宁或金缕梅、丹皮提取物有抗过敏、抗炎之效，可采用单宁酸作为化妆品中的抗疱疹成分。单宁对脲酶也具有抑制性，金缕梅提取物（含 15%的单宁）在 200μg/L 的浓度下即可抑制酶活性的 50%，这一性质使其可作为抑汗剂和抗红斑组分[208]。

8.3.2 植物单宁在其他日化用品中的应用

1. 染发剂和调理剂

利用植物单宁与金属离子生成深色的络合物以及多酚对头发角蛋白的附着性质，可制备染发剂。改变单宁或者金属离子的种类及两者之间的配比，能显示黄、红棕、灰黑等多种颜色。在其他助剂辅助下，着色强度可分为永久型、半永久型和暂时型。例如，用槲皮素与 Al^{3+} 结合可以生成悦目的亮黄色，染发后色泽悦目和谐，对皮肤无刺激；可用含锗单宁和水溶性铁盐制成黑色染发剂，如用乙醇 5.0g、丙二酸 5.0g、羧甲基乙烯聚合物 0.8g、含锗单宁 1.0g、单宁 1.0g 混合施用于头发，待 5min，风干，再施用 5%氯化铁溶液，将头发染成棕黑色；采用氧化苏木精、没食子酸、单宁酸、氯化铁、羧甲基乙烯基高分子和角蛋白多肽可制备具有固定发型的染发组分；而采用棓酸、单宁酸和二胺衍生物制备的自氧化型染发剂，使用安全，坚牢度高，处理后头发自然[209]。

研究表明，液体洗涤剂中的表面活性剂在清除皮表脂质的同时，也使角质细胞间连接能力减弱，引起皮肤表面失调和角质层剥离。根据植物单宁对蛋白质的结合作用，如在洗发水中加入单宁可防止发纤维蛋白发脆、分叉，同样也适用于洗面奶的配制。用水溶性壳多糖衍生物和单宁可配制调理香波，洗后头发富有弹性、丰满，易成型。配方为[210]：月桂醇三乙醇胺硫酸盐 15g，椰子油酸二乙醇胺 3g，羧甲基壳多糖 2g，儿茶素 0.001g，羟甲纤维素 1g，加水至 100g。

2. 除臭剂

单宁酸或棓酸可以脱除氨、硫化氢等臭气。单宁酸、维生素 C 复配可以去除氯气。植物单宁所配制的除臭剂不仅可以用于工业，也可以用于日化。体味去除剂在西方人化妆品消费中占较大的比例，一般含小分子单宁，如含茶单宁的香水或花露水，因其同时具有抗菌、消炎、抗过敏等功效，对痱子、夏季皮炎、蚊虫叮咬等皮肤病治疗效果达 91%。除可作牙膏添加剂外，还可用于厨房、厕所卫生。随着人们生活水平的提高，清洁剂和除臭剂的市场相当可观。用六次甲基四胺（40～50 份）、单宁（7～15 份）、铝盐（5～10 份）、麻黄（40～45 份）可制成去脚臭剂；用香豆素（7 份）、叶酸（10 份）、松香酸（30 份）、茶单宁（20 份）等也可制成除臭剂。应用单宁还可制备室内空气净化催化剂。把铁粉（直径 10μm）、羧甲基纤维素、水、聚氨酯泡沫在 115℃下烧结生成一种多孔载体，将之浸入 0.2mol/L 单宁酸水溶液和 0.2mol/L 维生素 C 溶液内 3min，干后得到催化剂。通过装有类似催化剂的过滤器，可除去 99%灰尘、96%臭氧、95%氨气和 93%硫化氢[211]。

3. 牙膏和漱口水添加剂

茶单宁对形成龋齿的细菌具有较强的抑制作用，还可消炎、除口臭。将其作为添加剂用于牙膏中，可提高防龋抗龋和洁齿功能。对比实验表明，儿童的患龋率降低 11.6%。例如，可配制牙膏[212]：磷酸氢钙 45g，羧甲基纤维素钠 1.0g，香水 1.0g，茶单宁 0.1g，硝酸铝 0.01～0.1g，氟化钠 0.005～0.05g，可溶糖精 0.2g，加水至 100g。

由于水解类单宁对牙龈透明质酸酶的抑制作用，牙膏中也可加入单宁酸来抑制牙龈病。植物单宁通常均可抑制胶原酶的活性，因此还对牙周炎有防治能力，用于预防牙周炎的漱口水配方如下[213]：乙醇 30.0g，盐酸氯己定 0.01g，儿茶素 0.2g，叶绿素铜钠 0.1g，糖精 0.05g，香精 1.0g，加精制水至 100g。

8.3.3　植物单宁用于日化用品的缺陷及解决方法

如上所述，植物单宁作为护肤品添加剂，具有抗衰老、美白、活化、保湿、防晒作用，除此之外，还具备抗癌、消炎、止血等药性，非常适合于功能性化妆品的配制。人们常常从一些稀有的药材中提取它，但是对多酚化学深入研究之后，可以认为，不同来源的植物单宁具有上述共性，从常见的绿茶、葡萄籽、柿子、棉花叶中均可提取同样有效的成分。当然，作为一大类天然产物，每种单宁也有其突出的个性。人们往往综合利用单宁酸的收敛性、茶单宁清除自由基的能力、黄酮类活化细胞的作用。

目前植物单宁应用于日化还存在几个较为关键的技术问题需要注意。

1. 稳定性

因其性质的活泼性，含植物单宁的化妆品不易保持长时间的稳定，空气中的氧、日光照射、微量金属离子都可使其失去作用。为解决这个难题，可以从两方面入手。一是加入维生素 C 或维生素 E 等还原剂、乙二胺四乙酸等金属离子螯合剂；二是采用包覆技术，如糊精包覆法、微胶囊法、脂质体法。

2. 颜色

植物单宁提取物常有较深的色泽，不受消费者欢迎，影响其在浅色化妆品中的应用。实际上，如果提纯方法正确、配方合理，多酚的颜色并不深，优质的单宁酸、茶单宁都是浅黄色、白色，甚至无色的产品。

3. 刺激性

为避免过强的收敛性，可选择分子量较小的单宁，也可制成单宁-蛋白、单宁-多糖、单宁-磷脂复合物，同时获得更好的营养护肤性能。

4. 极性和溶解性

纯化后的单宁在水相和油相中溶解度都不大，可将其溶于适量乙醇中，再加入配方中，也可选择合适的乳化剂。

除此之外，还可考虑采用一系列的化学改性手段来有效地提高植物单宁在日化品中的使用效能，从而使其在人类的护肤美容方面发挥更大的作用。例如，在单宁分子中以酯键或苷键接入糖基，所得的产品水溶性增大，保湿和营养活性更高；通过与乙醇、丙醇或者长链脂肪醇的酯化增加产品的油溶性及稳定性；再如，适当地降解单宁，以减弱其收敛性和浅化色泽。本书作者所在的实验室正在进行这方面的工作，目前已取得很大进展。

8.4　植物单宁在制革工业中的应用

　　植物单宁用于鞣制皮革已有相当久远的历史。已经很难确切考证是谁首先发现植物体内的这类物质可以使动物皮转变成革，从而使其热稳定性和抗腐蚀性增强。人类在 12000 年前就开始有意识地利用植物单宁鞣制皮革。根据考古记载，3500 年前地中海地区即有利用植物单宁鞣制的皮革，2600 年前，这种鞣革方法在这一地区已相当普遍[214]。之后，逐渐扩展到全世界。

　　人类最初只是发现动物皮与某些种类的植物用水一起浸泡后，可以将生皮转变成革，并一直用这种方法鞣制皮革。1803 年出现了用栎树皮的浸提液鞣制动物皮的记载；1823 年澳大利亚开始将荆树皮浸提液浓缩成膏状出售；至 19 世纪后期，德国、法国、美国、南非等国已相继建立了一批能生产粉状栲胶的工厂[215]。这意味着在 19 世纪，植物多酚已逐渐成为具有商品性质的制革化学品，人们将其称为栲胶。栲胶的出现使植物多酚的应用效率和价值提高，也极大地促进了制革工业的发展。栲胶生产技术上的一个里程碑是南非人 1897 年发明的亚硫酸盐改性，它使栲胶分子带上磺酸基，从而使栲胶的水溶性增加，在裸皮中的渗透速率加快，颜色变浅。20 世纪 40 年代，德国人使这一技术更加完善，之后这一技术被全世界采用。目前国内外多数栲胶厂仍沿用这一方法。

　　目前制革厂所使用的栲胶（也称植物鞣剂）是以富含单宁的植物为原料，通过水浸提、浓缩、干燥而制取。习惯上将富含单宁且具有栲胶生产价值的植物原料（如皮、干、根、叶、果实等）称之为植物鞣料。国内外常见的植物鞣料有黑荆树皮、坚木、栗木、槟榔、橡椀、柯子、落叶松树皮、杨梅树皮、槲树皮、漆叶等。不同栲胶品种的单宁含量不同，一般为 50%～75%，其余为低分子量单宁、有机酸、糖和易沉淀的大分子物质等。应指出的是，栲胶的单宁含量并不完全与其鞣革性能成正比。栲胶的鞣性更多地取决于所含单宁的化学结构特征和分子量分布，同时也与非单宁有关，因为非单宁对促进单宁的分散、提高单宁的水溶性以及加快单宁在裸皮中的渗透起着重要作用。

　　1858 年发明铬鞣法之前，植物单宁一直是最主要的制革鞣剂。之后，铬鞣剂在制革工业的轻革（如服装革、鞋面革）生产中占了主导地位。但世界制革行业现在每年仍使用约 50 万吨栲胶，主要用于底革、带革、箱包革的鞣制和鞋面革的复鞣。由于栲胶具有填充性、成型性好等特性，在上述产品中的作用是其他鞣剂难以替代的。值得注意的是，近年来随着环保压力的增加，人们对更广泛地采用植物单宁这一绿色资源取代污染性较严重的铬鞣剂产生了浓厚的兴趣。这方面的研究工作已取得较大的发展，初步建立了植-铝结合鞣法[216-223]、植-醛结合鞣法等取代铬鞣法生产高湿热稳定性轻革的技术[224-227]。

本节将对制革工业中植鞣、植-铝结合鞣、植-醛结合鞣以及栲胶用于复鞣的方法和原理进行论述。它们代表着目前植物单宁在制革工业中的主要应用方面和极有前景的应用途径，同时所涉及的原理本身也是植物单宁化学和物理化学性质的生动体现。

8.4.1　植物鞣法及其原理

1. 植物鞣法的化学机理

植物鞣法的主要化学机理是植物单宁能在皮胶原纤维上产生多点氢键结合，在胶原纤维间产生交联，从而使胶原的热稳定性增加。植物单宁含丰富的酚羟基，水解类单宁还含有羧基，这些活性基团既可作为氢键的质子给体，也可作为质子接受体。胶原中能发生氢键结合的基团也十分丰富，包括：①胶原主链上重复出现的肽键—NH—CO—，它是参与氢键结合的主体，为植物单宁的鞣制作用提供了基本保障。②胶原侧链上的羟基—OH，如羟基脯氨酸、苏氨酸、酪氨酸残基上的羟基。③胶原侧链上的氨基—NH₂，如精氨酸、组氨酸残基上的氨基。④胶原侧链上的羧基—COOH，如天冬氨酸、谷氨酸残基上的羧基。

近年的研究表明，疏水缔合也是植鞣机理的组成部分，而且疏水缔合与氢键作用有协同作用[214]。植物单宁的芳环上虽然含有酚羟基，但芳环整体仍有一定的疏水性，如水解类单宁中的棓酰基即表现出较强的疏水性[228, 229]，而鞣花酰基的疏水性则更强。胶原所含丙氨酸、缬氨酸、亮氨酸和脯氨酸残基因其具有脂肪侧基，能在肽链上形成局部疏水区。对水解类单宁与氨基酸反应的研究表明，植物单宁对这些脂肪侧基的亲和力随脂肪碳原子数的增加而增强[230]，因此目前认为比较合理的植鞣化学机理是：植物单宁首先以疏水键形式接近胶原，伴随而来的是单宁的酚羟基与胶原的肽链、羟基、氨基、羧基发生多点氢键结合，单宁分子发生牢固结合的同时，在胶原纤维间产生交联，使生皮转变成革[231, 232]。

20 世纪 50～60 年代，制革化学界曾对植鞣机理中是否包含结合力更强的离子键和共价键进行过大量的争论。以 Gustavson 为代表的学者认为这类化学键是存在的，并指出缩合类单宁的酚羟基在鞣革过程中可以转变成醌基，从而易与胶原的氨基产生共价结合[233]。一些学者则推测胶原肽链的氨基—NH₂在一定条件下可以转化成—NH₃⁺，而单宁的酚羟基会以—O⁻形式存在，两者可以按下列反应形成离子键，并可以进一步通过脱水而形成共价键[234]。

$$P—NH_3^+ + {}^-O—T \longrightarrow P—NH_3^+\ {}^-O—T \xrightarrow{-H_2O} P—NH—T$$

支持上述观点的学者认为，主要是缩合类单宁可以发生这类化学结合。其依据是，与水解类单宁相比，缩合类单宁鞣制的皮革收缩温度总是更高，而且用氢键断裂试剂如尿素洗涤植鞣革时，95%的水解类单宁可以洗出，而缩合类单宁只被洗出 54%～59%[235]。

以 Shuttleworth 为代表的学者则认为植鞣机理中不存在离子键和共价键结合方式[236-244]。主要依据是，对胶原的氨基进行封闭后，不会影响植物单宁与胶原的结合，也不会明显影响成革的收缩温度；在进行植鞣的 pH 条件下（pH 3～5），不会发生酚羟基转化成醌的变化。

有趣的是，提出不同学说的学者，均有自己翔实的实验依据，由于所选择的实验体系的差异，最终结论完全不同。这些差异主要起源于人们对影响植鞣的"主要因素"和"次要因素"的认识。进行实验研究时，往往需要抓住"主要因素"而有意忽略某些"次要因素"的影响。但对两者的不当认识，可能会导致实验结果的谬误。例如，当以明胶作为皮胶原拟物研究其与植物单宁的反应，或以小分子量合成单宁为植物单宁拟物研究其与皮胶原的反应时，均忽略了植物单宁在裸皮中的渗透速率对植鞣机理的影响，而这一因素可能是至关重要的。再如，当人们致力于研究胶原与植物单宁的化学结合机理时，往往忽略了单宁的胶体行为。但在一定条件下，单宁胶体与皮胶原的结合对鞣制作用的贡献可能并不低于化学结合。

20 世纪 70 年代以后，人们对植物单宁化学、蛋白质化学和制革化学有了更深入的认识，在此基础上，本书作者认为：不能绝对否认植物单宁与皮胶原之间存在离子键和共价键结合，但这类结合的概率很小，因此植鞣机理中可以基本不考虑这类结合形式，其原因如下。

1）从等电点考虑

浸灰后裸皮的等电点为 pH 5.0～5.5[213]，植鞣一般在 pH 3～5 范围进行，因此植鞣时胶原中可能会存在离子化的氨基—NH_3^+。但从植物单宁角度考虑，要使其酚羟基离解为负离子 T—O^-，pH 应在 7.0 以上，即在实际鞣革条件下，植物单宁应主要以非离子化状态存在。也有少量制革厂在中性或弱碱性条件下开始植鞣，此时植物单宁分子中可能会存在离解的羟基负离子，但处于等电点以上的胶原含—NH_3^+的可能性很小。因此在植鞣过程中，同时出现带负电荷的单宁分子和带氨基正离子的胶原进而发生离子结合的概率很小。再考虑到植鞣是在水溶液中进行，发生如前所示的经脱水而产生的共价结合的可能性就更小了。

2）从成革收缩温度考虑

能与胶原发生共价交联的有机鞣剂，即使用量很少也可以使成革达到较高的收缩温度。例如，用 3%的甲醛（以纯甲醛计）鞣制裸皮，革的收缩温度可以达到 85℃，但即便采用鞣性优良的荆树皮栲胶，其用量至少在 20%左右才能达到这一收缩温度。而且甲醛鞣革经长时间水洗后，收缩温度基本不会变化，但植鞣革长时间水洗后，收缩温度会显著降低。

3）从化学结构考虑

缩合类单宁与水解类单宁相比，前者鞣制的革的收缩温度一般高于后者，这种现象曾被某些学者认为是缩合类单宁能与皮胶原发生共价结合的依据。表 8.32 为常见栲胶鞣制的皮革的收缩温度，栲胶用量为碱裸皮重的 20%。有经验的制革者知道，表 8.32 中所列收缩温度基本上体现了各种栲胶能够提高皮胶原热稳定性的极限值。即使再大幅度增加栲胶用量，成革的收缩温度也不会再明显提高。因此表 8.32 中所列数值是栲胶中植物单宁鞣革性能的体现，而与栲胶中单宁含量等因素关系不大。

表 8.32　植鞣革的收缩温度（栲胶用量为碱裸皮重的 20%）

项目	缩合类栲胶				水解类栲胶			
	荆树皮	坚木	落叶松	槟榔	橡椀	柯子	栗木	漆叶
收缩温度/℃	85	84	80	80	75	72	78	75

总体看，缩合类单宁成革收缩温度总是高于水解类单宁，这是一个事实。但从单宁结构与性能关系的角度看，这是很好理解的。缩合类单宁与水解类单宁在化学结构上有比较大的差别，因此两者与皮胶原发生多点氢键结合的能力必然有区别。可以发现，即使同类单宁，成革收缩温度也有明显的差别。例如，栗木与柯子相比，前者成革的收缩温度高 6℃；荆树皮鞣制的革比落叶松的高 5℃，这显然不是用化学结合机理上的差别能够解释的。实际上这体现了单宁的分子量分布和构型差异对鞣制效果的影响。缩合类单宁虽然均属黄烷-3-醇类聚合物，但黑荆树皮单宁[图 8.35（a）]和坚木单宁[图 8.35（b）]均存在 4-8 位和 4-6 位两种结合方式[245]，因此分子式呈"体型"结构。而落叶松树皮单宁主要以 4-8 位缩合[图 8.35（c）]，因此分子呈"线型"结构[246, 247]。这可能是荆树皮和坚木单宁能更有效地在皮胶原之间产生氢键交联从而获得收缩温度更高的皮革的原因。

2. 植物鞣法的胶体作用机理

植物单宁以胶团或胶粒形式沉积在皮胶原纤维之间是其产生鞣制作用的另一种方式，与化学结合机理相比，这方面的研究工作较少，但基于栲胶溶液的胶体化学特征，这类作用机理是人们所公认的。栲胶水溶液即使在很低的浓度下（1%）也是以多分散体形式存在，即溶液中有分子分散态的单宁，也有以胶团形式存在的单宁。因此，讨论植物单宁的鞣革机理，必须考虑单宁胶团或胶粒与皮胶原的作用。

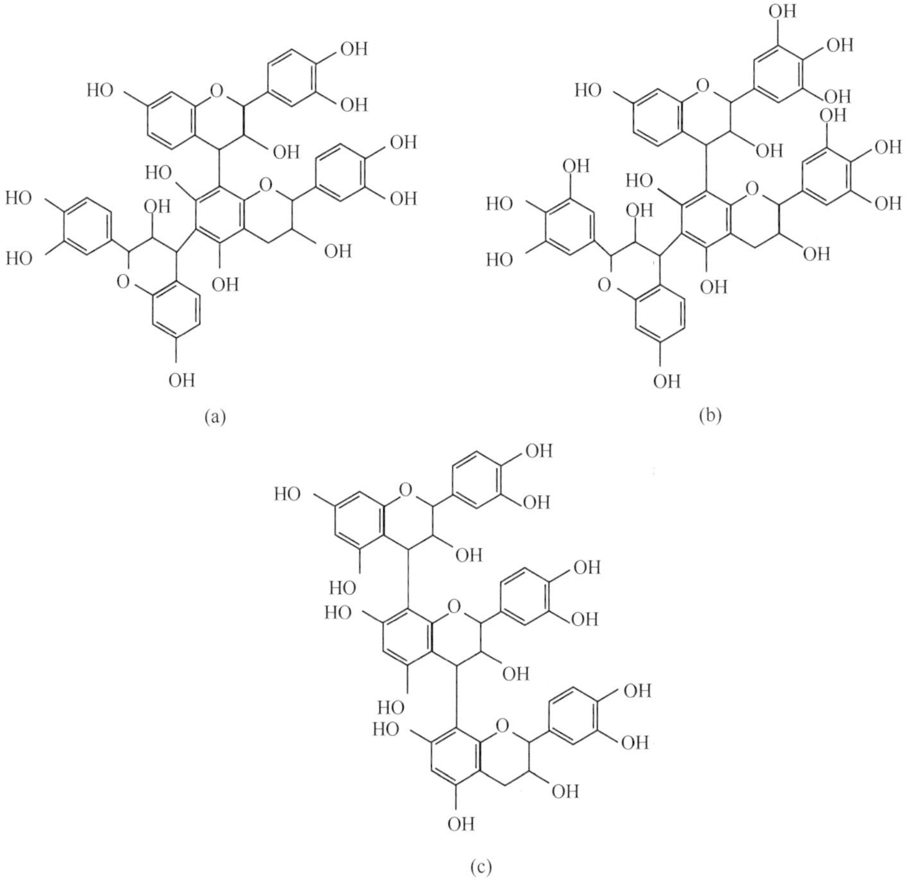

图 8.35 黑荆树皮单宁（a）、坚木单宁（b）和落叶松树皮单宁（c）的化学结构

正如 4.2 节所述，单宁胶粒由缔合的单宁和非单宁分子组成，一般带负电荷，但电荷性质与溶液 pH 有关，单宁胶粒的等电点为 pH 2.0～2.5[247]，溶液 pH 高于等电点时，胶粒呈负粒子；低于等电点时，胶粒呈正粒子。

植鞣一般在 pH 3～5 范围内进行。在多数情况下，制革厂会更精确地将 pH 控制在 3.5～4.5 范围内。鞣制初期取 pH 上限，便于栲胶渗透，鞣制后期使 pH 降至下限，便于单宁结合。这一条件的控制是制革者长期经验的总结，而实际上正好充分地运用了单宁胶团与皮胶原的结合原理。单宁胶团与皮胶原可能存在以下两种结合机理。

1）静电作用

在植鞣过程中（pH 3.5～4.5），单宁胶粒处于等电点以上，带负电荷。此时胶原的等电点为 5.0 左右，因此胶原整体呈正电性。单宁胶粒会由于静电作用吸附在革纤维上，如图 8.36 所示。

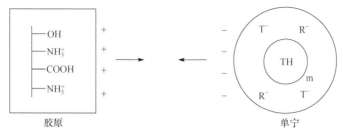

图 8.36　皮胶原-单宁胶粒静电反应（pH 3.5～4.5）

2）胶团吸附作用

低分子量单宁、有机酸等非鞣质对单宁胶团有稳定作用。半透膜渗析实验表明，当非单宁逐渐除去后，会使原来清亮的栲胶溶液变得浑浊，这是因为参与形成胶粒双电层的非单宁减少了，胶粒的稳定性降低。在植鞣过程中，皮胶原纤维可以产生类似于半透膜的作用。胶粒透入胶原纤维后，分子量较大的单宁容易被保留在胶原纤维中，小分子非单宁的自由度较大，可以较容易地从胶原纤维中渗透出来，重新回到鞣液中，从而使已进入胶原纤维的胶粒因失去稳定性而沉积在胶原纤维中。

植鞣后期，鞣液的 pH 降低至 3.5 左右，更接近于单宁胶粒的等电点，部分胶粒因所带电荷降低或完全失去电荷性质（动电电位为 0）而沉积在胶原纤维间。以胶体形式沉积在皮胶原纤维间的单宁对成革热稳定性的贡献可能不及发生氢键交联的单宁，但能起到分散、固定胶原纤维和填充作用，赋予革植鞣特性。

总而言之，由于植物鞣液是真溶液与胶体溶液的平衡体系，植物单宁鞣革的机理既包含分子作用机理，又包含胶体作用机理。分子分散态的植物单宁主要通过在皮胶原纤维间产生多点氢键结合而产生鞣制作用，单宁与胶原侧基间的疏水缔合可能对氢键的形成有协同作用。胶体状态的植物单宁则主要通过静电吸附和物理沉积的形式固着在胶原纤维间。

3. 植物鞣法的主要影响因素

20 世纪 70 年代以前，植鞣多采用池鞣法或池-鼓结合鞣法。由于这些鞣法生产周期长（3～6 个月），占用资金多，目前已很少使用。现在常用的是高浓度转鼓鞣法，一般 2～4 天即可完成鞣制。用于鞣制的裸皮一般经过大浸酸（pH 2.5～3.5）。影响植鞣的主要因素如下。

1）浸酸裸皮的预处理

对裸皮进行预处理是为了提高单宁在裸皮中的渗透速率，避免单宁在裸皮表面因强烈结合而引起表面过鞣。其方式包括适度提高裸皮的 pH、封闭胶原碱性基团（—NH₂）、使胶原纤维更好地分散等。目前采用的主要方法有：

（1）合成鞣剂预处理。一般采用酚磺酸类辅助型合成鞣剂，其结构和性质与栲胶中的非鞣质相似，具有微弱的鞣性。合成鞣剂分子量小，能迅速渗透到皮胶原纤维中，利用其温和的鞣性使胶原纤维得到良好的分散和初步定型，从而为植物单宁的渗透创造了条件。同时，由于合成鞣剂首先占据了胶原上易与植物单宁结合的位置，使单宁与皮胶原的结合减缓，渗透加快。植物单宁渗透到皮胶原纤维中之后，再逐渐取代合成鞣剂产生牢固结合。存在于鞣液中的合成鞣剂则能增加单宁胶体的稳定性，延缓胶体的沉积。

（2）醛预处理。可以用 0.5%～2%甲醛或改性戊二醛。这两种醛类物质均可以与皮胶原的氨基反应，从而降低植物单宁与皮胶原的亲和性。同时由于甲醛和改性戊二醛具有鞣性，能使皮胶原纤维固定和减少黏结，也有利于植物单宁的渗透。

（3）中性盐预处理。常用的中性盐是无水硫酸钠，其用量为 10%左右。硫酸钠具有脱水性，使处理后的裸皮纤维分散、定型，似有革的性质。同时高浓度的中性盐可以使植物单宁的酚羟基和胶原的羧基、羟基以盐的形式存在，从而可以减缓单宁与胶原的氢键结合，有利于单宁的渗透。

（4）弱碱性化合物预处理。常用的有亚硫酸钠、亚硫酸氢钠、硫代硫酸钠、甲酸钠、碳酸氢钠等。其用量视酸皮的 pH 而定。例如，酸皮的 pH 为 2.5～2.8 时，用 4%～5%硫代硫酸钠可以将裸皮的 pH 调整到 3.5～3.8。适当提高 pH，可以降低皮胶原的正电性，从而减缓其对负电性单宁胶粒的吸附作用。pH 的提高也可以促进单宁的分散，增加其稳定性。其结果均有利于单宁的渗透。应注意的是，切忌用强碱性化合物进行预处理。例如，有些用纯碱作为预处理剂的制革厂，常出现“生心”问题，即鞣制数日后植物单宁仍未渗透到皮切口的中心部位，而且即使再延长鞣制时间，也很难渗透。这是由于强碱性化合物能与裸皮所含的酸进行快速而强烈的中和，用其进行预处理时，碱性化合物尚未渗透到皮心即已被完全中和，从而使裸皮横切面形成 pH 梯度。表面的 pH 高，皮心的 pH 低（与浸酸皮相同）。进行植鞣时，单宁透入表皮层容易，但再向里渗透时，由于 pH 降低，迅速发生沉淀和结合，使皮纤维堵塞，后续透入的单宁难以继续向里渗透。

上述各种预处理方法，看起来是以减缓乃至抑制植物单宁与皮胶原的结合为代价，但实际上预处理能使裸皮的单宁结合量增加，因为结合的前提是单宁要能顺利而充分地渗透到皮纤维中，况且可以通过鞣制后期适当降低鞣液 pH 等方法再使单宁与皮胶原的结合性增强。

2）栲胶浓度的影响

在转鼓中进行快速植鞣，需采用小液比高浓度法，液比在 0.5 以下。由于加入的栲胶量一般为皮重的 40%～45%，因此鞣液的栲胶含量可达几百克每升。按照传统的植鞣观念，如此高的浓度似乎很容易发生表面过鞣。但实际情况正好相反，栲胶浓度足够高时，不仅避免了表面过鞣现象的发生，而且对栲胶的渗透非常有利。其原理是：

（1）使裸皮内外单宁的浓度保持较大的差距，即保持较大的渗透压，促使单宁迅速渗透。

（2）在高浓度下，单宁胶体的水溶性反而增加，有利于渗透。研究表明，对于多数栲胶，在较低的浓度范围，随着浓度的增加，沉淀量增加。但当浓度达到一定值后，浓度的增加反而使沉淀量减少。前一种情况是由于胶体的缔合作用占主导地位，后一种情况则是因为随栲胶浓度的提高，非单宁的浓度也随之提高，至一定浓度时，非单宁对胶体的稳定起了主要作用。

鞣制后期，即当单宁的渗透完成以后，可以再加水至液比 2～3，使皮胶原纤维中的单宁处于易发生沉淀的浓度，促进其与皮纤维的结合。加水稀释也可以使皮胶原纤维中的非鞣质被洗出，从而促使单宁胶体因失去稳定性而沉积在皮纤维中。

3）pH 的控制

较高的 pH 可以促进单宁胶体的分散并能减缓单宁与皮胶原的结合，对渗透有利。pH 较低时有利于单宁胶体的缔合和皮胶原的结合。因此，植鞣初期使鞣制体系处于较高的 pH 以便渗透，而在鞣制后期降低体系的 pH 以利于结合，是一个可以遵从的原则。但应注意的是，实际操作中对这一原则的应用是非常有限度的。虽然单宁的渗透速率随 pH 的提高而加快，但鞣制初期宜将 pH 控制在 3.8～4.3 范围。主要有两方面的原因。第一，pH 高于 4.5 时，植物单宁较易氧化，经过几天的鞣制后，氧化程度会很明显，使成革颜色加深，质量降低。第二，鞣制过程中，单宁应该既能渗透，又伴随着结合，使单宁在胶原纤维间的浓度和鞣液中的浓度平衡不断被打破，促使单宁不断向皮内渗透。如果 pH 过高，虽然渗透很快，但单宁与皮胶原的结合力减弱，渗透达到动态平衡时，皮内所含单宁很有限，鞣液中仍然存在大量单宁。此时若用酸性化合物固定，则易使单宁大量沉淀在鞣液中而不是皮纤维内，甚至产生表面过鞣现象。

植鞣体系的 pH 与裸皮预处理后的 pH 和选用的栲胶有关。目前我国栲胶的亚硫酸化程度较高，pH 一般也较高，如落叶松栲胶的 pH 为 4.4～4.6，杨梅和油柑栲胶的 pH 为 5.2～5.4，荆树皮栲胶的 pH 为 4.6～4.8，橡椀栲胶的 pH 较低，一般为 3.6～3.8。因此将预处理后的裸皮 pH 控制在 3.5 左右较好，加入栲胶后，鞣制体系的 pH 会上升到 4.0～4.2。

鞣制后期宜加入低 pH 的栲胶（如橡椀）或低 pH 合成鞣剂，使鞣液的 pH 被调整至 3.5～3.8，以利于单宁的结合。

4）温度的影响

温度升高有利于单宁胶体的分散和渗透，也会促进单宁与皮胶原的结合。但温度较高时，单宁的氧化加快，而且尚未转变成革的裸皮在 40℃ 以上长时间转动容易发生胶原变性。因此植鞣时应将鞣液的温度控制在 38℃ 以下，以 35～38℃ 为宜。由于转动过程中的机械作用（如摩擦）产生的热量能使鞣液的温度自动上升，不需要加热水调节温度。相反，应注意防止植鞣过程中出现温度上升过高的现象。转鼓的转速应较慢，一般为 6r/min；鞣制过程中发现温度高于 38℃ 时，应停鼓静置，待鼓温下降后再转动。

4. 植鞣法实例

纯植鞣黄牛皮底革鞣制工艺（材料用量以碱皮重计算）。

（1）浸酸：液比 0.8，常温，食盐 6%～8%，硫酸（相对密度 1.84）1.0%～1.3%，转 4h，pH 2.5～2.8

（2）预处理：倒去浸酸废液，实际液比 0.3～0.4，加硫代硫酸钠 4%～5%，转 2h，pH 3.5

（3）植鞣：在预处理液中进行。加 10% 杨梅栲胶，转 1h。加 10% 杨梅栲胶，转 3h。加 10% 杨梅栲胶，10% 水，转 5h。加 10% 落叶松栲胶，10% 水，转 12h。加 5% 橡椀栲胶，转 48h。加 200% 水，转 3h，pH 3.7～3.9。出鼓，静置 24～48h。

（4）水洗：200% 水，常温，转 0.5h。

（5）漂洗：200% 水，常温，低 pH 合成鞣剂 2%（或草酸 0.5%），转 40min，pH 3.5～3.7。

（6）水洗：200% 水，常温，转 15min。

植鞣时最好多种栲胶配合使用，以便发挥各自的特点，使成革紧实而丰满，并且使鞣制过程容易控制。在上述工艺中，由于杨梅栲胶 pH 较高，渗透最好，因此先使用。落叶松栲胶填充性优良，但渗透较慢，在杨梅栲胶之后使用。橡椀栲胶的填充性好，但渗透最慢，宜在裸皮已被鞣透之后使用。由于橡椀栲胶 pH 较低，且自身容易水解生酸，后期使用也可起到降低鞣液 pH、促进单宁结合的作用。

植鞣后期加水除了可促进单宁的结合外，还可以使非单宁和部分未发生牢固结合的单宁洗掉，以避免出现裂面、反栲等成革质量缺陷。植鞣革静置后用酸性物漂洗可以起到两方面的作用。一是进一步降低成革的 pH，使单宁在革纤维中的结合更牢固；二是进一步除去沉淀在革纤维间而又难以牢固结合的非单宁物质，以避免革在存放和使用过程中发脆或因这些物质的氧化而变色。

8.4.2　植-铝结合鞣法及其原理

纯植鞣革的收缩温度一般在 75～85℃ 之间，因而不能用于鞋面革、服装革等轻革的生产，而且纯植鞣法栲胶用量大，成革坚实、延伸性低，难以满足轻革对柔软度的要求。

目前轻革主要用三价铬作为鞣剂，成革收缩温度≥100℃，具有轻、软的特点。铬盐被认为是一种对环境污染较严重的金属盐，因此制革化学家们一直在探索用其他鞣法取代铬鞣法，当然其前提是所生产的革要具有与铬鞣革相似的性质，其重要标志是革的收缩温度（T_s）。植物单宁-铝结合鞣法是这方面工作最成功的例子之一。用碱皮重 15%左右的栲胶鞣制裸皮后，再用铝盐复鞣，可获得 $T_s \geq 110℃$ 的革。植物单宁是可再生的绿色资源，可生物降解；铝盐资源十分丰富，无污染。因此与铬鞣法相比，植-铝结合鞣法是一种环境友好的皮革鞣制方法。

Procter 于 1885 年提出可以用植-铝结合鞣法生产收缩温度高于 100℃ 的皮革，20 世纪 40 年代，英国已有一些制革厂利用这种鞣法生产服装革和鞋面革[219]。但由于人们对植-铝结合鞣法的机理了解不够，未能使这种鞣法不断优化，因此这种鞣法未得到广泛推广。20 世纪 70 年代后期，制革行业受到的环保压力越来越大，使制革化学家再次对这种鞣法加以关注，对其鞣革机理和工艺条件的优化进行了较深入的研究。

1. 植-铝结合鞣法的机理

已经证实，植物单宁与 Al^{3+} 的络合作用是这种结合鞣法的基础。表 8.33 和表 8.34 表明，在植-铝结合鞣中，水解类单宁与缩合类单宁相比，前者成革的收缩温度总是高于后者，同时含两类单宁结构的混合类栲胶其成革收缩温度也高于缩合类。这说明植-铝结合鞣法成革的收缩温度受单宁种类的影响。水解类单宁的酚羟基是以棓酰基形式存在的，属含吸电子基团的连苯三酚结构；缩合类单宁是以黄烷-3-醇为基本结构单元，以 B 环酚羟基与 Al^{3+} 络合，B 环不含吸电子基团，并且多数情况下以邻苯二酚形式存在。这是两类单宁用于植-铝结合鞣时成革收缩温度出现差异的主要原因。

表 8.33　常见国外栲胶用于植-铝结合鞣成革收缩温度[219]　（单位：℃）

栲胶种类	植鞣	$Al_2(SO_4)_3$ 鞣制	植-铝结合鞣
云实（水解类）	68	80	115
柯子（水解类）	68	80	120
坚木（缩合类）	78	80	88
荆树皮（缩合类）	78	80	98

注：栲胶用量为碱皮重的 15%，无水硫酸钠用量为碱皮重的 8%。

表 8.34 常见国产栲胶用于植-铝结合鞣成革收缩温度[219] （单位：℃）

栲胶种类	植鞣	Al$_2$(SO$_4$)$_3$鞣制	植-铝结合鞣
橡椀（水解类）	78	81	113
落叶松树皮（缩合类）	80	81	95
木麻黄（缩合类）	86	81	107
山槐（缩合类）	88	81	105
杨梅（混合类）	85	81	111
油柑（混合类）	87	81	113

注：栲胶用量为碱皮重的 13.5%，无水硫酸钠用量为碱皮重的 12%，3%乙酸钠蒙囿。

表 8.35 所列的数据可进一步证实上述观点。表 8.35 中所采用的各种多元酚化合物自身均无鞣性，即没有使裸皮收缩温度上升的能力。在有 Al^{3+}存在时，连苯三酚和 3, 4, 5-三羟基苯甲酰乙酯表现出较强的鞣性，准确地说，这两种多元酚与 Al^{3+}有鞣制协同效应。其他结构的多元酚均无此效应。可以发现，对于小分子多元酚，连苯三酚结构是其与 Al^{3+}发生鞣制协同作用的必要条件。当苯环含吸电子基团时，连苯三酚与吸电子基团的相对位置将对协同作用产生重要影响，酚羟基处于 3, 4, 5 位时才具有明显的协同作用。水解类单宁具有与 3, 4, 5-三羟基苯甲酰乙酯相似的官能基，这正是水解类栲胶用于植-铝结合鞣时成革收缩温度更高的原因。表 8.36 所列数据进一步证实了这一结论。

表 8.35 多元酚化合物在 AlCl$_3$（碱度 65）存在时的鞣性[220]

鞣法	多元酚结构	鞣液 pH	收缩温度/℃
铝盐鞣制	—	3.8	75
铝+邻苯二酚		4.5	71
铝+连苯三酚		4.8	98
铝+间苯三酚		3.9	72
铝+2, 3-二羟基苯甲酰乙酯		3.9	75

续表

鞣法	多元酚结构	鞣液 pH	收缩温度/℃
铝+3,4-二羟基苯甲酰乙酯	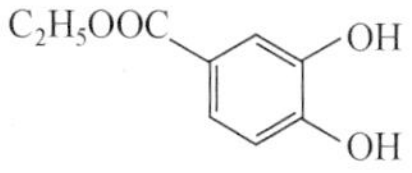	4.0	62
铝+2,3,4-三羟基苯甲酰乙酯	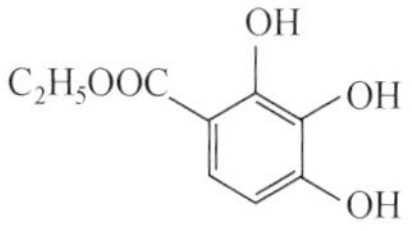	4.0	71
铝+2,4,6-三羟基苯甲酰乙酯	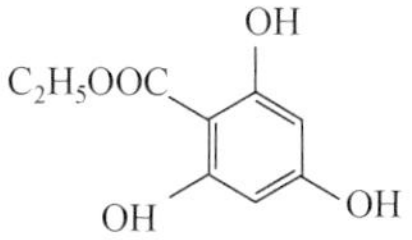	3.8	72
铝+3,4,5-三羟基苯甲酰乙酯	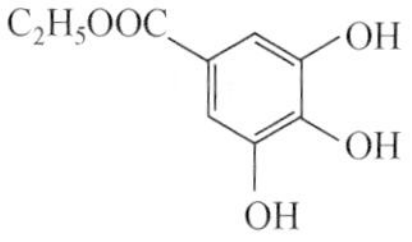	4.2	100

注:（1）裸皮为丙酮脱水的绵羊皮, T_s 为 59℃;

　　（2）Al_2O_3 用量为裸皮重的 18%;

　　（3）多元酚: Al（摩尔比）=2 : 1。

表 8.36　六羟基二苯砜在 AlCl₃（碱度 65）存在时的鞣性[220]

鞣法	多元酚结构	鞣液 pH	收缩温度/℃
铝+2,2′,3,3′,4,4′-六羟基二苯砜	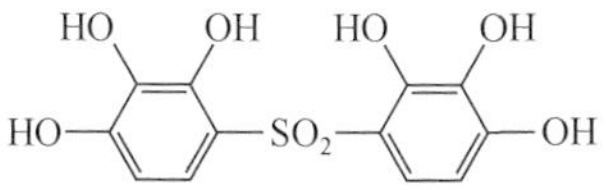	3.4	98
铝+2,3,3′,4,4′,5′-六羟基二苯砜	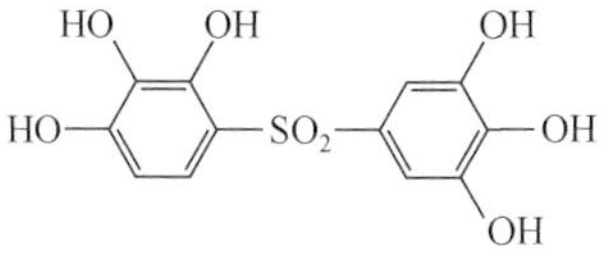	3.4	104
铝+3,3′,4,4′,5,5′-六羟基二苯砜	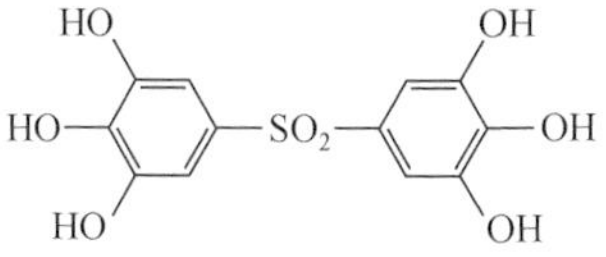	3.3	108

注:（1）裸皮为丙酮脱水的绵羊皮, T_s 为 59℃;

　　（2）Al_2O_3 用量为裸皮重的 18%;

　　（3）多元酚: Al（摩尔比）=1 : 1。

上述现象是由 Al^{3+} 与多元酚的络合机理所决定的。Al^{3+} 与多元酚的两个离子化的邻位酚羟基发生络合，形成稳定的五元环化合物[221]。如果相邻位置存在第三个酚羟基，它不参与络合，见表 8.37，第三个酚羟基能使其他两个羟基的离子化常数（pK_a）减小，促使其离解，因而增加了这两个羟基与 Al^{3+} 络合的能力。当苯环上有吸电子性基团存在时，羟基的离子化常数进一步降低，使络合更容易发生。

表 8.37　多元酚的离子化常数

多元酚	pK_{a_1}	pK_{a_2}	pK_{a_3}
邻苯二酚	9.5	12.5	—
连苯三酚	9.2	11.6	12.7
3, 3′, 4, 4′-四羟基二苯酚	7.8	12.1	—
3, 3′, 4, 4′, 5, 5′-六羟基二苯酚	7.5	10.4	12.6

由表 8.35 可知，裸皮的收缩温度为 59℃，铝鞣后收缩温度为 75℃，与裸皮相比收缩温度提高 16℃。连苯三酚无鞣性，但连苯三酚与铝结合鞣制裸皮后，收缩温度提高到 98℃，提高了 39℃。这种现象显然是不能用两者的简单加和效应来解释的。分析表 8.33 和表 8.34 中植物单宁与铝的结合鞣数据也可发现这一现象。这说明植物单宁与铝的络合效应导致鞣制的协同效应。

已有的研究表明，Al^{3+} 在与多元酚形成五元环络合物的同时，还能与羧基发生络合，图 8.37 所示结构是可以用核磁共振观察到的多元酚-Al-甘氨酸络合物[220]。因此可以对植-铝结合鞣法的协同作用做如下解释：植物单宁首先以氢键形式与皮胶原结合，用铝盐复鞣时，Al^{3+} 与单宁的酚羟基络合，同时也可以与相邻胶原肽链侧基上的羧基发生络合从而在胶原纤维间形成交联结构（图 8.38）。

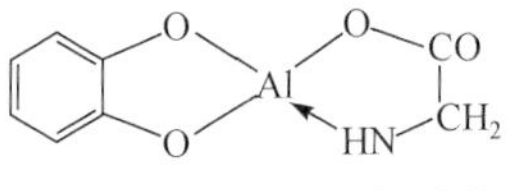

图 8.37　多元酚-Al-甘氨酸络合物

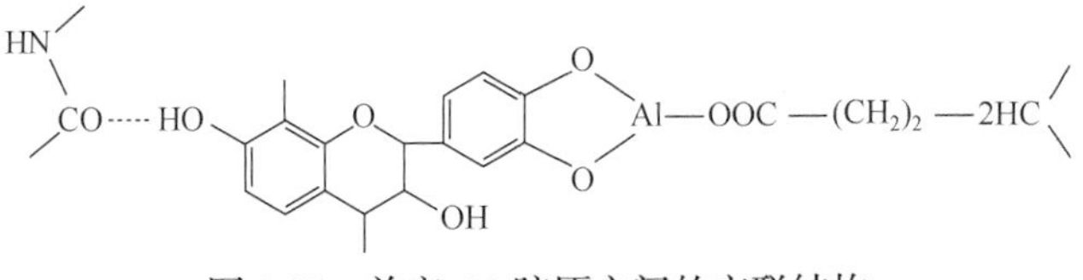

图 8.38　单宁-Al-胶原之间的交联结构

Al^{3+} 在水溶液中很容易水解而形成更容易与羧基络合的二羟基络合物（图 8.39），因而也可存在另一种交联方式（图 8.40）[222]。

$$2Al^{3+} \xrightleftharpoons{2H_2O} [Al(OH)_2Al]^{4+}+2H^+$$

图 8.39　Al^{3+} 在水溶液中形成二羟基络合物的反应示意

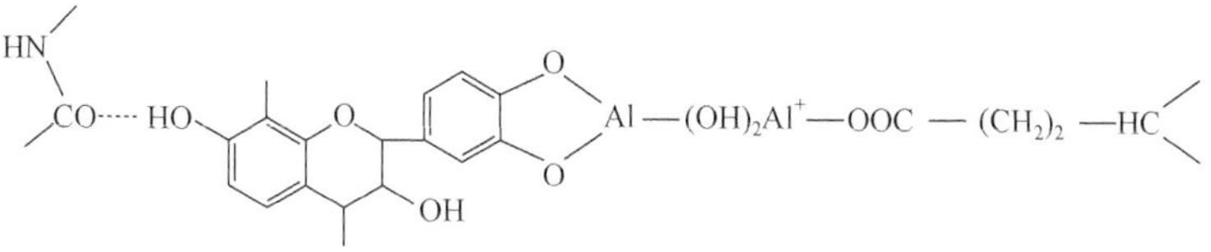

图 8.40　单宁-铝的二羟基络合物-胶原之间的交联结构

上述交联结构的形成均伴随着氢质子的释放，因此 pH 升高有利于它们的形成，即有利于交联反应的发生。由此可以解释表 8.38 中所体现的植-铝结合鞣法成革收缩温度随 pH 上升而提高的规律。

表 8.38　荆树皮栲胶-铝结合鞣法成革收缩温度[221]

革的状态和 pH	栲胶鞣制后	铝复鞣后	提碱后的 pH		中和后的 pH			
	pH = 4.2	pH = 3.0	3.3	3.8	4.2	4.5	5.0	6.0
收缩温度/℃	76	84	88	95	105	115	117	116

注：栲胶用量为碱皮重的 15%，$Al_2(SO_4)_3 \cdot 16H_2O$ 用量为削匀皮重的 10%。

从植-铝结合鞣法成革的性质看，含铝正离子的交联形式可能性更大。因为植-铝结合鞣成革的等电点约为 pH 6.0[222]，与铬革的等电点（pH 6.5）相近，表明所带正电荷较强。

上述植物单宁与铝盐的络合及在胶原肽链间产生交联的机理，较好地解释了植-铝结合鞣法表现出来的协同作用，已被皮革化学界所认同。但植-铝结合鞣法的"高聚物形成"学说也具有一定的参考价值[223]，可以作为上述机理的补充。该学说认为，Al^{3+} 的络合作用使已进入皮纤维的单宁分子形成高聚物，它们仍主要以氢键形式与皮胶原结合，但单位分子的结合点大大增加，其中包括大量在肽链之间的氢键交联。氢键的作用力虽然较弱，但由于数量多，正如某些高分子链之间的作用力一样，从而使革的热稳定性大大提高。

2. 植-铝结合鞣法实例

植物单宁和铝盐的结合鞣可以按三种方式进行：①同时用栲胶和铝盐鞣制；②先用铝盐预鞣，再用栲胶复鞣；③先用栲胶预鞣，再用铝盐复鞣。方法①因栲胶和铝盐混合以后极易产生沉淀，不宜采用。后两种方法相比，方法③成革的收缩温度总是更高，见表 8.39。表明栲胶与铝盐结合鞣法宜采用方法③，习惯上表示为植-铝结合鞣法。即宜先让分子量较大的植物单宁与胶原纤维充分形成多点氢键结合，之后再通过 Al^{3+} 的络合在胶原纤维间形成交联。

表 8.39　植-铝和铝-植结合鞣法成革收缩温度比较[222]

鞣法	T_s/℃	鞣法	T_s/℃
杨梅-铝	111	油柑-铝	113
铝-杨梅	90	铝-油柑	96
落叶松-铝	95	木麻黄-铝	107
铝-落叶松	87	铝-木麻黄	93

注：栲胶用量为碱皮重的 13.5%，无水硫酸钠用量为碱皮重的 12%，3%乙酸钠蒙囿。

植-铝结合鞣法用于轻革生产时，栲胶的用量越少，成革的植鞣感越弱，越接近铬鞣革的性质。但对于多数栲胶，当用量低于碱皮重的 10%时，单宁难以完全渗透裸皮，因此一般选择栲胶的用量在 15%左右。在相同用量条件下，采用水解类栲胶如橡椀、柯子成革的收缩温度高于采用凝缩类栲胶。但实际选用栲胶时，还要考虑它们对成革的其他性质特别是柔软性和粒面平细度的影响。一般在确保成革达到要求收缩温度（如 $T_s \geqslant 100℃$）的基础上，最好选用收敛性较温和、渗透性较好的栲胶，有时还需考虑栲胶的颜色。目前所用的栲胶中，荆树皮栲胶最适合这种鞣法，它不仅渗透快，收敛性温和，颜色浅，而且其黄烷-3-醇 B 环含有一定量的连苯三酚结构，与 Al^{3+} 的络合能力也较强，可使成革的收缩温度 $\geqslant 100℃$。

Al_2O_3 用量为碱皮重的 1.0%～1.2%较适宜，继续增加用量，成革的收缩温度增加不多，而且容易使成革过度紧实，革的撕裂强度也会下降。制革厂常用的铝盐为硫酸铝 $Al_2(SO_4)_3 \cdot 16H_2O$，用量应为碱皮重的 6.2%～6.8%。如果以削匀植鞣革计算，因其质量为碱皮重的 70%，硫酸铝用量应为 9%～10%。以下是用植-铝结合鞣法生产牛皮鞋面革的工艺案例。

按常规方法脱毛、片皮、复灰、脱灰、轻度软化。以碱皮重为基准进行以下操作。

（1）浸酸：水 30%，食盐 6%，甲酸钠 1%，转 5min。加硫酸 1%（稀释后加入），转 1h，pH 为 3.8。

（2）预处理：在浸酸液中进行。加 10%无水硫酸钠，转 2h，pH 为 4.2。

（3）植鞣：在预处理液中进行。加 1%辅助型合成鞣剂或 2%亚硫酸化鱼油，转 30min 加 15%荆树皮栲胶，转至全透（3～4h）。加 50%常温水，转 2h，pH 为 4.2。鞣制中鞣液温度不高于 38℃。

（4）水洗，挤水，削匀，按常规方法进行。

（5）漂洗：水 150%，35℃，草酸或 EDTA 0.3%（除去铁离子），转 20min，水洗。

（6）调整 pH：水 100%，甲酸 0.5%，转 30min，pH 为 3.0。

以削匀革重为基准进行以下操作。

（1）铝鞣：水 70%，30℃，无水硫酸铝 10%，转 1h；加乙酸钠 1%，转 30min，加小苏打提碱至 pH 3.8，转 2.5h，水洗。

（2）中和：水 150%，30℃，1%甲酸钙，0.5%小苏打，转 1h，pH 4.5。中和应透（用溴甲酚绿检查），中和后革应耐沸水煮 2min 染色加脂按常规方法进行，但酸固定时 pH 不应降至 4.0 以下。

8.4.3　植-醛结合鞣法及其原理

1. 植-醛结合机理

植物单宁与醛类化合物的结合鞣是另一类有可能取代铬鞣生产高湿热稳定性轻革的方法。这类结合鞣法的机理与植-铝结合鞣法不同，是通过醛与植物单宁苯环的反应来加强胶原肽链间的交联，从而达到提高成革收缩温度的目的。

醛类化合物易与植物单宁的亲核中心反应。缩合类单宁以黄烷-3-醇为基本结构单元，其 A 环 6 位和 8 位属较强的亲核中心，易与醛反应。相对而言，水解类单宁不含亲核性较强的位置。因此，植-醛结合鞣法一般选用缩合类单宁。

仅用醛或仅用栲胶鞣革，成革的收缩温度均为 75～85℃，但植-醛结合鞣成革的收缩温度很容易超过 100℃，表明两类鞣剂具有协同效应。这种协同作用是由于醛在单宁和肽链之间发生的曼尼希反应或醛在植物单宁之间发生的交联反应而产生的。以缩合类单宁与甲醛结合鞣为例，其交联方式如图 8.41 所示。

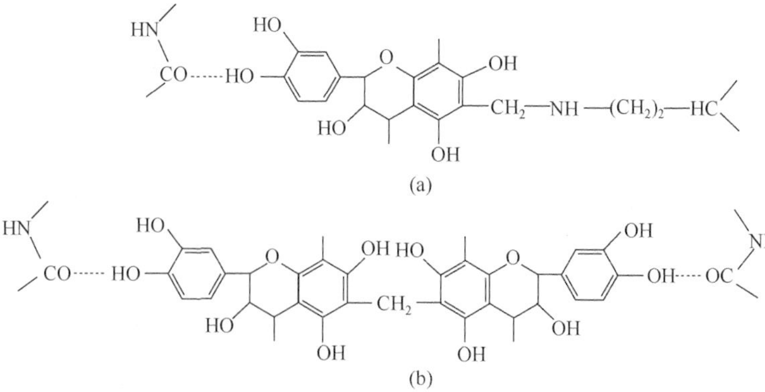

图 8.41　缩合类单宁与甲醛的交联方式

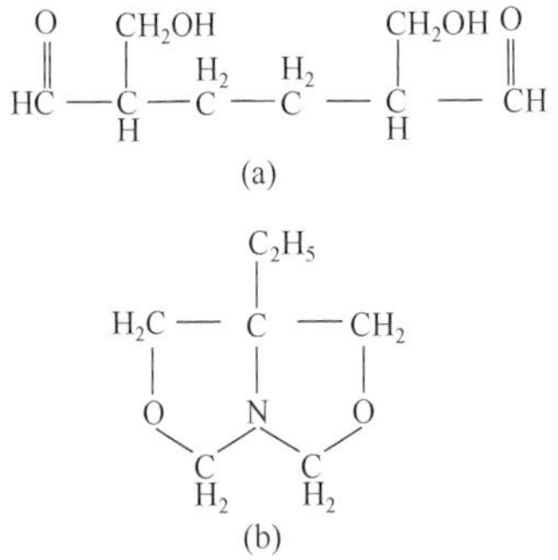

图 8.42　改性戊二醛（a）和改性
噁唑烷（b）的化学结构

甲醛曾是结合鞣中应用较多的鞣剂，但栲胶与甲醛结合鞣制的轻革往往过于紧实，且革的撕裂强度低，易发脆。这是因为甲醛是以亚甲基形式参与交联，使胶原纤维间的连接僵硬，纤维的可滑动性差。当甲醛直接在胶原肽链间产生交联时，这种缺陷会更突出。因此，目前人们对利用具有脂肪链结构的醛来进行这类结合鞣法更感兴趣。已经证实，用改性戊二醛[图 8.42（a）]和改性噁唑烷[图 8.42（b）]进行植-醛结合鞣可以获得性质优良的轻革[225-227]。

2. 植-改性戊二醛结合鞣

植物单宁与改性戊二醛结合鞣的机理与使用甲醛时相似。由于改性戊二醛发生交联后，交联点之间可能存在柔性脂肪链，使胶原纤维间的可滑动性增加，成革显得更柔软。因而甚至可以用植-醛结合鞣法生产服装革。

改性戊二醛与植物单宁的反应活性不及甲醛。用甲醛复鞣植鞣革，常温下 2h 即可使成革的收缩温度达到平衡。采用改性戊二醛时，不仅需要较长的复鞣时间，而且需要适当提高醛复鞣温度才能促进交联反应的完成，见表 8.40。

表 8.40　荆树皮-改性戊二醛结合鞣成革收缩温度[226]　　（单位：℃）

醛复鞣条件	改性戊二醛用量			
	2%	4%	6%	8%
20℃复鞣 5h	91	92	92	92
20℃ 1h；40℃ 4h	92	93	95	96
20℃ 1h；50℃ 4h	96	96	96	96

注：栲胶用量 10%（皮重计）；改性戊二醛浓度 27%。

与甲醛不同的是，pH 对植-改性戊二醛结合鞣的影响不大，在 pH 4.0 和 pH 5.5 条件下进行改性戊二醛复鞣，革的收缩温度差别不大。但前者粒面更细致，后者粒面较粗糙。从表 8.40 中可以发现，用 2%和 8%的改性戊二醛（27%）复鞣的革，收缩温度没有差别，故其用量为 2%～4%即可。以下列举了一个植-改性戊二醛结合鞣法生产山羊服装革的实例。浸酸山羊皮，pH 为 2.5～2.8。以碱皮重为计算依据。

（1）预处理：在浸酸液中进行，液比 0.5，常温。加合成鞣剂 DDS 4%，转动 1h。加亚硫酸化鱼油 2%，转动 30min。

（2）植鞣：倒去预处理液，实际液比 0.2～0.3。加荆树皮栲胶 10%，转动 3h，加 40℃热水至液比 2，转动 2h。加甲酸 0.2%～0.3%，转动 30min，pH 3.8～4.0。静置过夜，水洗。

（3）脱鞣：水 200%，常温，NaHSO₃ 1%，转动 30min。水洗。

（4）漂洗：水 200%，常温，草酸 0.5%，转动 30min，pH 3.8～4.0。水洗。

以削匀皮质量为基准进行以下操作。

（1）醛复鞣：水 80%，改性戊二醛 3%，转动 1h。

加热水至液比 2.0，40～45℃，转动 4h。出鼓静置过夜，水洗。

（2）中和、复鞣、染色、加脂按常规工艺。

按照上述工艺生产的山羊服装革其性能指标见表 8.41，能达到我国的行业标准。表 8.41 所列的"醛-植结合鞣"是指在材料用量相同、操作方法相对应条件下，先醛鞣，后用栲胶复鞣，其成革的总体性能不及"植-醛结合鞣"。

表 8.41　荆树皮栲胶-改性戊二醛结合鞣成革物理性质[226]

指标	鞣法		部颁标准
	植-醛结合鞣	醛-植结合鞣	
收缩温度/℃	95	91	≥90
抗张强度/（N/mm²）	15.8	11.3	≥6.5
5N 负荷下的伸长率/%	38	42	25～60
撕裂强度/（N/mm）	21.0	16.4	≥18

3. 植-改性噁唑烷结合鞣

改性噁唑烷[图 8.42（b）]于 20 世纪 70 年代开始用于皮革行业。从化学结构看，改性噁唑烷并不是一种醛类化合物，但它与植物单宁结合鞣革时，能发生与醛相似的交联作用，因此皮革行业习惯上将其归类为醛鞣剂。核磁共振分析已经证明，改性噁唑烷可以通过开环反应在儿茶素 A 环的亲核位置（6 位和 8 位）发生交联，交联结构如图 8.43（a）所示。而之后的进一步研究表明，实际上植物单宁与改性噁唑烷更趋向于在皮胶原纤维间形成图 8.43（b）所示的交联结构，即改性噁唑烷在胶原的氨基和单宁的亲核位置之间发生交联。

与甲醛的交联相比，改性噁唑烷形成的交联键不仅含 3 碳链，而且还带有一个脂肪侧基，很有利于成革的柔软。实际应用也证实了这一点。

与植物单宁-改性戊二醛结合鞣相似，植物单宁-改性噁唑烷结合鞣法受 pH 影响不大，但受温度影响较大，见表 8.42。因此，用改性噁唑烷复鞣时，可先在常温下转动 1h，使其充分渗透，然后升温到 60℃继续复鞣 2～3h，使交联达到平衡。

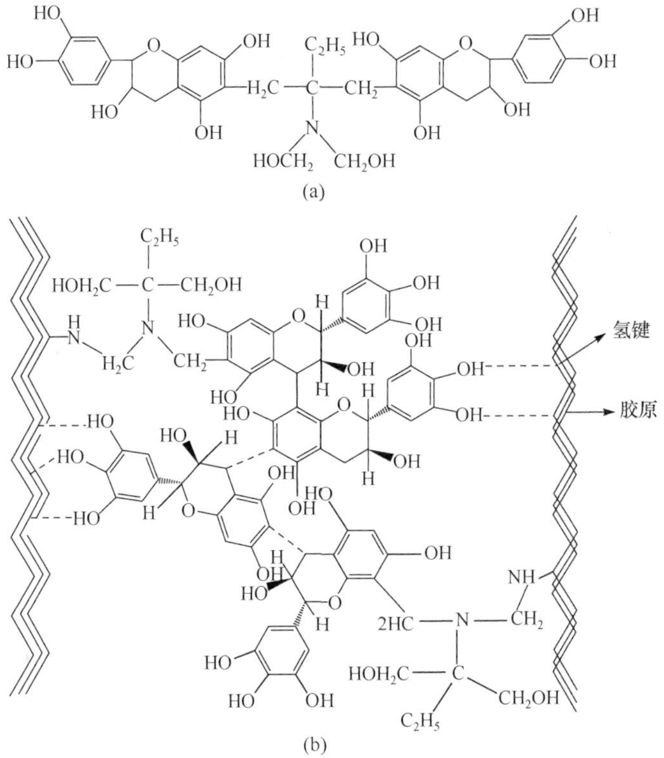

(a)

(b)

图 8.43　改性噁唑烷与植物单宁的交联结构

（a）改性噁唑烷与植物单宁的交联；（b）交联的改性噁唑烷和植物单宁与皮胶原的结合

表 8.42　荆树皮栲胶预鞣-改性噁唑烷复鞣成革收缩温度[225, 226]（单位：℃）

操作	改性噁唑烷用量					
	2%	4%	6%	8%	10%	12%
20℃复鞣 1h	93	96	100	103	106	100
60℃复鞣 1h	99	113	108	113	113	110
60℃复鞣 2h	105	113	113	113	114	113
60℃复鞣 3h	107	114	114	114	114	113
60℃复鞣 4h	108	114	114	114	114	113

注：栲胶用量为碱皮重的 13.3%，植鞣革 T_s 为 84℃。

植-改性噁唑烷结合鞣成革的收缩温度很容易达到 110℃以上，能够满足各种轻革（包括鞋面革）的要求。

单宁与改性噁唑烷的鞣制协同效应是相当显著的。预处理后，裸皮的收缩温度为 65℃，用碱皮重 13.3%的荆树皮栲胶鞣制后，革的收缩温度为 84℃，收缩温度增加 19℃；用 4%的改性噁唑烷鞣制裸皮后收缩温度为 78℃，收缩温度增加 13℃。如果两者鞣剂只存在加和作用，结合鞣成革的收缩温度最高能达到 97℃，但实际可达到 114℃，这源于因交联而产生的协同作用。

　　由于植物单宁与噁唑烷优良的鞣制协同效应，植鞣时即使栲胶用量很少，成革仍能达到较理想的收缩温度，见表 8.43。即栲胶用量在 5%左右，便可使成革的收缩温度达到我国服装革的要求（$T_s \geqslant 90$℃）。一般而言，植物单宁用于生产轻革最大的优点是有利于环保，成革天然感强，卫生性好，但其缺点是用量必须较大（$\geqslant 15\%$）才能保证成革的热稳定性，不仅提高了生产成本，而且革的植鞣感太强，过度紧实，柔软性不够。采用植-改性噁唑烷结合鞣法，在保证成革具有较高收缩温度的前提下，栲胶的用量可以降至 5%左右，使成革的柔软度与铬鞣革基本相同，因此可用于服装、手套革的生产。应该注意的是，当栲胶用量较少时，对于较厚的原料皮必须采用片碱皮的工艺路线，且植鞣前需先用分散性优良的辅助型合成鞣剂对裸皮进行预处理，以确保植物单宁的均匀渗透。如前所述，植物单宁与改性噁唑烷结合鞣协同作用的机理是后者在单宁的亲核位置发生开环交联反应。缩合类单宁的黄烷-3-醇的 A 环具有强亲核性位置（6 位和 8 位），因此与改性噁唑烷的鞣制协同作用显著。而水解类单宁分子中不含强亲核性位置，因而与改性噁唑烷鞣制协同作用不明显，见表 8.44。因此采用植-改性噁唑烷结合鞣法时，宜选用缩合类栲胶，以荆树皮栲胶为最佳。

表 8.43　荆树皮栲胶预鞣-改性噁唑烷复鞣成革的收缩温度[225, 226]（单位：℃）

预鞣栲胶用量（以碱皮重计）	复鞣时改性噁唑烷用量					
	2%	4%	6%	8%	10%	12%
10%	101	102	112	112	112	112
6.7%	99	100	103	102	103	103
5%	94	96	99	98	99	100
3.3%	92	94	95	95	95	95

表 8.44　栲胶预鞣-改性噁唑烷复鞣成革的收缩温度[225, 226]（单位：℃）

预鞣栲胶种类	复鞣改性噁唑烷用量					
	2%	4%	6%	8%	10%	12%
荆树皮（缩合类）	108	114	114	114	114	113
坚木（缩合类）	95	101	101	101	101	101
槟榔（缩合类）	104	103	101	101	101	101

预鞣栲胶种类	复鞣改性噁唑烷用量					
	2%	4%	6%	8%	10%	12%
栗木（水解类）	86	85	84	85	84	84
橡椀（水解类）	88	88	87	82	82	82
漆叶（水解类）	91	90	88	90	89	89
柯子（水解类）	88	88	86	86	86	84

注：栲胶用量为碱皮重的 13.3%。

栲胶与改性噁唑烷鞣法成革的收缩温度与两种鞣剂的使用顺序密切相关。表 8.45 列举了部分先用改性噁唑烷预鞣，再用栲胶复鞣，成革的收缩温度。

表 8.45　改性噁唑烷预鞣-栲胶复鞣成革收缩温度[225, 226]（单位：℃）

复鞣栲胶种类	预鞣噁唑烷用量			
	2%	4%	6%	8%
荆树皮	96	97	100	100
坚木	91	92	93	96
栗木	81	81	83	82
柯子	78	78	81	80

注：栲胶用量为碱皮重的 13.3%。

与表 8.44 对应的植-改性噁唑烷结合鞣数据比较可以发现，鞣制顺序反转后，成革的收缩温度显著降低，这与本节中涉及的其他结合鞣法具有完全相同的规律。实际上，采用植物单宁与其他低分子量鞣剂进行结合鞣时，先使用植物单宁鞣制，再使用其他鞣剂鞣制已成为充分利用两类鞣剂协同作用的原则。其原因可能是植物单宁的分子量较大，在皮纤维中的渗透速率较慢，进入皮纤维后，由于含官能团数量多，既能充分与皮胶原纤维发生多点氢键结合，又能保留一部分能与其他鞣剂交联或络合的位置；而其他小分子鞣剂，如醛、Al^{3+} 等，在皮纤维中的渗透速率较快，不会因为植物单宁的存在而影响它们的渗透和在胶原纤维上寻找到自己能够结合的位置，同时它们也易于寻找到能与单宁发生交联或络合的位置。如果顺序反过来，即其他鞣剂先与胶原纤维结合，则一方面可能会削弱植物单宁与胶原纤维的多点氢键结合，另一方面因小分子鞣剂的官能团有限，在已经与皮胶原纤维发生结合的情况下，再参与同植物单宁交联的概率大大减小，因而鞣制协同作用降低。

8.4.4 植物单宁在铬鞣革复鞣中的应用

植物单宁用于铬鞣革的复鞣也是一种结合鞣法。但此处的重点不是提高革的收缩温度，而是改善革的质量。

铬鞣革经栲胶复鞣后，能进一步提高成革的丰满性，使成革具有适度的紧实感和成型性，并对降低成革的松面率有显著效果。因此，栲胶一直是制革厂广泛采用的复鞣材料。从皮的种类看，栲胶最适合于牛皮和山羊皮的复鞣，因为这两类皮较易出现松面。从产品用途来看，栲胶最适合于鞋面革、沙发革、包袋革的复鞣，因为这三类革需要较好的成型性。相对而言，栲胶不太适合应尽量保持轻、薄、软的革，如猪皮服装革。即使对牛皮鞋面革、沙发革等，栲胶的用量也不宜过大，一般为3%～8%，以避免成革过度紧实和发硬。松面率太高的革，用量可适当增加。

制革厂也常用栲胶的复鞣特性来达到某些特殊的要求。例如，栲胶复鞣后革纤维的脆性增加，磨革时绒头短而细致，因此用于修面革和某些绒面革的复鞣，能获得很好的效果。再如，当需要对革进行压花时，经栲胶复鞣后革的成型性好，压花效果会得到改善。

皮胶原经铬复鞣后，正电性增加，等电点为 pH 6.5 左右，表明一部分铬仍以正电荷形式存在。栲胶用于复鞣，主要是利用单宁与已经同革结合的铬的络合作用来增加革的丰满性。铬鞣后革的 pH 为 3.8～4.2，在等电点以下，革带正电。植物单宁属负电性化合物，当以胶体形式存在时，胶体等电点为 pH 2.0～2.5[247, 248]，在 pH 3.8～4.2 时，负电性较强。如果直接对铬革进行复鞣，革与植物单宁的静电吸附和络合作用均很强，容易使栲胶只在革表面发生较强结合，使革粒面粗糙。因此，宜对革进行碱中和后再进行栲胶复鞣。中和后革的 pH 一般在 5～6 之间，革的正电性减弱，在此 pH 条件下，栲胶的分散性也更好，有利于渗透，因而可避免粗面。对于牛皮而言，pH 达到 5.0 以上时，容易加重革的松面，因此一般只能将革中和至 pH 4.5～5.0，此时用栲胶复鞣最好同时加入一些分散性较好的辅助型合成鞣剂，如 5%栲胶+2%合成鞣剂。辅助型合成鞣剂既可促进栲胶的分散和渗透，也可减缓单宁与革的结合，使复鞣作用更温和。某些阴离子型树脂复鞣剂，如丙烯酸类复鞣剂，也能起到同样的作用，因此常将栲胶与这些鞣剂同时使用。栲胶用于复鞣时温度最好控制在 30～40℃，温度太高时不仅栲胶易氧化而影响革的颜色，而且单宁与铬的络合反应较强烈，也会使革粒面粗糙。

8.5 植物单宁在水处理领域的应用

随着全球水资源危机和环境污染的加剧以及工业和民用用水质量要求的提高，水处理已成为一门新兴产业。水处理领域的内容非常广泛，包括各种工业和生活给水以及废水处理，其目的大致可分为三类：去除水中影响使用水质的杂质；为了满足用水的要求，在水中加入新的成分以改变水的化学性质；改变水的物理性质的处理等[249]。因此，水处理化学不只是水的化学，而更多的是与溶质的分离纯化、金属的防腐清洗、胶体的分散絮凝、微生物的培养和控制等化学物理过程密切相关，相应的水处理剂包括絮凝剂、缓蚀剂、阻垢剂、清洗剂、消毒剂、吸附剂、除氧剂等多种精细化学品[250]。

　　植物单宁在水处理中的作用也是两方面的：一方面，单宁因其独特的物理化学性质，本身或其化学改性产品可用于配制锅炉、冷却系统水稳剂，具有防垢、除垢、分散、除氧、缓蚀、抑菌等多重功效；也可用为絮凝剂，适用于各种类型水质的沉淀。此外，还可制备功能型高分子树脂以充分利用其离子交换和吸附特性。另一方面，高浓度的单宁是造纸厂、栲胶厂及制革厂废液的主要成分之一，是这些废液高化学需氧量（chemical oxygen demand，COD）、高色度的根本原因，并且已证实废液具有微生物和鱼毒性，因此含单宁废液的处理也是废水治理中一项重要的环保课题。

8.5.1　水稳定剂

　　广泛用于工业生产和日常供暖的锅炉和热交换器等供热换热设备对供水都有一定的要求，需尽量减少生成水垢和金属腐蚀的可能性以保证传热效率、设备寿命和安全运行。垢体的生成有多种原因，其中最主要是由于硬水中钙镁离子与 SO_4^{2-} 和 CO_3^{2-} 受热形成的坚硬沉淀，其次是管壁腐蚀产物。冷却水中一些悬浮物质凝聚或藻类、微生物滋生将导致软垢的生成。而金属的腐蚀与水中溶解氧和铁细菌等有密切的关系。因此炉内或炉外水处理对于维持设备运行是必需的，然而目前大多数中小型锅炉和冷却水系统缺乏软化和除氧外处理供水设备[251]，研制和开发高效简便的水稳剂成为迫切的要求。植物单宁用于水稳剂已经有相当长的历史。据有关资料介绍，栲胶在 20 世纪初就开始用于锅炉水处理；在 20 世纪 30 年代，美国、英国、日本、苏联就都广泛使用；从 20 世纪 60 年代后期开始用于热交换器用水系统[252]。虽然目前已开发出和使用了多种新型特效的水稳剂，但是植物单宁用于水处理还是有其特色。作为一种天然处理剂，其效用虽然不是最强，用量也较大，但是具有价格低廉、使用简便、处理温和等优点。最重要的是其同时兼具分散、防垢、除垢、软化、缓蚀、抑菌等多种功效，因而经改性或复配处理后仍是一类性能良好的水稳剂。对于锅炉水和冷却水两种类型的水处理，单宁在作用原理上有不同的侧重点，但在防垢和缓蚀上有其相同之处，下面将详细阐述。

1. 植物单宁的防垢作用

　　锅炉和热交换器中无机类型的水垢一般由 CO_3^{2-}、SO_4^{2-} 与 Ca^{2+}、Mg^{2+} 等阳离子形成，最常见的是 $CaCO_3$。这些无机垢结晶致密坚硬，称为硬垢。单宁用于防垢通常都直接采用栲胶的形式。采用栲胶防垢以后，管壁垢层很薄，像涂了一层泥浆，用手容易抹掉，避免了厚而坚硬的垢层的形成[253]。大约自 1865 年以来，蒸汽机车锅炉和固定型锅炉的处理办法都是将栲胶与碱一并加入供水中。在较早的年代，供 7.5kW 锅炉用的典型配方中需要 1kg 坚木栲胶和 1.3kg 石灰、碳酸钠、碳酸钾的混合物，间歇加入供水中[254]。水解类单宁和缩合类单宁都具有防垢效果，除坚木栲胶（包括胺化改性单宁）常被采用外，单宁酸、栗木、黑荆树皮、松树皮栲胶，甚至茶叶、柿子、葡萄籽提取物皆有相关报道。单宁防垢用于锅炉水的炉内处理，适用于中小型锅炉，并且主要适用于以暂硬为主或永久硬度不大的水质，不能消除水中的永久硬度，当永久硬度很大时，就需采用以碱为主的碱法。单宁在高温、高压下不是很稳定，当压力超过 3105kPa 时开始分解，产生明显的浑浊和泥状物。当有碱存在时，在压力达 6873kPa 时单宁基本还是稳定的，即使如此，单宁一般限制在操作压力为 1380kPa 的锅炉使用[255]。

1）防垢机理

单宁防垢与其独特的物化性质相关，其中最主要的是单宁的分散性和金属螯合性，防垢的原因是一种综合作用，有以下几种机理。

螯合：单宁是一类具有多官能团（酚羟基、羧基或磺酸基）配体，具有螯合作用。正如前文所述，单宁与多种金属离子都可发生螯合作用，特别是与 Ca^{2+} 形成溶解度较大的络合物。在锅炉和热交换器运行中，单宁与 Ca^{2+}、Mg^{2+} 发生络合，降低了水的硬度，起到炉内水软化的作用，其络合物可进一步形成粒度很大的垢泥沉积下来，随排污排出。

分散：防垢剂成分中一般包括两种组分，一种是沉淀剂如 Na_3PO_4 等，能与钙、镁离子产生沉淀；另一种是吸附剂，使已经生成的沉淀被吸附而不附着在管壁上形成水垢。单宁具有分散性，分子中大量亲水性酚羟基可以起到吸附或胶体保护作用。水中的 $CaCO_3$ 和 $Ca_3(PO_4)_2$ 等成垢物质具有疏水性容易引起凝结，单宁可以促使其稳定不易结晶形成水垢。对于热交换系统，冷却水中可凝聚悬浮物受热发生凝聚，也是水垢的一大成因。添加单宁作为阻凝防垢剂，实质上也是利用其分散特性。从表 8.46 中可以看出栲胶与常用的分散剂木素磺酸相比性能相当，甚至更强。单宁的类型对其阻凝活性有很大影响，缩合类单宁常被用作阻凝防垢剂。根据实验，栲胶阻凝防垢剂使用浓度为 0.5～55ppm，以 3.3～10ppm 最好，温度 99℃以下，pH 5～9。

表 8.46　各种栲胶对水中悬浮物凝聚时间的影响（70℃，处理天然浑浊水）[255]

栲胶种类	类别	浓度 I /ppm	凝聚时间/min	浓度 II /ppm	凝聚时间/min
空白			40		
红树皮	缩合类	6.7	185	3.3	85

续表

栲胶种类	类别	浓度 I /ppm	凝聚时间/min	浓度 II /ppm	凝聚时间/min
荆树皮	缩合类	6.7	245	3.3	215
坚木	缩合类	6.7	290	3.3	290
桉树皮	缩合类	6.7	100	3.3	75
栗木	水解类	6.7	35	3.3	35
木素磺酸盐		17	35	10	35

破坏晶体：单宁在水中可令形成水垢盐的晶体结构发生变化，由原来的立方晶形转变成正交晶形，后者很容易脱落，达到了阻垢的目的。根据结晶学观点，水中盐类过饱和溶液一旦形成会出现晶核，晶体可迅速长大。晶体生长的动力学是通过台阶产生的运动实现的，外部原因造成药剂镶嵌在晶格上使得晶体处于不稳定状态。单宁不仅可与水中钙镁离子生成稳定的螯合物，也可与晶体表面进行螯合，所形成的螯合物占据晶格位置，结果晶体不能正常生长。若晶体继续生长，螯合物嵌入晶体中，它的存在也使晶体不稳定，晶格疏松，晶体生长发生畸变，容易破碎[256]。

2）锅炉防垢技术

首先分析锅炉用水水质指标，根据水质确定栲胶和纯碱用量。

加入栲胶量（g）= 水质硬度（℃）× 用水量（t）×（5～10g）/℃

纯碱用量根据水的碱度与硬度而定。一般而言，当碱度大于硬度时不加或只加栲胶量的 1/5～1/4；当碱度与硬度相当时，纯碱量为 1/3～1/2；当硬度大于碱度时，用量为 1/2～1。当然，在实际应用中常根据所用单宁种类及实际使用效果做适当调整，并常常加入磷酸盐以增加防垢作用。例如，有以下锅炉防垢剂配方：Na_3PO_3 25～30g，Na_2CO_3 60～70g，单宁酸 6～7g，$Ca(OH)_2$ 2～3g。将试剂溶于 40～50℃的水过滤得到母液，稀释 500 倍即可加入锅炉[257]。单宁防垢的关键操作在于排污。排污次数一般是每班至少一次。对于水管锅炉用水量大、水质硬度也大者可每 4h 一次，排污量为水位表的 1/3～1/2。

单宁还可配制内燃机水箱的抗冻防垢剂，其配方为：甘油 82～97g，单宁酸 1～8g，三乙醇胺 2～10g[258]。

2. 植物多酚的除垢作用

采用单宁对锅炉或热交换器进行除垢处理，既属于水处理的内容也属于工业设备化学清洗的内容。单宁适用于碳酸型水垢，对含有少部分硫酸盐的碳酸盐水垢也具有一定效果，对硫酸盐和硅酸盐水垢效果较差。经单宁除垢特别是防垢的锅炉运转半年后，停炉检查金属壁表面附着一层很薄的垢层，很容易清除。除垢前管壁垢层呈针状，除垢后呈颗粒状。采用单宁除垢效果不如盐酸和氨基磺酸，但不腐蚀设备，清洗后不需进行钝化处理并且不影响设备的运行[259]。除垢的方式有利用单宁作为主要除垢剂，也有用单宁作为预清洗剂，辅助其他化学清洗。例如，对闪速熔炼炉循环冷却水系统进行在线清洗时，可利用单宁进行鞣化（预清洗）将系统内所结硬垢分散、松散，为酸洗创造有利条件[260]。

　　1）除垢机理

　　单宁的除垢效用除了在防垢时体现的对水质的软化、对水垢的分散、对硬垢晶形的破坏以外，还在于碱性条件下单宁及其分解产物可渗入松软的水垢层，也可在热力作用下从水垢裂纹处渗透到炉体与钢板之间，溶解钢板表面的氧化铁层，破坏水垢对钢板的附着作用，使水垢剥离而呈片状或大块状脱落，如图 8.44 所示。

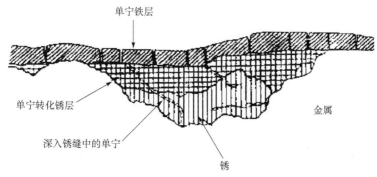

图 8.44　鞣化金属表面横切面

　　对于冷却水系统，铁锈沉积也是一类主要的水垢成分。铁锈一方面来自设备钢铁的内部腐蚀，另一方面来自循环水中铁盐的沉淀。单宁尤其是水解类的单宁酸和栗木单宁可与铁锈生成部分可溶性络合物。当用单宁对系统进行鞣化时，单宁渗入氧化铁垢层软化，并在金属表面形成保护膜从而使其与垢层分离。当酸洗时，有机酸与单宁铁络合物反应，生成溶解度更大的有机酸铁，并释放出单宁从而使铁垢消失，之后加入高分子分散剂或缓蚀剂。

　　2）除垢方法

　　栲胶用于除垢时，用量按炉水容量每吨水加 5～10kg 栲胶。对于碳酸盐水垢，纯碱用量为栲胶量的 1/3～1/2，pH 控制在 10；对于含一定量硫酸盐的水垢，纯碱用量为栲胶量的 1/2～1，pH 11。对于水管、火管、快装锅炉可直接将药粉一次投入炉内或随进水加入，茶水炉要用水溶化再加入，中型水管锅炉分几次加入。锅炉带压（0.49～0.78MPa）运行 72～170h 进行煮炉，期间可以补水和补加栲胶。煮炉结束后停火、降温排水，清除脱落的水垢。

　　单宁还可用于汽车水箱的除垢。在某些水质硬度大的地区,汽车水箱结垢严重,影响冷却。每部汽车水箱加入橡椀栲胶 0.5～1kg,NaOH 或 Na₃PO₄ 0.2～0.5kg,物料浓度为 2%～2.5%,加料后,汽车照常行驶 1～3d,然后冲洗排净。重复进行两三次,水垢即可全部脱落。一般每部汽车一年只需除垢一次即可。

　　当用于冷却水系统的预清洗时,单宁最佳用量为 800～1000mg/L,pH 6～9,温度需在 15℃以上,鞣化时间为 1～3d。当鞣化进行时,冷却水变黑,出现单宁-铁紫黑色薄膜。当单宁渗透时,坚硬的铁锈沉淀开始变得松软,很容易从腐蚀面抹去,露出干净的钢铁表面。此时若加入聚合分散剂,例如,低分子量的丙烯酸共聚物,可以提高单宁渗入的速度,再加入温和的有机酸开始溶解单宁-铁络合物以防止再沉积,此时 pH 为 2.8～3.1。有机酸最佳用量为 6～10mg/L。一旦清除干净,即进行钝化,并将水提高至正常的 pH 范围(pH 6.5～9.0)。此法对石化厂、炼油厂、纺织厂等大多数水循环系统都适用[261]。

　　3. 植物单宁的缓蚀性

　　在用水中投入少许药剂,一般以 ppm 为计量单位,即能使碳钢腐蚀速度大为降低甚至停止,这种药剂称为缓蚀剂。各种单宁和木质素磺酸盐均用于腐蚀控制。一部分单宁借助消耗溶解氧来防止阴极去极化,另一部分能在金属表面形成不可渗透的薄膜,还有些单宁能增强自然形成的膜,提高防护能力。单宁与其他药剂复合使用效果很好,特别是与锌一起使用。单宁不会引起局部腐蚀并适于较高的温度,除用于水处理,还可用于金属清洗剂和防腐涂料的配制[262]。

　　1)缓蚀机理

　　由于缺少进水除氧设备和锅炉自身结构的缺陷等,氧腐蚀是一种中低压工业锅炉普遍存在的且较为严重的腐蚀。据统计,不同程度的氧腐蚀锅炉占锅炉总数的 10%。对于封闭式循环冷却水系统,情况要好一些,然而也难以保证空气从接头处渗入,因此脱氧剂是水处理剂中重要的一类。单宁具有强还原性,能吸收水中的氧,起到防止和减少管壁片蚀或点蚀的作用。对于中压(40kg/cm²)、低压(10kg/cm²)锅炉,碱性单宁是一种最有效的脱氧防腐剂,以坚木栲胶吸氧能力最高。碱度对单宁的吸氧作用影响很大,一般开始吸氧率随碱度增加而增加。在酸性条件下虽然也能吸氧,但效率很低。有人认为,在热碱性溶液中,单宁先分解为产物棓酸,棓酸再进一步脱羧分解为吸氧作用更强的焦性棓酸。

　　单宁还与管壁形成一层致密的薄膜使其钝化,起到了保护作用,防止了管道和锅炉的腐蚀。采用 X 射线衍射和电子衍射技术对其进行分析鉴定,其基本组成为单宁与 γ-氧化铁形成的络合物,其组成与系统压力有关。当炉压从 31.62kg/cm² 升到 70kg/cm² 时,薄膜中单宁酸盐量逐渐减少,Fe₂O₃ 逐渐被 Fe₃O₄ 所代替,此时单宁可能还起到还原剂的作用。当炉压为 70kg/cm² 时,Fe₂O₃ 几乎完全转变为

Fe_3O_4。

单宁的防垢和除垢作用还可减少垢下腐蚀。此外，单宁对微生物具有普遍抑制性，可以抑制铁细菌和硫酸盐还原菌参与的生物腐蚀。

2）缓蚀应用

单宁的缓蚀性不如一些无机腐蚀抑制剂，如磷酸盐或铬酸盐，但由于比较安全，人们常乐于使用，当使用低于规定的浓度时，不会引起点蚀和加重成片的腐蚀。不同类型的水处理系所采用的单宁缓蚀剂用量不同，通常将缩合类单宁和水解类单宁混合使用。不同类型的单宁缓蚀性能和作用机理并不完全一致。缩合类单宁对形成水垢的钙盐起螯合作用，能防止钙盐沉淀，水解类单宁能与管道氧化膜结合生成络合物抑制钢被进一步腐蚀。软钢在 4 种不同的单宁水溶液中腐蚀速度是不同的。将浸泡过的试片暴露 100d 后，以只在碳酸钠中浸泡的试片为参比，用黑荆树皮单宁时腐蚀速度下降至 23%，用坚木单宁时下降至 40%，用橡椀单宁时下降 11%，用柯子单宁时下降 33%（21℃，1%的浓度，pH 9.0～9.3）。

在缓蚀剂的配制中，常包括单宁 15%～25%，Na_3PO_4 15%～17%，萘磺酸钠盐和铵盐 7%～15%，铬盐和铜盐 34%～36%，羊毛脂酸 11%～25%，多乙酰化松浆油脂肪酸 30%～40%（均为质量分数）。这一配方可有效地抑制钢的腐蚀，抑制率可达 85%～99.8%，适宜的温度为 70～80℃，用量为 1300～1600g/m³ 水。一个典型的配方为：单宁 15g，Na_3PO_4 31.8g，萘磺酸钠盐和铵盐 7.95g，羊毛脂酸 12.7g，多乙酰化松浆油脂肪酸 37.65g[263]。

4. 植物单宁的抑菌性

对于冷却水而言，抑制微生物和藻类滋生也是水质控制的一个重要方面。冷却水的温度和 pH 都适宜于微生物和藻类的生长，其大量繁殖会使水变浑发臭，阻塞滤池管道，影响换热设备的传热效率，加速腐蚀等。单宁具有的广谱抗生特性使其作为水稳剂有一定的抑制效用。

综上可见，单宁是一类传统的锅炉水和冷却水水稳剂，其性能虽然不如目前开发的新型合成水处理剂，且用量较大（一般在 50ppm 以上），但其价格低廉，使用安全简便，最重要的是具备分散、软化、防垢、除垢、缓蚀、抑菌等多重功能。目前一般不将单宁单独使用，而将其与其他一些有机、无机成分搭配使用，以不同的配方生产各种剂型，适应不同的设备型号和水质等的需要。

根据已有的资料，配方分为两类：一类把单宁作为吸附剂使用，单宁用量不超过总量的 50%，另一类把单宁作为防垢、防锈的主要成分，单宁用量占 50%以上。以下所列为典型的锅炉水处理剂配方和冷却水处理剂配方。

（1）锅炉水处理剂：二联胺磷酸盐 1%，硅酸钠 24%，纯碱 40%，硬脂酸锌 1%，磷酸钠 19%，栲胶 15%。

（2）栲胶防锈防垢剂：铬酸盐 10%～70%，无水磷酸盐 0.5%～20%，单宁 5%～40%，金属无机盐 0.5%～15%，木质素 10%～70%，含氮杂环化合物 0.1%～10%。

值得注意的是，传统配方中所使用的单宁一般都采用栲胶的形式，这可能在一定范围内限制了其应用效果。可以从三方面改善单宁作为水稳剂的性能。首先应考虑采用适当纯化的单宁而不是复杂的混合物栲胶；其次考虑不同类型单宁以及单宁同新型无机或有机药剂的复配，它们之间可能产生协同效应；最后，应考虑单宁的改性产物。如第 2 章所述，单宁是一类化学性质极为活泼的天然化合物，除了本身所具有的大量酚羟基等基团外，还可容易地引入羧基、氨基、磺酸基、膦酸基、磺甲基等活性基团，可进一步增强其分散、络合的化学功能以及抑菌等生物活性。例如，利用氯乙酸引入羧基，再添加水溶性铬酸盐可以制备效用良好的防锈防垢剂。最近国内开发的 CGA 系列水稳剂专利产品，即为单宁、木质素、纤维素等天然产物的衍生物，分子中具有羧基、羟基、酰胺基等活性基团，具有絮凝净化作用的同时还具有一定的缓蚀、阻垢效果。

8.5.2　絮凝剂

絮凝分离是水净化中常用的操作。水处理中去除固体物质的问题主要是指去除粒度小于 10μm 的颗粒。直径 10μm 的粉砂如果按 Stokes 公式计算，下沉 1m 水深约需 100min。而粒度小于 1μm 的颗粒属于具有布朗运动的胶体，始终处于悬浮状态而不下沉。把这一类极细颗粒从水中除去必须经过絮凝（混凝）处理以便于沉淀分离[264]。除了水中的颗粒、胶体，水溶性物质如重金属离子、染料、表面活性剂也可为絮凝处理的对象。目前使用的絮凝剂（混凝剂）主要分为两大类：一类是无机盐类物质，如铝盐[$Al_2(SO_4)_3$ 和 $AlCl_3$]、铁盐[$Fe_2(SO_4)_3$、$FeSO_4$、$FeCl_3$]及其聚合物；另一类是有机高分子类物质，如聚丙烯酰胺系列[265]。我国在该领域与国外先进水平差距较大，但对絮凝剂的需求量日益增加，因此研制开发适用面广、成本低、使用简便又不产生二次污染的产品正是当前所需。

对于水中大部分呈负电荷的胶体而言，植物单宁作为负电性亲水性胶体因同种电荷相斥而具有显著的分散作用，当其与无机或有机正电荷絮凝剂联合使用时可以起到絮凝的作用，与单独使用无机或聚丙烯酰胺絮凝剂相比，可减少后者的用量且提高处理质量。而单宁用于絮凝剂的最重要原因还在于它本身与蛋白质、多糖、聚乙烯醇、非离子表面活性剂、金属离子（特别是重金属盐）结合沉淀的特性。为了充分利用此特性，将多酚经化学反应在其分子中引入含氮基团，将其改性成为两性或阳离子产品，则大大提高了单宁絮凝剂的性能和使用价值。

1. 单宁负电荷絮凝剂

大多数情况下处理水中大量的黏土、有机物等悬浮颗粒其胶团表面几乎全带负电荷。虽然单宁可与蛋白质、表面活性剂、多糖等形成结合物，但是因为单宁的分散性，单独使用单宁或栲胶不能起到有效的絮凝作用。而配用聚氯化铝、硫酸亚铁、氧化铁等无机混凝剂会收到良好的效果，配用方法一般先加单宁后加无机混凝剂。例如，表 8.47 为某厂排出含聚乙烯醇 200ppm、氧化钛100ppm、淀粉 200ppm、聚乙酸乙烯 200ppm、碳酸钙 500ppm，COD 值为 389ppm的废水经栲胶处理的结果。可以看出，与对照组相比较，单宁-无机絮凝剂配用很大程度上提高了处理效果，不仅降低了 COD 值，而且提高了水的澄清度。只用单宁酸仅能使 COD 值略微降低，可能因氧化、分子复合等化学反应使水更加浑浊。

表 8.47　用单宁酸和无机混凝剂处理废水实例

项目	单宁酸用量/ppm	无机混凝剂及用量/ppm	COD 值/ppm	COD 下降率/%	透视度
原废水	—	—	389	—	2.5
处理组	250	硫酸铝 400	62	84	>30
	250	聚氯化铝 60	16	96	>30
	200	硫酸亚铁 1000	40	90	>30
	200	氯化铁 400	42	89	>30
	250	—	347	11	3
对照组	—	硫酸铝 400	241	38	5
	—	聚氯化铝 60	210	46	5
	—	硫酸亚铁 1000	216	44	30
	—	氯化铁 400	181	53	15

又如，把 80ppm 的单宁酸和 150ppm 硫酸铝加到含 100ppm 染料（双苯胺坚牢黑 R-FS）的有色水中，先以 180r/min 搅拌 1min，后以 60r/min 搅拌 5min，再过滤除去絮凝物，可脱色 99.5%，而单用硫酸铝仅能脱色 74.0%。

单宁对处理含聚乙烯醇的废水有独到的效果。普通的絮凝剂虽然能去除部分聚乙烯醇，但 COD 值降低不多。含 1000ppm 聚乙烯醇废水用 2000ppm 单宁和4000ppm 硫酸铝处理并将溶液 pH 调到 6 可除掉 98.7%的聚乙烯醇。一般在聚乙烯醇含量为 0.45%～1.8%范围内，单宁酸用量大致相同，表 8.48 所示为单宁酸、聚氯化铝用量对降低聚乙烯醇废水 COD 值的影响。同理，单宁还可用于净化含蛋白质和表面活性剂废水，可使之生成絮凝物沉淀再除去，以降低 COD 值，避免水中蛋白质类有机物发出恶臭。

表 8.48　单宁酸、聚氯化铝用量对降低废水 COD 值的影响

单宁酸用量/ppm	聚氯化铝用量/ppm	COD 值/ppm	COD 下降率/%
0	0	1174	—
1000	20	367	69
1000	40	321	73
1000	60	302	74
1000	80	442	62
1000	100	575	51
1000	120	620	48
500	40	655	44
1000	40	323	72
1500	40	554	53
200	40	854	27

利用单宁与重金属阳离子螯合并生成不溶或部分可溶性络合物的性质，可除去水中的金属盐，如可除去废水中的 Cr、Zn、Ni、Cd 等离子。单宁也可回收水溶液中的超细贵金属粉末。含 30g/L 银粉的污水用 10g/L 明胶、10g/L 单宁酸处理，搅拌、静置过滤，滤饼干燥加热至 900℃分解可得到纯度为 90%的银[266]。

为了提高单宁的絮凝能力可将其经甲醛适当缩合，在一些合成单宁分散剂存在的条件下进一步增加分子尺寸生成水溶性高分子，用以处理含表面活性剂和矿物油的污水[267]。例如，表面活性剂聚氧乙烯壬基苯基醚是处理石油泄漏的一种常用乳化剂，对水生生物具有很强的毒性。利用上述单宁醛缩合物和无机混凝剂配合可以清除水中的聚氧乙烯壬基苯基醚。其方法为：将含 200ppm 黑荆树皮单宁改性产物的碱溶液加入含 200ppm 聚氧乙烯壬基苯基醚和 1000ppm 重油的水中，再加入 400ppm 硫酸铝进行处理，滤去沉淀物后测水的 COD 值为 40，聚氧乙烯壬基苯基醚含量降至 20ppm。若将单宁的使用浓度提高到 1000ppm 则可除去 99%的表面活性剂[268]。

2. 两性及正电荷单宁絮凝剂

对于带负电荷的大部分城市废水而言，正电荷的絮凝剂较负电荷或中性的产

品更能产生有效的絮凝效果。实际上，在单宁制备水处理絮凝剂技术的发展和应用中，直接使用很受局限。为了提高其絮凝能力，目前使用的以其改性物为多。其化学改性方法一如前文所述，利用与醛的缩合生成可溶性高分子；二是利用曼尼希反应得到一种两性产品；三是用醚化反应将单宁改性成阳离子化合物。后两者改性产物皆在分子结构中引入含 N 的活性基团，在使用条件下使单宁呈现正电性，且具有极好的水溶性，能迅速地与处理水中阴性的悬浮物进行电荷中和使之聚沉，处理后的水中无残留的单宁盐或离子存在，可广泛用于生活用水和工业用水，甚至饮用水的处理。当然，为了进一步得到性能更为完善的絮凝剂，也可将这几种方法综合使用。此外，也常配合使用其他类型的絮凝剂，使之产生协同效应，一方面得到更强的净化作用，另一方面也有利于降低成本。

1）两性单宁絮凝剂的制备及使用性能

利用缩合类单宁（黑荆树皮单宁或坚木单宁等）A 环的亲核反应活性，采用仲胺（$R_1R_2 \cdot NH$）、甲醛与单宁进行曼尼希反应，在单宁黄烷醇 A 环中引入胺甲基，得到胺甲基化单宁。常用的胺有二甲胺和二乙醇胺。所得的改性产物是一种两性化合物。由于单宁分子中存在大量弱酸性的酚羟基，当溶液在碱性状态时，酚羟基离解使单宁带阴电荷；在酸性状态下，引入的胺基离解，又使单宁以铵盐的形式存在从而表现为正电性。通过控制使用 pH 可以控制改性单宁所带的电性，而通过控制胺甲基化反应的程度，可以得到在整个 pH 范围内皆具极佳水溶性的产品，也可以得到在中性 pH 有沉淀点的产品。用于水处理的"絮凝丹"（Floccotan）即为这类产品[269]。南非以黑荆树皮栲胶、阿根廷以坚木栲胶为原料生产这类产品。南非已长期大量采用这种絮凝剂处理城市用水，其絮凝效果可与美国产水处理剂"锡帕兰"（Separan）相比。

这种两性单宁可以代替硫酸铝处理饮用水，用量较后者少 90%而且不需石灰。因为用量少，相应的设备、投资也少，如处理悬浮物高达 2000ppm 的河水，用絮凝丹处理效果比硫酸铝好，如与后者混合使用效果更为显著。在含黏土500mL 的河水中加入 15mg/L $Al_2(SO_4)_3 \cdot 8H_2O$ 和 13.5mg/L 改性单宁（浓度为40%），沉降时间为 60s，而单独使用前者（浓度 15mg/L）为 120s，单独使用后者为 100s。

絮凝丹还可用以处理造纸污水。它与造纸黑液中木素结合使悬浮物沉淀，但不足以降低碱度。两性单宁的毒副作用小，400～500ppm 絮凝丹处理后的水浸泡植物种子不影响种子发芽，家禽喝了也无不良影响。

两性单宁的制备可以参照如下方法（以黑荆树皮单宁为例）：将 127.5g 黑荆树皮单宁溶于 130.7g 水（加 0.15g 硅油作为消泡剂），加入 47.5g 乙醇胺，升温至110～130°F[华氏度，$t(°F) = \dfrac{5}{9}(t-32)(°C)$]，加入 80g 浓度为 37%的盐酸，将 pH

调至 6.4～6.7。冷却至 120°F，加入 62.7g 浓度为 37%的甲醛溶液，加热至 178～180°F 使其反应，直到反应黏度为 0.038～0.04Pa·s，用 45.2g 水稀释（使固含量为 40%），用盐酸调 pH 至 2.4，得到黏度为 0.246Pa·s 的产品。用其处理河水（用量为 6.8ppm）可使原有浊度 17 单位降为 8 单位，使溶液色度由 50 降为 1 以下。如使用 1ppm 的明矾处理（对比），则浊度和色度只能分别降至 14 及 20。

2）阳离子单宁絮凝剂的制备及使用性能[269-271]

采用阳离子试剂，可以通过酚羟基醚化的方法将 N 原子引入单宁分子。与曼尼希反应的差别在于，醚化反应是通过酚羟基引入 N 原子，所得的产物为一种季铵盐，在整个 pH 范围内皆离解为正态的季铵离子，因而反应称为季铵盐化，改性单宁称为阳离子单宁。而曼尼希反应主要发生在单宁 A 环的 6,8 位，所得的产物是叔胺，在酸性环境中才离解成铵离子，因此为一种两性产品。阳离子试剂氯化三甲基缩水甘油铵（GTAC）有市售产品，也可以用环氧氯丙烷和叔胺三甲胺合成。GTAC 试剂在单宁中可以引入 2%～4.5%的 N，使单宁的正电荷密度达到1.4～3.2meq/g，而市售的阳离子型聚丙烯酰胺絮凝剂所带的正电荷一般在 0.2～0.45meq/g 的范围内，因此对于大多数水处理，阳离子单宁可以作为一种有效的电荷中和絮凝剂。图 8.45 比较了阳离子单宁和市售阳离子高分子絮凝剂的絮凝能力。

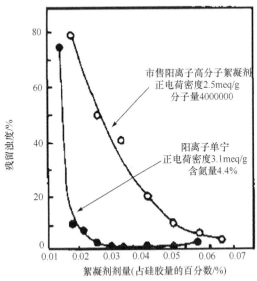

图 8.45　阳离子单宁与市售阳离子高分子絮凝剂的絮凝能力比较

处理 270mg 硅胶/600mL 溶液，pH 为 4.0

季铵盐醚化和曼尼希反应都主要利用单宁的亲核性。由于缩合类单宁和水解类单宁结构上的差异，后者的反应活性较低，因此通常采用缩合类单宁作为原料。

反应主要发生于黄烷醇 A 环。间苯三酚 A 环的聚原花青定（如落叶松树皮单宁）
较间苯二酚的聚原刺槐定（荆树皮单宁）有更强的亲核性，因此更易反应。近年
来碱法木质素也经此类反应制备阳离子絮凝剂，但是木质素的反应活性远远不及
缩合类单宁。例如，松树皮单宁 A 环酚羟基与 GTAC 的醚化反应在室温下 40h 即
可达到平衡，转化率达到 90%，而木质素需要 50h，转化率为 70%。季铵盐醚化
时，单宁 A 环不止一个羟基参与反应，N 含量可超过 4%，而阳离子化木质素则
低于此值。据本书作者经验，为提高木质素的反应活性，尚需采用一定量的间苯
二酚（大约为木质素质量的 30%）等酚类对其进行酚化处理，因而生产成本并不
低于单宁。

阳离子化单宁的合成方法为（以松树皮单宁为例）：10g 松树皮提取物（甲醛
值 84），以 2.10mol GTAC 试剂（分子量 151.64，环氧物含量 70%）作为醚化剂，
0.37mol NaOH 作为催化剂，室温下反应 40h，最后超滤净化，得到分子量 10000
以下的产品。GTAC 接枝率达 89%，产品正电荷密度为 3.14meq/g。反应进程可以
用经典的烧杯法测定其絮凝能力，也可用化学法测定反应体系中环氧基的含
量，同时还需用电位色散分析仪（potometric dispersion analyzer，PDA）测定
絮凝物的尺寸及其分布。

线型阳离子高聚物型絮凝剂的絮凝性来自高分子在水杂质颗粒和胶体之间形
成桥连，而阳离子单宁的絮凝机理主要来自其正电荷与带负电荷杂质之间的电荷
中和作用。从此看来，得到分子量更大的阳离子改性单宁可有效提高其絮凝能力，
因此交联的方法被引入季铵盐醚化反应。交联剂可选用甲醛或环氧氯丙烷
（ECH），通常是单宁先经交联再醚化，但是一定要严格控制交联反应，以免单宁
胶化而不利于后续的醚化进行。单宁经交联后黏度上升，但醚化后黏度会下降。

当用甲醛交联时，交联和醚化反应都需在温和的条件下进行。100g 栲胶采用
0.0154～0.154mol 甲醛，pH 为 12，20℃下反应 2h，再在 45℃下反应 22h，GTAC
试剂转化率可达 90%。从表 8.49 可见经甲醛交联后阳离子单宁较未交联改性的阳
离子单宁絮凝能力有较大提高，絮凝物体积增大。

表 8.49 甲醛交联阳离子单宁与未交联阳离子单宁絮凝性能比较

甲醛的量/100g 栲胶	N 的质量分数/%	使用剂量/%	絮凝物相对体积（100r/min）
0	3.6	0.17～0.20	1.2
0.154	3.5	0.07～0.10	2.8

当用 ECH 交联时，应主要注意交联剂的用量。在 ECH∶GTAC∶栲胶（质量
比）为 5∶50∶100～8∶35∶100 范围内，可以得到 N 含量高、水溶性好的产物，
其最佳配比为：100 份松树皮栲胶，15 份 NaOH，5 份 ECH，50 份 GTAC。

　　阳离子单宁还可以从污水中除去磷。通常用生物处理法可以除去大部分磷，但清液中残留的磷仍然达不到排放标准。阳离子单宁和硫酸铝配合可以有效除去残留磷，见表 8.50。

表 8.50　阳离子单宁对纸浆厂废液（经生化处理）的脱磷作用

样品号	阳离子单宁浓度/ppm	硫酸铝浓度/ppm	Al³⁺浓度/ppm	上清液磷酸盐浓度/ppm	磷酸盐脱除率/%
1	250	250	20.2	0.25	83
2	117	117	9.5	0.50	67
3	83	83	6.7	0.93	38
对比	0	83	6.7	1.25	17
	—	—	—	1.50	—

8.5.3　离子交换与吸附树脂

　　在本书中曾反复讨论过植物单宁与蛋白质、金属离子的结合反应，在水处理中可以利用这些反应原理，借助单宁对水溶液中蛋白质、金属离子的脱除或者富集，对水质进行净化和软化。但是单宁的水溶性，使单宁直接作为吸附剂用于水处理受到了限制。除了将单宁改性制备絮凝剂以外，很容易想到以单宁为主体合成一类不溶性的树脂类物质，保持其分子中大部分活性基团，从而极大地改善多酚作为选择性吸附剂的使用性能并且可以经再生反复使用。这一途径称为单宁的固化。其固化的方法可以分为两类，一类是将单宁分子键合在不溶性底物如纤维素、聚乙烯上，第二类采用交联剂与单宁共聚形成水不溶性高分子，如单宁-醛树脂。两类改性方法及其所得产物在性质和性能上有一定差异。前一类方法称为单宁的固化，"固化单宁"（immobilized tannin）一般指的是这类方法所得的单宁改性产物。固化单宁不仅用于水处理，而且已作为一类新型的功能高分子材料用于更广泛的领域，在第 4 章中有专门介绍。下面将以单宁醛类树脂为主要对象介绍植物单宁作为离子交换和吸附树脂在水处理中的应用。

　　1. 单宁-甲醛阳离子交换树脂

　　离子交换树脂是现代水处理剂中最重要也是用量最多的一类。通过酚醛缩合反应制备酚醛树脂型离子交换剂是合成有机离子交换剂最早采用的方法。与醛发生同一方式的缩合反应，也是植物多酚作为酚类化合物的化学特征之一。缩合类单宁 A 环 6,8 位的高度亲核性使缩聚反应极易进行，而水解类单宁反应较弱通常不予采用（图 8.46）。

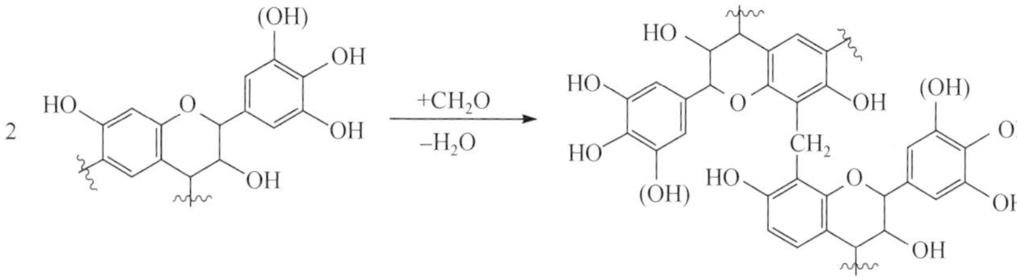

图 8.46　酚醛缩合反应制备单宁-甲醛树脂

这一反应大量用于单宁胶黏剂的生产。通过控制反应条件，也可以得到与普通的酚醛离子交换树脂物性相近的产物。坚木单宁于 1935 年首次用来代替苯酚制备树脂作为离子交换剂。而目前大量使用的是苯乙烯型离子交换树脂，酚醛型树脂因为耐热性、耐氧化性和力学性能均不及前者而逐渐被其取代[272-275]。但单宁-醛树脂由于在结构中保留了大量单宁的活性基团，与酚醛树脂相比，能与多种金属离子螯合，因此决定了它在有机离子交换剂中独特的作用和地位[176]。此外，这类树脂还可用作氧化-还原树脂。

单宁-甲醛缩合阳离子交换树脂可用以下方法合成（以黑荆树皮单宁为例）：将 150g 粉状黑荆树栲胶（其甲醛值为 83.2）溶于等量的蒸馏水中，用浓 NaOH 溶液调 pH 至 7，加入 15g 聚甲醛，在沸水浴中加热 2h，将生成的树脂破碎，分散于 1L 的 5%盐酸中，加热回流 2h，滤出树脂用水洗至中性。再将树脂投入 1L 的 4% NaOH 溶液中，在室温下静置过夜，而后过滤，用水洗至中性。

这是一种未经改性的单宁-醛树脂，虽具有一定的阳离子交换能力，但因呈弱酸性（由酚羟基所决定），只能在一定碱性范围内使用，为了将其使用范围扩展到中性或酸性介质中就必须在单宁分子中引入其他活性基团，如羧酸或磺酸。有利的是单宁分子中正好存在可引入这些基团的活性位置。引入羧酸的常用方法是通过醚化反应，即将上述单宁-醛树脂与适量的氯乙酸在碱性介质中反应；引入磺酸基的途径有两种，一是采用 Na_2SO_3 亚硫酸化，这种改性树脂交换容量仍然很小，不常采用；二是用浓硫酸或是用氯磺酸进行磺化，由这两种方法得到的磺化树脂，磺酸基接于苯环上，是一种强酸性、高交换容量的阳离子交换树脂。这几种单宁-醛树脂交换容量见表 8.51。

表 8.51　黑荆树皮单宁-醛树脂离子交换容量（单位：μmol/L 氢离子/g 树脂）

类型	总交换容量
未改性	6.0
醚化	6.0
亚硫酸化	6.2

续表

类型	总交换容量
磺化（用浓硫酸）	6.6
磺化（发烟硫酸）	7.4
磺化（氯磺酸）	9.4

　　一种优良的离子交换树脂应该具有以下特点：有比较均匀的粒度和规整的外形，有较高的交换容量，有较快的离子交换速度，有较好的化学稳定性和热稳定性，有较好的力学强度和抗腐蚀性，有较好的再生性能和抗污染能力等[274]。为了使单宁树脂具有实用性，就必须从合成方法和原材料两方面入手进行改性，以下介绍两种新型单宁-醛树脂的合成和使用性能。

　　2. 单宁-苯酚-甲醛离子交换树脂[275, 276]

　　单宁-苯酚-甲醛（TPF）离子交换树脂与单宁-醛树脂的差别在于在缩聚原材料中混入了一定比例的苯酚，其合成方法基本一致：黑荆树皮单宁、苯酚、甲醛三者的水溶液在 pH 为 8 的条件下，于 70℃反应直至缩聚成树脂，再经冷却、固化、清洗、机械粉碎、过筛等，所得 TPF 为单宁、苯酚与甲醛的共聚产物。将树脂在 100℃下采用 98%浓硫酸磺化反应 6h，通过 pH 滴定曲线证实所得的 TPF 是一种强酸性的阳离子交换树脂。

　　1）单宁和苯酚的比例

　　通过表 8.52 可以看出，随着苯酚用量的增加（0~100%），TPF 的交换容量逐渐增加，不加入苯酚的 R-600SO$_3$Na 树脂其容量为 1.02meq/g(H$^+$/Na$^+$)，加入等量苯酚的 R-605SO$_3$Na 树脂为 3.00meq/g(H$^+$/Na$^+$)，但是继续增大苯酚的量，交换能力反而大大下降。交换能力最大的 R-604SO$_3$Na 树脂、R-605SO$_3$Na 树脂可与市售的几种酚醛离子交换树脂相媲美。考虑到产品是一种以单宁为主的树脂，为保持其特性，苯酚用量为 25%~43%的 R-603 和 R-604 比较适用。

表 8.52　单宁-苯酚-甲醛阳离子交换树脂（TPF）的性能

树脂	单宁：苯酚（质量比）	总酚含量/%	离子交换容量/[meq/g(H$^+$/Na$^+$)]	吸水百分数/%
R-600SO$_3$Na	1：0	92	1.02	70.4
R-601SO$_3$Na	1：0	93	1.60	122.8
R-602SO$_3$Na	1：0.1	92	1.62	119.7
R-603SO$_3$Na	1：0.3	91	2.05	197

续表

树脂	单宁：苯酚（质量比）	总酚含量/%	离子交换容量/[meq/g(H⁺/Na⁺)]	吸水百分数/%
R-604SO₃Na	1：0.4	96	2.37	226.4
R-605SO₃Na	1：1	86	3.00	278.6
R-606SO₃Na	1：1.5	82	0.86	62:8
Amberlite IR105			2.53	
Dowex 30			4.00	
Wefatit K			2.50	
Zeokerb 215			2.60	

注：Amberlite IR105、Dowex 30、Wefatit K、Zeokerb 215 均为商品化树脂。

TPF 交换容量与苯酚用量的上述关系可能是因为：单宁-醛树脂中磺化位置少且存在空间位阻，当引入苯酚单元时，增加了磺化位置，并且单宁被小分子的苯酚所分散，使磺化程度增大，因而增加了交换容量；但当苯酚加入过多时，树脂分子中苯环密度增大，高度交联，树脂变得更加坚硬紧实，导致磺化程度降低，交换容量反而下降。

2）TPF 的性能

TPF 具有适当的离子交换容量（2～3meq/g），并且性能稳定，经 20 次离子交换后交换容量几乎没有下降，在干燥状态和水中保存 10 年均能保持稳定性。TPF 对一价、二价金属离子的交换能力见表 8.53。从表中可以看出，TPF 对 Ag^+、Cu^{2+} 的交换能力明显强于其他离子，对于同价的金属离子也有差异，如 Cu^{2+} 和 Pb^{2+} 要大大高于 Ga^{2+} 和 Mg^{2+}，这表明在离子交换过程中，树脂的磺酸基和酚羟基都属于活性基团。邻位酚羟基的存在对金属离子特别是重金属离子具有螯合作用。

表 8.53　TPF 对 M⁺ 和 M²⁺ 的交换容量　（单位：meq/g）

树脂	H⁺/Na⁺	H⁺/K⁺	H⁺/NH₄⁺	H⁺/Ag⁺	H⁺/Pb²⁺	H⁺/Ca²⁺	H⁺/Mg²⁺	H⁺/Cu²⁺
R-604SO₃Na	2.05	2	1.91	3.29	2.4	1.95	1.9	2.42
R-603SO₃Na	2.43	2.44	2.33	3.12	—	—	—	2.83

3）TPF 的应用

一种离子交换能力过强的离子交换剂必然再生效率较低，这会对其实用性能有所阻碍，因此必须在交换和再生之间存在恰当的平衡关系。TPF 树脂采用普通盐溶液即可再生，其反应式为

$$2\,NaR + Ca^{2+} \rightleftharpoons CaR_2 + 2Na^+$$

$$2\,NaR + Mg^{2+} \rightleftharpoons MgR_2 + 2Na^+$$

TPF 可有效地用于硬水的软化（表 8.54），其钠型 R-604SO₃Na 可全部除去水的硬度。

表 8.54　TPF R-604 树脂对水的软化

水样	硬度			水体积/L
	处理前	处理后		
		R-604SO₃H	R-604SO₃Na	
加尔各答城市供水	81	6	0	
盐湖城城市供水	695	152	0	947.5
	650	136	0	1010.2
巴拉纳加尔城市供水	580	93	0	1123.6

TPF 也可有效地从极稀水溶液中富集金属离子，表 8.55 为 TPE R-604 树脂对 Ag^+ 和 Zn^{2+} 的选择性富集作用。TPF 的这种性能可以用于稀有金属矿液的浓缩纯化、从电镀废液中回收贵金属、从海水中富集放射性金属离子、处理含重金属的工业废水等。

表 8.55　TPF R-604 树脂对金属离子的富集

处理溶液	溶液浓度/(μg/L)	溶液体积/mL	洗脱体积/mL	富集比例
Ag^+	1.455	1000	70	14.1
Zn^{2+}	1	1000	40	25

3. 单宁吸附树脂[277-280]

吸附树脂是一类以吸附为特点，对有机物具有浓缩、分离作用的高分子聚合物。其中带有强极性功能基（如酚羟基、酰胺基）的吸附树脂很难与离子交换树脂严格区分。未经磺化的单宁-醛树脂实质上也是一类吸附树脂，其结构中的邻位酚羟基可以以氢键或配位键吸附水中的蛋白质或金属离子。单宁吸附树脂（AMT）的吸附功能较单宁-醛树脂有两方面的改进，一是其外部形状为规整的微球状，粒度分布在 16~42 目之间，而且是树脂结构为孔状、内部为较疏松的网络，比表面积达到 139.22m²/g（采用己烷碘吸附法测得）；二是具有良好的机械性能，可用于色谱柱和洗脱池处理，对 Cr^{6+} 的吸附能力达到 3.7mmol/g 干树脂，可与市售吸附剂相比。

1）AMT 的合成方法

AMT 是由悬浮聚合的方法制得的。单宁-醛树脂是用本体聚合制成的块状聚合物，经粉碎过筛，得到的产品是无定形的颗粒，这种树脂因力学性能不良不利于柱式操作。悬浮聚合可以制得球状树脂。因为单宁和醛都是水溶性的，应选择一种与水不混溶而又与单宁、醛水溶液体系黏度相当的反应介质以利于分散。聚丁烯正好具有此类性质，不同聚合度的聚丁烯黏度不同，可根据单宁醛溶液体系在反应温度下的黏度来选择合适聚合度的聚丁烯。AMT 树脂中的孔状结构是由悬浮聚合中聚合粒子内部的水含量决定的。单宁水溶液浓度增大会使树脂成品中孔状结构减少，而单宁浓度过小会影响树脂微球的力学强度，调整单宁浓度可以控制树脂产品的比表面积和孔径大小。在决定聚合反应的反应条件之前，应该认识到此反应是由多方面因素决定的，如单宁水溶液的黏度、温度、单宁与甲醛的比例、分散剂聚丁烯的黏度等，而这些因素之间又彼此关联。

从反应控制的可行性、所得树脂的强度和球状外观、多孔状结构和大比表面积出发，以荆树皮单宁为原料的最佳反应条件为：荆树皮单宁水溶液浓度 37.5%，单宁甲醛分子比 1:1，分散介质是分子量为 370~430 的聚丁烯，反应温度 60℃，反应时间 2h。

树脂球粒度由聚合液滴的大小所决定，而后者又取决于介质黏度、反应物黏度和搅拌速率。通常所用的螯合或离子交换树脂的尺寸范围均为 10~48 目，因此对于上述条件，反应搅拌速率最好为 300r/min。其合成工艺为：1.5~1.7L 聚丁烯于 2L 烧瓶中加热至 60℃，控温。单宁、甲醛和去离子水混合至 37.5%的单宁浓度，加入烧瓶中搅拌反应 2h，过滤得到树脂。依次用苯和乙醇、1.2mol/L 盐酸、去离子水清洗，最终得到 AMT 吸附树脂。

2）AMT 的使用性能

AMT 在盐溶液中体积收缩率为 5%，可用于装柱，在甘油溶液（14cP[①]）中产生的柱体积收缩小于 1%，对 Cr^{6+} 的吸附达 3.7mmol/g 干树脂，而一般的商品吸附树脂为 3mmol/g 干树脂。

AMT 类型的单宁树脂保持了单宁的酚型螯合基团，又因孔状树脂微粒内的网状结构而具有相当大的比表面积，在化学吸附的同时也进行物理吸附，与活性炭型吸附剂有明显差异。但也有报道称，AMT 对 Cu^{2+} 吸附活化能仅为 3kcal/mol（1kcal = 4184J），对 Cr^{6+} 为 2kcal/mol，如此低的能量说明物理吸附可能为主要的吸附机理。

上述各类单宁树脂还可用于饮用水中残余氯的吸附。城市用水常用氯气进行

---

① 1cP=1mPa·s

杀菌处理，氯气与水中的杂质反应可能生成具有致癌性的氯仿。美国安全用水委员会规定饮用水中氯仿含量不得超过 100ppm。单宁是一类有效的脱氯剂，水中的氯气可迅速地与缩合类单宁 A 环发生定量的亲电取代反应。

8.5.4　含单宁废液的处理

单宁是栲胶厂、造纸厂、制革厂废液的主要污染成分，会显著提高废水的化学需氧量（COD）。对于某些造纸厂而言，其排污废液 COD 中 50%源于单宁[281]。单宁具有微生物毒性和鱼毒性[282]，因此从环保角度考虑，含单宁的废水必须经过脱毒净化处理。

由于单宁对甲烷细菌活性的抑制，通常的生物发酵法处理单宁废液效率不高。可以采用一些对单宁抗性较强的真菌，如黑曲霉（Aspergillus Niger）预处理。黑曲霉可以以单宁为生长碳源，经过 4d 的培养可以使单宁浓度降低 50%，溶液 COD 值降低 63%[283, 284]。单宁在高 pH 时容易氧化偶合，进一步缩合生成红粉或腐殖酸，丧失了蛋白质作用的能力，因而用碱处理有利于脱毒，但只用此法并不能降低废液的色度。考虑到单宁对金属离子的络合沉淀作用，采用 $Ca(OH)_2$ 沉淀法可以取得良好的效果并且最为经济。据有关介绍，每吨栲胶废液（单宁浓度 1.0g/L，COD 1.7g/L）仅需 30kg 石灰。投加石灰可采取干投或湿投，以后者为优，其方法为配制 5%～10%的石灰乳液，连续加入废水渠道，与废水反应迅速，比较彻底，结果见表 8.56。

表 8.56　用石灰法处理含单宁废水前后比较

参数	处理前	处理后
pH	6.6	7.6
COD/（mg/L）	1910	34.6
总残渣含量/（g/L）	2.6	0.4
沉淀物含量/（g/L）	0.7	—
单宁含量/（g/L）	1	—
总色度	18	1

8.6　固　化　单　宁

采用 8.5 节所述的制备单宁树脂的方法，可以获得对水体中金属离子、蛋白质等具有吸附脱除作用的离子交换与吸附树脂。实际上，将单宁与水不溶性高分子材料有机地结合起来，使单宁被固化在高分子底物上，而保留大部分活性基团和部位，也可以获得一系列性能特殊、在化学化工领域具有广阔应用前景的吸附分离材料。这类材料称为固化单宁[285]。

8.6.1 固化单宁的特点及制备方法

实际上,天然状态下存在于树皮中的单宁也是一种固化形式,单宁参与了木质化过程,以多种键(包括物理吸附)与纤维素、木质素等相结合。因此干燥后的树皮对于重金属离子也是一种性能良好的吸附剂,可用来处理制革工业高 Cr^{3+}含量的废水及用于 Au^{3+} 的吸附[286, 287]。这种单宁固化结构对研究和利用固化单宁是一种启示。

较单宁-醛树脂而言,固化单宁的研究将植物单宁的应用研究提高到一个新的层次,它所得到的是一个高分子底物和单宁两者性质有机结合的综合体,不仅保持了单宁的化学活性,也使高分子底物的性质有所改变,从而使之得到更广泛的应用。从单宁的角度讲,称为单宁的固化,从底物的角度讲就是用单宁对高分子材料进行改性。正如单宁鞣革,通过单宁在天然高分子——胶原纤维上的固化,一方面使胶原纤维改性,得到热稳定性好、耐微生物和化学试剂侵蚀的结构稳定的植鞣革,同时使单宁的亲水性在革纤维中得到体现,赋予成革优良的透水汽性。采用固化方法得到的这类含单宁材料,由于保留了单宁的大部分反应活性部位,并且存在一定的空间间隙,所以较单宁-醛树脂来说更能体现单宁的活性,产品不仅能用于金属离子的选择性吸附,还能用于蛋白质、生物碱、多糖的吸附。这一方法也能用于高分子材料的表面改性。

固化单宁较单宁-醛树脂有更广的适应面。单宁-醛树脂通常以酚醛缩合反应为基础,因而只能用于与醛反应活性较高的缩合类单宁为原料。水解类单宁不能有效地生成树脂,其往往具有较高的与蛋白质、金属离子结合的活性。固化单宁则对单宁的种类和结构皆无限制,水解类单宁和缩合类单宁都可以按一定的方法固化。底物结构和固化方法、形式也可变化多端,固化产物可以根据底物制成树脂、纤维或者膜等。

1. 固化方式

固化方式指单宁以何种键与底物进行接枝,可以分为两大类型,一是以氢键或疏水键接枝,二是以共价键接枝。

单宁因其酚羟基结构和苯环的疏水性,可以与蛋白质、聚乙烯吡咯烷酮、纤维素等高分子材料发生非共价键结合。单宁与皮胶原的结合就是氢键、疏水键及物理吸附的共同作用。单宁制革的理论和方法对研究蛋白质-单宁、聚酰胺-单宁固化材料的制备具有指导意义。例如,将牛血清蛋白 BSA 固化在聚苯乙烯膜上(疏水键固定),再将柿子单宁(缩合类)以疏水键和氢键与 BSA 结合,即 BSA 起到单宁与底物之间的桥键作用。因为 BSA 大部分疏水位置已用于与聚苯乙烯反应,只有少量剩余的疏水位置及部分氢键反应位置参与单宁结合，从而使单宁剩下了大量酚羟基。把这种固化单宁用于碱性磷酸酯酶的固定，发现固化酶的活性不仅未降低反而增大[288]。关于用氢键连接的另一实例是亲水性超滤膜的制备。将聚砜膜浸在单宁水溶液中，使单宁吸附在膜的表面，干燥至恒量水。单宁与底物上的$-SO_2-$以强烈的氢键结合，使膜具有亲水性。经改性的膜在通过水速达 2.0L/min 时，压力降至 22664Pa[289]。

上述固化单宁的特点是用氢键或疏水键结合，单宁的结合牢度不如用共价键结合稳定，但方法简便易行，除去单宁也很容易，这类固化单宁材料在生化领域用处较多。但应注意，单宁通过弱键固化后应仍有足够的活性基团和反应部位。用单宁酸与几种不同类型的蛋白质形成的固化单宁来吸附海水中的铀，发现在同等条件下，单宁酸-球蛋白复合物对铀的吸附率高达 92.9%，单宁酸-酪素复合物吸附率仅为 2.4%，单宁酸-明胶复合物则不吸附铀[290]。这是因为单宁酸与蛋白质、金属离子的反应都是利用其邻位酚羟基，单宁与明胶、酪素的反应性强，与明胶、酪素结合后，大多数酚羟基已经参与同蛋白质的反应，因此复合物对铀的吸附能力很低，而在与球蛋白反应的情况下，仍有大量剩余的游离酚羟基，从而保持了高吸附率。

以共价键接枝是固化单宁中使用最多也是最有效的方法，通常谈到的固化单宁是指用共价键方式连接的稳定产物，以下讨论的都是这类固化单宁。

2. 固化底物、单宁种类及桥键的选择

单宁可在多种高分子底物上进行固化。天然高分子（如蛋白质、纤维素、琼脂糖、壳质素）、合成高分子（如聚丙烯酸、聚苯乙烯、聚乙烯乙酸酯、聚乙烯吡咯烷酮）、无机物（如硅胶、硅藻土）等均可作为固化底物。底物不仅影响固化单宁产物的物理状态和力学性能，还影响其化学活性，是合成方法的决定因素之一，需要根据产品实际应用情况来选择固化底物。通常当接在柔性底物如纤维素、壳质素粉末上固化单宁时，所得的固化单宁也是一类柔性的可压缩材料。当采用刚性的合成树脂或纤维时，如聚苯乙烯，得到的产物往往具有优良的力学性能。当产品用于制备高压液相色谱固定相时，要求产品具有化学稳定性并且耐高压，这就需选择多孔二氧化硅作为固化底物。琼脂糖作为底物被广泛地用于柱填料，因为它具有强亲水性的多孔结构，对于各种化学试剂和微生物相对稳定，也具有良好的力学性能[291]。

从理论上讲，所有的单宁都可以采用适合的方法固化。但人们之前研究较多的是单宁酸、柿子单宁、茶单宁等，这是因为这些单宁的化学结构比较简单，并且容易获取和纯化。而近年来，四川大学石碧课题组在制备胶原纤维负载单宁材料时则主要采用了缩合类单宁，取得了很好的效果。实际上，不同分子结构的单

宁固化后其性能有较大的差异，见表 8.57。可以看出在同样的条件下，固化后的栲单宁和鞣花酸单宁较缩合类单宁对金属离子的吸附能力大[292]。由于水解类单宁比缩合类单宁具有更好的柔曲性和更多的连苯三酚活性基团，早期的研究中多以典型的水解类单宁——单宁酸，为被固化的单宁。可以预料，随着单宁化学的深入，更多具有特殊结构的单宁将会被用于制备固化单宁，以适合于高选择性、高专一性的使用要求。

表 8.57　以本伯格人造丝为底物的几种固化单宁对铀吸附的差异[292]

单宁	铀吸附量/（mg/g 吸附剂）
单宁酸（水解类）	38.1
栗木单宁（水解类）	43.4
柯子单宁（水解类）	34.5
儿茶单宁（缩合类）	7.2
坚木单宁（缩合类）	17.1
荆树皮单宁（缩合类）	27.0

　　为了保持单宁的活性，减少单宁分子的空间位阻，在底物和单宁之间最好应用一段柔性链作为桥键。有无桥键对固化单宁的活性影响非常大。例如，以琼脂糖为载体固定单宁酸时，有六次甲基二胺桥键结构时对铀的吸附量为 112mg/g，而同样条件下无该桥键的固化物吸附量为 70mg/g。对于特定的使用对象，桥键的长度也是固化反应的选择因素。例如，将单宁酸固化于纤维素上以制备葡糖淀粉酶吸附剂时，选择几种长度的烷基二胺作为桥键，可以看出不同链长的二胺对接入单宁的量和相应的酶吸附量均有很大影响，其中以 6 个 C 的二胺最为适宜[293]（表 8.58）。对于制备金属离子吸附剂而言，最好选择带氨基的桥键，其原因是氨基和附近的单宁羟基之间所具有的协同螯合作用，使得固化单宁对金属离子有更强的捕获能力。

表 8.58　桥键的长度对固化单宁吸附葡糖淀粉酶的影响[293]

烷基二胺	偶合量/（μmol/g 吸附剂）		酶吸附能力/（mg 蛋白质/mL 吸附剂）
	二胺量	单宁量	
$NH_2(CH_2)_2NH_2$	281	158	16.0
$NH_2(CH_2)_3NH_2$	—	175	17.2
$NH_2(CH_2)_4NH_2$	—	236	21.3
$NH_2(CH_2)_6NH_2$	230	277	48.8
$NH_2(CH_2)_7NH_2$	—	286	45.6
$NH_2(CH_2)_8NH_2$	241	255	51.2
$NH_2(CH_2)_{10}NH_2$	—	265	47.9
$NH_2(CH_2)_{11}NH_2$	196	271	49.7

3. 固化技术的选择

固化方法最主要取决于底物的性质、活性基团及单宁的种类。

1）环氧激活法

对于纤维素、琼脂糖、聚乙烯醇等多羟基或多胺基底物，最常用的固化方法是环氧氯丙烷（ECH）活化法，通常包括 5 个步骤：底物的碱处理 → ECH 激活 → 插入桥键 → ECH 激活 → 单宁偶合。

以纤维素固化单宁酸为例，获得如图 8.47 所示的固化单宁合成方法。

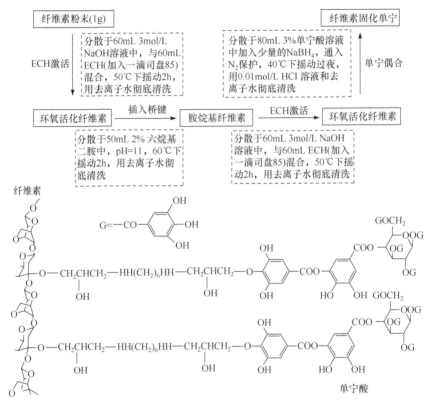

图 8.47　纤维素接枝单宁酸固化单宁的合成方法和结构示意图[293]

2）氰尿酰氯偶合法

利用氰尿酰氯易与氨基、羟基生成稳定的酯键的性质，可用其将单宁固化于纤维素、琼脂糖、壳质素等底物上。氰尿酰氯一方面作为偶合剂，另一方面也作为桥键，所生成的固化单宁因桥键 N 原子与多酚酚羟基相邻，对金属离子有强烈的螯合性。此法也适用于聚乙烯基-4,6-二胺基-S-三嗪 PVT 对单宁的固化。氰尿酰氯对琼脂糖的活化非常迅速，活化反应在 30min 内即可完成，固化步骤也较环氧活化少，获得如图 8.48 所示的固化单宁反应过程。

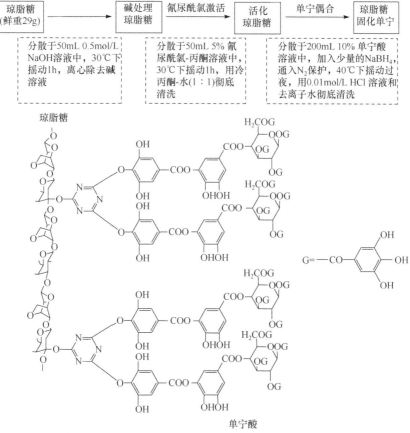

图 8.48　琼脂糖接枝单宁酸固化单宁的反应过程和结构示意图[293]

3）重氮偶合法

对于含—NH₂ 的底物，如氨基聚苯乙烯，还可以利用重氮化的方法生成重氮盐，再与多酚的苯环发生偶合反应，得到固化单宁产物。其合成方法如下：氨基聚苯乙烯分散于含 20% NaNO₂ 的 4mol/L HCl 溶液中进行重氮化，再于冰水中与 5%单宁酸偶合，过滤，用 0.1mol/L HCl 溶液和去离子水彻底清洗，得到固化单宁。

对于在多孔性 SiO₂ 上固化单宁，其操作比较复杂，首先需用 γ-胺丙基三乙氧基硅烷对其进行改性处理，使硅胶结构中引入自由氨基，再用对硝基苯酰氯酰化处理，得到硝基苯类化合物，硝基经还原生成胺基—NH₂，再用亚硝酸钠/盐酸进行重氮化，最后与多酚偶合，生成硅胶固化单宁。

4）辐射引发

这种方法适用于聚乙烯底物。先利用辐射引发的方法将甲基丙烯酸缩水甘油酯（GMA）活化，并接枝在多孔聚乙烯中空纤维上，然后将单宁偶合上去。GMA不仅作为桥键，而且也起到环氧活化引入单宁的作用。此法比 ECH 活化法中间过程少，从而接枝率高，底物聚乙烯物理、化学性质皆很稳定，最终形成的固化单宁纤维的单宁含量可以达到 20%。吸附 Fe^{3+} 后，经作纤维剖面 SEM 图，可以观察到单宁在整个纤维膜中均匀分布[294]。

5）酯键连接法

此法适用于载体分子侧链上有羧基的底物。单宁的羟基与羧基发生酯化，从而固着在底物上。例如，先以过氧化苯甲酰作为引发剂，进行 1,3-丁二烯和丙烯酸共聚，得到聚合物 BU/AA，其羧基含量为 0.35～0.45 当量/100g。将其分散于含 5% DMF 的苯溶剂中，以亚硫酰氯酰化，在搅拌时滴加单宁酸的 DMF 溶液，最终得到固化单宁 BU/AA-TA，其为一种黄色凝胶，在有机溶剂中膨胀。为了加强其物理性能，再采取甲基丙烯酸-α-羟基乙酯（HEMA）接枝以加强单宁的固定，所得到的部分交联的固化单宁兼具疏水性和亲水性，不仅能在水溶液中有效地吸附金属离子，还能在有机溶剂中有效地吸附金属离子[295]。

6）胶原纤维负载法

可以看到，上述固化单宁制备方法的过程都比较复杂，要使用到有机溶剂、溴化氰、重氮盐等污染性较强的化学品；所用载体（如琼脂糖、纤维素等）力学强度较差，难以用于柱操作；某些固化单宁中的单宁与载体之间的键合作用较弱，如酯键在酸性或碱性条件下易断裂，从而引起单宁的脱落。针对这些问题，四川大学石碧课题组巧妙地利用制革工业中的单宁-醛结合鞣制原理（见 8.4.3 小节），采用较简单的方法制备了胶原纤维负载型固化单宁。从制备方法、生产成本、应用效果看，这类固化单宁都具有明显的优势。

与之前的方法不同的是，这类固化单宁的制备采用缩合类单宁（杨梅单宁、黑荆树皮单宁、落叶松树皮单宁等）。单宁首先以氢键和疏水方式与胶原纤维反应，然后加入双官能团醛类交联剂（双环噁唑烷、戊二醛等），醛类交联剂分别与胶原分子上的氨基以及缩合类单宁 A 环上 6 位和 8 位亲核中心发生共价键交联，机理如图 8.43 所示[296]，从而使单宁以共价键形式被牢固固定在胶原纤维上，制备得到胶原纤维固化单宁（tannin-immobilized collagen fiber adsorbent，T-CFA）。与之前获得的多数固化单宁不同的是，这类固化单宁的固化位置是单宁的苯环，而单宁的多数酚羟基保持着反应活性，因此具有更理想的应用性质。

具体制备方法如下：以制革工业废弃边角余料为原料，经水洗、干燥、研磨、过筛得到胶原纤维粉末。取胶原纤维粉末分散于蒸馏水中，加入适量单宁，在 35℃下反应 12h，经过过滤、水洗涤后再加入一定量 20g/L 的醛溶液，调节 pH 至 6.5，先置于 25℃下反应 1h，然后置于 50℃下再反应 4h，经过过滤、水洗涤、真空干燥，得到胶原纤维-单宁-醛反应物，即 T-CFA[296,297]。图 8.49 是典型的制备过程示意图。

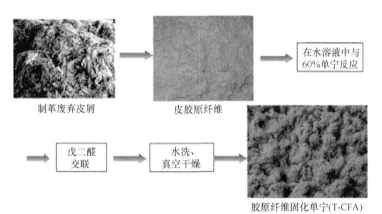

图 8.49　胶原纤维固化单宁的制备过程示意图

8.6.2　固化单宁的性能

1. 对蛋白质的吸附能力

由于蛋白质收集、分离、纯化及酶固定等方面工作的需要及亲和色谱等技术的发展，寻求对蛋白质有专一性或选择性的吸附剂变得非常重要。虽然多种有机或无机化合物都可对蛋白质进行吸附，如活性炭、硅胶、淀粉、离子交换纤维素、离子交换树脂和葡聚糖凝胶等，但这些物质的选择性往往不够理想，不仅不能区分不同的蛋白质，也常常将其他物质一并吸附。植物单宁与蛋白质之间的结合是一种以疏水键或氢键作用为主的分子识别复合反应，两者之间具有相当程度的选择性。单宁也可与其他生物大分子进行复合反应，但通过控制条件可以抑制反应的进行。这就是利用固化单宁作为蛋白质选择性吸附剂的原理。

有关实验证实，结构如图 8.47 所示的固化单宁保持了对蛋白质的选择性，见表 8.59[293]。各种蛋白质均在固化单宁上有不同量的吸附，而吸附量取决于蛋白质的种类和溶液 pH，一些蛋白质如麦谷蛋白、玉米醇溶蛋白和明胶即使在其最适 pH 时吸附量也很小。蛋白质浓度、吸附温度、时间、盐浓度也对吸附有很大影响。低温时可得到较高的吸附速率，最初吸附很快，在 1～3h 后达到平衡。盐浓度过高时，会降低吸附速率。这种固化单宁，除蛋白质外，对糖、氨基酸、多肽、核酸、有机酸、生物碱都不吸附，因此可以认为是蛋白质专一选择性吸附剂，它克服了以往常用吸附剂的缺陷。对于葡糖淀粉酶，不能用水和 0.5mol/L NaCl 溶液解吸，0.01mol/L HCl 溶液和 0.01mol/L NaOH 溶液均是很好的解吸剂。这是因为这些试剂使蛋白质与固化单宁之间的结合力减弱，因此这种固化单宁具有良好的再生能力，可反复使用。

表 8.59　纤维素固化单宁酸对各种蛋白质的选择性吸附[293]

蛋白质		吸附率/%			
类型	实例	pH=2	pH=4	pH=7	pH=10
白蛋白	卵清蛋白	—	5.4	49.5	0
	牛血清蛋白	—	8.7	58.8	0
球蛋白	牛血清-α-乳球蛋白	—	18.9	75.0	5.1
	牛血清-β-球蛋白	—	24.0	83.4	27.5
	伴刀豆球蛋白	—	5.0	15.1	4.1
谷蛋白	麦谷蛋白	21.3	12.3	—	—
麦醇溶蛋白	玉米醇溶蛋白	—	13.8	8.4	4.8
鱼精蛋白	鲑精蛋白	—	9.6	55.9	94.0
硬蛋白	明胶	—	9.1	22.2	2.4
磷蛋白	牛乳酪蛋白	—	42.9	52.2	31.2
	大豆酪蛋白	—	34.8	97.5	28.1
色蛋白	牛血红球蛋白	—	0	44.6	16.4
糖蛋白	胃黏蛋白	—	27.6	58.8	25.4
酶	α-淀粉酶	—	69.1	43.3	0
	葡糖淀粉酶	—	26.4	51.2	0
	溶菌酶	—	0	38.4	80.2
	胃蛋白酶	—	76.5	34.1	0
	胰蛋白酶	—	0	11.4	11.7

2. 对金属离子的吸附能力

从表 8.60 中可以看出，采用环氧激活法制备的固化单宁（结构如图 8.47 所示）对铁、钼、铅离子具有良好的吸附，而其他离子稍次，对 Cl^-、Na^+、Ca^{2+} 和反丁烯二酸根吸附很低或不吸附。固化单宁对金属离子的吸附能力还与溶液 pH、温度有关，通常提高温度或 pH 有利于提高吸附率，用酸化的方法即可解吸。例如，

对于 Fe^{3+}，0.5mol/L 的 HCl 溶液即可达到 100%的解吸效果[293]。

表 8.60　固化单宁对各种金属离子的吸附选择性[293]

金属盐	处理溶液中金属浓度/ppm	流出洗脱液级分及金属离子浓度/ppm			
		1	2	3	4
$MnSO_4$	3.0	—	2.9	3.1	3.2
$Fe(NH_4)_2(SO_4)_2$	3.0	<0.05	0.08	0.08	0.08
$CoCl_2$	10.4	7.5	10.3	—	—
$Ni(CH_3COO)_2$	9.5	5.7	9.0	8.7	—
$CuSO_4$	3.0	—	<0.03	<0.03	<0.03
$Zn(CH_3COO)_2$	7.7	3.0	6.2	6.0	—
$HgCl_2$	1.9	0.81	2.4	—	—
$Pb(CH_3COO)_2$	8.4	<0.1	<0.1	—	—

在吸附水体中金属离子方面，胶原纤维固化单宁优势特别突出。如表 8.61 所示，胶原纤维固化单宁对多种金属离子都表现出很高的吸附容量，即使与活性炭、矿物质、离子交换树脂等相比，也具有明显的优势。特别是对 Au(III)、U(VI)等的吸附容量比活性炭高 10～100 倍。而且它对 Ca^{2+}、Mg^{2+}、Cl^-、NO_3^-、SO_4^{2-}等离子基本不吸附，具有吸附选择性。这使得胶原纤维固化单宁在贵金属回收、重金属污染防治等领域具有极大的应用价值[296-308]。

表 8.61　胶原纤维固化单宁对重金属的吸附容量（批次吸附，30℃，24h）[296-308]

金属离子	浓度/(mg/L)	体积/mL	最佳吸附 pH	材料用量/g	吸附容量/(mg/g)
Pb^{2+}	200	1000	3.0	1.0	78
Cd^{2+}	200	1000	3.0	1.0	23
Hg^{2+}	200	1000	7.0	1.0	198
Mo^{6+}	100	1000	2.0	1.0	82
Cr^{6+}	100	1000	2.0	1.0	78
Au^{3+}	287	1000	2.5	1.0	1400
Pd^{2+}	100	500	5-6	0.5	80
Pt^{2+}	100	500	5-6	0.5	72
Hg^{2+}	200	1000	7.0	1.0	198

8.6.3　固化单宁的应用

固化单宁是单宁与其他天然或人工合成的高分子材料有机结合的产物，将植物单宁的反应基团、活性部位引入底物，使单宁不溶于水而又保持了多酚的特性。由于底物、单宁、桥键、固化方法的多样性，所得固化单宁也具有不同的结构特征，可以适应于不同用途。在目前的研究中，固化单宁因其具有对蛋白质、金属离子的择性吸附能力强，可用于收集、分离、纯化、去除水体中蛋白质和金属离子，因而在水处理、食品、化工、生化、湿法冶金、环境保护等诸多领域已经得到应用，或者表现出良好的应用前景。下面用几个实例简单介绍固化单宁的某些用途。

1. 蛋白质的收集、分离和纯化

固化单宁对蛋白质能专一选择性吸附，使之可用于蛋白质的收集、分离和纯化。固化单宁对蛋白质的吸附受到诸多因素的影响，通过控制吸附和洗脱液的 pH 和离子强度可从微生物培养液、血液和尿等水溶液中有效地收集某些蛋白质。黑曲霉（Aspergillus niger）培养液中产有少量的柚皮苷酶（hesperiginase），此酶可用于从果汁中除去苦味成分。当培养液以 pH 为 4.8、钯离子浓度 14mmol/L 直接通过吸附柱时，酶与其他蛋白质皆吸附在固化单宁上，若控制培养液 pH 为 6、钯离子浓度 10mmol/L，只有柚皮苷酶吸附，而其他蛋白质排出柱外，再以 0.02mol/L 的盐酸冲洗即可洗脱酶，洗脱率可达 92%[309]。

固化单宁还可根据控制吸附和解吸 pH 用于多种蛋白质的分离。大多数蛋白质在其 pH 低于等电点时吸附于单宁柱，当 pH 提高时可以被洗脱，见表 8.62。因此利用 pH 梯度洗脱法可将混合蛋白质分级洗脱以达到分离效果[310]。

表 8.62　Sepharose 固载葡萄单宁分离蛋白质的洗脱条件[310]

蛋白质	pI	洗脱 pH	洗脱率/%	洗脱峰宽（pH 单位）
牛血清蛋白	4.98, 5.07, 5.12	5.35	78	1.2
卵清蛋白	4.59, 4.71	4.8	68	0.5
β-乳球蛋白	5.1, 5.26, 5.34	5.0	96	1.3
γ-球蛋白	8.2	9.5	85	2.5
细胞色素 C	10.5	9.6～11.0	71	2.3
碱性磷酸酯酶	4.4	4.4	81	1.8
胰蛋白酶	10.0	6.4～7.1	100	3.0
α-淀粉酶	5.2, 5.4	5.5	55	0.75

2. 从水溶液中除去蛋白质杂质

在啤酒、葡萄酒、清酒等多种饮料储存期间，由蛋白质变性及聚集造成的浑浊是影响其质量的主要因素之一。这些浑浊物大多太细小而难以用过滤法除去，而采用加入絮凝剂如单宁酸和酪素，虽然有效，但是存在一定的缺陷，如比较耗时、耗工，此外还同时除去了多种有效成分，使饮料的口感发生了变化。当使用固化单宁对饮料进行通过式柱处理时，不但可完全解决浑浊的问题，还不影响饮料的风味，可以大大提高储存稳定期[309]。

3. 固化酶

单宁经固化后仍然保持与蛋白质结合的基团，利用这个性质，很容易把酶固化于所需的底物上。通常在 25℃时，将酶溶解于适合的缓冲液，加入固化单宁，摇动 1～2h 即可。这里存在两个问题需要慎重考虑，一是酶在固化单宁上的固化率；二是单宁对大多数酶具有抑制作用，当酶固化于固化单宁时，是否会大大降低其催化活性。单宁对蛋白质的反应具有选择性，单宁并不是对所有酶都有抑制能力，再者固化单宁已在构型上与原单宁有一定的区别，对酶蛋白的结合也不完全在其活性部位，因此固化酶不一定活性有明显降低，若固化单宁的结合使其构型翻转，甚至反而可能提高其催化活性。由于固化单宁的制备有多种参数可以选择，如单宁结构、底物结构、桥键结构，因此可以在一定实验范围内选择对酶固化率高又不影响酶活性的固化单宁。实验结果证实，经过单宁的固化，酶的稳定性都得到了提高，由此可制备酶催化床。

4. 吸附及选择性吸附水体中的重金属离子

固化单宁对水体中的多种金属离子具有高吸附容量，而且对某些重金属离子具有吸附选择性，这使其在环境保护、贵金属富集、复杂体现中的重金属脱出等领域具有很好的应用价值。以下是一些应用实例。

1）从含铀工业废水中吸附回收铀

某企业产生废液中铀的含量约为 1.0mmol/L，其他金属离子的含量见表 8.63。利用胶原纤维固化单宁（T-CFA）对铀的高吸附容量，可以选择性地回收该废液中的铀。单根吸附柱[T-CFA 用量 6.0kg，柱高 1.4m，柱直径 19.5cm，床层体积（bed volume，BV）42L]对含铀废水中 U(Ⅵ)的吸附穿透曲线如图 8.50 所示（进料液 pH 为 4.5，流速为 100L/h）。单根吸附柱能够处理约 71BV（约 3000L）的含铀萃余废水，其相应的吸附量为 0.5mmol/g。达到吸附饱和后可以用 0.1mol/L 的 HNO_3 溶液解吸吸附柱，大概 2BV 的 HNO_3 溶液就可以将吸附在 BT-R-CFA 吸附柱上的 90%的 U(Ⅵ)解吸下来，而且解吸液中其他杂质离子的含量远小于 U(Ⅵ)

的含量，仅占约 5%。解吸后的 BT-R-CFA 吸附柱再通过 4BV 的蒸馏水冲洗后，可以用于再吸附处理 1.0mmol/L 的含铀废水约 69BV（约 2900L）[311]。

表 8.63　含铀废水中杂质金属离子及含量[311]

金属离子	浓度/（mg/L）	金属离子	浓度/（mg/L）
Fe^{3+}	359.9	Ni^{2+}	66.6
Ca^{2+}	28.1	Cr^{6+}	86.8
Mg^{2+}	8.98	Pb^{2+}	2.08
Cu^{2+}	9.75		

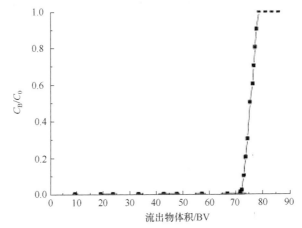

图 8.50　单根胶原纤维固化单宁吸附柱对实际含铀废水 U(Ⅵ)的吸附穿透曲线[311]

图 8.51 是 BT-R-CFA 吸附柱串、并联的两种连接方式，这两种连接方式的目的均是既提高单位时间的废水处理量，又保证尾液达到排放标准。第一种连接方式是将柱 1、柱 2、柱 3 串联，利用柱 1 和柱 2 对含铀萃余废水进行预处理，使大部分 U(Ⅵ)被吸附后，再通过柱 3 吸附废水中残余的低浓度 U(Ⅵ)，从而使尾液能够达标排放[图 8.51（a）]。在这种连接方式下，含铀萃余废水的输入流量可以提高到 300L/h。另一种连接方式是首先将柱 1、柱 2 并联，它们可以同时对含铀萃余废水进行第一步处理，两根柱的输入流量均为 100L/h，而串联的柱 3 可以对第一步处理后的废水进行再处理[图 8.51（b）]。在这种连接方式下，废水处理量是单根吸附柱废水处理量的 2 倍[311]。

2）从酿造液中除去铁

酿造液中微量的铁会引起饮料的浑浊和褐变，对饮料的质量极为不利。固化单宁保留了单宁对金属离子吸附的特性，可用于从酿造液中除去微量的铁。酿造

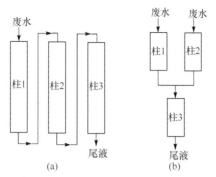

图 8.51 串、并联胶原纤维固化单宁吸附柱示意图[311]

液中的铁常常具有几种形式，采用单一的方法很难除去。特别是铁与饮料中环状肽生成的黄色螯合物正铁-5,7 -二羟基黄酮（ferrichrysin），不能用常规方法去除。但固化单宁可吸附各种类型的铁（包括螯合状态的铁），甚至对于极低的浓度也非常有效，见表 8.64。

表 8.64 固化单宁对酿造液中铁离子的吸附[312]

铁盐形式	处理溶液中铁离子浓度/ppm	流出液级分（30mL 一组）及浓度/ppm			
		1	2	3	4
FeSO$_4$	10	<0.02	<0.02	<0.02	>0.1
Fe(NH$_4$)$_2$(SO$_4$)$_2$	10	<0.02	<0.02	<0.02	0.1
FeCl$_3$	10	<0.02	<0.02	>0.1	—
FeCl$_3$ + EDTA	10	<0.02	<0.02	0.1	>0.1
FeCl$_3$ + 酒石酸钠	10	<0.02	<0.02	>0.1	—
FeCl$_3$ + 腐殖酸	10	<0.02	<0.02	<0.02	0.1
正铁-5,7 -二羟基黄酮	0.5	0.15	0.48	0.45	—

8.7 植物单宁在化学催化领域的应用

催化技术的进展对石油、化学工业的变革等具有十分重要的作用。据统计，在化学工业中，90%以上的工艺是借助催化技术开发的[313]，而催化剂又是催化技术的核心，对催化工艺的发展具有举足轻重的作用。纳米催化剂是化学催化剂中十分重要的一种，它是指采用颗粒尺寸为纳米量级（颗粒直径一般为 1~100nm）的纳米微粒为主体的材料制备而成的催化剂。由于纳米粒子独特的性能，使其催化活性和选择性大大高于传统的催化剂。例如，粒径小于 300nm 的镍和铜-锌合金的纳米催化剂的催化加氢效率比常规镍催化剂高 10 倍。金属是传统催化剂的活性组分，在工业催化剂中占绝对主导地位。目前，纳米催化剂的研究与开发以金属纳米催化剂为主。金属纳米催化剂通常可以分为贵金属纳米催化剂和过渡金属纳米催化剂两类。其中，又以性能优越的贵金属纳米催化剂为主，常见的贵金属纳米催化剂及其应用途径见表 8.65[314, 315]。

表 8.65 贵金属纳米催化剂及其应用途径[314, 315]

金属元素	催化剂应用途径
Pd	甲醇合成，硝基芳烃的选择性加氢，烯烃、芳烃、醛、酮、不饱和硝基化合物的选择性加氢，烃类的催化氧化
Pt	烯烃、二烯烃、炔烃的选择性加氢，环烷醇、环烷酮的脱氢，醛、酮、萘的加氢，醛、酮的脱羰基化
Ru	乙烯选择性氧化制环氧乙烷，有机羧酸选择性加氢，烃类催化重整
Rh	费-托（Fischer-Tropsch）合成反应，烃类羰基化反应，加氢甲酰化反应，烯烃的选择性加氢反应，烃类重整反应
Au	烃类选择性氧化，费-托合成反应，烃类燃烧
Ag	甲醇选择性氧化制甲醛，二烯烃、炔烃选择性加氢制单烯烃，芳烃的烷基化，乙烯选择性氧化制环氧乙烷

植物单宁分子内具有多个邻位酚羟基结构，它们能以两个配位原子与金属离子（如 Cu、Cr、Fe 等）络合，形成稳定的五元螯合环。即使与水溶液中以阴离子形式存在的 Pt、Pd、Au 等也有极高的配位络合反应能力。植物单宁与大多数金属离子都可以发生显著的络合，其络合能力较小分子酚要高得多。因此，植物单宁独特的化学结构及反应特性使其可以将金属离子固定，从而制备金属纳米催化剂[316, 317]。

8.7.1 植物单宁负载贵金属纳米催化剂的制备

植物单宁作为一种典型的酚类化合物，其分子结构中含有大量的邻位酚羟基。酚羟基的存在使得单宁不仅能与胶原分子反应，同时还具有与多种金属离子（如 Pt）络合的能力。根据制革化学的原理，植物单宁可与胶原分子以疏水键和氢键的方式进行结合。然而，这种结合方式并不牢固，在有机溶剂的作用下容易遭到破坏。因此，为了增强植物单宁分子与胶原分子的结合，使用戊二醛作为交联剂，通过曼尼希反应，将植物单宁分子以共价交联的方式接枝到胶原分子的表面，如

图 8.52 所示[318]。

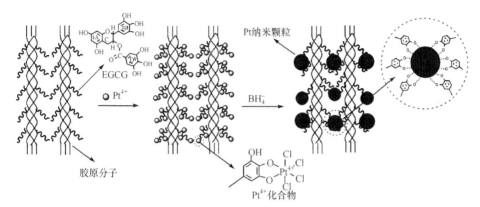

图 8.52　植物单宁接枝胶原纤维负载贵金属纳米催化剂制备示意图[318]

如图 8.52 所示，以表棓儿茶素棓酸酯（EGCG）为代表的植物单宁在戊二醛的交联作用下，与胶原分子的—NH$_2$ 反应而接枝到胶原纤维（collagen fiber，CF）表面。将 EGCG-CF 加入到 Pt^{4+} 前驱溶液中，EGCG 分子中的邻位酚羟基可与 Pt^{4+} 发生络合反应，形成一个稳定的五元螯合环，从而将 Pt^{4+} 稳定地锚定在 CF 表面。为进一步得到 Pt 纳米颗粒，可以使用化学还原试剂 NaBH$_4$。NaBH$_4$ 含有大量的负价氢，因而常作为一种高效的还原试剂应用于催化还原反应以及制备金属纳米材料等领域[319]。 NaBH$_4$ 还原 Pt^{4+} 为 Pt^0 的反应式如下：

$$BH^{4-} + Pt^{4+} + 2H_2O \longrightarrow BO_2^- + Pt^0 + 4H^+ + 2H_2 \uparrow$$

还原生成的 Pt 纳米颗粒主要分散在胶原纤维的外表面，其颗粒表面可与 EGCG 分子的酚羟基及胶原分子的某些官能团进一步结合，从而防止 Pt 纳米颗粒的团聚增大，增强 Pt 纳米颗粒的稳定性。

8.7.2　植物单宁负载贵金属纳米催化剂的应用

1. 丙烯醇催化加氢反应

丙烯醇作为一种典型的不饱和烃类化合物，其加氢反应常作为标准催化反应模型来考察催化剂的催化活性及选择性。该催化反应的途径如图 8.53 所示，丙烯醇在催化剂的作用下，分子中的 C=C 双键与 H$_2$ 进行加成反应生成丙醇，丙醇是该反应的加氢目标产物。然而丙烯醇分子中的 C=C 双键在加氢过程中容易发生移动，生成异构化的副产物正丙醛[320]。选择适合的金属催化剂，可以有效地促进正反应的进行以及抑制副反应的发生。

丙烯醇液相催化加氢反应中植物单宁负载贵金属纳米催化剂（Pt-EGCG-CF）

对反应的催化性能及结果见表 8.66。作为对比，EGCG-CF、Pt-CF 和 Pt/γ-Al₂O₃ 的催化加氢结果一并归纳在表中。

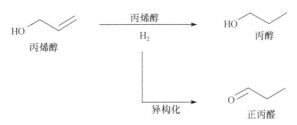

图 8.53　丙烯醇催化加氢的反应历程[320]

表 8.66　植物单宁负载贵金属纳米催化剂对丙烯醇催化加氢反应的效果[318]

催化剂	Pt 含量（质量分数）/%	TOF 值/[mol/（mol·h）]	选择性/%	反应时间/min	转化率/%
EGCG-CF	0	0	0	0	0
Pt-CF	1.43	2095	>99	190	>99.5
Pt-EGCG-CF	2.66	3618	>99	110	>99.5
Pt/γ-Al₂O₃	1.92	3980	>99	100	>99.5

可见，在植物单宁负载贵金属纳米催化剂 Pt-EGCG-CF 的催化作用下，丙烯醇在110min 反应时间内的转化率大于99.5%，目标产物正丙醇的选择性大于99%。此外，Pt-EGCG-CF 的催化转化频率值（TOF 值）可以达到 3618mol/（mol·h），几乎是文献报道的以聚苯乙烯纳米球负载的 Pt 纳米颗粒催化剂 TOF 值的 10 倍 [TOF = 312mol/（mol·h）][34]。从表 8.66 中还可以看出，Pt-EGCG-CF 的催化活性非常接近传统方法制备的 Pt/γ-Al₂O₃ 催化剂的活性[TOF=3980mol/（mol·h）]，这与 Pt-EGCG-CF 结构中植物单宁、胶原纤维的特殊结构以及表面均匀分散的小尺寸 Pt 纳米粒子有关。一方面，植物单宁、胶原纤维的特殊结构可有助于反应物分子由外界经催化剂表面向反应活性点的扩散。另一方面，由于纳米粒子表面效应的影响，分布均匀且尺寸较小的 Pt 纳米颗粒具有更多的表面原子，配位不饱和度显著增加，因而具有更高的吸附反应物分子的能力，促进催化反应的进行[318, 321]。

2. 其他烯烃化合物的催化加氢反应

众所周知，烯烃化合物加氢制饱和的烷烃化合物一直是石油、精细化工和制药行业中一种十分重要的有机反应过程。植物单宁负载贵金属纳米颗粒催化剂不仅在上述丙烯醇加氢反应中展现出较高的催化活性及选择性，在其他烯烃化合物的加氢反应体系中也具有很好的催化适用性，见表 8.67[318]。

表 8.67　植物单宁负载贵金属纳米颗粒催化剂对其他烯烃化合物加氢反应的效果[318]

序号	反应底物	加氢产物	反应时间/min	转化率/%
1	丙烯醛	丙醛	70	>99.5
2	丙烯腈	丙腈	360	>99
3	丙烯酸	丙酸	130	>99.5
4	甲基丙烯酸	甲基丙酸	270	>99
5	丙烯酸甲酯	丙酸甲酯	170	>99
6	甲基丙烯酸甲酯	甲基丙酸甲酯	420	>99
7	苯乙烯	苯乙烷	100	>99.5
8	环己烯	环己烷	320	>99
9	巴豆醛	正丁醛	220	>99

注：所有反应的选择性都大于 99.5%；所有反应的条件都是：Pt（3.0×10^{-3}mmol）、底物（10mmol）、甲醇（30mL）、H_2（0.8MPa）、温度（30℃）。

从催化反应结果可知，在较温和的反应条件下，植物单宁负载贵金属纳米颗粒催化剂（Pt-EGCG-CF）对众多烯烃化合物的加氢反应均表现出优良的催化活性和选择性。在温度 30℃、H_2 压力 0.8MPa 条件下，所有烯烃化合物的 C=C 双键均能顺利进行加氢反应，其转化率及选择性均能达到 99% 以上。

近年来，对于 α-、β-不饱和醛的选择性加氢一直是催化工业研究的重点。对于同时带有 C=C 双键和 C=O 双键或带有其他可还原不饱和键的有机化合物来说，单一的高选择性加氢反应对于香精制造等其他精细化学品行业来说是十分重要的。由催化反应结果可知，Pt-EGCG-CF 对同时带有 C=C 双键和 C=O 双键或 C≡N 三键不饱和键的反应底物具有很高的 C=C 双键加氢选择性，如丙烯醛、丙烯腈、烯酸、甲基丙烯酸、丙烯酸甲酯、甲基丙烯酸甲酯和巴豆醛，且反应结束时有 99.5% 以上的 C=C 双键加氢产物生成，而 C=O 双键和 C≡N 三键并没有被进一步还原。这样的催化反应性能说明，EGCG-CF 载体与活性物 Pt 之间良好的协同效应使得 Pt-EGCG-CF 具有的高 C=C 双键加氢活性及选择性，可以作为一种高效的催化剂应用于烯烃化合物催化加氢反应体系[322, 323]。

3. 硝基苯液相加氢反应

硝基苯及其衍生物的催化加氢是工业上制备芳香胺的一种重要有机反应。芳胺作为重要的有机化工原料、化工产品和精细化工中间体广泛应用于染料、农药、医药、橡胶助剂和异氰酸酯的生产。硝基苯催化加氢制苯胺主要包括气相加氢和液相加氢。其中，液相加氢反应由于相对温和的反应温度及反应压力是目前世界上工业生产苯胺的主要途径。传统使用的硝基苯加氢催化剂主要是骨架镍（又称雷尼镍，Raney-Ni），它的优点是成本低、催化活性好。但是骨架镍对空气湿度很敏感，容易引起自燃，是一种危险的化学品。因此，开发一种能在温和反应条件下催化硝基苯加氢反应的高活性催化体系一直是该领域研究的热点。硝基苯的液相加氢的反应历程如图 8.54 所示[324-328]。

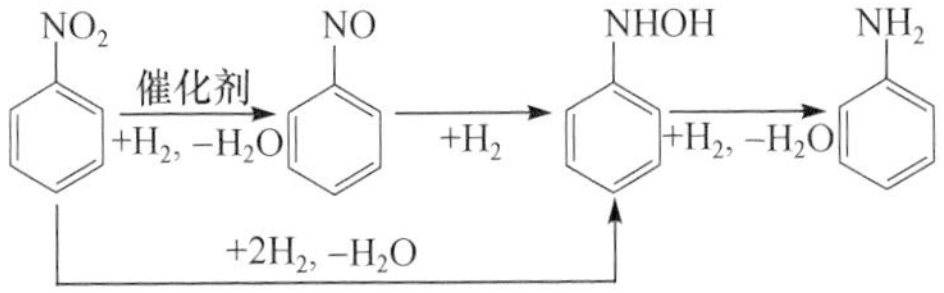

图 8.54　硝基苯催化加氢制苯胺的反应历程[324-328]

硝基苯加氢制苯胺是一个连续的反应过程，会生成亚硝基苯及苯羟胺中间产物，苯羟胺再进一步加氢脱水生成苯胺。但是，Geldar 等则认为苯羟胺才是硝基苯加氢过程中唯一的中间产物[329]。因此，苯羟胺向苯胺的转变速率的快慢是决定苯胺产率的关键步骤。苯羟胺有毒，在实际生产中苯胺的生成和堆积会导致加氢产物的放热分解及产品纯度的下降[330]。因此，如何抑制苯羟胺的堆积以及提高苯胺的加氢选择性常常是工业催化剂设计的关键。

实际的研究和应用中，植物单宁负载贵金属纳米颗粒催化剂对硝基苯液相加氢反应的催化性能见表 8.68[318]。

表 8.68　植物单宁负载贵金属纳米催化剂对硝基苯液相加氢反应的催化效果[318]

催化剂	Pt 含量（质量分数）/%	选择性/%	反应时间/min	转化率/%
EGCG-CF	0	0	160	0
Pt-CF	0.729	>99	160	51.7
Pt-EGCG-CF	1.088	>99	160	98.3
Pt/γ-Al₂O₃	1.0	>95	160	99.8

由表中数据可知，植物单宁负载贵金属纳米催化剂（Pt-EGCG-CF）在硝基苯液相加氢反应中显示出很高的催化活性，在 16min 反应时间内，硝基苯的转化率达到 98.3%，而加氢产物苯胺的选择性也可达 99%以上。对加氢产物进行质谱分析，结果显示几乎没有检测到中间产物苯羟胺，表明在 Pt-EGCG-CF 的催化作用下，硝基苯可一步加氢生成苯胺，反应过程中没有中间产物的堆积。此外，研究还表明以 Pt-EGCG-CF 为代表的植物单宁负载贵金属纳米颗粒催化剂在较温和的反应条件下，对多种硝基芳烃化合物均表现出较高的催化加氢反应活性。在温度 25℃、H₂ 压力 1.0MPa 的催化反应条件下，所有反应底物分子的硝基均能顺利进行加氢反应，转化率及选择性均能达到 99%以上，在实际生产中展现出较好的应用前景。

8.7.3　植物单宁负载贵金属纳米催化剂的重复使用性及存储稳定性

对于多相催化反应体系来说，催化剂重复使用性是评价催化剂的一个十分重要的指标，植物单宁负载贵金属纳米催化剂（Pt-EGCG-CF）的重复使用性及存储稳定性如图 8.55 所示[318]。

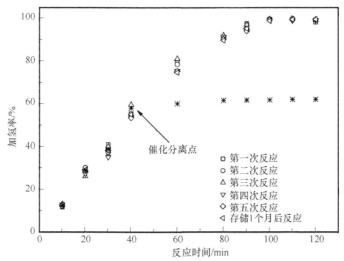

图 8.55　循环使用次数与存储时间对 Pt-EGCG-CF 催化活性的影响[318]

由图 8.55 可知，Pt-EGCG-CF 重复使用 5 次后，其催化活性几乎没有降低，表明其具有良好的重复使用性和存储稳定性。金属纳米粒子的稳定性是直接影响负载型纳米催化剂重复使用性及稳定性的重要参数。一般认为，在没有任何保护剂的情况下，小尺度的纳米粒子由于其表面较高的比表面能而处于极不稳定的状态，在重复使用过程中，较小的纳米粒子为了降低其比表面能，往往聚集融合成较大的颗粒，从而造成因纳米粒子团聚及活性位点减少而出现的催化活性降低。这种现象称为奥斯特瓦尔德熟化过程（Ostwald ripening process）。从多次重复使用后的 Pt-EGCG-CF 的透射电子显微镜（transmission electron microscope，TEM）观察结果（图 8.56）可知，相比重复使用前催化剂中 Pt 的纳米颗粒的尺度和分布，重复 5 次后 Pt 纳米颗粒的粒径有所增大（$d = 2.7$nm），但尺寸分布变得更窄了（$s = 0.5$nm），颗粒尺度的分布更为集中。这是由更小纳米颗粒的融合造成的。但是从高分辨透射电子显微镜（high resolution transmission electron microscope，HRTEM）中并没有发现更大尺度的纳米颗粒，也没有出现颗粒明显聚集的现象，表明 Pt 纳米颗粒仍然是很稳定的。原因在于植物单宁作为一种保护剂，其分子中的酚羟基可以牢固地附着在 Pt 纳米粒子表面，降低 Pt 纳米粒子的比表面能，这在很大程度上抑制了奥斯特瓦尔德熟化过程，使 Pt 纳米粒子具有很高的重复使用性和稳定性[331-333]。

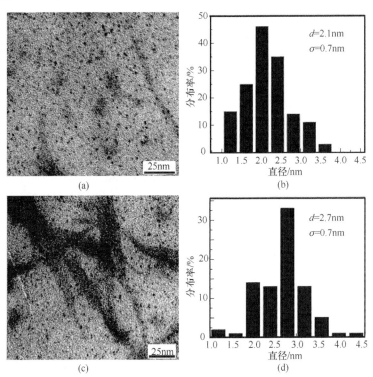

图 8.56　Pt-EGCG-CF 重复使用前（a）、（b）和使用后（c）、（d）的 TEM 图和尺寸分布柱形图[318]

8.8　植物单宁在高分子材料领域的应用

　　高分子材料种类繁多，性质多样，因具有质量轻、加工方便、产品美观实用等特点，颇受人们青睐，广泛应用在各行各业，从日常生活到高精尖的技术领域，都离不开高分子材料。它已经成为人类最重要的生产、生活材料。通常合成高分子材料的原料来源于石油化工，需要消耗大量资源，而且产品废弃后难以分解和回收。同时，各种废弃的高分子材料已占据了废弃物总体积的绝大部分，由此带来的对自然资源的耗费以及废弃物对环境的污染已引起世界各国的高度重视。因此，利用天然原料合成可生物降解的高分子材料成为人们深切关注的焦点并取得了可喜的成果[334, 335]。

8.8.1　植物单宁在聚氨酯材料生产中的应用

　　聚氨酯是大分子主链中含有重复氨基甲酸酯（—NHCOO—）链段的一类聚合物的总称，其化学结构示意图如图 8.57 所示。以聚氨酯为主要构成物质的高分子材料称为聚氨酯材料。聚氨酯的结构特征决定了聚氨酯材料的许多优良性能。例如，其结构中存在的氨酯键和脲键等使得该材料具有优良的耐磨性和较高的硬度及韧性。同时，聚氨酯材料还具有优良的电绝缘性能，并在浸水后仍能保持良好的电绝缘性。因此，聚氨酯材料已成为世界重点发展的六大合成高分子材料之一，并在交通运输、冶金、建筑、轻工、印刷和印染等工业领域展现出广阔的应用前景[336]。

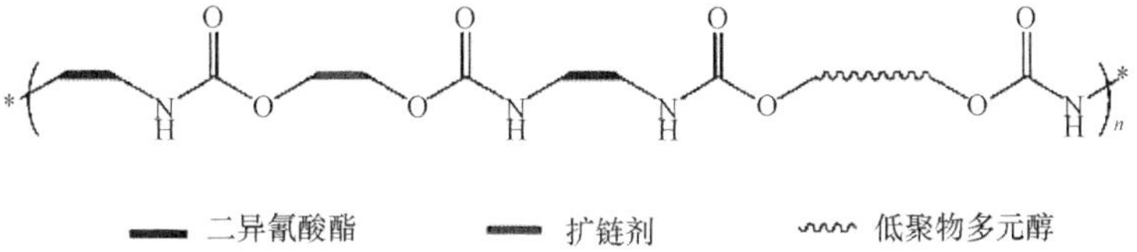

图 8.57 聚氨酯的化学结构示意图[336]

但是与常见的高分子材料一样，通常合成的聚氨酯材料仍然存在废弃后难以分解和回收的问题。单宁及含有单宁的树皮在自然界显示出良好的微生物分解性，若以此为原料则可通过一系列手段合成出也具有微生物分解性的聚氨酯材料，这样既可节省大量宝贵的化工原料，又减少了污染、保护了环境，对高分子合成工业具有特殊的意义。

通过二异氰酸酯和聚二元醇合成以异氰酸基(—NCO)封端的聚氨酯预聚物，再用单宁进行扩链，制备不同软段含单宁的聚氨酯。合成路线如图 8.58 所示。

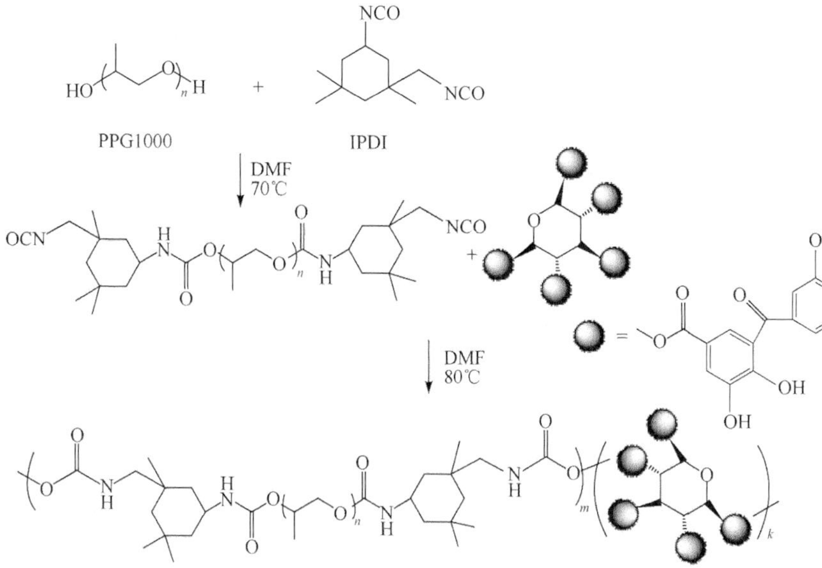

图 8.58 含单宁酸聚氨酯的合成路线[336]

具体反应过程如下所述。

1）聚氨酯预聚物的合成

聚氨酯预聚物是用二异氰酸酯与端羟基的聚醚、聚酯、聚酰胺酯等进行加成聚合反应来制备。根据异氰酸酯基和羟基的摩尔比，也称为 R 指数或异氰酸酯指数（—NCO/—OH），制取端基为异氰酸酯或羟基的预聚物。

选择聚氨酯合成中最常用的异佛尔酮二异氰酸酯（IPDI）和聚丙二醇（PPG）进行加成聚合反应，制备以异氰酸酯封端的聚氨酯预聚物。首先将聚二元醇在 100～105℃条件下真空脱气脱水 3h，以蒸馏过干燥的 N, N'-二甲基甲酰胺（DMF）作为溶剂，按照—NCO∶—OH（摩尔比）=2∶1 投料，在 70℃、氮气保护下进行反应。反应是通过二丁胺-盐酸滴定法测定—NCO 含量来确定反应终点，需 2～3h。当确定羟基反应完毕，即—NCO 含量消耗到理论值时，得到聚氨酯预聚物溶液。

2）含单宁酸聚氨酯的合成

当上述体系通过二丁胺-盐酸滴定法测定—NCO 含量确定反应终点后，将预处理后的一定量的单宁酸加入反应体系中。单宁酸在 110℃下真空脱水脱气 2h，保持真空逐渐冷却，到达室温后即可。以蒸馏过干燥的 DMF 作为溶剂，将单宁酸溶解，保证 50%～60%的固含量。在 80℃、氮气保护的条件下过夜反应。反应通过傅里叶变换红外光谱（Fourier transform infrared spectrum，FTIR）检测—NCO 的特征峰 2270cm^{-1}来确定反应终点，需要 18～24h。反应完毕，即得到以单宁酸扩链的聚氨酯溶液。所得溶液沉淀 3 次，洗涤数次，干燥后即得到含单宁酸的聚氨酯材料[336]。

所得含单宁酸聚氨酯材料的化学结构式及核磁共振谱图如图 8.59 所示。

如图 8.59 所示，含单宁酸聚氨酯中每一处化学位移都能与其化学结构式上的氢对应。在 10.04ppm 处的单峰对应的是单宁酸苯环上未反应的—OH 的化学位移；9.39ppm 和 9.09ppm 处的单峰分别对应的是酚羟基与醇羟基生成的—NHCOO—的化学位移；7.27～6.73ppm 处的多重峰对应的是单宁酸上苯环氢的化学位移；4.70ppm 处的单峰对应 PPG 与 IPDI 相连接的—CH—的化学位移；4.43ppm 处的单峰对应 PPG 末端的—CH$_2$—的化学位移；3.70～3.22ppm 处的多重峰对应的是 PPG 上—CH—和—CH$_2$—的化学位移；1.46ppm 处的单峰对应的是 IPDI 上与异氰酸酯基团相邻的—CH$_3$的化学位移；1.09ppm 处的单峰对应的是 PPG 末端—CH$_3$的化学位移；1.02～0.85ppm 之间的出峰对应的是 PPG 上—CH$_3$和 IPDI 上的—CH$_3$的化学位移；2.49～2.47ppm 处的五重峰是溶剂二甲基亚砜（DMSO）的化学位移。可知，单宁酸上的酚羟基与预聚物中的—NCO—基团反应生成的氨基甲酸酯基—R—NH—COO—R'—的特征峰、单宁酸中苯环上的 H 以及—OH 的特征峰都可以在该产物中的核磁共振谱图中找到，说明单宁酸被成功地引入材料[336]。

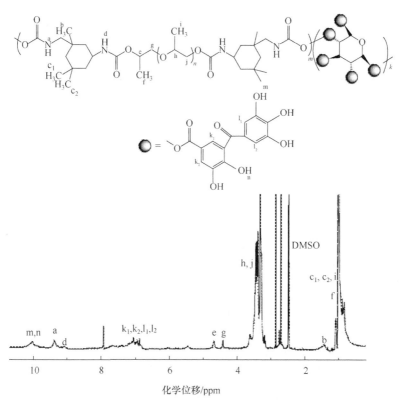

图 8.59 含单宁酸聚氨酯材料的化学结构式及核磁共振谱图[336]

含单宁酸聚氨酯材料的傅里叶变换红外光谱图如图 8.60 所示。

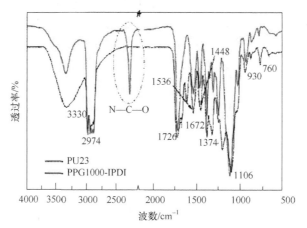

图 8.60 含单宁酸聚氨酯的 FTIR 谱图[336]

由图 8.60 可见，3300cm⁻¹、1726cm⁻¹、1536cm⁻¹处的吸收是氨基甲酸酯键生成的特征吸收；2974～2858cm^{-1} 为—CH$_2$—、—CH$_3$ 的对称伸缩振动与不对称伸缩振动；1448cm^{-1} 处为—CH$_2$—、—CH$_3$ 的弯曲振动；1374cm^{-1} 处是—CH$_2$—对称弯曲振动；1106cm^{-1} 处是—C—O—C—脂肪族醚键的伸缩振动；930～760cm^{-1} 为不饱和 C—H 面弯曲振动。由此证明，单宁酸被成功地引入聚氨酯材料中。图中的浅色曲线为聚氨酯预聚物的曲线，在 2270cm^{-1} 处出现明显的尖峰，为 N—C—O 的典型伸缩振动峰；反应 18h 后 2270cm^{-1} 处峰消失，表明异氰酸酯基消耗完毕，反应完全[336]。

8.8.2 植物单宁在酚醛树脂生产中的应用

酚醛树脂是在塑料工业中使用最为古老的热反应性低聚物，该种聚合物首先通过一定反应条件形成一个相对低黏度的液态树脂，随后再在一定条件下转换成固化物。目前，酚醛树脂由于具有优良的热稳定性、防火性和耐化学性，已在隔热、隔音、塑料、铸造和复合材料等领域得到了广泛的应用。一般情况下，酚醛树脂由酚类化合物与醛类化合物在酸或碱的催化下缩聚而成。但随着科技的进步，传统酚醛树脂及其生产工艺已无法满足高新技术领域的需求，尤其是对生产酚醛树脂工艺中环保和可再生性能的要求。因此，需要寻找能替代苯酚、甲醛的可再生原料，以实现酚醛树脂的绿色生产。植物单宁中含有大量酚或醛的结构单元，利用植物单宁合成或改性酚醛树脂能够从本质上解决树脂的环保及再生性问题，因此，利用植物单宁改性已成为酚醛树脂行业的研究热点之一[337-339]。

1. 单宁酚醛树脂的合成机理

植物单宁中的缩合类单宁分子结构中黄烷醇单元的 A 环具有强的亲核性，在酸、碱催化下能与甲醛反应，生成羟甲基加成物，加成物与另一个黄烷醇单元缩聚成二聚物，然后与更多的甲醛、黄烷醇单元缩聚下去形成不溶、不熔的高聚物，这个反应的原理与苯酚-甲醛反应（图 8.61）制作酚醛树脂的反应原理基本相同。

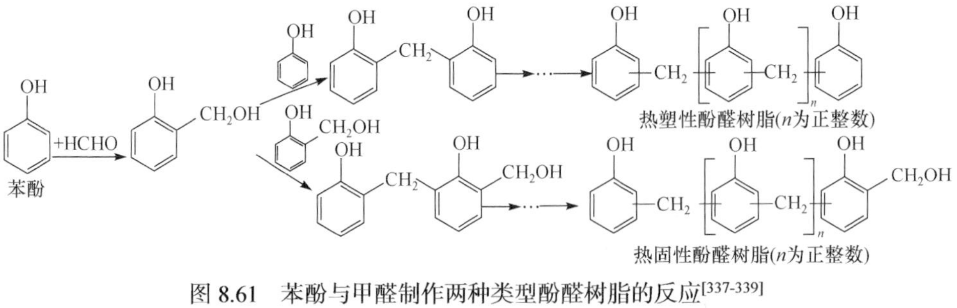

图 8.61　苯酚与甲醛制作两种类型酚醛树脂的反应[337-339]

2. 单宁酚醛树脂的技术特点

用植物单宁制备酚醛树脂比用苯酚或间苯二酚制备酚醛树脂困难得多。主要是由于：单宁与甲醛的反应速率过快，使胶液的适用期太短；与苯酚等相比，单宁具有更大的分子量和更高的黏度，借助于甲醛生成的—CH₂—交联键的长度不足以在反应点间形成足够的交联，造成胶合强度不足；单宁与伴存的树脂等物质间的缔合、水合作用导致胶液的黏度过高，给涂胶等带来困难。因此，需要通过降解使缩合类单宁分子中的组成单元间的连接链发生断裂，生成聚合度较低的或单体的产物，以及一些开环重排反应的产物，从而减小单宁的平均分子量，降低反应活性，减少成胶缩聚反应中的位阻以增加交联，使成胶性能得到提升。利用单宁制备酚醛树脂的工艺流程如图 8.62 所示。

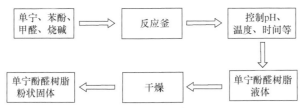

图 8.62　单宁酚醛树脂的生产工艺流程[337-339]

上述制备工艺的优点是：①可使用普通的甲醛，无须使用昂贵的聚甲醛；②能够按照需要控制树脂的黏度满足生产要求；③可以在同一个工序中完成制胶反应，制出质量合格的树脂。所得单宁酚醛树脂的结构单元如图 8.63 所示。

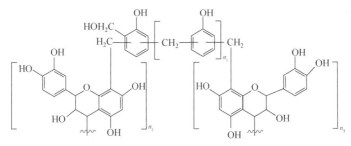

图 8.63　单宁酚醛树脂的结构单元[337-339]

n_1、n_2、n_3 为正整数

3. 单宁酚醛树脂的配方和工艺

1）用栲胶生产液体单宁酚醛树脂

配方：苯酚（≥98%）100kg、液碱（30%）212kg、甲醛（36.5%～37%）237kg、栲胶（单宁含量≥58%）148kg、水 60～75kg。

生产工艺：将熔融的苯酚加入反应釜，在 40～50℃加入第一批液碱，搅拌 15min；加入第一批甲醛，缓慢升温至 90℃，在 88～92℃下保温 30～40min；加入所需用量的水，并迅速冷却，当温度降至 60℃时，加入第二批液碱，继续冷却，当温度降至50～60℃时,均匀加入栲胶,搅拌至栲胶全部溶解;升温至85～90℃,反应并控制黏度为80～110Pa·s(25℃);迅速冷却至75℃,加入第二批甲醛,升温至85～90℃,继续反应并开始测黏度;当黏度达到70～110Pa·s(25℃)时,冷却降温到35℃以下,放料。

主要性能指标:无杂质的暗红褐色液体;密度1.15～1.25g/cm³;pH为10.5～12.0;黏度70～150Pa·s(25℃);固体含量45%～50%;游离苯酚含量≤0.3%;游离甲醛含量≤0.2%。

2)用浓胶生产粉状的单宁酚醛树脂

原料要求:苯酚纯度≥98%、浓胶固体含量35%～37%、液碱浓度为30%、甲醛溶液甲醛含量36%～37%。

生产工艺:将熔融的苯酚和部分液碱投入反应釜,在50～60℃下搅拌15min,投入第一批甲醛,升温至90℃左右,保温60min;降温至60℃,加入浓胶、剩余液碱和第二批甲醛,升温至85～90℃,继续反应并开始测黏度;当黏度达到20～25Pa·s(25℃)时,冷却至35℃以下放料。液体胶黏剂储存稳定后,在进口温度为190～200℃的干燥塔中进行喷雾干燥,制成粉状单宁酚醛树脂。

主要性能指标:外观深红褐色粉末、固体含量≥90%、游离苯酚含量≤0.3%、游离甲醛含量≤0.2%。

综上,利用单宁制备或改性的酚醛树脂其毒性远低于传统上合成的酚醛树脂,有利于人体健康和环境保护。单宁来源于树皮提取物,用可再生的树皮栲胶替代苯酚生产酚醛树脂,降低石化产品苯酚的消耗,实现森林资源的综合利用及林产化工与工业生产之间的供需互补,是循环经济在天然产物领域中的具体应用[337-339]。

8.8.3 植物单宁在其他高分子材料生产中的应用

植物单宁的结构中含有丰富的羟基,能够与甲醛及其他醛类反应生成结构多样、性质各异的高分子材料。如前所述,植物单宁在聚氨酯材料、酚醛树脂等高分子材料的制备中已得到了广泛使用。除此之外,植物单宁还在糠醇树脂等其他高分子材料的生产中有着重要价值。糠醇由糠醛催化加氢制得,作为一种来自玉米、小麦的生物质材料,糠醇被用于合成纤维、橡胶等材料,但糠醇蒸气能与空气形成爆炸性混合物,在高温环境及与强酸或强氧化剂接触的情况下大批量生产纯的糠醇树脂材料存在严重的安全隐患。糠醇中含有丰富的羟甲基,在酸性条件下能与单宁A环的6、8位上的碳连接,同时糠醇树脂具有很好的耐水性能,因此糠醇与单宁缩聚而成的树脂一方面可以弥补纯单宁树脂在抗水性能上的缺陷;另一方面,与纯糠醇树脂相比,单宁-糠醇树脂可以降低生产过程中的安全隐患,减小糠醇的使用量而节约成本[339, 340]。

8.9　植物单宁在木材及油田化学领域的应用

单宁或者栲胶作为一类重要的林产化学品在木材工业中的用量很大。单宁的大分子多酚结构，使其易发生酚核上的亲电反应和羟基衍生化反应，从而在甲醛和二异氰酸酯等交联剂的作用下，固化生成不溶、不熔的树脂。利用此性质，以单宁为天然原料，可制备木材胶黏剂和聚氨酯涂料。

此外，石油开采应该是单宁除制革之外的第二大应用领域。单宁分子中大量的酚羟基，使其具有亲水性和吸附能力，这一化学性质使栲胶成为石油钻井中所用的一种有效的泥浆处理剂。我国从 1965 年就开始使用这类泥浆处理剂[341]，多年来通过不断发展和改进，特别是通过化学改性提高了其耐温、耐盐析特性，使之在石油开采领域仍然占有重要的一席之地[342]。此外，用单宁制备油田化学堵水调剖剂，特别是干稠油蒸汽驱地层堵水调剖剂（又称高温堵剂），也是单宁在石油开采中一个极有应用价值的方向。

8.9.1　植物单宁胶黏剂

利用单宁作为天然酚原料制备胶黏剂是国内外近年来单宁应用研究的主要方面。人们不仅对各种单宁材料进行了筛选，而且从化学反应角度对单宁与醛的缩合反应以及单宁的改性进行了深入研究，使一些品种的单宁已成功地代替苯酚及间苯二酚用于人造板胶黏剂的生产，例如，黑荆树皮单宁在南非和澳大利亚，坚木单宁在阿根廷，落叶松树皮单宁在中国等都已得到实际应用。所合成的单宁胶黏剂的实用性能与酚醛胶相当，超过了脲醛胶，可以达到"A 级胶合"的各种指标（"A 级胶合"是最高质量的胶合，完全耐气候、耐 72h 沸水煮）。目前世界上每年用于胶黏剂生产的缩合类栲胶数量约 15000t，其中 6000～7000t 用于生产室外型刨花板，2000～3000t 用于生产船用级胶合板，400～600t 用于生产耐水瓦楞纸板，200～800t 用于生产冷固型和快速冷固型胶黏剂[343]。

单宁胶黏剂的制备方法技术上已经成熟，并且从用量上来看，其发展潜力是巨大的[344]。同时，从缓解能源危机和绿色化学的角度看来，单宁胶黏剂的社会效益也是无须多言的。

单宁胶黏剂技术的发展极大地推动了单宁化学研究工作的进程，使人们从分子水平上深刻理解到单宁的化学结构对其性质的决定性影响，不仅在水解类单宁与缩合类单宁之间，而且在后者中的两大类代表结构——原花青定和原刺槐定之间都存在巨大差异。

1. 植物单宁胶黏剂的制备原理

利用单宁制备胶黏剂的原理主要是通过单宁与醛的缩合反应生成单宁醛树脂，其本质与通常的酚醛缩合并无不同，都是在酸、碱催化下，在酚环上发生亲电取代，酚与醛（甲醛）形成羟甲基苯酚及二羟甲基苯酚，羟甲基苯酚再与酚或者另一分子羟甲基苯酚缩合，形成线型的聚合物，在此基础上进一步交联成为热固型树脂。因此，小分子酚类经常作为模型化合物用以研究单宁醛缩合。在木工胶黏剂的生产中，由于酸对木材储存不利，通常采用弱碱性条件反应。

单宁的多酚类型对其在胶黏剂合成中的利用价值起着决定性作用。在绝大多数情况下，人们都选用缩合类单宁作为原料。水解类单宁分子结构单元主要由棓酸、鞣花酸等苯环取代程度高的基团组成，羧酸基又起着强烈的吸电子作用，使单宁对甲醛亲电反应活性大为降低，甲醛的结合量也很小，因此虽然水解类单宁也可照常规方法合成单宁醛树脂，但其缩合时间较酚醛树脂长，所形成的树脂分子量低，在黏合强度上达不到胶黏剂的要求，甲醛释放率高，单宁分子中的糖环、水解产生的糖以及非单宁中大量的糖组分都使得树脂耐水性很差，这些都是用水解类单宁制备胶黏剂的不利因素。如果利用水解类单宁的降解产物作为酚类物质合成胶黏剂，也同样面临这些难题。因此，目前虽然可以通过一些化学改性和物理分级在技术上使水解类单宁合成胶黏剂具有可行性（据有关报道，栗木单宁可以用来改性酚醛胶），但是从工业成本上考虑没有显著的商业价值[345]。

缩合类单宁对甲醛具有高反应活性，与苯酚相比，缩合类单宁与醛的缩合具有的特点是：高反应速率，低甲醛结合量和释放率，高黏度。这些特点是由单宁的化学结构决定的，是制备胶黏剂的工艺和配方中必须考虑的。在弱酸或弱碱性条件下，缩合类单宁以其结构单元黄烷醇 A 环与甲醛缩合，在 A 环亲核的 C8 位或 C6 位反应，形成亚甲基桥连接键（图 8.64）。黄烷醇单元 B 环不及 A 环活泼，

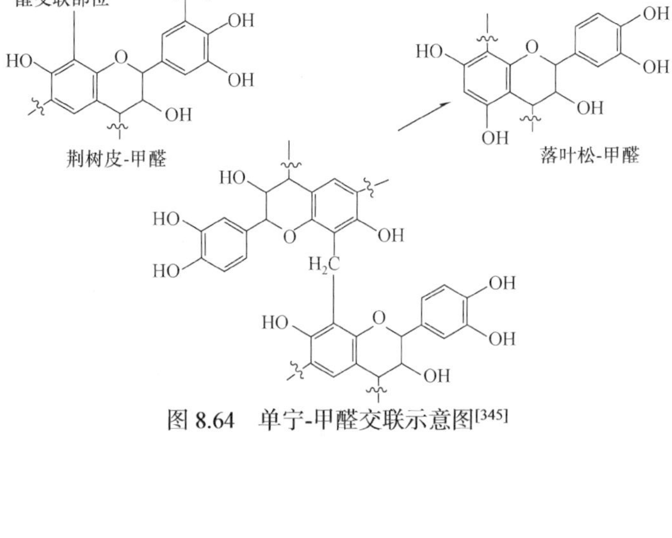

图 8.64　单宁-甲醛交联示意图[345]

只有在高 pH(pH 在 10 以上)或在二价金属离子催化下才参与交联反应,由此看出 A 环结构是缩合反应的主要影响因素。多种缩合类栲胶,如坚木、荆树皮、辐射松、落叶松、红树、腰果都被用于木工胶黏剂的合成,而按照其单宁 A 环酚羟基取代数又可细分为两大类型:A 环间苯三酚型的聚原花青定,其代表单宁为落叶松单宁(模型化合物为间苯三酚);A 环间苯二酚型的聚原刺槐定,其代表单宁为黑荆树皮单宁(模型化合物为间苯二酚)。这两种类型的单宁对甲醛的反应活性和部位有相当大的差异,决定了单宁胶黏剂的配方和使用类型。

2. 单宁-甲醛胶黏剂性质特点及其控制原理

1)低甲醛含量

由于缩合类单宁缩合程度高、分子量大,并且分子结构单元间存在空间位阻,最初形成的亚甲基键使单宁-甲醛构成网状结构,流动性差,亚甲基桥的进一步生成因距离限制而受阻。与甲醛交联成树脂所需的甲醛量与苯酚相比,要少得多,一般为 5%~10%,根据所用单宁原料的品种和胶黏剂类型不同而有所差异。例如,以黑荆树皮单宁制得的商品胶黏剂中甲醛的最小用量为单宁固体含量的 6%~8%,而红树单宁至少需要 4%的甲醛,从辐射松树皮冷水提取得到的辐射松树皮单宁需要 6%的甲醛[346]。

从数量方面看,结合醛的数量也是单宁活性的一个表征。在胶黏剂化学中,单宁与甲醛结合的数量,可以用“反应活性值”和“甲醛值”来表示。前者是指在 pH 为 8.0、100℃、反应 3h 的条件下,单宁消耗甲醛与原单宁的质量比,用它可以判断这种单宁是否适宜作胶黏剂。据经验,栲胶的反应活性值达到 7%~8%以上可用于制胶黏剂,黑荆树皮栲胶为 13%~15%,落叶松树皮栲胶为 7.3%~8%[347]。“甲醛值”(或称 Stiasny 值)是 50mL 栲胶水溶液(4g/L 单宁的过滤液),加 5mL 浓盐酸溶液、10mL 40%的甲醛溶液,在回流沸腾下反应 30min 所产生的沉淀质量与栲胶质量的百分比。水解类单宁的甲醛值很低,而荆树皮单宁的甲醛值要高于落叶松树皮单宁。这两种缩合类单宁活性之间的差异可以归因于:落叶松树皮单宁为典型的聚原花青定,这种间苯三酚型 A 环的黄烷醇很容易发生自聚合,因此单宁分子通常缩合度高、分子量大,落叶松树皮单宁数均分子量约为2800,相当于平均聚合度 9~10,而荆树皮单宁以聚原刺槐定为主(约占 70%),原菲瑟定也占较大的比例(25%),这种间苯二酚型 A 环的黄烷醇自缩合活性较间苯三酚型弱,因此分子量小,数均分子量为 1250,分子量范围为 550~3250。

从单宁分子形状来看,虽然黄烷醇单体自缩合反应和亲电反应在 A 环的 6、8 位均可发生,但对于聚原花青定,主要发生在 8 位,单元间以 C4-C8 位连接占大多数,使整个分子呈直链型;而聚原刺槐定单元间以 C4-C6 位连接为主,因此整个分子为角链型。前者与甲醛的交联,发生在 6 位,后者发生在 8 位。角链型结构与直链型相比，单宁分子各结构单元间排列不致过于紧密，空间位阻有所减小，更易于甲醛的进攻和连接以形成网状交联。而对于落叶松树皮单宁，单宁分子量大源自分子形状的不可变形性大，导致反应活性位置相距过远，使单宁只能与少量的甲醛结合。此外，落叶松栲胶的单宁纯度往往较荆树皮栲胶低，栲胶中非单宁含量的增加也使甲醛值降低。同时，落叶松栲胶相对的高黏度也使反应不完全。

从总体看，单宁与甲醛结合量均较低，使单宁交联的程度不足，因此较酚醛胶而言，未经改性处理的单宁胶树脂可能表现为脆性，胶合强度不足，不能适应某些较高的胶合要求。为了提高甲醛结合量，增强其黏合性能，处理方法如下所述。

（1）树脂的增强。用水溶性酚醛清漆（或脲醛漆、氨基树脂）代替一部分甲醛，就能够在相距较远的 A 环间形成交联，因为这两种组分能形成较长的桥连，此法称为用 PF 树脂增强（图 8.65）。所需树脂的数量取决于单宁胶的性能、增强树脂的种类和胶合的材种，通常木材密度是确定增强剂用量的一个重要因素，一般高密度材种需要较多的增强剂。可以用未增强的单宁胶胶合某些低密度材种，不过随着增强树脂比例的减少会造成胶黏剂可用时间的减短[348]。

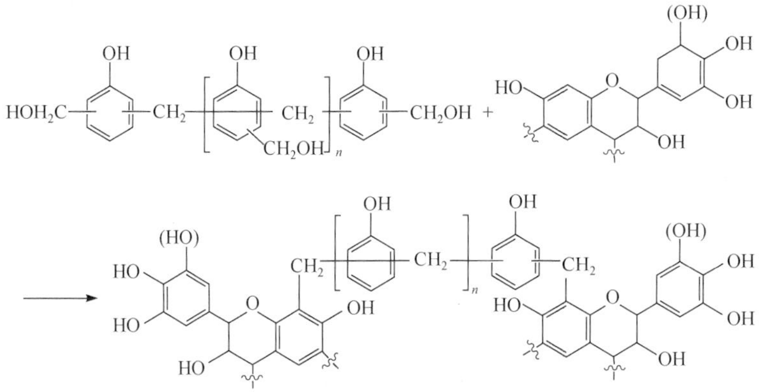

图 8.65　单宁与甲阶酚醛树脂共缩聚反应[348]

（2）栲胶的亚硫酸化处理。用亚硫酸盐处理缩合类单宁，可使黄烷醇单元杂环的醚键打开，释放出间位酚，也使单宁分子的可变形性增加，空间位阻较小，甲醛值增加。在强碱性条件下，一部分—SO_3 可能被—OH 以 SN_2 形式取代，更增加了酚环上的亲电活性（图 8.66）。对于落叶松树皮单宁等聚原花青定，亚硫酸化处理还可以打断单元间连接键，在一定程度上降低了分子量。但是由于引入了亲水性基团，将对胶黏剂的防水性有所不利，因此用于生产室外级刨花板黏合剂不能采用高度的亚硫酸化处理[349]。

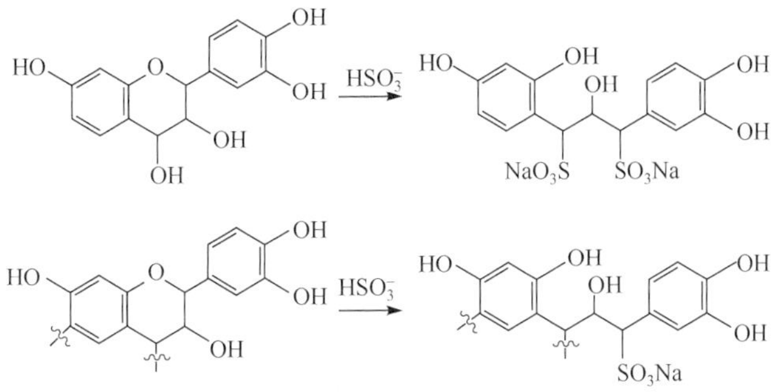

图 8.66　栲胶的亚硫酸化处理[349]

（3）单宁、苯酚（间苯二酚）、甲醛共缩合。小分子酚与甲醛缩合物具有良好的流动性，并能与单宁亲核中心形成桥键，同时在单宁分子上增加反应活性位置，使单宁分子的交联增加。由图 8.67 可见，间苯二酚与甲醛的反应产物[图 8.67（a）]具有两个强烈的亲电中心，可以与单宁分子上相对不强的亲核中心桥连[图 8.67（b）]。将间苯二酚引入单宁分子中，可以限制它本身与甲醛的缩聚。另外，将间苯二酚与单宁在甲醇溶液中接枝，形成稳定的接枝物，可喷雾干燥而不影响其活性。接枝物可继续与甲醛反应，所生成的冷固型胶黏剂在性能上可与苯酚-间苯二酚胶黏剂相当[350]。

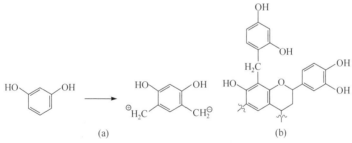

(a)　　　　　　　　　　(b)

图 8.67　单宁、苯酚（间苯二酚）、甲醛的共缩合示意图[350]

（4）单宁的酸、碱催化重排处理。缩合类单宁在无机酸作用下迅速发生缩合反应并且重排为红粉，在红粉分子骨架上保留了活性的间苯二酚结构。在较温和的条件下，如用 $NaHCO_3$-Na_2CO_3 调 pH 至 10，在 50℃下反应若干小时也可得到这种重排。利用这一反应，可以增加单宁-醛反应中的活性点，以便于减少间苯二酚添加量（使原来的 33%减少至 29%）。该方法可用于冷固型胶黏剂的配制[350]。

（5）利用二价金属盐作为催化剂。虽然黄烷醇 B 环可在强碱性条件下参与交联，但是此时单宁凝胶过快，可用时间短，不利于单宁胶的使用。当采用少量锌、镁等二价离子时，可以促进 B 环的活性，在中性 pH 条件下即可使 B 环参与交联，从而提高甲醛值和胶合强度，同时加快交联速度[351, 352]。

（6）采用碱水解法、超滤法和生物发酵法对栲胶进行纯化处理，以除去非单宁和选择适合甲醛值的单宁组分[353]。

2）高反应速率

酚类与甲醛的缩合反应速率可以通过"凝胶时间"进行判断。凝胶时间指酚类溶液与甲醛在一定反应条件下形成凝胶所需的时间。甲醛和强亲核的间苯三酚（无论作为单一化合物还是落叶松黄烷醇的一部分）的反应速率比间苯二酚（无论作为单一化合物还是荆树皮黄烷醇的一部分）要快得多，而后者又比苯酚快。(+)-儿茶素与甲醛缩合的速率大致是苯酚-甲醛的 60 倍。将 pH=6 的黑荆树皮单宁、红树单宁和辐射松树皮单宁的凝胶时间做一比较，黑荆树皮单宁的凝胶时间是红树单宁的 4 倍，是辐射松树皮单宁的约 20 倍。而在 pH=8.5、90℃时，辐射松树皮单宁的凝胶时间几乎为 0，物料混合后就立即形成凝胶[354]。正是缩合类单宁对甲醛的高反应活性，使大多数单宁胶不能像酚醛胶那样配制成商品胶出售，而是现场配制。

凝胶时间在胶黏剂使用中是很重要的，它可用以衡量胶黏剂的"可用时间"，实际上"可用时间"大约是凝胶时间的一半，凝胶时间过短会影响工业应用。胶黏剂要求有较长的可用时间，同时具有短的"热固化时间"。因此，对于单宁胶黏剂，特别是落叶松树皮单宁胶黏剂，控制凝胶时间就成为其是否实用的关键。单宁胶胶凝时间的控制主要通过调整胶的 pH 和胶合温度。通常在自然 pH（3.3～4.5）范围内，单宁与醛的反应速率最慢，凝胶时间最长，在此范围之外，pH 的升高或降低都使反应加速。添加某些二价金属盐（锌盐和镁盐），可在中性条件下活化 B 环，使之参与缩合的同时，提高反应速率，对热固型胶黏剂特别有益，可以使胶黏剂固化时间缩短，热压温度降低，胶合强度增强。而三价金属离子将使凝胶时间有所延长[355]。

为了控制单宁胶的凝胶时间，可采取控制体系中交联剂活性甲醛的释放速率实现。因此通常在配方中采用聚甲醛和六次甲基四胺（乌洛托品）作为固化剂。聚甲醛与单宁的反应速率低于甲醛与单宁的反应速率，它在碱性条件下分解产生甲醛。六次甲基四胺，在酸性条件下不稳定，分解产生 6 分子甲醛及 4 分子氨，但在碱性下较为稳定，只在加热下分解。六次甲基四胺与黑荆树皮栲胶水溶液混合后，在室温下的凝胶时间是无限的。也可采用醇类作为醛的封闭剂以缓和甲醛与单宁的反应。醇与甲醛形成半缩醛，使甲醛稳定，受热时，甲醛逐渐从半缩醛中释放出来参与反应。

3）高黏度

黏度是制备胶黏剂时经常遇到的难题，高黏度使胶黏剂均匀涂布困难，这在凝胶胶黏剂上表现得尤为突出。单宁溶液的高黏度也使单宁-醛反应不完全，增加单宁浓度和降低黏度有利于甲醛多点交联，但是浓度增加和黏度降低是互相矛盾的。在胶黏剂制备中，单宁或栲胶以亲水性胶体的形式存在，当固体浓度超过一定量时，黏度迅速增大。除了浓度以外，一种栲胶溶液的黏度还受其高分子量黄烷醇聚合物的比例、黏胶质含量、pH 和温度的影响，其中分子量范围和高分子量聚合物含量多少的影响是非常显著的。例如，已发现分子量大于 10^6 的辐射松树皮单宁组分是造成单宁水溶液黏度过高的主要原因[356]。因此平均分子量大、高分子量组分含量高、树胶含量高的落叶松树皮栲胶在黏度上所遇到的困难往往要大于分子量小、高分子组分含量低、树胶含量低的荆树皮栲胶。

通常降低黏度的方法有：①添加氢键破坏剂，如苯酚和尿素，使单宁分子间氢键打开，胶粒开裂；②用亚硫酸盐处理栲胶，增加其溶解性；③用酸或碱处理栲胶，水解其中的树胶质；④用超声波处理栲胶溶液，使其胶粒尺寸有所减小；⑤用超滤法除去大分子组分。

当胶黏剂黏度引起麻烦时，加入少量（1%～3%）丙烯酸乳液，可以不改变黏度而改善单宁胶的流动性和涂布性能[357]。

4）适宜的木材和单宁胶黏剂含水率

木材含水率是影响胶合强度的关键因素，必须严格控制木材含水率，使胶层含水率处于合适的范围，并在较长时间内不至于明显下降，这将使陈化时间有较大弹性。由于单宁胶的分子量范围比酚醛胶宽得多，在陈化和热压期间，其低分子量部分会较快地渗透到木材内部，致使胶层中仅留下单宁中的高分子量部分，而它的流动需要较多的水分，因此普遍认为用单宁胶比用酚醛胶需要更高的木材含水率。

单宁胶和酚醛胶胶合所需要的最低含水率也是不同的。黑荆树皮单宁胶黏剂当胶层含水率低于 17% 时，胶合强度迅速下降，在胶层含水率约为 14.8% 时，胶合强度为 0，而酚醛胶却不同，胶层含水率低于 14.8% 时，胶合强度并无明显下降。为了保证胶层具有恰当的含水率，单宁胶的最佳含水率应在 12%～14% 之间。

在实际应用中，单宁胶的配方中含有木粉及淀粉等，它们作为填料和填充剂保证单宁胶在热压时保持最适宜的胶层含水率。典型的填料包括木粉和坚果壳粉，将其加入胶黏剂混合物中，可以控制树脂向木材的渗透速度，从而减少可能发生的"冲刷"或"干涸"等缺点。典型的增充剂包括面粉、玉米粉、淀粉和糊精。增充剂使涂胶单板具有"黏性"，冷压后有足够的黏着力。

3. 植物单宁胶黏剂配方举例[358-362]

从上文中可以了解到，在单宁胶的制备中主要以缩合类单宁为原料，而在缩合类单宁中，又以落叶松单宁和荆树皮单宁为两大类的代表，它们与甲醛的缩合反应在反应活性上具有显著区别，导致它们在胶黏剂配制和处理中也有明显差异，因本书篇幅所限，这里以荆树皮单宁为主介绍木材单宁胶的制备。

单宁胶的基本组分通常包括单宁、甲醛、水、氢氧化钠、填料、填充剂，可按如下基本配方制备：黑荆树皮栲胶 100 份、水 113 份、氢氧化钠 0.9 份、木粉 10~12.5 份、多聚甲醛 8 份。

各组分按上述顺序混合。除留少量水溶解氢氧化钠外，将单宁在剩余的水中浸泡 2h 或过夜，然后加热到 60℃，冷却，加入氢氧化钠溶液，随后加入木粉和多聚甲醛。

一般控制 pH 及多聚甲醛用量即可控制胶黏剂的固化时间和可用时间。确定胶黏剂 pH 的原则是使之具有较短固化时间，同时在室温下又有足够长的可用时间。黑荆树胶的 pH 范围在 6.7~8.0 之间，热压固化时间和室温下胶黏剂的可用时间随 pH 的升高而减短。

实际上，由于各种人造板（胶合板、刨花板、层积木）对胶合质量要求的不同以及胶黏剂类型的不同，单宁胶的配方有很大出入。木材胶黏剂通常分为冷固型和热固型两大类。前者指不用加热在室温以下即可固化的胶黏剂，后者指在加热情况下（100℃以上）才能固化的胶黏剂。下面以此分类介绍各种木材胶黏剂。

1）冷固型胶黏剂

（1）单宁活性树脂胶黏剂。

先用单宁的醇溶部分与甲醛在水醇溶液中加热制成一种树脂，醇延缓了单宁-醛的缩合，在 25℃时树脂的储存期为 15d，10℃时为数星期。调胶时，将多聚甲醛、填料和控制固化速率用的碱加入该树脂中制成胶黏剂。与商品间苯二酚-甲醛胶和脲醛胶相比，单宁胶要求陈化时间短，它的可用时间也短，而且胶合强度较低，但是在耐沸水指标上，黑荆树皮单宁胶则远远胜过脲醛胶。

配方及制备：醇溶性黑荆树皮单宁 54 份、甘油 20 份、38%甲醛 10.6 份、水 10 份、乙醇 17 份、树脂 10 份、10mol/L 氢氧化钠 1 份，混合并在 60℃加热 15min，冷却后再添加多聚甲醛 0.55 份、核桃壳粉 0.9 份。涂胶前板条于 25℃下调整到含水率 10%。涂胶后板条开放陈化 5min，使其干燥，然后再闭合陈化 5min，20~23℃和 1.4MPa 压力下压合 20min。

（2）指接胶黏剂。

普通指接胶黏剂是以苯酚-间苯二酚-甲醛为基础的，需要较长时间才能在较低的温度下固化。该体系由 A 和 B 两种组分构成，A 组分由低反应活性树脂和高反应活性的固化剂组成，而 B 组分由高反应活性树脂和低反应活性固化剂组成。将 A 组分涂于榫接的一侧，同时将 B 组分涂于另一侧，将榫接处压合，并在室温下保持 30min 使其固化。

2）热固型胶黏剂[363, 364]

（1）刨花板胶黏剂。

室外级刨花板是黑荆树皮单宁胶黏剂最早的应用领域。此种类型的胶黏剂制备要求降低单宁溶液的黏度，通常用酸或碱处理栲胶以水解树胶或者添加苯酚之类的氢键断裂剂。为了增加树脂黏合强度可以加入增强树脂。加入乙酸锌作为催化剂可以在较低热压温度下不延长热压时间得到高质量的刨花板，并可能降低树脂固体含量。添加量为2%时，最适宜的热压温度从170℃降至130℃，树脂固体含量可从10%降至9%。例如，有以下配方：黑荆树皮单宁95份、水138份、氢氧化钠1.6份、增强树脂5份、多聚甲醛15份，该配方的黏度在25℃时可达0.15～0.20Pa·s。

典型的胶压条件是：温度160℃，压力1.4MPa。表面层施胶14%（单宁固体），芯层施胶10%，制得密度约为700kg/m³的刨花板，其力学性能符合地板级刨花板要求。

室内级刨花板单宁胶的配制方法为：将55%的黑荆树皮单宁水溶液100份、消泡剂0.3份和氢氧化钠15份混合，在90℃连续搅拌下加热3h，然后冷却。以该反应混合物配制胶黏剂如下：黑荆树皮单宁反应混合物100份、五氯酚钠0.1份、石蜡乳液20份、六次甲基四胺12份。

用30%氢氧化钠水溶液或冰乙酸将pH调节到7.8～8.2之间，加水使黏度调节到0.1～0.3Pa·s。木片施胶5%～8%（干重），在130℃下热压4.5min得到厚度为19mm的室内级刨花板。

（2）胶合板胶黏剂。

胶合板单宁胶黏剂配方中需要10%～25%的填料,室外级胶黏剂要求能耐72h沸水煮并完全耐气候，必须用合成树脂增强。胶黏剂过早凝胶并随即失去流动性是pH高于6时单宁胶遇到的最大难题。但是用pH为4.5～5.2的脲醛树脂作为单宁胶增强剂可以基本解决这一问题。以下为室外级胶合板胶黏剂的配方（胶黏剂pH通常在4.8～5.1,可用时间约为5h）：亚硫酸化黑荆树皮单宁36.4份、水41.22份、消泡剂0.15份、五氯酚钠0.40份、脲醛增强剂（固含量63%,摩尔比1:1.4）6.78份、椰子壳粉6.75份、水4.19份、多聚甲醛4.10份。

室内级胶合板胶黏剂可不用树脂增强，配方如下：黑荆树皮单宁100份、水100份、氢氧化钠1.15份、椰子壳粉10～15份、多聚甲醛10份。

施胶于含水率4%～10%的木材单板，上胶量阔叶材为150～200g/m²,针叶材为200～250g/m²。开放陈化15～60min后在0.9MPa压力下冷压5～10min，然后在130～140℃和1.2Pa压力下热压。热压时间以5min为基数，再按离面板最远的胶层距离以1min/mm的速率增加热压时间。

4. 酚醛树脂胶的加速剂[365, 366]

利用缩合类单宁与醛反应的高活性，特别是落叶松、杨梅、木麻黄等的聚原花青定的高活性，在酚醛胶中加入此类栲胶可以将固化时间缩短至25%～30%,

提高生产效率，而且质量稳定，节约 30%酚醛树脂，胶的成本下降 10%左右。例如，压制 5 层 5mm 厚椴木车厢胶合板，用酚醛胶作黏结剂，热压时间 12min，每格两张，湿状胶合强度为 15.9kg/cm^2，木材破坏率 70%，在同样的条件下，加栲胶加速剂后热压时间仅需 9min，湿状胶合强度为 17.0kg/cm^2，木材破坏率 90%，其配方可以为 GF-3 酚醛树脂胶 100 份、豆饼粉 3～5 份、杨梅栲胶 7.5 份、氢氧化钠 3.75 份、水 11.25 份；或者为 F-3 酚醛树脂胶 100 份、豆饼粉 3～5 份、木麻黄栲胶 7.5 份、氢氧化钠 5.25 份、水 12.75 份。

涂胶工艺要求单板厚 1.25mm，含水率小于 7%，涂胶量椴木 200～220g/m^2，水曲柳 240～260g/m^2，涂胶后闭合陈化时间 30min 左右，涂胶后芯板含水率低于 20%，热压温度 120～130℃，压力 8～12kg/cm^2。

另外，有关于利用水解类的栗木单宁作加速剂的报道，木材破坏率达到 73%，使 12mm 厚的五合板热压时间由原来的 8min 缩短至 5min，平均胶合强度不变。

5. 其他类型的植物单宁胶黏剂

当选择其他交联剂，如 4, 4-二苯基甲烷二异氰酸酯（商品名为 MDI），可以在胶黏剂配方中减少甲醛用量而得到高质量的胶合。MDI 与栲胶中黄烷醇、糖类、树胶中的酚羟基和醇羟基皆可交联，并能提高单宁与甲醛的交联程度。单宁溶液、多聚甲醛和 MDI 可以在喷胶前不久混合或是分别喷到木片上。单宁固体和 MDI 的质量比是 70∶30，胶黏剂配方是 44%黑荆树皮单宁水溶液 175 份、多聚甲醛 11 份、MDI 33 份、石蜡乳液 22 份和水 135 份。生产 60cm×60cm×1.2cm 刨花板的热压条件为芯部含水率 18%、表层含水率 22%、最大压力 2.5MPa、加压时间 7.5min、加压温度 170℃。

用碱液提取树皮粉末可以得到单宁、红粉、酚酸和木质素为主的混合物。这些物质都属于酚类物质，具备与醛缩合的能力。当掺入 30%～50%的甲基酚醛胶时交联成为线型聚合物，通过热压进一步交联固化成为不溶不熔的树脂，因此可以配制成胶黏剂以用于木材胶合板及竹材胶合板的生产[367]。单宁含量高的针叶树树皮粉作为羟基组分，也可直接用于环氧树脂和聚氨酯胶系的配制，或者加在脲醛胶和酚醛胶中，代替部分酚类。

松树皮粉还可用作胶黏剂的填充剂。当用落叶松树皮粉时，200 目效果最好，可代替淀粉，也可节省 8.5%的酚醛树脂，每立方米胶合板成本降低 9 元，可改善胶合性能，降低脆性，减少透胶现象和不快气味。不过，利用树皮粉作填充剂最主要的是需要严格控制质量[368, 369]。

单宁还可增强淀粉胶黏剂，可用于高质量的耐水纸张胶合，如用于瓦楞纸板的生产。但是未增强的单宁胶用于瓦楞纸，黏合质量较差并且干湿强度不稳定，用脲醛树脂增强的单宁胶可以代替间苯二酚类价格较贵的耐水剂。典型的配方是在淀粉配方（含淀粉 20%～22%）中添加喷雾干燥的黑荆树皮单宁 25 份（淀粉总量的 4%）、脲醛树脂 5 份（固含量 65%）和甲醛溶液 8 份（浓度 37%）。

8.9.2　植物单宁泥浆处理剂

在石油钻探中，泥浆是必不可少的。使用泥浆的目的是将钻头钻下的岩屑借助于泥浆循环作用用泥浆泵将之携带出井。泥浆还可以冷却钻头，形成泥饼，提高井壁的稳定性，形成液柱压力，防止卡、塌、喷、崩等事故。单宁（栲胶）作为一种泥浆处理剂，主要起到降黏的作用，与木质素类似，可以归为减水剂或降黏剂一类。

1. 单宁降黏的机理

单宁是一类表面活性物质，在其分子中同时具有亲水基和疏水基，这种两亲结构使单宁可以明显降低水溶液的表面张力，并且紧密吸附在黏土上。单宁在泥浆中可以降低稠化泥浆的切力和黏度，从而提高泥浆的流动性。降黏过程中，单宁分子一方面通过其邻位的酚羟基，吸附于黏土片状胶粒边缘，另一方面通过分子上其他的极性基团的水化，使黏土颗粒边缘生成吸附水化层，结果削弱或拆散了泥浆中黏土颗粒之间的网状结构，使之放出所包含的自由水，同时也减少了黏土颗粒之间相互运动时的摩擦。同时由于单宁吸附在黏土颗粒表面，在该处增强了水化作用，因而可在井壁形成失水量少的致密泥饼，对巩固井壁、保护油层起到重要作用[370]。

2. 单宁降黏剂的基本类型

水解类单宁和缩合类单宁都可用作降黏剂原料，在国外钻井中实际应用最多的是坚木栲胶，其次是栗木和荆树皮，国内以落叶松、橡用量最大。

1）碱化栲胶

由于单宁在碱性条件下，酚羟基离解成氧负离子，形成钠盐，增强了水化作用，因此配制泥浆降黏剂时，都采用的是碱化栲胶的形式，所用碱的量都相当大。例如，将荆树皮栲胶粉分散在 NaOH 水溶液中，再与碳酸钠及氧化钙混合（三者比例为 1:1:0.5），脱水制成固体颗粒，临用时掺入钻液，在加入量为 20.4g/L 的情况下，可将钻液黏度由原先的 0.057Pa·s 降至 0.005Pa·s[371]。

2）亚硫酸化及磺甲基化栲胶

为了增强栲胶的水化能力，尤其是抗盐性，可将栲胶高度亚硫酸化处理，而采用磺甲基化更是提高了单宁的稳定性。磺甲基化反应在引入磺酸基的同时，还对单宁分子有一定的聚合作用，避免了一些单宁在高温下降解而引起泥浆的增稠作用，对抗温性能有一定提高，因此目前泥浆中使用最多的还是磺甲基化改性栲胶，其中以坚木栲胶性能最优。磺甲基化栲胶 SMT 的制备方法如下（以坚木栲胶为例）。

在反应釜中，加入 1.25t 水和 300L 甲醛（37%），开动搅拌器，在 45min 内加完 90kg Na_2SO_3，温度升到 50℃，然后加入 160L 浓度为 50%的 NaOH 溶液，将温度升到 66℃，在 25min 内加完 1t 坚木栲胶，升温至 88～93℃，保持 2.5h，并强力搅动，处理完毕后，将溶液进行干燥，得到 SMT。为了提高磺甲基化的效果，可采用加压磺甲基化，温度 170℃，压力 8kg/cm²。

磺甲基化栲胶的 pH 为 7～9.5，在泥浆中的用量占泥浆体积的 1%～3%，随井深、地质、泥浆的性能不同而异。

3）金属离子络合栲胶

近年来，在抗高温泥浆降黏剂的研制中常使用高价金属离子。一般认为，在高温降黏剂中引入高价金属离子具有两大基本功能：一是对泥浆有絮凝作用，可有效地控制黏土高温水化分散，二是有络合作用，可提高降黏剂在黏土上的吸附能力及抗温能力。采用黑荆树栲胶为原料的泥浆降黏剂 Kr6D 正是此类产品之一。Kr6D 是用铬盐处理亚硫酸化黑荆树栲胶所生成的螯合型络合物，其制法是先用 $CaHSO_3$ 处理黑荆树栲胶，然后使其与铬盐络合，铬离子与钙离子交换，从而制成络合的亚硫酸化栲胶。若经碱化，铬离子又能以 $Cr(OH)_3$ 的形式分离出来。由于螯合物的中心离子 Cr^{3+} 不易电离，比较稳定，因而有一定的抗盐、抗钙和抗温能力，它的水溶性则取决于亚硫酸化的程度。此种改性栲胶经喷雾干燥制成的产品成本较低，对高应力钢表面无腐蚀作用，在较高温度下满足陈化性能要求，在膨润土泥浆中具有令人满意的降黏和降失水性能，在正常钻探条件和地层中含盐量不高的情况下，Kr6D 用于 1820m 以下的浅井效果很好[372]。

对于磺甲基化栲胶 SMT，金属络合产品性能进一步得到改善，金属离子除了上述的铬，还可采用铝、钒、锌、铁等多种水溶性金属盐，其比例一般为（9∶1）～（5∶1）。经热处理（166～222℃，1～16h）后与金属盐络合，或者两者预先混合，再经加热处理后，其降黏性能和稳定性会进一步提高。

3. 改进的单宁泥浆处理剂

上述几种单宁处理剂，在一般钻井条件下，只适用于井深 2000m 左右使用，超过 3000m 以上的深井，温度高于 93.3℃，效果较差，因此针对提高现有单宁降黏剂的降黏作用，以及提高其抗盐性和耐热性，已经建立了以下几种改进方法。

1）防塌降黏剂——单宁酸钾[373]

在目前单宁类泥浆处理剂的制备中所用的碱通常均为 NaOH，因而产品中含有大量的钠离子。钠离子对黏土和钻屑有水化分散作用，不利于井壁稳定，而钾离子有防止泥页岩吸水膨胀及井壁垮塌的功能，所以用 KOH 代替 NaOH 制备单宁类处理剂时，所合成的降黏剂单宁酸钾 KTN 是一种性能优良的防塌降黏剂。

对于橡栲胶，栲胶与 KOH 的比例为 1∶0.35 时，合成的降黏剂具有最好的降低黏度和切力的作用。KTN 的制备工艺为（以橡栲胶为例）：将橡栲胶与 KOH 按 1∶0.35 比例加入配料罐中，搅拌均匀后泵入反应釜，在常压、80℃左右反应 1～4h，反应产物经干燥处理即得产品。

比较 KTN 和 SMT 的泥浆处理效果，结果表明 KTN 的降黏和降失水能力较强，形成的泥饼坚韧，并且通过测定岩心在泥浆中的膨胀率，可以看出 KTN 对泥页岩的水化膨胀具有抑制效果，见表 8.69。

表 8.69　KTN 和 SMT 处理泥浆的效果对比[373]

处理剂用量	漏斗黏度/ （Pa·s）	滤失量/mL	滤饼厚/mm	屈服应力/Pa	塑性黏度/ （mPa·s）	（屈服应力/塑性黏度）/$10^{-3}s^{-1}$
0	42	5.8	2.0	8.5	27	0.31
0.1% SMT	28	5.0	2.0	3.5	29	0.12
0.2% SMT	28	4.9	1.5	2.5	31	0.08
0.3% SMT	27	4.8	2.0	3.0	28	0.11
0.1% KTN	27.5	4.6	2.0	3.0	29	0.10
0.2% KTN	27	4.4	2.0	3.0	29	0.10
0.3% KTN	27	4.0	1.5	3.0	30	0.10

注：原浆为 0.5%碳酸钠+4%膨润土+0.5%KPA，用 KOH 调节 pH 为 8.5。

KTN 含有大量钾离子。钾离子不但水化能低，离子半径（0.266nm）与黏土硅氧四面体组成的六角环半径（0.288nm）相似，易进入六角环把黏土片拉在一起，导致易水化膨胀的泥岩、页岩惰性化。对于伊利石，钾离子可置换任何可交换性离子，从而形成更完整的伊利石页岩，对稳定井壁起到良好作用。对于伊蒙混层黏土，钾离子对伊利石和蒙脱石均发生作用，从而减少膨胀差，防止坍塌。实验表明，钾离子对干粉蒙脱石有抑制作用，对完全水化的蒙脱石却无抑制作用。钻井液中的膨润土是完全水化的，但井壁泥页岩在上覆压力作用下已经脱水，相当于干粉。因此，钾离子对钻井液中的膨润土无抑制作用，但能抑制井壁泥页岩的水化膨胀。

KTN 自 1989 年推广以来，其现场应用收效良好。统计结果表明，使用 KTN 降黏剂后，钻井液黏度降低 5～10Pa·s，切力减小 0.5Pa，钻井液放置 24h 后性能基本不变，固井时性能良好，代替 SMT 时在浅层套断区钻井顺利，电测遇阻率下降到 4%，井径扩大在 10%以内，井下事故减少，固井质量提高（表 8.70）。

表 8.70　大庆南二、南三区西块钻井统计资料[373]

降黏剂	最高密度/（g/cm³）	钻井口数	井漏口数	卡钻口数	电测遇阻口数	钻井周期/（d-h）	固井合格率/%
SMT	2.05	218	45	48	46	12-13	94.6
KTN	2.12	288	42	25	20	10-16	98.9

2）木质素磺酸盐-单宁接枝共聚物降黏剂

木质素磺酸盐是用量最大的泥浆降黏剂，特别是铁铬木质素磺酸盐（FCLS），更是普遍使用的产品，它具有抗温抗盐特性。但是 FCLS 对环境存在严重污染，使用日益受到限制，并且木质素类降黏剂在中低温度下的作用效果不如单宁类。因此，研制木质素磺酸盐-单宁接枝共聚的产品将有可能综合两类处理剂的优点，在中低温度下具有单宁类降黏剂的敏感性，在高温时具有木质素降黏剂的抗盐抗温性。

根据这一思路，可以有两条方案合成这类产品，第一种方案是直接将粉碎的树皮（如落叶松树皮）磺化提取，得到磺化栲胶-木质素（SML），再加入一定量的氧化剂（如 H_2O_2）和络合剂（Fe^{3+} 和 Sn^{2+}）反应得到铁锡栲胶-木质素磺酸盐（FSLS）[374]。SML 经氧化后，分子结构发生变化，增加了部分活性基团，增大了分子稳定性，提高了产物抗盐、抗钙的能力；同时经金属离子络合后，提高了降黏效果。不同的络合离子对改善 SML 降黏作用不同，这是因为不同的金属离子对木质素、单宁磺酸盐的螯合能力不同，因而络合产物对黏土表面的吸附和分散程度不同。经实验，加入 Fe^{3+} 的 SML 与加入 Sn^{2+} 的 SML 按 1∶1 组成的复合物的降黏效果是最好的。如此得到的降黏剂产品 FSLS 外观为棕黑色粉末，有很好的水溶性，在 pH 为 1～14 的水中皆可溶解，可溶于冷水和任何硬度的热水，且对皮肤无刺激性。红外谱图证实其具有木质素的特征吸收峰（2840～2925cm⁻¹ 甲氧基峰，3400cm⁻¹ 和 1035～1180cm⁻¹ 羟基峰，1440～2940cm⁻¹ 亚甲基峰，1545～1610cm⁻¹ 芳香核峰）。

表 8.71 是 FSLS 与 FCLS 以及两种改性栲胶产品——KJX（当时的南阳油田栲胶厂生产）和 813（改性栲胶，当时的湖北老河口栲胶厂生产）降黏剂在淡水基浆中的降黏性能比较。在 FSLS、FCLS 和两种改性栲胶四者中，FSLS 的降黏效果最佳，具有加量少、降黏作用明显、处理的泥浆失水量低、泥饼薄而致密等优点，且 FSLS 抑制黏土膨胀效果只稍差于 FCLS，在 NaCl 含量为 5%和 8%时降黏效果均优于 FCLS，最高使用温度 180℃，其抗温性能也优于 FCLS 和两种改性栲胶。

表 8.71　几种处理剂对淡水基浆的降黏效果[374]

处理剂用量	表观黏度/(mPa·s)	塑性黏度/(mPa·s)	屈服应力/Pa	剪切应力/Pa	pH
2% FSLS	4.0	3.6	0.5	0	8
2% KJX	10.5	30.0	6.5	5.5	8
2% FCLS	7.5	18.0	3.5	2.5	6
2% 813	12.5	39.0	8.5	8.0	8

　　第二种方案是以甲醛等交联剂将单宁和木质素磺酸盐接枝，生成单宁-木质素磺酸盐（XLV）[375-379]。其成本与 FCLS 相近，具有较好的降黏效果和稳定性（表 8.72），其抗钙能力较 FCLS 强，完全可用于 3000m 左右的深井，当用量为 0.2%～0.3%时，FCLS 的降黏率为 29%，而 XLV 的降黏率为 33%～42%，可代替 FCLS 满足钻井工程的需要。接枝产物中加入一定量的金属离子具有进一步加强的作用，但是过量可能导致共聚物分子收缩，从而影响处理剂性能。

表 8.72　XLV 与 FCLS 在标准泥浆中的降黏效果对比[375-379]

处理剂用量	表观黏度/(mPa·s)	塑性黏度/(mPa·s)	屈服应力/Pa
0	44	10	32.6
0.5% XLV	7	6	1
0.5% FCLS	6.8	6	0.8
80℃陈化16h			
0.5% XLV	7	5	1.9
0.5% FCLS	7	5.5	1.4
120℃陈化16h			
0.5% XLV	10.5	7	3.4
0.5% FCLS	12.5	8	4.3
150℃陈化16h			
0.5% XLV	13	7.5	5.2
0.5% FCLS	12.5	8	4.3

　　此外，将单宁与纤维素混合后，羧甲基化所制备的泥浆处理剂在饱和食盐水（30%）或有钙盐、镁盐存在时，热稳定性都很好，在 200℃±5℃下恒温处理 2h后，失水量为 3.5～4.5mL/30min[380]。

　　单宁的降黏作用除了应用于石油钻井用泥浆降黏剂外，同样还应用于陶瓷、水泥和耐火材料等生产中。单宁作为减水剂可以减少燃料的消耗，提高施工质量。例如，在湿法水泥生产中，添加单宁可降低泥浆的水分，减少燃料消耗，而在陶瓷生产中，将碱性磺化单宁加入石膏中能提高模型强度，延长使用寿命，将单宁加入浆料中可降低含水量和提高球磨效率。

8.9.3　植物单宁油田化学堵水调剖剂

油井出水是目前油田注水开发中普遍存在的问题，油层的非均质性和油水流度比的不同会导致油层过早水淹。随着油田开发进入晚期，油层水淹越来越严重。油井出水会严重影响经济效益，使经济效益好的井降为无工业价值的井，同时增加产水量就必然会增加地面脱水的费用并带来整个采油工艺上的复杂性。目前多采用化学堵水的办法，而相应的堵水剂称为油田化学堵水调剖剂。目前对堵水材料要求具有的性能是：可以控制注入地层的深度，可以选择性地在油层的含水带形成坚硬的不渗透隔层，在地层条件下具有持久的坚固性，能够耐寒、无毒，具有可泵性，货源足，价格低[381-384]。

1. 单宁堵水剂的特点

以栲胶为原料可以制备满足上述要求的堵水剂。虽然植物单宁在高 pH 时溶于水，注入地层后，溶液降黏使 pH 降低，产生沉淀封堵水位层，但是在实际情况中，由于对堵水剂的力学强度等指标有一定的要求，通常不是如此直接利用单宁，而是利用单宁与醛类的反应制备成水溶性酚醛树脂，然后在一定时间、pH 和交联剂以及催化剂作用下胶凝，生成堵水剂。其实在建筑施工中，堵水剂也有很高的应用价值，被用于固定土壤、沙砾和结构疏松土层，巩固地基、封隔地下水等，此时称为化学薄浆。单宁堵水剂与常用的丙烯酰胺类堵水剂及各种酚醛树脂相比，其主要优点在于凝胶时间短（特别是在低温时）、抗压强度高、毒性小、价格低廉[381-384]。

单宁堵水剂通常以缩合类单宁为主要原料，由三部分组成：碱性栲胶、醛类（甲醛、多聚甲醛、水溶性酚醛树脂）、催化剂或胶凝剂。

碱性栲胶的制备方法是把缩合类单宁原料（荆树皮、坚木、桉树）100 份用 9 份 NaOH、421 份水浸提，浸提温度 185℃，浸提时间 15～240min，然后进行浓缩和干燥。催化剂或胶凝剂可以是铬、铁、钼、钒等金属盐，氢氧化铁与多元醇的络合物，硅酸钠等。在碱性条件和金属离子存在下，缩合类单宁黄烷醇 B 环也参加酚醛缩合反应，并且可以通过 B 环邻苯二酚羟基与金属离子的络合而增强交联，加速了胶凝，同时提高了凝胶的物理强度。通过控制胶凝剂种类和浓度可以调节适合的胶凝时间，见表 8.73[381-384]。

表 8.73　金属离子对胶凝时间的影响[381-384]

胶凝剂	pH	胶凝时间/min	胶凝剂	pH	胶凝时间/min
无		500	Na_2SiO_3(0.67%)	9～11	0.5
V_2O_5(0.93%)	11	7	$MnSO_4$	9～11	31
$KMnO_4$	9～11	25	$TiCl_4$	9～11	92.0
$ZrCl_4$	9～11	62.5			

2. 单宁堵水剂的配制

单宁堵水剂的胶凝是由醛类、碱、催化剂控制的，因此通常将单宁和甲醛混合，使用之前再加入金属盐、水及碱，也可以将醛、碱、催化剂制成混合水溶液，用前与栲胶混合。

例如，将荆树皮栲胶 75 份、多聚甲醛 13 份、氯化钠 10 份、邻苯二甲酸丁二酯 2 份、消泡剂少量共 20kg 混合均匀制成薄浆粉，再加入 3kg 甲醛和 67kg 水，称为薄浆 A。另称 2.5kg V_2O_5 加入 96.5kg 水中（先加入 1kg NaOH）作为薄浆 B。取 90kg 薄浆 A、100kg 薄浆 B 充分混合，即可凝胶。

当用铁盐作胶凝剂时，把 200L 30%的 $Fe_2(SO_4)_3 \cdot 7H_2O$ 与 97kg 蔗糖、125L 甲醛混合，后加 50% NaOH 调节 pH 为 10，然后以一定比例的这种溶液加到 100L 25%的栲胶溶液中，胶凝时间和强度取决于比例，铁离子含量对凝胶时间和强度的影响见表 8.74[381-384]。

表 8.74 铁离子含量对凝胶时间和强度的影响[381-384]

	铁离子含量/%	胶凝时间	强度/（bf/in²）					
			0.25h	0.5h	1h	4h	24h	48h
纯凝胶	0.43	33min			7	13	40	41
	0.65	8min45s	9	14	21	32	60	61
	0.86	6min30s	18	28	34	50	69	73
	1.08	5min30s	25	41	50	67	73	79
砂浆	0.43			170	300	430	900	580
	0.65		90	180	360	510	840	690
	0.86		180	400	470	540	1049	970
	1.08		380	290	620	590	1110	910

注：bf/in² 为法定非许用单位，1bf/in²=6.89×10³Pa。

当用硅酸钠作胶凝剂时，可把 9kg 硅酸钠和 9kg 聚甲醛溶于 91kg 水中得到溶液 A，9kg 氨基磺酸（或者硫酸）溶于 91kg 水中得到溶液 B。把溶液 A 加到溶液 B 中得到硅酸钠胶凝剂溶液，浓度为 5%，pH 为 2，用 182kg 铁杉碱性栲胶和坚木栲胶的混合物溶于 822kg 水中，得到浓度为 20%的栲胶溶液，将栲胶溶液与胶凝剂溶液混合（混合体积比 5:1）即得。在 20℃下胶凝时间约 10min，纯胶凝强度为 1.83kg/cm²。

采用造纸废液浓缩物麦草木质素磺酸钠 NaLS 与苯酚、甲醛和栲胶复配，在 70~90℃温度范围内可以生成一定强度的凝胶，适当的配比为：NaLS₉ 16%，苯酚 1%~3%，36%甲醛水溶液 8%~9%，栲胶 1%~2%，pH 为 9.5~10.5，成胶时间在 5~150h 内可调。凝胶强度和稳定性高，原料价廉易得，本体抗压强度为 0.3~

0.4MPa，在 90℃恒温条件下放置 7d，不发生破胶和水化[381-384]。

8.9.4　植物单宁高温堵剂

我国拥有丰富的稠油资源，现年产量已达到 1200 多万吨，居世界第四位。鉴于稠油的高黏度，用传统方法已无法施用有效的开采，目前国内外常用蒸汽驱或蒸汽吞吐等方法降低稠油的黏度，以利于开采。但在开采过程中，由于油藏的不均质性和蒸汽与稠油密度之间的差异，会出现蒸汽的重力超覆和气窜现象，致使原油采收率和开采成本升高。为了改善蒸汽采油的效果，提高蒸汽注入的质量，可用耐高温堵剂封堵油藏的高渗透层。这种堵剂，除了封堵蒸汽外，还可用于热采堵水，应该属于油田用堵水剂的一类，但是对其耐高温（200℃以上）、封堵强度、胶凝温度与时间等指标有更高的要求。根据我国稠油油藏的地质条件和注蒸汽开采工艺，所用高温堵剂应满足如下要求：在高于 250℃温度下保持凝胶强度的长期稳定性，与地层水（矿化度 200～150000mg/L）有良好的配伍性，胶凝时间在 8～50h 之间可调，堵剂液抗剪切，黏度一般不大于 50mPa·s，有良好的解堵性，原料来源广，价廉低毒。随着我国稠油油田的不断开发，对堵剂的耐高温性要求已高达 300℃，现有的一些高温堵剂在此时已无法使用[385, 386]。

单宁可代替酚类原料制备高温堵剂凝胶，其凝胶比普通酚类凝胶有更好的耐热性，在 300℃时仍有良好的热稳定性。在现有的各种高温堵剂中，栲胶类堵剂是较为经济的一种，其凝胶性能良好（表 8.75）。我国具有丰富的栲胶资源和生产潜力，积极开发栲胶类高温堵剂是符合国情的。目前已有产品投入市场，有的尚需改进，以期达到更高的耐温指标 350℃，并且降低成本。

表 8.75　五种高温堵剂技术经济分析对比[385, 386]

五种高温堵剂	凝胶的耐高温度/℃	抗矿化度/(mg/L)	胶凝时间/h	配制液黏度/(mPa·s)	配制液的抗剪切性	解堵性	价格/（元/t）	毒性	来源
合成起泡剂 Suntech-IV	205	10000	—	<10	抗剪切	易	不详	低毒	国内无此产品
木质素磺酸钠	232	150000	4（232℃）	<10	抗剪切	易	4500	无毒	来源丰富
栲胶	290	可用饱和盐水配制	2（90℃）	<30	抗剪切	易	5000	低毒	来源丰富
丙烯酸聚合物	171	2500	100（70℃）	<30	抗剪切	难	10000	有毒	紧缺产品
N-磺烷基丙烯酰胺聚合物 AMPS	200	55000	—	3.8	黏度下降	难	11000	交联剂铬盐有毒	国内正开发

在一般情况下，缩合类单宁较水解类单宁的耐高温性更好，其分子结构单元间以 C—C 键相连，高温下不易发生水解，而水解类单宁分子中的酯键较为不稳定。更为重要的是，缩合类单宁对醛的缩合活性较水解类单宁高得多。因此通常采用缩合类栲胶在碱性条件下与醛类（甲醛、糠醛、可溶性酚醛树脂）作为反应主体制备水凝胶，用于处理温度为 10～250℃的地层，形成凝胶的强度很高，封堵液最好用盐水或者海水配制，凝胶时间在几小时至几百小时内可调，而在常温下很宽 pH 范围内都是低黏度的溶液状态。但也有报道称可以利用水解类的橡栲胶与苯酚和甲醛反应，再与交联剂 $MnSO_4$ 或 $TiCl_4$ 复配，在 170～180℃时生成凝胶[385]。基本的单宁高温堵剂配方见表 8.76。下面举几个例子来说明国产栲胶制备高温堵剂的性能与制备原理。

表 8.76 栲胶高温堵剂的几种典型配方[385]（单位：%，质量分数）

组分	配方 A	配方 B	配方 C	配方 D
水或盐水	87.7	90.4	88.7	88.1
栲胶	10.3	7.8	10.7	8.7
甲醛水溶液(37%)	2.0	—	—	—
糠醛	—	1.8	—	—
六次甲基四胺	—	—	0.6	—
酚醛树脂	—	—	—	3.3

1. 落叶松栲胶高温堵剂[387]

由国产落叶松栲胶制备的能耐300℃的高温堵剂已经于1994～1995年在辽河油田进行了 30 口蒸汽吞吐井的现场实验，获得了增油降水的良好效果。

落叶松栲胶高温堵剂是利用落叶松碱性栲胶与醛类反应形成高强度耐冲刷的高温堵剂凝胶，其典型配方为落叶松碱栲胶 6%、PF 混合物（苯酚和甲醛）4%，其余为水，配制液 pH 为 10～11，在 200～300℃范围内，胶凝时间为 14～48h，而在常温下不成胶。若向堵剂配制液中加入原油量大于 10%，就不能生成凝胶，因此属于选择性堵剂，即只封堵水层，不封堵油层，从而使其现场应用更为可靠。

此高温堵剂的主要反应物为落叶松树皮单宁。落叶松树皮单宁主要由多聚原花青定构成，分子量为2800，相当于平均聚合度9～10。在碱的催化下（pH 高于10），其黄烷醇 B 环参与与醛的交联。但仅用落叶松栲胶制备的堵剂性能不能达到要求。因为单宁分子较大，参与反应的活性较低，与简单酚类相比，所结合的甲醛较少，造成交联的不足和产物的脆性。增加栲胶浓度和降低黏度有利于产生多重键，但增加栲胶浓度必然提高堵剂配制液的黏度。因此在反应物中应加入少量的 PF 混合物，一方面单宁分子间的氢键被打开，溶液的黏度降低，有利于改善堵剂配制液的地层注入性能；另一方面，酚与甲醛缩合形成的低聚物具有良好的流动性，可与单宁亲核中心形成桥键，使单宁分子的交联度增加，产物的韧性得到改善，所形成的高聚物能包络更大量的水分子。

堵剂配制液的胶凝控制因素主要是反应温度，随着反应温度的升高，胶凝反应时间缩短，当温度高于 300℃后，胶凝时间不再改变，而在常温（20～30℃）时不成胶且黏度低，在 60～70℃时成胶时间很长，因此堵剂在现场配制时不会出现地面成胶的情况，也便于注入施工。此外，改变配方中任一组分的含量，胶凝时间也发生相应的变化。当栲胶浓度低于 2.5%时、PF 混合物含量低于 2.1%时均不能生成凝胶。体系 pH 也会对此有所影响。当 pH 低于 7 时，栲胶的溶解性不好，pH 大于 11 时，胶凝时间将有所延长。因此可根据不同的油田地层条件（如井深、注汽温度、注入量和地层水矿化度等）的要求，通过合理调整堵剂配制液的组成和 pH，获得良好的封堵效果。

2. 复合型高温堵剂[388]

丙烯酸聚合物类高温堵剂具有在低浓度下即可形成凝胶的特性，复合型冻胶高温堵剂 PST 即利用此性质，综合合成高分子和栲胶的优点。以改性栲胶 ST、阴离子聚合物 PAK（丙烯酸钾盐与丙烯酰胺共聚物，分子量大于 3000000）为主要原料，添加铝硅酸钠盐、醛、苯酚及重铬酸钾，通过有机、无机相结合及低温、高温二次交联制得，可耐 286℃高温，且具有很大的封堵强度，可用于蒸汽吞吐生产井的堵水和注蒸汽井的封堵调剖剂。用于胜利油田滨南地区现场试验，结果表明其效果良好。

1）复合型冻胶高温堵剂 PST 的性能

PST 典型配方为：改性栲胶 2.5%～3.5%、阴离子聚合物 PAK 0.2%～0.3%、苯酚 0.4%～0.6%、醛 0.2%～0.3%、重铬酸钾 0.6%～0.8%、铝硅酸钠盐 0～3%。

堵剂配制液的 pH 在 6.5～8.0 范围内。在 70℃时凝胶已经有相当的强度；在 267℃下放置 35d，凝胶只略有脱水；286℃放置 30d 凝胶部分脱水，质地变软；308℃下放置 30d 脱水增大，硬度和脆性增大，失去黏弹性。在岩芯封堵试验中，对水相的封堵率达到 97.5%，对油相封堵率达到 77.8%，突破压力一般在 0.3～0.5MPa，最高达 5.0MPa。

2）PST 的合成原理

PST 的主体部分为单宁-苯酚-醛树脂，其浓度越大，形成的凝胶强度越大。重铬酸钾中的 Cr^{6+} 可被栲胶还原成 Cr^{3+}，后者在水中发生水解配聚，生成多核羟桥络离子。

　　这种羟桥络离子在足够高的地层温度（70℃）下可与聚合物 PAK 的羧基（羧酸根）和酰胺基发生络合作用，将 PAK 线型高分子交联起来，形成亲水性网状大分子，吸水成为冻胶，凝胶已具有相当的强度。随着温度升高（286℃），单宁及单宁-苯酚-醛树脂中的酚羟基逐渐参与交联，冻胶强度增大，交联反应完成时达到极大值。此后若再升高温度，交联网络对温度的敏感性和部分热降解将导致凝胶强度下降，但十分缓慢，表明凝胶结构已达到稳定状态，当温度接近 300℃，凝胶发生脱水，强度急剧下降，变成豆腐渣状。铝硅酸钠为无机物，具有耐温性和遇水膨胀特性，将它引入堵剂组分中可以提高堵剂的耐温性和封堵强度，随其浓度的增大，堵剂凝胶的强度逐渐增大，堵剂溶液的成胶时间逐渐缩短，在现场施工中其浓度可根据地层条件选择。

　　PST 的不足之处在于配方组成和成胶过程等较复杂、成本较高。

　　从我国国情出发，单宁在油田化学领域中有很高的应用价值和深远的开发前景。作为一类资源丰富、价格低廉的可再生资源，单宁以其强亲水性、强吸附性和高反应活性，已用于制备钻井降黏剂（减水剂）、堵水调剖剂和高温堵剂，同其他类型处理剂相比有其独到之处。目前，需要解决的问题主要有：①进一步提高其耐高温性（350℃）以用于深井；②提高其化学稳定性（如抗盐、抗钙）。相应的解决途径有：①考虑栲胶的适当纯化，栲胶中含有的大量糖、树胶、非单宁酚类等可能造成其黏度大、耐温性差，因此采用较纯的单宁或者分子量范围较窄的单宁组分可能会大大提高产品性能；②对所用栲胶的种类进行选择；③考虑单宁与其他化合物的共聚（或者复配），如木质素、丙烯酸类和金属盐类[389-391]，其结果可能产生协同效应，同时也降低了成本。

8.10　植物单宁在其他领域的应用

8.10.1　金属表面保护涂料

　　金属腐蚀是一个十分普遍的现象。据统计，全世界因腐蚀而损耗的金属每年达 1 亿吨以上，占年总产量的 20%～40%。金属腐蚀不仅造成重大的经济损失，引起严重的资源危机，也造成灾难性事故和环境污染。为了防止腐蚀，人们采取了许多有效的措施，如金属表面磷酸盐处理和涂刷防护油漆。植物单宁也可作为一种天然、低毒、可生物降解的天然材料用于金属防腐涂料的配制。虽然 100 年以前，植物单宁就已用于低压蒸汽锅炉的进水处理以防止钢内表面的腐蚀，但是直到 20 世纪50 年代，人们才意识到利用其抗蚀性可以配制金属表面保护涂料。近年来，植物单宁用于金属防护的研究开始被人们注意，并已得到实际应用[392, 393]。单宁的抗腐蚀性，最主要来源于其分子中含有大量的邻苯二酚或连苯三酚基团，它能与多价的金属离子产生强烈的络合作用，生成不溶性的单宁酸盐络合物。将单宁用于金属预处理底漆的配制，可避免常用红铅、铬盐等抗锈颜料对环境的污染，而其最大优点是具有锈转化功能，使用时不必对锈蚀进行费时费工的彻底清洗，特别适用于轻度锈钢的防护处理。此外，单宁处理也会大大延长传统金属涂层的保护期。

1. 植物单宁的抗锈机理

通常在金属表面使用涂层防护时，必须彻底清除锈层，然后才能涂刷各种防护涂料。用手工、喷砂等方法除锈，不但费时、费工，劳动强度大，而且很难做到彻底。至于一些结构复杂的钢铁制件根本无法除锈，对于像输电支架一类的金属结构来说，在经济上也是不划算的。锈面涂料可以在未充分除锈清理的钢面上涂刷，能够容忍底材上的一定量的锈、油污和潮湿，具有一定的抗锈功能，此类涂料在我国习惯被称为"带锈涂料"。最常用的有效成分为磷酸、铁氰化钾或亚铁氰化钾等化合物，此类物质能与锈面的铁离子反应，生成不溶物。单宁基带锈涂料也属于这种锈转化型，配方中的单宁通过化学反应将铁锈转化为保护层，然后再涂上各种油漆即可达到长期保护金属的目的。较磷酸基涂料而言，单宁涂料转化层较厚，与金属底板的黏结力强，在相同条件下，其抗大气腐蚀能力是磷酸盐涂层的 2 倍，成本也并不比后者高[394, 395]。

虽然从 20 世纪 50 年代起，人们就已经知道单宁的抗腐蚀性来自于单宁与金属离子络合生成不溶性物质，但是从分子水平对单宁抗蚀机理以及影响因素的研究是后来随着 FTIR、X 射线衍射、穆斯堡尔谱、电子探针等现代分析技术的发展而深入的。这些测试结果表明，单宁的抗蚀性可能是多种途径共同作用的结果。首先，生成的单宁-铁络合物是一层致密的薄膜，从而隔绝了空气和水汽的渗入；其次，观察到薄膜在金属的阴极区生成，而在阳极区有氢气放出，说明单宁是一类阴极抑制剂，所生成的薄膜可能在阴阳两极形成绝缘体阻止电腐蚀；最后，用 X 射线对铁锈单宁处理前后的成分分析表明，单宁促进了铁锈中的活泼成分 α-FeOOH 向惰性的 Fe_3O_4 转化，这里单宁起到还原剂的作用。

单宁涂层的抗蚀效果的主要影响因素为锈蚀的程度、氧气和湿度。用磷酸将黑荆树栲胶水溶液的 pH 调至 2，并添加润湿剂配制成处理液刷涂在生锈（擦去浮锈）和光亮的试验钢板上，然后将钢板暴露于室外一定的时间，测定钢板的腐蚀面积，结果显示表面有锈蚀的钢板比清洁的钢板有更好的抗蚀性。残存的锈能促进单宁与铁的络合反应，并且作为附着层与单宁铁盐牢固结合。在光亮的或较少锈斑的钢板上生成的单宁-铁络合物附着性较差，强度也不如原钢铁。通过扫描电子显微镜可以直观地看到这一差别。单宁处理液干后在两种钢面都生成蓝黑色的薄膜，但是在干净钢面的薄膜附着性差，很易碎裂剥落，并且残存着一些棕色的未反应的单宁，而在锈钢表面的薄膜保持紧密的状态，裂纹很细[396-398]。

多位研究者的试验表明单宁与铁的反应是需氧的，也需要一定的湿度[398-400]。放置于 0 湿度空气中的试样表面残存大量的未反应单宁，而 78%湿度下的试样 20d 以后有锈泡生成，100%湿度下的试样表面的薄膜很快开始剥落（1d），锈泡和单宁粉末开始生成，20d 时大面积锈蚀。在大量大气水分的存在下，起初，干燥后涂层中的单宁与金属表面反应，生成稳定的薄膜，当单宁被迅速消耗完毕，水分透过薄膜促进了锈的生成，出现凸起的锈泡使涂层崩裂令其失效。

通常认为，单宁是通过以下反应进行锈转化的：钢铁在潮湿的大气中与氧作用，腐蚀生成棕褐色的铁锈，它是一种含水的 Fe_2O_3 和 FeO 的混合物，其化学成分一般可用 $xFe_2O_3 \cdot yFeO \cdot zH_2O$ 表示，从结构上看，由 γ-FeOOH、α-FeOOH 和 FeO 多羟基配合物等组成。单宁并不直接与铁或铁锈反应，而与 Fe^{3+} 反应。铁和铁锈在潮湿大气中或酸性刷涂液中形成 Fe^{3+} 和 Fe^{2+}：

$$Fe + 3H^+ + 3/4\ O_2 == Fe^{3+} + 3/2\ H_2O$$

$$Fe + 2H^+ + 1/2\ O_2 == Fe^{2+} + H_2O$$

$$FeOOH + 3H^+ == Fe^{3+} + 2H_2O$$

$$Fe^{2+} + 1/4\ O_2 + H^+ == Fe^{3+} + 1/2\ H_2O$$

单宁通过邻位酚羟基与铁离子螯合，但是由于单宁具有强还原性，在螯合的同时将高铁还原成亚铁，单宁-Fe^{2+} 是浅色的络合物，有一定的水溶性，但是空气中的氧很快将络合物中亚铁转化为高铁，生成蓝黑色、不溶于水的单宁-Fe^{3+} 络合物：

$$R—OH + Fe^{3+} == [R—O—Fe(III)]^{2+} + H^+$$

$$R—2OH + Fe^{3+} == [R—2O—Fe(III)]^+ + 2H^+$$

由于单宁分子中含有多个螯合结构，铁离子在单宁间形成交联，最终形成致密的网状结构。

通过穆斯堡尔谱分析单宁与铁锈反应直接证实了这种转化关系[401]，并且说明在酸性单宁涂液中，单宁与 Fe^{3+} 只是以一配体或二配体的形式络合，而不是人们以前所设想的三配体形式。在经单宁处理过的铁锈中，其组成发生了很大变化，除了单宁-铁络合物以外，还出现部分氧化的 $Fe(OH)_2$，此外，在原铁锈中的 γ-FeOOH、α-FeOOH 和 Fe_3O_4 的比例（分别为 59%、9%、32%）也发生变化，转化为以 Fe_3O_4 为主（占铁氧化物的 59%）。研究表明单宁涂液处理后六个月以内，铁锈由 FeOOH 向性质稳定的 Fe_3O_4 转化，前三个月 FeOOH 下降率极为明显，六个月以后基本稳定，但涂层开始逐渐剥落，长出新锈，这说明单宁参与了铁锈的还原过程，基本的化学反应可能为

$$Fe(OR)_2 + 2FeO \cdot OH \longrightarrow Fe_3O_4 + 2ROH$$

或者单宁直接还原 FeOOH，单宁转化为自由基，最终转化成复杂的氧化产物：

$$3FeO \cdot OH + ROH \longrightarrow Fe_3O_4 + 2H_2O + RO \cdot$$

采用电子探针技术测定证实，单宁锈转化剂对厚度在 100μm 以下的锈层有效。单宁首先在金属锈蚀表面形成单宁-Fe^{3+}薄膜，其下为单宁转化的锈，并通过铁锈的裂缝，单宁继续渗透进入剩余的锈中。随着钢板在大气中放置时间的延长，水分和氧透入涂层，未反应的单宁逐渐与铁锈反应而被消耗。继续延长放置时间，锈转化薄层被其下面生长的锈泡所碎裂。因此对于单宁涂料，铁锈使之附着抗蚀，也是令其失效的原因。

2. 单宁原料的选择

在制备单宁基带锈涂料中，如果采用栲胶为原料，一般要求其单宁含量85%以上。栲胶中的树脂类成分有利于单宁涂层在金属表面的黏附性。虽然缩合类的荆树皮、坚木栲胶也可用来配制涂料，但是通常水解类单宁的抗蚀效果更好，因为它们具有更易与金属离子发生络合反应的连苯三酚的结构，并且比较容易分解成络合反应中表现十分活泼的酚羧酸。研究表明，单宁对金属表面极化电阻的增大，对金属表面锈蚀的封闭能力，以及对铁锈中 FeOOH 的转化率、转化后铁锈对钢铁的抗蚀性，都取决于单宁的分子量及酚羟基数目。配方中单宁分子量大、酚羟基数目多的所具有的金属抗蚀性高[402-406]。

3. 单宁锈转化涂料的配制与使用

锈转化涂料涂覆在生锈的钢铁表面，可以对锈层起到转化、稳定的作用。采用带锈转化液对钢铁表面进行预处理替代部分除锈过程，不仅可以降低施工的劳动强度，也可以克服野外装置难以除锈的困难，是常用且有效的生锈钢铁部件表面预处理方法之一。锈转化涂料使用比较普遍的是磷酸-单宁酸，它的组成大致为磷酸或加入单宁酸的醇/水溶液，并且加有渗透剂或加入能滞缓溶剂挥发的物质，以提高渗透深度，提高抗锈效果。常见的单宁锈转化涂料的配方及组成见表 8.77[407-409]。

表 8.77　常见的单宁锈转化涂料的配方及组成[407-409]（单位：%，质量分数）

配方组编号	磷酸	单宁酸	渗透剂	缓蚀剂
A	18	0.5	7	1.0
B	5	0.5	15	1.5
C	5	1	3	1.0
D	18	4	15	0.2
E	5	0.5	5	0.8

常见的单宁锈转化涂料 5 种配方的主要成分如表 8.77 所示，涂料中磷酸、单宁酸为主要的活性物质，并辅以一定含量的渗透剂和缓蚀剂，剩余部分为去离子水。5 种处理液配方中，A、D 组为高酸度配方，B、C、E 组为低酸度配方。采用实验室人工锈蚀的钢板经涂料处理和干燥后，对其抗锈使用效果进行观察。

在溶出实验中，A、B 组溶出液最为澄清，溶液不呈现 Fe^{3+} 的颜色；C 组溶出液较澄清，并呈现 Fe^{3+} 的黄棕色；而 D 组溶液浑浊，但不呈现 Fe^{3+} 的颜色；E 和空白组溶出液则比较浑浊，呈现 Fe^{3+} 的黄棕色颜色。说明单宁转化液作用后，A、B 两组钢板表面的锈层较为稳定，而 C、D、E 组钢板表面的锈层不太稳定。各组溶出液中铁离子含量的分析结果如图 8.68 所示[407-409]。

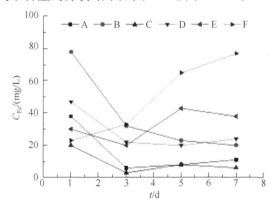

图 8.68　各组溶出液中铁离子含量随时间的变化（F 为空白组）[407-409]

由图 8.68 可知，经 A、B、C、D 处理液处理后的钢板，对应溶出液中铁离子含量随时间而减少，而经 E 组处理液处理的钢板以及未经处理液处理的钢板，对应溶出液中铁离子含量随时间增大，这表明 A、B、C、D 组处理液处理后的钢板其表面的锈层结构变得更为稳定，E 组处理液的转化效果不很明显。单宁酸分子中特有的酚羟基结构可与 Fe^{3+} 形成稳定配位化合物，在钢铁表面构成有机膜，磷酸与钢铁表面的锈层反应生成致密的磷化膜，成膜的致密性和稳定性与磷酸的含量有关，磷酸含量少则无法形成连续致密的转化膜。而渗透剂则改变锈层的表面能，使单宁酸和磷酸能够深入铁锈层并将其转化完全。转化液中的渗透剂自身含有部分亲水基团，当添加量过多时，会加速水分的渗透及吸附，加速腐蚀，导致 Fe^{3+} 溶出。B 组转化液中渗透剂的含量最高为 15%，结合转化液处理后钢板溶出液的色泽及铁离子含量分析，过量的渗透剂在浸泡初期能够抑制铁的溶出，后期则加速了铁的溶出。D 组转化液因为磷酸含量较高，而缓蚀剂含量较低，导致磷酸对基材产生了一定腐蚀，导致 Fe^{3+} 溶出量较高[407-409]。

对锈层界面中的碳、磷元素分布进行表征，可以从锈层结构上直观地了解单宁酸锈转化液对锈层的转化效果，结果如图 8.69 所示[407-409]。

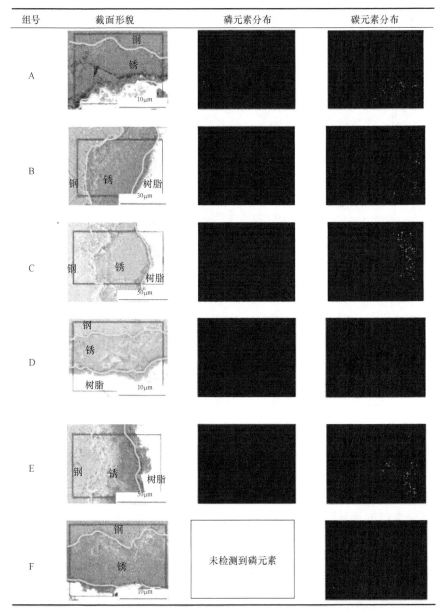

图 8.69　锈层截面形貌分析与碳、磷元素分布表征[407-409]

锈层除去浮锈后，由未经转化液处理的锈层截面形貌图可以看到锈层内部结构均匀致密，体现在浸泡试验的初期，对应溶出液铁离子检测到的含量较少。带锈处理液与锈层反应会在锈层表面形成磷化膜，使锈层表面变得坚硬致密。A、B、C 组转化液处理后的锈层从内部结构上看较 D、E 组转化液处理后的锈层完整致密，因此在浸泡试验后期，A、C 组转化液处理过的锈蚀钢板较 D、E 组转化液处理过的钢板溶出液铁离子含量更少。从磷元素的分布看，B 组转化液处理后的表面含磷锈层完整致密，说明磷酸在锈层表面的渗透、反应比较充分，电化学阻抗测试也显示其抗蚀能力最强，但由于 B 组转化液中渗透剂含量过高，导致其在浸泡试验后期，溶出液中铁离子含量升高，抗蚀能力下降。单宁酸在锈层中的渗透、反应速率较磷酸慢，且处理液配方中单宁酸的用量较少，可以看到各种处理液处理后的锈层中碳元素的分布较少（E 组处理液处理的锈层中碳元素分布较多，可能是酚醛碎屑），单宁酸与磷酸的协同作用还有待进一步的研究[407-409]。

8.10.2 天然色素与染料

从植物界中提取天然色素与染料是当前精细化工领域的一个研究热点。与人工合成的色素、染料相比，天然色素虽然着色力差、性能不稳定、不耐储藏，但其应用安全、色感自然，多数还具有一定的生理生化活性，在食品、化妆品等领域得到了广泛应用。植物单宁是人类最早利用的天然着色剂之一，其最大的优点在于对蛋白质类特有的强烈吸附力，还可以与多种金属离子反应而生色。此外，单宁还可以用于聚酰胺类纤维的固色，低分子量的单宁也可用作染剂或作为染料合成的中间体。

1. 单宁类色素的成色机理

单宁本身有颜色，是一种天然染料。因提取植物不同呈现出浅黄、浅棕、浅褐等颜色。根据单宁的化学性质可知，缩合类单宁母体儿茶素起源于原花色素，自身无色，经氧化缩合而显色，成为天然染料。水解类单宁结构中含有发色基团酰基和带颜色的连苯三酚基团，可用作天然染料。单宁结构中多种极性基团和疏水性部位的存在，可以产生良好的亲和性，获得染色需要的坚牢度。因此，单宁对天然的蛋白质类纤维、聚酰胺类纤维等可直接染色。此外，单宁很容易氧化，形成发色基团——醌基；也容易发生偶合，形成共轭稠环使单宁呈现出颜色。例如，儿茶素和儿茶素棓酸酯为无色透明的晶体，而经氧化偶合后可形成具有七元环结构的托酚酮环，呈现漂亮的鲜橙色或者红色，进一步氧化呈现暗红色。

黄酮类色素也是广泛分布于植物中的一种水溶性色素，多呈浅黄色，少数呈橙黄色。在已知的 1670 种黄酮化合物中色素为 400 个。其 C4 位上的羰基是发色团，苯环上的酚羟基是助色团。只有 A 环、B 环与 C 环中形成共轭骨架的黄酮才是色素，如黄酮醇、异黄酮、查耳酮、二氢异黄酮，而二氢黄酮醇、黄烷醇等不构成共轭者颜色很浅。天然食用色素中的红花黄色素、菊花黄色素、高粱红色素都属于黄酮类化合物。花色素是人们最熟悉的水溶性色素，绝大多数情况下正是它们使植物组织呈现蓝、红、紫和黄等颜色，其来源十分丰富，如葡萄、红加仑、黑加仑、覆盆子、草莓、苹果、樱桃等。其化学结构和性质在前面已经有所述及，它也具有黄酮类的分子骨架，但其杂环的正碳锌盐结构使其在可见光区有强烈吸收，酚羟基的个数和衍生化程度决定花色素的种类[410-412]。

从广义的角度可以认为：黄酮类色素和花色素都应属于单宁类色素，因为它们与植物单宁通常是共生的，在提取时也不能完全分离（尤其是黄酮类和单宁），提取物只能以某一类为主；它们之间有衍生关系，在一定条件下互相转化；三者之间因为分子缔合互相具有辅色素的作用；酚羟基是三者共同的助色团，缩合类单宁色素的结构、性质与黄酮极为相近。这三类色素的共性是：

（1）受 pH 的影响色调有很大改变。碱性状态下，颜色加深（花色素除外），这主要是酚羟基的离解所致，有时也伴随着黄酮骨架的改变。

（2）酚羟基数目越多，颜色越深（花色素除外）。在 C3 位上有羟基者仅显灰黄色，在 C3′或 C4′位处有酚羟基的黄酮多呈深黄色。

（3）色素对金属离子很敏感。有邻位酚羟基的结构可以与多种金属离子络合，其紫外-可见吸收光谱发生很大改变。

（4）易受到多酚氧化酶 PPO 和氧化剂的作用而变色。

（5）基本色调为红色、黄色、棕色。

2. 单宁类色素的应用

按照单宁类色素在工业领域中的应用方式与途径，可大致分为直接着色和络合着色（媒染）两大类。

有关直接着色最典型的例子就是利用植物鞣剂鞣制底革。植物鞣剂是以单宁为主体的植物提取物，含有相当数量的低分子单宁、黄酮及花色素，大多数具有较深的颜色。鞣剂中多种极性基团和疏水性部位的存在，使之对天然的蛋白质类纤维（如皮胶原纤维、丝纤维）、聚酰胺类纤维（尼龙 6、PVP），以及纤维素、聚乙烯醇都具有良好的亲和性，对前两者的结合尤为牢固，这种化学键合使单宁具有染料所必需的坚牢度。用植鞣剂鞣革，使生皮获得成革性能的同时，也赋予成革不同植物鞣剂的特征性色泽，见表 8.78[413-415]。

表 8.78　不同的植物鞣料与其成革的颜色[413-415]

植物鞣料	成革颜色	植物鞣料	成革颜色
云杉单宁	黄棕色	栲树单宁	深红色
铁杉单宁	红色	栗木单宁	红色
落叶松单宁	红棕色	橡椀单宁	棕色
红根单宁	红棕色	五倍子单宁	黄白色
相思树单宁	淡红色	黑荆树单宁	浅棕色
油柑单宁	柚黄色	塔拉单宁	浅黄色

这些色泽也正是植鞣革所特有的天然质感的主要原因之一，其细微之处远非合成染料所能媲美。有些美丽的色泽来自特定的鞣剂，利用摩洛哥产的柽柳梧子鞣制的山羊革，接近白色，略呈玫瑰红色调，故称为"摩洛哥革"。有经验的制革者可以利用两种以上的鞣剂复配，既能提高成革质量，也能调整色泽。例如，将荆树皮栲胶与橡椀栲胶合用即可对橡椀的红色调有一定降低。从皮胶原蛋白的物理形态来看，动物皮是由胶原纤维编织而成，用植物鞣剂鞣制的过程，即为染色的过程。以化学的观点看，聚酰胺纤维与胶原纤维在骨架上是完全一致的，因此植鞣剂对这两类纤维的染色作用机理很相似。植鞣剂的颜色主要取决于鞣剂中单宁的结构，因为黄酮与单宁是共生的，两者在结构上也具有相关性。通常情况下，酚羟基数多的单宁具有较深的色泽，同时也具有较大的分子量，可以形成更大的共轭平面，呈现出更深的颜色。例如，水解类单宁中拥有间苯三酚结构的聚花青定（落叶松、栲树单宁）呈现出比拥有间苯二酚结构的聚刺槐定（黑荆树皮单宁）更深的颜色；缩合类单宁中的橡椀单宁也比水解类的单宁酸和塔拉单宁具有更深的颜色。

除制革和纺织工业外，单宁类色素的直接着色作用也被广泛应用于食品工业。例如，葡萄皮中富含的花色苷为干红葡萄酒主要的呈色物质；茶叶中不同比例存在的茶黄素和茶红素是使茶叶呈现特有色泽的主要原因。此外，在食品加工中，单宁类色素除了具有着色的效果，还具有一定的生理生化活性，能起到抗氧化、抗菌等作用，还展现出一定的营养价值，受到越来越多的青睐[416,417]。

此外，单宁类色素还能通过与不同的金属离子之间发生络合反应而加强色素在着色物上的固定并对其进行色调的改变，不仅发挥了络合染色的作用，还大大地拓宽了色谱范围。纺织工业中，多种单宁被用作媒染剂使用。例如，使用单宁与铁媒染时，可将棉纱染为黑色；用单宁与铬媒染时，可将棉纱染为黄褐色。选择不同的单宁与不同的金属离子可以调配出不同着色效果的媒染剂[418-420]。

3. 染料

从化学结构和实际应用效果看，植物单宁不仅可以作为天然色素，还具有作为染料使用的可能。但是，一种具有商业价值的染料在其强度、坚牢度、上染率和亲和力等指标上都有较为严格的要求，并不是所有的着色物都可以称为染料。因植物单宁对蛋白质类物质所特有的亲和性及生色能力，利用单宁甚至植物鞣剂制备具有实用价值的皮革、毛皮、丝绸或者头发专用染料是目前单宁应用研究的一个重要课题，但是此类研究尚未形成规模，难度较大，不过因其客观的应用前景和潜在的经济效益仍引起了多方面的关注。国产鞣剂的价格为 4000～6000 元/t，而制革、纺织用染料价格通常约在 50000 元/t 以上；况且制备此种类型的染料对于制革业具有特殊的意义。植物单宁、合成鞣剂与酸性染料在性质和结构上是相似的，经植鞣过的革对阴离子型染料染色均具有很强的"浅色效应"，这是制革中经常遇到的问题，利用单宁制备染料是本质上的解决方案。此外，单宁本身具有复鞣性能，单宁类染料实际上是一种兼具复鞣和染色功能的染色性复鞣剂，适应了多功能皮化材料开发的潮流，即可使复鞣和染色一步完成，从而缩短制革周期，其潜在的经济效益不容置疑。阿根廷的 UNITAN 公司以坚木鞣剂为原料开发出六种颜色的此类产品，投放市场取得了很好的经济效益，这说明这条道路是可行的[421]。

目前利用国内植物鞣剂制备染料具有相当的难度，最主要的原因可能是国产鞣剂中虽然单宁占主体，但是其成分非常复杂，还包括糖、果胶、木质素、黄酮等，多酚本身结构和组分也十分复杂，分子量分布广，大分子的单宁组分居多，水溶性差，颜色深。而若使鞣剂生成染料，必须在单宁分子中引入新的发色团和水溶性基团，如此复杂的成分使化学改性难以按设计方案进行，也不易从分子水平研究反应的进行情况，得到的产品只能是一些结构未知的混合物。

有人将氧化反应和金属盐络合的方法结合起来，由橡椀鞣剂、厚皮香鞣剂制备醌型毛皮、丝绸络合染料，产品色调饱满，耐光性好，但稳定性不够理想，可能因分子量远远大于一般合成染料，在纤维中渗透慢，所以难以实际应用。单宁虽然也可以如一般酚类化合物一样与硝酸盐发生重氮偶合反应，以引入偶氮基—N≡N—，但经实验证实产物颜色虽有所变化，但仍然保持红黄类的色调。另外，越来越多的偶氮类染料的应用受到限制，这是染料工业发展的必然趋势，因此这条途径的发展前途不大。而用某种交联剂（如甲醛）作为桥键，将低污染的商品染料引入单宁结构中，以得到两者有机结合的产物，这一研究工作正在开展中，很可能是最为切实可行的思路[422-426]。

还有，缩合类单宁可以经酸性醇解的方法直接生成花色素染料。花色素反应是此类单宁的特征反应，一直用于单宁结构鉴定。实际上，此反应有相当高的花色素得率（50%左右），生成的花色素取决于原聚黄烷醇单元的类型，与从植物中提取的花青定在结构和性质上是一样的。例如，采用落叶松树皮单宁进行醇解，产物呈鲜红色，其在可见光 550nm 处有最大吸收，证实了其主要产物为花青定。缩合类单宁的儿茶素端基在反应中生成一种结构复杂的黄色素，但与花色素相比，其量要少得多，因此可采用这种方法直接生产花色素[427-429]。

对纺织工业中的染料而言，单宁还是较好的固色剂。例如，固色剂用量为3%～4%（单宁酸2%，酒石酸锑钾1%），在乙酸存在时（pH 为 4.5），通过固色处理后的尼龙染色织物皂洗沾色牢度可从2～3级提高到4～5级。其固色作用可认为是由于单宁酸分子比较大，被织物吸附后，与染料分子、纤维分子之间存在范德瓦耳斯力的作用，使染料不易扩散至水相中。同时酒石酸锑钾与单宁酸相互作用生成难溶性的单宁锑盐，沉积在纤维孔隙中，堵塞酸性染料移向水中的道路，从而提高染色织物的耐湿处理牢度，缺点是手感有时发硬，影响色光和鲜艳度[422-426]。

8.10.3　脱硫剂与空气清新剂

植物单宁是一类电化学活性物质。单宁分子中多元酚的化学结构使其容易氧化成相应的醌，而这种具有环状二元酮结构的醌，又容易还原成原来的单宁。在碱性介质中，单宁的吸氧能力最强，可以被用来作为氧化过程的良好载氧体。这个性质使其可用作有实用价值的工业脱硫剂，对无机硫（H_2S）、有机硫（硫醇）都很有效。将单宁配制成单宁-金属盐（特别是 Fe^{3+}）络合物，可以有效地吸附 H_2S、硫醇和氨气，用于除去异味和室内空气的净化[430-435]。

1. 脱硫原理

H_2S 是天然气、煤气、水煤气、石油气等多种工业气体中的有害杂质，也是煤中人们想除去的成分。采用植物鞣剂脱硫已经用于工业生产，属于湿式氧化法，具有无毒、高活、低温（20℃即可）、能耗少等优点，最大的优点是其工作效率高，脱硫率在99%以上。例如，一家年产量10万吨的合成氨工厂采用单宁脱除半水煤气中的 H_2S，可将 H_2S 气体的浓度从 $1.5g/m^3$ 降至 $10mg/m^3$。而相应地采用砷化物过滤法（太络克司法）不仅毒性大，操作温度高，脱硫率还比鞣剂法低（95%～98%）[436]。最常使用的是橡椀栲胶，单宁的工作原理如下。

（1）碱性溶液吸收 H_2S，生成 HS^-，使气体脱硫：

$$Na_2CO_3 + H_2S \longrightarrow NaHS + NaHCO_3$$

（2）HS^- 被 V^{5+} 氧化成硫析出，以回收硫：

$$NaHS + NaHCO_3 + 2NaVO_3 \longrightarrow S + Na_2V_2O_5 + Na_2CO_3 + H_2O$$

（3）碱性溶液中，氧化态的单宁将 V^{4+} 氧化成 V^{5+}，使偏矾酸钠得以循环使用：

$$单宁（氧化态）+ Na_2V_2O_5 \longrightarrow 单宁（还原态）+ NaVO_3$$

（4）还原态的单宁在喷射塔内被空气氧化，再生成氧化态的单宁，以便循环使用：

$$单宁（还原态）\longrightarrow 单宁（氧化态）$$

单宁在脱硫中主要起到催化氧化剂的作用，此过程实质上是一个醌-酚转化的关系。由于天然栲胶 pH 为3.5～4.5，而单宁自氧化成为醌的适宜 pH 范围为6～8或者更高，因此栲胶不能直接用于脱硫，需在使用前做碱处理，以促进单宁自氧化成醌。并且由于栲胶在碱性介质中的分散、降解作用，在一定程度上改变了单宁的性质，使其发泡性和盐析性都有所减弱，均有利于脱硫工序的进行。单宁及其降解产物低分子单宁及单宁的单体均具有相似的氧化催化能力。

据文献报道，在汽油脱除有机硫（硫醇）中，六甲基酰胺、苯二胺衍生物、对苯二酚、连苯三酚、单宁和各种植物鞣剂都可作为硫醇碱处理液的再生催化剂，而邻位酚羟基化合物和间位酚羟基化合物的催化活性较高，单宁和连苯三酚的催化活性最高，且催化剂用量以 0.3%～3%为好（表 8.79）。

表 8.79　各种单宁的浓度与硫醇处理液再生速率的关系[436]

单宁浓度/%	再生速率/[%（RSH）/min]					
	单宁酸	栗木栲胶	荆树皮栲胶	桲酸	连苯三酚	对苯二酚
0.00	0.001	0.001	0.001	0.001	0.001	0.001
0.25	0.07	0.09	0.09	0.08	0.32	0.11
0.50	0.09	0.16	0.18	0.14	0.39	0.19
1.00	0.16	0.21	0.25	0.19	0.55	0.25
3.00	0.18	0.35	0.31	0.25	—	—

2. 脱硫工艺

湿法脱硫的流程一般为：被处理气体经焦油过滤器送入两个串联的喷射塔，在塔内与脱硫液并流喷淋，然后进入施硫塔板与脱硫液逆流接触，脱除 H_2S，净化后的气体经气液分离送往压缩工段。脱硫液 pH 维持在 8.5～9.0，碱浓度在 0.7～0.8mol/L，偏钒酸钠浓度为 2～2.5g/L。栲胶配入前需碱处理，栲胶与纯碱按质量比 1∶2 混合后，继续通入空气氧化 5h，温度 60～70℃。使之转化为醌型结构，配入脱硫液。脱硫液泵入脱硫塔，由塔底导出，经 U 形管液封进入反应槽（循环槽），再经加热器进入再生槽。脱硫液在再生槽中与空气接触氧化再生，温度 35～45℃，空气量控制在 450～550m³/h。从再生槽浮选出的硫泡沫可以采用硫膏的形式回收[437]。

3. 单宁用于异味的去除

茶叶碎末可以去除冰箱里的异味，从这一生活小常识可以了解植物单宁对 NH_3、H_2S 和有机硫等挥发性气味成分具有一定的吸附能力。植物单宁与金属（Fe、Mn、Cr、Ni、Zn、Al、Cu、Sn）离子或者金属氧化物、氢氧化物、硫化物形成的络合物对这些异味气体有很强的吸附性。例如，将等量的黑荆树栲胶和柯子栲胶溶于 NaOH 稀溶液中，再与等浓度的 $FeCl_3$ 水溶液混合，制得黑色的粉末，对氨气的吸附能力为 169mg/g 粉末。通常需要将这些粉末吸附在多孔的金属表面、硅胶、活性炭等载体上，以用于气体的过滤。例如，将 $FeSO_4$ 溶液和 NaOH 溶液

混合，然后加入单宁酸形成单宁酸盐凝胶，与活性炭混合装柱以过滤含 30%的丁
硫基气体（过滤速率为 300mL/s），经过 400s 后才有臭味泄出。因此单宁被用于
制备室内空气清洁剂和过滤剂；也可添加在漱口水、牙膏、口香糖中除去口中异
味，还可配制成脚臭抑制剂；当把它吸附在绷带和布料等织物上时，可以得到具
有长效除味、抑菌的产品等[438, 439]。

参 考 文 献

[1] 中华人民共和国卫生部药政管理局，中国药品生物制品检定所. 中药材手册[M]. 北京: 人
民卫生出版社, 1990.

[2] Haslam E, Lilley T H, Cai Y, et al. Traditional herbal medicines: the role of polyphenols[J]. Planta
Medica, 1989, 55(1): 1-8.

[3] 方允中, 李文杰. 自由基与酶: 基础理论及其在生物学和医药中的应用[M]. 北京: 科学出
版社, 1989.

[4] Kakegawa H, Matsumoto H, Endo K, et al. Inhibitory effects of tannins on hyaluronidase
activation and on the degranulation from rat mesentery mast cells[J]. Chemical and
Pharmaceutical Bulletin, 1985, 33(11): 5079-5082.

[5] Okuda T, Yashida T, Hatano T, et al. Ellagitannins as active consitituents of medicinal plants[J].
Planta Medica, 1989, 55: 117-121.

[6] 董金甫, 李瑶卿, 洪绍梅. 茶多酚(TPP)对 8 种致病菌最低抑制浓度的研究[J]. 食品科学,
1995, 16(1): 6-12.

[7] Nishizawa K, Nakata I, Kishida A, et al. Some biologically active tannins of Nuphar
variegatum[J]. Phytochemistry, 1990, 29: 2491-2494.

[8] 周湘. 柿果实不同部分鞣质含量的测定及其水提取物对口腔致病菌体外抑菌活性的研究[D].
石家庄: 河北医科大学, 2013.

[9] Kakiuchi N, Hattori M, Nishizawn M, et al. Studies on dental caries prevention by traditional
medicines (Ⅷ) -inhibitory effect of various tannins on glucan synthesis by glucosyltransferase
from Streptococous Mutans[J]. Chemical and Pharmaceutical Bulletin, 1986, 34(2): 720-725.

[10] Iwamoto M, Uchino K, Toukairin T. The growth inhibition of Streptococcus mutans by
5′-nucleotidase inhibitors from Areca catechu L.[J]. Chemical and Pharmaceutical Bulletin,
1991, 39(5): 1323-1324.

[11] Otake S, Makimura M, Kuroki T, et al. Anticaries effects of polyphenolic compounds from
Japanese green tea[J]. Caries Research, 1991, 25(6): 438-443.

[12] Takechi M, Tanaka Y, Takehara M, et al. Structure and antiherpetic activity among the tannins[J].
Phytochemistry, 1985, 24(10): 2245-2250.

[13] Ivancheva S, Manolova N, Serkedjieva J, et al. Polyphenols from Bulgarian medicinal plants
with anti-infectious activity[J]. Basic Life Sciences, 1992, 59: 717-728.

[14] Fukuchi K, Sakagami H, Okuda T, et al. Inhibition of herpes simplex virus infection by tannins
and related compounds[J]. Antiviral Research, 1989, 11(5-6): 285-297.

[15] Nonaka G, Nishioka I, Nishizawa M, et al. Anti-AIDS agents, 2: inhibitory effects of tannins on

HIV reverse transcriptase and HIV replication in H9 lymphocyte cells[J]. Journal of Natural Products, 1990, 53(3): 587-595.

[16] Kakiuchi N, Hattori M, Namba T, et al. Inhibitory effect of tannins on reverse transcriptase from RNA tumor virus[J]. Journal of Natural Products, 1985, 48(4): 614-621.

[17] Kakiuchi N, Kusuawtu I, Hattori M, et al. Effect of condensed tannins and related compounds on reverse transcriptase[J]. Phytotherapy Research, 1991, 5(6): 270-272.

[18] Beress A, Wassermamn O, Bruhn T, et al. A new procedure for the isolation of anti-HIV from the marine alga *Fucus Vesiculosus*[J]. Journal of Natural Products, 1993, 56(4): 478-488.

[19] 毕良武, 吴在嵩, 陈笳鸿, 等. 单宁在抗艾滋病研究中的应用[J]. 林产化工通讯, 1998, 32(2): 11-15.

[20] Yoshida T, Chou T, Matsuda M, et al. Woodfordin D and oenothein A, trimeric hydrolyzable tannins of macro-ring structure with antitumor activity[J]. Chemical and Pharmaceutical Bulletin, 1991, 39(5): 1157-1162.

[21] Mukhtar H, Das M, Wasiuddin A, et al. Exceptional activity of tannic acid among naturally occurring plant phenols in protecting against 7,12- dimethybenz(a)anthracene-, benzo(a)pyrene-, 3-methylcholanthrene-, and *N*-methyl-*N*-nitrosourea-induced skin tumorigenesis in mice[J]. Cancer Research, 1988, 48: 2361-2365.

[22] Wang Z Y, Cheng S J, Zhou Z C, et al. Antimutagenic activity of green tea polyphenols[J]. Mutation Research, 1989, 223(3): 273-285.

[23] Xu Y, Ho C T, Amin S, et al. Inhibition of tobacco-specific nitrosamine-induced lung tumorigenesis in A/J mice by green tea and its major polyphenols as antioxidants[J]. Cancer Research, 1992, 152: 3875-3879.

[24] Kada T, Kameko K, Matsnzaki S, et al. Detection and chemical identification of natural bio-anti mutagens a case of the green tea factor[J]. Mutation Research, 1985, 150(1-2): 127-132.

[25] Gali H, Perchellet E M, Klish D S, et al. Hydrolyzable tannins: potent inhibitors of hydroperoxide production and tumor promotion in mouse skin treated with 12-*O*-tetradecanoylphorbol-13-acetate *in vivo*[J]. International Journal of Cancer, 1992, 51(3): 425-432.

[26] Athar M, Khan W, Mukhtar H. Effect of dietary tannic acid on epidermal lung and forestomach polycyclic aromatic hydrocarbon metabolism and tumorigenicity in Sencar mice[J]. Cancer Research, 1989, 49: 5784-5788.

[27] Katiyar S K, Agarwal R, Wood G S, et al. Inhibition of 12-*O*-tetradecanoylphorbol-13-acetate-caused tumor promotion in 7,12-dimethylbenz[a] anthracene- initiated Sencar mouse skin by a polyphenolic fraction isolated from green tea[J]. Cancer Research, 1992, 52: 6890-6897.

[28] Katiyar S K, Agarwal R, Mulkhtar H. Protection against malignant conversion of chemically induced benign skin papillomas to squamous cell carcinomas in Sencar mice by a polyphenolic fraction isolated from green tea[J]. Cancer Research, 1993, 53: 5409-5412.

[29] Okuda T, Mori K, Hayatsa H. Inhibitory effect of tannins on direct-acting mutagens[J]. Chemical and Pharmaceutical Bulletin, 1984, 32: 3755-3758.

[30] 程书钧, 何其傥, 黄茂端, 等. 绿茶提取物抑制 TPA 促癌作用及其机制的研究[J]. 中国医

学科学学报, 1989, 11(4): 259-262.

[31] 张岳生, 陈星若, 余应年. 生大蒜、鞣酸、肉桂醛的抗诱变作用[J]. 浙江医科大学学报, 1989, 18(5): 201-204.

[32] 郭峻, 金中初, 梅汝焕. 用大肠杆菌 CM89 菌株对三种化学物抗突变作用的研究[J]. 卫生毒理学杂志, 1993, 7(1): 16-19.

[33] Imanishi H, Sasaki Y, Ohta T, et al. Tea tannin components modify the induction of sister-chromatid exchanges and chromosome aberrations in mutagen-treated cultured mammalian cells and mices[J]. Mutation Research, 1991, 259(1): 79-87.

[34] Sasaki Y, Imanishi H, Ohta T, et al. Suppressing effect of tannic acid on UV and chemically induced chromosome aberrations in cultured mammalian cells[J]. Agricultural and Biological Chemistry, 1988, 52(10): 2423-2428.

[35] Fujita Y, Yamane T, Tanaka M, et al. Inhibitory effects of (−)-epigallocatechin gallate on carcinogenesis with N-ethyl-N′-nitro-N-nitrosoguanidine in mouse duodenu[J]. Japanese Journal of Cancer Research GANN, 1989, 80: 503-508.

[36] Yoshizawa S, Horinchi T, Fujiki H, et al. Antitumor promoting activity of (−)-epigallocatechin gallate the mainconstituent of 'tannin' in green tea[J]. Phytotherapy Research, 1987: 44-47.

[37] Ramanathan R, Tan C H, Das N P, et al. Tannic acid promotes Benzo[a]pyrene-induced mouse skin carcinogenesis at low concentrations[J]. Medical Science Research, 1992, 20: 711-712.

[38] Rashid K A, Baldwin I T, Babish J G, et al. Mutagenicity tests with gallic and tannic acid[J]. Journal of Environmental Science and Health, 1985, B20: 153-165.

[39] Bresolin S, Ferrao V. Mutagenic potencies of medicinal plant screened in the ames test[J]. Phytotherapy Research, 1993, 7: 260-262.

[40] Onodera H, Kitaura K, Mitsumori K, et al. Study on the carcinogenicity of tannic acid in F344 rats[J]. Food and Chemical Toxicology, 1994, 32: 1101-1106.

[41] Shirahata S, Murakami H. DNA breakage by hydrolyzable tannins in the presence of cupric ion[J]. Agricultural and Biological Chemistry, 1985, 49: 1033-1040.

[42] Khiwada Y. Antitumor agents 129 tannins and related compounds as selective cytotoxic agents[J]. Journal of Natural Product, 1992, 55(8): 1033-1043.

[43] Miyamoto K, Kishi N, Koshiura R, et al. Relationship between the structures and the antitumor activities of tannins[J]. Chemical and Pharmaceutical Bulletin, 1987, 35: 814-822.

[44] Kusumoto I, Shimada I, Kakinchi N. Inhibitory effects of indonesian plant extracts on reverse transcriptase of an RNA tumor virus (Ⅱ)[J]. Phytotherapy Research, 1992, 6(5): 241-244.

[45] Okuda T, Yoshida T, Hatano T. Pharmacologically active tannins isolated from medicinal plants[J]. Plant Polyphenols, 1992, 59: 539-569.

[46] 徐任生. 天然产物化学[M]. 北京: 科学出版社, 1993.

[47] 张国营. 茶多酚抗人癌作用的实验研究[J]. 茶叶通报, 1994, 16(3): 1-3.

[48] Tebib K, Bitri L, Besencon P, et al. Polymeric grape seed tannins prevent plasma cholesterol changes in high-cholesterol-fed rats[J]. Food Chemistry, 1994, 49(4): 403-406.

[49] Lin T C, Hsu F L, Cheng J T. Antihypertensive activity of corilagin and chebulinic acid, tannins from Lumnitzera Racemosa[J]. Journal of Natural Products, 1993, 56(4): 629-632.

[50] Uchida S, Ohta H, Niwa M, et al. Prolongation of life span of stroke-prone spontaneously hypertensive rats (SHRSP) ingesting persimmon tannin[J]. Chemical and Pharmaceutical Bulletin, 1990, 38: 1049-1052.

[51] Calixto J B, Nicolau M, Rae G A. Pharmacological actions of tannic acid. I. Effects on isolated smooth and cardiac muscles and on blood pressure[J]. Planta Medica, 1986, 51: 32-35.

[52] Yugarai T, Tan B, Das N. The effects of tannic acid on serum lipid parameters and tissue lipid peroxides in the spontaneously hypertensive and Wistar Kyoto rats[J]. Planta Medica, 1993, 59: 28-31.

[53] Hong C Y, Wang C P, Huang S S, et al. The inhibitory effect of tannins on lipid peroxidation of rat heart mitochondria[J]. Journal of Pharmacy and Pharmacology, 1995, 47(2): 138-142.

[54] 金鸣, 孙有翔. 没食子酸酯对羟自由基损伤抗凝血酶Ⅲ的保护作用[J]. 中国药理学与毒理学杂志, 1995, 9(1): 50-53.

[55] Ritov V, Goldman R, Detcho A, et al. Antioxidant paradoxes of phenolic compounds peroxyl radical scavenger and lipid antioxidant, Etoposide (VP-16) inhibits sarcoplasmic reticulum Ca^{2+}-ATPase via thiol oxidation by its phenoxyl radical[J]. Archives of Biochemistry and Biophysics, 1995, 321(1): 140-152.

[56] Kimura Y, Okuda H, Okuda T, et al. Effects of geraniin, corilagin and ellagic acid isolated from Geranii herba on arachidonate metabolism in leucocytes[J]. Planta Medica, 1986, 48: 337-338.

[57] Hatano T, Yasuhara T, Yoshihara R, et al. Inhibitory effects of tannins and related polyphenols on Xanthine oxidase[J]. Chemical and Pharmaceutical Bulletin, 1990, 38: 1224.

[58] Kimua Y, Okuda H, Mori K, et al. Effects of various extracts of geranii herba and geraniin on liver injury and lipid metabolism in rats fed peroxidized oil[J]. Chemical and Pharmaceutical Bulletin, 1988, 32: 1866.

[59] Hagerman A E, Riedl K M, Rice R E. Tannins as biological antioxidants[J]. Basic Life Sciences, 1999, 66: 495-519.

[60] Hagerman A E, Riedl K M, Jones G A, et al. High molecular weight plant polyphenolics (tannins) as biological antioxidants[J]. Journal of Agricultural and Food Chemistry, 1998, 46(5): 1887-1892.

[61] Yokozawa T, Fujioka K, Kokiuura H. Effects of Rhubarb tannins on uremic toxins[J]. Nephron, 1991, 58: 155-160.

[62] Yokozawa T, Fujioka K, Kokiuura H. Inhibitory effect of tannins in green tea on the proliferation of Mesangia cells[J]. Nephron, 1993, 65: 596-600.

[63] Yokozawa T, Suzuki N, Oura H, et al. Effect of extracts obtained from Rhubarb in rats with chronic renal failure[J]. Chemical and Pharmaceutical Bulletin, 1986, 34(11): 4718-4723.

[64] Kimnra Y, Okuka H, Okuda T, et al. Studies on the activities of tannins and related compounds. V. Inhibitory effects on lipid peroxidation in mitochondria and microsome of liver[J]. Planta Medica, 1984, 50: 473-477.

[65] Okuda T, Kimura Y, Yoshida T, et al. Studies on the activities of tannins and related compounds of medicinal plants and drugs. I. Inhibitory effects on lipid peroxidation in mitochondria and microsomes in rat liver[J]. Chemical and Pharmaceutical Bulletin, 1983, 31: 1625.

[66] Kimura Y, Okuda H, Hatano T, et al. Inhibitory effects on lipid peroxidation in mitochonadria and microsomes of liver (2)[J]. Planta Medica, 1984: 459.

[67] 傅乃武, 郭蓉, 刘福成, 等. 诃子鞣质和五倍子鞣酸抑制体内亚硝胺生成和对抗活性氧的作用[J]. 中草药, 1992, 23(11): 585-589.

[68] 杨法军, 任小军, 赵保路, 等. 茶多酚抑制吸烟气相物质刺激鼠肝微粒体产生脂类自由基的 ESR 研究[J]. 生物物理学报, 1993, 9(3): 468-471.

[69] 顾海峰, 梁晋鄂, 李春美, 等. 柿子单宁对几种蛇毒中主要酶的抑制作用及其机理初探[J]. 中国农业科学, 2008, 41(3): 910-917.

[70] 姚新生. 天然药物化学[M]. 北京: 人民卫生出版社, 1994.

[71] 孙达旺. 植物单宁化学[M]. 北京: 中国林业出版社, 1988.

[72] 毕良武, 吴在嵩, 陈笳鸿, 等. 3, 4, 5-三甲氧基苯甲醛的合成及应用综述[J]. 林产化学与工业, 1997, 17(4): 73-79.

[73] 马莎, 吴在嵩. 直接法制备三甲氧基苯甲酸甲酯小试报告[J]. 林产化工通讯, 1994, 28(3): 22-24.

[74] 陈笳鸿, 吴在嵩, 毕良武, 等. 塔拉提取物化学利用的研究进展[C]. 梧州: 中国林学会林产化学化工学会学术会议论文集(ⅩⅧ), 1995: 203-300.

[75] 孙达旺. 植物单宁化学及单宁应用研究新进展[C]. 梧州: 中国林学会林产化学化工学会学术会议论文集(ⅩⅧ), 1995: 201-203.

[76] Graham H. Green tea composition consumption and polyphenol chemistry[J]. Preventive Medicine, 1992, 21(3): 334-350.

[77] Nonaka C, Kakai R, Nishioka I. Hydrolysable tannins and proantocyanidins from green tea[J]. Phytochemistry, 1984, 23(8): 1753-1755.

[78] Spencer C, Cai Y, Martin R, et al. Polyphenol complexation: Some thoughts and observations[J]. Phytochemistry, 1988, 27(8): 2397-2409.

[79] 高尧来, 温其标, 张福艳. 葡萄酒中的多酚类物质及其保健功能[J]. 食品与发酵工业, 2002, 28(8): 68-72.

[80] Singleton V. Tannins and the Qualities of Wine: Plant Polyphenols[M]. New York: Plenum Press, 1992.

[81] Haslam E. Plant polyphenols-vegetable tannins revisited[M]. Cambridgeshire: Cambridge University Press, 1989.

[82] Somers T. The polymeric nature of wine pigments[J]. Phytochemsitry, 1971, 10(9): 2175-2186.

[83] Haslam E. *In Vino* veritas: oligomeric procyanidins and the ageing of red wines[J]. Phytochemistry, 1980, 19(12): 2577-2582.

[84] 顾天成. 固定化单宁的性质及其在啤酒澄清上的应用[J]. 北京工商大学学报: 自然科学版, 1989, 7(2): 84-89.

[85] 陈玲, 寇正福, 刘坐镇, 等. 大孔球形纤维素固定化单宁的性能表征及其在黄酒中的应用[J]. 离子交换与吸附, 2006, 5: 446-454.

[86] Watanabe T, Mori T, Tosa T, et al. Characteristics of immobilized tannin for protein adsorption[J]. Journal of Chromatography A, 1981, 207(1): 13-20.

[87] 丁耐克. 食品风味化学[M]. 北京: 中国轻工业出版社, 1996.

[88] 陈锦永, 靳路真, 程大伟, 等. 水果涩味研究进展[J]. 果树学报, 2016, 33(12): 90-100.

[89] 王哲. 食品添加剂的作用与安全性控制[J]. 食品安全导刊, 2019, 22: 77-78.

[90] 黄桂宽, 雷耀兴, 陈文. 茶多酚对方便面的抗氧化试验[J]. 食品科学, 1996, 17(1): 22-23.

[91] 秦翠群, 袁长贵. 一类天然的功能性添加剂: 抗氧化剂的开发和应用前景研究[J]. 中国食品添加剂, 2002, 3: 59-63.

[92] 张可钦, 吴萍, 陈钦云, 等. 由中国茶叶中提取抗氧化剂的研究[J]. 食品与发酵工业, 1991, 1: 1-10.

[93] 徐向群, 程启坤, 王华夫. 茶多酚油溶剂型的抗氧化活性研究[J]. 食品科学, 1996, 17(5): 7-9.

[94] 曾维才, 贾利蓉. 松针提取物抑菌作用的研究[J]. 食品科学, 2009, 30(7): 85-88.

[95] 陶荣达. 茶多酚的制备和应用研究的进展[J]. 化学世界, 1997, (2): 34-67.

[96] 袁金颖. 我国茶多酚制取技术与应用进展[J]. 精细与专用化学品, 1998, 1(9): 2-5.

[97] 袁珂. 从绿茶叶中提取茶多酚的工艺方法[J]. 林产化学与工业, 1997, 17(1): 56-60.

[98] 葛宜掌, 金红. 茶多酚的离子沉淀提取法[J]. 应用化学, 1995, 12(2): 107-109.

[99] 张薇, 胡章勇, 王辉宪, 等. 葡萄籽中单宁的提取[J]. 作物研究, 2006, (3): 253-255.

[100] 王永华. 食品风味化学[M]. 北京: 中国轻工业出版社, 2015.

[101] 黄梅丽, 姜汝焘, 江小梅. 食品色香味化学[M]. 北京: 轻工业出版社, 1984.

[102] 五十岚脩. 食品化学: 食品成份的特性和变化[M]. 刘继生, 奚印慈译. 北京: 科学出版社, 1994.

[103] 袁亚宏, 王周利, 李彩霞, 等. 鲜榨苹果汁的理化特性和感官品质相关性[J]. 食品科学, 2012, (19): 9-13.

[104] Robich J, Noble A. Astringency and bitterness of selected phenolics in wine[J]. Journal of the Science of Food and Agriculture, 1990, 53: 343-353.

[105] 张晓鸣. 食品风味化学[M]. 北京: 中国轻工业出版社, 2009.

[106] Weng C, Zhao C, Wang C. Structure-activity relationships of the coloration and stability of anthocyanidins[J]. Agricultural Science and Technology, 2014, 15: 526-532.

[107] Brouillard R, Dangles O. Anthocyanin molecular interactions: the first step in the formation of new pigments during wine aging[J]. Food Chemistry, 1994, 51(4): 365-371.

[108] Bravo L, Manas E, Saura-Calixto F. Dietary non-extractable condensed tannins as indigestible compounds: effect on faecal weight, and protein and fat excretion[J]. Journal of the Science of Food and Agriculture, 1993, 63: 63-68.

[109] Hoven W V. Tannins and digestibility in greater kudu[J]. Canadian Journal of Plant Science, 1984, 64(5): 177-178.

[110] Panda S K, Panda N C, Sahue B K. Effect of tree leaf tannin on dry matter intake by goats[J]. Indian Veterinary Journal, 1983, 60: 660-664.

[111] Mitjavila S, Lacombe C, Carrera G, et al. Tannic acid and oxidized tannic acid on the functional state of rat intestinal epithelium[J]. Journal of Nutrition, 1977, 107(12): 2113-2130.

[112] Barry T N. The role of condensed tannins in the digestion of fresh *Lotus pedunculatus*[J]. Canadian Journal of Animal Science, 1984, 64: 181-182.

[113] Della-Fera M A. Cholecystokinin antibody injcted in cerebra ventricles stimulates feeding in sheep[J]. Science, 1981, 212(4495): 687-689.

[114] Mahmood S. A comparison of effects of body weight and feed intake on digestion in Broiler Cockerels with effects of tannin[J]. British Journal of Nutrition, 1993, 70(3): 701-709.

[115] Donnelly E D, Anthony W B. Relationship of tannin, dry matter digestibiltiy and crude protein in *Sericea lespedeza*[J]. Crop Science, 1964, 10: 200-202.

[116] Kumar R, Singh M. Tannins, their adverse role in ruminant nutrition[J]. Journal of Agriculture and Food Chemistry, 1984, 32(3): 447-453.

[117] Van-Soest P J, Mcdowell R E. Predicting the digestibility of tropival browse[J]. Journal of Animal Science, 1987, 65: 339.

[118] Bohra H C. Nutrient utilization of *Prosopis cineraria* leaves by desert sheep and goat[J]. Annals of Arid Zone, 1980, 19: 73-81.

[119] Lohan O P, Lall D R, Pal N, et al. Note on tannins in tree fodders[J]. Indian Journal of Animal Sciences, 1980, 50: 881-883.

[120] Horton G M, Christensen D A. Nutritional value of black locust tree leaf meal and alfalfa meal[J]. Canada Journal of Animal Science, 1981, 61: 503-506.

[121] Upadhyaya R S. Some nutritional and clinical observations in sheep fed Khejri (*Prosopis cineraria*)[J]. Indian Journal of Animal Nutrition, 1985, 2: 47-48.

[122] Kumar R. Chemical and biochemical nature of fodder tree leaves tannins[J]. Journal of Agriculture and Food Chemistry, 1983, 31: 1361-1364.

[123] 汪海峰. 缩合单宁对反刍动物的营养作用[J]. 中国饲料, 2004, (12): 26-28.

[124] Bjorck I, Nyman M. *In vitro* effects of phytic acid polyphenols on starch digestion and fiber degradation[J]. Journal of Food Science, 1987, 52(6): 1588-1594.

[125] Deshpande S S, Salunkhe D K. Interaction of tannic acid and catechin with legume starches[J]. Journal of Food Science, 1982, 47(6): 2080-2081.

[126] Griffiths D W. The inhibition of digestive enzymes by extracts of field bean[J]. Journal of the Science of Food and Agriculture, 1979, 30: 458-462.

[127] Griffiths D W. The polyphenolic content and enzyme inhibitory activity of testas from bean and pea varieties[J]. Journal of the Science of Food and Agriculture, 1981, 32: 797-804.

[128] Griffiths D W, Jones D I. Cellulose inhibition by tannins in the testa of field beans (*Vicia faba*)[J]. Journal of the Science of Food and Agriculture, 1977, 28(11): 983-989.

[129] Knuckles B E, Kuzmicky D D, Betschart A A. Effect of phytate and partially hydrolyzed phytate on *in vitro* protein digestibility[J]. Journal of Food Science, 1985, 50(4): 1080-1082.

[130] Waterman P G, Ross J A, Mckey D B. Factors affecting levels of some phenolic compounds, digestibility and nitrogen content of mature leaves of *Barteria fistulata* (Passifloraceae)[J]. Journal of Chemical Ecology, 1984, 10: 387-401.

[131] Naser J A, Coetzer J A, Boomker J, et al. Oak (*Quercus ruber*) poisoning in cattle[J]. Journal of the South African Veterinary Association, 1982, 53: 151-155.

[132] Keeler R E, Van-Kanopen K R, James L F. Effect of Poisonous Plants in Livestock[M]. New York: Academic Press, 1988.

[133] Sandusky G E, Fosnaugh C J, Smith J B, et al. Oak poisoning of cattle in ohio[J]. Journal of American Medical Association, 1977, 171(7): 627-629.

[134] Murdiati T B, Mcsweeney C S. Proceedings of Ⅱ. International Symposium on the Nutrition of Herbivores[M]. Australia: University of Queensland, 1987.

[135] Kumar R, Vaithiyanathan S. Occurrence, nutritional significance and effect on animal productivity of tannins in tree leaves[J]. Animal Feed Science and Technology, 1990, 30(1-2): 21-28.

[136] Negi S S. Tannins in sal seed (*Shuorea robusta*) and sal seed meal limit their utilization as livestock feeds[J]. Animal Feed Science and Technology, 1982, 7: 161-183.

[137] Lohan O P, Lall D, Vaid J, et al. Utilization of oak tree (*Quercus incana*) in cattle rations and fate of oak leaf tannins in the ruminant system[J]. Indian Journal of Animal Sciences, 1983, 53: 1057-1063.

[138] Mehanso H, Butler L G, Carlson D M. Dietry tannins and salivary proline rich proteins: interaction, induction and defense mechanisms[J]. Annual Review of Nutrition, 1987, 7: 423-440.

[139] Hagerman A E, Butler L G. The specificity of proanthocyanidins-protein interactions[J]. Journal of Biological Chemistry, 1981, 256(9): 4494-4497.

[140] Mechanso H, Hagerman A E, Clements S, et al. Modulation of proline rich protein biosynthesis in rat parotid glands by sorghum with high tannin levels[J]. Proceedings of the National Academy of Sciences of the United States of America, 1983, 80(13): 3948-3952.

[141] Mehanso H, Ann D K, Butler L G, et al. Induction of proline rich proteins in hamster salivary glands by isoproterenol treatment and unusual growth inhibition by tannins[J]. Journal of Biological Chemistry, 1987, 262: 12344-12350.

[142] Mehanson H, Clements S, Sheares B T, et al. Induction of proline rich glycoprotein synthesis in mouse salivary glands by isoproterenol and by tannins[J]. Journal of Biological Chemistry, 1985, 260: 4418-4423.

[143] Butler L G, Rogler J C, Mehanso H, et al. Plant Flavanoids in Biology and Medicine[M]. New York: Liss, 1986.

[144] Robbins C T, Mole S, Hagerman A E, et al. Role of tannins in defending plants against ruminants[J]. Ecology, 1987, 68(1): 1606-1615.

[145] Petersen J C, Hill N S. Enzyme inhibition by *Sericea Lespedeza* tannins and the use of supplements to restore activity[J]. Crop Science, 1991, 31(3): 827-832.

[146] Garrido A, Gomez-Cabrera A, Gueerero J E, et al. Effects of treament with polyvinylpyrrolidone and polyethylene glycol on faba bean tannins[J]. Animal Feed Science and Technology, 1991, 35(3-4): 199-203.

[147] Jones W T, Mangan J L. Complexes of the condensed tannins of Sainfoin (*Onobrychis viciifolia* Scop.) with fraction 1 leaf protein and with submaxillary mucoprotein and their reversal by polyethylene glycol and pH[J]. Journal of the Science of Food and Agriculture, 1977, 28(2): 126-136.

[148] Oh H I, Hoff J E, Armstrong G S, et al. Hydrophobic interaction in tannin-protein complexes[J]. Journal of Agriculture and Food Chemistry, 1980, 28(2): 394-398.

[149] Kumar R, Horigome T. Fractionation, characterization and protein precipitating capacity of the condensed tannin from Robinia pseudoacacia leaves[J]. Journal of Agriculture and Food

Chemistry, 1986, 34(3): 487-489.

[150] Horigome T, Ohkuma T, Muta M. Effect of condensed tannins of false acacia leaves on protein digestibility as measured with rats[J]. Japanese Journal Zootechnical Science, 1984, 55: 209-306.

[151] Pritchard D A, Stocks D C, Osullivan B M. The effect of polyethylene glycol (PEG) on wool growth and live weight of sheep consuming a mulga (*Acacia aneura*) diet[J]. Australian Society of Animal Production, 1988, 17: 290-293.

[152] Carbonaro M, Virgili F, Carnovale E. Evidence for protein-tannin interaction in legumes: implications in the antioxidant properties of faba bean tannins[J]. LWT- Food Science and Technology, 1996, 29(8): 743-750.

[153] Vander-Poel A F, Gravendeel S, Boerl H. Effect of different processing methods on tannin content and *in vitro* protein digestibility of faba bean (*Vicia faba* L.)[J]. Animal Feed Science and Technolog, 1991, 33(1-2): 49-58.

[154] Vander-Poel A F, Gravendeel S, Van-Kleef D J, et al. Tannin-containing faba beans (*Vicia faba* L.): effects of methods of processing on ileal digestibility of protein and starch for growing pigs[J]. Animal Feed Science and Technolog, 1992, 36(3-4): 205-214.

[155] Khalifa A O E, Tinay A H E. Effect of fermentation on protein fractions and tannin content of low- and high-tannin cultivars of sorghum[J]. Food Chemistry, 1994, 49(3): 265-269.

[156] Kadam S S, Smithard R R, Eyre M D, et al. Effects of heat treatments of antinutritional factors and quality of proteins in Winged bean[J]. Journal of the Science of Food and Agriculture, 1987, 39: 267-275.

[157] Douglas J H, Sullivan T W. Influence of infrared (micronization) treatment on the nutritional value of corn and low and high tannin sorghum[J]. Poultry Science, 1991, 70: 1534-1539.

[158] Banda-Nyirenda D B, Vohra P. Nutritional improvement of tannin-containing sorghums (*Sorghum bicolor*) by sodium bicartbonate[J]. Cereal Chemistry, 1990, 67(6): 533-537.

[159] Mitaru B N, Reichert R D, Blair R. The binding of dietry protein by sorghum tannins in the digestive tract of pigs[J]. Journal of Nutrition, 1984, 114: 1787-1796.

[160] Reichert R D, Fleming S E, Schab D J. Tannin deactivation and nutritional improvement of sorghum by anaerobic storage of H2O-, HCl-, or NaOH- treated grain[J]. Journal of Agriculture and Food Chemistry, 1980, 28(4): 824-829.

[161] Bennett S E. Tannic acid as a repellent and toxicant to *Alfalfa weevil* larvae[J]. Journal of Economic Entomology, 1965, 58: 372-373.

[162] Feeny P P. Effect of oak leaf tannins on larval growth of the winter moth *Operophtera brumata*[J]. Journal of Insect Physiology, 1968, 14: 804-817.

[163] Norris D M. The Basis for Plant Resistance to Pest[M]. Washington D. C.: American Chemical Society, 1977.

[164] 武予清. 棉花单宁-黄酮类化合物的定性定量分析及其对棉铃虫的抗性[D]. 北京: 中国农业科学院, 1998.

[165] Haslam E. Plant polyphenols (*syn.* vegetable tannins) and chemical defense：A reappraisal[J]. Journal of Chemical Ecology, 1988, 14: 1789-1805.

[166] Bernays E A. Tannins: an alternative viewpoint[J]. Entomologia Experimentalis et Applicata, 1978, 24: 44-53.

[167] Bernay E A. Plant tannins and insect herbivores: an appraisal[J]. Journal of Ecological Entomology, 1981, 6(4): 353-360.

[168] Berenbaum M. Coumarins and caterpillars: a case for coevolution[J]. Evolution, 1983, 37(1): 163-179.

[169] Berenbaum M. Effects of tannin ingestion on two species of papilionid caterpilar[J]. Entomologia Experimentalis et Applicata, 1983, 34: 245-250.

[170] Shen Z, Haslam E, Falshaw C P, et al. Procyanidins and polyphenols of *Larix gmelini* bark[J]. Phytochemistry, 1986, 25(11): 2629-2635.

[171] Todd G W, Getahun A, Cress D C. Resistance in barley to the greenbug, *Schizaphis graminum*. 1. Toxicity of phenolic and flavonoid compounds and related substances[J]. Annals of the Entomological Society of America, 1971, 64(3): 718-722.

[172] Chan B G, Waiss A C. Condensed tannin, an antibiotic chemical from *Gossypium hirsutum*[J]. Journal of Insect Physiology, 1978, 24(2): 113-118.

[173] Lane H C, Schuster M F. Condensed tannin of cotton leaves[J]. Phytochemistry, 1981, 20(3): 425-427.

[174] Yokoyama V Y, Mackey B E. Protein and tannin in upper, middle, and lower cotton plant strata and cigarette beetle (*Coleoptera anobidae*) growth on the foliage[J]. Journal of Ecological Entomology, 1987, 80: 843-847.

[175] Smith C W, Macarty J C, Altamarino T P, et al. Condensed tannin in cotton and bollworm-bollworm (*Lepidoptera Noctuidae*) resistance[J]. Journal of Ecological Entomology, 1992, 85: 2211-2217.

[176] Hedin P A, Jenkins J N, Coolum D H, et al. Cyanidin-3-b-glucoside, a newly recognized basis for resistance in cotton to the tobacco budworm Heliothis virescens (Fab.) (*Lepidoptera Boctuidae*)[J]. Experientra, 1983, 39: 799-801.

[177] Pratt C, Wonder S H. Identification of kaempferol-3-rhamnoglucoside and queretin-3-gluco side in cottonseed[J]. Journal of the American Oil Chemists Society, 1961, 38: 403-404.

[178] 武予清, 郭予元. 棉花单宁和黄酮类化合物研究概况[J]. 中国棉花, 2000, (8): 47-48.

[179] Blau P A. Allylgucosinolate and herbivorous caterpillars: a contrast in toxicity and tolerance[J]. Science, 1978, 200: 1296-1278.

[180] 裘炳毅. 生物技术制剂及其在化妆品的应用: (一)生物技术的发展及其对化妆品科学的推动作用[J]. 日用化学工业, 1995, (5): 34-38+28.

[181] 雷学军, 陈方才. 化妆品中常用中草药的作用及有效成分的分类提取方法[J]. 日用化学工业, 1990, 3: 21-27.

[182] 李子昆. 中草药在化妆品中的应用[J]. 日用化学品科学, 1995, 2: 14-16.

[183] 佚名. 最近国外单宁酸、没食子酸应用研究动态[J]. 林业科技通讯, 1995, 2: 36-37.

[184] Hartisch C, Kolodziej H. Galloylhamameloses and proanthocyanidins from *Hamamelis virginiana*[J]. Phytochemistry, 1996, 42(1): 191-198.

[185] Bandaranayake W M. Bioactivities, bioactive compounds and chemical constituents of

mangrove plants[J]. Wetlands Ecology and Management, 2002, 10: 421-452

[186] 印嘉骏. 芩芦凝胶防晒剂的制备及药效学研究[J]. 日用化学工业, 1997, (5): 16-17.

[187] Kartiyar S, Agarwal R, Mukhtar H. Plant polyphenols against malignant conversion of chemically induced begin skin papillamas to squamous cell carcinomas from green tea[J]. Cancer Research, 1993, 53: 5409-5412.

[188] Harborne J B. The Flavonids: Advances in Research since 1986[M]. London: Chapman & Hall, 1993.

[189] Simlai A, Roy A. Biological activities and chemical constituents of some mangrove species from *Sundarban estuary*: an overview[J]. Pharmacognosy Reviews, 2013, 7(14): 170.

[190] 殷蕾, 李斌, 蒋人俊, 等. 美白添加剂美白效果的评价研究[J]. 日用化学工业, 1997, 3: 41-44.

[191] 阎世翔. 化妆品科学(上册)[M]. 北京: 科学技术文献出版社, 1995.

[192] 卢代中. 肤色与美白化妆品[J]. 日用化学工业, 1992, 5: 44-46.

[193] Chaudhuri R K. Low molecular weight tannins as a new class of skin-lightening agent[J]. Journal of Cosmetic Science, 2002, 53(3): 305-306.

[194] Fernández K, Labra J. Simulated digestion of proanthocyanidins in grape skin and seed extracts and the effects of digestion on the angiotensin Ⅰ: converting enzyme (ACE) inhibitory activity[J]. Food Chemistry, 2013, 139(1-4): 196-202.

[195] 赵保路. 自由基、营养、天然抗氧化剂与衰老[J]. 生物物理学报, 2010, 26(1): 26-36.

[196] 雷学军. 抗氧自由基的天然药物[J]. 日用化学工业, 1997, (5): 35-39.

[197] 高溥超. 天然美容化妆品古今配方精选 700 例[M]. 广州: 广东科技出版社, 1996.

[198] 张炬, 曲巧敏. 天然美容化妆品配方 280 例[M]. 北京: 人民军医出版社, 2003.

[199] 赵俊超. 皮肤衰老机制及抗衰老研究进展[J]. 中国老年学杂志, 2008, 28: 1146-1148.

[200] 魏少敏. 弹性蛋白降解与皮肤衰老及其护肤品开发[J]. 日用化学工业, 1997, 5: 32-34.

[201] 毛培坤. 功能性化妆品和洗涤剂配方集[M]. 北京: 中国轻工业出版社, 1998.

[202] 费尔利. 100 种天然美容亮肤自制配方[M]. 北京: 中国轻工业出版社, 2004.

[203] 张文会. 皮肤的干燥与保湿[J]. 日用化学品科学, 1997, 2: 9-12.

[204] Yamaga M, Koide T. Effects of glass ionomer cement containing tannin-fluoride preparation (HY agent) on synthetic hydroxyapatite pellets[J]. Journal of the Japanese Society for Dental Materials & Device, 1993, 12: 699-704.

[205] Ziaulhaq M, Riaz M, De F V, et al. *Rubus fruticosus* L.: constituents, biological activities and health related uses[J]. Molecules, 2014, 19(8): 10998-11029.

[206] Carballa M, Omil F, Lema J M, et al. Behavior of pharmaceuticals, cosmetics and hormones in a sewage treatment plant[J]. Water Research, 2004, 38(12): 2918-2926.

[207] Holland K T, Bojar R A. Cosmetics[J]. American Journal of Clinical Dermatology, 2002, 3: 445-449.

[208] Lupo M P. Antioxidants and vitamins in cosmetics[J]. Clinics in Dermatology, 2001, 19: 467-473.

[209] 王建新. 天然活性化妆品[M]. 北京: 中国轻工业出版社, 1997.

[210] 光井武夫. 新化妆品学[M]. 张宝旭译. 北京: 中国轻工业出版社, 1996.

[211] Ferrazzano G F, Amato I, Ingenito A, et al. Plant polyphenols and their anti-cariogenic properties: a review[J]. Molecules, 2011, 16(2): 1486-1507.

[212] Iida T, Nishiyama C, Suzuki H. The effects of toki-inshi and a bath preparation containing licorice extract on patients with senile pruritus[J]. Japanese Journal of Oriental Medicine, 1996, 47: 35-41.

[213] Cui W Y, Yang G Y, Yan L I. Advances in studies on the plant extracts' whitening efficacy[J]. Journal of Capital Medical University, 2011, 32: 479-483.

[214] Haslam E. Vegetable tannins-renaissance and reappraisal[J]. Journal of the Society of Leather Technologists and Chemists, 1988, 72: 45-64.

[215] 石碧, 狄莹. 植物单宁在制革工业中的应用原理[J]. 皮革科学与工程, 1998, (3): 8-32.

[216] Harbertson J F, Kennedy J A, Adams D O. Tannin in skins and seeds of *Cabernet Sauvignon*, *Syrah*, and pinot noir berries during ripening[J]. American Journal of Enology and Viticulture, 2002, 53(1): 54-59.

[217] White T. Tannins: Their occurrence and significance[J]. Journal of the Science of Food and Agriculture, 2010, 8(7): 377-385.

[218] Bates-Smith E C, Swain T. Comparative Biochemistry[M]. New York: Academic Press, 1962.

[219] Sykes R L, Cater C W. Tannage with aluminium salts (part I): reactions involving simple polyphenolic compound[J]. Journal of the Society of Leather Technologists and Chemists, 1980, 64(2) 29-31.

[220] Sykes R L, Hancock R A, Orszulik S T. Tannage with aluminium salts (part II): chemical basis of the reactions with polyphenols[J]. Journal of the Society of Leather Technologists and Chemists, 1980, 64(2): 31-37.

[221] Slabbert N P. Mimosa-Al tannages-an alternative to chrome tanning[J]. Journal American Leather Chemists Association, 1981, 76: 231-244.

[222] 何先祺, 蒋维祺, 李建珠, 等. 植-铝结合鞣法中几种常见国产栲胶的性质[J]. 林产化学与工业, 1983, (2): 1-13.

[223] Hernandez J F, Kallenberger W E. Combination tannage with vegetable tannins and aluminum[J]. Journal American Leather Chemists Association, 1984, 79: 182-206.

[224] 石碧, 范浩军, 何有节, 等. 有机鞣法生产高湿热稳定性轻革[J]. 中国皮革, 1996, 25(6): 3-9.

[225] 石碧, 曾少余, 曾德进, 等. 无铬少铬鞣生产山羊服装革（I）: 无铬鞣法的研究[J]. 中国皮革, 1996, 25(10): 6-9.

[226] Covington A D, Shi B. The interactions between vegetable tannins and aldehydic crosslinkers[J]. Journal of the Society of Leather Technologists and Chemists, 1998, 82: 64-71.

[227] 石碧, 何先祺, 张敦信. 等. 水解类植物鞣质性质及其与蛋白质反应的研究——II. 水解类鞣质在水和中性盐溶液中的疏水性研究[J]. 皮革科学与工程, 1993, 3: 23-27.

[228] 石碧, 何先祺, 张敦信, 等. 水解类植物鞣质性质及其与蛋白质反应的研究——III. 有机酸对植物鞣质亲水性的影响[J]. 皮革科学与工程, 1993, 3: 7-10.

[229] 石碧, 何先祺, 张敦信, 等. 水解类植物鞣质性质及其与蛋白质反应的研究——IV. 植物鞣质与氨基酸的反应[J]. 皮革科学与工程, 1994, 4: 18-21.

[230] Shi B, He X Q, Haslam E. Gelatin-polyphenol interaction[J]. Journal American Leather

Chemists Association, 1994, 89: 98-104.

[231] 石碧, 何先祺, 张敦信, 等. 植物鞣质与胶原的反应机理研究[J]. 中国皮革, 1993, 22: 26-31.

[232] Gustavson K H. The function of the basic groups of collagen in its reaction with vegetable tannins[J]. Journal of the Society of Leather Technologists and Chemist, 1966, 50: 144-160.

[233] Gustavson K H. Interaction of vegetable tannins with polyamides as proof of the dominant function of the peptide bond of collagen for its binding of tannins[J]. Journal of Polymer Science, 1954, 12(1): 317-324.

[234] 魏庆元. 皮革鞣质化学[M]. 北京: 轻工业出版社, 1978.

[235] Shuttleworth S. Further studies on the mechanism of vegetable tannage (part Ⅰ): experiments on wattle tanned leather[J]. Journal of the Society of Leather Technologists and Chemist, 1967, 51: 134-143.

[236] Russell A, Shuttleworth S, Williams-Wynn D. Further studies on the mechanism of vegetable tannage (part Ⅱ): effect of urea extraction on hydrothermal stability of leather tanned with a range of organic tanning agents[J]. Journal of the Society of Leather Technologists and Chemist, 1967, 51: 220-230.

[237] Russell A, Shuttleworth S, Williams-Wynn D. Further studies in vegetable tannage (part Ⅲ): solvent reversibility of wattle tannage[J]. Journal of the Society of Leather Technologists and Chemist, 1967, 51: 349-361.

[238] Russell A, Shuttleworth S, Williams-Wynn D. Further studies on the mechanism of vegetable tannage (part Ⅳ): residual affinity phenomena on solvent extraction of collagen tanned with vegetable extracts and syntans[J]. Journal of the Society of Leather Technologists and Chemist, 1968, 52: 220-238.

[239] Russell A, Shuttleworth S, Williams-Wynn D. Further studies on the mechanism of vegetable tannage (part Ⅴ): chromatography of vegetable tannins on collagen and cellulose[J]. Journal of the Society of Leather Technologists and Chemist, 1968, 52: 459-485.

[240] Russell A, Shuttleworth S, Williams-Wynn D. Further studies on the mechanism of vegetable tannage (part Ⅵ): general conclusions[J]. Journal of the Society of Leather Technologists and Chemist, 1968, 52: 486-491.

[241] Kedlaya K, Basu B. Studies on mechanism of vegetable tannins[J]. Leather Science, 1965, 12: 41-45.

[242] Thampuran K, Doraikannu A, Ghosh D. Certain fundamentals of vegetable tannin chemistry[J]. Leather Science, 1978, 25: 309-313.

[243] Heidemann E. Fundamentals of Leather Manufacturing[M]. Darmstadt: Eduard Roether KG, 1993.

[244] 李闻欣, 王勇. 植物鞣剂与非铬金属鞣剂结合鞣制的研究[J]. 中国皮革, 2013, 42(3): 6-9.

[245] 张文德, 石碧, 张宗才, 等. 落叶松鞣质组份及结构的研究[J]. 皮革科技, 1989, 18(6): 17-21.

[246] 孙达旺, 赵祖春, 罗庆云, 等. 落叶松树皮单宁组分的研究(凝缩类单宁组分研究之一)[J]. 林产化学与工业, 1986, 6(4): 1-7.

[247] 南京林产工业学校. 栲胶生产工艺学[M]. 北京: 中国林业出版社, 1983.

[248] Lu Z B, Liao X P, Shi B. The reaction of vegetable tannin-aldehyde-collagen: a further understanding of vegetable tannin-aldehyde combination tannage[J]. Journal of the Society of Leather Technologists and Chemistry, 2003, 87(5): 173-178.

[249] 许保玖. 当代给水与废水处理原理讲义[M]. 北京: 清华大学出版社, 1983.

[250] 纪永亮. '95水处理药剂研究及应用学术研讨会论文评介[J]. 工业水处理, 1995, 15(16): 1-4.

[251] 崔更生. 工业水处理原理[M]. 北京: 冶金工业出版社, 1984.

[252] 张力平, 孙长霞, 李俊清, 等. 植物多酚的研究现状及发展前景[J]. 林业科学, 2005, 41(6): 157-162.

[253] 邵阳市酒厂. 用橡碗栲胶处理锅炉用水[J]. 食品与发酵工业, 1976, 3: 45-47.

[254] 贺近恪, 布朗. 黑荆树及其利用[M]. 北京: 中国林业出版社, 1991.

[255] 张艳秋. 茶多酚在饮用水消毒过程中色度成因的试验研究[D]. 北京: 北京建筑工程学院, 2007.

[256] 李永刚, 肖锦. 水处理剂阻垢性质研究[J]. 工业水处理, 1994, 14(6): 18-20.

[257] Sánchez-Martín J, Beltrán-Heredia J, Solera-Hernández C. Surface water and wastewater treatment using a new tannin-based coagulant pilot plant trials[J]. Journal of Environmental Management, 2010, 91: 2051-2058.

[258] Hatzinger P B. Perchlorate biodegradation for water treatment[J]. Environmental Science and Technology, 2005, 39(11): 239-247.

[259] 罗艺, 陈岳守, 陈民桥. 工业锅炉水垢类型及化学清洗对策[J]. 化学清洗, 1996, 4: 19-23.

[260] 郑东晟. 闪速熔炼炉循环冷却水系统在线清洗技术[J]. 化学清洗, 1997, 5: 15-19.

[261] Kaplan R I, Jr Ekis E W. The online removal of iron deposits from cooling water systems[J]. Materials Performance, 1984, 9: 40-44.

[262] 龙荷云. 循环冷却水处理[M]. 南京: 江苏科学技术出版社, 1984.

[263] Pukkkinen E, Peltonen S. Cationic flocculant from a phonemic acid fraction of conifer tree bark[J]. Tappi Journal, 1978, 61: 97-100.

[264] 马荣骏. 工业废水的治理[M]. 长沙: 中南工业大学出版社, 1990.

[265] 宋宗文. 坚持创新开发, 尽快提高我国水处理剂国际竞争能力[J]. 精细与专用化学品, 1998, 5: 1-4.

[266] Randall J M. Variations in effectiveness of barks as scavengers for heavy metal ions[J]. Forest Products Journal, 1977, 27: 51-56.

[267] Kallas J, Munter R. Post-treatment of pulp and paper industry wastewater using oxidation and adsorption process[J]. Water Science and Technology, 1994, 29(5-6): 259-272.

[268] 秦小玲, 刘艳红. 植物单宁在水处理中的研究与应用[J]. 工业水处理, 2006, 26(3): 13-16.

[269] Roux D G, Ferreira D, Botha J J. Structural considerations in predicting the utilization of tannins[J]. Journal of Agricultural and Food Chemistry, 1980, 28(2): 216-222.

[270] Haslam E. Plant polyphenols: vegetable tannins revisited[J]. The Quarterly Review of Biology, 1991, 29: 15-38.

[271] 中野准三. 木质素的化学: 基础与应用[M]. 北京: 轻工业出版社, 1988.

[272] Pulkkinen E, Mäkelä A, Mikkonen H. Preparation and testing of cationic flocculants from *Kraft Lignin*[J]. ACS Symposium, 1989, 397: 284-293.

[273] 何炳林, 黄文强. 离子交换与吸附树脂[M]. 上海: 上海科技教育出版社, 1995.

[274] 金虹, 金晖文. 离子交换树脂及其应用[J]. 江苏环境科技, 1994, 4: 42-44.

[275] 姜志新, 谌竟清, 宋正孝. 离子交换分离工程[M]. 天津: 天津大学出版社, 1992.

[276] Mitra N C, Banerjee R S, Sarkar A. Studies on renewable polyphenol-based cation exchange resins of moderately high capacity[J]. Journal of Applied Polymer Science, 2010, 42: 2499-2508.

[277] Mitra N C, Banerjee R S, Sarkar A. Studies on applications of natural polyphenol-phenol-formaldehyde copolymer based cation exchange resins[J]. Journal of Applied Polymer Science, 2010, 55(3): 407-414.

[278] Yamaguchi H, Higuchi M, Sakata I. Methods for preparation of absorbent microspherical tannin resin[J]. Journal of Applied Polymer Science, 2010, 45(8): 1455-1462.

[279] Yamaguchi H, Higuchi M, Sakata I. Adsorption mechanism of heavy-metal ion by microspherical tannin resin[J]. Journal of Applied Polymer Science, 2010, 45(8): 1463-1472.

[280] Yamaguchi H, Miura K, Higuchi M, et al. Use of spherical tannin resin as a support for immobilized enzyme[J]. Journal of Applied Polymer Science, 2010, 46(11): 2043-2048.

[281] Rodriguez M J, Sérodes J B. Assessing empirical linear and non-linear modelling of residual chlorine in urban drinking water systems[J]. Environmental Modelling and Software, 1998, 14(1): 93-102.

[282] 韩丙军, 彭黎旭. 植物多酚提取技术及其开发应用现状[J]. 华南热带农业大学学报, 2005, 11(1): 21-26.

[283] Temmink J H M, Field J A, Haastrecht J C V, et al. Acute and sub-acute toxicity of bark tannins in carp (*Cyprinus carpio* L.)[J]. Water Research, 1989, 23(3): 341-344.

[284] Field J A. Treatment and detoxification of aqueous spruce bark extracts by *Aspergillus niger*[J]. Water Science & Technology, 1991, 24(3-4): 127-137.

[285] 狄莹, 石碧. 含植物单宁的功能高分子材料[J]. 高分子材料科学与工程, 1998, 14(2): 20-23.

[286] Hirohumi A, Norimoto W. Chromium-binding ability of tannin in water extracts from withered oak leaves[J]. Bulletin of the Chemical Society of Japan, 1996, 69(4): 1133-1137.

[287] 侯旭, 廖学品, 石碧. 落叶松原位固化单宁对 Au(III)的吸附[J]. 北京林业大学学报, 2006, 28(1): 71-75.

[288] Ittah Y. Kinetics of alkaline phosphatase immobilized via persimmon tannin, on a 96-well polystyrene microplate[J]. Journal of Agricultural and Food Chemistry, 1992, 40(6): 953-956.

[289] 张超. 酚醛树脂的固化动力学研究[D]. 武汉: 武汉理工大学, 2010.

[290] Nakajima A, Sakagichi T. Recovery of uranium by tannin immobilized on matries which have amino group[J]. Journal of Chemical Technology and Biotechnology, 1990, 47(1): 31-38.

[291] Nakajima A, Salagachim T. Recovery of uranium by tannin immobilized on agarose[J]. Journal of Chemical Technology and Biotechnology, 1987, 40(4): 223-232.

[292] Sakagachi T, Nakajima A. Recovery of uranium from seawater by immobilized tannin[J]. Separation Science and Technology, 1987, 22(6): 1609-1623.

[293] Chibata I, Tosa T, Mori T, et al. Immobilized tannin: a novel adsorbent for protein and metal

ion[J]. Enzyme Microbiology Technology, 1986, 8(3): 130-136.

[294] Kim M, Saito K, Furusaki S. Synthesis of new polymers containing tannin[J]. Journal of Applied Polymer Science, 1990, 39: 855-863.

[295] Strumia M, Bertorello H, Grassino S. A new gel as a support for an ionic exchanger: a copolymer of butadiene-acrylic acid with tannic acid and HEMA grafting[J]. Macromolecules, 1991, 24(19): 5408-5469.

[296] 廖学品. 基于皮胶原纤维的吸附材料制备及吸附特性研究[D]. 重庆: 四川大学, 2004.

[297] 王茹. 胶原纤维固化杨梅单宁对金属离子的吸附研究[D]. 重庆: 四川大学, 2006.

[298] Liao X P, Lu Z B, Zhang M N, et al. Adsorption of Cu (II) from aqueous solutions by tannins immobilized on collagen[J]. Journal of Chemical Technology and Biotechnology, 2004, 79(4): 335-342.

[299] Liao X P, Li L, Shi B. Adsorption recovery of thorium (IV) by *Myrica rubra* tannin and larch tannin immobilized onto collagen fibres[J]. Journal of Radioanalytical and Nuclear Chemistry, 2004, 260(3): 619-625.

[300] Liao X P, Lu Z B, Du X, et al. Collagen fiber immobilized *Myrica rubra* tannin and its adsorption to UO_2^{2+}[J]. Environmental Science and Technology, 2004, 38(1): 324-328.

[301] 王茹, 廖学品, 侯旭, 等. 胶原纤维固化杨梅单宁对 Pb^{2+}、Cd^{2+}、Hg^{2+} 的吸附[J]. 林产化学与工业, 2005, 25(1): 10-14.

[302] 唐伟. 基于皮胶原纤维的吸附材料对重金属离子的吸附特性研究[D]. 重庆: 四川大学, 2006.

[303] Huang X, Liao X P, Shi B. Hg(II) removal from aqueous solution by bayberry tannin-immobilized collagen fiber[J]. Journal of Hazardous Materials, 2009, 170(2-3): 1141-1148.

[304] Wang R, Liao X P, Zhao S L, et al. Adsorption of bismuth(III) by bayberry tannin immobilized on collagen fiber[J]. Journal of Chemical Technology and Biotechnology, 2006, 81(7): 1301-1306.

[305] 王茹, 廖学品, 曾滔, 等. 胶原纤维固化杨梅单宁对 Mo(VI) 的吸附[J]. 林产化学与工业, 2008, 28(2): 21-26.

[306] 孙霞, 廖学品, 石碧. 胶原-单宁树脂对水体中 Pb(II) 的吸附特性研究[J]. 林产化学与工业, 2010, 30(2): 11-16.

[307] 孙霞, 廖学品, 石碧. 胶原-单宁树脂对水体中 Hg(II) 的吸附特性研究[J]. 高校化学工程学报, 2010, 24(4): 562-568.

[308] 曾运航, 孙霞, 廖学品, 等. 胶原固化单宁吸附剂的制备及其对 Pd^{2+} 的吸附特性研究[J]. 皮革化学与工程, 2007, 17(5): 16-20.

[309] Ono M, Tosa T, Chibata I. Preparation and properties of immobilized naringinase using tannic aminohexyl cellulose[J]. Agricultural and Biological Chemistry, 1978, 42: 1847-1853.

[310] Oh H I, Hoff J E, Haff L A. Immobilized condensed tannins and their interaction with protein[J]. Journal of Food Science, 2006, 50(6):1652-1654.

[311] 孙霞. 胶原-单宁树脂的制备及其对 UO_2^{2+} 的吸附特性研究[D]. 重庆: 四川大学, 2011.

[312] 仲崇茂. 固定化单宁的性质及其用于酒类除铁的研究[J]. 林产化学工业, 1992, 12(2): 49-54.

[313] 黄仲涛, 彭峰. 工业催化剂设计与研发[M]. 北京: 化学工业出版社, 2005.

[314] 阎子峰. 纳米催化技术[M]. 北京: 化学工业出版社, 2003.

[315] Vries J G, Elsevier C J. Handbook of Homogeneous Hydrogenation[M]. New York: John Wiley & Sons, Inc., 2007.

[316] Hemingway R W, Karchesy J J. Chemistry and Significance of Condensed Tannins[M]. New York: Plenum Press, 1989.

[317] Hernes P J, Benner R, Cowie G L, et al. Tannin diagenesis in mangrove leaves from a tropical estuary: a novel molecular approach[J]. Geochimica et Cosmochimica Acta, 2001, 65(18): 3109-3122.

[318] 吴昊. 多酚接枝胶原纤维负载金属纳米催化剂的制备及其催化特性研究[D]. 重庆: 四川大学, 2011.

[319] Capek I. Nanocomposite Structure and Dispersions: Science and Nanotechnology Fundamental Principles and Colloid Particles[M]. New York: Elsevier Inc., 2007.

[320] Zharmagambetova A K, Ergozhin E E, Sheludyakov Y L, et al. 2-Propen-1-ol hydrogenation and isomerisation on polymer-palladium complexes: effect of polymer matrix[J]. Journal of Molecular Catalysis A: Chemical, 2001, 177(1): 165-170.

[321] Mohamed R M. Characterization and catalytic properties of nano-sized Pt metal catalyst on TiO_2-SiO_2 synthesized by photo-assisted deposition and impregnation methods[J]. Journal of Materials Processing Technology, 2009, 209(1): 577-583.

[322] Mirza-Aghayan M, Boukherroub R, Bolourtchian M, et al. Palladium catalyzed mild reduction of α, β-unsaturated compounds by triethylsilane[J]. Journal of Organic Chemistry, 2007, 692(23): 5113-5116.

[323] Ma X, Jiang T, Han B, et al. Palladium nanoparticles in polyethylene glycols: efficient and recyclable catalyst system for hydrogenation of olefins[J]. Catalysis Communications, 2008, 9(1): 70-74.

[324] 皮现玉, 梁成雪. 苯胺的合成方法与应用[J]. 氯碱工业, 1999, 6: 34-37.

[325] Li C H, Yu Z X, Yao K F, et al. Nitrobenzene hydrogenation with carbon nanotube-supported platinum catalyst under mild conditions[J]. Journal of Molecular Catalysis A: Chemical, 2005, 226: 101-105.

[326] Kahl T, Schroder K W. Ullmann's Encyclopedia of Industrial Chemistry[M]. Sixth ed. Weinheim: Wiley-VCH, 2002.

[327] Petrov L, Kumbilieva K, Kirkov N. Kinetic model of nitrobenzene hydrogenation to aniline over industrial copper catalyst considering the mass transfer and deactivation[J]. Applied Catalysis, 1990, 59(1): 31-43.

[328] Amon B, Redlingshofer H, Klemm E, et al. Kinetic investigations of the deactivation by coking of a noble metal catalyst in the catalytic hydrogenation of nitrobenzene using a catalytic wall reactor[J]. Chemical Engineering and Process, 1999, 38(4-6): 395-404.

[329] Gelder E A, Jackson S D, Lok C M. The hydrogenation of nitrobenzene to aniline: a new mechanism[J]. Chemical Communications, 2005, 4: 522-524.

[330] Mahata N, Cunha A F, Orfao J J M, et al. Hydrogenation of nitrobenzene over nickel nanoparticles stabilized by filamentous carbon[J]. Applied Catalysis A: General, 2008, 351(2):

204-209.

[331] Sangeetha P, Seetharamulu P, Shanthi K, et al. Studies on Mg-Al oxide hydrotalcite supported Pd catalysts for vapor phase hydrogenation of nitrobenzene[J]. Journal of Molecular Catalysis A: Chemical, 2007, 273(1-2): 244-249.

[332] Lee S P, Chen Y W. Nitrobenzene hydrogenation on Ni—P, Ni—B and Ni—P—B ultrafine materials[J]. Journal of Molecular Catalysis A: Chemical, 2002, 152(1-2): 213-223.

[333] Bouchenafa-Saib N, Grange P, Verhasselt P, et al. Effect of oxidant treatment of date pit active carbons used as Pd supports in catalytic hydrogenation of nitrobenzene[J]. Applied Catalysis A: General, 2005, 286(2): 167-174.

[334] 戈进杰. 基于天然资源的可生物降解材料: 由含单宁的树皮制备聚氨酯[J]. 自然杂志, 1998, 20(2): 98-103.

[335] 罗水鹏. 绿色高分子材料的研究进展[J]. 广东化工, 2012, 39(2): 102.

[336] 彭莹. 儿茶酚基功能聚氨酯的合成与性能研究[D]. 上海: 上海交通大学, 2012.

[337] 辛玉军. 植物单宁改性酚醛树脂的制备及其应用[D]. 广州: 华南理工大学, 2011.

[338] 孙丰文, 张齐生, 孙达旺. 落叶松单宁酚醛树脂胶粘剂的研究与应用[J]. 林业科技开发, 2006, 20(6): 50-52.

[339] 邹婷, 彭志远. 单宁在高分子材料中的应用研究进展[J]. 应用化工, 2015, 44(12): 2308-2311.

[340] 张俊. 黑荆树单宁-糠醛树脂的制备与应用性能研究[D]. 北京: 北京林业大学, 2016.

[341] 宋立江, 狄莹, 石碧. 植物多酚研究与利用的意义及发展趋势[J]. 化学进展, 2000, 12(2): 161-170.

[342] 徐同台, 王奎才, 门廉魁. 我国石油钻井泥浆处理剂发展状况与趋势[J]. 油田化学, 1995, 12(1): 79-83.

[343] 李丙菊, 黄嘉玲, 汪咏梅, 等. 江西黑荆树单宁胶粘剂压制胶合板的研究[J]. 林产化工通讯, 1994, 4: 16-20.

[344] Wheatley M. Plant Polyphenols[M]. New York: Plenum Press, 1992.

[345] 雷洪, 杜官本, Pizzi A. 单宁基木材胶黏剂的研究进展[J]. 林产工业, 2008, 35(6): 15-19.

[346] 赵临五, 曹葆卓, 王锋, 等. 胶合板用黑荆树单宁粘合剂[J]. 林产化学与工业, 1993, 13(2): 113-119.

[347] 易宗俊, 马兴元, 俞从正, 等. 栲胶的化学改性及其应用研究进展[J]. 皮革与化工, 2008, 6: 10-16.

[348] 刘光远, 时君友, 姚大地, 等. 落叶松栲胶改性酚醛树脂应用研究[J]. 林业科学, 1995, 31(6): 565-569.

[349] Roux D, Frerreira D, Hamdt H, et al. Structure, stereochemistry and reactivity of natural condensed tannins as basis for their extended industrial application[J]. Applied Polymer Symposium, 1975, 28: 335-353.

[350] Pizzi A, Daling G. Warm-setting wood adhesive by generation of resorcinol from tannin extracts[J]. Applied Polymer Symposium, 1980, 25: 1039.

[351] Pizzi A. Tannin-based adhesives[J]. Journal of Macromolecular Science-Pure and Applied Chemistry, 1980, 18: 247.

[352] Pizzi A. Tannin-formaldehyde exterior wood adhesives through flavonoid B-ring cross linking[J]. Applied Polymer Symposium, 1978, 22: 2397-2399.

[353] Porter L, Hemingway R. Natural Product of Woody Plants[M]. Berlin: Springer, 1989.

[354] 覃族, 吴志平, 陈茜文. 单宁改性酚醛树脂胶粘剂研究进展[J]. 中国胶粘剂, 2016, 25(2): 47-51.

[355] Pizzi A. Phenolic and tannin-based adhesive resins by reactions of coordinated metal-ligands Ⅱ[J]. Applied Polymer Symposium, 1979, 24(5): 1257-1268.

[356] Pizzi A, Stephanou A. A ^{13}C NMR study of polyflavonoid tannin adhesive intermediates[J]. Applied Polymer Symposium, 1994, 51(13): 2109-2130.

[357] 吕文华, 张双保, 赵广杰. 再生资源制备木工胶粘剂的研究概况[J]. 建筑人造板, 2002, (2): 12-17.

[358] Kreibich R, Hemingway R. Condensed tannin sulfonated derivatives in cold setting wood laminating adhesives[J]. Forest Products Journal, 1987, 37: 43-46.

[359] 李伟明, 皮艳杰, 郑志方. 栲胶改性纤维板胶的研制及应用[J]. 东北林业大学学报, 1995, 23(1): 131-133.

[360] Pizzi A. Wattle base adhesives for exterior grade particleboards[J]. Forest Products Journal, 1978, 28(12): 42-47.

[361] Pizzi A, Roux D. The chemistry and development of tannin based weather and boil proof cold setting and fast setting adhesive for wood[J]. Applied Polymer Symposium, 1978, 22: 1945-1954.

[362] Pizzi A, Rossouw D. Fast set adhesives for glulam[J]. Forest Products Journal, 1984, 34: 61-68.

[363] 黄伟成. 黑荆树单宁胶粘剂在刨花板和胶合板生产中的应用[J]. 林产化工通讯, 1995, (2): 27-28.

[364] 赵临五, 曹葆卓, 王锋. 室外级胶合板用黑荆树单宁胶粘剂[J]. 林产化学与工业, 1994, 14(3): 21-27.

[365] 罗庆云, 马文秀, 曾效槐, 等. 厚皮香树皮单宁的化学组成及制胶性能的研究[J]. 林产化学与工业, 1994, 14(3): 15-20.

[366] 李园园, 肖静, 刘秀. 酚醛树脂胶快速固化研究进展[J]. 中国阻燃, 2017, (6): 18-22.

[367] 黄儒珠, 林巧佳. 改性马尾松树皮处理液-酚醛树脂胶成胶机理研究[J]. 福建林学院学报, 1995, 15: 57-62.

[368] 郑志方. 树皮化学与利用[M]. 北京: 中国林业出版社, 1988.

[369] 滕玉辉, 杨文胜, 贾景斌, 等. 落叶松树皮粉改性酚醛树脂胶粘剂的研制[J]. 吉林林学院学报, 1991, 7(3): 8-11.

[370] 边靖生, 李波. 国内钻井液用降粘剂的研究应用进展[J]. 广东化工, 2013, 40(1): 69-70.

[371] 齐宁, 张贵才, 马涛. 栲胶类钻井液处理剂的应用及前景[J]. 钻井液与完井液, 2004, 21(6): 49-51.

[372] 李来文, 王波. 钻井液稀释剂单宁酸钾的研究与应用[J]. 油田化学, 1993, 10(3): 247-249.

[373] 田建儒. 新型钻井液添加剂铁锡栲胶-木质素磺酸盐的研制[J]. 油田化学, 1992, 9(3): 266-269.

[374] 张建云, 李志国, 吴昊, 等. 钻井泥浆稀释剂塔拉磺甲基化单宁(SMT-T)性能的研究[J]. 生

物质化学工程, 2007, 41(3): 24-29.

[375] 张黎明. 合成反应时间对 LGV 无铬木质素降粘剂性能的影响[J]. 油田化学, 1993, 10(3): 250-252.

[376] 张黎明. 木质素磺酸-栲胶接枝共聚物在 Fe^{2+} 存在下的螯合收缩效应[J]. 油田化学, 1992, 9(2): 161-164.

[377] 黄进军. 木质素磺酸氧化与络合产物分子结构研究[J]. 油田化学, 1992, 9(2): 104-109.

[378] 赵福麟, 张贵才, 白鑫. 碱法造纸黑液在稠油开采中的应用研究[J]. 油田化学, 1991, 8(3): 200-204.

[379] 黄进军. 木质素磺酸-栲胶接枝共聚物钻井液降粘剂[J]. 油田化学, 1993, 10(4): 296-299.

[380] 惠晓霞. 油田化学基础[M]. 北京: 石油工业出版社, 1988.

[381] 赵福麟. 堵水剂[J]. 油田化学, 1986, 3(1): 39-50.

[382] 李宇乡, 唐孝芬, 刘双成. 我国油田化学堵水调剖剂开发和应用现状[J]. 油田化学, 1995, 12(1): 88-94.

[383] 马宝岐, 王煜. 用麦草木质素磺酸钠制备凝胶堵剂[J]. 油田化学, 1992, 9(4): 359-362.

[384] 谌凡更, 侯玲, 马宝岐. 改性橡碗栲胶高温堵剂的制备[J]. 西安石油学院学报, 1990, 5(1): 67-73.

[385] 王小泉, 马宝岐. 调整蒸汽注入剖面用的高温堵剂[J]. 油田化学, 1991, 8(1): 74-78.

[386] 马宝岐, 王小泉, 谌凡更. 落叶松栲胶高温堵剂的性能研究[J]. 林产化学与工业, 1997, 17(1): 11-15.

[387] 刘成杰, 孙秀云, 隋文, 等. 复合型热采堵剂 PST 的研究[J]. 油田化学, 1995, 12(3): 237-241.

[388] 马宝岐, 王小泉, 贾淑颖, 等. 用于蒸汽驱的高温调剖剂: 碱法造纸黑液凝胶[J]. 油田化学, 1995, 12(2): 135-138.

[389] Akinet D E. Forage Cell Wall Phenolics and Fiber Digestibility[M]. New York: Elsevier Science Publish Co. Inc., 1990.

[390] Staflord H A. Proanthocyanidins and the lignin connection[J]. Phytochemistry, 1988, 27(1): 1-6.

[391] 马广彦, 徐振峰. 间苯二酚在聚合物凝胶堵水技术中的应用[J]. 油田化学, 1997, 14(3): 286-289.

[392] 肖纪美. 腐蚀总论: 材料的腐蚀及其控制方法[M]. 北京: 化学工业出版社, 1994.

[393] 刘运荣, 胡健华. 植物多酚的研究进展[J]. 武汉工业学院学报, 2005, 24(4): 63-65.

[394] 黄淑菊. 金属腐蚀与防护[M]. 西安: 西安交通大学出版社, 1988.

[395] 牛汝楷, 左文琴. 栲胶用于钢铁表面防锈的机理研究[J]. 武汉理工大学学报: 交通科学与工程版, 1987, (3): 16-21.

[396] 陈建华. 中性溶液中没食子酸对低碳钢的腐蚀抑制作用[J]. 林产化工通讯, 1994, 28: 49.

[397] Farre M, Landolt D. The influence of gallic acid on the reduction of rust on painted steel surfaces[J]. Corrosion Science, 1993, 34(9): 1481-1494.

[398] Ross T, Francis R. The treatment of rusted steel with mimosa tannin[J]. Corrosion Science, 1978, 18(4): 351-361.

[399] Matamala G, Smelttzer W, Droguett G. Use of tannin anticorrosive reaction primer to improve

traditional coating systems[J]. Corrosion Science, 1994, 50(4): 220-275.

[400] Vacchini D. Organic rust converters[J]. Anti-Corrosion Methods and Materials, 1985, 9: 9-11.

[401] Gust J, Suwalsk J. Use of Mossbauer spectroscopy to study reaction products of polyphenol and iron compounds[J]. Corrosion Science, 1994, 50: 355-365.

[402] 余作焱. 从岩相分析看栲胶在带锈涂料中的作用[J]. 武汉理工大学学报: 交通科学与工程版, 1989, (1): 99-103.

[403] 周昊, 王成章, 叶建中, 等. 单宁改性生漆复合涂料的制备及其性能研究[J]. 中国生漆, 2014, 33(3): 27-30.

[404] Knowles E, White T. The protection of metals with tannins[J]. Journal of the Oil and Colour Chemists' Association, 1958, 4: 10-23.

[405] Emery S N. Surface conversion on ferrous metals[J]. Australasian Corrosion Engineering, 1986, 57: 291-294.

[406] Shreir L. Tannins to control corrosion[J]. New Scientist, 1964, 23: 332-337.

[407] 屈中伟, 李欣, 杨鹏, 等. 带锈钢材表面单宁酸-磷酸复合转化膜的防腐蚀性能[J]. 电镀与涂饰, 2015, 34(1): 8-13

[408] 罗庆云, 马文秀, 孙达旺. 单宁用于带锈钢铁防蚀处理的研究[J]. 林产化学与工业, 1998, 18(4): 68-74.

[409] 易博, 董勇军, 赵定义, 等. 磷酸、单宁酸混合型带锈转化液的转化效果[J]. 腐蚀与防护, 2015, 36(9): 873-887.

[410] 程凤侠, 曹强, 张汉波, 等. 铬-铁-植结合鞣革的色泽与性能研究[J]. 中国皮革, 2006, 35(5): 30-31.

[411] 张凤章. 植物化学方法[M]. 厦门: 厦门大学出版社, 1991.

[412] Harborne J B, Grayer P J. The Antocyanins[M]. London: Chapman and Hall, 1988.

[413] 张文德. 植物鞣质化学及鞣料[M]. 北京: 轻工业出版社, 1985.

[414] 夏有莲. 柚柑栲胶鞣革性能试验[J]. 皮革科技, 1981, (5): 39-43.

[415] 王全杰, 杜丹华. 栲胶用于皮革染色的机理及研究进展[J]. 中国皮革, 2010, 39: 51-54.

[416] 熊昌云, 彭远菊. 红茶色素的生物学活性及其对红茶品质影响简述[J]. 热带农业科技, 2006, 29(3): 29-31.

[417] 董基. 从茶叶中提取茶色素的研究[J]. 安徽农业科学, 2008, 36(3): 1199-1200.

[418] Seigi K. Colored nonaqueous inks instantly decolorizable with water and writing systems using them[S]. Japanese Kokai Tokkyo Koho: 0959547.

[419] 陈荣圻. 天然染料及其染色[J]. 染整技术, 2018, 40: 1-4.

[420] 赵扬帆, 郑宝东. 植物多酚类物质及其功能学研究进展[J]. 福建轻纺, 2006, (11):107-110.

[421] 彭颖, 李志强, 程海明, 等. 染色复鞣剂的合成与应用[J]. 皮革科学与工程, 2004, 2: 34-36.

[422] 王永红, 张文德, 陈武勇. 植物鞣质作染料染毛皮的研究[J]. 中国皮革, 1991, 20(2): 7-13.

[423] 狄明平. 落叶松科技改性制备染色性复鞣剂及其产物应用研究[D]. 成都: 四川联合大学, 1998.

[424] 罗钰言. 德国禁用的偶氮染料及我们的对策[J]. 染料工业, 1995, 32(3): 7-13.

[425] 陆水峰. 天然染料茶色素对棉织物的染色性能研究[J]. 针织工业, 2018, 359(12): 53-55.

[426] Edward I P, Mollar D. Appearance of preventing photobleaching of wool and /or other natural fibers[S]. PCT Int. Appl. WO 96 05 357.

[427] Lawence L, Hrstich L, Chan B. The conversion of procyanidins and prodelphinidins to cyanidin and delphinidin[J]. Phytochemistry, 1986, 25(1): 223-230.

[428] Mistry T, Cai Y, Terence H, et al. Polyphenol interactions[J]. Chemical Communication, 1990, 25: 380-383.

[429] Broullard R, Dangles D. Flavonoids and flowter colour[M]. London: Chapman and Hall, 1988.

[430] Helena S. Method of stabilizing the colour of the disodium salt of 5,5′-indigotin disulfonic acid[S]. US: 5 490 994.

[431] Janji S, Mamoru O, Mutsuo H, et al. Coloring of polyamide articles with disperse dyes[S]. Fr. Demande. Fr. 2 732 236.

[432] Robert F, Gary K, Sigmund K. High molecular weight gallotannins as a stain inhibiting agent for food dyes[S]. US: 5 571 551.

[433] 华南平, 项裕乔. ISS 络合铁-多酚催化剂脱硫技术[J]. 煤化工, 2004, (6): 51-55.

[434] Furry M, Humfeld H. Mildew resistant treatments on fabrics[J]. Industrial and Engineering Chemistry Research, 1941, 33(4): 538-545.

[435] 程芝. 林产化学加工学科的现况与发展前景[J]. 化工时刊, 1997, 11(5): 57-66.

[436] 赵勇生. 栲胶在脱硫中的应用[J]. 化肥工业, 1995, 22: 367-368.

[437] 梁锋, 徐丙根, 施小红, 等. 湿式氧化法脱硫的技术进展[J]. 现代化工, 2003, 5: 21-24.

[438] Masahido H, Hiromoto M, Fumio O. Composition comprrising activated charcoal and plant Polyphenols[R]. Japanese Kokai Tokkyo Koho: 08291013.

[439] Hidehiko N, Minoru H, Shiro M, et al. Additive coated with petaloid porous hydroxy-apatite for synthetic resins and synthetic resin compostions[S]. PCT Int. Appl. WO 97 03 119.